电子信息科学与工程类专业规划教材

# 集成电路原理及应用

## （第4版）

刘　伟　苗汇静　主编
王富奎　唐　诗　刘连鑫　参编
谭博学　主审

電子工業出版社
Publishing House of Electronics Industry
北京 · BEIJING

## 内 容 简 介

本书较系统地介绍了各类集成电路的原理及其应用，内容包括：集成运放的基础知识、模拟集成电路的线性应用、模拟集成电路的非线性应用、集成变换器及其应用、集成信号发生器、集成有源滤波器、集成稳压电源、语音和图像集成电路、可编程逻辑器件和实验部分。本书对各类集成电路的基本特点、基本原理和基本分析方法做了简明扼要的论述，结合每部分内容，理论联系实际，精选介绍了许多实际应用电路。每章后附有思考题与习题。

本书内容丰富，实用性强，可作为高等院校电气与电子信息类各专业的教材，也可作为电子与电气类科研人员和工程技术人员的参考书。



**图书在版编目(CIP)数据**

集成电路原理及应用 / 刘伟，苗汇静主编. —4 版. —北京：电子工业出版社，2018.5
电子信息科学与工程类专业规划教材
ISBN 978-7-121-34132-8

Ⅰ. ①集… Ⅱ. ①刘… ②苗… Ⅲ. ①集成电路－高等学校－教材 Ⅳ. ①TN4

中国版本图书馆 CIP 数据核字(2018)第 087132 号

策划编辑：凌　毅
责任编辑：凌　毅
印　　刷：北京虎彩文化传播有限公司
装　　订：北京虎彩文化传播有限公司
出版发行：电子工业出版社
　　　　　北京市海淀区万寿路 173 信箱　　邮编　100036
开　　本：787×1 092　1/16　　印张：18　字数：460 千字
版　　次：2003 年 9 月第 1 版
　　　　　2018 年 5 月第 4 版
印　　次：2025 年 1 月第13次印刷
定　　价：45.00 元

凡所购买电子工业出版社图书有缺损问题，请向购买书店调换。若书店售缺，请与本社发行部联系。联系及邮购电话：(010)88254888，88258888。

质量投诉请发邮件至 zlts@phei.com.cn，盗版侵权举报请发邮件至 dbqq@phei.com.cn。

本书咨询联系方式：(010)88254528，lingyi@phei.com.cn。

# 第 4 版前言

本书是普通高等教育"十一五"国家级规划教材《集成电路原理及应用(第 3 版)》的再版。本书在第 3 版的基础上,根据近几年集成电路技术的发展情况和高等教育教学改革的需要修订而成。

本书较系统地介绍了各类集成电路的原理及其应用,包括 10 章内容,涉及面广,涵盖了集成电路的大部分应用方面。该书对各类集成电路的基本特点、基本原理和基本分析方法做了简明扼要的论述,结合每部分内容,理论联系实际,从国内外著作和期刊杂志中精选了许多实际应用电路。每章后都附有思考题与习题。本书具有以下特点:①根据各类集成电路的特点,在编写方法上采用了多种模式,理论与实际相结合;②电路原理与器件特性紧密结合,使器件与电路融为一体,以便于读者学习和查阅;③既有对常用集成电路工作原理和分析方法的论述,又有最新集成电路芯片介绍和实际应用电路;④内容丰富,涉及面广,实用性强;⑤配有实验指导。

本书在以下几方面做了改动:

(1) 将原 1.2.1 节改为 1.2.2 节,将原 1.2.2 节改为 1.3.4 节,将原 1.2.3 节改为 1.2.1 节,并对内容进行了调整。

(2) 将原第 9 章全部删除。

(3) 对本书其余部分做了适当修改和完善。

全书内容以电路、模拟电子技术、数字电子技术和高频电子线路为基础,可作为高等院校电气与电子信息类各专业的教材。给本科生**讲授约需 54 学时,再配合约 10 学时的实验**,以提高学生的动手能力。各院校可根据不同专业方向的需要,适当增减讲授内容。本书也可作为电气与电子信息类科研人员和工程技术人员的参考书。

本书由刘伟、苗汇静、谭博学拟订编写大纲和编写目录。苗汇静编写第 1 章、第 2 章、第 3 章、第 6 章、第 10 章和 8.1 节、8.2 节、8.3 节、8.5 节;刘伟编写第 5 章、第 9.3 节、第 9.4 节、第 9.5 节;王富奎编写第 7 章和 8.4 节;唐诗编写第 4 章;刘连鑫编写第 9.1 节、9.2 节。谭博学负责全书的审校工作。

在本书的编写过程中,参考了大量的国内外著作和期刊杂志,参考了书后所列参考文献的一些编写思想和习题,在此向这些作者致以衷心的感谢。本书的出版得到了电子工业出版社凌毅编辑的支持,在此深表感谢。

由于编者水平有限,错误和不足在所难免,殷切希望读者批评指正。

编者
2018 年 4 月
于山东理工大学

# 本书常用符号说明

## 一、基本符号

| | |
|---|---|
| $A_{uc}$ | 共模电压增益 |
| $A_{ud}$ | 开环差模电压增益 |
| $A_{F}$ | 闭环增益 |
| $A_{us}$ | 考虑信号源内阻时的电压增益 |
| CMRR | 共模抑制比 |
| $E_{m}$ | 电压比较器的门限电位 |
| $E_{mH}$ | 电压比较器的上门限电位 |
| $E_{mL}$ | 电压比较器的下门限电位 |
| $\Delta E_{m}$ | 电压比较器的门限宽度 |
| $F$ | 反馈系数 |
| $f_{c}$ | 截止频率 |
| GBW | 增益带宽积 |
| $G(s)$ | 传输函数 |
| $G(\omega)$ | 幅频特性 |
| $g_{m}$ | 跨导 |
| $I$ | 电流的通用符号，交流电流有效值 |
| $\dot{I}$ | 正弦交流电流的相量符号 |
| $I_{B}$ | 基极直流电流 |
| $I_{IB}$ | 输入偏置电流 |
| $I_{IB+}$、$I_{IB-}$ | 集成运放输入端的两个偏置电流 |
| $I_{b}$ | 基极电流有效值 |
| $I_{C}$ | 集电极直流电流 |
| $I_{c}$ | 集电极电流有效值 |
| $I_{CM}$ | 集电极最大允许电流 |
| $I_{D}$ | 二极管直流电流 |
| $I_{E}$ | 发射极直流电流 |
| $I_{e}$ | 发射极电流有效值 |
| $I_{f}$ | 反馈电流 |
| $I_{o}$ | 输出电流 |
| $I_{os}$ | 输入失调电流 |
| $I_{os}/\Delta T$ | 输入失调电流温度系数 |
| $i$ | 电流通用符号，电流的瞬时值 |
| $i_{B}$ | 基极瞬时电流总值 |
| $i_{b}$ | 基极交流电流值 |
| $i_{C}$ | 集电极瞬时电流总值 |
| $i_{c}$ | 集电极交流电流值 |
| $i_{o}$ | 输出电流瞬时值 |
| $P$ | 功率，平均功率 |
| PSRR | 电源电压抑制比 |
| $Q$ | 品质因数 |
| $R_{b}$ | 基极电阻 |
| $R_{c}$ | 集电极电阻 |
| $R_{ic}$ | 共模输入电阻 |
| $R_{id}$ | 差模输入电阻 |
| $R_{e}$ | 发射极电阻 |
| $R_{f}$ | 反馈电阻 |
| $R_{i}$ | 输入电阻 |
| $R_{ie}$ | 等效输入电阻 |
| $R_{L}$ | 负载电阻 |
| $R_{o}$ | 输出电阻 |
| $R_{oe}$ | 等效输出电阻 |
| $S_{R}$ | 转换速率(或电压摆率) |
| $T$ | 周期 |
| $T$ | 热力学温度 |
| $t$ | 时间 |
| $t$ | 温度 |
| $t_{W}$ | 脉冲宽度 |
| $U$ | 电压通用符号，交流电压有效值 |
| $\dot{U}$ | 正弦交流电压的相量符号 |
| $U_{BE}$ | 基极-发射极直流电压 |
| $U_{CE}$ | 集电极-发射极直流电压 |
| $U_{T}$ | 温度电压当量 |
| $U_{D}$ | 二极管的正向导通电压 |
| $U_{i}$ | 输入电压 |
| $U_{ic}$ | 共模输入电压 |
| $U_{id}$ | 差模输入电压 |

| | |
|---|---|
| $U_o$ | 输出电压 |
| $U_{oCM}$ | 共模输出电压 |
| $U_{os}$ | 输入失调电压 |
| $\Delta U_{os}/\Delta T$ | 输入失调电压温度系数 |
| $U_{ref}$ | 基准电压,参考电压 |
| $U_Z$ | 稳压管稳定电压 |
| $U_+(u_+)$ | 集成运放同相端输入电压 |
| $U_-(u_-)$ | 集成运放反相端输入电压 |
| $u$ | 电压通用符号,电压的瞬时值 |
| $u_{BE}$ | 基极-发射极瞬时总电压 |
| $u_{be}$ | 基极-发射极瞬时电压交流分量 |
| $u_{CE}$ | 集电极-发射极瞬时总电压 |
| $u_{ce}$ | 集电极-发射极瞬时电压交流分量 |
| $u_f$ | 反馈电压 |
| $u_i$ | 输入电压瞬时值 |
| $u_o$ | 输出电压瞬时值 |
| $u_s$ | 交流电压源电压瞬时值 |
| $V_{CC}$ | 集电极回路电源电位 |
| $V_{EE}$ | 发射极回路电源电位 |
| $V_{DD}$ | 漏极回路电源电位 |
| $Z_{ic}$ | 共模输入阻抗 |
| $Z_{id}$ | 差模输入阻抗 |
| $Z_o$ | 输出阻抗 |
| $\beta$ | 共射电流放大系数 |
| $\gamma$ | 误差 |
| $\delta$ | 占空比 |
| $\omega$ | 角频率 |
| $\omega_c$ | 截止角频率 |
| $\omega_H$ | 上限角频率 |
| $\omega_L$ | 下限角频率 |
| $\varphi(\omega)$ | 相频特性 |

**二、器件符号**

| | |
|---|---|
| A | 集成运放 |
| $C$ | 电容器 |
| IC | 集成块 |
| $L$ | 电感器 |
| $R$ | 电阻器 |
| $R_P$ | 电位器 |
| VD | 二极管 |
| $VD_Z$ | 稳压二极管 |
| VT | 三极管 |
| VT | 场效应管 |

# 目　　录

# 第1章　集成运放的基础知识

集成运算放大器(Integrated Operational Amplifer,缩写为Op-Amp)简称为集成运放,是20世纪60年代发展起来的一种高增益直接耦合放大器。随着集成电路的发展,集成运放与其他集成电路一样,经历了小规模、中规模、大规模和超大规模集成电路的发展阶段。集成运放是目前模拟集成电路中发展最快、品种最多、应用最广泛的一种模拟集成电子器件。集成运放配上不同的外围器件,可以构成功能和特性完全不同的各种集成运放电路,简称为运放电路,运放电路是各种电子电路中最基本的组成部分。集成运放及运放电路在电子技术、计算机技术、测量技术、自动控制、广播通信、仪器仪表、雷达电视、航空航天等各个领域中有着极其广泛的用途,而且集成运放性能的不断提高、品种的不断增加,将会使某些领域的面貌焕然一新。

全面了解集成运放需要涉及半导体材料、微电子技术和集成电路制造工艺等许多方面的知识。集成运放电路的设计和制造是一个专业性很强的技术领域,对于大部分从事集成运放应用的工作者来说,主要是将集成运放作为电路的一个基本器件,从它的外部特性去了解、掌握和应用它。本章主要介绍有关集成运放的基础知识和基本理论。

## 1.1　集成运放的基本组成电路

集成运放是由各个单元电路组成的。品种繁多的集成运放内部电路,不仅结构有很多相似之处,而且许多集成运放所用的单元电路的性能也很接近。

本节简要介绍差动输入电路、恒流源电路、有源负载电路、双端变单端电路、直流电平位移电路、互补推挽输出电路等单元电路,它们是集成运放的基本组成电路。

### 1.1.1　差动输入电路

**1. 差动放大电路的基本特性**

图1-1-1所示为差动放大电路的基本形式。它是由两个完全对称的共射电路组成的,晶体管$VT_1$和$VT_2$完全匹配,集电极电阻$R_{c1}=R_{c2}=R_c$。

当输入状态不同时,差动放大器的工作情况也有所不同。下面分别予以说明。

(1) 输入差模信号时(即$u_{i1}=-u_{i2}$)

① 电压增益和输入电阻

这种输入方式的$u_{i1}$与$u_{i2}$相位相反,所以流经$VT_1$,$VT_2$的电流相位也相反。由于$u_{i1}$与$u_{i2}$幅度相同,则$VT_1$,$VT_2$两管电流将有相同的变化幅度。因此,射极电阻$R_e$中的电流变化为零。所以当差模信号输入时,差动放大器的交流等效电路如图1-1-2所示。

此时$VT_1$,$VT_2$均相当于普通的共射单管放大器。显然,当电路两边完全对称时,两管输出电压的相位相反,幅度相等。因此上述电路对称输出(也称差分输出)时的电压增益为

$$A_{ud}=\frac{u_{o1}-u_{o2}}{u_{i1}-u_{i2}}=\frac{u_{o1}}{u_{i1}}=A_u \qquad (1\text{-}1\text{-}1)$$

式中,$A_u$是单管共射放大器的电压增益。

若是单端输出,该电路的电压增益将减半。

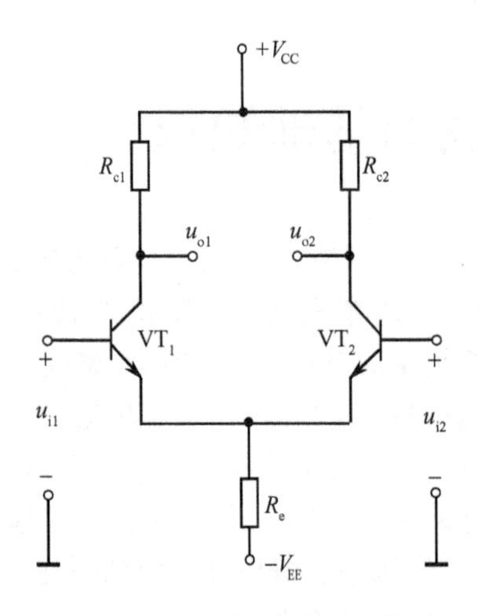


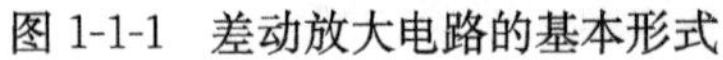
图 1-1-1　差动放大电路的基本形式

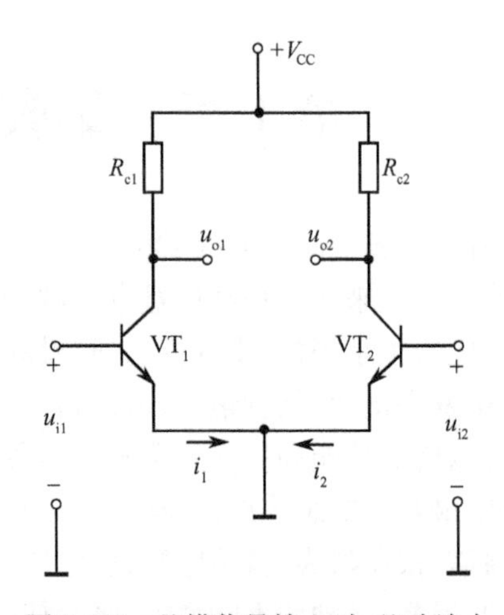


图 1-1-2　差模信号输入时，差动放大器的交流等效电路

图 1-1-3 所示为单管共射放大器的低频小信号等效电路，可求得单管共射放大器的电压增益为

$$A_u = \frac{u_{o1}}{u_{i1}} = \frac{-\beta(R_c \mathbin{/\!/} R_L)}{r_{be}} \tag{1-1-2}$$

式中，$R_L$ 是放大器的负载电阻。

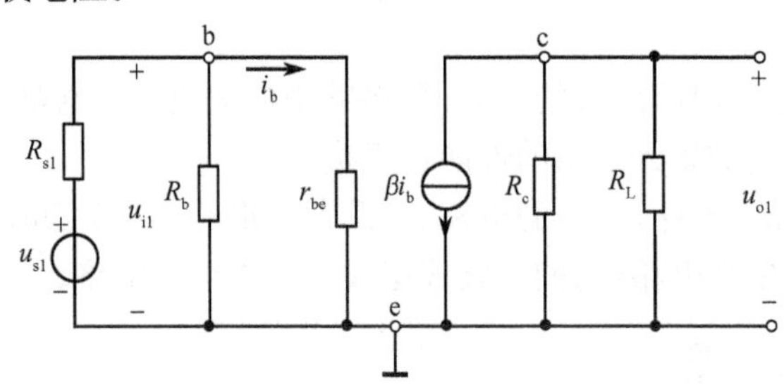


图 1-1-3　单管共射放大器的低频小信号等效电路

单管共射放大器的源电压增益为

$$A_{us1} = \frac{r_i}{R_{s1} + r_i} A_u \tag{1-1-3}$$

$$r_i = R_b \mathbin{/\!/} r_{be} = \frac{R_b r_{be}}{R_b + r_{be}} \tag{1-1-4}$$

式中，$r_i$是单管共射放大器的输入电阻，$R_{s1}$是信号源 $u_{s1}$ 的内阻，$R_b$是放大器的基极偏置电阻。

当电路两边不对称时，两边输出信号将不平衡。但可以证明，只要 $R_e$ 取值足够大，就能有效地克服这种不平衡性。

差模输入时，放大器两输入端之间的差模输入电阻 $R_d$ 是单管放大器的 2 倍，即 $R_d$ 为

$$R_d = 2(R_b \mathbin{/\!/} r_{be}) \tag{1-1-5}$$

在室温条件下，当 $\beta$ 很大、信号源内阻很小时，$R_d$ 可近似表示为

$$R_d \approx \frac{52(\text{mV})}{I_B} \tag{1-1-6}$$

式中，$I_B$ 是三极管基极电流。

当三极管工作电流很小时，如在十几微安以下时，上式可改写为

$$R_d \approx \frac{80(\text{mV})}{I_B} \tag{1-1-7}$$

由上述两式，根据晶体管的基极电流值就可以估计放大器的输入电阻。

② 跨导

为了便于估算差动放大器的增益，常引入差动放大器跨导的概念。双极型三极管的跨导定义为三极管输出电流变化量与对应的 e-b 结电压之比。差动放大器的跨导定义为其输出差分电流变化量与对应的差模输入变化量之比。

为了计算跨导，可以利用三极管射极电流与 e-b 结电压的关系式(忽略三极管的基区宽度调制效应)

$$I_E = I_s(e^{\frac{qU_{BE}}{kT}} - 1) \tag{1-1-8}$$

式中，$I_s$ 是晶体管的反向饱和电流。上式忽略了反偏的 b-c 结对 $I_E$ 的影响。在通常情况下，$e^{\frac{qU_{BE}}{kT}} \gg 1$，故上式可简化为

$$I_E \approx I_S e^{\frac{qU_{BE}}{kT}} \tag{1-1-9}$$

由此算得晶体管的跨导为

$$g_m = \frac{dI_c}{dU_{BE}} = \frac{qI_S}{kT} e^{(\frac{qU_{BE}}{kT})} = \frac{I_c}{U_T} \tag{1-1-10}$$

式中，$U_T$ 为温度电压当量，其表示式是

$$U_T = \frac{kT}{q} \tag{1-1-11}$$

式(1-1-10) 表明三极管的跨导正比于集电极电流。

利用同样的方法，可推导出双极型差动放大器的等效跨导表示式为

$$g_m = \frac{d(I_{c1} - I_{c2})}{d(U_{BE1} - U_{BE2})}\Bigg|_{(U_{BE1}-U_{BE2})=0} = \frac{I_c}{U_T} \tag{1-1-12}$$

式中，$I_c$ 为每单边三极管的集电极电流($I_c \approx \frac{1}{2}I_o$)。

式(1-1-12) 表明，差动放大器在差动输入时，其跨导与单管时相同。由式(1-1-12) 还可得

$$g_m = \frac{qI_c}{kT} \tag{1-1-13}$$

由此可得到差动放大器电压增益的近似式为

$$A_{ud} \approx -g_m(r_{oe} \mathbin{/\!/} R_c) \tag{1-1-14}$$

式中，$r_{oe}$为三极管输入端交流开路时的输出电导的倒数。在室温情况下，可进一步近似为

$$A_{ud} \approx -20I_{o1}(r_{oe} \mathbin{/\!/} R_c) \approx -40I_c(r_{oe} \mathbin{/\!/} R_c) \tag{1-1-15}$$

式中，$I_{o1}$ 为差动放大器的恒流源电流。

显然，放大器的电压增益与其工作电流成正比。若要提高电压增益，就应适当加大三极管的工作电流。

需要指出的是，差模输入的差动放大器的动态输入范围为 $2U_T$，室温时其近似为 52mV (单管时 $U_T \approx 26$mV)。当输入信号大于此范围时，输出信号将出现非线性。

(2) 输入共模信号时(即 $u_{i1} = u_{i2}$)

此时 $VT_1$，$VT_2$ 的信号电流沿同一方向变化，故流经 $R_e$ 的电流将不为零。当电路完全对称时，$VT_1$，$VT_2$ 中信号电流的幅值与相位完全相同(设为 $i$)，则流经 $R_e$ 的电流为 $2i$。因此，该电路可用图 1-1-4 进行等效，图 1-1-4 所示为共模输入的差动放大器电路。

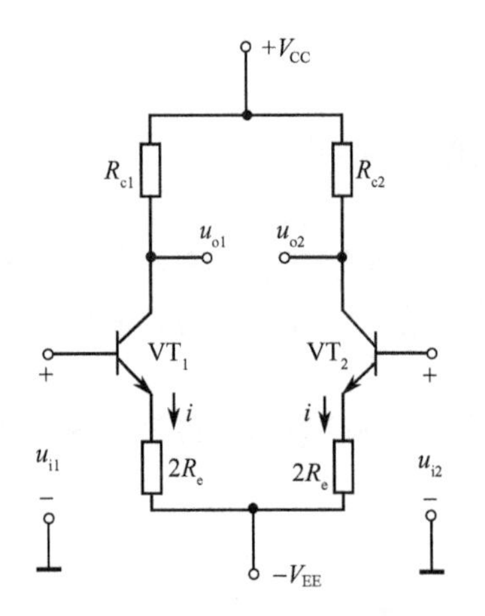

图 1-1-4　共模输入的差动放大器电路

此时，由于 $2R_e$ 的负反馈作用，$VT_1$，$VT_2$ 的电压增益值将很小。另外，$VT_1$，$VT_2$ 集电极输出电压的幅值与相位均相同，故该电路差动输出的电压 $u_{o1}-u_{o2}=0$。这表明完全对称的差动放大器，其共模增益为零，因此对各种共模信号具有良好的共模抑制作用（这里的共模信号包括外加的共模输入信号及放大器本身的共模输入等效信号，如温度等原因引起的等效信号等）。

当电路两边不匹配时，差动放大器的共模抑制特性将变差。根据电路的小信号等效电路计算结果，当差动输出时，电路的共模抑制比 CMRR（即差动放大器差模增益与共模增益之比）表示式为

$$\frac{1}{\mathrm{CMRR}}=\frac{\Delta g_m}{2g_m^2}\cdot\frac{R_c+r_o+2R_e}{r_oR_e}+\frac{\Delta r_o}{2r_o}\cdot\frac{R_c+2R_e}{g_mR_e}+\frac{\Delta R_c}{R_c}\cdot\frac{1}{2R_eg_m} \tag{1-1-16}$$

式中，$g_m$ 为三极管标称跨导值；$\Delta g_m$ 为 $VT_1$，$VT_2$ 跨导值之差；$R_c$ 为两边集电极负载电阻的标称值；$\Delta R_c$ 为两边集电极负载电阻的差值；$r_o$ 为晶体管标称的输出电阻；$\Delta r_o$ 为 $VT_1$，$VT_2$ 输出电阻的差值；$R_e$ 为差动放大器射极的外接电阻值。在上式计算时，忽略了晶体管 $\beta$ 不对称性的影响。实际情况下，这种忽略是允许的。

分析式(1-1-16) 可以得到：

① 当差动放大器两边电路的 $g_m$，$R_c$ 与 $r_o$ 不对称时，它的 CMRR 从无穷大值降为有限值。$\Delta g_m/g_m$，$\Delta R_c/R_c$ 与 $\Delta r_o/r_o$ 越大，则 CMRR 的值也越低。

②$R_e$ 越大，两边电路的不对称性对 CMRR 的影响就越小。这是由于 $R_e$ 越大，每边电路的共模增益越小，则差动输出时的差值就更小。因此在集成运放中，差动放大器中的 $R_e$ 均以恒流源代替。

③ 提高三极管的输出电阻 $r_o$ 及跨导 $g_m$，都将提高差动放大器的 CMRR。

**2. 差动放大器的输入失调及其漂移**

绝大多数集成运放的输入级都采用差动放大器的形式。输入级的失调是整个运放输入失调的主要来源，因此，减小差动放大器的输入失调是很重要的。

(1) 差动放大器的输入失调电压及其漂移

在实际的差动放大器中，当差动输出电压为零时，输入端所加的直流补偿电压的大小称为差动放大器的输入失调电压。

图 1-1-5 所示为分析差动放大器失调电压的示意图。对于差动放大器，当差动输出电压为零时，应有

$$U_o=U_{o1}-U_{o2}=I_{c1}R_{c1}-I_{c2}R_{c2}=0 \tag{1-1-17}$$

分析上式可以看到，引起差动放大器输出电压不平衡的因素有 3 个。

①$VT_1$，$VT_2$ 的 $U_{BE}$ 相同时，它们的射极电流不相等。根据式(1-1-8)，这是由于 $VT_1$，$VT_2$ 的反向饱和电流 $I_{s1}$，$I_{s2}$ 不匹配的结果。

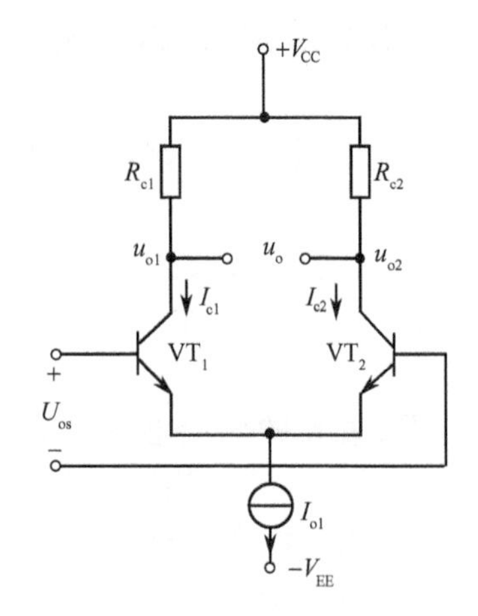

图 1-1-5　分析差动放大器失调电压的示意图

②$VT_1$，$VT_2$ 的集电极电阻 $R_{c1}$，$R_{c2}$ 不匹配。

③$VT_1$，$VT_2$ 的电流增益 $\beta_1$，$\beta_2$ 不匹配。

计算结果表明，差动放大器的输入失调电压 $U_{os}$ 可表示为

$$U_{os}=U_{BE1}-U_{BE2}=U_T\left(\frac{\Delta I_s}{I_s}+\frac{\Delta R_c}{R_c}+\frac{\Delta\beta}{\beta^2}\right) \tag{1-1-18}$$

式中，$I_s$ 为晶体管反向饱和电流的标称值；$\Delta I_s$ 为 $VT_1$，$VT_2$ 反向饱和电流的差值；$R_c$ 为集电极电阻 $R_{c1}$，$R_{c2}$ 的标称值；$\Delta R_c$ 为 $R_{c1}$，$R_{c2}$ 的差值；$\beta$ 为三极管共射电流增益；$\Delta\beta$ 为 $VT_1$，$VT_2$ 共射电流增益的差值。

式(1-1-18)的三项分别对应于上述3个因素，一般情况下(除去低漂移型运放外)，$\frac{\Delta\beta}{\beta^2}$ 很小，其影响可忽略。式(1-1-18)中的第一项可以用相等射极电流时 $VT_1$，$VT_2$ 的 $U_{BE}$ 之差 $\Delta U_{BE}^0$(称为差分对管本身的输入失调电压)表示

$$U_{os}\approx\Delta U_{BE}^0+U_T\frac{\Delta R_c}{R_c}\approx\Delta U_{BE}^0+\frac{I_{o1}}{2g_m}\cdot\frac{\Delta R_c}{R_c} \tag{1-1-19}$$

当忽略电阻温度系数的差值时，$U_{os}$ 的温漂主要取决于 $\Delta U_{BE}^0$ 的温漂。根据三极管原理分析，三极管 $U_{BE}$ 的温度系数为

$$\frac{dU_{BE}}{dT}=\frac{U_{BE}-E_{g0}/q}{T}-\frac{3K}{q} \tag{1-1-20}$$

式中，$E_{g0}$ 是硅的禁带宽度。室温时 $\frac{dU_{BE}}{dT}$ 约为 $-2.2$mV/℃。由此，差动放大器的输入失调电压的温度系数为

$$\frac{\Delta U_{os}}{\Delta T}\approx\frac{d\Delta U_{BE}^0}{dT}=\frac{d(U_{BE1}-U_{BE2})}{dT}=\frac{U_{os}}{T} \tag{1-1-21}$$

对应于1mV的输入失调电压，在室温时它的温度系数约为3.3mV/℃。

(2) 差动放大器的输入失调电流及其漂移

差动放大器的输出直流电压等于零时，两输入端所加偏置电流的差值即为其输入失调电流 $I_{os}$。引起 $I_{os}$ 的原因是：晶体管的 $\beta$ 不对称，使基极注入电流产生偏差；由于集电极负载电阻不对称，引起输出电压偏差。为使这些偏差等于零，差分对管的基极注入电流将发生偏差。可以证明 $I_{os}$ 的表示式为

$$I_{os}=I_B\left(\frac{\Delta\beta}{\beta}+\frac{\Delta R_c}{R_c}\right) \tag{1-1-22}$$

式中，$I_B$ 是三极管 $VT_1$，$VT_2$ 基极电流的标称值。上式表明，$I_{os}$ 与晶体管的偏置电流 $I_B$ 成正比。

当不考虑电阻温度的偏差时，$I_{os}$ 的温度系数可近似用下式表示

$$\frac{\Delta I_{os}}{\Delta T}=\frac{dI_{os}}{dT}\approx\left(\frac{1}{\beta}\cdot\frac{d\beta}{dT}\right)\cdot I_B \tag{1-1-23}$$

当工作温度大于25℃时，$\frac{1}{\beta}\cdot\frac{d\beta}{dT}$ 约为 $-0.005$/℃；当工作温度小于25℃时，其值约为 $-0.015$/℃。

注意，上述讨论中均假设差分对管处于同样的温度环境中。在实际的集成运放中，由于电路中有些元件的功耗较大，芯片存在温度梯度，故输入差分对管的温度环境可能有差别，它将使差动放大级的输入失调增加。

**3. 集成运放的输入级**

集成运放的许多性能指标主要取决于差动输入级。如输入失调及其漂移、输入阻抗、共模抑

制比等重要指标，又如最大差模输入电压和共模输入电压范围等都主要取决于其差动输入级。因此，差动输入级的改进便成为各代集成运放的重要标志。

(1) 普通差动放大电路

采用图 1-1-1 所示的普通差动放大电路作为集成运放的输入级时，其优点是电路结构简单，容易匹配，因此输入失调电压小。它广泛用于早期产品和第一代集成运放中，如国产的 F001(5G922)，F004(5G23) 及国外的 μA709 等。其缺点是输入阻抗低，为 50 ～ 300kΩ；失调电流约为 100nA；最大差模输入电压低，不超过 7V；差模输入电压范围也较小，常为 ±10V；电压增益不高，为 30 ～ 100 倍。

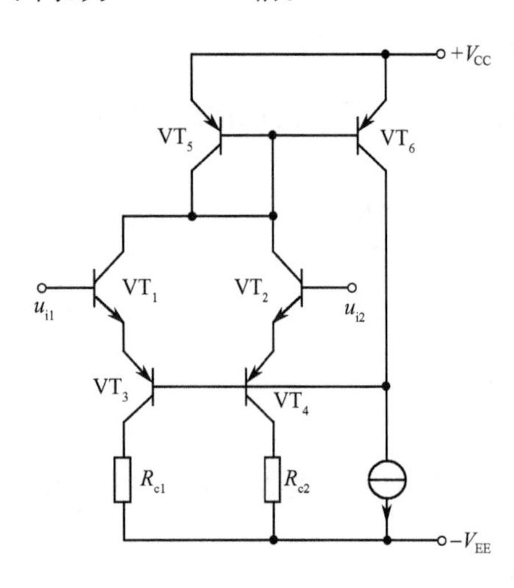


图 1-1-6　共集－共基差动放大器

(2) 共集 - 共基差动放大器

如图 1-1-6 所示为共集 - 共基差动放大器。

该电路由两级差动放大电路组成，第一级由高 $\beta$ 的 NPN 管 $VT_1$，$VT_2$ 接成共集组态差动放大电路，$VT_3$，$VT_4$ 为其发射极负载。第二级由高反压的横向 PNP 管 $VT_5$，$VT_6$ 接成共基组态差动放大电路。这种差动放大电路的特点是：因输入为共集电路，所以提高了输入阻抗；$VT_3$，$VT_4$ 为共基电路，由于输出阻抗高，因此可用大的负载以提高电压增益。由于 $VT_3$，$VT_4$ 的 $I_B$ 及 $VT_1$，$VT_2$ 的 $I_C$ 合用一个恒流源，即 $I_B + I_C =$ 常数，提高了共模抑制比。其最突出的特点是采用了高反压的横向管，使得最大差模输入电压 $U_{dm}$ 可达 ±30V。共集 - 共基差动放大电路广泛用于第二代集成运放中，如国产的 F007，5G24，F741 及国外的 μA741，AD741 等。

(3) 超 $\beta$ 管差动放大电路

采用 $\beta$ 为 2000 ～ 10000 的超 $\beta$ 管作为差动放大电路，至少可以使差动输入级的基极偏置电流减小一个数量级，这是集成运放在低漂移性能上的重大突破。因超 $\beta$ 管的 c-e 极间反向击穿电压很低，工作时，要保证 c-e 极间电压不超过 0.7V，所以在电路中必须采用保护措施。如图 1-1-7 所示为超 $\beta$ 管差动放大电路，它利用横向 PNP 管 $VT_3$，$VT_4$ 的 e-b 结正向电压对超 $\beta$ 管 $VT_1$，$VT_2$ 的 c-e 极形成了可靠的钳位保护，如果略去电阻 $R_1$，$R_2$ 上的压降，则超 $\beta$ 管将工作在 $U_{CB} \approx 0$ 的状态下，这样基本上消除了晶体管 c-b 结间反向饱和电流 $I_{CBO}$ 对输入端基极偏置电流的不利影响，从而可以获得良好的低漂移性能。第三代集成运放的主要特性就是采用了超 $\beta$ 管的差动输入级，如国产的 4E325 和国外的 AD508L。

(4) 场效应管差动放大电路

由于场效应管是电压控制器件，栅极电流比三极管的基极电流小三四个数量级，因此在需要高输入阻抗和低偏置电流等的情况下，常采用场效应管作为差动输入级。如图 1-1-8 所示为场效应管差动放大电路，它的输入阻抗高达 $10^{12}\Omega$。如国外的 μA740 等。场效应管差动输入电路的缺点是输入失调电压比较大，这是由于场效应管在制作工艺上难以达到良好的匹配而造成的。

### 1.1.2　恒流源电路

在集成运放中，广泛采用恒流源电路作为各级电路的恒流偏置和有源负载。

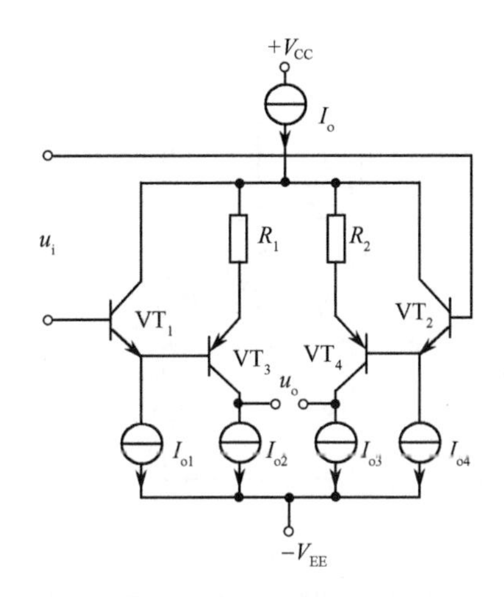


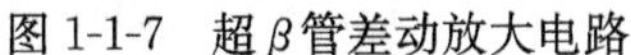
图 1-1-7　超 β 管差动放大电路

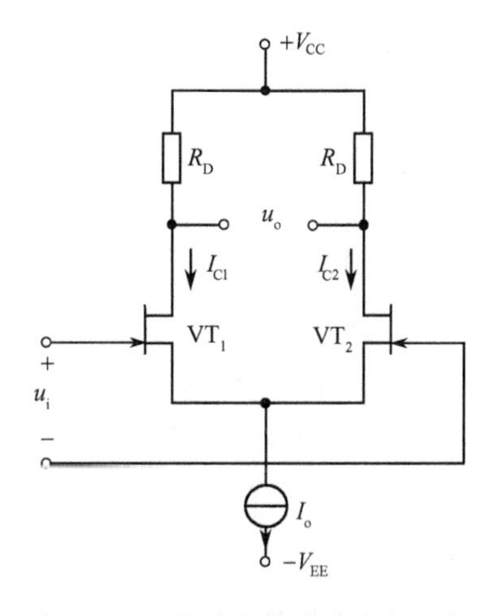


图 1-1-8　场效应管差动放大电路

1. **镜像恒流源基本电路**

如图 1-1-9 所示为镜像恒流源的基本电路，其中 $VT_1$，$VT_2$ 是匹配对管。由图 1-1-9 可知

$$I_r = I_{C2} + I_{B1} + I_{B2}$$

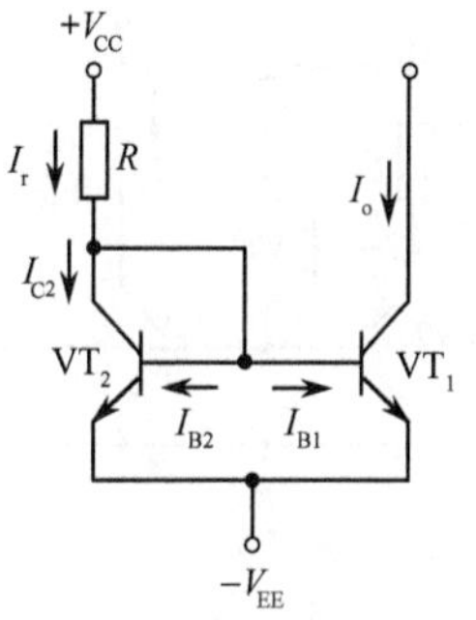

由于 $VT_1$，$VT_2$ 是对称的，它们的集电极电流与基极电流分别相等，所以有

$$I_r = I_{C2} + 2I_B = I_C\left(1 + \frac{2}{\beta}\right)$$

即

$$I_o = I_r \cdot \frac{1}{1 + \frac{2}{\beta}} \tag{1-1-24}$$

图 1-1-9　镜像恒流源的基本电路

当 $I_r$ 确定后，该恒流源的输出电流 $I_o$ 也确定了。当 $\beta$ 足够大时，$I_o \approx I_r$，即输出电流近似等于参考电流，所以该电路常称为电流镜电路。

2. **改进型镜像恒流源电路**

(1) 减小 $\beta$ 对 $I_o$ 影响的恒流源

如图 1-1-10 所示为减小 $\beta$ 对 $I_o$ 影响的恒流源。此电路的输出电流表示式为

$$I_o = I_r \frac{1}{1 + \frac{2}{\beta_1(1 + \beta_3)}} \tag{1-1-25}$$

若式中 $\beta_1 \approx \beta_3$，此式与式(1-1-24) 相比，显然此处 $\beta$ 的变化对 $I_o$ 的影响要小得多。

(2) $I_o$ 与 $I_r$ 不同比例的恒流源

如图 1-1-11 所示为 $I_o$ 与 $I_r$ 不同比例的恒流源。

当 $VT_1$，$VT_2$ 中电流是同数量级时，其 $U_{BE}$ 可认为近似相等，故有(假设三极管的 $\beta$ 足够大)

$$I_oR_1 \approx I_{C2}R_2 \approx I_rR_2 \tag{1-1-26}$$

即 $I_o$ 为

$$I_o \approx I_r \frac{R_2}{R_1} \tag{1-1-27}$$

调节 $R_1$，$R_2$ 的比值，可获得不同的 $I_o$ 输出。

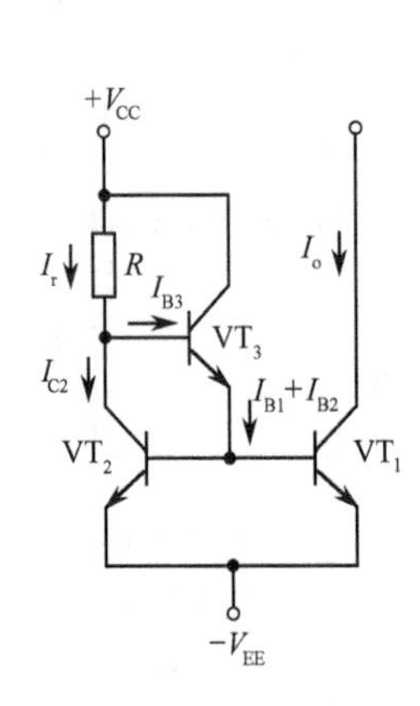


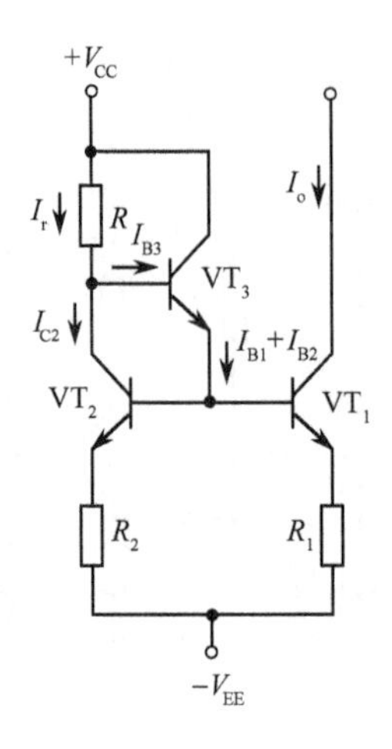


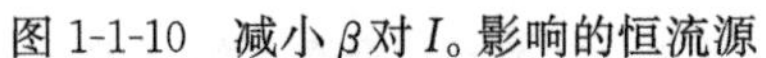

图 1-1-10　减小 $\beta$ 对 $I_o$ 影响的恒流源　　　图 1-1-11　$I_o$ 与 $I_r$ 不同比例的恒流源

**3. 多路输出的恒流源**

如图 1-1-12 所示为多路输出的恒流源。当 $VT_1,VT_2,\cdots,VT_n$ 等各三极管完全对称时，输出电流 $I_1,I_2,\cdots,I_n$ 等近似相等。

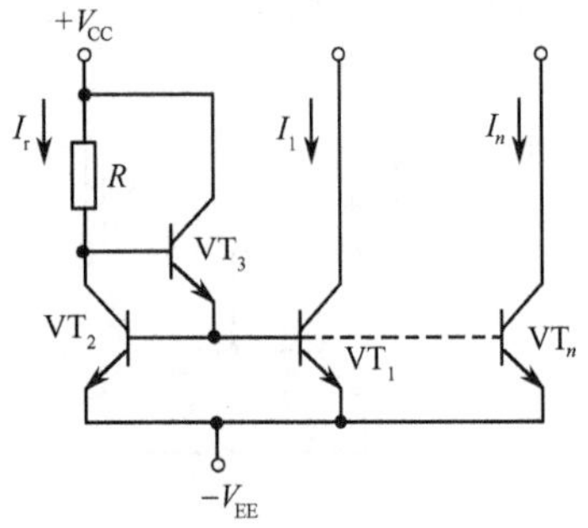


图 1-1-12　多路输出的恒流源

## 1.1.3　有源负载电路

**1. 有源集电极负载电路**

单管共发射极放大器的电压增益表达式为 $A_u=-\dfrac{\beta(R_c /\!/ R_L)}{r_{be}}$。为了提高电压增益，需要增大负载电阻 $R_c$。但在集成电路中制作大电阻很不经济。此外，若 $R_c$ 太大，在 $R_c$ 上的压降会上升，使输出电压的动态范围减小。为克服此缺点，希望能找到直流电阻小而交流电阻大的器件来代替 $R_c$。三极管的输出特性正好能满足上述要求，所以可利用三极管恒流源来代替集电极负载电阻，便组成了有源负载集电极放大器。如图 1-1-13 所示为有源集电极负载放大器。

**2. 有源负载差动放大电路**

为了提高集成运放差动输入级的增益，其集电极负载电阻 $R_c$ 也可用一对镜像恒流源来代替，如图 1-1-14 所示为有源集电极负载差动放大器。

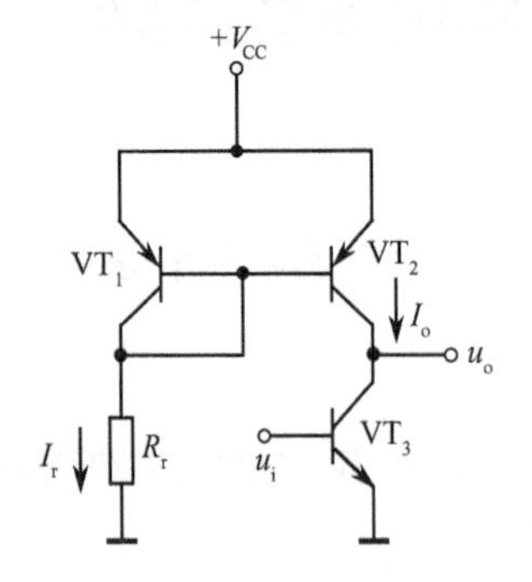


图 1-1-13　有源集电极负载放大器

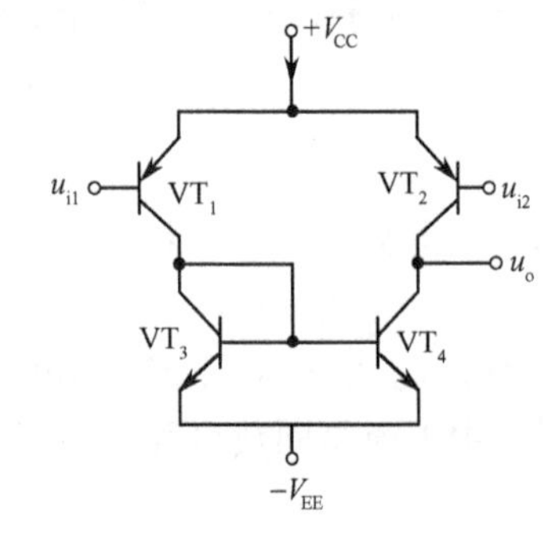


图 1-1-14　有源集电极负载差动放大器

$VT_1,VT_2$ 是一对差动放大管，$VT_3,VT_4$ 组成镜像恒流源。它们的集电极电位均可以浮动，所以 $I_{c3},I_{c4}$ 均可变化，但始终保持相等。常有 $VT_4$ 集电极输出，$r_{CE4}$ 作为差动放大器的负载，由于

$r_{CE4}$ 很高，所以差动放大器的增益也很高。为了使差动放大器两边的电流更加一致，常采用改进型镜像恒流源作为它的负载。

有源负载的引用大大提高了各级的电压增益，它是第二代集成运放的重要标志。

### 1.1.4　双端变单端电路

集成运放是一个双端输入、单端输出的器件，所以其内部电路必须有一个由差动放大双端输入转换为单端输出的过程。不能简单地从差动放大器的一边输出，因为这样差动放大器另一边的放大成果将白白地损失掉。如图 1-1-15 所示为双端变单端电路，此电路的功能是将差动放大级的双端输出信号转换为单端输出，而不损失电路的增益。图中利用 $VT_3$，$VT_4$ 将 $VT_1$ 的电流变化耦合到 $VT_2$ 的输出端，从而实现了双端变单端的功能。

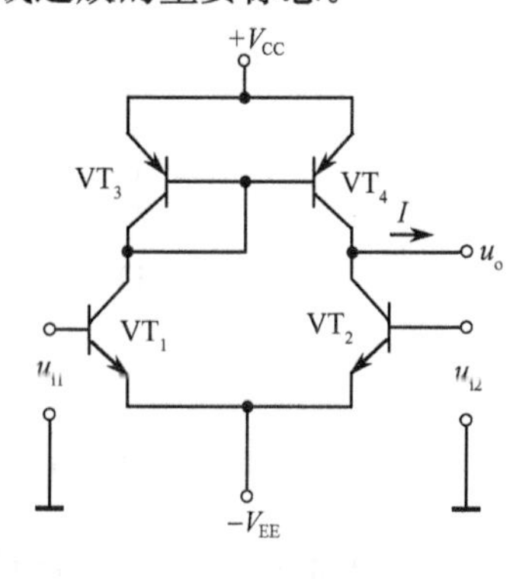


图 1-1-15　双端变单端电路

### 1.1.5　直流电平位移电路

对集成运放的要求是，输入零电平时，输出也为零电平。集成运放通常采用 NPN 管组成多级直流放大，为保证三极管工作在放大区，集电极的电压总比基极的电压高一些，这样，经过几级放大后，集电极的输出电平将会越来越高，无法满足零输入时零输出的要求。为解决此问题，必须在组成集成运放的中间级插入一个直流电平位移电路，使升高的直流电平降下来。下面介绍两种常用的直流电平位移电路。

**1. 采用恒流源完成电平位移**

如图 1-1-16 所示为恒流源电平位移电路。

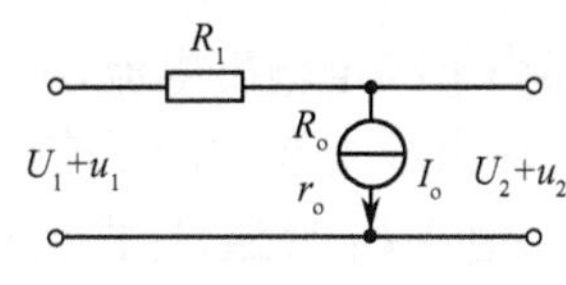


图 1-1-16　恒流源电平位移电路

由于恒流源的直流内阻 $R_o$ 很小，交流内阻 $r_o$ 很大，当$R_1 \gg R_o$ 和 $R_1 \ll r_o$ 时，输出端的直流电平 $U_2$ 比输入端的直流电平 $U_1$ 降低很多，即 $U_2 \ll U_1$。而输出端的交流电压 $u_2$ 只比输入端的交流电压 $u_1$ 减小很少，即 $u_2 \approx u_1$。所以，满足了在不损失交流电压的情况下降低了直流电平。

**2. 利用 PNP 管完成电平位移**

如图 1-1-17 所示为利用 PNP 管完成电平位移的电路。

因为 PNP 管组成共射放大电路时，为保证三极管工作在放大区，其集电极电平必须低于基极电平。所以，在 NPN 管多级直流放大电路中，插入一级 PNP 管共射放大电路，可完成直流电平的位移，并且还具有一定的放大功能。

### 1.1.6　互补推挽输出电路

对集成运放输出级的要求是：① 具有很低的输出电阻和较高的输入电阻；② 具有一定的输出功率；③ 具有尽可能高的效率；④ 具有过流和过压保护措施等。通常采用射随器作为集成运放输出级。

**1. 互补推挽输出电路**

如图 1-1-18 所示为基本的互补推挽输出电路。$VT_1$ 为共射放大器，$VT_2$，$VT_3$ 组成互补射随器电路，$I_o$ 为 $VT_1$ 的有源集电极负载。

当 $u_i > 0$ 时，$VT_3$ 导通，$VT_2$ 截止，流经 $R_L$ 的电流方向是由下向上，使 $u_o < 0$。当 $u_i < 0$ 时，$VT_2$ 导通，$VT_3$ 截止，流经 $R_L$ 的电流方向是由上向下，使 $u_o > 0$。$VT_2$，$VT_3$ 轮流导通，所以当 $u_i$

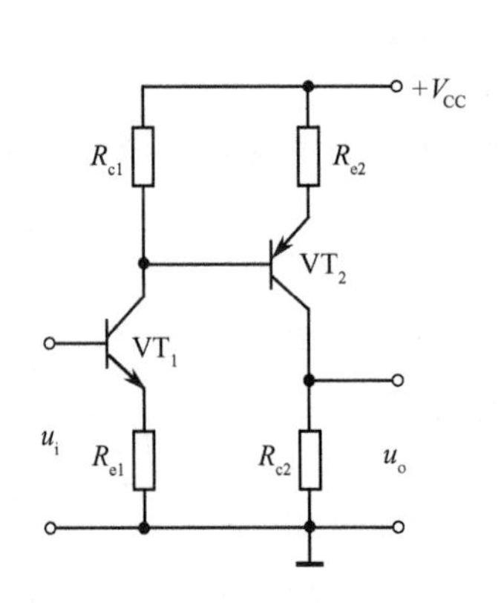


图 1-1-17　利用 PNP 管完成电平位移的电路

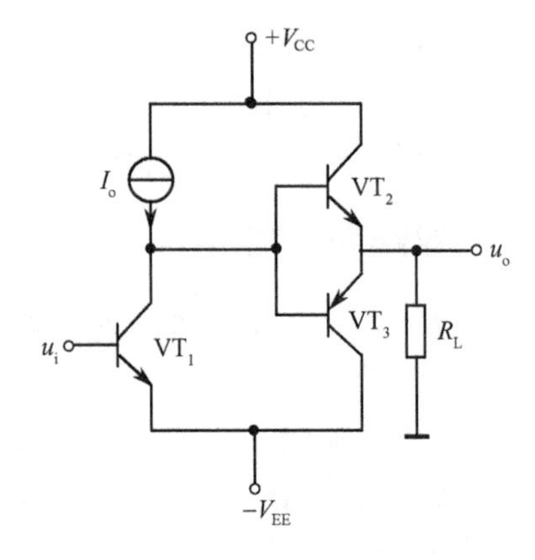


图 1-1-18　基本的互补推挽输出电路

为正弦信号时，输出信号 $u_o$ 也基本为正弦信号。此互补推挽输出电路的优点是：效率高，管耗小，有利于降低结温，延长管子寿命，减小散热器体积；其缺点是：在输出信号 $u_o$ 的波形中带有交越失真。

**2. 克服交越失真的互补推挽输出电路**

如图 1-1-19 所示为克服交越失真的互补推挽输出电路。

为克服交越失真，需在输出管 VT$_2$，VT$_3$ 的基极上各加上一个大于等于三极管导通电压的正向偏压（如硅管为 0.6V 或 0.7V，锗管为 0.2V 或 0.3V）。图 1-1-19 中的 VT$_4$，$R_1$，$R_2$ 组成固定恒压偏置电路，可给 VT$_2$，VT$_3$ 的基极加一个固定偏压，从而保证了输入信号 $u_i$ 为正弦信号时，输出信号 $u_o$ 为不失真的正弦信号，即克服了交越失真。

**3. 具有过载保护的互补推挽输出电路**

如图 1-1-20 所示为具有过载保护的互补推挽输出电路。

由 $R_{e2}$，$R_{e3}$，VD$_1$，VD$_2$ 组成限流型保护电路。正常工作时，$I_{e2}$，$I_{e3}$ 都小于额定输出电流，$R_{e1}$，$R_{e2}$ 上的压降很小，$|U_{AB}|$ 很小，VD$_1$，VD$_2$ 都不导通，保护电路不工作，输出级正常。当正向输出电流 $I_{e2}$ 超过额定输出电流值时，$R_{e2}$ 上压降增大，$U_{AB}$ 增大到足以使二极管 VD$_1$ 导通，这样就对 $U_i'$ 向 VT$_2$ 提供的基极电流起了旁路作用，从而限制了 $I_{e2}$ 的增长，保护了输出管 VT$_2$。同理，当反向输出电流过大时，VD$_2$ 将导通，它限制了 $I_{e3}$ 的增长，保护了输出管 VT$_3$。例如，设二极管的正向导通电压 $U_D = 0.6$V，发射极电阻选择 $R_{e2} = R_{e3} = R_e = 30\Omega$，则输出管的最大发射极电流将限制在

$$I_{emax} \approx \frac{U_D}{R_e} = 20\text{mA}$$

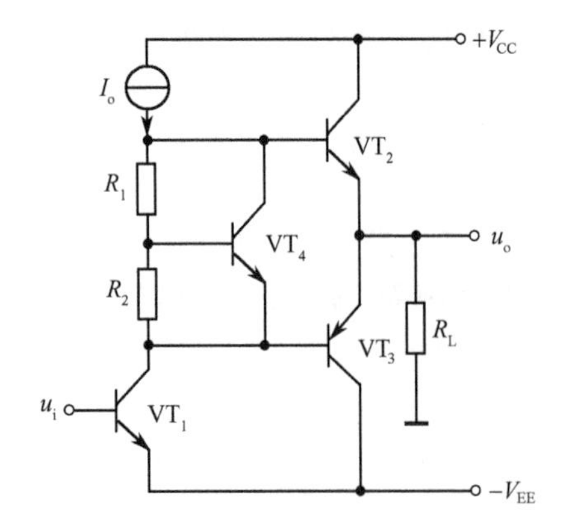


图 1-1-19　克服交越失真的互补推挽输出电路

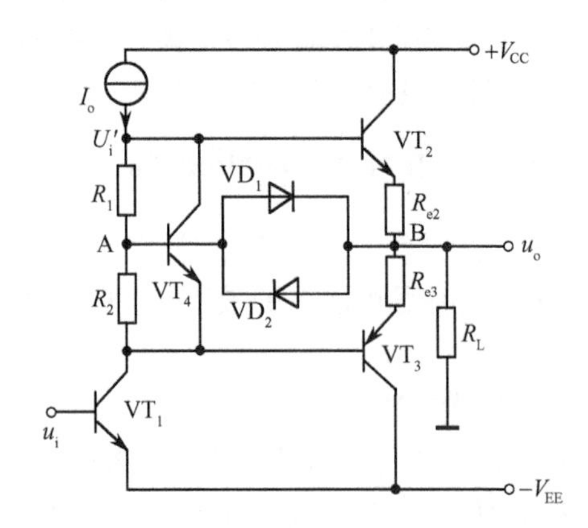


图 1-1-20　具有过载保护的互补推挽输出电路

# 1.2　集成运放的基本构成和表示符号

## 1.2.1　集成运放的表示符号及其引出端

### 1. 集成运放的封装形式及引脚排列

集成运放的封装形式主要有两类:金属圆帽封装和双列直插封装。如图 1-2-1 所示为双列直插封装引脚排列图。双列直插器件的定位标志一般是在器件正表面上的一端设凹坑或标志点,引脚排列顺序是以顶视图,并按逆时针方向,从定位标志开始的第一引脚顺序排列的。如图 1-2-2 所示为金属圆帽封装引脚排列图,金属圆帽封装是以圆帽边缘上的凸点作为定位标志的,一般以对准定位标志的引脚定为最大的引脚号。在早期产品中,有的对准引脚 1 或引脚 1 与最大脚间的空位。引脚排列以底视图顺时针方向顺序编号。

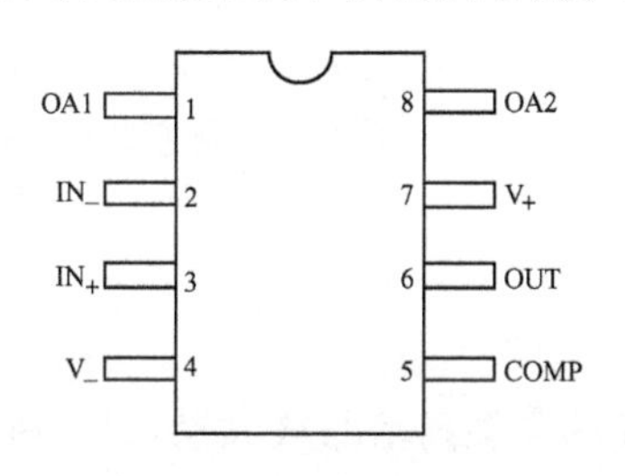


图 1-2-1　双列直插封装引脚排列图

（顶视图）

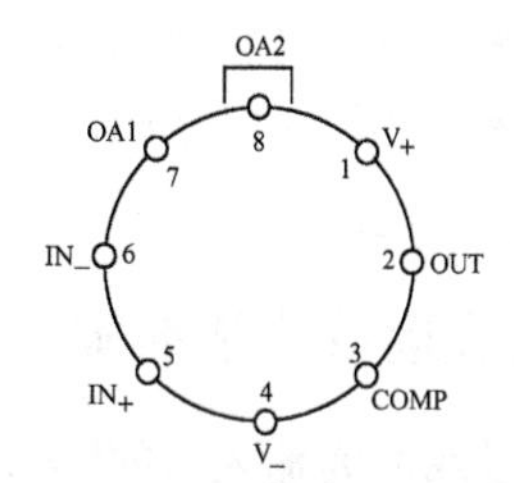


图 1-2-2　金属圆帽封装引脚排列图

（底视图）

### 2. 集成运放的表示符号及引出端

(1) 集成运放的表示符号

集成运放通常采用图 1-2-3 所示的电路符号和相应的引出端来表示。

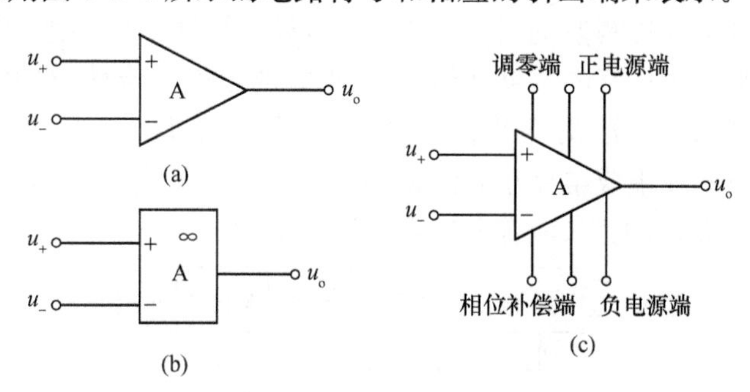


图 1-2-3　集成运放的表示符号

(2) 集成运放的引出端

集成运放共有 5 类引出端。

输入端:即信号输入端,它有两个,通常用“+”表示同相端,用“−”表示反相端。

输出端:即放大信号的输出端,只有一个,通常为对地输出电压。

电源端:集成运放为有源器件,工作时必须外接电源。一般有两个电源端,对双电源的运放,其中一个为正电源端,另一个为负电源端;对单电源的运放,一端接正电源,另一端接地。

调零端:一般有两个引出端。将其接到电位器的两个外端,而电位器的中心调节端接正电源或负电源端。有些集成运放不设调零端,欲调零时需外设调零电路。

相位补偿(或校正)端:其引出端数目因型号而异,一般为两个引出端,多者 3～4 个。有些型号的集成运放采用内部相位补偿的方法,所以不设外部相位补偿端。

(3) 说明

集成运放的输入端、输出端、电源端在电路符号上标示的位置比较固定,如图 1-2-3 所示,而调零端、相位补偿端则不同,可在两斜边的任意位置标出。

为简化电路图,画原理图时,经常只标出两个输入端和一个输出端,而将电源端、调零端、相位补偿端略去。必要时可标出所需说明的引出端,如调零端等。

在用于施工的集成运放电路图中,必须将全部引出端和所连元件、连接方式完整地表示出来,并在相应的引出端标出器件引脚的编号,在其电路符号内标出集成运放的型号和编号。外接的元件也应标出其参数值(或型号)和编号。如图 1-2-4 所示为 BG305 用作反相放大器时的实际接线电路图。

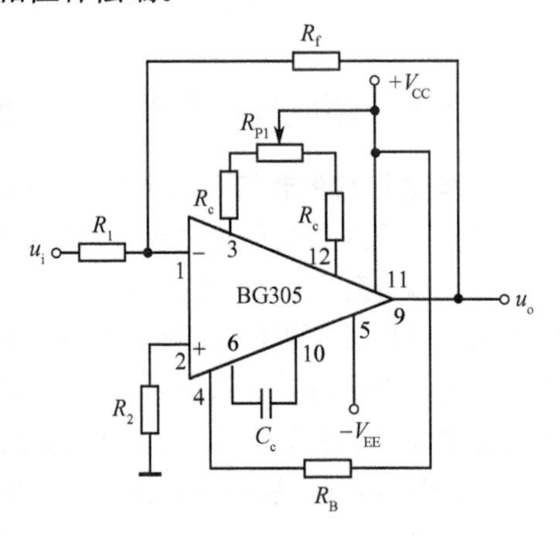


图 1-2-4　BG305 用作反相放大器时的实际接线电路图

## 1.2.2　集成运放的基本构成

集成运放是以双端为输入,单端对地为输出的直接耦合型高增益放大器,是一种模拟集成电子器件。集成运放内部电路包括 4 个基本组成环节,分别为输入级、中间级、输出级和各级的偏置电路。对于高性能、高精度等特殊集成运放,还要增加有关部分的单元电路。如温度控制电路、温度补偿电路、内部补偿电路、过流或过热保护电路、限流电路、稳压电路等。如图 1-2-5 所示为集成运放内部电路方框图。由于三极管容易制造,且它在硅片上占的面积小,所以集成运放内部电路大量采用三极管代替其他元件,如用三极管代替二极管、用有源负载代替电阻负载等。由于三极管是在相同的工艺条件下同时制造的,同一硅片上的对管特性比较相近,易获得良好的对称特性,且在同一温度场,易获得良好的温度补偿,具有很好的温度稳定性。在集成电路中,各元件易于集成的顺序是:三极管、二极管、小的电阻、小的电容等,对于大的电阻或大的电容、电感等难以集成,可采用外接的方法。在集成电路中,不能直接集成电感元件,如在集成电路内部需要电感时,可用其他元件(如三极管、电阻、电容等)模拟出电感元件。

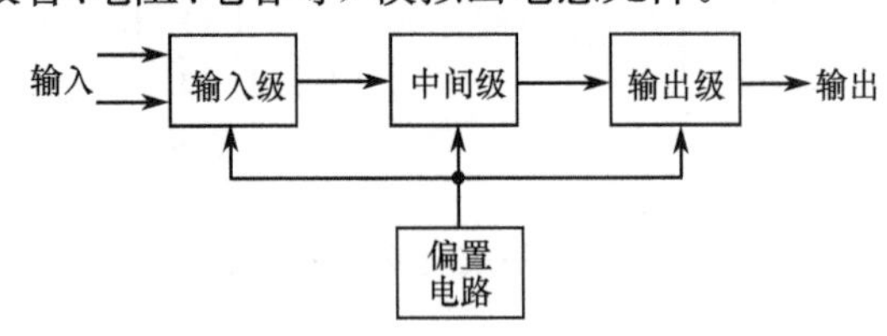


图 1-2-5　集成运放内部电路方框图

### 1. 输入级

为了提高集成运放的输入电阻、减小失调电压和偏置电流、提高差模和共模输入电压范围等性能,集成运放的输入级的差动输入放大电路常采用超 $\beta$ 管、达林顿复合管、串联互补复合管、场效应管等。为了获得较高的增益,减少内部电路的补偿要求,在差动输入放大级中,还采用有源负载或恒流源负载。输入级的保护电路也是不可缺少的。

### 2. 中间级

集成运放的中间级常采用电平位移电路,将电平移动到地电平,其电路多采用恒流源、横向

PNP 管、稳压管、正向二极管链、电阻降压电路等。从双端变单端的变换，常采用并联电阻负反馈、有源负载、电流负反馈、PNP 管等方法。为了提高共模抑制能力、提高差模增益和提供稳定的内部工作电流，实际电路中广泛采用各种恒流源电路，如稳压管恒流源、镜像恒流源、多集电极恒流源、场效应管恒流源等。

**3. 输出级**

输出级应输出以零电平为中心、有一定大小电流的正负电压，并能与中间电压放大级和负载进行匹配，所以常采用各种形式的互补推挽输出放大电路。为保证得到大电流和高电压输出，输出级电路中还使用复合三极管结构形式和耐高压的共基 - 共射电路等。输出级设有保护电路，以保护输出级不致损坏。有些集成运放中还设有过热保护等。

**4. 偏置电路**

偏置电路的作用是给各级电路提供所需的电源电压。集成运放中的偏置电路除了提供偏置电路外，还包括诸如差动放大电路的发射极恒流源、共射放大器的有源负载及电平移动电路的有源负载和标准恒流源等。

## 1.3 集成运放的主要参数和分类

在设计运放电路时，必须熟悉实际集成运放的特性参数。正确理解和运用其特性参数，是正确评价和选择集成运放、设计、计算、实验调试运放电路所必需的。集成运放的参数名目很多，各生产单位所给出的参数种类也可能有所不同，但其中都包括了一些最基本的参数。下面仅就这些基本参数做一介绍，其中包括直流特性参数与交流特性参数。

### 1.3.1 集成运放的主要直流参数

**1. 输入失调电压 $U_{os}$**

为了使集成运放在零输入时达到零输出，需在其输入端加一个直流补偿电压，这个直流补偿电压的大小即为输入失调电压，两者的方向相反。输入失调电压一般是毫伏(mV) 数量级。采用双极型三极管作为输入级的运放，其 $U_{os}$ 为 1 ～ 10mV；采用场效应管作为输入级的集成运放，其 $U_{os}$ 大得多；而对于高精度、低漂移型的集成运放，其 $U_{os}$ 的值一般很小。

**2. 输入失调电压的温度系数 $\Delta U_{os}/\Delta T$**

在一确定的温度变化范围内，失调电压的变化与温度变化的比值定义为输入失调电压的温度系数。一般集成运放输入失调电压的温度系数为 10 ～ 20μV/℃；而高精度、低漂移集成运放的温度系数在 1μV/℃ 以下。

**3. 输入偏置电流 $I_{iB}$**

当集成运放的输入电压为零，输出电压也为零时，其两个输入端偏置电流的平均值定义为输入偏置电流。两个输入端的偏置电流分别记为 $I_{iB+}$，$I_{iB-}$，而 $I_{iB}$ 表示为

$$I_{iB}=\frac{I_{iB+}+I_{iB-}}{2} \tag{1-3-1}$$

双极型三极管输入的集成运放，其 $I_{iB}$ 为 10nA ～ 1μA；场效应管输入的集成运放，其 $I_{iB}$ 一般小于 1nA。

**4. 输入失调电流 $I_{os}$**

当集成运放的输入电压为零，输出电压也为零时，两个输入偏置电流的差值称为输入失调电

流，即

$$I_{os} = | I_{iB+} - I_{iB-} | \tag{1-3-2}$$

一般来说，集成运放的偏置电流越大，其输入失调电流也越大。

输入偏置电流和输入失调电流的温度系数，分别用 $\Delta I_{iB}/\Delta T$ 和 $\Delta I_{os}/\Delta T$ 来表示。

由于输入失调电压、输入失调电流及输入偏置电流均为温度的函数，所以产品手册中均应注明这些参数的测试温度。此外，需要指出的是，上述各参数均与电源电压及集成运放输入端所加的共模电压值有关。手册中的参数一般是指在标准电源电压值及零共模输入电压下的测试值。

**5. 差模开环直流电压增益 $A_{ud}$**

集成运放工作于线性区时，差模电压输入后，其输出电压变化 $\Delta U_o$ 与差模输入电压变化 $\Delta U_{id}$ 的比值，称为差模开环电压增益，即

$$A_{ud} = \frac{\Delta U_o}{\Delta U_{id}} \tag{1-3-3}$$

差模开环电压增益一般以分贝(dB) 为单位，则可用下式表示

$$A_{ud}(\text{dB}) = 20\lg\left(\frac{\Delta U_o}{\Delta U_{id}}\right)(\text{dB}) \tag{1-3-4}$$

实际集成运放的差模开环电压增益是频率的函数，所以手册中的差模开环电压增益均指直流(或低频) 开环电压增益。大多数集成运放的直流差模开环电压增益均大于 $10^4$ 倍。

**6. 共模抑制比 CMRR**

集成运放工作于线性区时，其差模电压增益 $A_{ud}$ 与共模电压增益 $A_{uc}$ 之比称为共模抑制比，即

$$\text{CMRR} = \frac{A_{ud}}{A_{uc}} \tag{1-3-5}$$

此处的共模电压增益是当共模信号输入时，集成运放输出电压的变化与输入电压变化的比值。

若以分贝为单位，CMRR 由下式表示为

$$\text{CMRR} = 20\lg\left(\frac{A_{ud}}{A_{uc}}\right)\ (\text{dB}) \tag{1-3-6}$$

与差模开环电压增益类似，CMRR 也是频率的函数。集成运放手册中给出的参数值均指直流(或低频) 时的 CMRR。多数集成运放的 CMRR 的值在 80dB 以上。

**7. 电源电压抑制比 PSRR**

集成运放工作于线性区时，输入失调电压随电源电压改变的变化率称为电源电压抑制比。用以下公式表示

$$\text{PSRR} = \left|\frac{\Delta U_{os}}{\Delta U_s}\right|\ (\mu\text{V/V}) \tag{1-3-7}$$

式中，$\Delta U_s$ 为电源电压 $\Delta V_{CC}$ 或 $\Delta V_{EE}$。

电源电压抑制比若以分贝为单位，则可用下式表示

$$\text{PSRR} = 20\lg\left(\frac{\Delta U_s}{\Delta U_{os}}\right)\ (\text{dB}) \tag{1-3-8}$$

若 PSRR 为 100dB，相当于 10μV/V。一般低漂移集成运放的 PSRR 为 90 ～ 100dB，相当于 2 ～20μV/V。需说明的是，对于有些集成运放，其正负电源电压抑制比并不相同，使用时应注意。

**8. 输出峰 - 峰电压 $U_{opp}$**

它是指在特定的负载条件下，集成运放能输出的最大电压幅度。正、负向的电压摆幅往往并

不相同。目前大多数集成运放的正、负电压摆幅均大于 10V。

**9. 最大共模输入电压 $U_{icM}$**

当集成运放的共模抑制特性显著变坏时的共模输入电压即为最大共模输入电压。有时将共模抑制比(在规定的共模输入电压时) 下降 6dB 时所加的共模输入电压值,作为最大共模输入电压。

**10. 最大差模输入电压 $U_{idM}$**

它是集成运放两输入端所允许加的最大电压差。当差模输入电压超过此电压值时,集成运放输入级的三极管将被反向击穿,甚至损坏。

### 1.3.2 集成运放的主要交流参数

**1. 开环带宽 BW**

集成运放的开环电压增益下降 3dB(或直流增益的 0.707 倍) 时所对应的信号频率称为开环带宽。

**2. 单位增益带宽 GW**

它是指集成运放在闭环增益为 1 倍状态下,当用正弦小信号驱动时,其闭环增益下降至 0.707 倍时的频率。当集成运放的频率特性具有单极点响应时,其单位增益带宽可表示为

$$\mathrm{GW} = A_{ud} f \tag{1-3-9}$$

式中,$A_{ud}$ 是当信号频率为 $f$ 时集成运放的实际差模开环电压增益值。

当集成运放具有多极点的频率响应时,其单位增益带宽与开环带宽没有直接关系,此时采用增益带宽积表示。集成运放闭环工作时的频率响应主要决定于单位增益带宽。

还应注意的是,这两个频率参数均指集成运放小信号工作时的频率特性。此时的小信号输出范围为 100 ~ 200mV。当集成运放处于大信号工作时,其输入级将工作于非线性区,这时集成运放的频率特性将会发生明显变化。下面 3 个参数均用来描述集成运放大信号工作的频率特性。

**3. 转换速率(或电压摆率)$S_R$**

在额定的负载条件下,当输入阶跃大信号时,集成运放输出电压的最大变化率称为转换速率,其含义如图 1-3-1 所示。

通常,集成运放手册中所给出的转换速率均指闭环增益为 1 倍时的值。实际上,在转换期内,集成运放的输入级处于开关工作状态,所以集成运放的反馈回路不起作用,也即集成运放的转换速率与其闭环增益无关。一般在集成运放反相和同相应用时的转换速率是不一样的,其输出波形的前沿和后沿的转换速率也不相同。普通集成运放的转换速率约为 1V/$\mu$s 以下,而高速集成运放的转换速率应大于 10V/$\mu$s。

**4. 功率带宽 $BW_P$**

在额定负载条件下,集成运放闭环增益为 1 倍时,当输入正弦大信号后,使集成运放输出电压幅度达到最大(在一定的失真条件下) 的信号频率,即为功率带宽。此频率将受到集成运放转换速率的限制。一般可用下述的近似公式估计 $S_R$ 与 $BW_P$ 之间的关系

$$\mathrm{BW_P} = \frac{S_R}{2\pi U_{op}} \tag{1-3-10}$$

式中,$U_{op}$ 是集成运放输出的峰值电压。

**5. 建立时间 $t_s$**

集成运放闭环增益为 1 倍时,在一定的负载条件下当输入阶跃大信号后,集成运放输出电压达到某一特定值的范围时所需的时间 $t_s$ 称为建立时间。此处所指的特定值范围与稳定值之间的

误差区，称为误差带，用 2ε 来表示，如图 1-3-2 所示为建立时间 $t_s$ 的定义。

此误差带可用误差电压相对于稳定值的百分比（也称为精度）表示。建立时间的长短与精度要求直接有关，精度要求越高，建立时间越长。

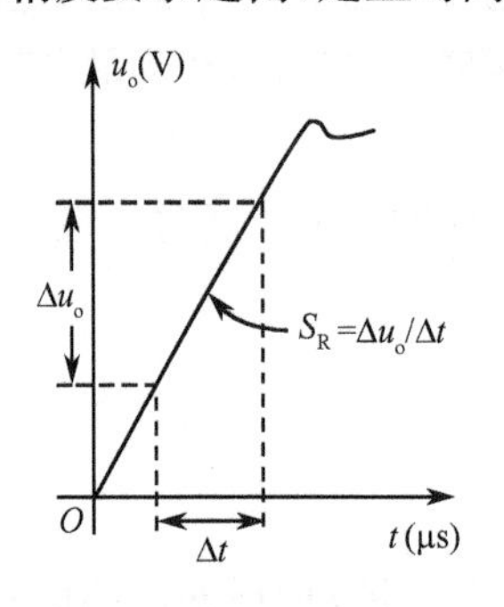


图 1-3-1　转换速率 $S_R$ 的定义

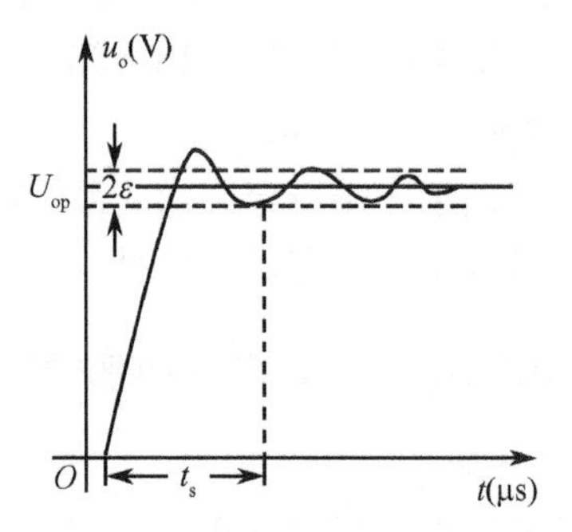


图 1-3-2　建立时间 $t_s$ 的定义

6. **等效输入噪声电压**

屏蔽良好的、无信号输入的集成运放，在其输出端产生的任何交流无规则的干扰电压，称为电路的输出噪声电压。此噪声电压换算到输入端时就称为输入噪声电压（有时也用噪声电流表示）。普通集成运放的输入噪声电压的有效值为 10 ～ 20μV。

7. **差模输入阻抗 $Z_{id}$**

差模输入阻抗有时也称为输入阻抗，是指集成运放工作在线性区时，两输入端的电压变化量与对应的输入电流变化量之比。输入阻抗包括输入电阻和输入电容，在低频时仅指输入电阻 $R_d$。一般集成运放的参数表中给出的数据均指输入电阻。双极型晶体管的集成运放，其输入电阻一般在几十千欧至几兆欧的范围内变化；场效应管的集成运放，其输入电阻通常大于 $10^9\Omega$，一般为 $10^{12} \sim 10^{14}\Omega$。

8. **共模输入阻抗 $Z_{ic}$**

当集成运放工作在共模信号时，共模输入电压的变化量与对应的输入电流的变化量之比，称为共模输入阻抗。在低频情况下，它表现为共模输入电阻 $R_{ic}$。

通常，集成运放的共模输入电阻比差模输入电阻要高得多，其值在 $10^8\Omega$ 以上。

9. **输出阻抗 $Z_o$**

当集成运放工作于线性区时，在其输出端加信号电压后，此电压变化量与对应的电流变化量之比，称为输出阻抗。在低频时，它即为集成运放的输出电阻。

上述几个参数均对应于集成运放开环工作的条件。

### 1.3.3　集成运放的分类

1. **通用型**

这类集成运放具有价格低和应用范围广泛等特点。从客观上判断通用型集成运放，目前还没有明确的统一标准，习惯上认为，在不要求具有特殊的特性参数的情况下所采用的集成运放为通用型。由于集成运放特性参数的指标在不断提高，现在的和过去的通用型集成运放的特性参数的标准并不相同。相对而言，在特性参数中具有某些优良特性的集成运放称之为特殊型或高性能型。由于各生产厂家或公司的分类方法不同，在这个厂定为特殊型的，而在另一个厂家可能定为通用型。且特殊型性能标准也在不断提高，过去定为特殊型的，现在可能定为通用型。下面介绍的方法只是作为大致的标准，在选用器件时，还是应该以特性参数值作为选择器件的标准。根据增益的高低可分为：低增益(开环电压增益在 60 ～ 80dB) 的通用 Ⅰ 型，主要产品有 F001，4E314，X50，BG301，5G922，FC1，FC31，μA702 等；中增益(开环电压增益在 80 ～ 100dB) 的通用 Ⅱ 型，主要产品有 F709，F004，F005，4E304，4E320，X52，8FC2，8FC3，SG006，BG305，FC52，μA7093 等；高增益(开环电压增益大于 100dB) 的通用 Ⅲ 型，主要产品有 F741，F748，F101，F301，F1456，F108，XFC77，XFC81，XFC82，F006，F007，F008，4E322，8FC4，7XC141，5G24，XFC51，4E322，μA741 等。

**2. 低输入偏置电流、高输入阻抗型**

在有些应用场合，如小电流测量电路、高输入阻抗测量电路、积分器、光电探测器、电荷放大器等电路，要求集成运放具有很低的偏置电流和高的输入阻抗。场效应管型集成运放具有很低的输入偏置电流和很高的输入阻抗，其偏置电流一般为 0.1 ～ 50pA，其输入阻抗一般为 $10^{12} \sim 10^{14}\Omega$。高输入阻抗运放一般指输入阻抗不低于 10MΩ 的器件。对于国外高输入阻抗运放，其输入阻抗均在 1000GΩ 以上，如 μA740，μPC152，8007 等。国内产品 5G28 的输入阻抗大于 10GΩ，F3103 的输入阻抗达到 1000GΩ。

**3. 低输入失调电压型**

输入失调电压是造成直流放大电路零位输出的主要原因之一。通常输入失调电压在 1mV 以下者为低输入失调电压型，一般为 50μV ～ 1mV。

**4. 低漂移高精度型**

低漂移型集成运放是指性能稳定，输入失调电压和输入失调电流及其漂移都非常小的集成运放。这类集成运放，一般输入失调电压的温度系数小于 5μV/℃。除了满足以上指标的集成运放属于低漂移型外，一般采用 MOS 工艺的第四代集成运放 —— 斩波稳零式集成运放均属于低漂移型，如 HA2900(HARRIS 公司)，ICL7600，ICL7560(INT 公司) 和 SN62088/72088(TI 公司) 等。

高精度型的集成运放一般包括几项主要参数，如输入失调电压、输入失调电流及其温漂非常低，输入偏置电流很小，开环增益和共模抑制比很高。它综合衡量以上几项性能指标，相对比较优越。在要求精度比较高的场合，需选用高精度型集成运放。高精度型集成运放的主要产品有 μA725，μPC154，μA726，AD504，μPC254，SN72088，HA2905 等，它们的失调电压温漂为 0.2 ～ 0.6μV/℃，增益大于 120dB，共模抑制比大于 110dB。

**5. 高速型和宽频带型**

高速型集成运放具有快速跟踪输入信号电压能力，常用摆率大小来衡量。一般摆率在 5V/μs 以上者为高速集成运放，通常为 5 ～ 70V/μs。高速集成运放的转换速率通常比通用型集成运放的转换速率高 10 ～ 100 倍。高速型集成运放的主要产品有 F715，F722，4E321，F318，μA207 等。其中，国产的 F715 的转换速率达到 100V/μs，F318 的转换速率达到 70V/μs，国外的 μA207 的转换速率达到 500V/μs，个别产品已达到 1000V/μs。

宽频带型集成运放是以最高工作频率来划分的。通常，在小信号条件下用单位增益带宽来衡量，在大信号条件下用全功率带宽或用摆率来衡量。宽频带型集成运放的增益带宽一般为几十兆赫兹。这类集成运放既能做直流放大器、低中频放大器，又能做高频放大器。例如，F507 的单位增益带宽为 35MHz，带宽运放的低频性能与通用型集成运放相当，而高频特性比高速集成运放还要好。

**6. 高压型**

工作电源电压越高，输出电压的动态范围越宽。一般电源电压在±20V 以上者称为高压型集成运放。采用场效应管作为输入级的集成运放，转换速率较高，其电源电压范围一般为

±15～±40V。最高的电源电压可达±150V，最大输出电压可达±145V，如BB公司生产的3580J即是此类集成运放的典型产品。国内高压运放有F1536，BG315，F143等。

**7. 低功耗型**

一般集成运放的静态功耗在50mW以上，而低功耗型集成运放的静态功耗在5mW以下，在1mW以下者称为微功耗型。一般在便携式仪器或产品、航空航天仪器中应用。

**8. 高输出电流型和功率型**

一般集成运放输出电流能力有限，通常在10mA以下。当输出电流在50mA以上者称为高输出电流型。输出电流在1A以上者通常称为功率型集成运放。大电流集成运放实际上是一级电流放大器，此类集成运放的输出电流通常为±200～±600mA，输出电阻约为1Ω。电流放大器的典型应用是串接在通用型集成运放之后进行扩展。这类产品有F3401，MC3401，LM3900等。

**9. 低噪声型**

在对微弱信号进行放大时，集成运放的噪声特性就是一项重要的特性参数。一般等效输入电压在2μV以下者为低噪声型。这类产品有F5037，XFC88等。

**10. 多元型**

多元集成运放也叫复合集成运放，它是在一个芯片上同时集成2个或2个以上独立的集成运放。主要产品有F747，F1437，F1537，F1558，F347，F4558，XFC80，BG320，5G353等。

**11. 单电源型**

一般集成运放都是采用双电源工作的，若用单电源，则需在电路上采取分压的办法。双电源集成运放有正、负供电系统，必然增加设备的体积和重量，因此在某些场合需要单电源工作的运放，如航空航天及野外使用。主要产品有F3140，F124，F158，F358，7XC348，SF324等。

**12. 跨导型**

这是利用输入电压来控制输出电流的集成运放，跨导可以通过外加偏置的方法来改变，输出电流能够在很宽范围内变化。主要产品有F3401，MC3401，LM3900等。

**13. 程控型**

程控型集成运放能用外部电路控制其工作状态。这种集成运放当偏置电流值改变时，它的参数也将随着变化，使用灵活，特别适用于测量电路。

**14. 组件型**

组件型集成运放是利用单片式集成电路和分立元件组合而成的一种具有独特性能的电路，其电气性能可远远超过同类型的产品，因此是一种品种发展很快，而又具有广阔前景的一类电路。比较常见的品种有：低漂移集成运放组件ZF03，OP3等，比普通低漂移集成运放的失调电压低一个数量级，广泛用于直流微弱信号的放大，如各种低漂移传感器的前置放大。静电型放大器ZF310J，AD310J等，其输入偏流极小，比MOS型场效应管做差分放大器的输入偏流还低1～2个数量级。这样微小的输入电流可与静电放大用的电子管相比拟，广泛用于离子流检测、微电流放大器、电流/电压变换器、长周期保持电路、高输入阻抗缓冲放大器等。数据放大器采用两个低漂移运放作为差分输入级，然后将其输出信号加到做差分放大器的第三只运放上进行放大后输出信号，其闭环增益固定为10倍、100倍、1000倍等，也可用外接的电位器进行调整，它的失调电压温漂小，共模抑制比高，广泛用于仪器仪表中作为前置放大器，主要产品有AD605等。

### 1.3.4 通用型集成运放内部电路简介

下面以741型通用集成运放和′14573CMOS程控四运放为例，简单介绍集成运放的构成原理。

## 1.741 型通用集成运放简介

741 型集成运放如 F741，F007，5G24，$\mu$A741，AD741 等，是第二代集成运放的典型代表。下面以 $\mu$A741 为例，简单介绍集成运放的构成原理。

(1)$\mu$A741 集成运放内部电路图

如图 1-3-3 所示为 $\mu$A741 型通用集成运放的内部电路图。图中 $VT_1 \sim VT_{10}$ 和电阻 $R_1 \sim R_4$ 组成输入级。$VT_1$，$VT_2$(NPN 管) 和 $VT_3$，$VT_4$(PNP 管) 组成互补差分输入放大级。$VT_1$，$VT_2$ 为共集电极组态，其 $\beta$ 值很大，具有很小的基极偏置电流和高的差模输入电阻。$VT_3$，$VT_4$ 为横向 PNP 管，采用共基极组态，以改善输入频率响应特性。由于 $VT_3$ 和 $VT_4$ 基射结可耐受较大的反压，则可承受较大的差模输入电压。$VT_5 \sim VT_7$ 管和电阻 $R_1 \sim R_3$ 构成电流镜恒流源，它们是 $VT_3$，$VT_4$ 集电极有源负载，并完成从双端输出到单端输出的转换，同时提高输入级的增益。$VT_5$，$VT_6$ 组成电流镜恒流源，再配合 $VT_{10}$ 恒流源，完成输入级共模电流负反馈，以稳定输入级工作电流，提高输入级共模抑制比和共模输入电阻。在共模输入电压作用或由于温升而使 $I_{c3}$，$I_{c4}$ 增大时，电流负反馈的作用则是：通过 $I_{c3}$，$I_{c4}$ 增大，使 $I_{c8}$ 增大，根据电流镜的关系，$I_{c9}$ 也增大，而 $VT_{10}$ 为恒流源，则 $VT_3$，$VT_4$ 的基极电流 $I_{b3}$，$I_{b4}$ 必然同时减小，达到稳定工作点，提高共模特性。

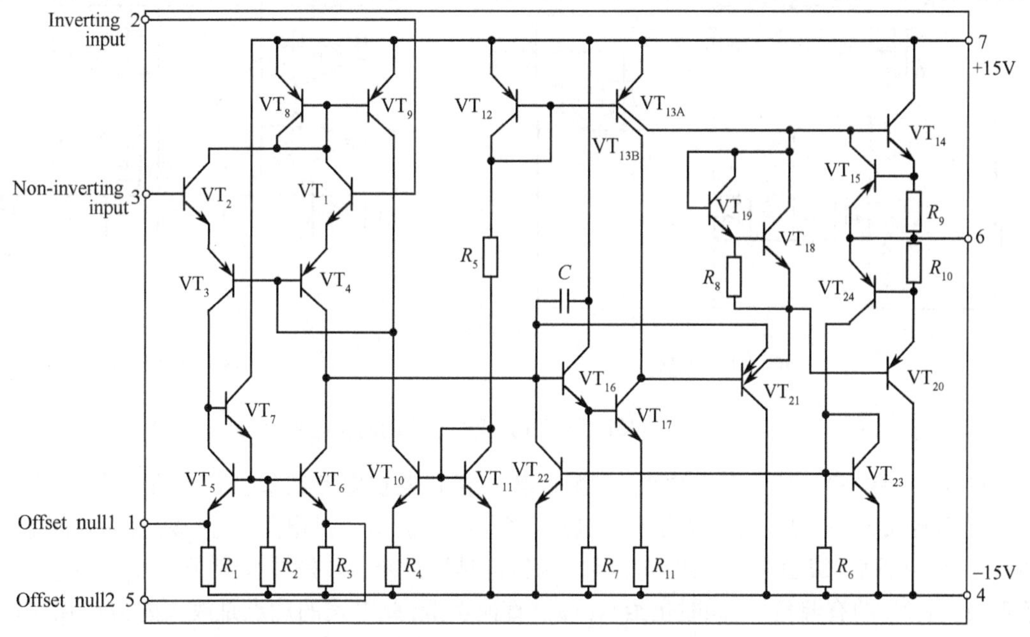


图 1-3-3 $\mu$A741 型集成运放的内部电路图

$VT_{16}$，$VT_{17}$ 和它的有源负载 $VT_{13B}$ 组成中间放大级，同时完成电平移动。这一级具有较高的增益。为了运放闭环工作的稳定性，在 $VT_{16}$ 集电极和基极间接入 30pF 积分校正电容。$VT_{11}$，$VT_{12}$ 两个二极管和电阻 $R_5$ 为 $VT_{10}$，$VT_{13A}$，$VT_{13B}$ 的电流镜恒流源的偏置电路。

输出级由 $VT_{14}$，$VT_{20}$ 和 $VT_{21}$ 及偏置电路、输出保护电路构成。$VT_{14}$，$VT_{20}$ 组成互补输出级，$VT_{21}$ 为激励级。$VT_{18}$，$VT_{19}$ 两个二极管为 $VT_{14}$，$VT_{20}$ 提供初始偏置电压，以减小交越失真。$VT_{13A}$ 为 $VT_{21}$ 射极有源负载。为了避免输出级接地过载引起的损坏，由 $VT_{15}$ 和电阻 $R_9$ 构成正向电流过载保护电路。当 $VT_{14}$ 输出电流增大到使 $R_9$ 上的电压大于 0.6V 时，$VT_{15}$ 导通，将分流 $VT_{14}$ 部分基极电流，使正向输出短路电流限制在 $0.6V/27\Omega = 22mA$。负向输出电流保护电路由 $VT_{22}$，$VT_{23}$，$VT_{24}$ 和电阻 $R_{10}$ 构成。当电阻 $R_{10}$ 上电压超过 0.6V 时，$VT_{24}$，$VT_{23}$ 和 $VT_{22}$ 相继导通，分去 $VT_{16}$ 管的基极电流，限制了输出级 $VT_{20}$ 输出电流，使负向输出短路电流限制在 $0.6V/22\Omega = 27mA$。

(2) F741 型集成运放的性能特点

以 F741 为例,通用型 F741 集成运放是采用硅外延平面工艺制作的单片式高增益运放,它有很宽的输入共模电压范围,不会在使用中出现“阻塞”,在诸如积分电路、求和电路及通常的反馈放大电路中使用,都不需要补偿电容。

其特点是:① 采用频率内补偿;② 具有短路保护功能;③ 具有失调电压调整能力;④ 具有很高的输入差模电压和共模电压范围;⑤ 无阻塞现象;⑥ 功耗较低,电源电压适应范围较宽。

**2. ′14573CMOS 程控四运放简介**

′14573CMOS 程控四运放如 5G14573,MC14573 等,是一种 CMOS 通用四运放。

(1) ′14573 集成运放简化电路图

图 1-3-4 所示为 ′14573CMOS 集成四运放的简化电路图。

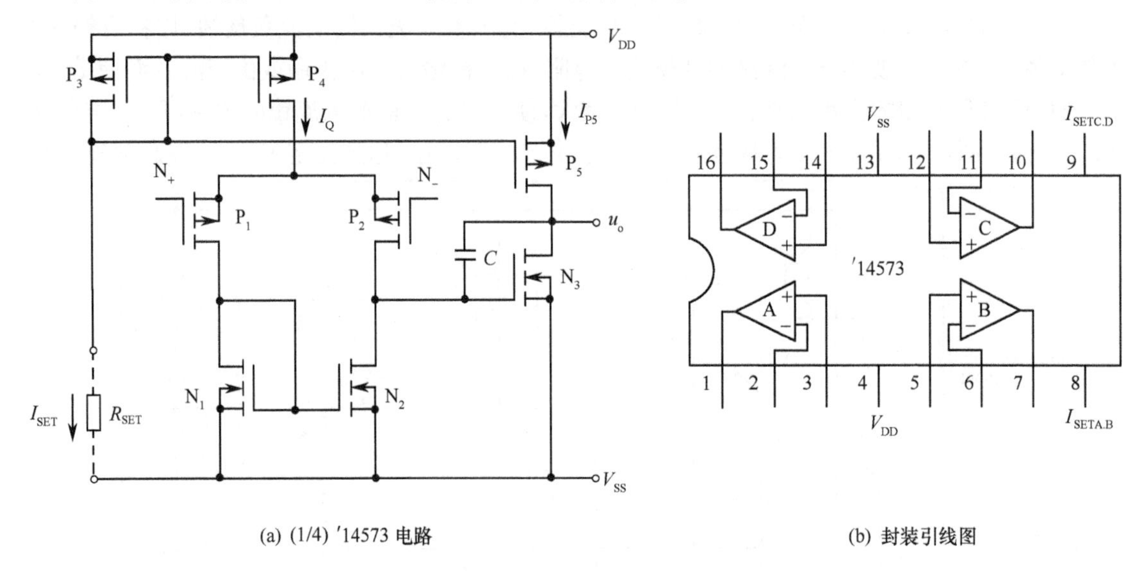


(a) (1/4) ′14573 电路

(b) 封装引线图

图 1-3-4　′14573CMOS 集成四运放的简化电路图

在图 1-3-4 中,第一级由差分电路、有源负载电路和偏置电路组成。$P_1$,$P_2$ 组成输入差分对,$N_1$,$N_2$ 是有源负载,$P_3$,$P_4$ 是电流源偏置电路,其基准电流由外接电阻 $R_{SET}$ 设定,基准电流一般为 20～200$\mu$A。第二级由 $N_3$,$P_5$ 组成,是放大级,也是输出级。$N_3$ 是放大管,$P_3$,$P_4$ 和 $P_5$ 组成比例电流源,$P_5$ 是 $N_3$ 的有源负载,同时也给 $N_3$ 提供直流偏置。此电路的优点是放大能力很强,缺点是输出电阻大,带载能力差。但这种电路一般所带负载多是同类 CMOS 电路,CMOS 电路的输入电阻大,且多数 CMOS 集成运放主要用作 LSI 电路的片上电路,只需具有带几皮法的小电容负载的能力即可,有的输入端甚至无须引出外线,所以输入保护电路也无必要。

(2) ′14573CMOS 程控四运放的性能特点

′14573CMOS 程控四运放具有以下特点:输入电阻大;差模输入电压范围大,一般为 $-0.5\sim V_{DD}+0.5$V;电源电压范围大,既可以单电源供电(3.0～15V),也可以双电源供电($\pm1.5\sim\pm7.5$V),且正负电源可以不对称;具有良好的匹配和温度跟踪特性;电流源电路可以由外部程控;当恒流源有电流时,电路进入工作状态,改变偏置电流,可以改变运放参数,没有偏置时便处于截止状态。因为 ′14573CMOS 程控四运放具有以上特点,所以应用非常方便。

# 1.4 集成运放的等效模型

## 1.4.1 集成运放的实际等效模型

集成运放的实际等效模型主要用于分析集成运放的实际特性参数，也用于分析和计算实际集成运放的非理想特性和由此带来的误差。如图 1-4-1 所示为集成运放的实际等效模型。

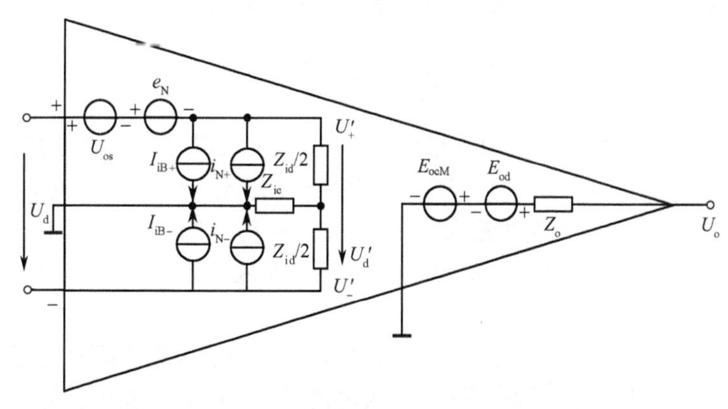


图 1-4-1 集成运放的实际等效模型

在图 1-4-1 中，$U_{os}$ 为输入失调电压，可加在集成运放的同相端，也可加在反相端；$e_N$ 为等效输入噪声电压；$i_N$ 为等效输入噪声电流；$Z_{ic}$ 为共模输入阻抗；$Z_{id}$ 为差模输入阻抗，它是差模输入电阻 $R_{id}$ 和差模输入电容 $C_{id}$ 的并联阻抗；$Z_o$ 为输出阻抗，它是共模输出电阻 $R_{oc}$ 和共模输出电容 $C_{oc}$ 的并联阻抗，通常只考虑输出电阻；$E_{od}$ 为经差模放大的输出电压；$E_{ocM}$ 为由共模引起的输出电压；$I_{iB+}$、$I_{iB-}$ 分别为输入偏流，用两个恒流源来表示。

通常在频率不是很高时，差模输入阻抗和共模输入阻抗可以忽略容抗的影响。差模输入电压 $U'_d = U'_+(s) - U'_-(s)$，经差模放大的输出电压为 $E_{od}(s) = U'_d(s)A_d(s)$，当输入电压为直流电压时，$E_{od} = U'_dA_d$。共模电压引起的输出电压 $E_{ocM}(s) = U_{cM}(s) \cdot A_{cM}(s)$。

在实际应用时，可根据需要分别进行直流特性、交流特性、瞬态特性、噪声特性等的分析。在计算误差时，可分别计算每一个或数几个特性参数作用的结果，而不必把所有的参数放在一起来分析，否则其分析将十分烦琐。这样简化分析的结果仅仅是忽略了一些高次误差项，是完全允许的。实际等效模型中的参数也可以理解为是变化的参数，如失调电压随温度和电源电压变化而变化，则可以用来分析它们变化所带来的影响。

## 1.4.2 理想集成运放的等效模型

### 1. 理想集成运放的基本条件

理想集成运放是指集成运放的各项指标均为理想特性值。一个理想集成运放应具备以下基本条件：

① 差模电压增益为无限大，即 $A_{ud} = \infty$；

② 输入电阻为无限大，即 $R_{id} = \infty$；

③ 输出电阻为零，$r_o = 0$；

④ 共模抑制比为无限大，即 CMRR $= \infty$；

⑤ 转换速率为无限大,即 $S_R=\infty$;

⑥ 具有无限宽的频带;

⑦ 失调电压、失调电流及其温漂均为零;

⑧ 干扰和噪声均为零。

**2. 理想集成运放的两个重要特性**

理想集成运放有两个重要特性:虚短和虚断。

① 虚短,即集成运放两输入端的电位相等,$u_+=u_-$。

由于集成运放的输出电压为有限值,而理想集成运放的 $A_{uo}=\infty$,则

$$u_+-u_-=\frac{u_o}{A_{uo}}=0 \quad 或 \quad u_+=u_- \tag{1-4-1}$$

式中,$u_+$,$u_-$ 分别为集成运放同相端和反相端的电位。从上式看,集成运放的两个输入端好像是短路,但并不是真正的短路,所以称为虚短。只有集成运放工作于线性状态时,才存在虚短。

② 虚断,即集成运放两输入端的输入电流为零,$i_+=i_-=0$。

由于集成运放的输入电阻为无穷大,因而流入两个输入端的电流为零,即

$$i_+=i_-=0 \tag{1-4-2}$$

式中,$i_+$,$i_-$ 分别为集成运放同相端和反相端的输入电流。从上式看,集成运放的两个输入端好像是断路,但并不是真正的断路,所以称为**虚断**。

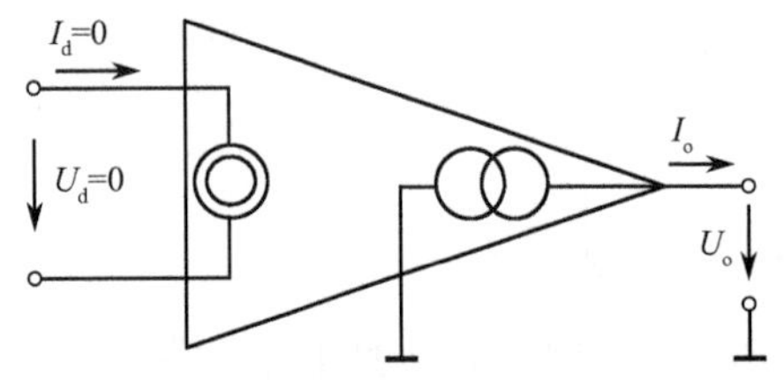


图 1-4-2　集成运放的理想等效模型

**3. 集成运放的理想等效模型**

由集成运放的理想条件和两个重要特性可得到集成运放的理想等效模型,如图 1-4-2 所示。

# 1.5　实际运放与理想运放的误差

实际集成运放不能达到完全“理想”的条件,而只能渐渐地趋于这些“理想”条件,也就是说“理想运放”是不存在的。实际运放和理想运放总存在着“偏差”,如实际集成运放的开环差模电压增益不是无穷大,而是一个有限值;实际集成运放的输入电阻不是无穷大;输出电阻不可能为零;失调电压、失调电流、温漂、噪声等不是零;共模抑制比不是无穷大,而为有限值等。随着集成电路技术的发展,在某一项或某几项集成电路的性能方面,实际集成运放越来越接近理想集成运放,但无论如何,实际集成运放和理想集成运放都会存在“偏差”,只不过不同的运放,“偏差”程度不同而已。本节以 $A_d$、$A_c$ 和 $U_{os}$ 等部分参数为例介绍实际集成运放和理想集成运放的误差。

## 1.5.1　$A_d$ 为有限值时实际运放和理想运放的误差

实际运放的 $A_d$ 不是无穷大,而是有限值,实际运放和理想运放存在误差,“虚地点”要移动。下面分析运放的其他条件均为理想条件,只有 $A_d$ 不理想即 $A_d$ 为有限值时的情况。

当 $A_d$ 为有限值时,集成运放的输出电压为

$$U_o=-A_d(U_--U_+) \tag{1-5-1}$$

$$U_--U_+=-\frac{U_o}{A_d}\neq 0 \tag{1-5-2}$$

$$U_--U_+-\left(-\frac{U_o}{A_d}\right)=0 \tag{1-5-3}$$

而理想运放的$U_{-}-U_{+}=0$，所以实际集成运放的“虚地点”要产生移动。图1-5-1等效于在实际运放里面套有一个理想运放，$U_1=-\dfrac{U_o}{A_d}$。

由图1-5-1可知

$$(U_{-}-U_{+})-(U'_{-}-U'_{+})-\left(-\frac{U_o}{A_d}\right)=0 \tag{1-5-4}$$

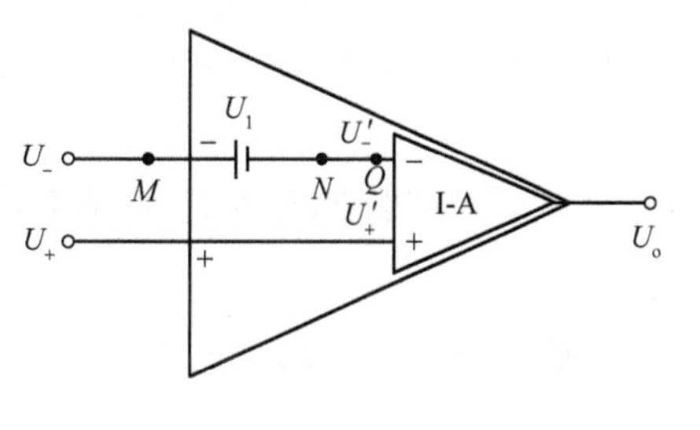


图1-5-1　考虑$A_d$影响后的实际运放模型

式(1-5-4)可整理为

$$(U'_{-}-U'_{+})-\left[(U_{-}-U_{+})-\left(-\frac{U_o}{A_d}\right)\right]=0 \tag{1-5-5}$$

由式(1-5-3)可得

$$U'_{-}-U'_{+}=0 \tag{1-5-6}$$

式(1-5-6)表明，实际运放的虚地点不在$M$点，而是移动到$N$点。所以，当$A_d$为有限值时分析运放电路，要用图1-5-1所示的运放电路。

### 1.5.2　$A_c$为有限值时实际运放和理想运放的误差

下面再讨论运放的其他参数为理想条件，而$A_c$和$A_d$不是理想条件的情况，即$A_c$不为零，$A_d$为有限值。

当$A_d$为有限值、$A_c$不为零时，集成运放的输出电压为

$$\begin{aligned}U_o&=-A_d(U_{-}-U_{+})-A_c\frac{U_{-}+U_{+}}{2}\\&=-A_d\left[(U_{-}-U_{+})+\frac{A_c}{A_d}\cdot\frac{U_{-}+U_{+}}{2}\right]\end{aligned} \tag{1-5-7}$$

将$\mathrm{CMRR}=\dfrac{A_d}{A_c}$代入得

$$(U_{-}-U_{+})-\left(-\frac{U_{-}+U_{+}}{2\mathrm{CMRR}}\right)-\left(-\frac{U_o}{A_d}\right)=0 \tag{1-5-8}$$

令$U_1=-\dfrac{U_o}{A_d}$，$U_2=-\dfrac{U_{-}+U_{+}}{2\mathrm{CMRR}}$，则得

$$(U_{-}-U_{+})-U_2-U_1=0 \tag{1-5-9}$$

而理想运放$U_{-}-U_{+}=0$。所以，当同时考虑$A_d$为有限值、$A_c$不为零时，虚地点要再次发生移动，如图1-5-2所示。

下面再求虚地点的位置，由图1-5-2可得

$$(U_{-}-U_{+})-(U''_{-}-U''_{+})-U_2-U_1=0 \tag{1-5-10}$$

整理得

$$(U''_{-}-U''_{+})-[(U_{-}-U_{+})-U_2-U_1]=0 \tag{1-5-11}$$

由式(1-5-9)，可得

$$U''_{-}-U''_{+}=0 \tag{1-5-12}$$

式(1-5-12)表明，实际运放的虚地点不在$M$点，而是移动到了$P$点。所以，当$A_d$为有限值、$A_c$不为零时分析运放电路，要用图1-5-2所示的运放电路。

### 1.5.3 $U_{os}$不为零时实际运放和理想运放的误差

下面再讨论运放的其他参数为理想条件，而$U_{os}$不是理想条件的情况，即$U_{os}$不为零的情况。

理想的运放电路，当零输入时，应是零输出，但实际运放电路并非如此，当零输入时，输出并不为零。

当$U_{os}$不为零、同时考虑$A_d$为有限值时，集成运放的输出电压为

$$U_o = -A_d(U_- - U_+ - U_{os}) \tag{1-5-13}$$

如果再假定$A_d$为无穷大，则有

$$U_- - U_+ - U_{os} = 0 \tag{1-5-14}$$

因此引入失调电压$U_{os}$后，实际集成运放的虚地点要从$M$点移到$Q$点，如图 1-5-3 所示。所以，当$U_{os}$不为零时分析运放电路，要用图 1-5-3 所示的运放电路。

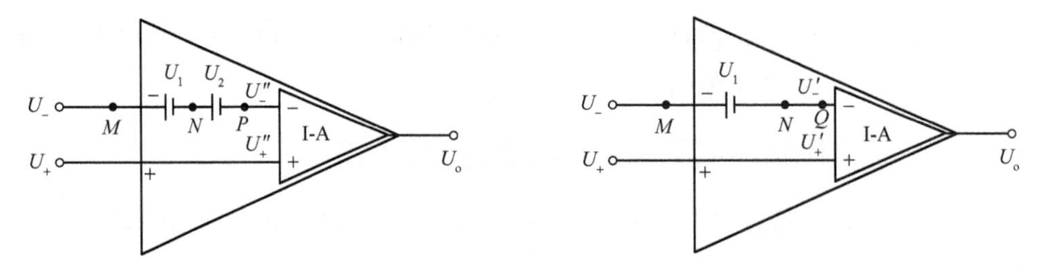


图 1-5-2　考虑$A_d$,$A_c$影响后的实际运放模型　　图 1-5-3　考虑$U_{os}$存在后的实际运放等效模型

当同时考虑$A_d$为有限值、$A_c$不为零、$U_{os}$不为零时，实际运放的等效电路如图 1-5-4 所示。如果再考虑实际运放的其他参数的影响，“虚地点”还将进一步移动。

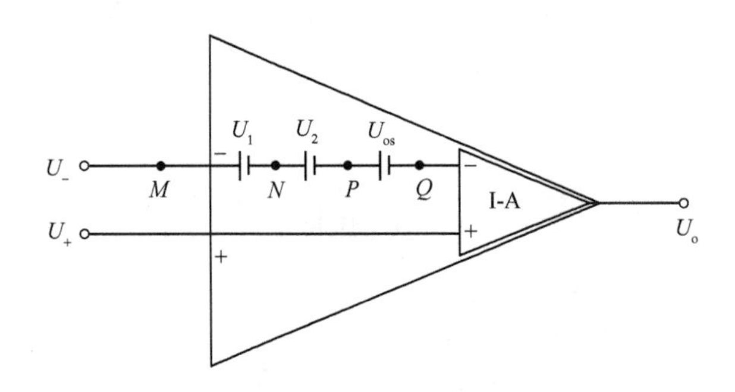


图 1-5-4　考虑$A_d$,$A_c$,$U_{os}$影响后的实际运放模型

## 1.6　运放电路的稳定性及其判断

由于运放电路是一个多极点高增益放大器，且一般都工作在闭环状态，所以在实际应用中有时会出现自激振荡，而使运放电路不能正常工作。为了使运放电路能稳定地工作，除了加强电源滤波效果、合理安排印制板走线、合理接地外，闭环应用造成的运放电路的不稳定现象，是运放电路应用时必须研究的重要问题之一。本节将围绕运放电路的频率特性，对运放电路的稳定性进行简要讨论。

### 1.6.1 闭环自激振荡产生的条件

如图 1-6-1 所示为负反馈放大器方框图。图中,$A_d(s)$(或 $A_d$) 是放大器开环增益函数,$F(s)$(或$F$) 是反馈函数,$U_o(s)$(或$U_o$) 是输出电压,$U_i(s)$(或$U_i$) 是输入电压,$U_f(s)$(或$U_f$) 是反馈电压。

由图 1-6-1 可写出,输出电压为

$$U_o = U_d A_d = (U_i - U_f)A_d = (U_i - FU_o)A_d \tag{1-6-1}$$

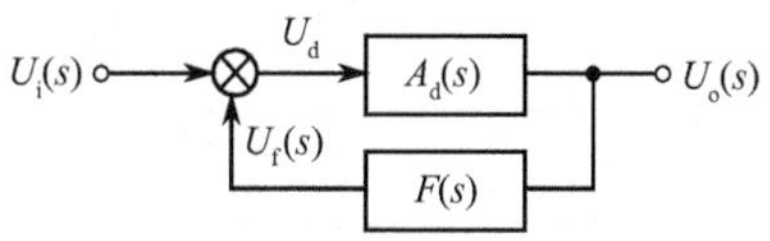

图 1-6-1 负反馈放大器方框图

闭环增益为

$$A_F = \frac{U_o}{U_i} = \frac{A_d}{1+A_d F} \quad 或 \quad A_F(s) = \frac{U_o(s)}{U_i(s)} = \frac{A_d(s)}{1+A_d(s)F(s)} \tag{1-6-2}$$

式中,$A_F(s)$ 是闭环增益,$A_d(s)F(s)$ 是环路增益。

由式(1-6-2) 可知,当 $A_d(s)F(s) = -1$ 时,$A_F(s) \to \infty$,所以产生自激振荡的条件是

$$A_d(s)F(s) = -1 \quad 或 \quad A_d(j\omega)F(j\omega) = -1 \tag{1-6-3}$$

当$A(\omega) \cdot F(\omega) > 1$时,运放输入差模信号$U_d$每经反馈循环一次后,都会有所增加,在集成运放非线性区域,$A_d$ 将随$U_d$ 的增大而减小,当$U_d$ 增大到能使 $A_d$ 减小到满足$A(\omega) \cdot F(\omega) = 1$时,输入 $U_d$ 和输出$U_o$都将保持不变,这时只要满足相位$\varphi = \varphi_0(\omega) + \varphi_F(\omega) = \pm\pi \pm 2n\pi (n = 0,1,2,\cdots)$条件,就会产生自激振荡,因此将$A(\omega) \cdot F(\omega) > 1$ 的情况也包括在内时,产生自激振荡的条件应为

$$A(j\omega) \cdot F(j\omega) = -1$$

其中,自激振荡的振幅条件为

$$A(\omega) \cdot F(\omega) \geqslant 1 \tag{1-6-4}$$

自激振荡的相位条件为

$$\varphi = \varphi_0(\omega) + \varphi_F(\omega) = \pm\pi \pm 2n\pi \quad (n = 0,1,2,\cdots) \tag{1-6-5}$$

只有同时满足式(1-6-4) 和式(1-6-5) 两个条件,运放才会产生自激振荡,只满足其中条件之一,运放不会产生自激振荡。

### 1.6.2 集成运放闭环稳定性判据

#### 1. 闭环稳定性判据

由以上对产生自激振荡条件的分析可知,要使集成运放在闭环下能稳定地工作,就必须破坏产生自激振荡的两个条件或两个条件之一,所以运放电路闭环稳定工作的条件应为

$$A(\omega) \cdot F(\omega) \geqslant 1 时,相移\ \varphi < \pm\pi \tag{1-6-6}$$

$$相移\ \varphi = \pm\pi 时,A(\omega) \cdot F(\omega) < 1 \tag{1-6-7}$$

单极点集成运放最大相移是$-90°$,所以单极点运放电路在任何反馈深度下都不会产生自激振荡。对于两个极点的集成运放,只有在频率$f \to \infty$ 时,相移才能达到 $-180°$,而此时增益 $A_d \to 0$,也不会满足自激振荡的振幅条件,所以也不会产生自激振荡,但由于集成运放中分布电容的影响,对于两个极点的运放电路也有可能产生自激振荡。对于 3 个极点的运放电路,其最大相移是$-270°$,其幅频特性和相频特性曲线如图 1-6-2 所示。

假设环路增益是与频率无关的常数,则环路增益为 $|A_d F|$,取对数后为

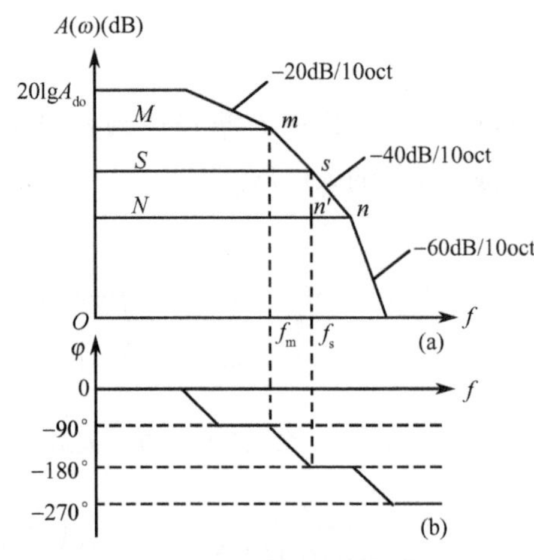

图 1-6-2　三极点放大器频率特性

$$20\lg|A_d| - 20\lg\left(\frac{1}{F}\right) \tag{1-6-8}$$

其中，$20\lg|A_d|$ 是开环增益频率特性曲线，$20\lg\left(\frac{1}{F}\right)$是反馈曲线。

当反馈系数 $F = F_m$ 时，反馈曲线为$M$，当环路增益为 0dB 时，开环频率特性曲线与反馈曲线$M$相交于$m$点，如图 1-6-2 所示。在$m$点，环路增益为 1，满足自激振荡的幅度条件，$m$点对应的频率如为 $f_m$，相应的相移为 $\varphi_m < 180°$，不满足自激振荡的相位条件，即当反馈系数 $F = F_m$ 时，满足闭环稳定条件，所以运放电路工作是稳定的。

当增加反馈深度，反馈系数 $F = F_s$ 时，这时 $20\lg\left(\frac{1}{F}\right)$将减小，反馈曲线$M$变为曲线$S$，曲线$S$与开环频率特性曲线相交于$s$点，设$s$点对应的频率为 $f_s$，如果当 $f = f_s$ 时，相移 $\varphi = 180°$，这时就同时满足了自激振荡的两个条件，运放电路在闭环时工作是不稳定的。

当再增加负反馈深度，反馈系数 $F = F_n$ 时，这时 $20\lg\left(\frac{1}{F}\right)$将会更小，反馈曲线$S$变到$N$，在反馈曲线$N$上，总可以找到相移 $\varphi = 180°$ 时的频率 $f_s$，当 $f = f_s$ 时，这时既满足自激振荡的幅度条件，又满足自激振荡的相位条件，所以当反馈系数 $F = F_n$ 时，运放电路闭环工作更不稳定。

由以上分析可知，集成运放反馈越深，即闭环增益越小，越容易产生自激振荡。

**2. 利用波特图判断稳定性**

一般在分析运放电路闭环工作的稳定性时，通常幅频特性图的坐标轴取对数。开环幅频特性曲线的第一个极点后的转折频率是－20dB/10oct，第二个极点后的转折频率是－40dB/10oct，第三个极点后的转折频率是－60dB/10oct。在分析运放电路时，先求出反馈系数$F$，当$F$为实数时，然后在幅频特性图上作 $1/F$(dB) 直线，若 $1/F$(dB) 直线交于－20dB/10oct 的曲线上，此运放电路闭环工作是稳定的；若 $1/F$(dB) 直线交于－40dB/10oct 或－60dB/10oct 的曲线上，此运放电路闭环工作是不稳定的。如图 1-6-2 中，当 $1/F$(dB) 直线与开环幅频特性曲线交于$m$点以上时，运放电路闭环工作是稳定的；当 $1/F$(dB) 直线与开环幅频特性曲线交于$m$点以下时，运放电路闭环工作是不稳定的。

利用集成运放开环幅频特性的波特图，可以比较方便地判断运放电路的稳定性。下面以图 1-6-3 所示同相放大器为例来说明。

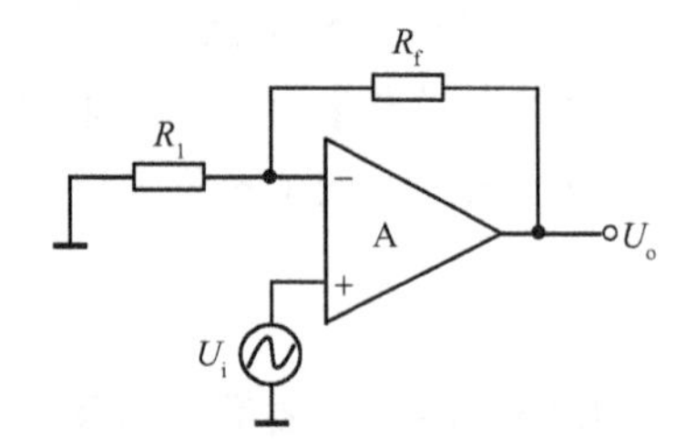

图 1-6-3　同相放大器

反馈系数 $F(j\omega)$ 为

$$F(j\omega) = \frac{R_1}{R_1 + R_f} \tag{1-6-9}$$

$$F(\omega) = \frac{R_1}{R_1 + R_f} \tag{1-6-10}$$

$F(\omega)$ 和 $\varphi_F(\omega)$ 均与 $\omega$ 无关，故为常数。此时，回路相移 $\varphi_0(\omega) + \varphi_F(\omega) = \varphi_0(\omega)$ 全部由集成运放的相移 $\varphi_0(\omega)$ 而定。

这时，自激条件变为

$$\varphi_0(\omega)=\pm 180^\circ,\quad A_d(\omega)F\geqslant 1 \tag{1-6-11}$$

或

$$A_d(\omega)F=1,\quad |\varphi_0(\omega)|\geqslant 180^\circ \tag{1-6-12}$$

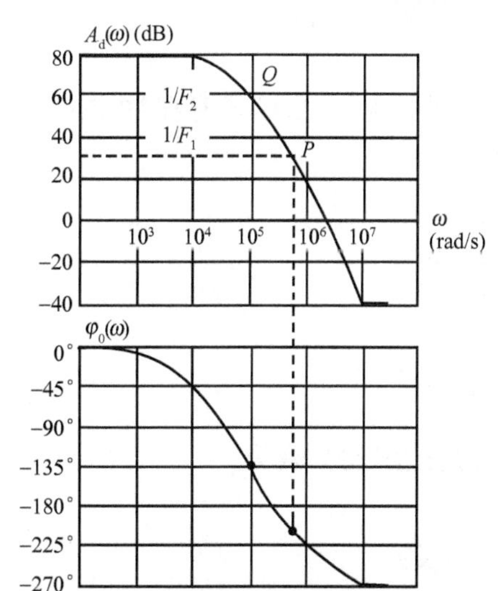


图 1-6-4 利用运算放大器开环频率特性判断反馈放大器的稳定性

在这两种情况下，同相放大器都不稳定。反之，若不满足上述条件则是稳定的。因为在满足式(1-6-11)相位条件下，$A_d(\omega)F\geqslant 1$，将产生增幅或等幅振荡，反馈放大器不稳定。而在满足式(1-6-3)条件下，根据集成运放下降频率特性可知，若 $A_d(\omega)F=1$ 和 $|\varphi_0(\omega)|>180^\circ$，则会出现 $|\varphi_0(\omega)|=180^\circ$ 时，$A_d(\omega)F>1$ 情况，所以此时反馈放大器也不稳定。

设同相放大器的反馈系数为 $F_1$，因此可以在集成运放开环幅频特性波特图上，作一条高度为 $1/F_1$(dB) 水平线，如图 1-6-4 中的 $1/F_1$(dB) 线，它与集成运放开环幅频特性相交于 $P$ 点，该点 $\omega=\omega_P$，$A_d(\omega_P)=1/F_1$，即 $A_d(\omega_P)F_1=1$，再由集成运放的相频特性找出对应于 $P$ 点的相移，由图得到 $|\varphi_0(\varphi_p)|>180^\circ$，可见，在 $\omega=\omega_P$ 时满足

$$A_d(\omega_P)F_1=1$$

$$|\varphi_0(\omega_P)|>180^\circ$$

即满足自激条件，所以可判定，反馈系数为 $F_1$ 时，同相放大器不稳定。

若减小反馈系数，使 $F_2<F_1$，再作 $1/F_2$(dB) 水平线与 $A_d(\omega)$ 相交于 $Q$ 点，如图 1-6-4 所示，对应的 $|\varphi_0(\omega_Q)<180^\circ$，即

$$A_d(\omega_Q)F_2=1$$

$$|\varphi_0(\omega_Q)|<180^\circ$$

它不满足自激条件，因此可断定，反馈系数为 $F_2$ 时，同相放大器是稳定的。

## 1.7 集成运放的相位补偿技术

在实际应用中，电路中存在的各种分布电容会使电路的高频特性变差。当信号频率升高时，不仅集成运放的增益值下降，其输出信号相对于输入信号的附加相移也增加，严重时，会使原来电路的负反馈作用变为正反馈，使运放电路产生自激振荡，而不能稳定地工作。一般来讲，集成运放在没有进行相位补偿之前，它的开环频率响应不可能是单极点的。多极点响应的放大器闭环工作时很容易产生自激。因此，为了保证电路工作的稳定性，必须进行相位补偿。相位补偿的作用是利用补偿网络来改变集成运放开环的频率响应特性，以增加负反馈放大器的相位余量。

实际上，目前相当多的集成运放常采用在集成块内补偿的方式，即使需要外部补偿的集成运放，制造厂家一般也给出确定的补偿端子及相位补偿的元件参数值。只是在少数应用场合，才需使用者自行设计补偿元件。因此，本节只简要介绍相位补偿的原理。

### 1.7.1 滞后相位补偿

滞后相位补偿是通过相位补偿网络使放大器开环增益的附加相移进一步滞后。常用的滞后相位补偿的方法有:简单电容补偿、电阻电容串联补偿和密勒电容补偿等。

**1. 简单电容补偿**

如图 1-7-1 所示为简单电容补偿电路。图中,$C_c$ 是相位补偿电容。当 $C_c$ 不存在时,该电路的传输函数为

$$A_{ud}(j\omega)=\frac{\dot{U}_o}{\dot{I}_s}=\frac{R}{1+j\omega RC} \tag{1-7-1}$$

其附加的滞后相移 $\varphi(j\omega)$ 为

$$\varphi(j\omega)=-\arctan(\omega RC) \tag{1-7-2}$$

当加了补偿电容后,该电路的传输函数及滞后相移的表达式分别变为

$$A_{ud}(j\omega)=\frac{R}{1+j\omega R(C_c+C)} \tag{1-7-3}$$

$$\varphi(\omega)=-\arctan[\omega R(C_c+C)] \tag{1-7-4}$$

显然,此时的附加相移滞后量增加。

例如,如图 1-7-2 所示为 F004 简单电容补偿前后的幅频特性。第一转折频率为 $f_1$,第二转折频率为 $f_2$。其中单位增益补偿的电容用专用符号 $C_s$ 表示,在集成运放手册中会给出所需要的 $C_s$ 的值,如 F004 给出的单位增益补偿电容 $C_s=1000\text{pF}$。图中 $f_1'=\frac{1}{2\pi R(C+C_\varphi)}$,$f_1''=\frac{1}{2\pi R(C+C_s)}$。

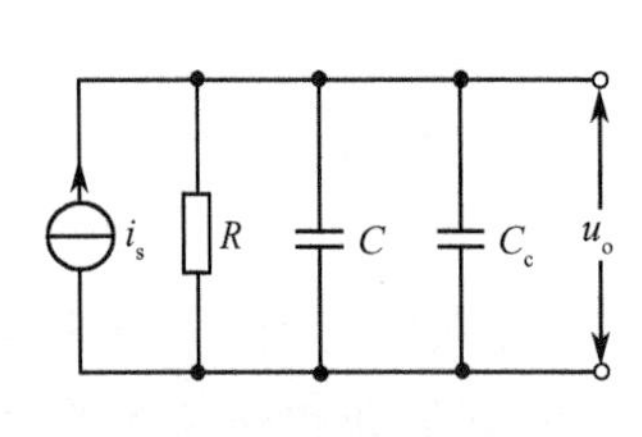

图 1-7-1 简单电容补偿电路

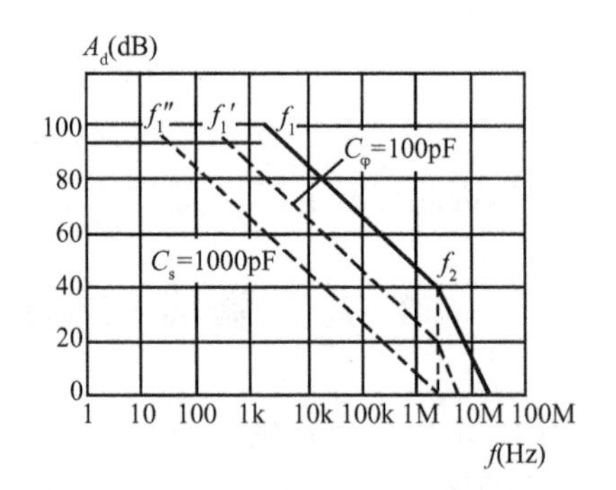

图 1-7-2 F004 简单电容补偿前后的幅频特性

**2. 电阻电容串联补偿**

如图 1-7-3 所示为电容、电阻串联补偿电路。图中,$C_c$,$R_f$ 构成补偿电路。当 $C_c\gg C$ 和 $R\gg R_f$ 时,电路的传输函数为

$$A_{ud}(j\omega)\approx R\left[\frac{(1+j\omega R_fC_c)}{1+j\omega(R+R_f)C_c}\right] \tag{1-7-5}$$

这时该电路具有一个零点和一个极点。其零点所对应的频率 $\frac{1}{R_fC_c}$ 远大于极点所对应的频率 $\frac{1}{(R+R_f)C_c}$,而极点频率比未补偿时的电路更低,因此,补偿的结果使电路低频时附加相移的滞后增加。

例如，如图 1-7-4 所示为 F004 RC 串联补偿前后的幅频特性。F004 原有的两个转折频率 $f_1 = 4\text{kHz}$，$f_2 = 1.2\text{MHz}$，加 RC 串联补偿，选 $R_p = 1.5\text{k}\Omega$，$C_\varphi = 100\text{pF}$ 时，补偿后的转折频率为 $f_{p1} \approx 200\text{Hz}$，$f_{p2}$ 为几兆赫兹。

### 3. 密勒电容补偿

如图 1-7-5 所示为采用密勒电容补偿的电路。

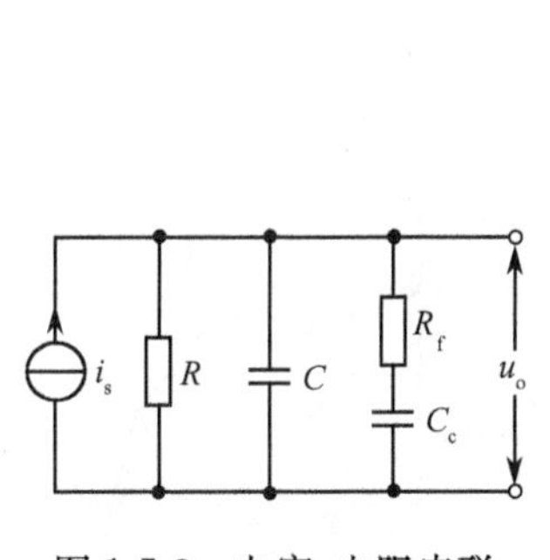


图 1-7-3　电容、电阻串联补偿电路

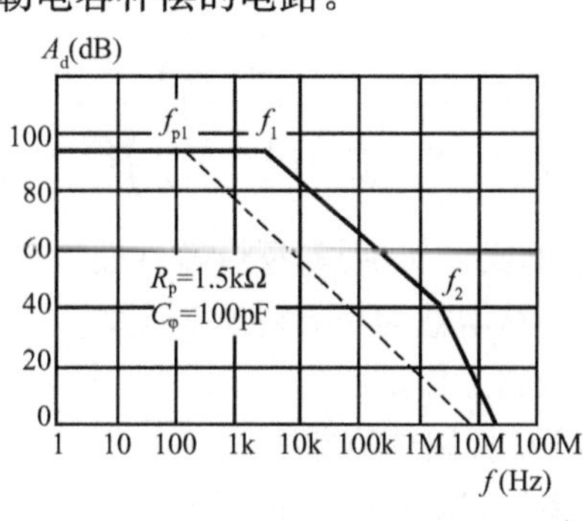


图 1-7-4　F004RC 串联补偿前后的幅频特性

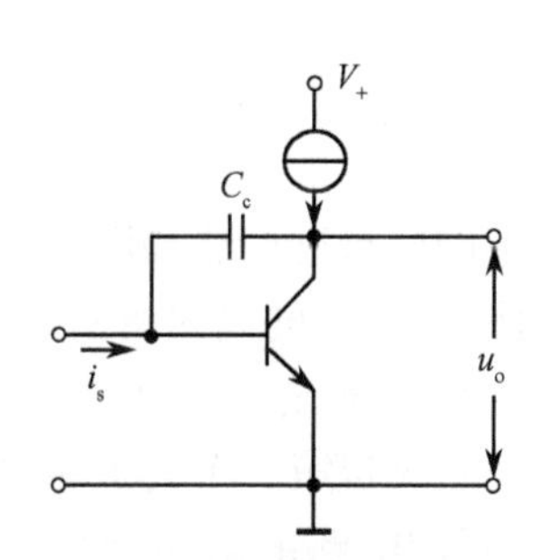


图 1-7-5　采用密勒电容补偿的电路

这种补偿方法是将补偿电容接在集成运放某些单元电路的并联负反馈回路中。由于密勒电容的作用，受补偿的电路单元的输入端就有一个很大的等效电容，使电路的附加相移进一步滞后。例如，在图 1-7-5 中，补偿电容 $C_c$ 接在晶体管的 b-c 之间，形成一个负反馈通路。此时该电路的两个极点的表示式分别为

$$p_1 \approx \frac{1}{g_m R_1 R_2 (C_c + C'_c)} \tag{1-7-6}$$

$$p_2 \approx \frac{g_m (C_c + C'_c)}{C_1 C_2 + (C_c + C'_c)(C_1 + C_2)} \tag{1-7-7}$$

式中，$C'_c$ 为晶体管的 b-c 结电容。

由式(1-7-6) 可看到，补偿后的低频极点频率进一步降低，由式(1-7-7) 可看到，补偿后的高频极点频率进一步升高。可见，这种补偿方式使电路原有的两个极点距离进一步加大，这将更有利于改善放大器闭环工作的稳定性。当 $C_c \gg C'_c$ 时，低频极点的表示式可进一步简化为

$$p_1 \approx \frac{1}{g_m R_1 R_2 C_c} \tag{1-7-8}$$

此时高频极点的极限值为

$$p_2 \approx \frac{g_m}{C_1 + C_2} \tag{1-7-9}$$

密勒电容补偿的效果较好，而且电容值可以取得较小，因此这是集成运放中相位补偿的主要形式，特别是内补偿运放的滞后补偿几乎全部采用这种形式。有些电路中，也可以将电容与一小电阻串联后连接在并联负反馈回路中进行相位补偿。它的效果与密勒电容的补偿效果相似，只是高频响应得到改善。

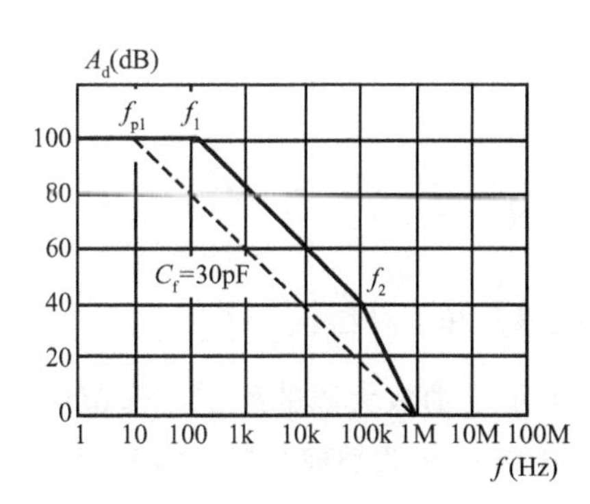


图 1-7-6　F007 密勒电容补偿前后的幅频特性

例如，如图 1-7-6 所示为 F007 密勒电容补偿前后

的幅频特性。F007 原有的第一转折频率 $f_1 \approx 100\text{Hz}$，$f_2 \approx 100\text{kHz}$。补偿后，$f_{p1} \approx 10\text{Hz}$，约在 1MHz 处通过 0dB 线。

### 4. 滞后补偿与闭环工作的稳定性

下面举例说明滞后补偿是如何改善集成运放闭环工作的稳定性的。设某集成运放的开环电压增益式为

$$A_{ud}(\text{j}\omega) = \frac{A_{ud}(0)}{\left(1+\text{j}\dfrac{\omega}{\omega_1}\right)\left(1+\text{j}\dfrac{\omega}{\omega_2}\right)\left(1+\text{j}\dfrac{\omega}{\omega_3}\right)} \tag{1-7-10}$$

其频率响应特性曲线如图 1-7-7 中的实线所示。若反馈特性曲线如图 1-7-7 中的虚线所示，则当环路增益为 0dB 时所对应的附加相移 $\varphi_1$ 已超过 $-180°$，所以电路工作不稳定。

若在决定第一个转折频率的 RC 回路中直接并联一补偿电容，则该电路的第一个转折频率低，这时开环的频率响应曲线如图 1-7-7 中曲线 $A$ 所示。对于同样的反馈曲线，曲线 $A$ 所对应的第一个转折频率处的附加相移为 $-135°$ 左右，闭环工作的相位余量约为 45°，电路必能稳定工作。当然，补偿后电路的高频响应变差。若在进行相位补偿时能使第一个转折频率降低，第二个转折频率升高，如图 1-7-7 中曲线 $B$ 所示，这时闭环增益的高频响应得到改善。当第一、第二转折频率是由密勒效应决定时，则只要附加密勒补偿电容就可得到上述结果。

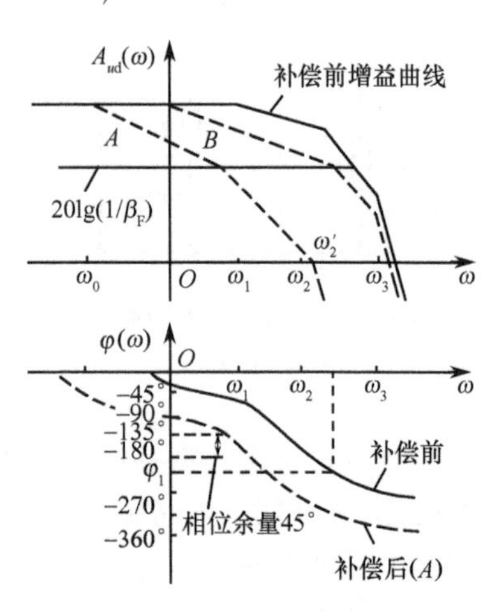

图 1-7-7　运放滞后补偿的频响特性和反馈特性

## 1.7.2　超前相位补偿

以上滞后补偿的共同特点是压低第一个转折频率 $f_1$，结果使反馈放大器的上限频率受影响。这是用牺牲带宽来换取放大器闭环工作的稳定性。超前补偿则是在不压低第一转折频率的前提下，设法引入一个超前相移的零点频率 $f_2$，这样既扩大了 $-20\text{dB}/10\text{oct}$ 的范围，又有效地扩展了反馈放大器的上限频率。

如图 1-7-8 所示为超前补偿电路。由图 1-7-8 可知

$$A(\text{j}\omega) = \frac{\dot{U}_2}{\dot{U}_1} = \frac{R_2}{R_2 + R_1/(1+\text{j}\omega R_1 C_1)}$$

$$= \frac{R_2}{R_1+R_2}\,\frac{1+\text{j}\omega R_1 C_1}{1+\text{j}\omega C_1(R_1 /\!/ R_2)} = \frac{R_2}{R_1+R_2}\,\frac{1+\text{j}\omega/\omega_z}{1+\text{j}\omega/\omega_p} \tag{1-7-11}$$

式中，$\omega_z = \dfrac{1}{R_1 C_1}$，$\omega_p = \dfrac{1}{(R_1 /\!/ R_2)C_1}$。可知，$\omega_z < \omega_p$，所以结果是超前补偿。

超前补偿扩大了 $-20\text{dB}/10\text{oct}$ 的斜率范围，也就是扩大了反馈放大器的稳定工作范围。因为补偿后，第二个转折频率推迟出现，所以比未补偿时相位超前，故称为超前补偿。其缺点是不一定能实现单位增益补偿。

例如，如图 1-7-9 所示为 F001 超前补偿前后的幅频特性图。第二个转折频率 $f_2 \approx 4\text{MHz}$，补偿后，$f_2' = f_3$，为几十兆赫兹，可以看出用这种补偿无法实现单位增益补偿。

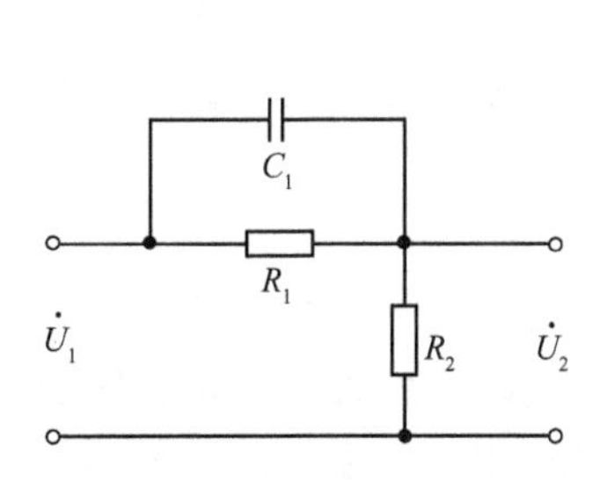


图 1-7-8　超前补偿电路

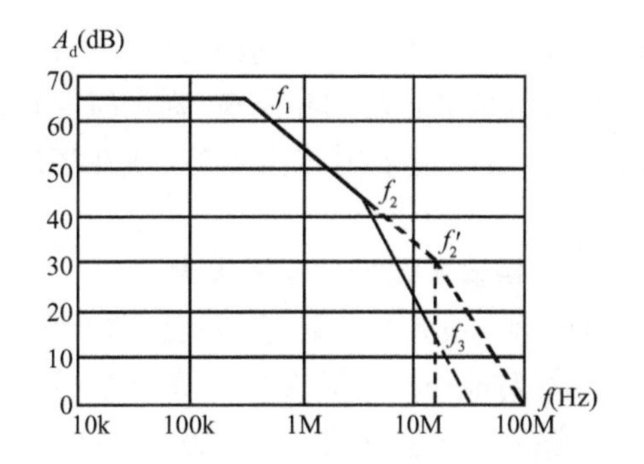


图 1-7-9　F001 超前补偿前后的幅频特性图

总结上述讨论，进行相位补偿的主要步骤可概括如下：

① 测量或分析集成运放的幅频特性曲线时，当幅频特性曲线中的零点、极点位置已知时，根据前面叙述的相频特性曲线与零点、极点之间的关系就可作出对应的相频特性曲线。当频率响应曲线为单极点时，就不需要进行相位补偿。

② 当电路的频率响应是多极点响应时，应分析产生各极点或零点的主要回路。一般来讲，集成运放中某节点处的等效电阻与等效电容（这里当然应计入密勒电容的效应）之乘积最大时，该时间常数将决定电路的低频极点频率（有时也称为主极点频率）。

③ 根据补偿要求确定滞后补偿及超前补偿的电路元件。根据前面的叙述，负反馈越深，闭环增益越小，电路的稳定性越差。所以如当电路闭环增益为 1 倍时，它能稳定工作，则任何大于 1 倍增益的闭环电路也必定能稳定工作。因此，假如对集成运放闭环工作时的高频响应要求不高时，电路的相位补偿元件应以闭环增益为 1 时来设计。实际上所有内补偿集成运放的补偿元件都是按照这一要求设计的，以保证该电路在任何情况下都能稳定工作（至少第二个极点高于 0dB 时的频率）。

若要求集成运放闭环工作时能有较好的高频响应，则在进行滞后补偿的同时还应采取超前补偿。而且当补偿元件外接时，可以在不同的闭环增益情况下选取不同的补偿元件，以获得尽可能好的高频响应。

### 1.7.3　引起集成运放闭环工作不稳定的其他因素

在集成运放的应用中，经过相位补偿的集成运放在大多数应用场合是能满足要求的。但在应用时，有时还会出现自激，这一般是由于下述原因所致。

**1. 没有按集成运放使用说明中推荐的相位校正电路和参数值进行校正**

说明书中推荐的补偿方法和参数是通过产品设计和大量实验得出的，对大多数应用是有效的，它考虑了温度、电源电压变化等因素引起的频率响应特性的变化，并保证具有一定的稳定裕度。

**2. 电源退耦不好**

当电源退耦不好时，各放大级的信号电流内阻上的电压降将产生互耦作用，若耦合信号与某级输入信号是同相位时，电路将产生寄生振荡。为此必须重视电源退耦。退耦时除在电源端加接大电容外，还应并接瓷片小电容，因为大电容如电解电容，它本身的分布电感较大，影响退耦效果。

**3. 电路连接时的分布电容影响**

由于电路存在分布电容，有时后级的信号会通过分布电容反馈到前级，当此反馈信号与该放大级原输入信号同相位时，也会形成寄生正反馈，从而使电路自激振荡。所以连接电路时，尽量减小分布电容是很重要的，尤其应注意使集成运放的“+”输入端远离它的输出端。

**4. 集成运放负载电容过大的影响**

当集成运放负载电容过大时，整个运放电路的开环频率响应曲线将发生变化，使电路的相位余量减小，甚至引起自激。若在运放的输出端与外接负载电容之间加接一个小电阻(如数百欧以内)，使运放电路与负载电容之间相隔离，则可减轻负载电容的影响。但有时这种改进的效果是有限的。为消除自激振荡，就应减小负载电容，或在集成运放输出端外加输出功率更大的、高频响应更好的输出级电路。

**5. 集成运放同相输入端接地电阻太大**

当同相端对地接入很大的电阻，它与运放差模输入端的电容形成一个新的极点，尽管输入端的电容不大，但同相端对地外接电阻较大，则新产生的极点可能接近于或低于交接频率，而使闭环电路自激或电路动态特性变差。解决的简便方法是在同相端对地电阻上并接电容，以形成高频旁路。

**6. 集成运放输出端与同相端和调零端之间存在寄生电容**

在设计印制电路板时，或做电路实验时，由于引线布置不适当或过长、过近，会带来寄生电容而引起自激。通常在低频电路中，不易出现自激，而在宽带放大器中，应注意消除寄生电容耦合。

## 思考题与习题

1.1 试述恒流源电路的几种主要形式及其主要应用。

1.2 分析图 1-1-20 具有过载保护的互补推挽输出电路的工作原理。

1.3 集成运放的内部电路由哪几部分组成？各部分起什么作用？

1.4 集成运放有哪几类引出脚？各类引出脚分别起什么作用？

1.5 集成运放有哪些主要特性参数？

1.6 写出集成运放的输入失调电压、输入偏置电流、输入失调电流、差模输入电阻、共模输入电阻、共模抑制比、最大输出电压幅度、额定电源电压的表示符号、单位及数量级。

1.7 简述理想集成运放的基本条件。

1.8 简述集成运放的特性，实际集成运放的特性与理想集成运放的特性有哪些差异？

1.9 当集成运放的性能参数不为理想条件时，将对运放电路带来什么影响？

1.10 利用集成运放的开环幅频特性波特图，如何判断运放电路工作的稳定性？运放电路的反馈系数与稳定性有什么关系？

1.11 反馈运放电路的不自激条件或稳定工作条件是什么？为什么说当满足稳定工作条件时，也不能保证运放电路能稳定工作？

1.12 什么是运算放大器的相位补偿技术？有哪几种常用的相位补偿方法？

1.13 集成运放负反馈电路的不稳定因素有哪些？

1.14 某集成运放的低频增益为 80dB，其增益函数有 3 个转折点频率，分别为 $f_{c1}=300\text{Hz}$，$f_{c2}=1\text{MHz}$，$f_{c3}=25\text{MHz}$。补偿引出端的等效输出电阻为 3MΩ，输出电容为 7pF，若采用 RC 串联补偿，要求运放电路的闭环增益为 5dB，10dB，20dB 情况下仍能工作，试确定获得最大闭环带宽时的补偿元件值。

1.15 在 BG305 的相位补偿端，6 脚与 10 脚之间接入 $R_\varphi$，$C_\varphi$ 串联补偿电路，如果要求相位余量为 45°，增益为 10dB，求 $R_\varphi$，$C_\varphi$ 的值。BG305 的波特图如图 1 所示。

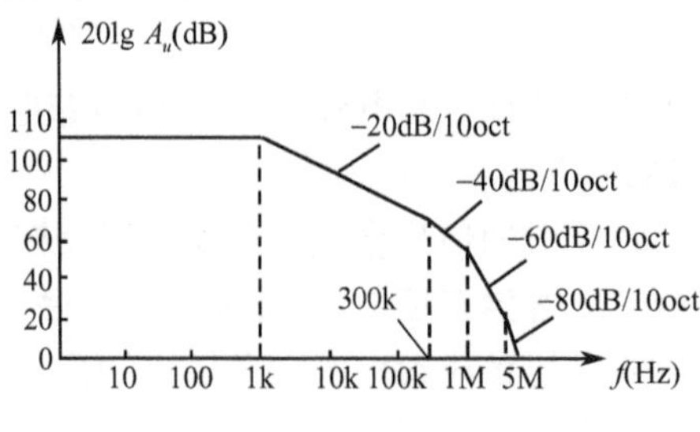


图 1 习题 1.15 图

# 第2章　模拟集成电路的线性应用

本章将讨论模拟集成电路的线性应用，模拟集成电路的线性电路应用非常广泛。本章主要介绍模拟集成电路的基本放大电路、积分电路、微分电路、仪用放大器和动态校零型斩波放大器等。

## 2.1　模拟集成电路的基本放大电路

本节将介绍集成运放的基本放大电路，包括反相器、同相器和差动放大器，主要从理想特性、实际特性及各种误差因素方面进行理论分析。

### 2.1.1　反相放大器

**1. 反相放大器的理想特性**

(1) 基本反相放大器

如图2-1-1所示为基本反相放大器。

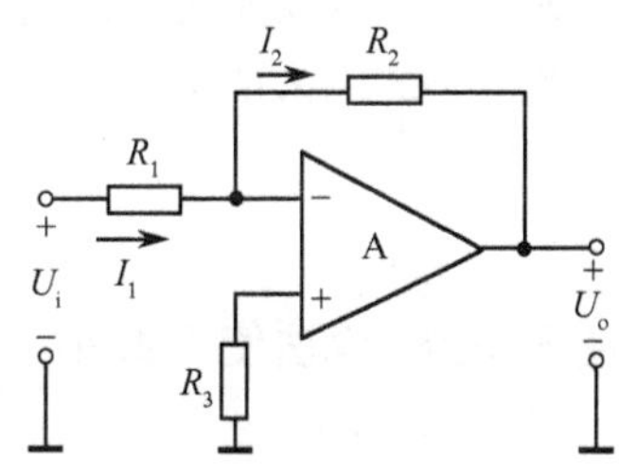

图2-1-1　基本反相放大器

首先分析反相放大器的理想特性，利用理想集成运放的条件：虚短和虚断，即 $u_- = u_+, i_+ = i_-$，可得出此电路的闭环增益为

$$A_F = \frac{U_o}{U_i} = \frac{-R_2 I_2}{R_1 I_1} = -\frac{R_2}{R_1} \quad 即 \quad A_F = -\frac{R_2}{R_1} \tag{2-1-1}$$

此电路输入电压与输出电压之间的关系为

$$u_o = -\frac{R_2}{R_1} u_i \quad 或 \quad U_o = -\frac{R_2}{R_1} U_i \tag{2-1-2}$$

由于输出电压与输入电压的相位相反，由此而得名为反相放大器，又因为放大倍数为两个电阻的比值，则称其为比例放大器。而当两个电阻的比值为1时，则称其为倒相器。

类似于这种电路的结构形式，若将其电阻 $R_1, R_2$ 改为 $Z_1, Z_2$，则可以实现其他方面的应用电路，如积分器、微分器、滤波器等。

此电路的等效输入电阻为

$$R_{ie} = \frac{U_i}{I_1} = \frac{R_1 I_1}{I_1} = R_1 \quad 即 \quad R_{ie} = R_1 \tag{2-1-3}$$

此电路的等效输出电阻为

$$R_{oe} \approx \frac{R_o}{1 + A_d F} \tag{2-1-4}$$

在理想条件下，$1 + A_d F$ 很大，$R_o$ 很小，所以 $R_{oe} \approx 0$。

一般 $R_1, R_2$ 取值范围为 $1\text{k}\Omega \sim 1\text{M}\Omega$，阻值太小，则输入电阻太低，但大到超出 $1\text{M}\Omega$ 又难以保证阻值的稳定性和精度，所以对于基本反相放大器必须设法提高其输入电阻。

(2) 改进型反相放大器

针对基本反相放大器输入电阻太低的缺点，为了提高其输入电阻，下面介绍两种改进型电路。

第一种电路：用 T 形电阻网络代替 $R_2$。

如图 2-1-2 所示为用 T 形电阻网络代替 $R_2$ 的反相放大器。

画出此电路的信号流图，用梅森公式，可求出此电路的闭环增益为

$$A_F=\frac{U_o}{U_i}=-\frac{1}{R_1}\left(R_{f1}+R_{f2}+\frac{R_{f1}R_{f2}}{R_{f3}}\right)$$

即

$$A_F=-\frac{1}{R_1}\left(R_{f1}+R_{f2}+\frac{R_{f1}R_{f2}}{R_{f3}}\right) \tag{2-1-5}$$

这样$\left(R_{f1}+R_{f2}+\frac{R_{f1}R_{f2}}{R_{f3}}\right)$相当于基本反相放大器中的反馈电阻 $R_2$，既满足了 $R_i=R_1$ 不取大值，$A_F$ 比较大，又避免了使用超过 1MΩ 的大电阻。

第二种电路：采用自举电路的反相放大器。

如图 2-1-3 所示为采用自举电路的反相放大器。

此电路的输入电阻为

$$R_i=\frac{U_i}{I_i}=\frac{U_i}{I_1-I} \tag{2-1-6}$$

要使 $R_i$ 增大，设法使 $I_i$ 减小，也可以达到提高输入电阻的目的。

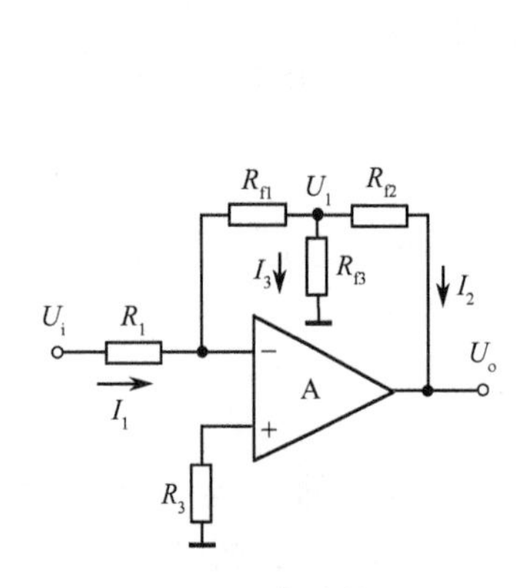


图 2-1-2　用 T 形电阻网络代替 $R_2$ 的反相放大器

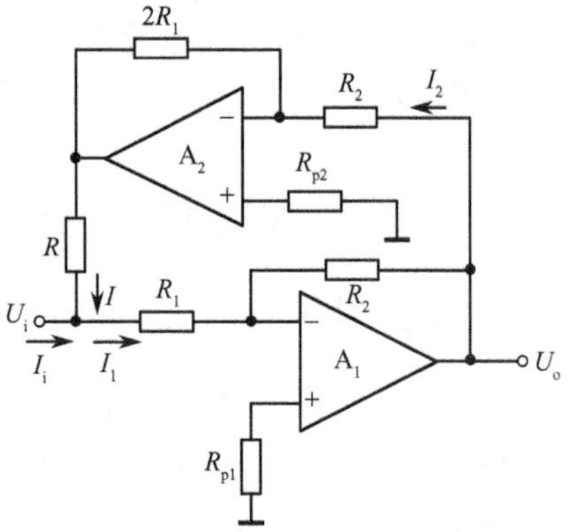

图 2-1-3　采用自举电路的反相放大器

**2. 反相放大器的实际特性**

集成运放在实际应用时并非为理想的，下面分析集成运放的实际特性。如图 2-1-4 所示，是用于分析 $A_d$，$R_d$，$R_o$ 不为理想条件时的等效电路。

(1) 反相放大器实际的闭环增益

由图 2-1-4 可求出，反相放大器实际的闭环增益为

$$A_F\approx A_{F0}\frac{A_dF}{1+A_dF}=A_{F0}\left(1-\frac{1}{1+A_dF}\right) \tag{2-1-7}$$

或

$$A_F(s)=A_{F0}(s)\left[1-\frac{1}{1+A_d(s)F(s)}\right] \tag{2-1-8}$$

式中，$A_F$ 为反相放大器的实际闭环增益；$A_{F0}$ 为反相放大器的理想闭环增益；$A_d$ 为集成运放的开环增益；$F$ 为实际反馈系数，一般 $F\approx F_0$；$F_0$ 为理想反馈系数。

(2) 反相放大器的实际等效输出电阻

如图 2-1-5 所示为求反相放大器的实际等效输出电阻的计算电路。

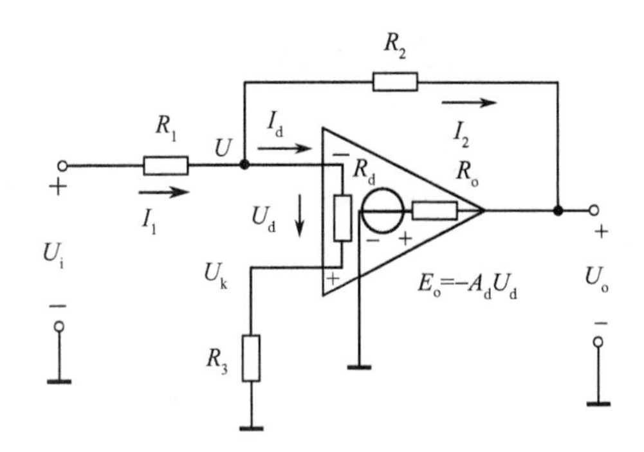


图 2-1-4　用于分析 $A_d$、$R_d$ 和 $R_o$ 不为理想条件时的电路

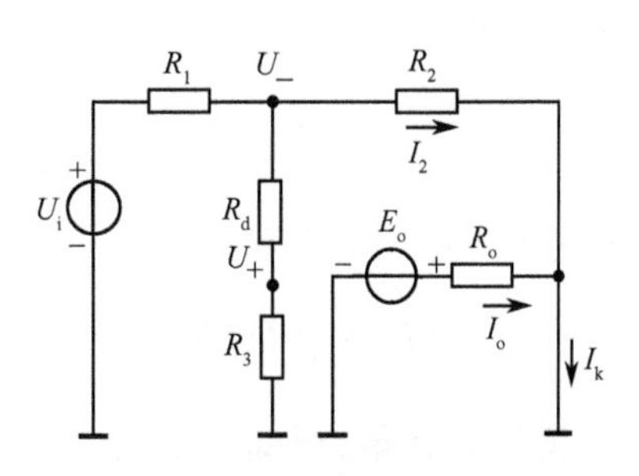


图 2-1-5　求反相放大器的实际等效输出电阻的计算电路

在一定的输入电压 $U_i$ 作用下，反相放大器的输出端可以看作电势为一定的有源二端网络，其等效输出电阻是在无负载时的输出开路电压 $U_o$ 除以短路电流 $I_k$，即

$$R_{oe}=\frac{U_o}{I_k}$$

由图 2-1-5 可求出

$$U_o=E_o-R_oI_o \tag{2-1-9}$$

$$I_k=\frac{E_o}{R_o}+\frac{U_-}{R_2} \tag{2-1-10}$$

$$E_o=-A_d(U_--U_+)=-A_d\left(U_--\frac{R_3U_-}{R_d+R_3}\right) \tag{2-1-11}$$

$$U_-=U_i\frac{R_2\ /\!/\ (R_d+R_3)}{R_1+R_2\ /\!/\ (R_d+R_3)} \tag{2-1-12}$$

由以上 4 个式子可求得等效输出电阻为

$$R_{oe}=\frac{U_o}{I_k}=\frac{R_o[R_2(R_d+R_3)+R_1(R_2+R_3+R_d)]}{R_dR_1A_d+(R_d+R_3)(R_2+R_o)+R_1(R_2+R_3+R_d+R_o)} \tag{2-1-13}$$

若考虑 $R_o\ll R_2$，$R_o\ll R_1$，则

$$R_{oe}\approx\frac{R_o}{1+A_dF} \tag{2-1-14}$$

可见，反相放大器的输出电阻 $R_{oe}$ 为集成运放的输出电阻 $R_o$ 的 $1/(1+A_dF)$。当用阻抗代替电阻时，则式(2-1-14) 变为

$$Z_{oe}=\frac{Z_o}{1+A_d(j\omega)F} \tag{2-1-15}$$

一般信号频率 $\omega\ll\omega_n$，则等效输出阻抗 $Z_{oe}\approx\dfrac{R_o}{1+A_dF}$。当信号频率比较高时，其输出阻抗将有很大变化。

### 3. 反相加法器

如图 2-1-6 所示为反相加法器。

在反相放大器的输入端安排多条输入支路并接，在输出端就可以实现多路信号线性叠加。若将集成运放看作为理想的，则可导出输出电压与输入电压的关系式为

$$U_o=-R_fI_f=-R_f\sum_{j=1}^{n}\left(\frac{U_{ij}}{R_j}\right) \tag{2-1-16}$$

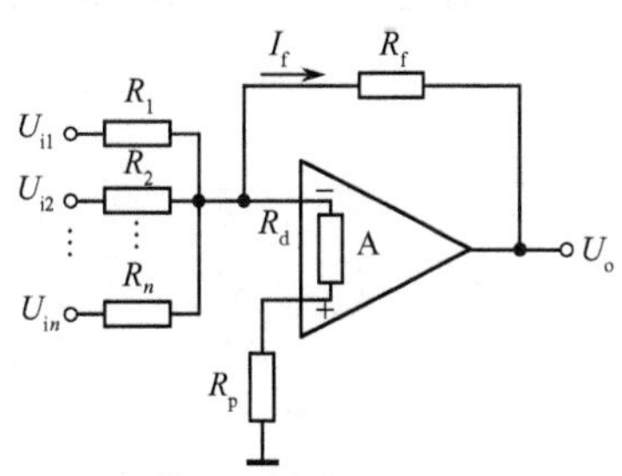


图 2-1-6　反相加法器

由于输出电压与输入电压的极性相反，所以称为反相加法器。当令 $R_1 = R_2 = \cdots = R_n = R$ 时，则输出电压为

$$U_o = -R_f I_f = -\frac{R_f}{R}\sum_{j=1}^{n} U_{ij} \tag{2-1-17}$$

可实现对输入电压的求和运算。

## 2.1.2 同相放大器

**1. 同相放大器的理想特性**

如图 2-1-7 所示为基本同相放大器。

首先分析同相放大器的理想特性，利用理想集成运放的条件：虚短和虚断，即 $u_- = u_+$，$i_+ = i_-$，可得

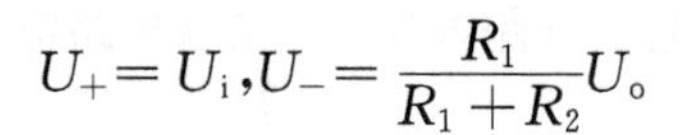

$$U_+ = U_i, U_- = \frac{R_1}{R_1 + R_2} U_o$$

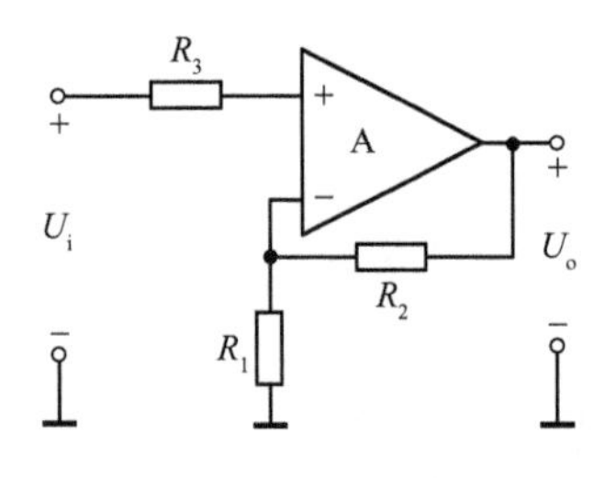

图 2-1-7 基本同相放大器

所以此电路的闭环增益为

$$A_F = \frac{U_o}{U_i} = \frac{R_1 + R_2}{R_1} = 1 + \frac{R_2}{R_1}$$

即

$$A_F = \frac{R_1 + R_2}{R_1} = 1 + \frac{R_2}{R_1} \tag{2-1-18}$$

输出电压与输入电压的关系为

$$U_o = \left(1 + \frac{R_2}{R_1}\right) U_i \quad 或 \quad u_o = \left(1 + \frac{R_2}{R_1}\right) u_i \tag{2-1-19}$$

由于输出电压与输入电压的极性相同，所以称为同相放大器。同相放大器的放大倍数最小为 1 倍，即 $u_o = u_i$ 或 $U_o = U_i$，如图 2-1-8 所示，称为同相跟随器。

在理想条件下，因为 $i_i = i_+ = 0$，所以同相放大器的输入电阻 $R_i = \frac{U_i}{I_i} = \infty$（或 $Z_i = \infty$），其输出电阻 $R_o \approx 0$（或输出阻抗 $Z_o \approx 0$）。

由于同相放大器的输入电阻很高，输出电阻很低，常在电路中用于实现级间的阻抗变换，对内阻抗很高的传感器实现电压信号的放大。根据它的功能又称为阻抗变换器或缓冲放大器。

**2. 同相放大器的实际特性**

同反相放大器的分析方法一样，集成运放在实际应用时并非为理想的，下面分析集成运放的实际特性。如图 2-1-9 所示是用于分析 $A_d$，$R_d$，$R_o$ 不为理想条件时的等效电路。

(1) 同相放大器实际的闭环增益

由图 2-1-9 可求出，同相放大器实际的闭环增益为

$$A_F \approx A_{F0}\left(1 - \frac{1}{1 + A_d F}\right) \tag{2-1-20}$$

或

$$A_F(s) = A_{F0}(s)\left[1 - \frac{1}{1 + A_d(s)F(s)}\right] \tag{2-1-21}$$

式中，$A_F$ 为同相放大器的实际闭环增益；$A_{F0}$ 为同相放大器的理想闭环增益；$A_d$ 为集成运放的开环增益；$F$ 为实际反馈系数，一般 $F \approx F_0$；$F_0$ 为理想反馈系数。

(2) 同相放大器的等效输入电阻

同相放大器输入电压与输入电流之比即为等效输入电阻。由图 2-1-9 可求出

$$U_i = (R_3 + R_d)I_i + U_- \tag{2-1-22}$$

$$U_- = I_i[R_1 \mathbin{/\!/} (R_2 + R_o)] + \frac{R_1}{R_1 + R_2 + R_o}E_o \tag{2-1-23}$$

$$E_o = I_i R_d A_d \tag{2-1-24}$$

由以上 3 个式子可求出

$$R_{ie} = [R_3 + R_d + R_1 \mathbin{/\!/} (R_2 + R_o)](1 + A_d F) \approx R_d(1 + A_d F) \tag{2-1-25}$$

通常 $R_d \gg R_3$，$R_d \gg (R_2 + R_o) \mathbin{/\!/} R_1$，实际上，这是由于负反馈作用，使得反相端形成自举电压，大大降低了实际的输入电流，从而提高了等效输入电阻。

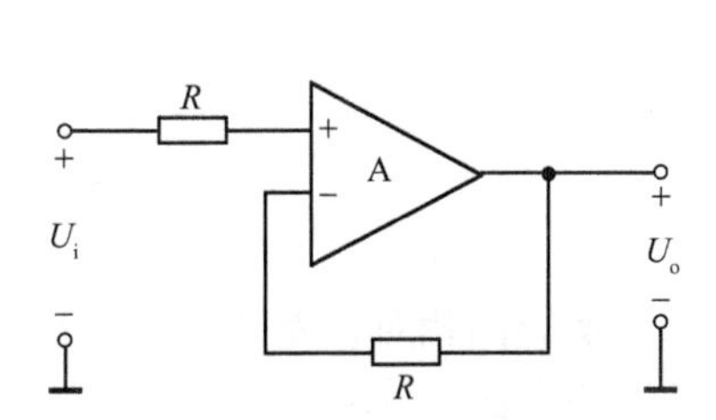

图 2-1-8　同相跟随器

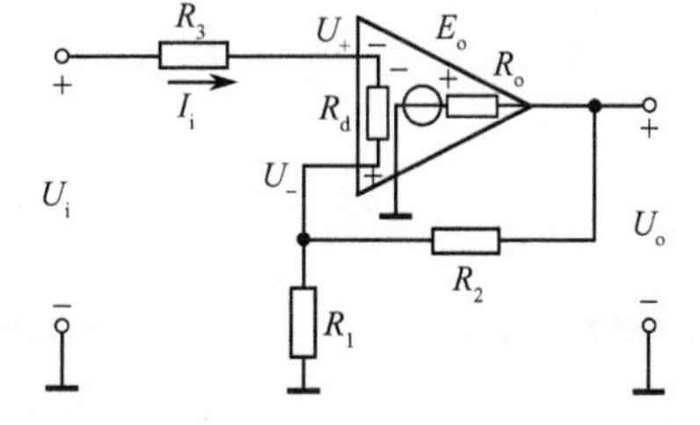

图 2-1-9　用于分析 $A_d$，$R_d$，$R_o$ 不为理想条件时的电路

同相放大器的优点是具有很高的输入电阻，它被广泛应用于高输入电阻的放大器中。

(3) 同相放大器的等效输出电阻

同相放大器和反相放大器的差别是输入电压信号所加入的输入端不同，在计算等效输出电阻时，与输入信号加入的方式无关，因此，等效输出电阻的表达式与反相放大器等效输出电阻的表达式相同。

**3. 同相加法器**

同相加法器是由同相放大器构成的，如图 2-1-10 所示。

设集成运放为理想运放（此处认为 $R_d = \infty$），由图 2-1-10 得

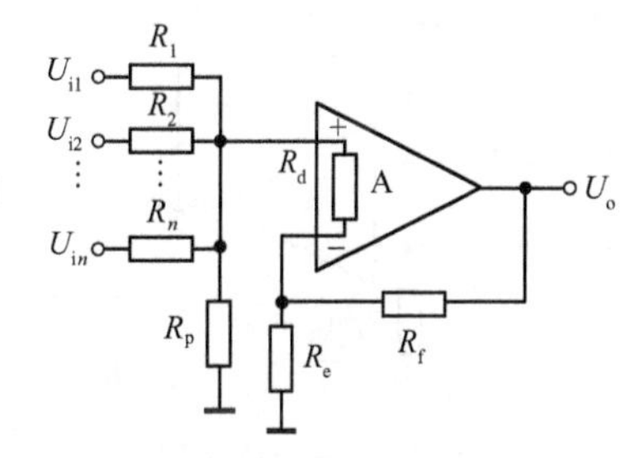

图 2-1-10　同相加法器

$$U_+ = \left(\sum_{j=1}^{n}\frac{U_{ij}}{R_j}\right)\left(\frac{1}{R_p} + \sum_{j=1}^{n}\frac{1}{R_j}\right)^{-1}$$

$$U_- = \frac{R_e U_o}{R_e + R_f}$$

根据理想运放应满足 $U_+ = U_-$ 的条件，则可导出同相加法器输出电压与输入电压的关系式为

$$U_o = (R_1 \mathbin{/\!/} R_2 \mathbin{/\!/} \cdots \mathbin{/\!/} R_n \mathbin{/\!/} R_p)\frac{R_e + R_f}{R_e}\sum_{j=1}^{n}\frac{U_{ij}}{R_j} \tag{2-1-26}$$

为了减小实际运放偏流引起的零位输出，应选择各电阻满足 $R_e \mathbin{/\!/} R_f = R_p \mathbin{/\!/} R_1 \mathbin{/\!/} \cdots \mathbin{/\!/} R_n$ 的条件，这时输出电压与输入电压的关系为

$$U_o = R_f\sum_{j=1}^{n}\frac{U_{ij}}{R_j} \tag{2-1-27}$$

从式(2-1-27) 可看出，同相加法器输出电压是输入电压加权后相加的，加权系数为 $R_f/R_j$。若取 $R_1 = R_2 = \cdots = R_n = R$，则输出电压为

$$U_o = \frac{R_f}{R}\sum_{j=1}^{n} U_{ij} \tag{2-1-28}$$

则输出电压是输入电压的代数和，并放大了 $R_f/R$ 倍。

当考虑实际运放 $A_d$，$R_d$，$R_o$ 后，同相放大器实际输出电压与输入电压的关系为

$$U_o \approx (R_1 /\!/ R_2 /\!/ \cdots /\!/ R_n /\!/ R_p)\frac{R_e + R_f}{R_e}\left(\sum_{j=1}^{n}\frac{U_{ij}}{R_j}\right)\left(1-\frac{1}{1+A_dF}\right) \tag{2-1-29}$$

若取 $R_e /\!/ R_f = R_p /\!/ R_1 /\!/ \cdots /\!/ R_n$ 的条件，则式(2-1-29) 变为

$$U_o = R_f\left(\sum_{j=1}^{n}\frac{U_{ij}}{R_j}\right)\left(1-\frac{1}{1+A_dF}\right) \tag{2-1-30}$$

若同时取 $R_1 = R_2 = \cdots = R_n = R$，则

$$U_o = \frac{R_f}{R}\left(\sum_{j=1}^{n}U_{ij}\right)\left(1-\frac{1}{1+A_dF}\right) \tag{2-1-31}$$

比较式(2-1-31) 和式(2-1-28)，可见因 $A_d$，$R_d$ 所引起的求和运算的相对误差为

$$\gamma = -\frac{1}{1+A_dF}\times 100\% \tag{2-1-32}$$

### 2.1.3 差动放大器

差动放大器有两个输入信号，同时采用了同相放大器和反相放大器两种输入方式。

**1. 差动放大器的理想特性**

如图 2-1-11 所示为差动放大器。

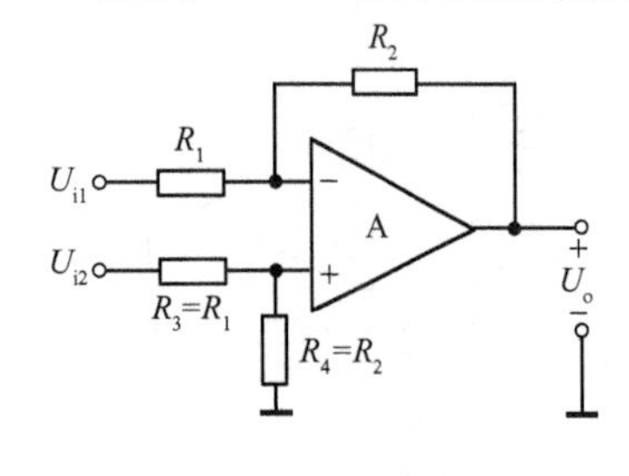

图 2-1-11　差动放大器

当运放为理想运放时，由图 2-1-11 得

$$U_+ = \frac{R_4}{R_3+R_4}U_{i2} \tag{2-1-33}$$

$$U_- = \frac{R_2}{R_1+R_2}U_{i1} + \frac{R_1}{R_1+R_2}U_o \tag{2-1-34}$$

当满足匹配条件 $R_3 = R_1$，$R_4 = R_2$ 时，由 $U_+ = U_-$ 可得输入电压与输出电压的关系为

$$U_o = \frac{R_2}{R_1}(U_{i2} - U_{i1}) \tag{2-1-35}$$

由于差动放大器的输出电压与输入电压的差值成倍数关系，所以称为差动放大器。因差动放大器的两个输入信号源的内阻分别与 $R_1$，$R_3$ 相串联，其内阻改变了差动放大器的运算关系式，因此，差动放大器一般用于内阻可忽略的电压源，并作为差值电压的放大器来使用。

**2. 差动放大器的实际特性**

为简化分析，此处只分析集成运放的差模增益 $A_d$ 和共模增益 $A_{CM}$ 对放大特性的影响，其余条件均为理想的。

由图 2-1-11 可得

$$U_o=(U_+-U_-)A_d+\frac{1}{2}(U_++U_-)A_{CM} \tag{2-1-36}$$

将式(2-1-33)和式(2-1-34)代入式(2-1-36)，得

$$U_o=A_d\frac{\left(\frac{R_4U_{i2}}{R_3+R_4}-\frac{R_2U_{i1}}{R_1+R_2}\right)+\frac{1}{2}A_{CM}\left(\frac{R_4U_{i2}}{R_3+R_4}+\frac{R_2U_{i1}}{R_1+R_2}\right)}{1+\frac{R_1A_d}{R_1+R_2}-\frac{1}{2}\frac{R_1A_{CM}}{R_1+R_2}} \tag{2-1-37}$$

若取 $R_1=R_3$，$R_2=R_4$，再考虑到 $A_dF_0\gg 1$，$A_d\gg A_{CM}$，则式(2-1-37)可近似为

$$U_o\approx\frac{R_2}{R_1}(U_{i2}-U_{i1})\left(1-\frac{1}{1+A_dF_o}\right)+\frac{R_2}{R_1}\cdot\frac{A_{CM}}{A_d}U_{i2} \tag{2-1-38}$$

式中，第一项为理想放大器的输出电压，第二项为环路增益为有限值时引起的误差电压，其相对误差为 $\gamma=-\frac{1}{1+A_dF}\times 100\%$，第三项为共模增益引起的误差电压，其误差主要取决于差动放大器同相输入端电压 $U_{i2}$ 和运放的共模抑制比。

**3. 增益可调的差动放大器**

基本差动放大器的输入阻抗不高，而且欲改变其放大倍数，必须同时调节两个参数，如 $R_2$ 和 $R_4$，且必须保证 $R_2=R_4$，实际上实现起来很困难。为了实现差动放大倍数的调节，可采用图 2-1-12 所示的增益可调的差动放大器。

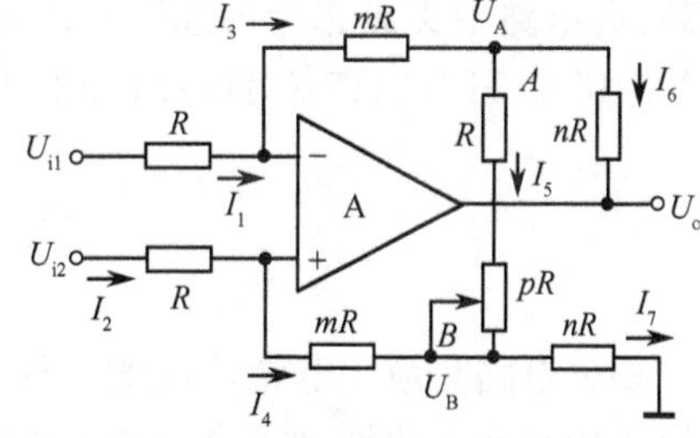

图 2-1-12 增益可调的差动放大器

由理想运放的基本条件可导出以下关系式

$$I_1=I_3,\quad \frac{U_{i1}-U_-}{R}=\frac{U_--U_A}{mR} \tag{2-1-39}$$

$$I_2=I_4,\quad \frac{U_{i2}-U_+}{R}=\frac{U_+-U_B}{mR} \tag{2-1-40}$$

由式(2-1-39)和式(2-1-40)分别解出 $U_-$，$U_+$ 的表达式，再由 $U_-=U_+$，得

$$U_A-U_B=m(U_{i2}-U_{i1}) \tag{2-1-41}$$

$$I_3=I_5+I_6,\quad \frac{U_--U_A}{mR}=\frac{U_A-U_B}{R+pR}+\frac{U_A-U_o}{nR} \tag{2-1-42}$$

$$I_7=I_4+I_5,\quad \frac{U_+-U_B}{mR}+\frac{U_A-U_B}{R+pR}=\frac{U_B}{nR} \tag{2-1-43}$$

式(2-1-42)减去式(2-1-43)，再代入式(2-1-41)，得

$$U_o=\left(m+n+\frac{2mn}{1+p}\right)(U_{i2}-U_{i1}) \tag{2-1-44}$$

通常选 $m=n$，则上式变为

$$U_o=2m\left(1+\frac{m}{1+p}\right)(U_{i2}-U_{i1}) \tag{2-1-45}$$

因此，当 $m$，$n$ 的值选定后，只需调节($pR$)一个电位器即可调节差动放大器的增益。此电路的缺点是：输入电阻也不高，差动放大器的增益与电位器的阻值呈非线性关系。在实际应用时，此电路中的集成运放可选用 μA709，在 μA709 的 1 脚和 8 脚之间要接由 $R_1$，$C_1$ 串联组成的相位补偿电路；为了提高电路的稳定性，防止产生振荡，在 5 脚和 6 脚之间要加补偿电容 $C_2$。也可以用 μA709TC，MC1709CP，SF709C，BGF709CP，TD709C，Fx-709C，LM709CN，7F709C 等代替 μA709。

#### 4. 高输入阻抗的差动放大器

为了克服以上差动放大器输入阻抗不高的缺点，可采用如图 2-1-13 所示的高输入阻抗的差动放大器。

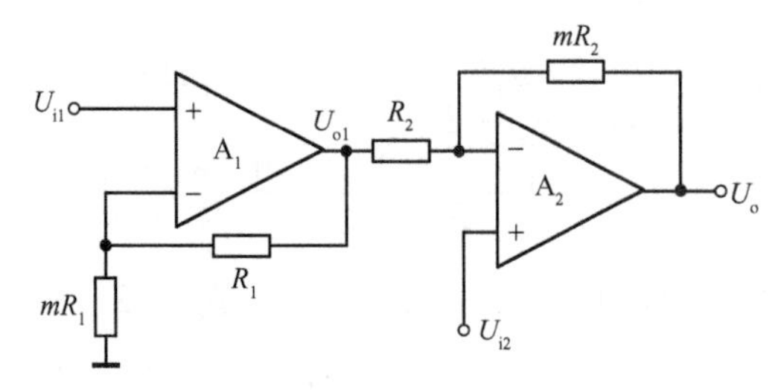


图 2-1-13　高输入阻抗的差动放大器

第一级运放为同相放大器，其输出电压为

$$U_{o1}=\frac{1+m}{m}U_{i1} \tag{2-1-46}$$

用叠加原理求第二级运放的输出电压，得

$$U_o=(1+m)U_{i2}-mU_{o1}=(1+m)(U_{i2}-U_{i1}) \tag{2-1-47}$$

此电路的输出电压正比于两个输入电压之差。因两个输入信号均从同相端输入，所以输入电阻比较高。此电路中集成芯片可选用 OP-200 高精度双运放，也可选用 OP-270，OP-271，HA-5102-2，HA-5102-9，HA-5112-2，HA-5112-5，HA-5112-9 等直接代替。

## 2.2　积 分 电 路

积分电路是应用非常广泛的一种集成运放电路。它在控制系统中常作为积分环节，在 A/D 变换中用来产生线性度很高的斜坡电压，在 U/F 变换器和压控振荡器中用来产生三角波、锯齿波波形，在测量电路中用于实现积分变换，如实现加速度到速度、速度到位移振动信号的变换等。

### 2.2.1　基本积分电路及其理想特性

#### 1. 反相积分器

如图 2-2-1 所示为基本反相积分器。当运放为理想集成运放时，分析积分器的以下特性。

(1) 传输函数

$$G(s)=\frac{U_o(s)}{U_i(s)}=\frac{-I_2(s)Z_2(s)}{I_1(s)Z_1(s)}=-\frac{Z_2(s)}{Z_1(s)}=-\frac{\frac{1}{sC}}{R}=-\frac{1}{sRC}=-\frac{1}{sT} \tag{2-2-1}$$

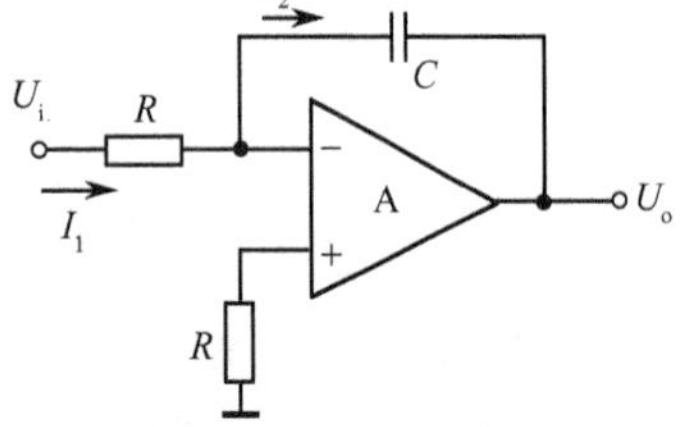

式中，$T=RC$，$T$ 为积分时间常数。

(2) 频率特性

$$A(\mathrm{j}\omega)=\frac{\dot{U}_o}{\dot{U}_i}=-\frac{1}{\mathrm{j}\omega RC} \tag{2-2-2}$$

其中，幅频特性为

$$G(\omega)=|G(\mathrm{j}\omega)|=\frac{1}{\omega RC}=\frac{\omega_T}{\omega} \tag{2-2-3}$$

图 2-2-1　基本反相积分器

式中，$\omega_T=\frac{1}{RC}$，$\omega_T$ 为幅频特性的交接频率。

相频特性为

$$\varphi(\omega)=\frac{\pi}{2} \tag{2-2-4}$$

由式(2-2-3)和式(2-2-4)分别画出此积分器的波特图,如图2-2-2和图2-2-3所示。

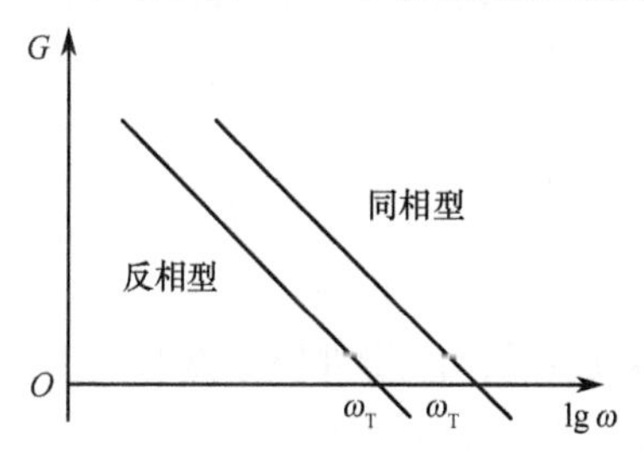


图2-2-2　基本积分器的幅频特性

图2-2-3　基本积分器的相频特性

(3) 输出电压与输入电压的关系

$$u_o(t)=-\frac{1}{RC}\int u_i(t)\mathrm{d}t \tag{2-2-5}$$

**2. 同相积分器**

如图2-2-4所示为基本同相积分器。当运放为理想集成运放时,分析积分器的以下特性。

(1) 传输函数

由图2-2-4可得 $I_1+I_2=I_3$,即

$$\frac{U_i-U_+}{R_3}+\frac{U_o-U_+}{R_4}=\frac{U_+}{1/(sC)} \tag{2-2-6}$$

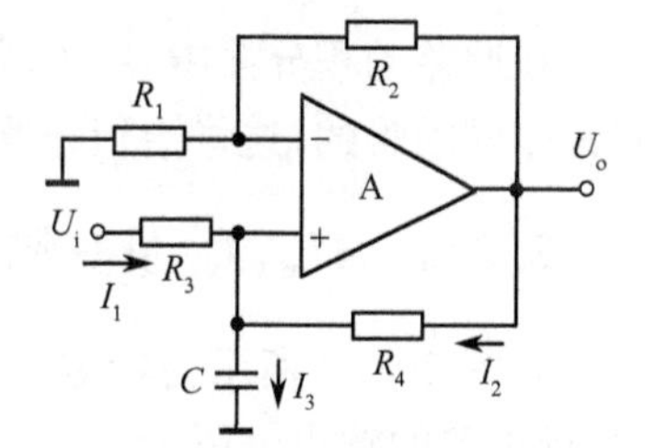


图2-2-4　基本同相积分器

由式(2-2-6)求得

$$U_+=\frac{\dfrac{U_i}{R_3}+\dfrac{U_o}{R_4}}{\dfrac{1}{R_3}+\dfrac{1}{R_4}+sC} \tag{2-2-7}$$

由图2-2-4可得

$$U_-=\frac{R_1}{R_1+R_2}U_o \tag{2-2-8}$$

由 $U_-=U_+$,若满足电阻匹配条件:$R_1R_4=R_2R_3$,选取 $R_3=R_1$,$R_4=R_2$,则可导出理想传输函数为

$$G(s)=\frac{1}{sRC} \tag{2-2-9}$$

式中,$R=\frac{R_1^2}{R_1 \mid R_2}$。

(2) 频率特性

$$A(\mathrm{j}\omega)=\frac{\dot{U}_o}{\dot{U}_i}=\frac{1}{\mathrm{j}\omega RC}=-\frac{1}{\mathrm{j}\omega RC} \tag{2-2-10}$$

其中,幅频特性为

$$G(\omega)=|G(\mathrm{j}\omega)|=\frac{1}{\omega RC}=\frac{\omega_T}{\omega} \tag{2-2-11}$$

式中,$\omega_T=\frac{1}{RC}$,$\omega_T$ 为幅频特性的交接频率。其幅频特性与反相积分器相同。

相频特性为

$$\varphi(\omega) = -\frac{\pi}{2} \tag{2-2-12}$$

由式(2-2-11)和式(2-2-12)分别画出此积分器的波特图,如图2-2-2和图2-2-3所示。

(3) 输出电压与输入电压的关系

$$u_o(t) = \frac{2}{R_1C}\int u_i(t)\mathrm{d}t \tag{2-2-13}$$

**3. 差动积分器**

如图2-2-5所示为差动积分器。当运放为理想集成运放时,分析积分器的以下特性。

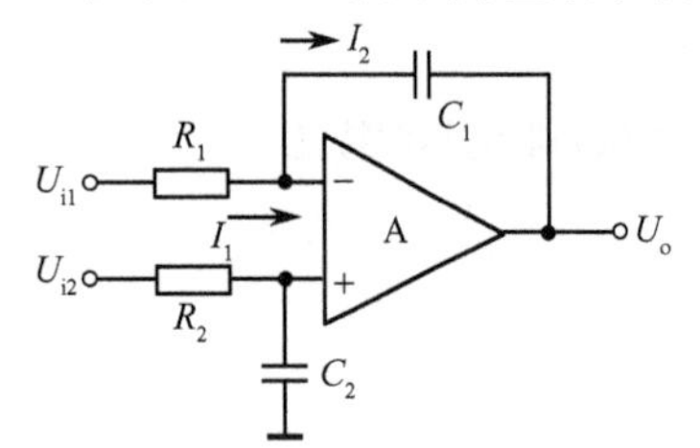


图2-2-5　差动积分器

(1) 传输函数

$$G(s) = \frac{U_o(s)}{U_{i2}(s) - U_{i1}(s)} = \frac{1}{sRC} \tag{2-2-14}$$

式中,取$R_1 = R_2 = R, C_1 = C_2 = C$,即满足匹配条件。

(2) 输出电压与输入电压的关系

$$u_o(t) = \frac{1}{RC}\int [u_{i2}(t) - u_{i1}(t)]\mathrm{d}t \tag{2-2-15}$$

在此差动积分器中,用了两个积分电容,而要保证两个电容在积分工作过程中的状态完全相同是非常困难的,这将给积分器带来误差。

## 2.2.2　$U_{os}$,$I_{iB}$及其漂移对积分电路的影响

如图2-2-6所示为考虑了集成运放的输入失调电压、输入偏置电流及其漂移影响的积分电路。此电路的输出电压为

$$u_o = -\frac{1}{RC}\int u_i\mathrm{d}t + \frac{1}{RC}\int U_{os}\mathrm{d}t + \frac{1}{C}\int I_{iB}\mathrm{d}t + U_{os} \tag{2-2-16}$$

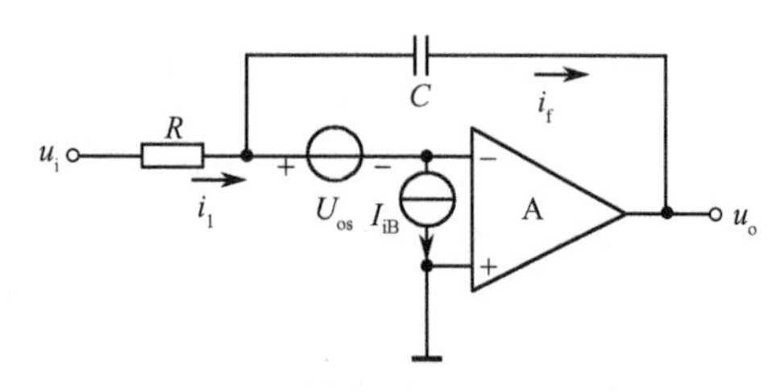


图2-2-6　考虑了$U_{os}$,$I_{iB}$的积分电路

由式(2-2-16)可知,积分电路的误差电压是由$U_{os}$,$I_{iB}$及其漂移所引起的。当$u_i = 0$时,积分输出电压并不为零。输入失调电压的积分将产生锯齿波电压,其大小与$U_{os}$的大小成比例,极性取决于$U_{os}$的极性。输入偏置电流$I_{iB}$对积分电容器充电也要产生锯齿波电压。这两个锯齿波电压将随积分时间的推移而线性增大,直到集成运放饱和或外控为某一极限值为止。因此,应选用输入失调电压、输入偏置电流较小的集成运放。

由式(2-2-16)还可看出,积分电容$C$值越小,产生的误差越大;$C$值越大,误差越小。当时间常数$RC$给定后,如何确定$R$和$C$的值呢?首先根据积分电容$C$值对误差的影响来确定误差较小的最大积分电容$C$值。然后再确定电阻$R$值,同时又要受输入信号源的输出电流大小的限制,因此又根据它确定电阻$R$的最小值。这样,电阻$R$应该选择一个最佳值。为了减小输入偏置电流的影响,应在集成运放的同相端接上偏置电阻$R_p$($R_p \approx R$)以保持静态平衡,还可以通过调整调零电路使输入失调电压减小,但失调电压和电流漂移的影响是难以完全消除的。

### 2.2.3 集成运放的增益和带宽对积分电路的影响

集成运放的开环频率特性为

$$A_0(s)=\frac{A_0\omega_0}{s+\omega_0}=\frac{A_0\dfrac{1}{T_0}}{s+\dfrac{1}{T_0}} \tag{2-2-17}$$

式中,$A_0$ 为低频增益;$T_0$ 为集成运放的时间常数。

由式(2-2-17)可知,集成运放的开环频率特性有一个位于$\frac{1}{T_0}$的极点。因此,当 $A_0\gg 1$,$RC\gg T_0$ 时,积分电路的传输函数为

$$G(s)=-\frac{A_0}{\left(\dfrac{T_0}{A_0}s+1\right)(A_0RCs+1)} \tag{2-2-18}$$

理想积分电路在实轴上仅有一个位于原点的极点,而增益和带宽为有限值的积分电路在实轴上有两个极点。如图 2-2-7 所示为理想积分电路和实际积分电路的频率特性及集成运放的开环频率特性。由图可知,实际积分器在低频范围内,由于集成运放的开环增益是有限值,所以是不理想情况。而在高频范围内,由于带宽为有限值,所以也不是理想情况。

如图 2-2-8 所示为积分电路对阶跃信号的瞬态响应特性。由图可知,实际积分电路和理想积分电路的响应特性几乎一致。但由于带宽是有限值,所以实际积分电路的瞬态响应滞后于理想电路的瞬态响应一个时间常数。另外,当积分时间很长时,输出电压近似于按指数函数规律变化,最后达到极限值。因此,在实际应用中为了获得理想的积分特性,积分响应在远小于 $RC$ 的时间内结束或者输出电压的幅度远小于极限值。

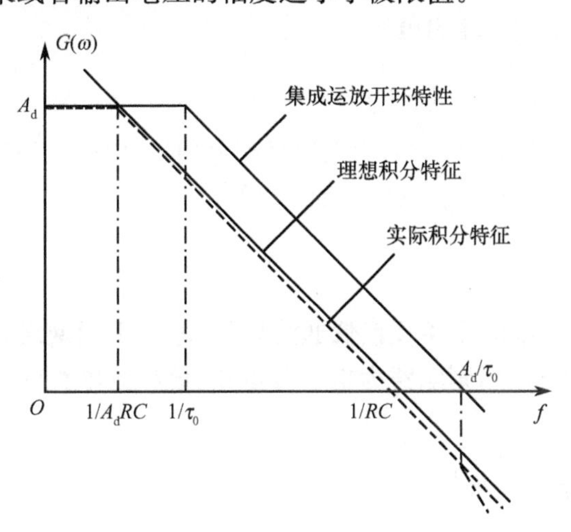


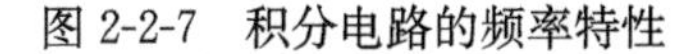
图 2-2-7 积分电路的频率特性

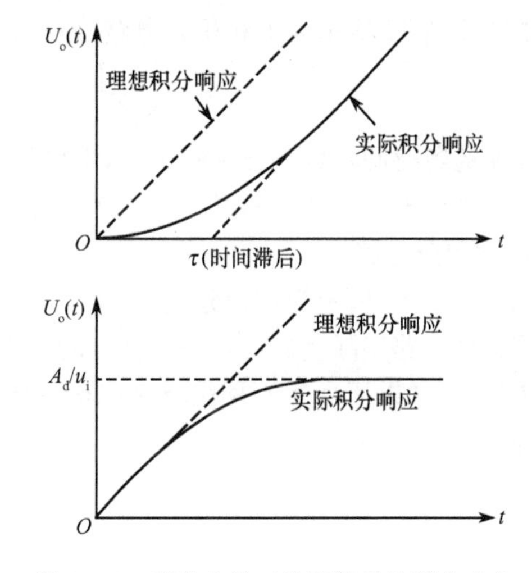


图 2-2-8 积分电路对阶跃信号的瞬态响应

### 2.2.4 积分电路的保持误差

由于各种因素的影响,积分电路将产生如图 2-2-9 所示的保持误差。产生保持误差的主要原因是集成运放和积分电容的某些特性。

通常由于集成运放开环增益的不稳定,会使积分电路固定输出电压产生波动;由于有限值 $A_0$ 和输入电阻产生的泄漏电流使积分电容器电压泄放;另外,电压和电流的漂移也将影响保持

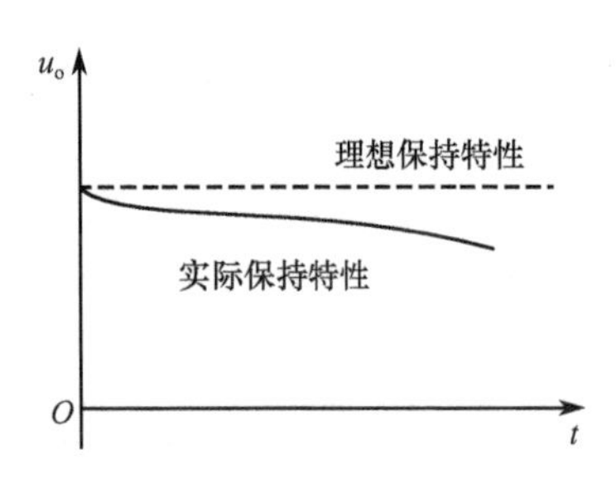


图 2-2-9　积分电压的保持误差

误差。集成运放的转换速率影响积分电路应用的频率范围，在实际高速积分的情况下，集成运放必须给出一定的输出电流 $I_o$。电流与转换速率的关系由下式确定

$$S_R = \left[\frac{\mathrm{d}u_c}{\mathrm{d}t}\right]_{\max} = \left[\frac{\mathrm{d}u_o}{\mathrm{d}t}\right]_{\max} = \frac{I_o}{C} \qquad (2\text{-}2\text{-}19)$$

由式(2-2-19)可知，如果很好地选择集成运放，则可忽略集成运放有关参数的影响。因此，影响保持误差的主要因素是积分电容，所以要根据实际应用的需要很好地选择并处理好积分电容。

## 2.2.5　几种典型的积分电路

### 1. 比例积分电路

如图 2-2-10 所示为比例积分电路。该积分电路的输出电压为

$$u_o = -\frac{1}{R_1 C}\int u_i \mathrm{d}t - \frac{R_2}{R_1}u_i \qquad (2\text{-}2\text{-}20)$$

由式(2-2-20)可知，这种积分电路可用反相放大器和基本积分器组成。由输入失调电压和输入失调电流产生的误差电压为

$$\Delta u_o = \frac{1}{R_1 C}\int U_{os}\mathrm{d}t + \frac{1}{C}\int I_{os}\mathrm{d}t + \frac{R_2}{R_1}U_{os} + I_{os}R_1 \qquad (2\text{-}2\text{-}21)$$

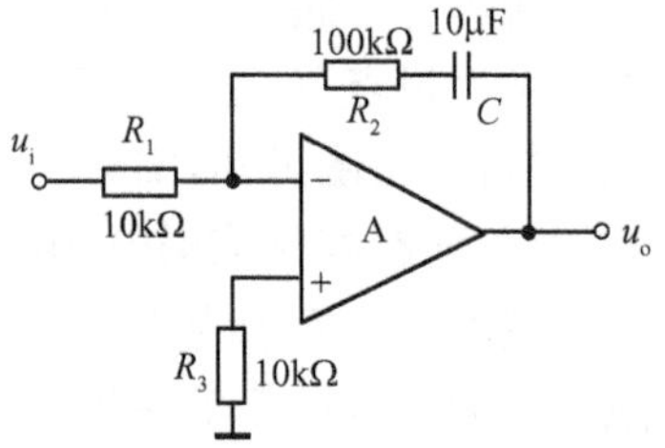

图 2-2-10　比例积分电路

### 2. 求和积分电路

如图 2-2-11 所示为求和积分电路。该积分电路的输出电压为

$$u_o = -\frac{1}{R_1 C}\int u_{i1}\mathrm{d}t - \frac{1}{R_2 C}\int u_{i2}\mathrm{d}t - \frac{1}{R_3 C}\int u_{i3}\mathrm{d}t \qquad (2\text{-}2\text{-}22)$$

电路的各时间常数是分别确定的，它可用于对两个以上的输入信号积分相加。由输入失调电压和输入失调电流所产生的误差除比例项外，各积分项与式(2-2-21)相似。

### 3. 重积分电路

如图 2-2-12 所示为重积分电路。

重积分电路实际上是具有两个极点的无限增益桥 T 单反馈低通滤波器，每个 T 形网络各产生一个极点。如果两个 T 形网络具有完全一致的极点，则电路为重积分电路。该积分电路的输出电压为

$$u_o = -\frac{4}{R^2 C^2}\iint u_i \mathrm{d}t \qquad (2\text{-}2\text{-}23)$$

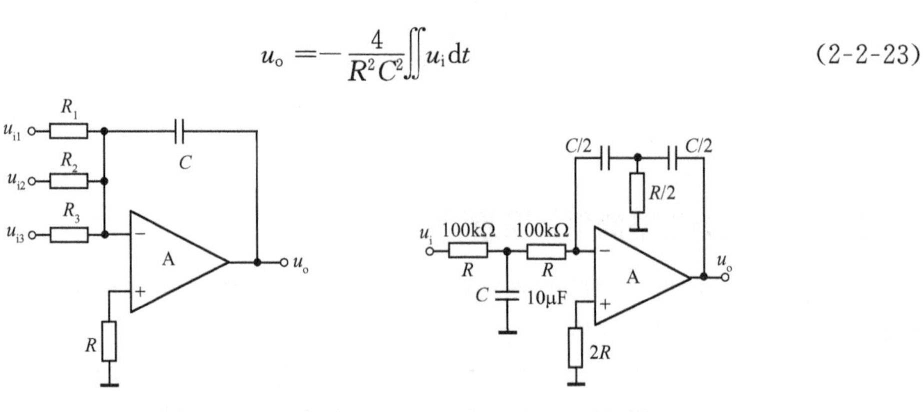


图 2-2-11　求和积分电路　　图 2-2-12　重积分电路

该积分电路由输入失调电压和输入失调电流产生的误差电压为

$$\Delta u_o = \frac{4}{R^2C^2}\iint U_{os}\mathrm{d}t + U_{os} + \frac{4}{R^2C^2}\iint I_{os}\mathrm{d}t + \frac{4}{C}\int I_{os}\mathrm{d}t \tag{2-2-24}$$

如果该电路的元件 $R$,$C$ 选用合适的数值，则输出电压为

$$u_o = -\iint u_i \mathrm{d}t \tag{2-2-25}$$

如果将此电路的 $u_o$ 端和 $u_i$ 端短接，就可构成振荡器，其振荡频率为

$$f_0 = \frac{1}{T_0} = \frac{1}{2\pi RC} \tag{2-2-26}$$

## 2.3 微分电路

微分电路和积分电路互为模拟量间的逆运算、逆变换。微分电路和积分电路一样应用非常广泛，除了在线性系统中做微分运算外，在控制系统中用于实现微分校正，在脉冲数字电路中常用来做波形变换，如将矩形波变为尖顶脉冲波。

### 2.3.1 基本微分器及其理想微分特性

如图 2-3-1 所示为基本微分器，是将图 2-2-1 中的 $R$ 和 $C$ 对换位置后得到的。

在理想运放的条件下，此微分器的理想传输函数为

$$G(s) = \frac{U_o(s)}{U_i(s)} = -sRC = -sT \tag{2-3-1}$$

式中，$T = RC$，为微分时间常数。

此微分器的频率特性为

$$A(\mathrm{j}\omega) = \frac{U_o}{U_i} = -\mathrm{j}\omega RC \tag{2-3-2}$$

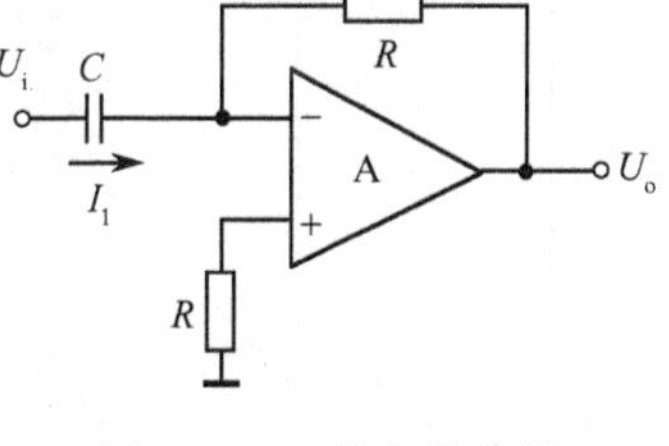

图 2-3-1　基本微分器

其中，幅频特性为

$$G(\omega) = |G(\mathrm{j}\omega)| = \omega RC = \frac{\omega}{\omega_T} \tag{2-3-3}$$

式中，$\omega_T = \frac{1}{RC}$，$\omega_T$ 为幅频特性的交接频率。

相频特性为

$$\varphi(\omega) = -\frac{\pi}{2} \tag{2-3-4}$$

由式(2-3-3) 和式(2-3-4) 分别画出此微分器的波特图，如图 2-3-2 和图 2-3-3 所示。

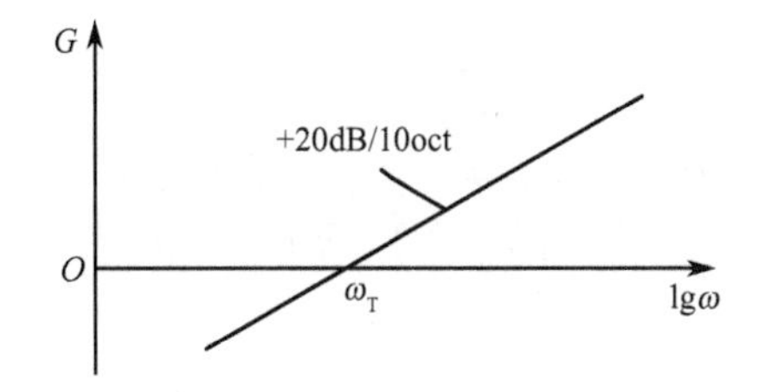

图 2-3-2　基本微分器的幅频特性

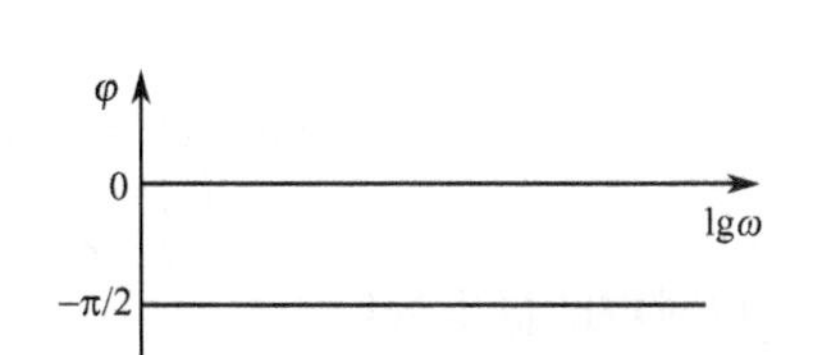

图 2-3-3　基本微分器的相频特性

输出电压与输入电压的关系为

$$u_o(t) = -RC\frac{\mathrm{d}u_i(t)}{\mathrm{d}t} \tag{2-3-5}$$

基本微分器在实际使用中存在稳定性差、高频输入阻抗低、高频干扰大等缺点。

## 2.3.2 微分器的实际微分特性

### 1. 实际频率响应特性

为简化分析，将运放看作单极点的，由图 2-3-1 可求出此微分器的传输函数为

$$G(s) = -sRC\frac{A_d(s)F(s)}{1+A_d(s)F(s)} = -(sT)\left(\frac{\frac{A_d}{TT_0}}{s^2+\frac{T+T_0}{TT_0}s+\frac{1+A_d}{TT_0}}\right) \tag{2-3-6}$$

式中，$A_d(s)$ 为增益函数；$F(s)$ 为反馈函数。

从式(2-3-6) 可以看出，实际微分器的传输函数是由一个理想微分器的传输函数$G_1(s)=-sT$ 和一个二阶振荡环节的传输函数构成。二阶振荡环节的传输函数和幅频特性分别为

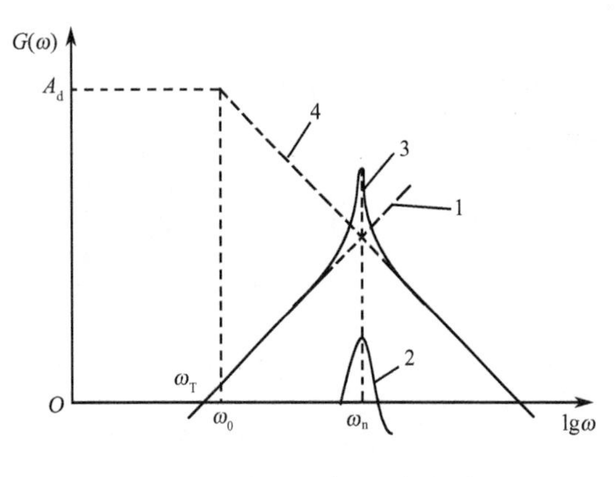

图 2-3-4　实际微分器的幅频特性

$$G_2(s) = \frac{\frac{A_d}{TT_0}}{s^2+\frac{T+T_0}{TT_0}s+\frac{1+A_d}{TT_0}} \tag{2-3-7}$$

$$G_2(\omega) = \frac{\omega_n^2}{\sqrt{(\omega^2-\omega_n^2)^2+(2\xi\omega_n^2)^2}} \tag{2-3-8}$$

其幅频特性曲线如图 2-3-4 中的曲线 2 所示。图 2-3-4 中的直线 1 为理想微分特性，曲线 2 为二阶振荡环节，曲线 3 为实际微分器的幅频特性，曲线 4 为运放开环增益的幅频特性。

### 2. 实际微分器对斜坡输入电压的时域响应特性

假设输入电压为负斜坡电压 $u_i(t)=-at(t\geqslant 0)$，其理想的输出响应函数为

$$U_o(s) = U_i(s)G(s) = \frac{aT}{s}$$

由拉氏反变换得时域的输出响应为

$$u_o(t) = L^{-1}[U_o(s)] = aT \qquad (t\geqslant 0) \tag{2-3-9}$$

如图 2-3-5 中的曲线 1 所示为理想的输出响应特性。

实际微分器的输出响应函数为

$$U_o(s) = U_i(s)G(s) = \left(\frac{aT}{s}\right)\left(\frac{\frac{A_d}{TT_0}}{s^2+\frac{T+T_0}{TT_0}s+\frac{1+A_d}{TT_0}}\right)$$

由拉氏反变换得时域的输出响应为

$$u_o(t) = L^{-1}[U_o(s)] = aT\left[1-\frac{1}{\sqrt{1-\xi^2}}\mathrm{e}^{-\xi\omega_n t}\sin\left(\omega_d t+\arctan\frac{\sqrt{1-\xi^2}}{\xi}\right)\right] \tag{2-3-10}$$

式中，$\omega_d=\sqrt{1-\xi^2}\omega_n$，为阻尼振荡频率。

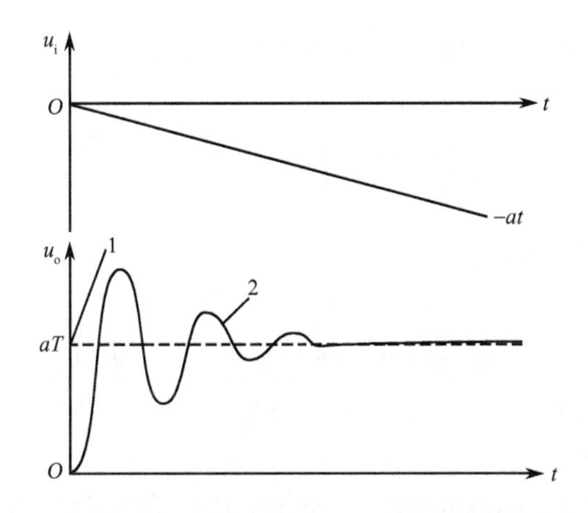


图 2-3-5　微分器对斜坡输入电压的时间响应特性

如图 2-3-5 中的曲线 2 所示，实际微分器对斜坡输入的响应是在理想的输出响应 $aT$ 上叠加了一个衰减振荡响应。基本微分器工作很不稳定，易于自激。要想使微分器稳定地工作，必须对基本微分器采取响应的改进措施。

## 2.3.3　几种典型的微分电路

### 1. 改进型的微分电路

如图 2-3-6 所示为改进型的微分电路。此微分电路与基本微分器相比，在输入端串入了电阻 $R_1$，加入 $R_1$ 后，自然频率下降，阻尼比明显增大，其作用是消除自激，减小高频谐振峰。在反馈电阻上并联反馈电容 $C_f$，其作用是降低不必要的高频增益。

在理想运放的条件下，可求出此微分器的传输函数为

$$G(s)=-\frac{sRC}{(1+sRC_f)(1+sR_1C)} \tag{2-3-11}$$

假设 $\omega_T=\frac{1}{RC}$，$\omega_0'=\frac{1}{R_1C}=\frac{1}{RC_1}$，$\omega_1=\frac{1}{R_1C_f}$，则微分器的幅频特性为

$$G(\omega)=\frac{\frac{\omega}{\omega_T}}{1+\left(\frac{\omega}{\omega_0'}\right)^2} \tag{2-3-12}$$

当 $\omega\ll\omega_0'$ 时，为理想的微分工作区，$G(\omega)\approx\frac{\omega}{\omega_T}$；当 $\omega\gg\omega_0'$ 时，为非微分的高频衰减区，$G(\omega)\approx\frac{\omega_T}{\omega}$；当 $\omega=\omega_0'$时，幅频特性达到最大增益，$G(\omega)\approx\frac{1}{2}\cdot\frac{\omega_0'}{\omega_T}=\frac{1}{2}\cdot\frac{C}{C_f}=\frac{1}{2}\cdot\frac{R}{R_1}$。其幅频特性如图 2-3-7 所示。

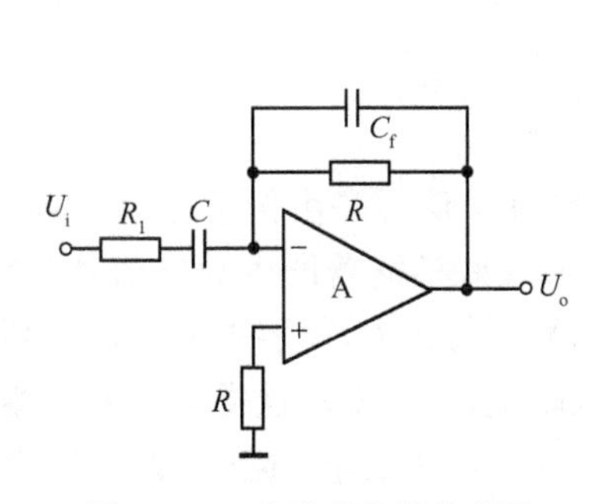


图 2-3-6　改进型的微分电路

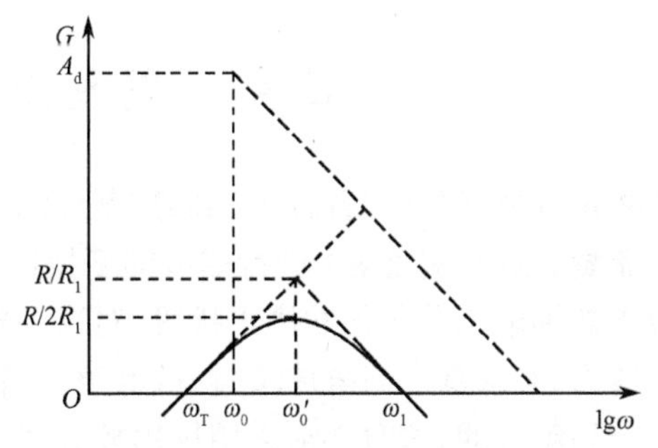


图 2-3-7　改进型微分器的幅频特性

当 $\omega < \omega_0'$ 时，是理想的微分工作区，其频率响应误差为

$$\gamma_\omega = \frac{G(\omega) - \dfrac{\omega}{\omega_T}}{\dfrac{\omega}{\omega_T}} = \left[\frac{1}{1+\left(\dfrac{\omega}{\omega_0'}\right)^2} - 1\right] \times 100\% \tag{2-3-13}$$

当 $\omega \ll \omega_0'$ 时，其频率响应误差为

$$\gamma_\omega \approx \left(\frac{\omega}{\omega'_0}\right)^2 \times 100\% \tag{2-3-14}$$

由上式可知，增大 $\omega_0'$ 可以减小高频端的频率响应误差，当 $\omega_T$ 选定后，应增大 $\omega_1$，即减小 $R_1$ 和 $C_f$，但也不能太小，以免带来高频干扰和输入阻抗的降低。

**2. 差动型的微分电路**

如图 2-3-8 所示为差动型的微分电路。由理想运放的条件可得，此微分电路的传输函数为

$$G(s) = \frac{U_o(s)}{U_{i2}(s) - U_{i1}(s)} = \frac{sT_2}{1+sT_1} \tag{2-3-15}$$

式中，$T_2 = R_2C, T_1 = R_1C$。

此微分电路的频率特性为

$$G(j\omega) = \frac{U_o}{U_{i2} - U_{i1}} = \frac{j\omega R_2 C}{1 + j\omega R_1 C} \tag{2-3-16}$$

其幅频特性如图 2-3-9 所示。由图可知，当 $\omega < \omega_1$ 时，为微分工作区，当 $\omega > \omega_1$ 时，差动微分器的增益为 $R_2/R_1$，它高于微分工作区的增益，这会使非微分工作区的某些干扰信号被放大。为了降低其影响，可在两个电阻上并联适当小的电容，使其高端增益下降。

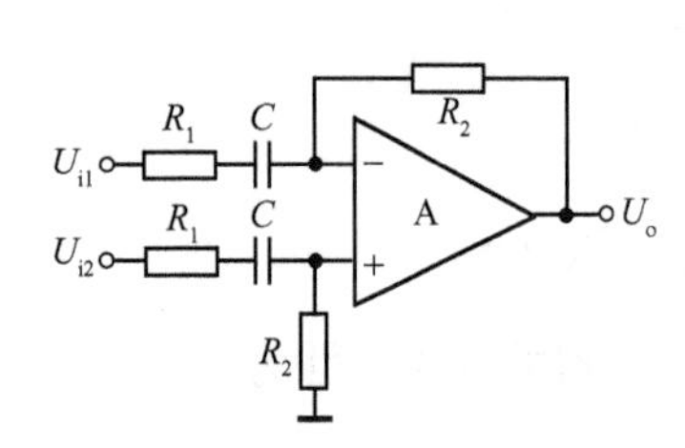


图 2-3-8　差动型的微分电路

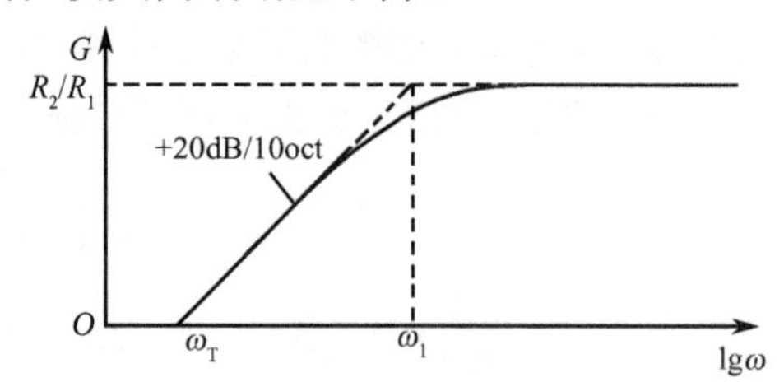


图 2-3-9　差动型微分电路的幅频特性

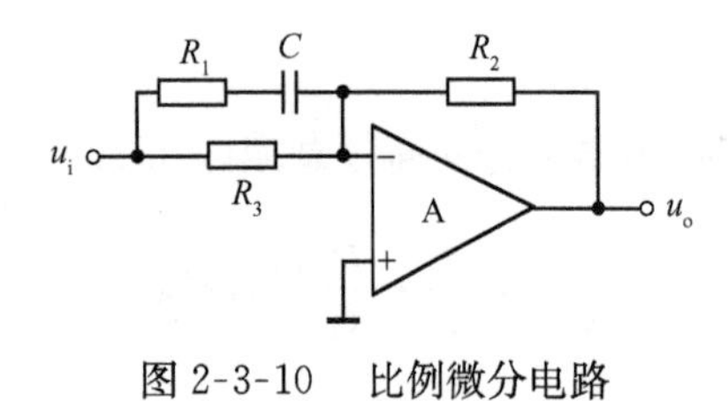


图 2-3-10　比例微分电路

**3. 比例微分电路**

如图 2-3-10 所示为比例微分电路。此微分电路的传输函数为

$$G(s) = \frac{U_o(s)}{U_i(s)} = -\left(\frac{sR_2C}{1+sR_1C} + \frac{R_2}{R_3}\right) \tag{2-3-17}$$

## 2.4　集成仪用放大器

在工业测量、医疗仪器和各种传感器数据探测等应用中，信号是由传感器对各种物理量（如温度、压力、流量、血流、宽度等）进行相应的变换而来的。这些换能器产生的电信号往往很微弱，而且其中包含共模电压及各种共模干扰等。对这种弱信号进行放大，就要求放大器必须具有极强的共模抑制能力，必须具有高电压增益、低噪声、高输入阻抗，而且要求这类集成放大器的输入部分和输出部分是绝缘的，这时必须采用仪用放大器才能达到实用要求。本节主要介绍集成仪用放大器的工作原理、特性及其应用等。

### 2.4.1　集成仪用放大器的工作原理

**1. 基本仪用放大器电路**

仪用放大器是在差动放大器的基础上发展起来的一种比较完善的放大器，作为已成形的仪用放大器，其内部的基本结构是由3个运放和一些精密电阻构成的。如图2-4-1所示为仪用放大器电路，其中 $A_1$，$A_2$ 为同相放大器，$A_3$ 为差动放大器，3个运放都是具有高性能的集成运放，如必须具有高输入阻抗、高增益、高共模抑制比、低噪声等，另外还要求 $A_1$，$A_2$ 两个集成运放性能完全匹配；电阻 $R_2$ 和 $R_3$、$R_4$ 和 $R_5$、$R_6$ 和 $R_7$ 的阻值及其温度特性也要严格匹配。

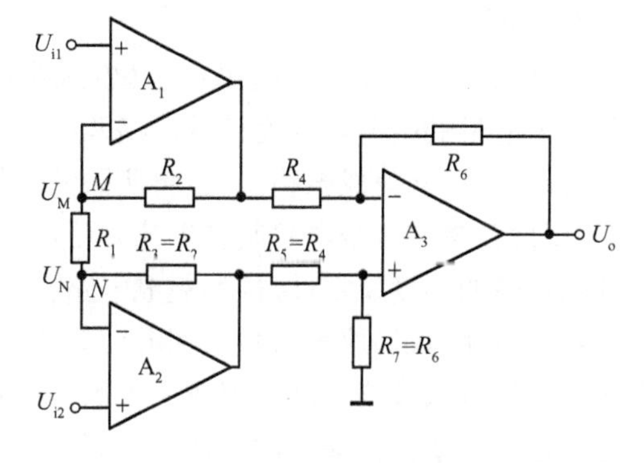


图2-4-1　仪用放大器电路

**2. 仪用放大器的工作原理**

满足以上条件后，下面讨论仪用放大器的工作原理。利用叠加原理可推导出仪用放大器的理想特性。

(1) 当 $U_{i1}$ 单独作用，即 $U_{i2}=0$ 时

因为 $U_{i2}=0$，所以 $U_N=0$，则 $A_1$ 为同相放大器，$A_2$ 为反相放大器，可得

$$U'_{o1}=\frac{R_1+R_2}{R_1}U_{i1} \tag{2-4-1}$$

$$U'_{o2}=-\frac{R_3}{R_1}U_{i1} \tag{2-4-2}$$

(2) 当 $U_{i2}$ 单独作用，即 $U_{i1}=0$ 时

因为 $U_{i1}=0$，所以 $U_M=0$，则 $A_2$ 为同相放大器，$A_1$ 为反相放大器，可得

$$U''_{o2}=\frac{R_1+R_2}{R_1}U_{i2} \tag{2-4-3}$$

$$U''_{o1}=-\frac{R_2}{R_1}U_{i2} \tag{2-4-4}$$

(3) 当 $U_{i1}$，$U_{i2}$ 同时作用时

$$U_{o1}=U'_{o1}+U''_{o1}=\frac{R_1+R_2}{R_1}U_{i1}-\frac{R_2}{R_1}U_{i2} \tag{2-4-5}$$

$$U_{o2}=U'_{o2}+U''_{o2}=\frac{R_1+R_3}{R_1}U_{i2}-\frac{R_3}{R_1}U_{i1} \tag{2-4-6}$$

(4) 仪用放大器的总输出电压及其增益

$A_3$ 为差动放大器，当满足电阻匹配条件时，即 $R_5=R_4$，$R_7=R_6$，$R_3=R_2$，则仪用放大器的总输出电压为

$$U_o=\frac{R_6}{R_4}(U_{o2}-U_{o1})=\frac{R_6(R_1+R_2+R_3)}{R_1R_4}(U_{i2}-U_{i1}) \tag{2-4-7}$$

由式(2-4-7)可得，仪用放大器的增益为

$$A_I=\frac{R_6(R_1+R_2+R_3)}{R_1R_4} \tag{2-4-8}$$

通常选 $R_2 \sim R_6 = R$，这时仪用放大器的增益为

$$A_I = 1 + \frac{2R}{R_1} \tag{2-4-9}$$

可见，只要调节 $R_1$，即可改变 $A_I$，调节增益很方便。

**3. 说明**

实际上，集成运放 $A_1$ 与 $A_2$ 的特性很难匹配，除非使用专门设计的单片集成电路双运放；而且要 7 个电阻的阻值和温度特性严格匹配，使用外部分立元件电阻是根本无法实现的。为了解决此问题，采用混合集成电路工艺，将所需的高性能集成运放和电阻等元件都集成在一个单片电路中，采用薄膜镍铬合金电阻制造工艺并使用激光微调技术，使相应电阻的阻值和特性达到极高的精度和极高的温度稳定性。这种集成电路就是集成测量放大器或集成仪用放大器。

综上所述，仪用放大器是采用混合集成工艺的具有高增益、高增益精度、高共模抑制比、高输入电阻、低噪声、高线性度的集成放大器。集成仪用放大器主要应用于信号放大(如对各种传感器信号的放大)、遥控换能器放大器、低电平信号调节器、医用设备和仪器仪表等许多领域。

### 2.4.2 集成仪用放大器的特性及其应用

集成仪用放大器的种类及品种很多，在此仅以比较典型的 INA101 和 LH0038 为例，对集成仪用放大器的特性及其应用进行简要介绍。

**1. INA101 超高精度集成仪用放大器**

(1) 主要特点

INA101 是 TI 公司生产的高精度型仪用放大器，其主要特点有：

- 失调电压低：25μV；
- 失调电压温漂小：0.25μV/℃；
- 非线性小：0.002%；
- 噪声小：$13\text{nV}/\sqrt{\text{Hz}}(f_0 = 1\text{kHz})$；
- 共模抑制比高：106dB(60Hz)；
- 输入电阻高：$10^{10}\Omega$。

(2) 电路框图及其引脚

INA101 仪用放大器有 INA101M，INA101P，INA101G 3 个品种，INA101M 采用 10 脚金属圆帽封装，INA101P 和 INA101G 采用 14 脚双列直插式封装。下面以 INA101P 和 INA101G 为例介绍 INA101 电路框图及其引脚。

如图 2-4-2 所示为 INA101P/INA101G 功能框图与封装引脚。

在两个增益设置(Gain Set) 引脚(5 脚、10 脚) 之间，外接增益调节电阻 $R_G$。INA101P/INA101G 的引脚 4 和引脚 11 是增益读出端(Gain Sense)，或称增益检测端，当它们分别与 10 脚和 5 脚相接时，可使 $A_2$ 和 $A_1$ 构成闭环放大器。

INA101 集成仪用放大器由 3 个高性能的集成运放组成。其中，输入部分($A_1$，$A_2$) 采用低失调、低漂移的放大电路。$A_1$ 和 $A_2$ 接成同相输入组态，以获得仪器仪表所需要的高输入电阻。$A_3$ 为单位增益的差动放大器，4 个 10kΩ 电阻严格匹配，以保持优异的 CMRR。

(3) 应用时的连接方法

如图 2-4-3 所示为 INA101M 基本应用电路。INA101M 的 1 脚、4 脚为增益设置端，5 脚、10 脚是两个输入端，8 脚是输出端，2 脚、3 脚是失调电压调节端，9 脚是正电源，6 脚是负电源，7 脚是地。图 2-4-3(a)、(b) 所示为集成仪用放大器应用时的连接方法。

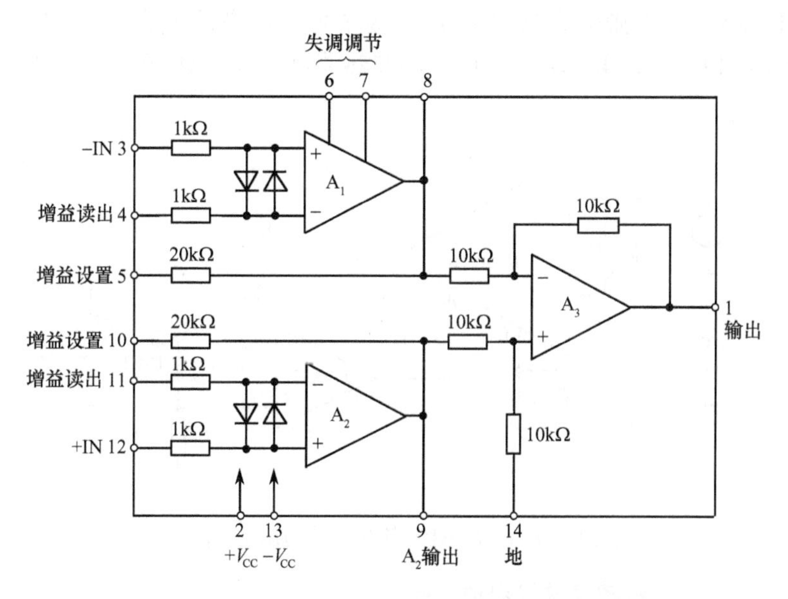


图 2-4-2　INA101P/INA101G 功能框图与封装引脚

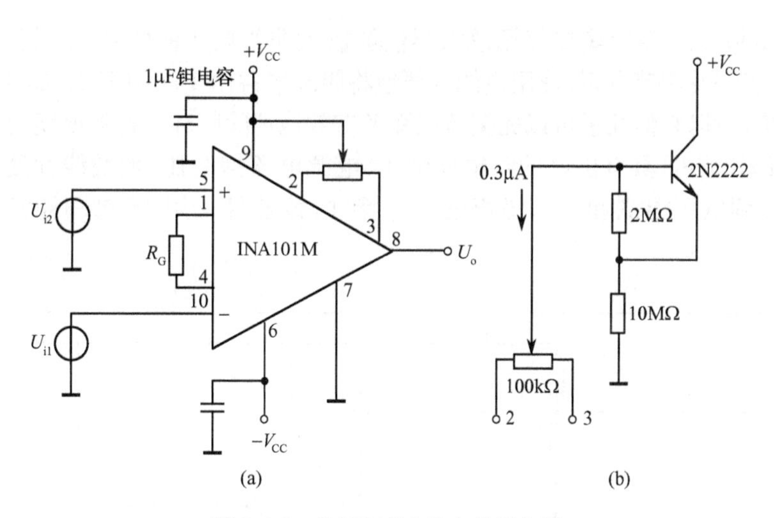


图 2-4-3　INA101M 基本应用电路

由外接电阻 $R_G$ 作为增益调节，增益及输出电压为

$$A_i = 1 + \frac{40(\text{k}\Omega)}{R_G} \tag{2-4-10}$$

$$U_o = A_i(U_{i2} - U_{i1}) \tag{2-4-11}$$

电阻 $R_G$ 的精度和温度稳定性直接影响增益的精度及漂移。高增益时，$R_G$阻值较小，此时 $R_G$ 引线的附加电阻(继电器、接口等的电阻) 会影响增益误差，应注意减小附加电阻。在图 2-4-3 中，两电路的失调电压调零只影响失调电压在输入级的分量，因此，增益改变时不影响调零结果。考虑对输出级 $A_3$ 进行失调补偿时，可采用图 2-4-4 所示的电路对输出失调进行调零。如图 2-4-4 所示为 INA101 输出部分的调零电路。该电路中补偿电压通过缓冲放大器(OPA27) 加到第 7 脚，应限制与 7 脚串联的电阻。该电阻大于 0.1Ω 时，将使 CMRR 降至 106dB 以下，所以该电阻应尽量小。改变 $R_1$ 与 $R_2$ 的比值，可以扩大调节范围。此外，调零电位器必须选用温度特性好、

机械阻力稳定的电位器，否则会影响调零效果。为了保持高增益时的失调性能，应防止气流流过输入引脚周围，因此，应在 INA101 组件上加散热器，以减弱温度迅速变化对引脚的影响。

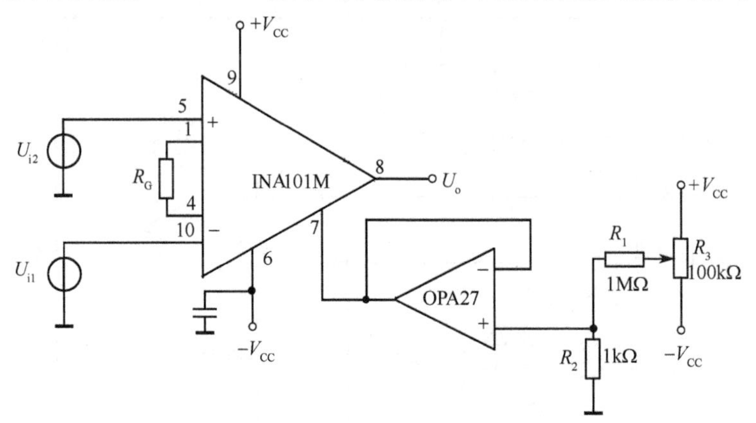


图 2-4-4　INA101 输出部分的调零电路

**2. LH0038/LH0038C 精密集成仪用放大器**

(1) 基本特点

LH0038/LH0038C 精密集成仪用放大器能够放大非常微弱的信号，如传感器的输出信号等。片内精密薄膜增益调节电阻，使用户能方便地将闭环增益由 100 调至 2000，由于这些电阻是均匀的单片结构，所以它们几乎可以完美地跟踪及有效地消除闭环增益随温度的变化。

LH0038/LH0038C 具有极好的共模抑制比、电源电压抑制比、增益线性度及非常低的输入失调电压、失调电压温漂和输入噪声电压等特性。该器件采用 16 脚陶瓷密封双列直插式封装。

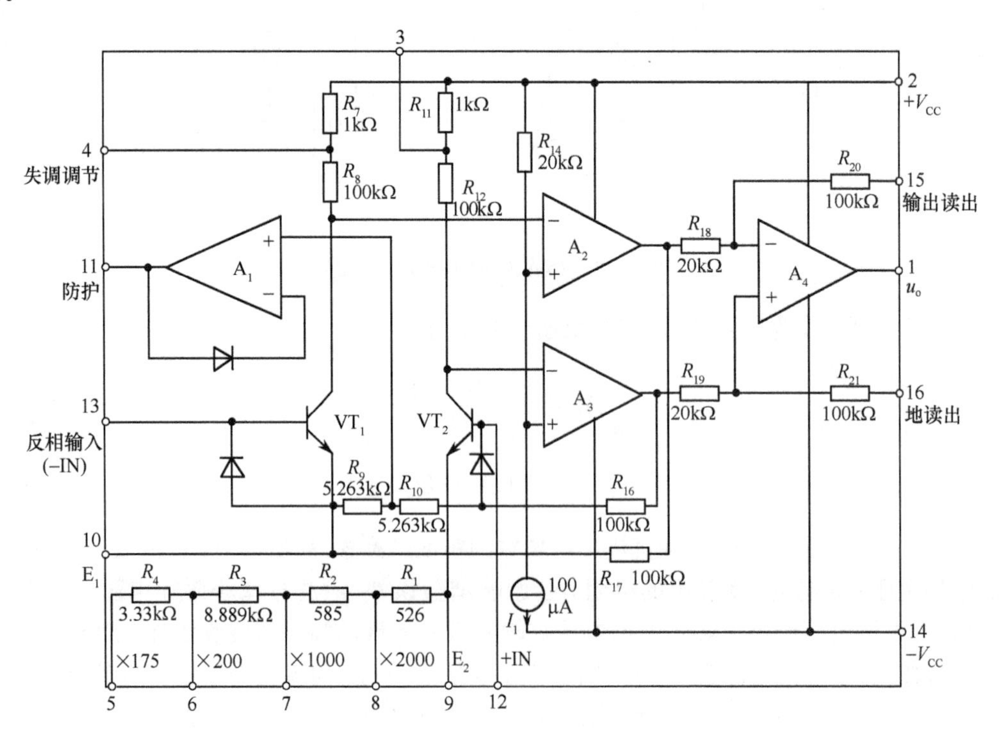


图 2-4-5　LH0038/LH0038C 的功能框图

(2) 功能框图

如图 2-4-5 所示为 LH0038/LH0038C 的功能框图。其中，3 脚、4 脚是输入级失调电压调零端；5 ～ 8 脚是增益选择端，分别为×175，×200，×1000，×2000；9 脚、10 脚分别是晶体管 $VT_1$，$VT_2$ 的发射极引出端($E_1$，$E_2$)，这两端接不同阻值的电阻 $R_e$，可改变闭环增益；11 脚是防护驱动端(共模反馈电压)；其他引脚功能见图 2-4-5 中的标注。如果读者想了解 LH0038/LH0038C 的性能参数及其详细资料，请查阅有关的集成电路手册。

(3) 应用说明

① 防护驱动端

LH0038/LH0038C 内部的共模反馈电压经内部缓冲器($A_1$) 在 11 脚输出。因此，只需将 11 脚接到信号输入电缆线的外屏蔽层，就可以构成有防护驱动的仪用放大器，以便在信号源的阻抗不平衡时改善系统的 CMRR。如图 2-4-6 所示为 LH0038 防护驱动端的应用电路。

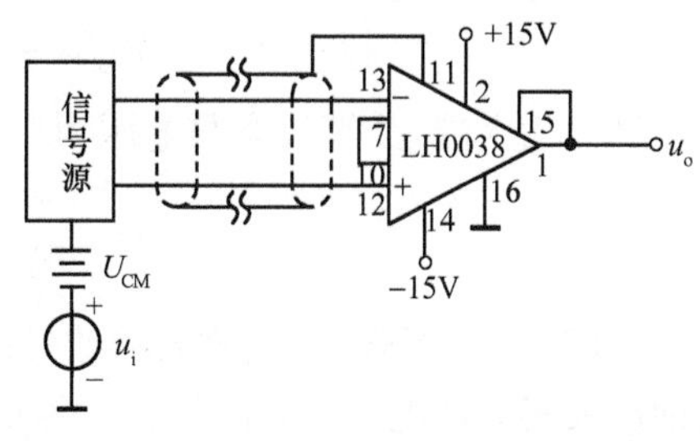


图 2-4-6　LH0038 防护驱动端的应用电路

② 远程输出读出

如图 2-4-7 所示为远程读出的电路。为了消除引线电阻的误差，LH0038 的反馈网络可以直接在负载端接通，如图 2-4-7(a) 所示。也可在反馈环路中加一个单位增益缓冲器(如 LH0002 等)，以提高输出电流能力，如图 2-4-7(b) 所示。

③ 失调调零

LH0038 在出厂时，已将失调微调调到很低的值了，如果要进一步调零，可以参照集成电路手册中介绍的与此类似的集成运放调零方法进行。

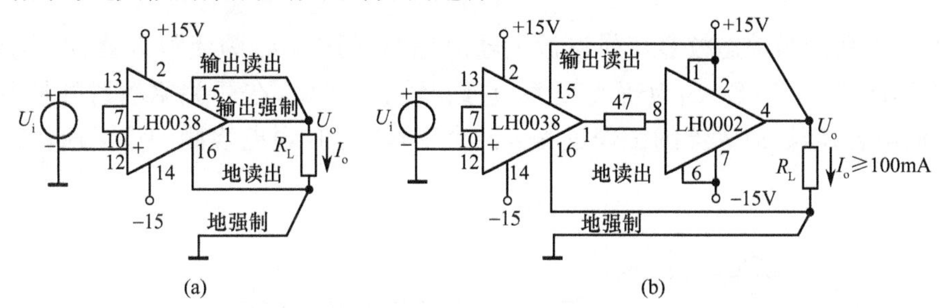


图 2-4-7　远程读出的电路

# 2.5　动态校零型斩波放大器

动态校零型斩波放大器是第四代集成运放，它属于高精度低漂移型。这种集成运放在性能上非常接近于理想运放，其主要性能指标已达到或超过其他单片高精度集成运放的指标，更重要的是动态校零型斩波放大器的电路设计方案代表了 MOS 集成电路发展过程中的一个方向。动态校零型斩波放大器应用于要求有高精度、低噪声、低偏流、低失调电压、低漂移和高共模抑制比的放大电路中，如精密仪器仪表等电路。

## 2.5.1　动态校零型斩波放大器的一般技术

放大器最重要的参数之一是它的零位输出电压和漂移，采用调零的方法解决零漂，其缺点是很难长期稳定，采用斩波放大器是降低直流漂移的一种有效途径。

如图 2-5-1 所示为动态校零型斩波放大器采用的双通道放大电路框图。

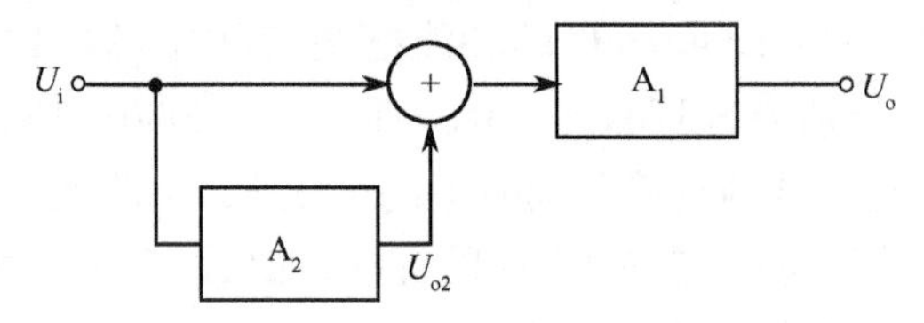


图 2-5-1　动态校零型斩波放大器采用的双通道放大电路框图

在图 2-5-1 中，$A_1$ 为主放大器，$A_2$ 为辅助放大器，其中 $A_2$ 是一个高性能的直流放大器。若 $A_1$，$A_2$ 的失调电压分别为 $U_{os1}$，$U_{os2}$，则因失调电压引起的零位输出电压为

$$U_o = -A_{d1}U_{os1} - U_{os2}A_{d2}A_{d1} \tag{2-5-1}$$

将其折算到输入端，其等效失调电压为

$$U_{os} = \frac{U_o}{-A_{d1}A_{d2}} = U_{os2} + \frac{U_{os1}}{A_{d2}} \approx U_{os2} \tag{2-5-2}$$

由式(2-5-2) 可知，斩波放大器的失调电压主要取决于辅助放大器，所以斩波放大器是以降低辅助放大器失调电压及其漂移的一种低漂移型集成运放。因为斩波放大器是在斩波开关的控制下工作的，所以斩波放大器工作频率的上限值受斩波开关工作频率的限制。信号中的直流分量经过 $A_1$，$A_2$ 放大，具有很高的开环增益，其增益为 $A_{d1}A_{d2}$，此信号通道称为下通道。信号中的高频分量只通过 $A_1$，其增益为 $A_{d1}$，此信号通道称为上通道。所以这种斩波放大器也称为双通道斩波放大器。

## 2.5.2　动态校零型斩波放大器的工作原理

如图 2-5-2 所示为动态校零型斩波放大器原理图。图中，$A_1$ 为主放大器，$A_2$ 为辅助放大器，$A_3$ 为采样保持器。$S_1$，$S_2$，$S_3$为斩波开关，它们是同步开关，在开关驱动器的控制下工作。$C_1$，$C_2$是存储电容。斩波放大器的工作过程分两个工作期：① 误差检测和记忆期；② 校零和信号放大期。

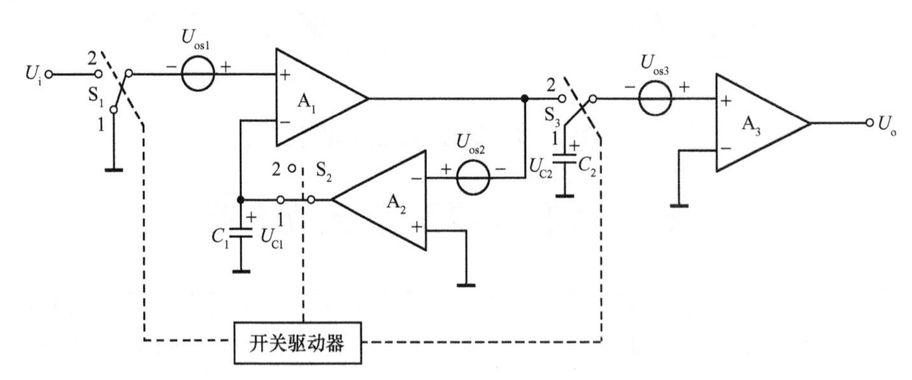


图 2-5-2　动态校零型斩波放大器原理图

### 1. 误差检测和记忆期

在图 2-5-2 中，当斩波开关 $S_1$，$S_2$，$S_3$同时打向位置“1”时，斩波放大器工作于误差检测和记忆期。由图 2-5-2 可求得

$$U_{o1} = A_{d1}(U_{os1} - U_{C1}) \tag{2-5-3}$$

$$U_{o2} = U_{C1} = A_{d2}(U_{o1} + U_{os2}) \tag{2-5-4}$$

由式(2-5-3)和式(2-5-4)可求出,电容 $C_1$ 上的电压为

$$U_{C1} = \frac{A_{d1}A_{d2}}{1+A_{d1}A_{d2}}U_{os1} + \frac{A_{d2}}{1+A_{d1}A_{d2}}U_{os2} \tag{2-5-5}$$

可见,在存储电容 $C_1$ 上记忆了失调电压。

2. 校零和信号放大期

在图 2-5-2 中,当斩波开关 $S_1$,$S_2$,$S_3$ 同时打向位置“2”时,斩波放大器工作于校零和信号放大期。由图 2-5-2 可求得

$$U_o = A_{d1}(U_i + U_{os1} - U_{C1}) + U_{os3} = A_{d1}\left(U_i + \frac{U_{os1}}{1+A_{d1}A_{d2}} - \frac{A_{d2}U_{os2}}{1+A_{d1}A_{d2}} + \frac{U_{os3}}{A_{d1}}\right) \tag{2-5-6}$$

由式(2-5-6)可知,采用斩波放大器,运放 $A_1$ 的失调电压对输入电压的影响降低 $1/(1+A_{d1}A_{d2})$,$A_2$ 和 $A_3$ 的失调电压降低了 $1/A_{d1}$。若取 $U_{os2} = U_{os3}$,则又可以互相得到补偿。

在这个工作期,存储电容 $C_2$ 上的保持电压为

$$U_{C2} = U_{o1} = A_{d1}\left(U_i + \frac{U_{os1}}{1+A_{d1}A_{d2}} - \frac{A_{d2}U_{os2}}{1+A_{d1}A_{d2}}\right) \tag{2-5-7}$$

且完成了零位校正和信号放大。

在开关驱动器的时钟控制下重复上述过程。由于采样保持器 $A_3$ 和存储电容 $C_2$ 的保持作用,基本上实现了输出电压的连续性,而不会出现断点。

### 2.5.3 HA2900 型动态校零型斩波集成运放介绍

1. HA2900 集成运放的主要特性

HA2900 集成运放的整个电路较复杂,芯片面积约 $93 \times 123\text{mil}^2$(1000mil = 2.54cm)。使用时仅需外接 3 个电容,其中两个作为保持电容,一个供定时多谐振荡器用。电路制造采用介质隔离工艺,在电路版图设计中考虑了热对称。在该器件中,主要噪声是 $\frac{1}{f}$ 类型的随机电压噪声。HA2900 集成运放的主要指标均已达到并超过了其他单片集成高精度集成运放的指标。该集成运放的主要参数如下:

- 失调电压:20$\mu$V;
- 失调电压漂移:0.3$\mu$V/℃;
- 失调电流:0.05nA;
- 失调电流漂移:1.0pA/℃;
- 开环增益:$5 \times 10^8$;
- 单位增益带宽:3MHz;
- 转换速率(单位增益):2.5V/$\mu$s。

2. HA2900 集成运放的工作原理

如图 2-5-3 所示为 HA2900 动态校零型斩波集成运放原理图。图中,$A_1$ 为主放大器,$A_2$ 为辅助放大器,$(S/H)_2$ 和 $(S/H)_1$ 为采样保持器,+1 为电压跟随器的符号。$S_1$,$S_2$,$S_3$,$S_4$ 为斩波开关,它们是同步开关,在开关驱动器的控制下工作。$C_1$,$C_2$ 是存储电容。HA2900 动态校零型斩波集成运放与其他动态校零型斩波放大器一样,也是在驱动器时钟控制下分两个工作期工作。

(1) 误差检测和记忆期

图 2-5-3 中,当开关 $S_1$,$S_4$ 打开,$S_2$,$S_3$ 接通时,该集成运放工作在误差检测和记忆期。HA2900 工作在误差检测和记忆期时的工作电路图如图 2-5-4 所示。

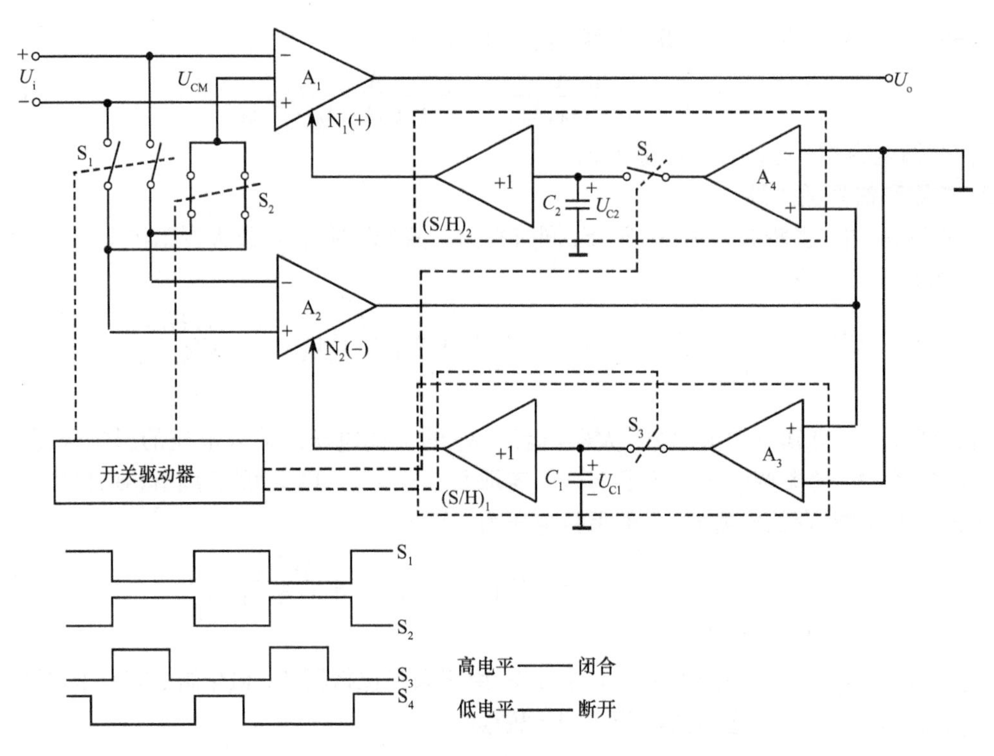


图 2-5-3　HA2900 动态校零型斩波集成运放原理图

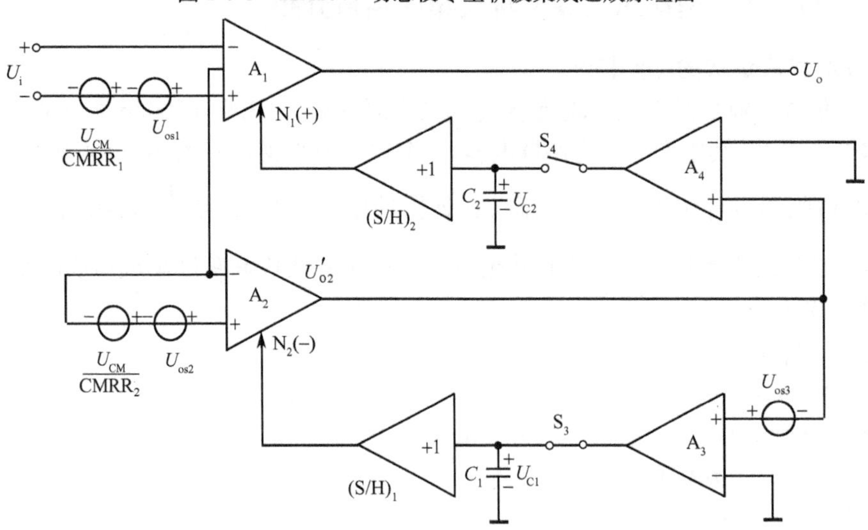


图 2-5-4　HA2900 工作在误差检测和记忆期时的工作原理图

为方便分析，将共模电压引起的输出电压折算为差模输入电压$\frac{U_{CM}}{CMRR_2}$。由图 2-5-4 可求得，$A_2$ 的输出电压为

$$U'_{o2}=\frac{U_{CM}}{CMRR_2}A_{d2}+U_{os2}A_{d2}-U_{C1}A'_2 \tag{2-5-8}$$

式中，$A_{d2}$ 为运放 $A_2$ 的开环增益，$A'_2$为从 $A_2$ 调零输入端 $N_2$ 输入的电压增益。

存储电容 $C_1$ 上的电压是运放 $A_3$ 的输出电压

$$U_{C1}=U_{o3}=A_{d3}(U'_{o2}+U_{os3}) \tag{2-5-9}$$

式中，$A_{d3}$ 为 $A_3$ 的开环增益。

由式(2-5-8)和式(2-5-9)可求得，$C_1$上的电压为

$$U_{C1}=\frac{A_{d2}A_{d3}U_{CM}}{(1+A'_2A_{d3})CMRR_2}+\frac{A_{d2}A_{d3}}{1+A_{d3}A'_2}U_{os2}+\frac{A_{d3}U_{os3}}{1+A'_2A_{d3}}$$

$$\approx\frac{A_{d2}U_{CM}}{A'_2CMRR_2}+\frac{A_{d2}}{A'_2}U_{os2}+\frac{U_{os3}}{A'_2} \tag{2-5-10}$$

可见，电容 $C_1$ 上存储了与三项误差电压有关的电压。在对输入信号放大时，可用于校正零位输出电压。

(2) 校零和信号放大期

在图 2-5-3 中，当开关 $S_2$，$S_3$ 打开，$S_1$，$S_4$ 接通时，该集成运放工作在校零和信号放大期。如图 2-5-5 所示为 HA2900 工作在校零和信号放大期的原埋图。

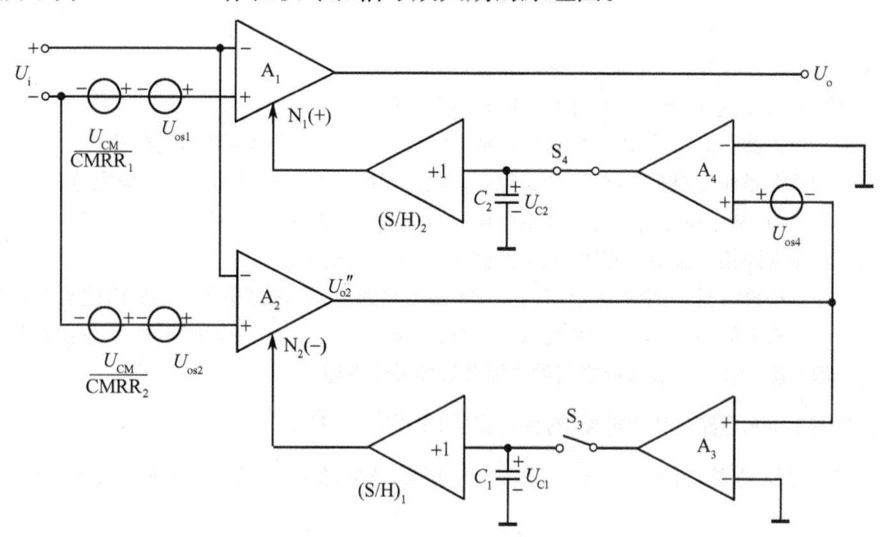


图 2-5-5 HA2900 工作在校零和信号放大期的原理图

由图 2-5-5 可求得，$A_2$ 的输出电压为

$$U''_{o2}=-U_iA_{d2}+\left(\frac{U_{CM}}{CMRR_2}+U_{os2}\right)A_{d2}-U_{C1}A'_2 \tag{2-5-11}$$

将式(2-5-10)代入式(2-5-11)得

$$U''_{o2}=-U_iA_{d2}+\frac{U_{CM}A_{d2}}{CMRR_2(1+A'_2A_{d3})}+\frac{U_{os2}A_{d2}}{1+A'_2A_{d3}}-\frac{A'_2A_{d3}}{1+A'_2A_{d3}}U_{os3}\approx-U_iA_{d2}-U_{os3} \tag{2-5-12}$$

可见，在记忆期电容 $C_1$ 上存储记忆了误差电压，在校零和信号放大期内对输入信号电压 $U_i$ 的放大信号进行零位校正。

存储电容 $C_2$ 上的电压为

$$U_{C2}=A_{d4}(U''_{c2}+U_{os4})=A_{d4}(-U_iA_{d2}-U_{os3}+U_{os4}) \tag{2-5-13}$$

若 $U_{os3}=U_{os4}$，则

$$U_{C2}=-A_{d4}A_{d2}U_i \tag{2-5-14}$$

由图 2-5-5 可求得主放大器 $A_1$ 的输出电压为

$$U_o=A'_1U_{C2}-U_iA_{d1}+\frac{U_{CM}}{CMRR_1}A_{d1}+U_{os1}A_{d1} \tag{2-5-15}$$

式中，$A'_1$ 为从 $A_1$ 调零端 $N_1$ 输入的电压放大倍数。

将式(2-5-14)代入式(2-5-15)，则得主放大器 $A_1$ 的输出电压为

$$
\begin{aligned}
U_o &= -(A'_1A_{d2}A_{d4}+A_{d1})U_i+\frac{U_{CM}}{CMRR_1}A_{d1}+U_{os1}A_{d1} \\
&= -(A'_1A_{d2}A_{d4}+A_{d1})\left[U_i-\frac{A_{d1}}{A'_1A_{d2}A_{d4}+A_{d1}}\left(U_{os1}+\frac{U_{CM}}{CMRR_1}\right)\right]
\end{aligned} \tag{2-5-16}
$$

当电路再次重复上述工作过程时，由于电容 $C_2$ 的存储作用，主放大器的输出电压仍然保持着刚刚完成校零和信号放大期的输出电压值，一直到进入下一个校零和信号放大期之前。在开关控制器的控制下不断重复两个工作期的工作过程。

## 思考题与习题

2.1 同相放大器和反相放大器各有什么优、缺点？

2.2 反相、同相和差动运算放大器有什么相同和不同之处？

2.3 基本反相放大器的输入、输出电阻有什么特点？采用什么措施可提高其输入电阻？

2.4 对于同相放大器和反相放大器，为什么都要在同相端接上平衡电阻 $R_p$？$R_p$ 如何取值？

2.5 在实际电路中，温漂补偿电阻的值并不严格按照理论值来选取，你估计这是什么原因？

2.6 画出三端输入同相加法器电路图，写出其输入、输出之间的关系。

2.7 设计一个反相放大器，要求输入电阻为 50kΩ、放大倍数为 50，电路中所采用的阻值不得大于 300kΩ。

2.8 设计一个运放电路，要求运算关系为 $u_o=5(u_{i1}-u_{i2}+u_{i3}-u_{i4})$，指定接于输入、输出端的反馈电阻为 100kΩ，试选定各信号源与放大器输入端之间的电阻及温漂补偿电阻。

2.9 试分析图 1 所示电路是什么电路，有何特点？图中设 $\frac{R_1}{R_2}=\frac{R_3}{R_4}$。

2.10 分析图 2 所示电路，求输出电压 $U_o$ 和输入电压 $U_i$ 之间的关系。该电路完成什么功能？

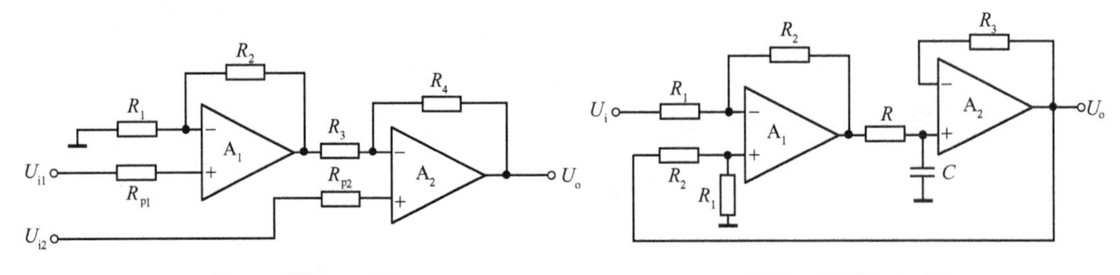


图 1 习题 2.9 图　　图 2 习题 2.10 图

2.11 求图 3 所示电路的增益 $A_F$，并说明该电路完成什么功能。

2.12 求图 4 所示电路输出电压与输入电压的表达式，并说明该电路完成什么功能。

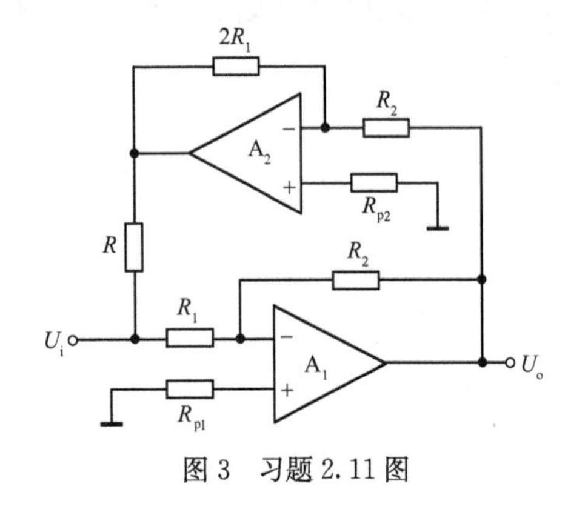


图 3 习题 2.11 图

图 4 习题 2.12 图

2.13 如图 5 所示电路，既可作为积分器，又可作为微分器，试分别指出在两种情况下各元件的作用，并写出其传递函数。

2.14 在图 5 所示电路中，若 $R_1 = 10\text{k}\Omega, C_2 = 0.001\mu\text{F}$。试求当频率分别为：(1)$\omega = 10\text{rad/s}$；(2)$\omega = 10^4\text{rad/s}$；(3)$\omega = 10^6\text{rad/s}$ 时，此电路的增益。

2.15 如图 6 所示电路为积分反馈式微分电路，试分析此电路的工作原理，并写出传递函数的表达式。

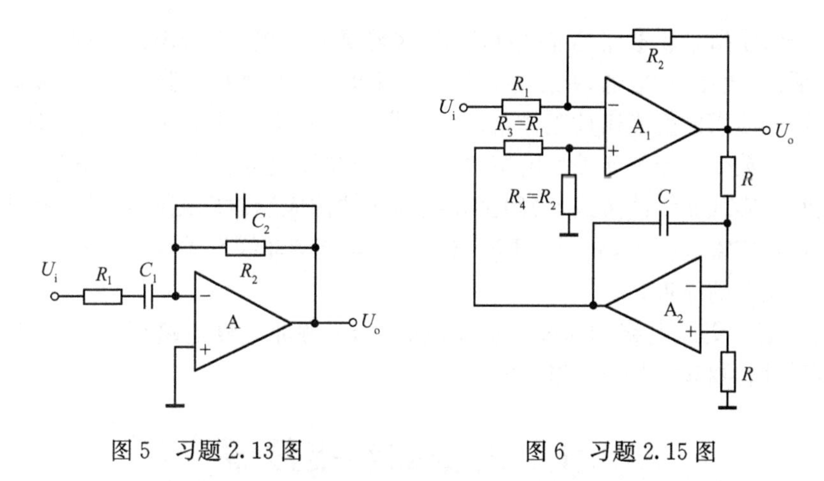


图 5　习题 2.13 图　　　图 6　习题 2.15 图

2.16 设计一个运算电路，要求运算关系为 $u_o = 20\int[u_{i1}(t) + u_{i2}(t)]\mathrm{d}t$。

2.17 集成仪用放大器有什么特点？以 LH0038 为例，分析集成仪用放大器的特点，并举例说明其应用情况。

2.18 动态校零型斩波放大器有什么特点？以 HA2900 型集成运放为例，分析动态校零型斩波放大器的工作原理，并说明其特点和应用情况。

# 第3章　模拟集成电路的非线性应用

本章主要介绍模拟集成电路的非线性应用，这类模拟集成电路的输出与输入之间呈非线性关系。内容包括：对数器、指数器、乘法器、检波器、限幅器、函数变换器、电压比较器及其应用电路。电压比较器所使用的集成运放工作在运放的非线性区（即饱和区）；指数器、对数器、乘法器、检波器、限幅器、函数变换器等所使用的集成运放工作在线性区。集成运放本身是线性放大器，输出与输入之间要实现非线性关系，必须由非线性元件构成运放电路。非线性元件一般采用二极管、三极管、场效应管等构成，利用了PN结电压与电流的非线性关系。另外，二极管的开关作用可以实现各种函数的逼近。

本章介绍的模拟集成电路的非线性应用电路，与无源非线性电路相比，具有良好的变换特性，且具有一定的增益和较强的负载能力。

## 3.1　对数器和指数器

对数器和指数器是模拟集成电路中应用比较广泛的电路之一。对数器和指数器可以完成对数和指数运算，可以作为对数函数发生器和指数函数发生器，可以进行乘法和除法运算，可以进行平方和开方运算，还可以对信号进行对数压缩，如将线性坐标转化为对数坐标、线性扫频转化为对数扫频等。

### 3.1.1　对数器

对数器是实现输出电压与输入电压成对数关系的非线性模拟电路。

**1. PN结的伏安特性**

半导体PN结的伏安特性为

$$I_D = I_S(e^{\frac{q}{kT}U_D} - 1) \tag{3-1-1}$$

式中，$I_D$为PN结的正向导通电流；$I_S$为PN结的反向饱和电流，它随温度变化；$q$为电子电荷量，$q = 1.602 \times 10^{-19}$C；$k$为玻耳兹曼常数，$k = 1.38 \times 10^{-23}$J/℃；$T$为热力学温度。

在常温下，$t = 25$℃时，$\frac{kT}{q} \approx 26$mV，若结电压$U_D > 100$mV，则上式近似为

$$I_D \approx I_S e^{\frac{q}{kT}U_D} \tag{3-1-2}$$

式(3-1-2)是具有指数关系的PN结的伏安特性。

**2. 二极管对数放大器**

如图3-1-1所示为二极管对数放大器电路。

在理想运放的条件下，$u_o = -U_D$，由$I_D \approx I_S e^{\frac{q}{kT}U_D}$，得此对数器的输出电压为

$$U_o = -U_D = -\frac{2.3kT}{q}\lg\left(\frac{U_i}{RI_S}\right) = -U_T\lg\left(\frac{U_i}{U_k}\right) \tag{3-1-3}$$

式中，$U_T = 2.3\frac{kT}{q}$，当$t = 25$℃时，$U_T \approx 59$mV，$U_k = RI_S$。

由式(3-1-3)可得对数器的传输特性，如图3-1-2所示。

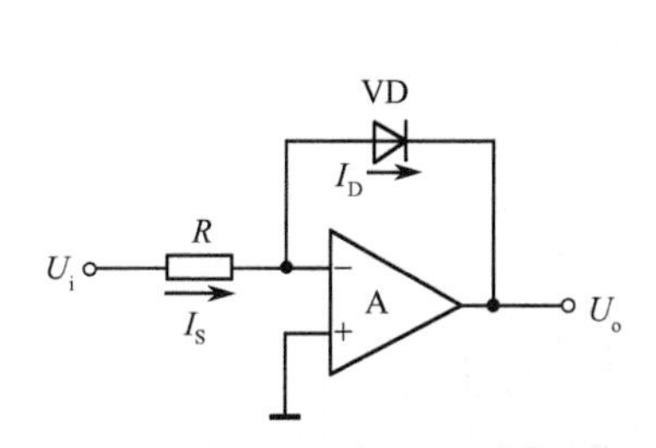

图 3-1-1　二极管对数放大器电路

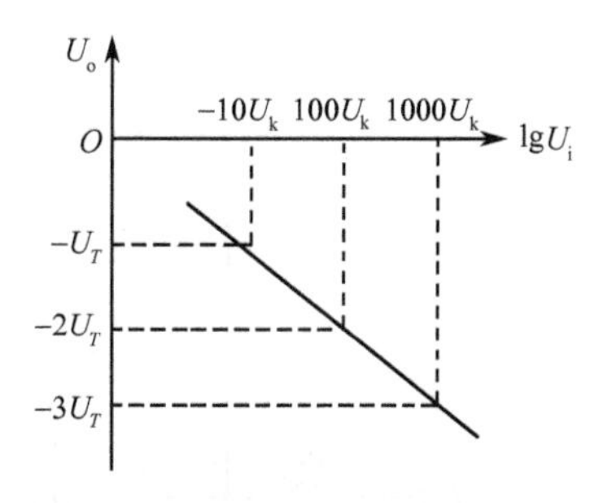


图 3-1-2　二极管对数器的传输特性

为了利用 PN 结正向导通特性的指数伏安特性，要求输入电压必须为正，若 PN 结反接，则输入电压必须为负。在分析上述关系式时，忽略了 PN 结的体电阻的影响。实际上，由于体电阻上的压降而破坏了正常的对数运算，所以要选用体电阻小的管子作为变换元件。

**3. 三极管对数放大器**

如图 3-1-3 所示为三极管对数放大器。

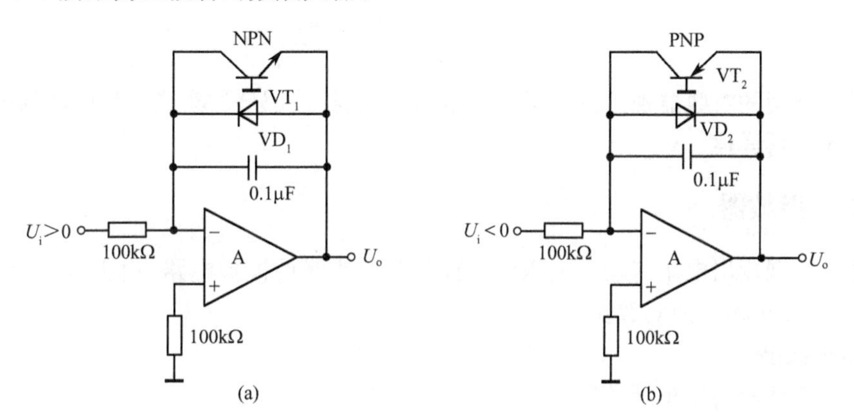


图 3-1-3　三极管对数放大电器

在理想运放的条件下，有

$$I_C \approx \alpha I_E = \alpha I_S e^{\frac{q}{kT}U_{BC}} \tag{3-1-4}$$

式中，$I_S$ 是三极管 b-e 结的反向饱和电流，$\alpha$ 是共基极电流放大系数。

由图 3-1-3 可得此对数器的输出电压为

$$U_o = -U_{BC} = -\frac{2.3kT}{q}\lg\left(\frac{U_i}{\alpha R I_S}\right) = -U_T\lg\left(\frac{U_i}{\alpha R I_S}\right) \tag{3-1-5}$$

在图 3-1-3 中，$VD_1$，$VD_2$ 是保护二极管，其作用是防止 $VT_1$，$VT_2$ 反偏时因输出电压 $U_o$ 过大而造成击穿。当输入电压 $U_i>0$ 时，使用 NPN 三极管；当输入电压 $U_i<0$ 时，使用 PNP 三极管。采用三极管作为变换元件，可实现 5～6 个数量级的动态范围，而采用二极管可实现 3～4 个数量级的动态范围。三极管对数器和二极管对数器一样，在分析时忽略了体电阻的影响，所以在实际应用时，应选用体电阻小的管子作为变换元件。

二极管对数器和三极管对数器明显的缺点是温度稳定性差，因为 $U_T$，$I_S$ 均是与温度有关的量。为了使对数器具有实用性，可采用具有温度补偿的对数器。

**4. 温度补偿对数器的实际电路**

为了克服二极管对数器和三极管对数器温度稳定性差的缺点，可采用带有温度补偿的对数器。如图 3-1-4 所示为温度补偿对数器的实际电路。

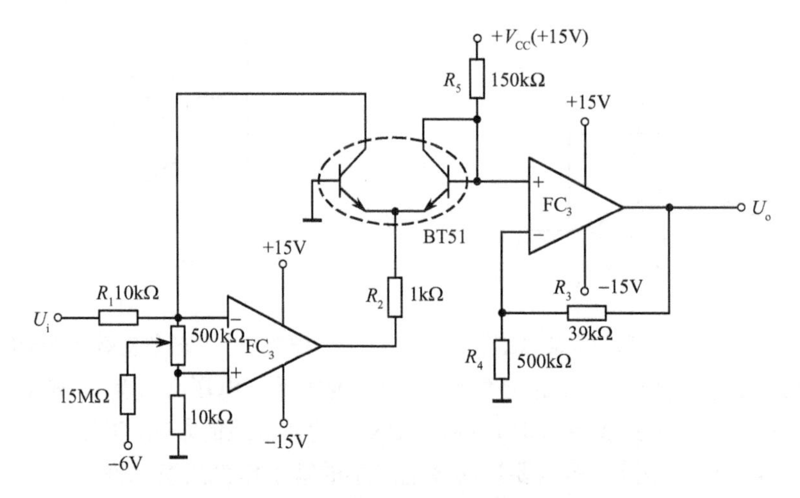


图 3-1-4　温度补偿对数器的实际电路

图 3-1-4 是由 FC3(CF709)、BT51(或 5G921) 等元器件组成的。此对数器的输出电压为

$$U_o = -\left(1+\frac{R_3}{R_4}\right)\frac{kT}{q}\ln\left(\frac{R_5 U_i}{R_1 V_{CC}}\right) \tag{3-1-6}$$

因带温度补偿的对数器现已做成了集成电路,温度补偿部分均集成在集成块的内部,所以其工作原理在此不再详述。

### 3.1.2　指数器

指数器是实现输出电压与输入电压成指数关系的非线性模拟电路,由于输入电压也是输出电压的对数,因此也称为逆对数器。

**1. 基本指数器**

如图 3-1-5 所示为基本指数器。

在理想运放的条件下, $U_o = -I_E R$,由 $I_E \approx I_S e^{\frac{q}{kT}U_{BE}}$,得此指数器的输出电压为

$$U_o = -RI_E = -RI_S e^{\frac{q}{kT}U_{BE}} = -RI_S e^{\frac{q}{kT}U_i} \tag{3-1-7}$$

由式(3-1-7)可得指数器的传输特性,如图 3-1-6 所示。图中,$U_T = 2.3\dfrac{kT}{q}$,当 $t = 25℃$ 时,$U_T \approx 59\text{mV}$,$U_k = RI_S$。

由图 3-1-5 可知,此指数器的输入电压必须为正,而输出电压只能为负,其传输特性位于第四象限内。若将指数变换管换方向或采用 PNP 管,则传输特性将在第二象限。此指数器的缺点是:①$U_T$,$U_k$ 均与温度有关,其温度稳定性差,必须采用温度补偿措施才能实用;②$U_i$ 为单极性,且动态范围很小,限于 b-e 结的压降,应用范围受到限制;③ 输入信号内阻对指数特性影响极大,不适于直接与有较大内阻的信号源相接。

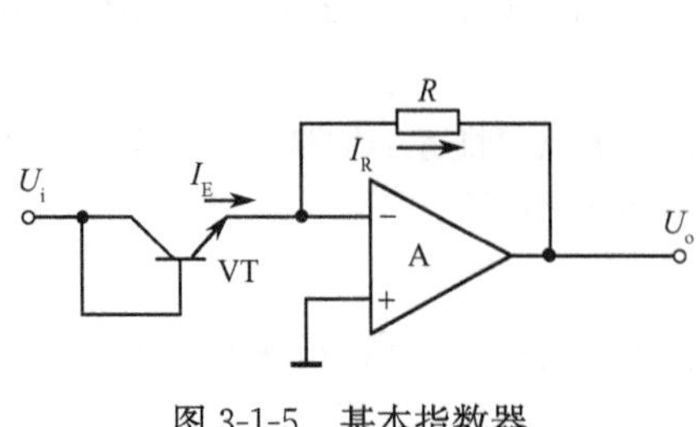


图 3-1-5　基本指数器

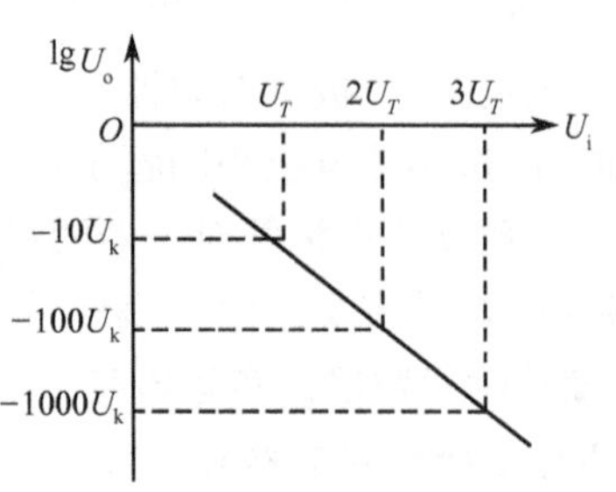


图 3-1-6　指数器的传输特性

2. 具有温度补偿的实用指数器

为了克服基本指数器的缺点，下面介绍具有温度补偿的实用指数器。如图 3-1-7 所示为具有温度补偿的实用精密指数器。

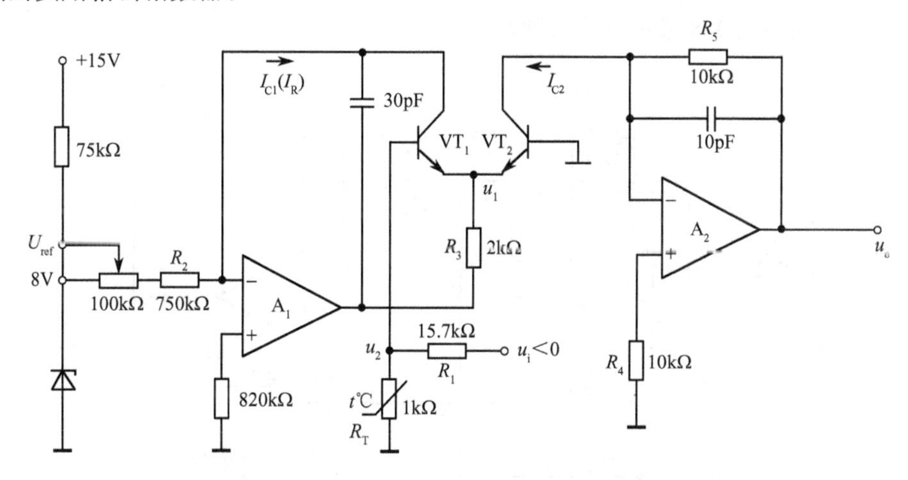


图 3-1-7　具有温度补偿的实用精密指数器

在图 3-1-7 中，设基准电流 $I_R$ 为 $10\mu A$，$VT_1$ 的基极加一个电压 $u_2$，它由热敏电阻 $R_T$ 和电阻分压器 $R_1$ 提供。$VT_1$ 和 $VT_2$ 是发射极相互连接的晶体管对。下面分析此指数器的工作原理。由于输入电压 $u_i$ 和基准电流 $I_R$ 的作用，为 $VT_1$ 提供了电压 $U_{BE1}$，$VT_1$ 去激励 $VT_2$。当 $u_i=0$ 时，由于 $VT_1$ 和 $VT_2$ 处于平衡状态，$VT_2$ 的集电极电流 $I_{C2}=I_{C1}(I_R)$，而发射极电压 $u_1$ 由集电极电流 $I_{C1}(I_R)=\frac{U_{ref}}{R_2}$ 确定。当 $u_i<0$ 时，$VT_1$ 基极电压 $u_2$ 下降，而 $VT_1$ 集电极电流 $I_{C1}=I_R$ 不变，由于 $A_1$ 的负反馈作用，发射极电压 $u_1$ 以同样大小下降。因此，$VT_2$ 的 b-e 之间的电压 $U_{BE2}$ 变大，集电极电流 $I_{C2}$ 按指数函数增大，$u_o$ 随之增大。在上述过程中，电路中的几个主要参数可分别用下式来表示。

$VT_2$ 的集电极电流为

$$I_{C2}\approx I_o e^{\frac{q}{kT}U_{BE2}} \tag{3-1-8}$$

在 $u_i<0$ 时，$U_{BE2}$ 可表示为

$$U_{BE2}=\frac{kT}{q}\ln\left(\frac{I_R}{I_o}\right)+\frac{R_T}{R_T+R_1}u_i \tag{3-1-9}$$

将式(3-1-9) 代入式(3-1-8) 中，可得

$$I_{C2}=I_o e^{\frac{q}{kT}\left[\frac{kT}{q}\ln\left(\frac{I_R}{I_o}\right)+\frac{R_T}{R_1+R_T}u_i\right]}=I_o e^{\ln\left(\frac{I_R}{I_o}\right)}\cdot e^{\left(\frac{q}{kT}\cdot\frac{R_T}{R_1+R_T}u_i\right)}=I_R e^{\left(\frac{q}{kT}\cdot\frac{R_T}{R_1+R_T}u_i\right)} \tag{3-1-10}$$

设 $\frac{R_T}{R_1+R_T}=\frac{1}{16.7}$，$\frac{q}{kT}\approx\frac{1}{26mV}$，则电流 $I_{C2}$ 为

$$I_{C2}=I_R 10^{u_i} \tag{3-1-11}$$

所以输出电压为

$$u_o=I_{C2}R_5=I_R R_5\times 10^{u_i} \tag{3-1-12}$$

由式(3-1-12) 可知，输出电压 $u_o$ 与输入电压 $u_i$ 之间保持指数关系。如果选用正温度系数的热敏电阻 $R_T$，则可由环境温度引起的变化进行补偿。

### 3.1.3　集成化的对数器和指数器

对数器和指数器是由集成运放、晶体管、电阻、电容等元件组成的，将这些元件组合在一块基片上，加少量的外接元件，就可构成集成化对数器和指数器。

美国ITN公司在偏置电流为3pA、转换速率为6V/μs、输入电阻为$10^6\Omega$的JFET型集成运放8043的基础上，生产了最早的集成化对数器和指数器8048和8049。这些电路主要用于乘法、除法、开方、平方等运算及信号压缩和放大电路中。同时，还可用于产生锯齿波、阶梯波的电路中。

如图3-1-8所示为8048型集成化对数器。

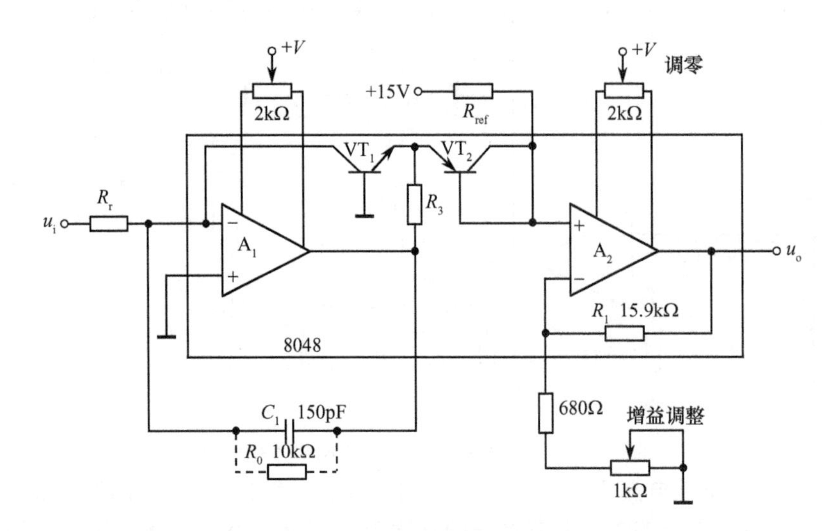


图3-1-8　8048型集成化对数器

由于采用了JFET型集成运放，所以具有输入电阻高、噪声低、稳定性好等优点。该电路的动态范围大于60dB。为了扩大应用范围，放大器的比例系数、基准电压、失调电压等的调整均由外接电路实现。温度补偿电路在集成块的内部，当环境温度为0～70℃时，无须外接元件进行补偿。

如图3-1-9所示为8049型集成化指数器。

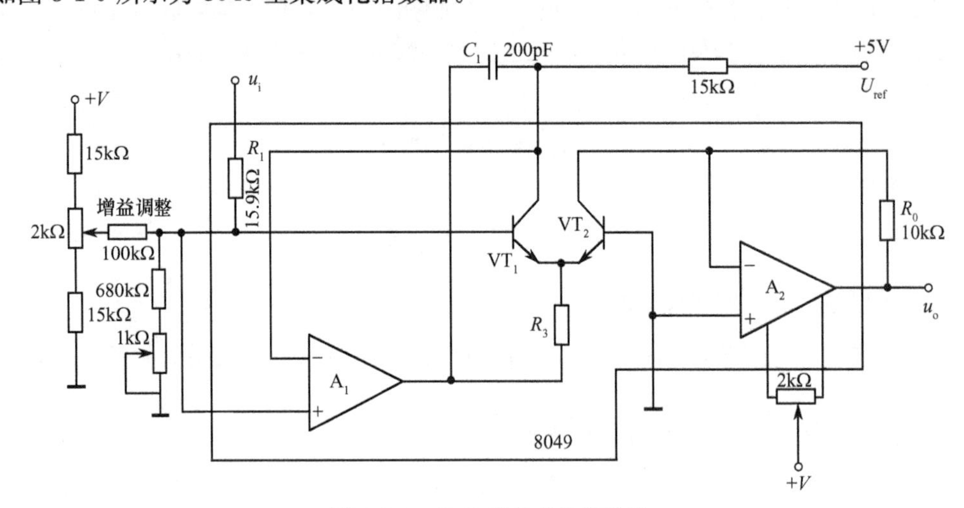


图3-1-9　8049型集成化指数器

## 3.2　乘法器及其应用

乘法器是实现两个模拟量（电压或电流）相乘作用的器件。乘法器广泛用于基本模拟运算、电子工程、通信技术、信息处理、自动控制、测量技术等领域。利用乘法器可以实现乘法、除法、开方、幂运算，均方值、有效值运算，极坐标和直角坐标的变换，调制、解调、检波、鉴频、鉴相、倍频、混频、放大、压控增益、波形产生、电机控制等许多功能。

本节主要介绍乘法器的基础知识、基本工作原理和典型的应用电路。

## 3.2.1　乘法器的基础知识

### 1. 乘法器

乘法器具有两个输入端(通常称为 X 输入端和 Y 输入端) 和一个输出端(通常称为 Z 输出端)。如图 3-2-1 所示为乘法器的符号。

一个理想的乘法器,其输出电压 $u_o(t)$ 与两个输入端的瞬时电压 $u_X(t)$ 和 $u_Y(t)$ 的乘积成正比,输出特性方程可表示为

$$u_o(t) = Ku_X(t)u_Y(t) \quad 或 \quad Z = KXY \tag{3-2-1}$$

式中,$K$ 为增益系数或标度因子,单位为 $V^{-1}$,$K$ 可取正值,也可取负值,其数值与乘法器的内部电路参数有关。

### 2. 乘法器的工作象限

乘法器有 4 个工作区域,可由它的两个输入电压的极性(正值或负值) 来确定。输入电压可能有 4 种极性组合,如图 3-2-2 所示。假设 $X$ 是水平轴,$Y$ 是垂直轴,在工作区域内的两个输入电压决定了乘法器的输出电压。当 $X$,$Y$ 都是正值,运算在第一象限;当 $X$ 为正,$Y$ 为负,运算在第四象限。两个输入端均只能适应单一极性的乘法器,称为“单象限乘法器”。如果一个输入端适应正、负两种极性,而另一输入端只能适应单一极性的乘法器,称为“二象限乘法器”。如果两个输入端均能适应正、负极性的乘法器,称为“四象限乘法器”。

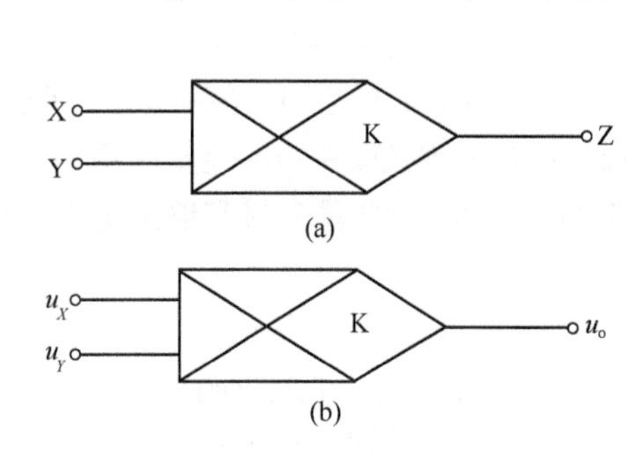


图 3-2-1　乘法器的符号

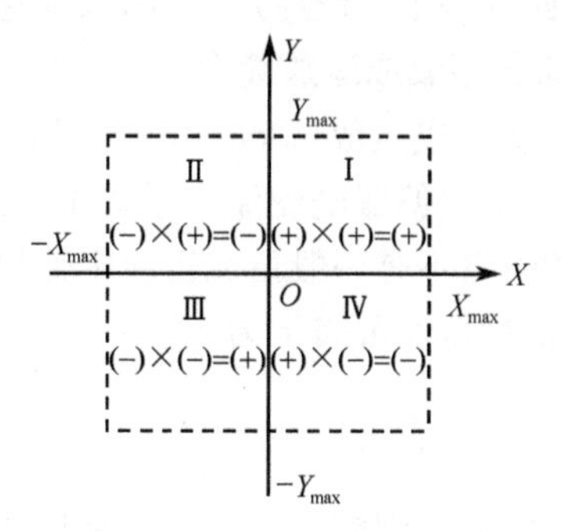


图 3-2-2　乘法器的工作象限

### 3. 乘法器的基本性质

(1) 乘法器的静态特性

①$X = 0$ 时,$Y$ 为任意值,则输出 $Z = 0$;$Y = 0$ 时,$X$ 为任意值,则输出 $Z = 0$。

② 当 $X$ 等于某一常数时,输出 $Z$ 与 $Y$ 成正比,$Z$ 与 $Y$ 的关系曲线称为四象限输出特性。其变化率与输入值 $X$ 的大小有关,反之亦然,如图 3-2-3 所示。

③ 当输入幅值相等时,即 $X = Y$ 或 $X = -Y$,输出与输入的关系曲线称为平方率输出特性,如图 3-2-4 所示。

(2) 乘法器的线性和非线性

通常认为乘法器是一种非线性器件。乘法器不能应用线性系统中的叠加原理,但乘法器在一定条件下,又是线性器件,例如,一个输入电压为恒定值时,即 $X =$ 常数,$Y = V_1 + V_2$,则有

$$Z = KXY = K'(V_1 + V_2) = K'V_1 + K'V_2 \tag{3-2-2}$$

式中,$K' = KX$。式(3-2-2) 运算结果是符合叠加原理的,当 $X$ 为一恒定的直流电压,$Y$ 为一交流电压时,乘法器将是一线性交流放大器。

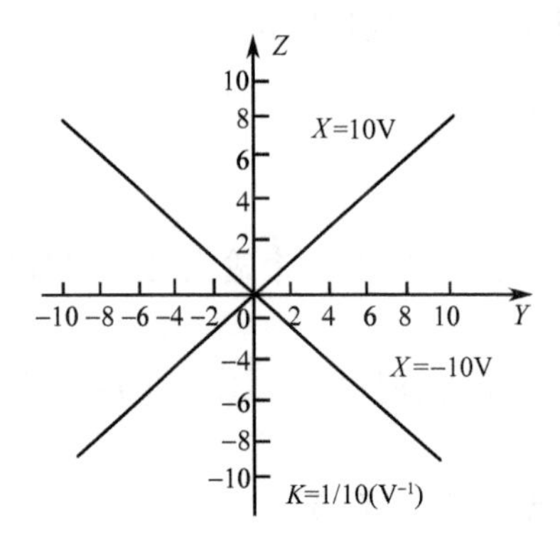


图 3-2-3　理想乘法器四象限输出特性

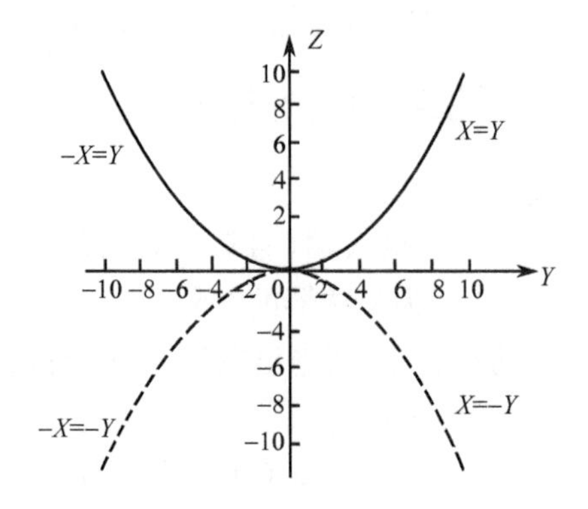


图 3-2-4　理想乘法器平方律输出特性

所以，理想乘法器属于非线性器件还是线性器件取决于两个输入电压的性质，在这里“线性”的含义仅仅是非线性本质的特殊情况。

## 3.2.2　乘法器的工作原理

模拟乘法器有多种方法能实现，有对数－指数相乘法、四分之一平方相乘法、三角波平均相乘法、时间分割相乘法和变跨导相乘法等。每种乘法器电路各有其优、缺点，其中变跨导乘法器便于集成，内部元件有较高的温度稳定性和运算精度，且运算速度较高，其－3dB 频率可达 10MHz 以上，因此获得了广泛应用。下面以变跨导乘法器为例，介绍乘法器的工作原理。

**1. 跨导型集成运放简介**

跨导型集成运放（Operational Transconductance Amplifier，OTA）与一般集成运放的区别是，具有一个以偏置电流注入形式出现的附加控制输入端，这使 OTA 的特性及应用更加灵活；这种器件的输出不是一般集成运放中输出电阻趋于零的电压源，而是具有极高输出电阻的电流源。OTA 的传输特性可表示为

$$i_o = g_m u_i \tag{3-2-3}$$

式中，$i_o$ 是输出电流，$u_i$ 是输入电压，$g_m$ 是跨导或称为 OTA 的增益，可通过附加控制输入端使 $g_m$ 在一个较宽的范围内变化。OTA 常用作可编程放大器、模拟相乘器、音频处理中的积分器、采样保持电路中的电流开关等。

**2. 单片集成 OTA 电路 CA3038 乘法器的基本工作原理**

下面以单片集成 OTA 电路 CA3038(F3038) 为例，介绍乘法器的工作原理。

CA3038 采用 8 脚金属圆壳封装，如图 3-2-5 所示为 CA3038 的内部电路图。图中，$VT_1$，$VT_2$ 构成差动放大器，$VT_3$，$VT_4$ 为镜像电流源。调整外接电阻 $R_c$ 或控制电压 $U_c$ 可改变控制电流 $I_c$。$VT_5$，$VT_6$ 和 $VT_7$，$VT_8$ 及 $VT_9$，$VT_{10}$ 均为镜像电流源电路。$VT_5$，$VT_7$ 为 $VT_1$，$VT_2$ 的有源负载。$VT_6$，$VT_8$，$VT_9$，$VT_{10}$ 构成单端输出转换电路。由图 3-2-5 可知

$$I_c = I_4 = i_1 + i_2 \tag{3-2-4}$$

$$i_o = i_8 - i_{10} = i_1 - i_2 \tag{3-2-5}$$

根据差动放大器传输特性，可得

$$i_1 - i_2 = I_4 \cdot \text{th}(\frac{u_1 - u_2}{2U_T}) \tag{3-2-6}$$

将式(3-2-4) 和式(3-2-6) 代入式(3-2-5)，得

$$i_o = I_c \cdot \text{th}(\frac{u_1 - u_2}{2U_T}) \tag{3-2-7}$$

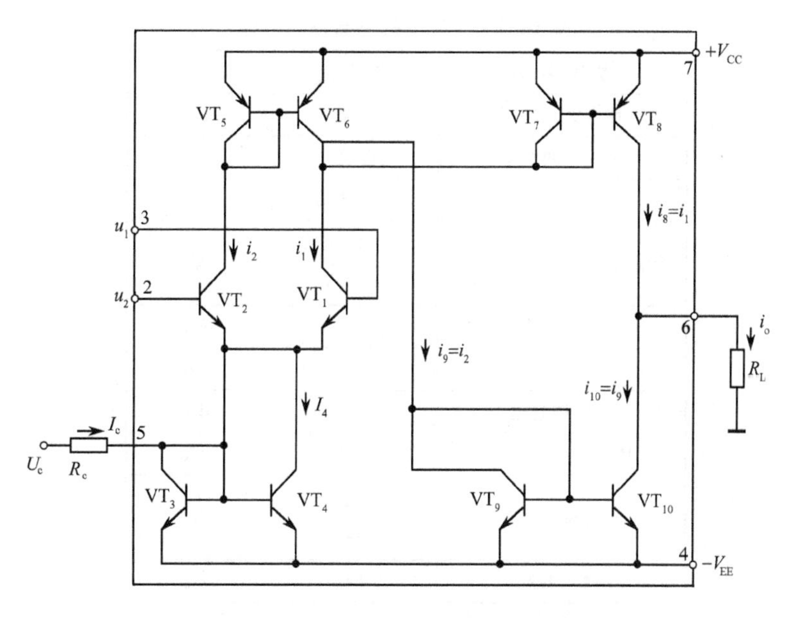


图 3-2-5　CA3038 的内部电路图

式中，$U_T=\dfrac{kT}{q}$，其中 $k$ 为玻耳兹曼常数，$T$ 为热力学温度，$q$ 为电子电荷量，常温时 $T=300\text{K}$，$U_T\approx 26\text{mV}$。由式(3-2-7) 画出双曲正切函数如图 3-2-6 所示。

在传输特性的线性区，$u_1-u_2<2U_T$，则

$$\text{th}\,\frac{u_1-u_2}{2U_T}\approx\frac{u_1-u_2}{2U_T}\qquad(3\text{-}2\text{-}8)$$

所以，式(3-2-7) 可写为

$$i_o=I_c\,\frac{u_1-u_2}{2U_T}\qquad(3\text{-}2\text{-}9)$$

则

$$g_m=\frac{\mathrm{d}i_o}{\mathrm{d}(u_1-u_2)}=\frac{I_c}{2U_T}\qquad(3\text{-}2\text{-}10)$$

常温时

$$g_m=\frac{I_c}{2\times 26\text{mV}}=19.2I_c\qquad(3\text{-}2\text{-}11)$$

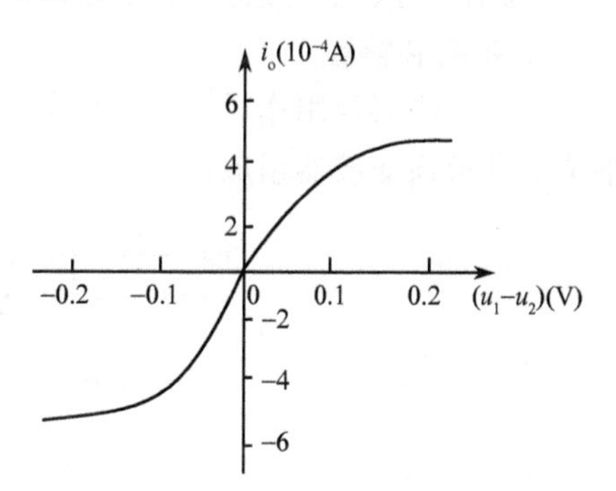


图 3-2-6　CA3038 的传输特性

式中，$I_c$ 的单位为 mA，$g_m$ 的单位为 mS，调整 $I_c$ 即可改变 $g_m$ 值，故称为可变跨导型。在 $0.1\mu\text{A}<I_c\leqslant 400\mu\text{A}$ 时，式(3-2-11) 所示线性关系成立。

电压增益为

$$A_u=\frac{u_o}{u_1-u_2}=\frac{i_oR_L}{u_1-u_2}=g_mR_L=\frac{I_c}{2U_T}R_L\qquad(3\text{-}2\text{-}12)$$

输出电流为

$$i_o=g_m(u_1-u_2)=g_mu_i=(19.2I_c)u_i\qquad(3\text{-}2\text{-}13)$$

由图 3-2-6 的传输特性可知，当 $|I_o|<400\mu\text{A}$ 和 $|u_i|<50\text{mV}$ 时，$g_m$ 为常数，$i_o$ 与 $u_i$ 呈线性关系。

### 3. F3038 的主要性能指标

在室温 25℃，电源电压 ±15V 及 $I_c=500\mu\text{A}$ 的条件下，F3038 的主要性能指标见表 3-2-1。

表 3-2-1　F3038 的主要性能指标

| 参数名称 | 典型值 | 单　位 |
| --- | --- | --- |
| 输入失调电压 | 0.4 | mV |
| 输入失调电流 | 0.12 | μA |
| $g_m$ | 9.6 | mS |
| 峰值输出电压($R_L=\infty$) | +13.5<br>−14.4 | V |
| 电源电流 | 1 | mA |
| 功耗 | 30 | mW |
| 共模拟制比 | 110 | dB |
| 峰值输出电流($R_L=0$) | 500 | μA |
| 共模输入电压 | +13.6<br>−14.6 | V |
| 输入电阻 | 26 | kΩ |

### 3.2.3　模拟乘法器的应用电路

模拟乘法器是一种通用性很强的集成电子器件，它被广泛应用于模拟计算、电子工程、信号处理、通信工程、电子测量、自动控制等方面。下面简要介绍几种乘法器的典型应用电路。

**1. 平衡调幅器**

模拟乘法器常用作调幅器。如图 3-2-7 所示为平衡调幅器的组成方框图，通常由双平衡模拟乘法器和带通滤波器组成。

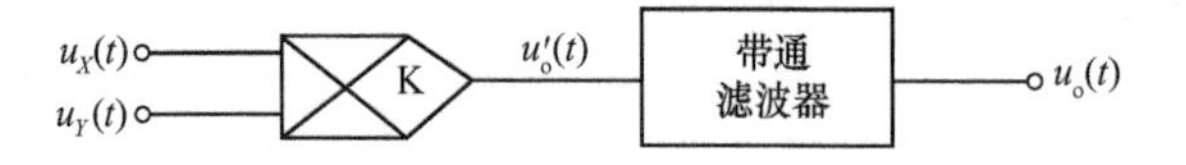


图 3-2-7　平衡调幅器的组成方框图

设载波信号 $u_X(t)=U_{Xm}\cdot\cos\omega_c t$ 为大信号，使相应的晶体管工作在开关状态，开关函数为 $s_X(t)$，对 $s_X(t)$ 进行傅里叶分解，表达式可写为

$$s_X(t)=\frac{4}{\pi}\cos\omega t-\frac{4}{3\pi}\cos3\omega t+\frac{4}{5\pi}\cos5\omega t+\cdots$$

调制信号 $u_Y(t)=U_{\Omega m}\cdot\cos\Omega t$ 为小信号，可得乘法器的输出电压为

$$u_o'(t)=\frac{2R_c}{R_Y}\cdot s_X(t)\cdot u_Y(t)=\frac{2R_c}{R_Y}\cdot s_X(t)\cdot U_{\Omega m}\cdot\cos\Omega t \tag{3-2-14}$$

式中，$R_c$，$R_Y$ 是乘法器集成电路的内部电阻，其中 $R_Y$ 是反馈电阻，$R_c$ 是集电极负载电阻。

经滤波器滤除载波的谐波组合后，输出电压为

$$u_o(t)=\frac{2R_c}{R_Y}\cdot A_F\cdot U_{\Omega m}\cdot\frac{4}{\pi}\cos\Omega t\cdot\cos\omega_c t$$

$$=\frac{4R_cA_FU_{\Omega m}}{\pi R_Y}[\cos(\omega_c+\Omega)t+\cos(\omega_c-\Omega)t] \tag{3-2-15}$$

式中，$A_F$ 为带通滤波器传输系数。

由式(3-2-15)可知，输出电压中仅有上、下边频分量($\omega_c\pm\Omega$)，不存在载频 $\omega_c$ 分量，所以这种调制称为抑制载波的双边带调制，又称平衡调制。如图 3-2-8 所示为平衡调幅的波形图。

如图 3-2-9 所示为用 MC1495/MC1595 作为平衡调制器的实际电路。在图 3-2-9 中，调制信号为 1.6kHz，载波信号为 40kHz。14 脚输出抑制载波的双边带信号。如果在图 3-2-9 中，利用 $X$ 失调电位器 $R_X$，使输出产生载频 $\omega_c$ 信号，则可得到普通调幅波，调节 $R_X$ 可用于改变调幅度。

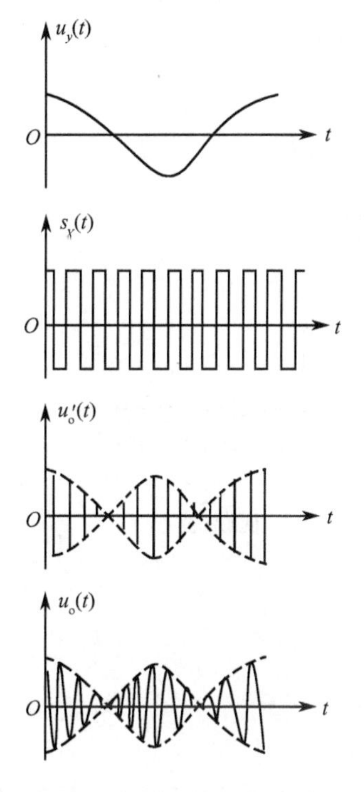


图 3-2-8　平衡调幅的波形图

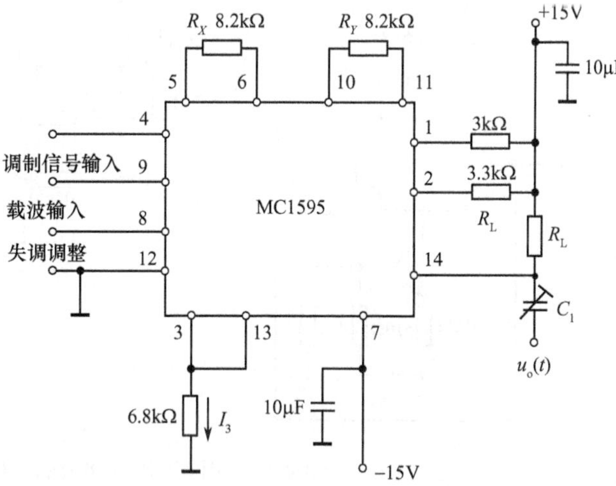

图 3-2-9　用 MC1495/MC1595 作为平衡调制器的实际电路

### 2. 乘积检波器

用模拟乘法器组成的检波电路称为乘积检波器，主要用于抑制载波的双边带或单边带信号的解调。

例如，模拟乘法器的输入为抑制载波的双边带信号，即

$$u_X(t) = U_{Xm} \cdot \cos\Omega t \cdot \cos\omega_c t \tag{3-2-16}$$

另一端输入与载波同频同相的高频信号，即

$$u_Y(t) = U_{Ym} \cdot \cos\omega_c t \tag{3-2-17}$$

相乘后，为

$$\begin{aligned} u_o'(t) &= Ku_X u_Y = KU_{Xm}U_{Ym} \cdot \cos\Omega t \cdot \cos^2\omega_c t \\ &= \frac{KU_{Xm}U_{Ym}}{2} \cdot \cos\Omega t + \frac{KU_{Xm}U_{Ym}}{2} \cdot \cos\Omega t \cdot \cos 2\omega_c t \end{aligned} \tag{3-2-18}$$

经低通滤波器滤除高频分量，得到低频电压输出为

$$u_o(t) = \frac{KU_{Xm}U_{Ym}}{2} \cdot A_F \cdot \cos\Omega t \tag{3-2-19}$$

式中，$K$ 为乘法器的标度因子，$A_F$ 为带通滤波器的传输系数。

若分析单边带信号的解调，所得结果类似。

如图 3-2-10 所示为利用乘法器对普通调幅波进行解调的方框图。调幅信号电压加到乘法器的输入端 Y，同时调幅信号经限幅放大后，产生同频同相的载波电压加到乘法器的输入端 X。如图 3-2-11 所示为用 MC1595 构成的乘积检波器。图中，集成运放接成单位增益放大器，它的作用

是消除乘法器输出端的共模电压(其值达 11V),另外将乘法器双端输出电压转换成单端输出电压,一般选择高增益、宽频带的集成运放,如 F006、F007 等。

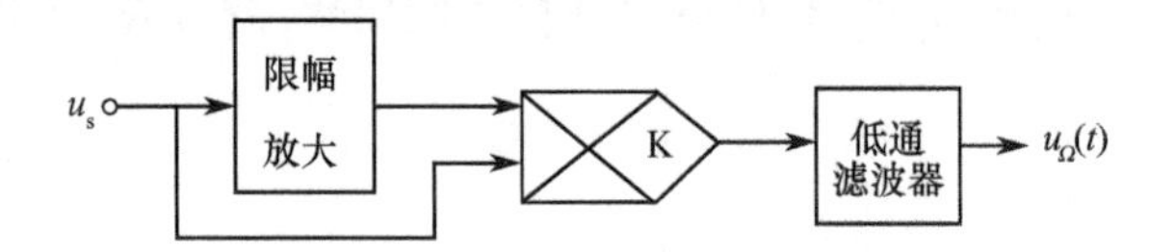


图 3-2-10　利用乘法器对普通调幅波进行解调的方框图

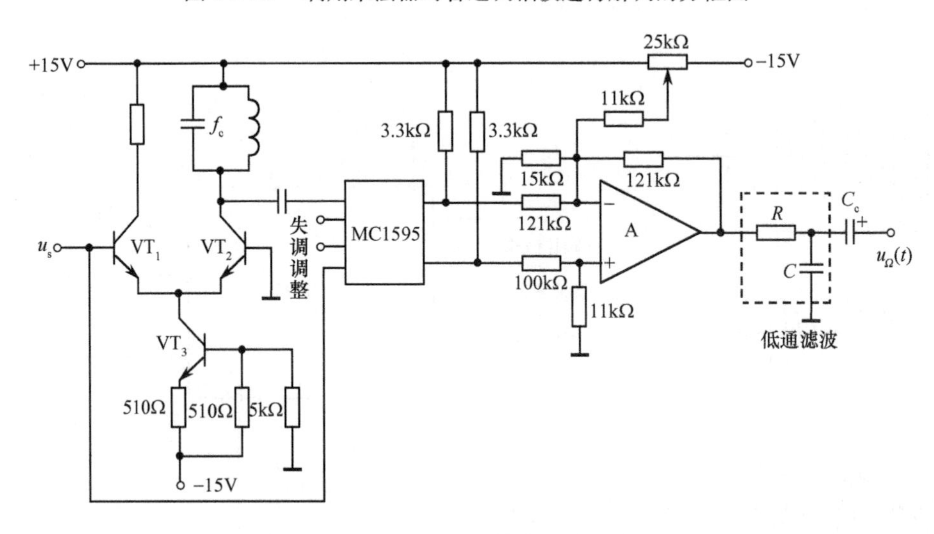


图 3-2-11　用 MC1595 构成的乘积检波器

设
$$u_Y = U_m(1 + m \cdot \cos\Omega t) \cdot \cos\omega_c t \tag{3-2-20}$$

$$u_X = U_{Xm} \cdot \cos\omega_c t \tag{3-2-21}$$

则可得乘法器的输出电压为

$$\begin{aligned} u_o &= \frac{2R_c}{I_{oX}R_XR_Y} \cdot u_Xu_Y = \frac{2R_cU_{Xm}U_m}{I_3R_XR_Y}(1 + m \cdot \cos\Omega t)\cos^2\omega_c t \\ &= \frac{R_cU_{Xm}U_m}{I_3R_XR_Y}(1 + m \cdot \cos\Omega t) + \frac{R_cU_{Xm}U_m}{I_3R_XR_Y}(1 + m \cdot \cos\Omega t)\cos2\omega_c t \end{aligned} \tag{3-2-22}$$

经集成运放单位增益放大后,带通滤波器滤除二次谐波分量及其组合频率成分,并用电容 $C_c$ 隔断直流分量,输出即为原调制低频信号,为

$$u_\Omega(t) = \frac{R_cU_{Xm}U_m}{I_3R_XR_Y} \cdot A_F \cdot m \cdot \cos\Omega t \tag{3-2-23}$$

式中,$A_F$ 为带通滤波器的传输系数。

### 3. 鉴频器

如图 3-2-12 所示为用乘法器构成鉴频器的方框图,它由乘法器、频相转换网络和带通滤波器组成。

频相转换网络常采用图 3-2-13 所示的电路。由图 3-2-13 可求得电压传输系数为

$$A_o = \frac{\dot{U}_2}{\dot{U}_1} = \mathrm{j}\frac{Q\omega^2LC_1}{1 + \mathrm{j}Q[(\frac{\omega}{\omega_0})^2 - 1]} \tag{3-2-24}$$

式中,$\omega_0^2 = \dfrac{1}{L(C+C_1)}$,$Q = \dfrac{R}{\omega L}$。

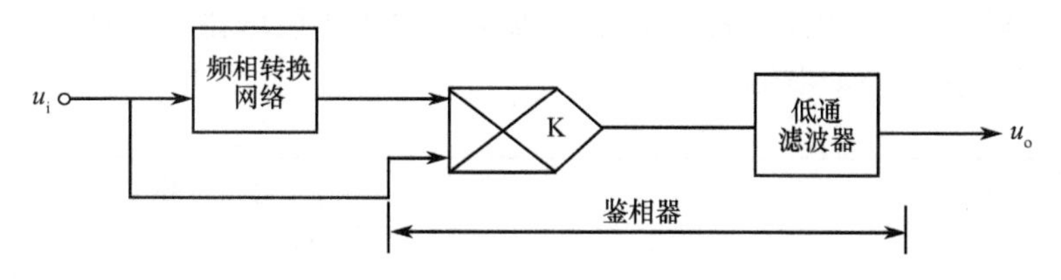


图 3-2-12　用乘法器构成鉴频器的方框图

在谐振点附近 $\omega = \omega_0$，则

$$(\frac{\omega}{\omega_0})^2 - 1 \approx \frac{2\Delta\omega}{\omega_0} = \frac{2\Delta f}{f_0} \tag{3-2-25}$$

式中，$\Delta\omega = \omega - \omega_0$，$\Delta f = f - f_0$，将其代入式(3-2-24)，在 $f_0$ 附近得

$$|A_u| = \frac{Q\omega^2 LC_1}{\sqrt{1 + Q^2(\frac{2\Delta f}{f_0})^2}} \tag{3-2-26}$$

$$\theta = \frac{\pi}{2} - \arctan(Q\frac{2\Delta f}{f_0}) \tag{3-2-27}$$

在 $\pm 0.5$(即 $\pm 30°$) 范围内，$\arctan(Q\frac{2\Delta f}{f_0}) \approx Q\frac{2\Delta f}{f_0}$，故得

$$\theta \approx \frac{\pi}{2} - Q\frac{2\Delta f}{f_0} \tag{3-2-28}$$

上式表示能完成线性频相转换，相频特性如图 3-2-14 所示。

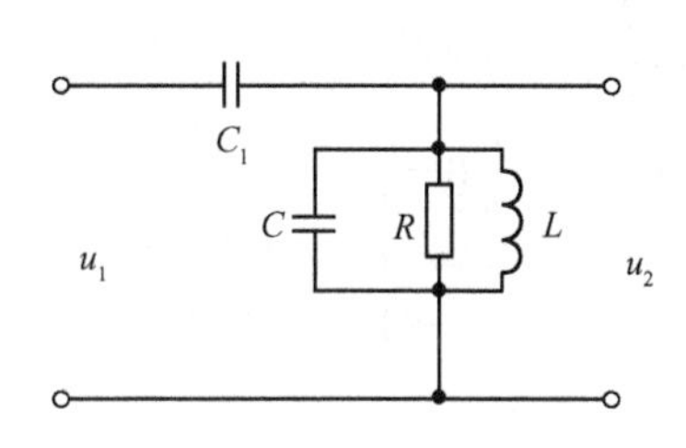


图 3-2-13　频相转移网络

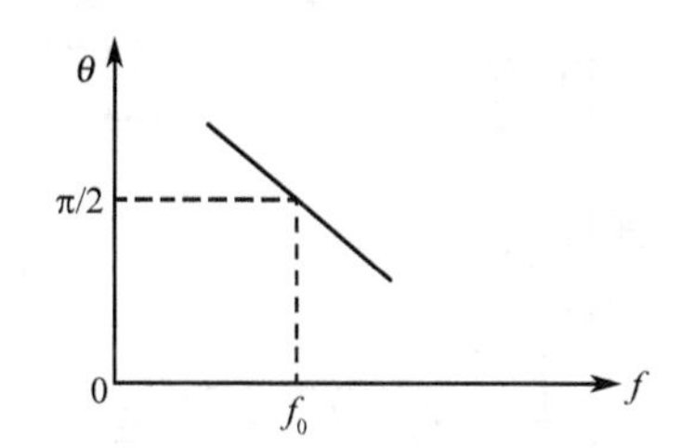


图 3-2-14　频相转移网络的相频特性

在图 3-2-12 中，经放大后的调频信号 $u_Y(t)$ 加到乘法器的一个输入端，同时 $u_Y(t)$ 又经线性频相转换网络产生 $u_X(t)$ 加到乘法器的另一个输入端，乘法器完成鉴相功能。当两路输入均为大信号时，乘法器具有三角形鉴相特性，线性鉴相范围可达 $\pm(\pi/2)$。由上述分析可知，$u_X(t)$，$u_Y(t)$ 的相位差 $\theta = \frac{\pi}{2} \pm \left| Q\frac{2\Delta f}{f_0} \right|$，调整 $f_0$ 等于调频波的载波频率，此时 $\theta = \frac{\pi}{2}$，鉴相器输出为零。在调频波瞬时频率为 $f$ 时，因 $\Delta f = (f - f_0)$，使 $\theta$ 偏离 $\frac{\pi}{2}$，鉴相器产生与 $\Delta f$($\Delta f$ 与原调制信号成正比) 成正比的输出电压，即为调频波的解调输出，其输出为

$$u_o(t) = K_d(Q\frac{\Delta f}{f_0}) = K_f\frac{\Delta f}{f_0} \tag{3-2-29}$$

式中，$K_d$ 为鉴相灵敏度，$K_f = K_dQ$。

如图 3-2-15 所示为用 MC1595 构成的鉴频器。图中，三极管 VT 为隔离放大器，由电感 $L_1$、

电容 $C_1$、$C_2$ 和电阻 $R_1$ 组成线性频相转换网络。集成运放为单位增益放大器，将双端输出转换为单端输出电路，$R$,$C$ 为带通滤波器。

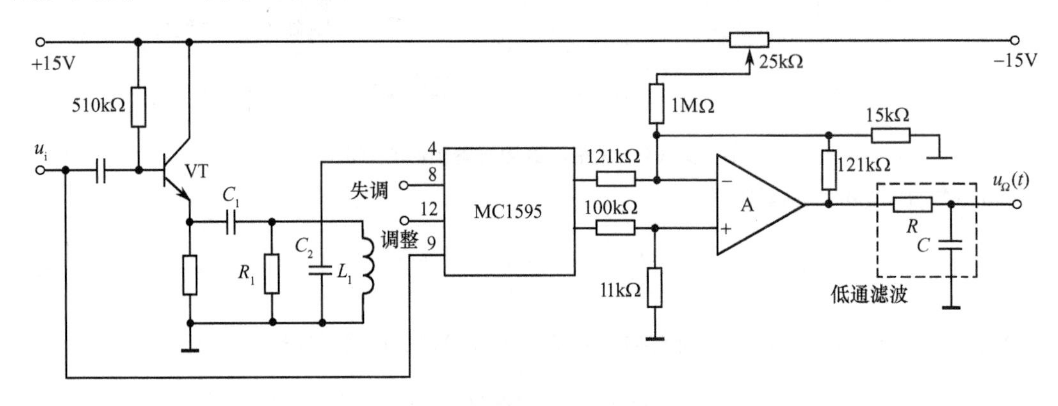


图 3-2-15　用 MC1595 构成的鉴频器

**4. 混频器**

如图 3-2-16 所示为用乘法器 MC1596 完成的双平衡混频器，是宽带输入的高频混频器，接在 6 脚的输出回路谐振频率为 9MHz，3dB 带宽约为 450kHz。因为输入是宽带，混频器能在高频和超高频下工作，例如，可用于 200MHz 的输入信号和 209MHz 的本振信号相乘，在输出回路产生差频输出。此电路的混频增益约为 9dB。当输入端采用与信号匹配的调谐电路时，能获得更高的混频增益，但将失去宽带输入的优点。

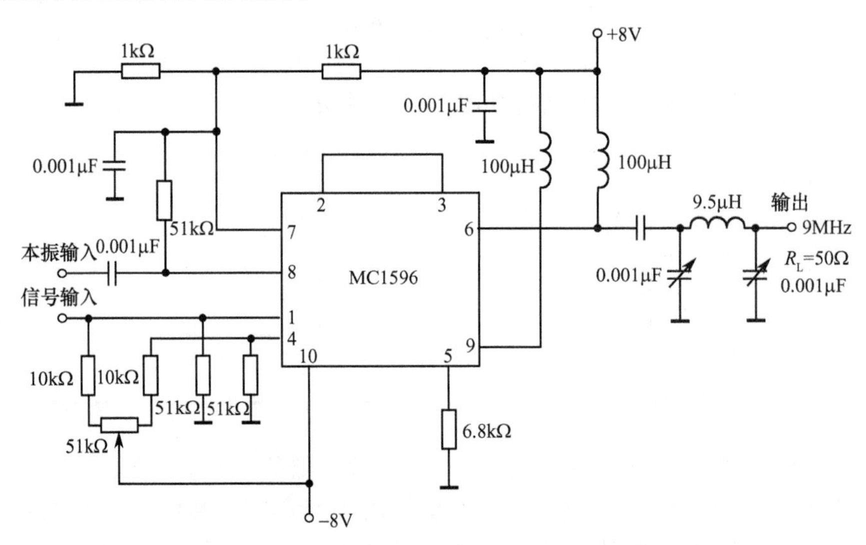


图 3-2-16　用乘法器 MC1596 完成的双平衡混频器

## 3.3　二极管检波器和绝对值变换器

二极管的单向导电性广泛应用于整流、检波、限幅和钳位等技术中。因它有一定的正向导通电压 $U_D$、非线性特性及温度的影响等，限制了电路的灵敏度并引起电路非线性失真，特别是对低电平信号，非线性失真表现得更为突出。若将二极管按一定方式接到放大器反馈环路中，则上述特性可以大大改善，最方便的是与集成运放联用能获得良好的效果。本节主要介绍二极管检波器、绝对值变换器和有效值检波器电路。

### 3.3.1　二极管检波器

#### 1. 理想二极管检波器

如图 3-3-1 所示为理想二极管检波电路，此电路主要由集成运放和二极管组成。下面分析理想二极管检波电路的工作原理。

在图 3-3-1 中，当 $u_{\mathrm{i}}>0$ 时，$\mathrm{VD}_1$ 导通，$\mathrm{VD}_2$ 截止，这时

$$u_{\mathrm{o}}'=-U_{\mathrm{D}} \tag{3-3-1}$$

$$u_{\mathrm{o}}=u_{-}\approx 0 \tag{3-3-2}$$

当 $u_{\mathrm{i}}<0$ 时，$\mathrm{VD}_1$ 截止，$\mathrm{VD}_2$ 导通，这时 $u_{\mathrm{o}}'>0$，集成运放通过 $\mathrm{VD}_2$ 和 $R_2$ 构成闭环，输出电压为

$$u_{\mathrm{o}}=-\frac{R_2}{R_1}u_{\mathrm{i}} \tag{3-3-3}$$

$$u_{\mathrm{o}}'=U_{\mathrm{D}}+u_{\mathrm{o}}=U_{\mathrm{D}}-\frac{R_2}{R_1}u_{\mathrm{i}} \tag{3-3-4}$$

由上述分析可画出理想二极管检波电路的输入 / 输出特性曲线，如图 3-3-2 所示。

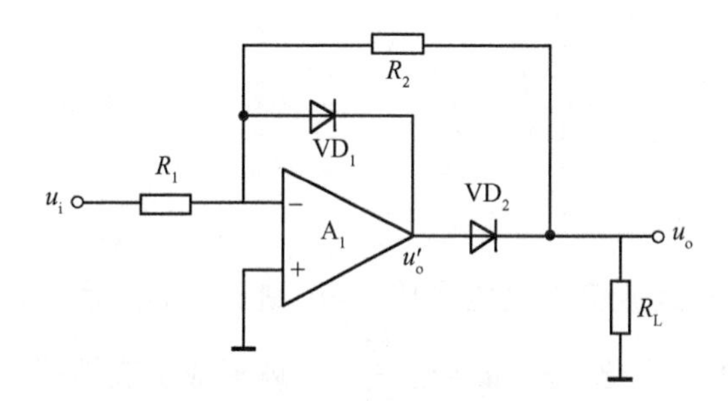


图 3-3-1　理想二极管检波电路

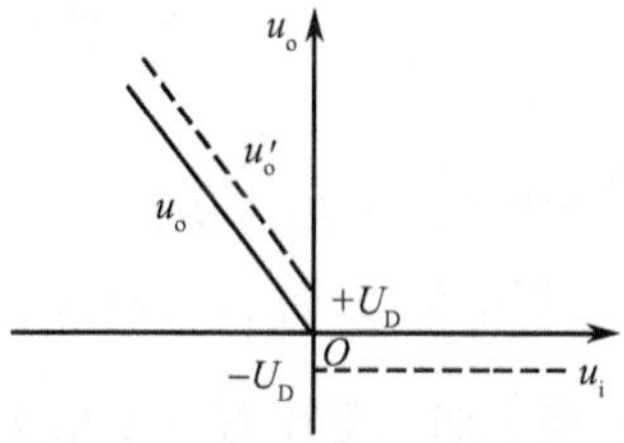

图 3-3-2　理想二极管检波电路的输入/输出特性曲线

以正弦输入电压为例，可画出输入电压、输出电压的波形图，如图 3-3-3 所示。

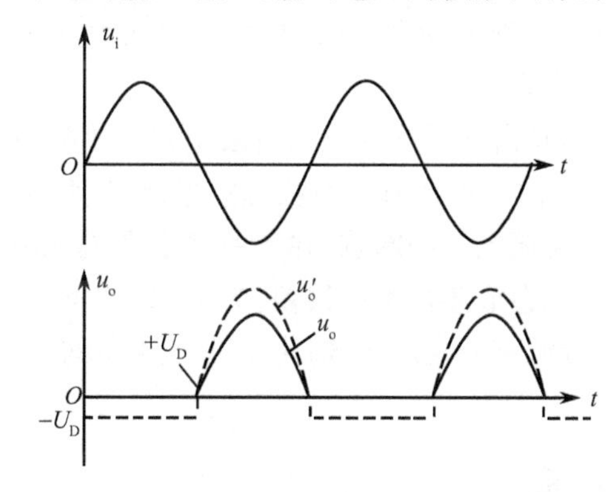


图 3-3-3　输入电压、输出电压的波形图

#### 2. 实际二极管检波特性

实际上，集成运放并非为理想运放，必然存在检波误差。下面分析由 $A_{\mathrm{d}}$ 和二极管结压降引起的误差，其他指标均看作理想的。

当 $u_{\mathrm{i}}>u_{-}$ 时，$i_1>0$，$\mathrm{VD}_1$ 导通，$\mathrm{VD}_2$ 截止，这时输出电压为

$$u_{\mathrm{o}}=\frac{R_{\mathrm{L}}}{R_2+R_{\mathrm{L}}}\cdot u_{-} \tag{3-3-5}$$

由于集成运放的输出电压为

$$u_o = -A_d u_- = u_- - U_D \tag{3-3-6}$$

由式(3-3-6)可得

$$u_- = \frac{U_D}{1+A_d} \tag{3-3-7}$$

将式(3-3-7)代入式(3-3-5)，得

$$u_o = \frac{U_D}{1+A_d} \cdot \frac{R_L}{R_2+R_L} \tag{3-3-8}$$

当 $u_i < u_-$ 时，$i_1 < 0$，$VD_1$ 截止，$VD_2$ 导通，这时输出电压为

$$u_o = -\frac{R_2}{R_1}u_i + (1+\frac{R_2}{R_1})u_- \tag{3-3-9}$$

$$u_o' = u_o + U_D = -A_d u_- \tag{3-3-10}$$

$$u_- = -\frac{u_o + U_D}{A_d} \tag{3-3-11}$$

将式(3-3-11)代入式(3-3-9)，得输出电压为

$$u_o = -\frac{R_2}{R_1}u_i(1-\frac{1}{1+A_dF}) - \frac{U_D}{1+A_dF} \tag{3-3-12}$$

式中，$F$ 为反馈系数，$F = \frac{R_1}{R_1+R_2}$。

从上面的分析中可以看出，当输入电压过零时，运放输出电压将从 $-U_D$ 跳到 $+U_D$，由于这个跳变，则相应要求输入电压有一个很小的输入电压变化，$\pm\Delta u_i = \pm\frac{U_D}{A_d}$，这就形成了线性检波死区，它限制了最小输入信号的检波能力。

当超出检波死区，$u_i$ 为正半周时，$u_o$ 由式(3-3-8)决定；当 $u_i$ 为负半周时，$u_o$ 由式(3-3-12)决定。所以，尽管二极管结压降 $U_D$ 具有非线性特性，但因 $U_D$ 对线性检波特性的影响已降低 $1/(1+A_dF)$，其非线性误差也大大降低了。

当 $u_i$ 过零时，正是 $VD_1$，$VD_2$ 由导通到截止或由截止到导通两种状态转换期间。在转换期间运放处于开环状态，是迅速从一种状态到另一种状态的过渡。这种转换应该是在 $u_i$ 过零的瞬间完成的。但由于输入失调电压、失调电流的影响，并不一定是在输入电压过零时才实现这两种状态的转换，可能提前或推迟，由此造成零位检测误差。为了减小检波死区，减小零位误差并提高稳定性，应选择高增益、低失调、低漂移的集成运放；为了获得较宽的工作频率，应选择增益带宽积和摆率大的集成运放。

### 3.3.2 绝对值检波电路

绝对值检波电路的输出电压正比于输入电压的绝对值，它实际是一种比较理想的全波检波电路，其电路构成有多种形式。下面分析几种典型的绝对值检波电路。

**1. 反相型绝对值检波电路**

如图 3-3-4 所示为反相型绝对值检波电路，下面分析其工作原理。

当 $u_i < 0$ 时，$VD_1$ 导通，$VD_2$ 截止，由 $u_- = u_+ = 0$，得 $u_A = 0$，$u_i$ 经 $R_2$ 输到 $A_2$ 的反相端，得输出电压为

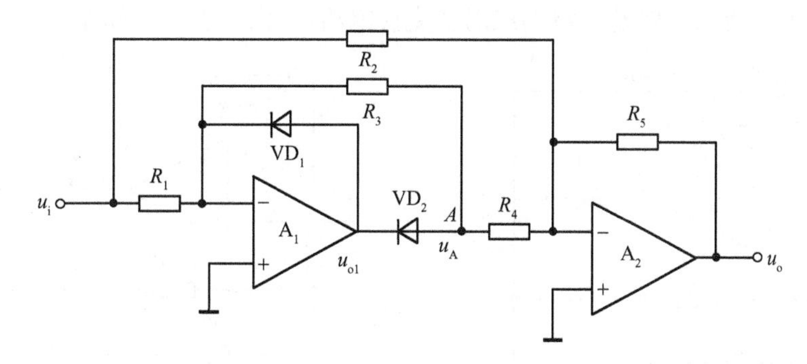


图 3-3-4　反相型绝对值检波电路

$$u_o = -\frac{R_5}{R_2}u_i > 0 \tag{3-3-13}$$

当 $u_i > 0$ 时，$VD_1$ 截止，$VD_2$ 导通，$u_A = -\frac{R_3}{R_1}u_i$，则输出电压为

$$u_o = -\frac{R_5}{R_2}u_i - \frac{R_5}{R_4}u_A = -\frac{R_5}{R_2}u_i + \frac{R_5}{R_4}\cdot\frac{R_3}{R_1}u_i = \frac{R_5(R_2R_3 - R_1R_4)}{R_1R_2R_4}u_i \tag{3-3-14}$$

当满足电阻匹配条件 $R_3R_2 = 2R_1R_4$，例如选取 $R_1 = R_3$，$R_4 = \frac{R_2}{2}$ 时，则式(3-3-14) 变为

$$u_o = \frac{R_5}{R_2}u_i > 0 \tag{3-3-15}$$

所以，不论输入电压 $u_i$ 的极性如何，$u_o$ 总为正值，即

$$u_o = \frac{R_5}{R_2}\mid u_i \mid \tag{3-3-16}$$

当取 $R_5 = R_2$ 时，有

$$u_o = \mid u_i \mid \tag{3-3-17}$$

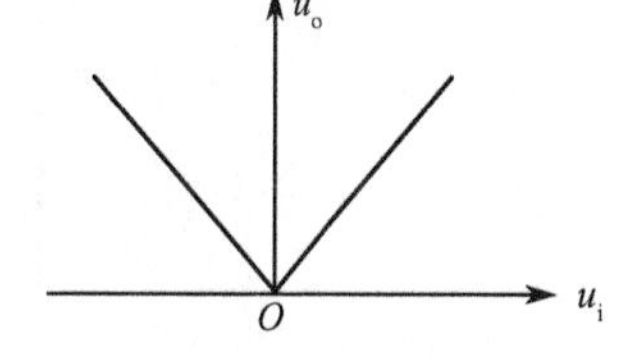


图 3-3-5　反相型绝对值检波器的传输特性

由式(3-3-16) 或式(3-3-17)，可画出反相型绝对值检波电路的传输特性，如图 3-3-5 所示。

反相型绝对值检波电路的缺点是输入电阻较低。当要求输入电阻较高时，可采用同相型绝对值检波电路，如图 3-3-6 所示。同相型绝对值检波电路的工作原理与反相型绝对值检波电路工作原理的分析方法类似，不再赘述。

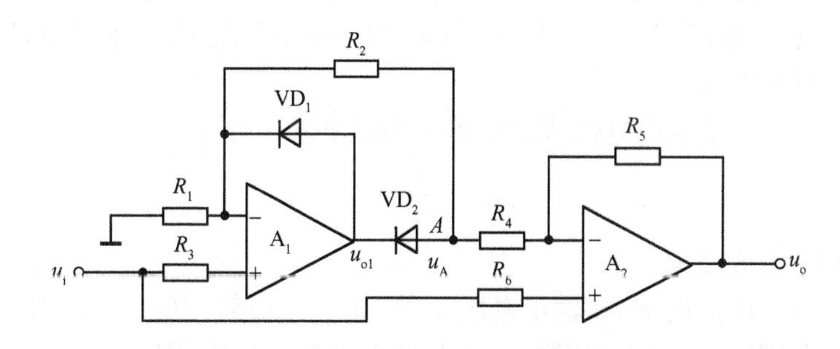


图 3-3-6　同相型绝对值检波电路

**2. 增益可调的绝对值变换电路**

许多绝对值电路的增益是固定的。当要求增益可调时，上述电路就要同时调两个或两个以上的电阻，以满足电阻匹配条件，这实际是相当困难的。若想实现增益可调，在电路中只能调节一个元件。下面介绍这种绝对值电路。

如图 3-3-7(a) 所示为增益可调的绝对值变换电路,下面分析其工作原理。

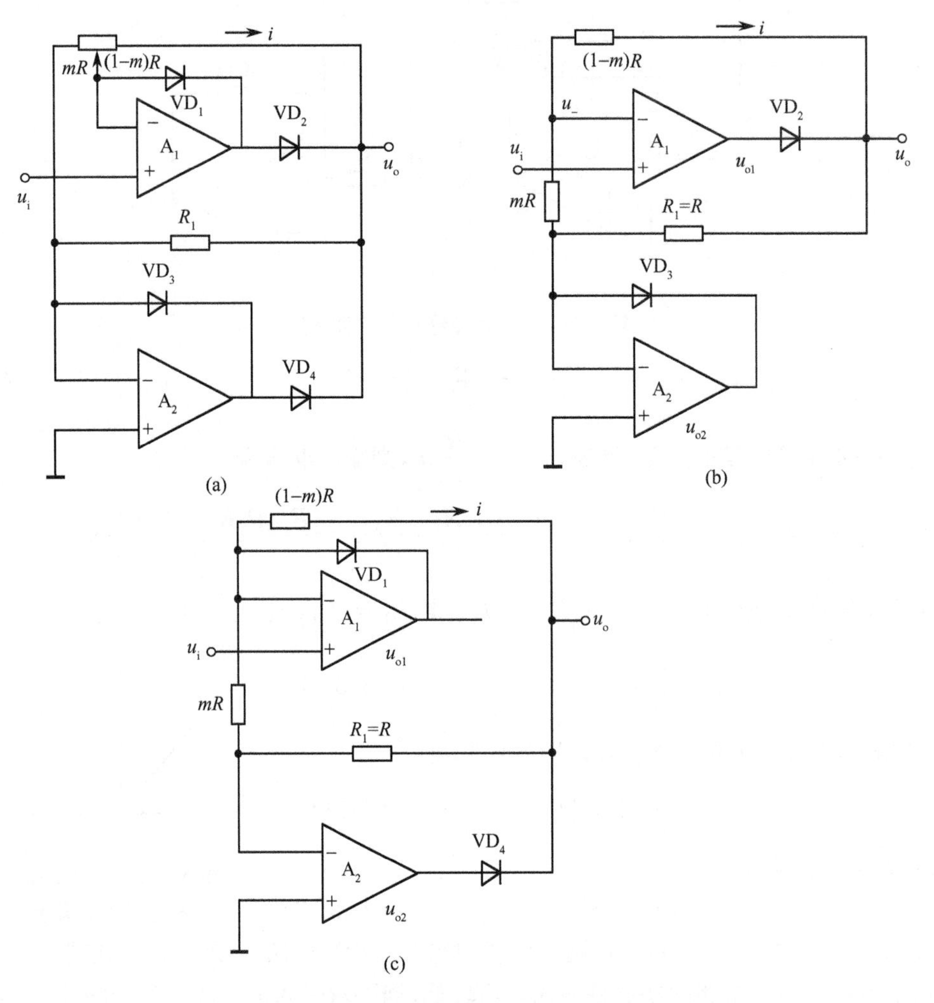


图 3-3-7　增益可调的绝对值变换电路

当输入电压 $u_i > 0$ 时,运放 $A_1$ 输出电压 $u_{o1} > 0$,则二极管 $VD_2$ 导通,$VD_1$ 截止,$A_1$ 输出端通过 $VD_2$ 和电位器 $R$ 构成闭环。$A_1$ 的反相端输入电压将跟踪输入电压,即 $u_- = u_i$,同时又是运放 $A_2$ 的反相输入电压。显然,$A_2$ 在 $u_o$ 和 $A_1$ 的 $u_-$ 两个电压作用下,$VD_3$ 导通,$VD_4$ 截止。这时电路状态如图 3-3-7(b) 所示。

由于 $A_2$ 反相端的电压为地电位,则 $A_1$ 给出的输出电压为

$$u_o = \frac{u_i}{m} > 0 \tag{3-3-18}$$

电阻 $R_1$ 为输出电压 $u_o$ 的负载。

当输入电压 $u_i < 0$ 时,运放 $A_1$ 输出电压 $u_{o1} < 0$,则二极管 $VD_1$ 导通,$VD_2$ 截止,$A_1$ 输出端通过 $VD_1$ 构成闭环。同样,$A_1$ 的反相端输入电压将跟踪输入电压,即 $u_- = u_i$,而 $A_2$ 在 $u_- < 0$ 的作用下,$VD_4$ 导通,$VD_3$ 截止。这时电路状态如图 3-3-7(c) 所示。若满足电阻匹配条件:$R_1 = R$,则输出电压为

$$u_o = -\frac{u_i}{m} > 0 \tag{3-3-19}$$

从上述分析可以看出,此绝对值变换电路的增益取决于电位器 $R$ 的电阻分压系数 $1/m$,调节电位器的分压系数 $m$,即可调节绝对值电路的增益。

从图 3-3-7(c) 中,可以看出电位器$(1-m)R$上的电流为

$$i=\frac{u_{i}+\frac{u_{i}}{m}}{(1-m)R}=\frac{(1+m)u_{i}}{(1-m)mR} \tag{3-3-20}$$

当$m\to0$或$m\to1$时,均会出现极大的电流,这是不允许的,为此需在电位器两端各串入一个电阻。此绝对值变换电路的增益调节范围可以从几到几十倍,此电路具有较高的输入阻抗。

# 3.4 限 幅 器

限幅器的特点是,当输入信号电压在某一范围内时,电路处于线性放大状态,具有恒定的放大倍数,输出电压正比于输入电压。但当输入电压超出该范围后,输出电压将保持为某一固定值,不再跟随输入电压变化。这种非线性传输特性,通常采用集成运放和二极管来实现。这类限幅器不仅能用于信号处理、信号运算、波形产生电路中,而且也广泛用于过载保护电路中。

## 3.4.1 二极管并联式限幅器

### 1. 二极管并联式限幅器的工作原理

如图 3-4-1 所示为二极管并联式限幅器,下面分析其工作原理。

当$u_i$低于某一门限电压,即 VD 截止时,有

$$u_{i}<U_{im}=(U_{ref}+U_{D})(1+\frac{R_1}{R_2}) \tag{3-4-1}$$

这时

$$u_{A}<(U_{ref}+U_{D}) \tag{3-4-2}$$

限幅器为反相器,其输出电压为

$$u_{o}=-\frac{R_3}{R_1+R_2}u_{i} \tag{3-4-3}$$

传输特性的斜率为

$$k_{1}=-\frac{R_3}{R_1+R_2} \tag{3-4-4}$$

当$u_i\geqslant U_{im}$,即 VD 导通时,$U_A$被钳位在$(U_{ref}+U_D)$电平上,这时限幅器的输出电压不再随$u_i$变化,其输出电压为

$$u_{o}=U_{om}=-\frac{R_3}{R_2}(U_{ref}+U_{D}) \tag{3-4-5}$$

如图 3-4-2 所示为此二极管并联式限幅器的传输特性曲线。

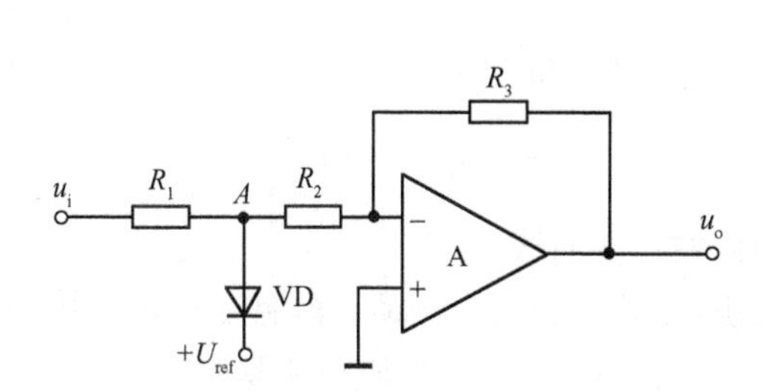


图 3-4-1 二极管并联式限幅器

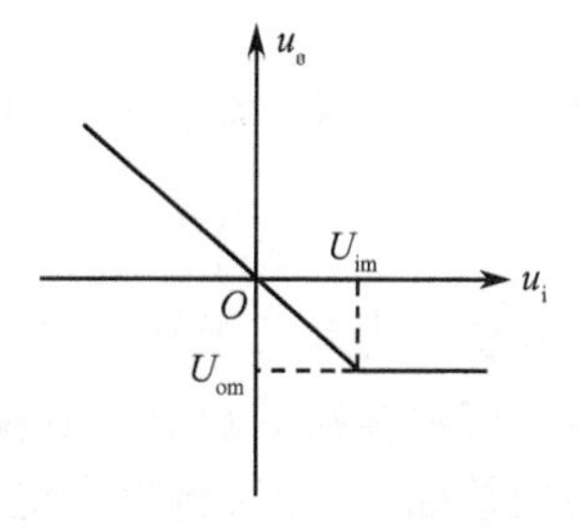


图 3-4-2 二极管并联式限幅器的传输特性曲线

### 2. 实际应用的二极管并联式限幅器

由以上分析可知，二极管并联式限幅器的门限电压$U_{im}$和输出电压$U_{om}$与二极管的结压降有关，因此它们的温度稳定性较差，必须采取温度补偿措施，才能实际应用。如图 3-4-3 所示为实际应用的二极管并联式限幅器。

此限幅器的门限电压和输出电压分别为

$$U_{im}=(U_{ref}+U_{BE1}-U_{BE2})(1+\frac{R_1}{R_2}) \tag{3-4-6}$$

$$U_{om}=-(U_{ref}+U_{BE1}-U_{BE2})\cdot\frac{R_3}{R_2} \tag{3-4-7}$$

由以上两式可知，由于两个三极管结压降互相抵消，所以实现了温度补偿。在以上限幅电路的基础上，如果将参考电压改变方向，二极管改变方向，便可实现第二象限内的传输特性。如果在输入端采用这两种输入限幅方法，便可得到双向限幅器。如图 3-4-4 所示为双向限幅器的传输特性曲线。

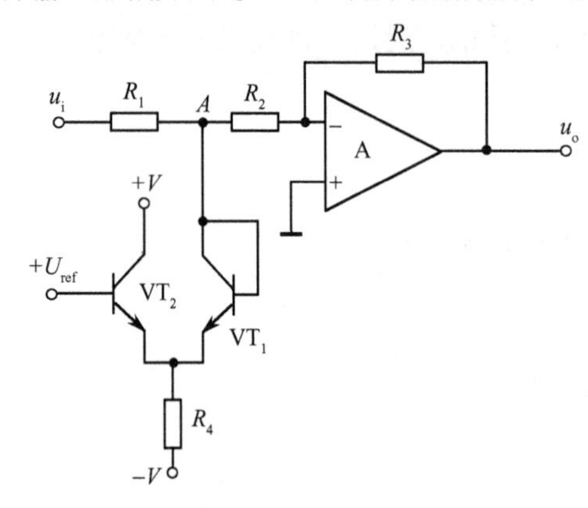


图 3-4-3 实际应用的二极管并联式限幅器

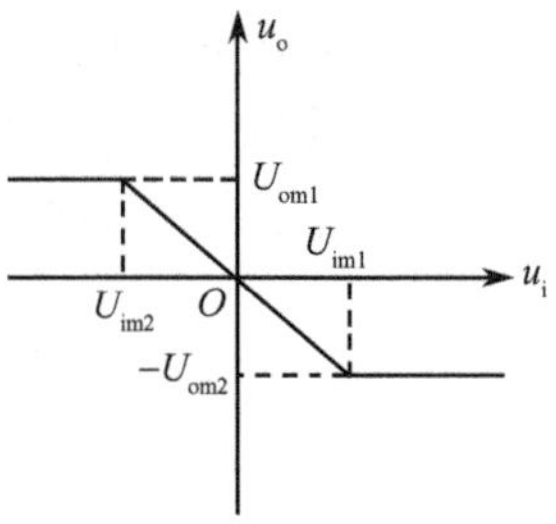

图 3-4-4 双向限幅器的传输特性曲线

## 3.4.2 二极管串联式限幅器

如图 3-4-5 所示为二极管串联式限幅器，下面分析其工作原理。

当$u_A<u_D$时，VD 截止，$I_{R1}=I_{R2}$，即$\frac{u_i-u_A}{R_1}=\frac{u_A+u_{ref}}{R_2}$，所以

$$u_i=R_1(\frac{U_A}{R_1}+\frac{U_A}{R_2}+\frac{U_{ref}}{R_2})=(1+\frac{R_1}{R_2})U_A+\frac{R_1}{R_2}U_{ref} \tag{3-4-8}$$

当输入电压低于某一门限电压时，可得

$$u_i<u_{im}=(1+\frac{R_1}{R_2})U_D+\frac{R_1}{R_2}U_{ref} \tag{3-4-9}$$

这时，$u_A<u_D$，二极管截止，其输出电压为

$$u_o=0 \tag{3-4-10}$$

当输入电压等于或高于输入门限电压时，VD 导通，这时输出电压为

$$u_o=-\frac{R_f}{R_1}(u_i-U_D)-\frac{R_f}{R_2}(-U_{ref}-U_D)=-(u_i-U_{im})\frac{R_f}{R_1} \tag{3-4-11}$$

如图 3-4-6 所示为此二极管串联式限幅器的传输特性曲线。

二极管串联式限幅器的缺点是温度稳定性较差，尤其是当$R_1\gg R_2$时，温度稳定性更差。在以上限幅电路的基础上，如果将参考电压改变方向，二极管改变方向，便可实现第二象限内的传输特性。如果在输入端采用这两种输入限幅方法，便可得到区间限幅器，如图 3-4-7 所示，如图 3-4-8 所示为区间限幅器的传输特性曲线。

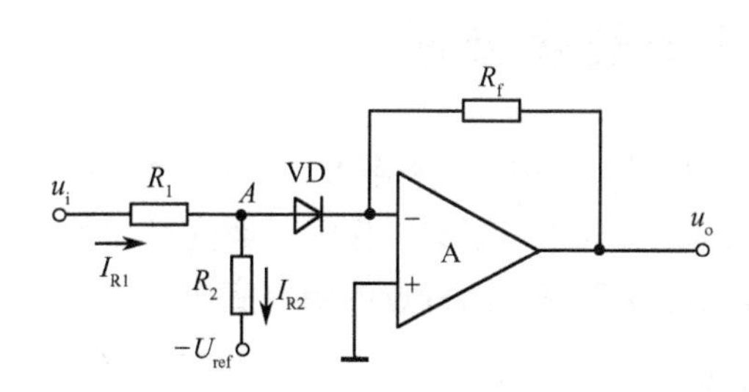


图 3-4-5　二极管串联式限幅器

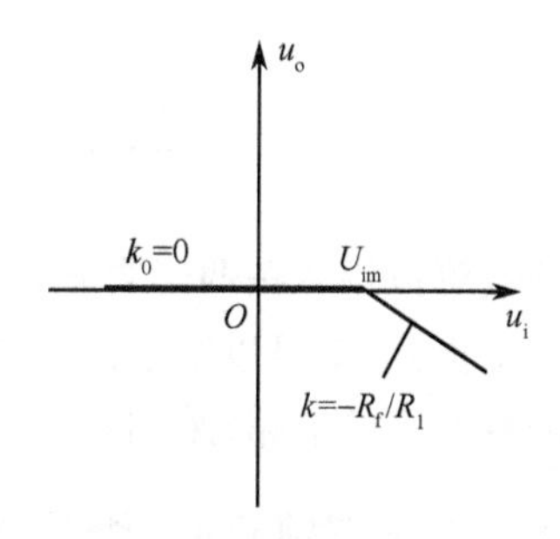


图 3-4-6　二极管串联限幅器的传输特性曲线

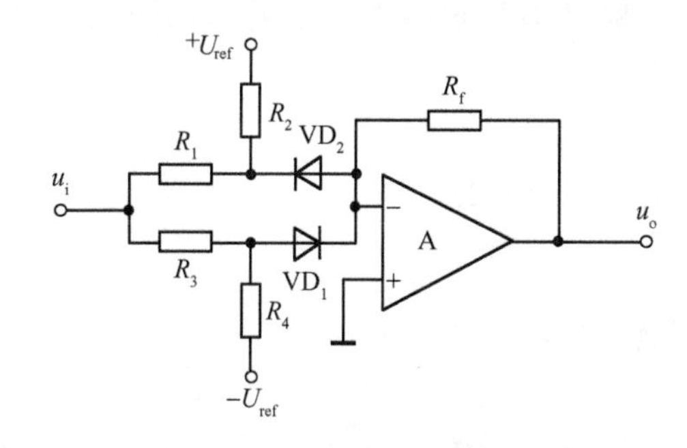


图 3-4-7　二极管区间限幅器

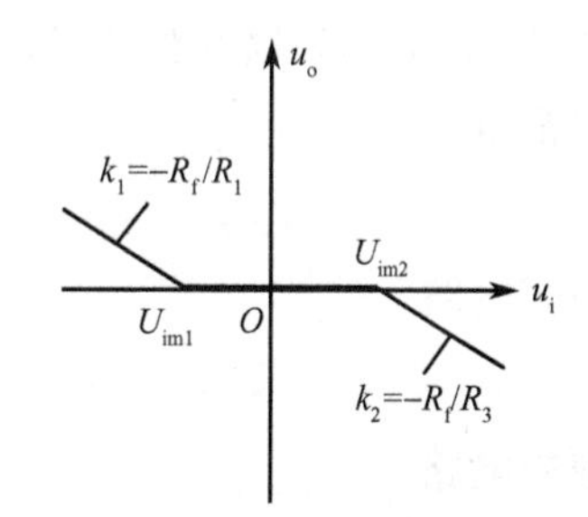


图 3-4-8　区间限幅器的传输特性曲线

如图 3-4-9 所示为线性检波限幅器。由图 3-4-9 可得

$$i_\Sigma = \frac{u_i}{R_2} - \frac{U_{ref}}{R_1} \tag{3-4-12}$$

当 $i_\Sigma < 0$，即 $u_i < \frac{R_2}{R_1}U_{ref}$ 时，二极管 $VD_2$ 导通，$VD_1$ 截止，输出电压 $u_o = 0$；当 $i_\Sigma > 0$，即 $u_i > \frac{R_2}{R_1}U_{ref}$ 时，二极管 $VD_2$ 截止，$VD_1$ 导通，输出电压为

$$u_o = -\left(u_i - \frac{R_2}{R_1}U_{ref}\right) \cdot \frac{R_3}{R_2} \tag{3-4-13}$$

由上式可知，此限幅器的门限电压为

$$U_{im} = \frac{R_2}{R_1}U_{ref} \tag{3-4-14}$$

如图 3-4-10 所示是此线性检波限幅器的传输特性曲线。

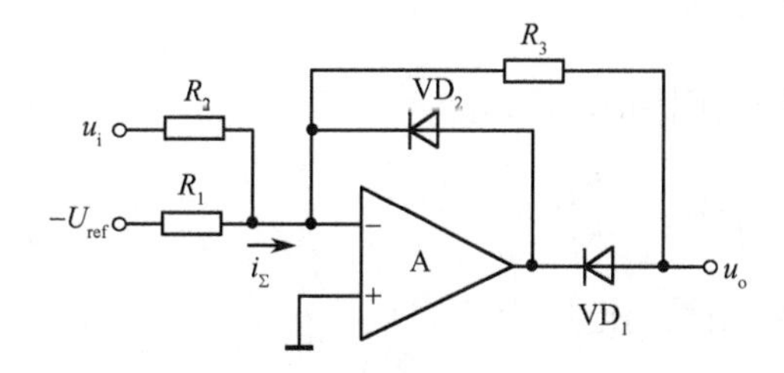


图 3-4-9　线性检波限幅器

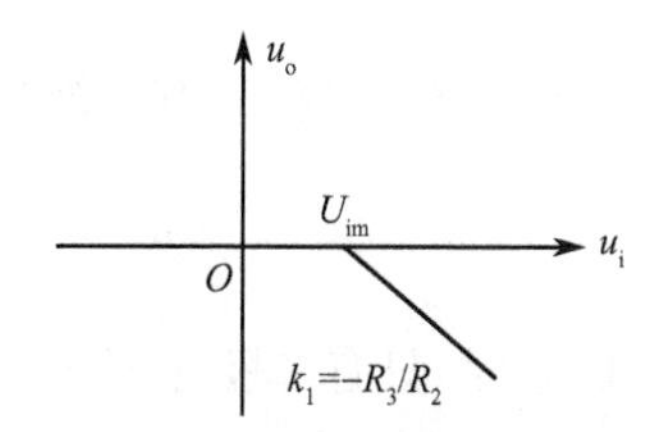


图 3-4-10　线性检波限幅器的限幅特性曲线

在图 3-4-9 中，如果将两个二极管同时改变方向，参考电压也改变方向，便可得到第二象限内的限幅特性。此限幅器的优点是具有稳定的传输特性。

# 3.5 二极管函数变换器

一个函数可以用一条曲线表示，而一条曲线可以用多条折线来逼近，采用多个二极管限幅电路来实现多条折线，就可以实现某种函数曲线的逼近。本节介绍的二极管函数变换器就是实现多折线逼近函数关系的电路。采用不同的限幅器，就可以实现不同特点的函数变换。

## 3.5.1 串联限幅型二极管函数变换器

如图 3-5-1 所示为串联限幅型二极管函数变换器。

串联限幅型二极管函数变换器采用多个二极管串联限幅电路组成，以并行方式输入。由图 3-5-1 可得，各串联限幅电路的门限电压分别为

$VD_1$ 限幅电路

$$U_{im1}=\frac{R_1}{R_5}(U_1+U_D)+U_D \tag{3-5-1}$$

$VD_3$ 限幅电路

$$U_{im3}=\frac{R_3}{R_7}(U_3+U_D)+U_D \tag{3-5-2}$$

$VD_2$ 限幅电路

$$U_{im2}=-\frac{R_2}{R_6}(U_2+U_D)-U_D \tag{3-5-3}$$

$VD_4$ 限幅电路

$$U_{im4}=-\frac{R_4}{R_8}(U_4+U_D)-U_D \tag{3-5-4}$$

假设 $U_{im4}<U_{im2}<U_{im1}<U_{im3}$，则二极管函数变换器不同门限电压范围内的输出电压有以下几种情况。

当 $u_i\leqslant U_{im4}$ 时，只有二极管 $VD_2$，$VD_4$ 导通，则输出电压为

$$u_o=-R_f(\frac{1}{R_0}+\frac{1}{R_2}+\frac{1}{R_4})u_i+\frac{R_f}{R_2}U_{im2}+\frac{R_f}{R_4}U_{im4} \tag{3-5-5}$$

当 $U_{im4}<u_i\leqslant U_{im2}$ 时，只有二极管 $VD_2$ 导通，则输出电压为

$$u_o=-R_f(\frac{1}{R_0}+\frac{1}{R_2})u_i+\frac{R_f}{R_2}U_{im2} \tag{3-5-6}$$

当 $U_{im2}<u_i<U_{im1}$ 时，各二极管 $VD_1\sim VD_4$ 均截止，则输出电压为

$$u_o=-\frac{R_f}{R_0}u_i \tag{3-5-7}$$

当 $U_{im1}<u_i\leqslant U_{im3}$ 时，只有二极管 $VD_1$ 导通，则输出电压为

$$u_o=-R_f(\frac{1}{R_0}+\frac{1}{R_1})u_i+\frac{R_f}{R_1}U_{im1} \tag{3-5-8}$$

当 $u_i\geqslant U_{im3}$ 时，只有二极管 $VD_1$，$VD_3$ 导通，则输出电压为

$$u_o=-R_f(\frac{1}{R_0}+\frac{1}{R_1}+\frac{1}{R_3})u_i+\frac{R_f}{R_1}U_{im1}+\frac{R_f}{R_3}U_{im3} \tag{3-5-9}$$

由式(3-3-5) 至式(3-3-9)，可得如图 3-5-2 所示的串联限幅型二极管函数变换器的函数变换特性曲线。其中，各输出电压关系式中 $u_i$ 的系数即为各折线的斜率。串联限幅型二极管函数变

换器的输出电压的变化率随输入电压的增大而增大，若想获得输出电压的变化率随输入电压增大而减小的函数变换特性，可采用并联限幅型二极管函数变换器。

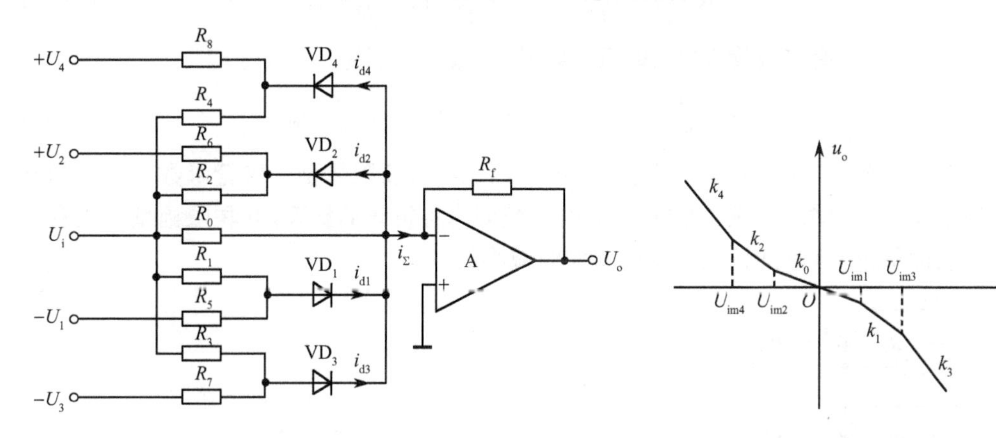


图 3-5-1　串联限幅型二极管函数变换器

图 3-5-2　串联限幅型二极管函数变换器的函数变换特性曲线

### 3.5.2　并联限幅型二极管函数变换器

如图 3-5-3 所示为并联限幅型二极管函数变换器。

并联限幅型二极管函数变换器采用多个二极管并联限幅电路组成，以并行方式输入。由图 3-5-3 可得，各并联限幅电路的门限电压分别为

$VD_1$ 限幅电路

$$U_{im1}=\frac{U_1+U_D}{a} \tag{3-5-10}$$

$VD_3$ 限幅电路

$$U_{im3}=\frac{U_3+U_D}{c} \tag{3-5-11}$$

$VD_2$ 限幅电路

$$U_{im2}=-\frac{U_2+U_D}{b} \tag{3-5-12}$$

$VD_4$ 限幅电路

$$U_{im4}=-\frac{U_4+U_D}{d} \tag{3-5-13}$$

假设 $U_{im4}<U_{im2}<U_{im1}<U_{im3}$，则二极管函数变换器不同门限电压范围内的输出电压有以下几种情况。

当 $u_i \leqslant U_{im4}$ 时，只有二极管 $VD_2$，$VD_4$ 导通，则输出电压为

$$u_o=-R_f\left(\frac{1}{R_0}+\frac{1}{R_1}+\frac{1}{R_3}\right)u_i-\frac{R_f}{R_2}U_{im2}-\frac{R_f}{R_4}U_{im4} \tag{3-5-14}$$

当 $U_{im4}<u_i \leqslant U_{im2}$ 时，只有二极管 $VD_2$ 导通，则输出电压为

$$u_o=-R_f\left(\frac{1}{R_0}+\frac{1}{R_1}+\frac{1}{R_3}+\frac{1}{R_4}\right)u_i-\frac{R_f}{R_2}U_{im2} \tag{3-5-15}$$

当 $U_{im2}<u_i<U_{im1}$ 时，各二极管 $VD_1 \sim VD_4$ 均截止，则输出电压为

$$u_o=-R_f\left(\frac{1}{R_0}+\frac{1}{R_2}+\frac{1}{R_3}+\frac{1}{R_4}\right)u_i \tag{3-5-16}$$

当 $U_{im1} \leqslant u_i < U_{im3}$ 时，只有二极管 $VD_1$ 导通，则输出电压为

$$u_o = -R_f\left(\frac{1}{R_0}+\frac{1}{R_2}+\frac{1}{R_3}+\frac{1}{R_4}\right)u_i - \frac{R_f}{R_1}U_{im1} \tag{3-5-17}$$

当 $u_i \geqslant U_{im3}$ 时，只有二极管 $VD_1$ 和 $VD_3$ 导通，则输出电压为

$$u_o = -R_f\left(\frac{1}{R_0}+\frac{1}{R_2}+\frac{1}{R_4}\right)u_i - \frac{R_f}{R_1}U_{im1} - \frac{R_f}{R_3}U_{im3} \tag{3-5-18}$$

由式(3-5-14) 至式(3-5-18)，可得如图 3-5-4 所示的并联限幅型二极管函数变换器的函数变换特性曲线。其中，各输出电压关系式中 $u_i$ 的系数即为各折线的斜率。并联限幅型二极管函数变换器输出电压的变化率是随输入电压的增大而减小的。

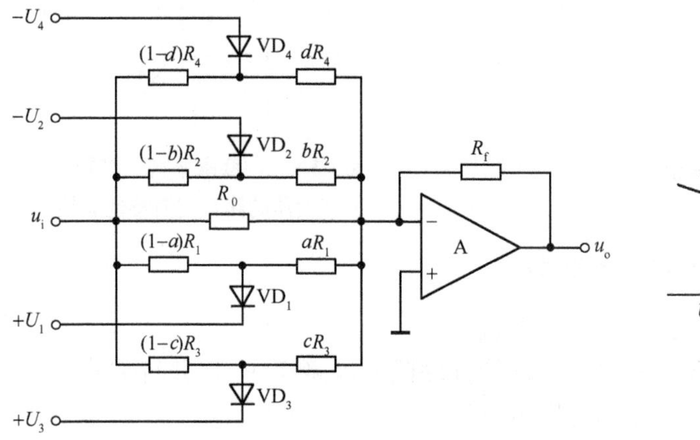


图 3-5-3　并联限幅型二极管函数变换器

图 3-5-4　并联限幅型二极管函数变换器的限幅特性曲线

## 3.5.3　线性检波型二极管函数变换器

如图 3-5-5 所示为线性检波型二极管函数变换器。

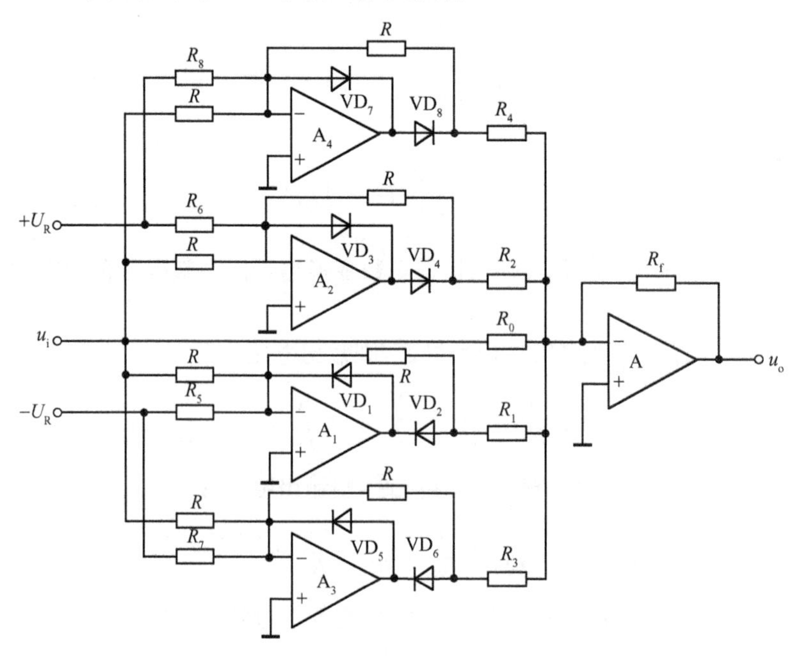


图 3-5-5　线性检波型二极管函数变换器

由图 3-5-5 可知，每个线性检波电路的转折电压分别为

$$U_{im1} = \frac{R}{R_5}U_R \tag{3-5-19}$$

$$U_{im3} = \frac{R}{R_7}U_R \tag{3-5-20}$$

$$U_{im2} = -\frac{R}{R_6}U_R \tag{3-5-21}$$

$$U_{im4} = -\frac{R}{R_8}U_R \tag{3-5-22}$$

假设$U_{im4}<U_{im2}<U_{im1}<U_{im3}$，当输入电压在不同范围时，各线性检波器的输出电压有以下几种情况。

由 $A_1$ 引起的输出

$$\begin{cases} 当\ u_i < U_{im1}, u_{o1} = 0 \\ 当\ u_i \geqslant U_{im1}, u_{o1} = \dfrac{R_f}{R_1}(u_i - U_{im1}) \end{cases} \tag{3-5-23}$$

由 $A_2$ 引起的输出

$$\begin{cases} 当\ u_i > U_{im2}, u_{o2} = 0 \\ 当\ u_i \leqslant U_{im2}, u_{o2} = \dfrac{R_f}{R_2}(u_i - U_{im2}) \end{cases} \tag{3-5-24}$$

由 $A_3$ 引起的输出

$$\begin{cases} 当\ u_i < U_{im3}, u_{o3} = 0 \\ 当\ u_i \geqslant U_{im3}, u_{o3} = \dfrac{R_f}{R_3}(u_i - U_{im3}) \end{cases} \tag{3-5-25}$$

由 $A_4$ 引起的输出

$$\begin{cases} 当\ u_i > U_{im4}, u_{o4} = 0 \\ 当\ u_i \leqslant U_{im4}, u_{o4} = \dfrac{R_f}{R_4}(u_i - U_{im4}) \end{cases} \tag{3-5-26}$$

输入电压 $u_i$ 通过电阻 $R_0$ 引起的输出电压为

$$u_{o0} = -\frac{R_f}{R_0}u_i \tag{3-5-27}$$

将上述各分量求和，则可得出总的输出电压为

$$u_o = \sum_{j=0}^{4} u_{oj} \tag{3-5-28}$$

由上述分析结果，可按输入电压在不同的转折电压范围内得出总输出电压。

当 $u_i \leqslant U_{im4}$ 时，$u_{o1}$，$u_{o3}$ 均为零，则

$$u_o = u_{o0} + u_{o2} + u_{o4} = R_f(\frac{1}{R_4} + \frac{1}{R_2} - \frac{1}{R_0})u_i - \frac{R_f}{R_2}U_{im2} - \frac{R_f}{R_2}U_{im4} \tag{3-5-29}$$

当 $U_{im4} < u_i \leqslant U_{im2}$ 时，$u_{o1}$，$u_{o3}$，$u_{o4}$ 均为零，则

$$u_o = u_{o0} + u_{o2} = R_f(\frac{1}{R_2} - \frac{1}{R_0})u_i - \frac{R_f}{R_2}U_{im2} \tag{3-5-30}$$

当 $U_{im2} < u_i < U_{im1}$ 时，$u_{o1}$，$u_{o2}$，$u_{o3}$，$u_{o4}$ 均为零，则

$$u_o = u_{o0} = -\frac{R_f}{R_0}u_i \tag{3-5-31}$$

当 $U_{im1} \leqslant u_i < U_{im3}$ 时，$u_{o2}$，$u_{o3}$，$u_{o4}$ 均为零，则

$$u_o = u_{o0} + u_{o1} = R_f(\frac{1}{R_1} - \frac{1}{R_0})u_i - \frac{R_f}{R_1}U_{im1} \tag{3-5-32}$$

当 $u_i \geqslant U_{im3}$ 时，$u_{o2}$，$u_{o4}$ 均为零，则

$$u_o = u_{o0} + u_{o1} + u_{o3} = R_f(\frac{1}{R_1} + \frac{1}{R_3} - \frac{1}{R_0})u_i - \frac{R_f}{R_1}U_{im1} - \frac{R_f}{R_3}U_{im3} \tag{3-5-33}$$

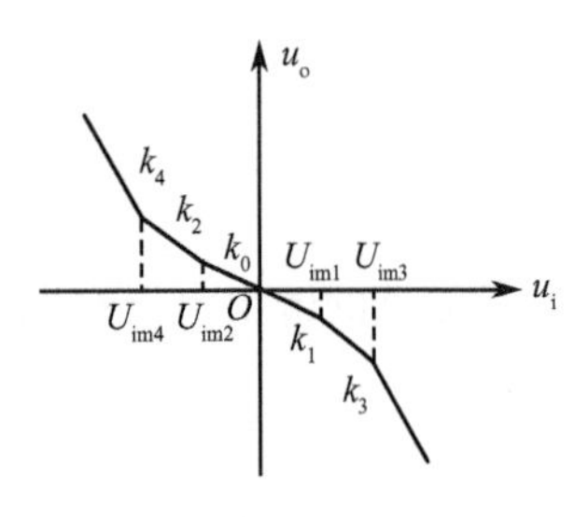


图 3-5-6　线性检波型二极管函数变换器的限幅特性曲线

若 $\frac{1}{R_0} > \frac{1}{R_2} + \frac{1}{R_4}$，$\frac{1}{R_0} > \frac{1}{R_1} + \frac{1}{R_3}$，由式(3-5-29)至式(3-5-33)可得如图 3-5-6 所示的线性检波型二极管函数变换器的函数变换特性曲线。其中，各输出电压关系式中 $u_i$ 的系数即为各折线的斜率。

综上所述，设计二极管函数变换器的步骤如下：

① 用折线段来逼近已知函数 $u_o = f(u_i)$；

② 由函数关系表达式 $u_o = f(u_i)$，确定每段折线的转折电压和折线的斜率；

③ 根据对转折电压和斜率的要求设计每个线性检波器电路的参数。

## 3.6　电压比较器及其应用

电压比较器的基本功能是实现两个模拟电压之间的电平比较，它是以输出逻辑电平的高、低给出判断结果的一种电路。通常这两个电压中的一个是待比较的模拟信号，另一个是门限电压或参考电压。它的输出是比较结果的数字信号，即高、低电平。所以电压比较器是一种模拟信号和数字信号之间的接口电路。

电压比较器的这种功能可以用开环状态下工作的集成运放来实现，也可以用专门设计的集成电压比较器来实现。前者可与放大电路统一，大大减小电路系统中使用的产品型号规格，使用灵活，易于生产各种不同的逻辑电平，有利于大信号比较，在低速高精度的电压比较时占有一定的优势。而专用集成电压比较器，输出状态转换速度高，一些高速比较器的转换时间很短，仅为 3～5ns，但它的输出逻辑电平大小是固定的。在电路结构上，专用电压比较器除了线性的模拟电路部分之外，还包含实现要求输出逻辑电平的数字电路部分，它的输出可以直接驱动 TTL，ECL，HTL，NMOS，PMOS 等数字集成电路。

本节主要介绍单限比较器、迟滞比较器和窗口比较器等。它们常用于越限报警、波形发生、波形变换、模数变换、峰值检波、噪声频谱分析、脉冲宽度调制和鉴别等方面。

### 3.6.1　电压比较器的性能

一般集成运放在使用时，往往工作在闭环状态，而且多数应用中还要求集成运放工作在负反馈闭环状态。这是因为集成运放的开环增益非常高，当它处在开环状态时，输入端任何微小的电位变化，甚至漂移、噪声干扰，都会导致其输出饱和或截止，无法实现线性放大功能。但是，当集成运放用作电压比较器时，在其输入端的两个比较信号之间，只要它们在电平上有微小的差异，输出就应当呈现高电平或低电平的逻辑状态。显然，这时的集成运放应处在开环工作状态。所以集成运放工作在开环状态时就能完成模拟信号电平相比较的功能。普通集成运放的反应速度较慢，无选通输出，且输出电平也不易与逻辑电路接口，因此，在许多应用中不能满足实际的需要。对于集成电压比较器的性能要求，输入级与一般集成运放的相同，而输出级却与数字电路的要求一致。为便于使用，许多专用集成电压比较器带有可以控制输出的选通端，当需要比较结果时，输出

被选通，不需要比较结果时，使输出端为零电平或处于高阻状态，使比较器的输出与外电路分离。集成电压比较器的电路结构，在输出级多为集电极开路(OC) 方式或射极开路(OE) 方式。其频率特性也与集成运放有明显不同。电压比较器的频带较宽，没有也无须相位补偿，以便尽可能获得高速翻转，减少响应时间。

集成电压比较器的品种繁多，性能各异。其中有高速型的，有低功耗型的，有单电源的，有可选通的和可编程的等。电压比较器的主要性能指标有鉴别灵敏度、响应速度、带载能力等。

鉴别灵敏度又称为分辨率或转换精度，它是指电压比较器的输出状态发生跳变所需要的输入模拟信号电压的最小变化量。当输入电压变化量小于该值时，比较器的输出就处于不定的逻辑电平状态，即对输入模拟电压的大小作为逻辑判断易产生错误。这一最小变化量越小，比较器的电平鉴别能力就越灵敏。

响应速度是反映比较器从高电平转换到低电平或从低电平跳变到高电平时所需时间的长短(两者所需时间一般不等)，它是表征比较器工作速度的重要特性参数。在高速工作系统中，要求采用高速比较器。对于专用电压比较器，一般用响应时间 $t_R$ 来表示，它是指从输入端加一跳变电压时开始，比较器的输出从 $0.1(U_{oH}-U_{oL})$ 跳变到 $0.9(U_{oH}-U_{oL})$ 所需的时间间隔大小。$t_R$ 越小，工作速度越快。对于集成运放构成的电压比较器，其响应速度通常由转换速率 $S_R$ 表征。$S_R$ 越大，工作速度就越快。实际使用时，响应速度还与输出状态有关，若输出电路进入深度饱和的工作状态，由于退出深度饱和需要时间，故其响应速度就要变慢。为此可在输出端加一钳位电路，把输出电压钳制在选定的逻辑电平上，以利于提高响应速度。此外，选用外接相位补偿的集成运放要比内补偿的集成运放做比较器来得好，因为做比较器使用时不必引入相位补偿元件，从而保证了集成运放可以获得更高的转换速率 $S_R$，以提高响应速度。

电压比较器的输出数字信号一般用于带动门电路，因此，带动负载能力的大小也是评价电压比较器性能的一项重要指标。表征这一指标的主要参数是：输出电阻 $R_o$、输出高电平时的漏电流 $I_{oR}$ 和输出端吸入电流 $I_{sink}$。$R_o$ 和 $I_{oR}$ 越小，$I_{sink}$ 越大，则带动负载的能力就越强。

### 3.6.2 单限电压比较器

**1. 基本电路和输入 / 输出特性**

如图 3-6-1(a) 所示为具有上行特性的单限电压比较器基本电路，图 3-6-1(b) 所示为其输入 / 输出特性。

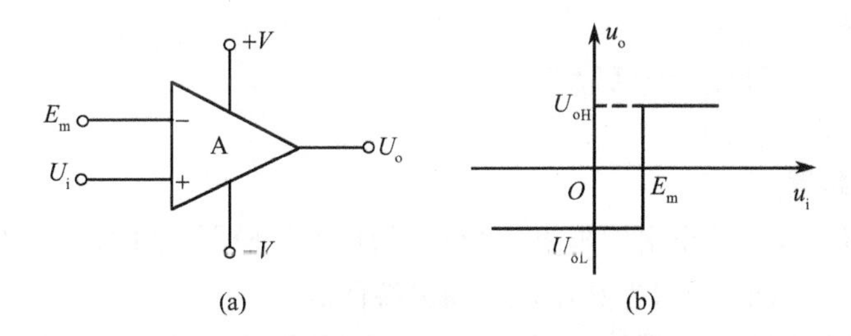


图 3-6-1 具有上行特性的单限电压比较器及其输入 / 输出特性

外加一个门限电位 $E_m$，待比较的模拟电压 $u_i$ 可与 $E_m$ 进行比较，由输出电压 $u_o$ 的高低来指示。

当 $U_i < E_m$ 时，$u_o = U_{oL}$；

当 $U_i > E_m$ 时，$u_o = U_{oH}$。

这时 $u_i$ 由小到大，越过门限电位 $E_m$，比较器的输出电位从 $U_{oL}$ 变为 $U_{oH}$，这种特性称为上行特性。

如图 3-6-2(a) 所示为具有下行特性的单限电压比较器基本电路，图 3-6-2(b) 所示为其输入 / 输出特性。

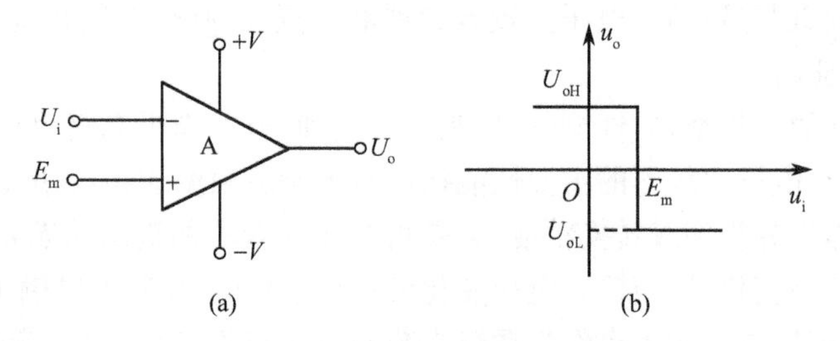


图 3-6-2　具有下行特性的单限电压比较器及其输入 / 输出特性

当 $U_i > U_m$ 时，$u_o = U_{oL}$；

当 $U_i < U_m$ 时，$u_o = U_{oH}$。

这时 $u_i$ 由小到大，越过门限电位 $E_m$，比较器的输出电位从 $U_{oH}$ 变为 $U_{oL}$，这种特性称为下行特性。

**2. 输入钳位保护和输出钳位单限比较器**

如图 3-6-3(a) 所示为输入钳位保护和输出钳位单限比较器，图 3-6-3(b) 所示为其输入 / 输出特性。

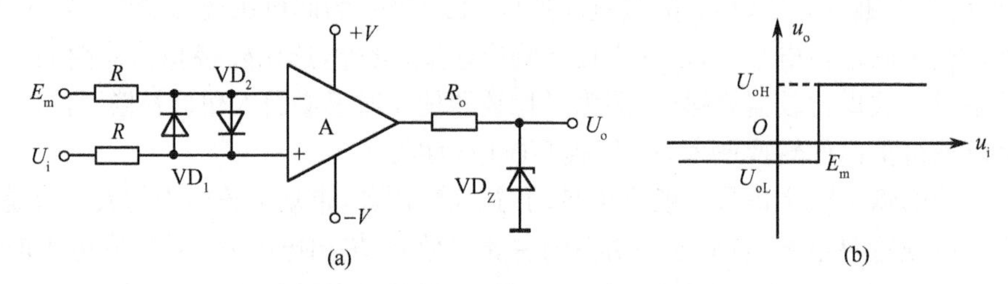


图 3-6-3　输入钳位保护和输出钳位单限比较器及其输入 / 输出特性

当运放开环应用时，为了防止其差模输入电压 $U_d$ 超过运放的最大差模输入电压 $U_{dm}$，可在运放的两个输入端之间并联一对反接的二极管，如图 3-6-3(a) 所示。两只二极管起输入钳位保护作用。此处应选用极间电容小和反向电流小的二极管，以减小对比较响应速度和比较精度的影响。$R$ 分别代表信号源和门限电源的内阻，应设法使它们相等，以便减小输入偏置电流及其温漂的影响。图 3-6-3(a) 中，输出也可以采用钳位，这时它的输出高、低电位分别等于稳压管 $VD_Z$ 的稳定电压和正向压降。

当 $U_i < E_m$ 时，$u_o = U_{oL} = -U_D$；

当 $U_i > E_m$，$u_o = U_{oH}$。

**3. 任意电平比较器**

用反馈钳位的方法，可以作出门限电位为 $E_m$ 的单限比较器。如图 3-6-4(a) 所示为任意电平的单限比较器，图 3-6-4(b) 所示为其输入 / 输出特性。

参考电压 $E_r$ 和输入电压 $u_i$ 都从反相端加入，这时 $VD_Z$ 的电流 $I_f$ 的方向决定于 $I_r$ 和 $I_1$ 之和。

当 $I_f = I_1 + I_r > 0$，即 $\dfrac{U_i}{R_1} + \dfrac{U_r}{R_2} > 0$ 时，$U_i > -\dfrac{R_1}{R_2}E_r$，$I_f$ 的实际方向与参考方向一致，则 $u_o = U_{oL} = -U_D$。

当 $I_f = I_1 + I_r < 0$，即 $\dfrac{U_i}{R_1} + \dfrac{U_r}{R_2} < 0$ 时，$U_i < -\dfrac{R_1}{R_2}E_r$，$I_f$ 的实际方向与参考方向相反，则 $u_o = U_{oH} = E_m$。

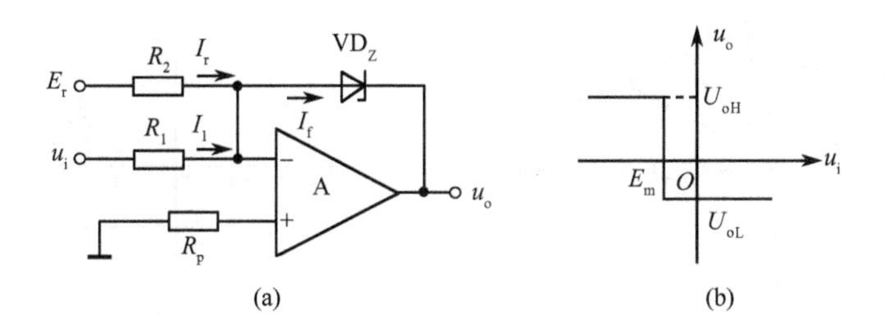


图 3-6-4　任意电平的单限比较器及其输入 / 输出特性

所以，引起输出电位转换的输入门限电位为

$$U_i = E_m = -\frac{R_1}{R_2}E_r \tag{3-6-1}$$

当 $U_i < E_m$ 时，$u_o = U_{oH} = E_m$；当 $U_i > E_m$ 时，$u_o = U_{oL} = -U_D$。

调节$\frac{R_1}{R_2}$或改变参考电压 $E_r$，都能改变门限电位 $E_m$。当 $E_m = 0$ 时，则为过零电压比较器。此电路的优点是：输入电压的电压范围较宽，输出电阻较小；缺点是：输入电阻较低，需要接补偿电容，这样会降低响应速度。

## 3.6.3　迟滞电压比较器

以上介绍的单限比较器，在实际应用时，如果 $u_i$ 的值恰好在门限电位附近，由于温漂或外界干扰的存在，将会使输出电压 $u_o$ 不断在高、低电平间跳变，这对于控制系统中的执行机构很不利。为解决此问题，可采用具有迟滞传输特性的电压比较器。具有迟滞输出特性的电压比较器，叫迟滞电压比较器，也称为回差电压比较器。迟滞电压比较器在信号发生和信号变换等电路中应用非常广泛，是一种重要的基本电路。

**1. 迟滞电压比较器的输入 / 输出特性**

如图 3-6-5 所示为迟滞电压比较器的输入 / 输出特性曲线，其中图 3-6-5(a) 是上行特性，图 3-6-5(b) 是下行特性。

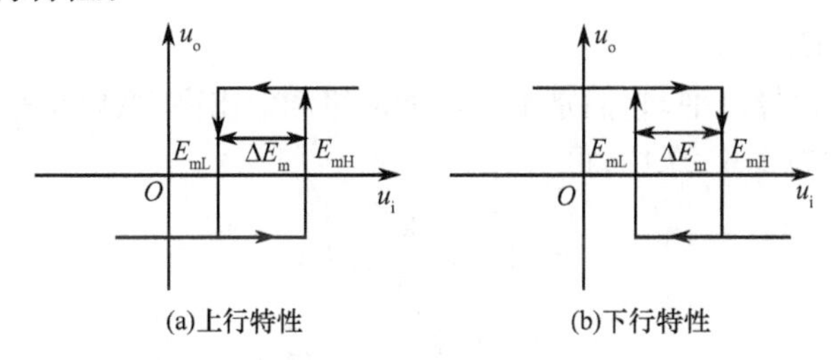


图 3-6-5　迟滞电压比较器的输入 / 输出特性

迟滞电压比较器具有两个门限电位，把数值大的门限电位 $E_{mH}$ 叫上门限电位，把数值小的门限电位 $E_{mL}$ 叫下门限电位，两者之差叫门限宽度，用 $\Delta E_m$ 表示，$\Delta E_m = E_{mH} - E_{mL}$。

**2. 迟滞电压比较器的工作原理**

迟滞电压比较器的共同特点是具有正反馈回路，从而获得迟滞特性，同时也加速了比较器的转换过程。

如图 3-6-6(a) 所示为具有下行特性的迟滞电压比较器，图 3-6-6(b) 所示为其传输特性。如图 3-6-7(a) 所示为具有上行特性的迟滞电压比较器，图 3-6-7(b) 所示为其传输特性。在此仅以图 3-6-6(a) 为例进行分析。

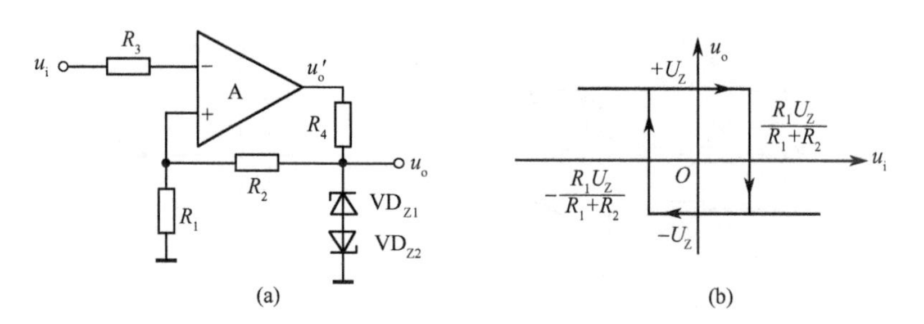


图 3-6-6　具有下行特性的迟滞电压比较器及其传输特性

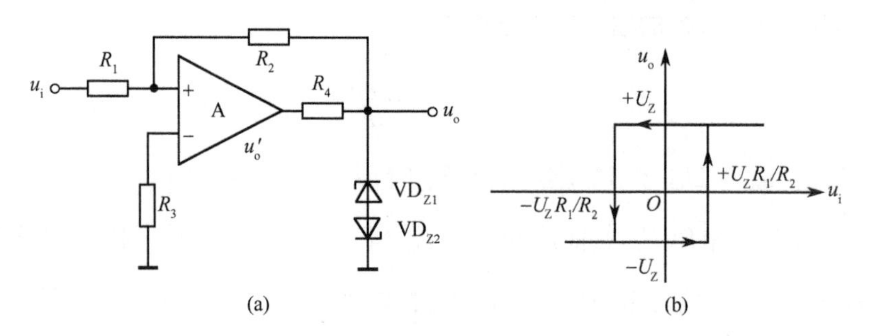


图 3-6-7　具有上行特性的迟滞电压比较器及其传输特性

分析步骤如下：

(1) 确定输出电压 $U_o$。

在图 3-6-6(a) 中，$VD_{Z1}$，$VD_{Z2}$ 为特性相同的相互对称的对接稳压管，并假设二者串联的稳压值为 $\pm U_Z$，比较器输出的高、低电平为 $\pm U_Z$。由图 3-6-6(a) 可得

$$u_o = \pm U_Z, u_{oH} = U_Z, U_{oL} = -U_Z$$

(2) 写出 $u_+$，$u_-$ 的表达式

由图 3-6-6(a) 可得

$$u_+ = \frac{R_1}{R_1 + R_2} u_o \tag{3-6-2}$$

$$u_- = u_i \tag{3-6-3}$$

(3) 求出门限电位 $E_{mL}$，$E_{mH}$

集成运放 A 有两个比较电平，它们是由正反馈网络和输出高、低电平来确定的，将 $u_o = +U_Z$ 和 $u_o = -U_Z$ 分别代入式(3-6-2) 中，得

$$u_{+1} = \frac{R_1}{R_1 + R_2} U_Z \tag{3-6-4}$$

$$u_{+2} = \frac{R_1}{R_1 + R_2}(-U_Z) \tag{3-6-5}$$

假设 $u_+ = u_-$（实际 $u_+$ 和 $u_-$ 相等时即发生输出状态的变化），求出 $u_i$ 的值，$u_i$ 的值即为门限电位。因为 $u_o = \pm U_Z$ 有两个数值，$u_+$ 即有两个表达式，所以可求出两个 $u_i$ 的数值，数值较大的一个即为 $E_{mH}$，数值较小的一个即为 $E_{mL}$。在本例中，即由图 3-6-6(a) 可得

$$E_{mH} = \frac{R_1}{R_1 + R_2} U_Z \tag{3-6-6}$$

$$E_{mL} = -\frac{R_1}{R_1 + R_2} U_Z \tag{3-6-7}$$

(4) 判断是上行特性还是下行特性

若输入信号 $u_i$ 从集成运放的反相端输入，则为下行特性；若输入信号 $u_i$ 从集成运放的同相端输入，则为上行特性。在本例中，即在图 3-6-6(a) 中，输入信号 $u_i$ 从集成运放的反相端输入，所以为下行特性。

(5) 画出传输特性曲线

求出 $u_o$，$E_{mH}$，$E_{mL}$ 的数值，判断出了是下行特性，则可以画出传输特性曲线，如图 3-6-6(b) 所示。

由传输特性曲线即可分析迟滞电压比较器的工作原理。

开始时，输入电压 $u_i > E_{mH}$，则运放的输出电压 $u'_o < 0$，$VD_{Z1}$ 正向导通，$VD_{Z2}$ 反向击穿，则 $u_o = -U_Z$。同时，同相端反馈电压为下门限电位 $E_{mL}$。当输入电压下降，只要 $u_i > E_{mH}$，比较器输出将维持低电平。而当 $u_i < E_{mL}$ 时，A 的输出电压 $u'_o > 0$，$VD_{Z1}$ 反向击穿，$VD_{Z2}$ 正向导通，则输出电压为高电平，$u_o = +U_Z$，同时比较电平转为上门限电位 $E_{mH}$。这时只要输入电压保持 $u_i < E_{mH}$，则输出电压维持高电平，$u_o = +U_Z$。当输入电压上升到 $u_i > E_{mH}$ 时，$u'_o < 0$，则 $u_o$ 为低电平，$u_o = -U_Z$，同时比较电平又转为下门限电位。当输入电压在超越上、下限比较电平作上升和下降变化时，将重复上述过程，比较器的输出将按图 3-6-6(b) 所示的迟滞特性沿箭头方向进行高、低电平的转换。

在图 3-6-6(a) 中，$VD_{Z1}$，$VD_{Z2}$ 是特性相同的稳压值相等的两个稳压管，若采用稳压值不相等的两个稳压管时，则可构成非对称型的迟滞电压比较器。迟滞电压比较器的电路形式还有许多，因篇幅所限，在此不再详述，读者可参阅其他书目。

### 3.6.4 窗口电压比较器

窗口电压比较器可以用来判断输入信号 $u_i$ 是否位于两个指定电位之间，把其中较小的一个电位称为下门限电位 $E_{mL}$，较大的一个电位称为上门限电位 $E_{mH}$，二者之差称为门限宽度 $\Delta E_m$。当输入信号 $u_i$ 落入门限宽度 $\Delta E_m$ 之内或“窗口”之内时，为一种逻辑电平(如为高电平)，而输入电压在“窗口”之外时，为另一种逻辑电平(如为低电平)，具有这种传输特性的比较器称为窗口电压比较器。

**1. 用集成运放实现的窗口比较器**

如图 3-6-8(a) 所示为用集成运放实现的窗口比较器，图 3-6-8(b) 所示为其传输特性。下面分析此窗口比较器的工作原理。

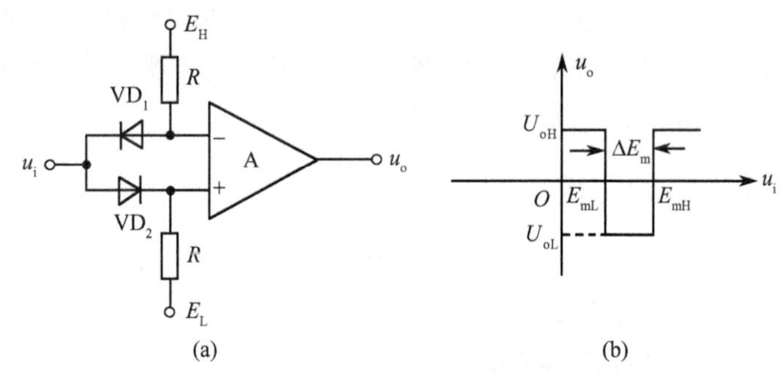


图 3-6-8　用集成运放实现的窗口比较器及其传输特性

在图 3-6-8(a) 中，$E_H - E_L > 2U_D$。

当 $u_i \leqslant E_L$ 时，$VD_1$ 导通，$VD_2$ 截止，$U_- \approx U_i$，$U_+ = E_L$，即 $U_- < U_+$，所以

$$u_o = U_{oH} \tag{3-6-8}$$

当 $u_i \geqslant E_H$ 时，$VD_1$ 截止，$VD_2$ 导通，$U_- = E_H$，$U_+ = U_i$，即 $U_- < U_+$，所以

$$u_o = U_{oH} \tag{3-6-9}$$

当 $E_L < U_i < E_H$ 时，$VD_1$，$VD_2$ 均导通，此时 $U_- > U_+$，所以

$$u_o = U_{oL} \tag{3-6-10}$$

由此可见，$E_H$ 和 $E_L$ 为该窗口比较器的两个门限电位，$E_{mH} = E_H$，$E_{mL} = E_L$，门限宽度为 $\Delta E_m = E_H - E_L$，所以满足窗口比较器的特性，即

当 $E_{mL} < U_i < E_{mH}$ 时，输出是低电平，$u_o = U_{oL}$；

当 $U_i < E_{mL}$ 或 $U_i > E_{mH}$ 时，输出是高电平，$u_o = U_{oH}$。

**2. 用专用电压比较器构成的窗口比较器**

如图 3-6-9(a) 所示为用专用电压比较器构成的窗口比较器，图 3-6-9(b) 所示为其传输特性。

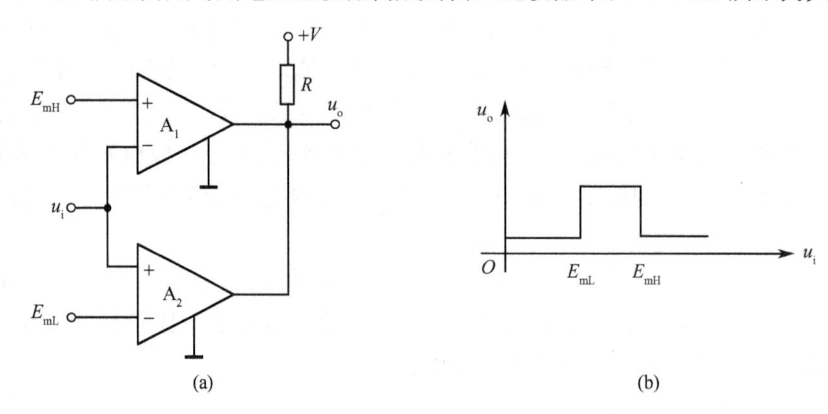


图 3-6-9　用专用电压比较器构成的窗口比较器及其传输特性

在图 3-6-9(a) 中，$A_1$，$A_2$ 是专用电压比较器 LM311。LM311 的内部采用射极接地、集电极开路的三极管集电极输出方式。在使用时，必须外接上拉电阻。这种电压比较器允许输出端并接在一起。

下面分析此窗口比较器的工作原理。

当输入电压 $U_i < E_{mL}(< E_{mH})$ 时，比较器 $A_1$ 的输出管截止，而比较器 $A_2$ 的输出管导通，此窗口比较器的输出电平将由比较器 $A_2$ 的输出电平确定为低电平。

当输入电压 $U_i > E_{mH}(> E_{mL})$ 时，比较器 $A_1$ 的输出管导通，而比较器 $A_2$ 的输出管截止，此窗口比较器的输出电平将由比较器 $A_1$ 的输出电平确定为低电平。

只有当输入电压处于窗口电压之内，即 $E_{mL} < U_i < E_{mH}$ 时，比较器 $A_1$ 和 $A_2$ 输出管均截止，窗口比较器的输出电平由上拉负载电阻拉向高电平。此窗口比较器的传输特性如图 3-6-9(b) 所示。电源 $+V$ 电压值可根据数字电路要求来确定。

## 3.6.5　电压比较器的应用举例

电压比较器的应用十分广泛，下面以时延产生电路、压控振荡器、峰值检波器和双限报警器等电路为例介绍电压比较器的应用。

**1. 电压比较器在时延产生电路中的应用**

如图 3-6-10 所示为由电压比较器组成的时延产生电路，相应的时间波形如图 3-6-11 所示。

在图 3-6-10 中，当输入电压 $U_i > U_R$ 时，比较器 $A_1$ 输出高电平，经 $R_1$ 对 $C_1$ 充电，若积分时间常数 $R_1C_1$ 足够大，则电容 $C_1$ 上的电压 $u_C$ 随时间线性增加，并同时输入到比较器 $A_2$，$A_3$，$A_4$ 的输入端，这 3 个比较器的反相输入端根据时延大小的要求加相应的基准电压。当 $U_C > U_{R4}$ 时，比较器 $A_4$ 输出电压由低电平跳到高电平，相对波形图中的 $t_0$ 延时 $T_{d1}$，即

$$T_{d1} = R_1 C_1 \frac{U_{R4}}{U_{oH}} \tag{3-6-11}$$

其中,$U_{oH}$ 为比较器 $A_1$ 输出的高电平,$U_{R4}$ 为 $A_4$ 的比较电平。依此类推,$A_3$ 产生一个相对于 $t_o$ 延时了 $T_{d2}$ 时间的阶跃波;$A_2$ 产生一个相对于 $t_o$ 延时了 $T_{d3}$ 时间的阶跃波。时延大小分别为

$$T_{d2} = R_1 C_1 \frac{U_{R3}}{U_{oH}} \tag{3-6-12}$$

$$T_{d3} = R_1 C_1 \frac{U_{R2}}{U_{oH}} \tag{3-6-13}$$

相应的时间波形如图 3-6-11 所示。

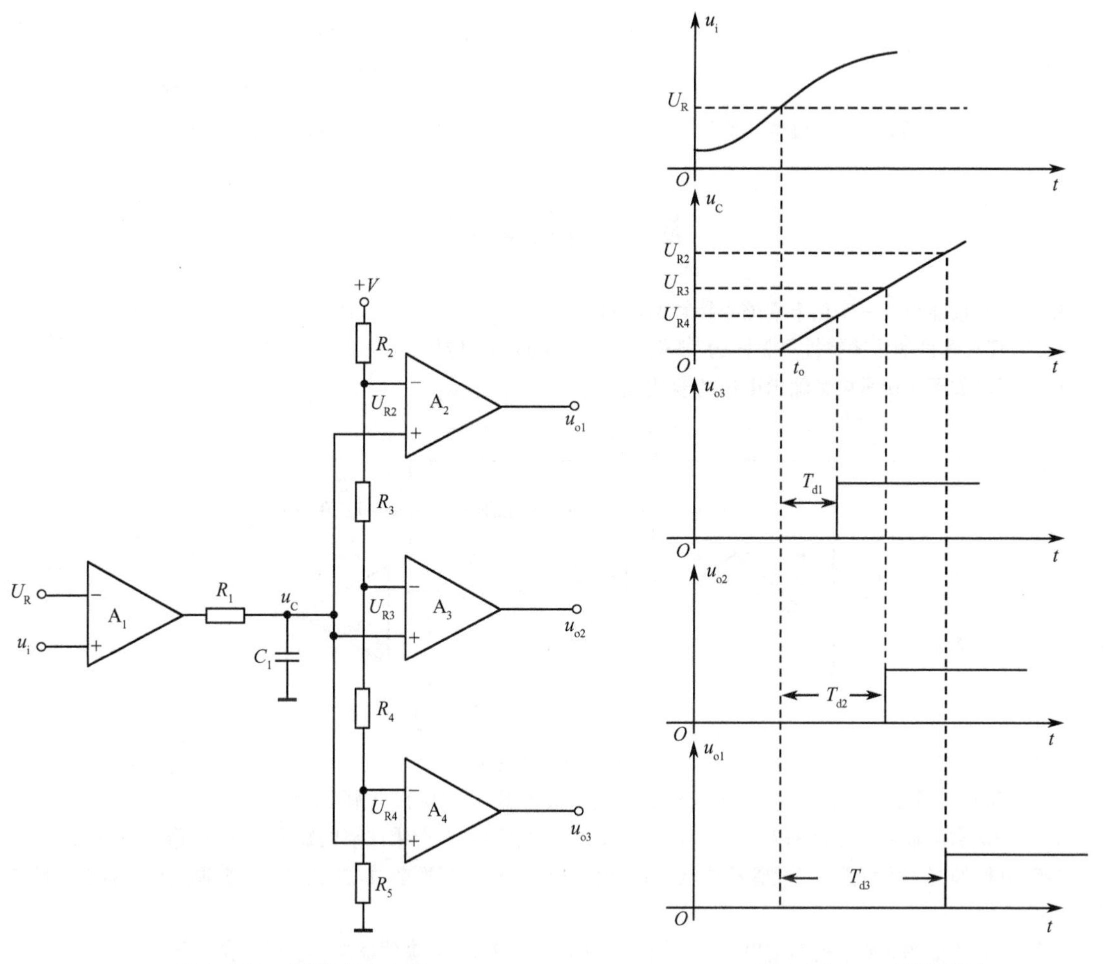


图 3-6-10　时延产生电路　　　　图 3-6-11　时间波形图

**2. 电压比较器在峰值检波器中的应用**

如图 3-6-12 所示为由电压比较器 μA760 组成的峰值检波器,如图 3-6-13 所示为其相应的波形图。

被检测的模拟信号加在比较器的同相输入端,此时比较器输出高电平,反相输入端的电容 $C$ 经过二极管、电阻充电到输入信号的峰值。但由于比较器的输入偏流及二极管的漏电流,电容器上的电压在非充电时间内缓慢放电,故在同相端的电压低于峰值电压时,比较器输出总是低电平,只有同相端的输入信号到达峰值的那一个时刻,比较器才有高电平输出。这样在比较器的输出端出现了一串反映峰值的脉冲信号,实现了输入信号的峰值检测。它广泛用于对控制信号峰值

实现监视的系统中。若二极管反接，则电路可以实现对负向峰值的检测。输出端反映峰值检测脉冲的宽度决定于时间常数 $RC$ 及二极管导通时间的大小。

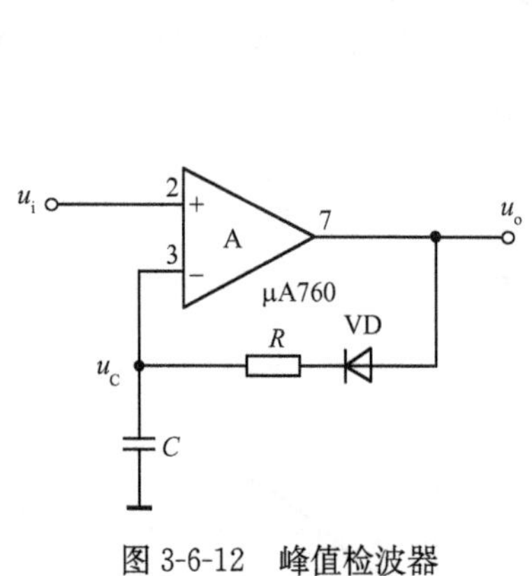


图 3-6-12　峰值检波器

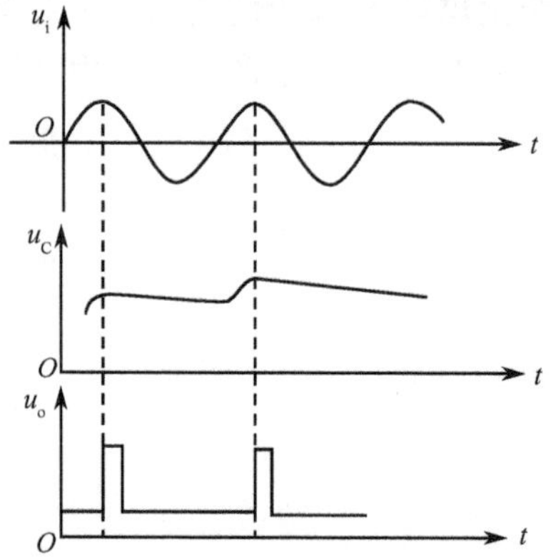

图 3-6-13　峰值检波器的波形图

## 思考题与习题

3.1　用对数器设计一个用于压缩坐标轴的电路。

3.2　OTA 器件的传输特性是怎样的？举例说明 OTA 器件的应用。

3.3　写出如图 1 所示电路输出电压的表达式。

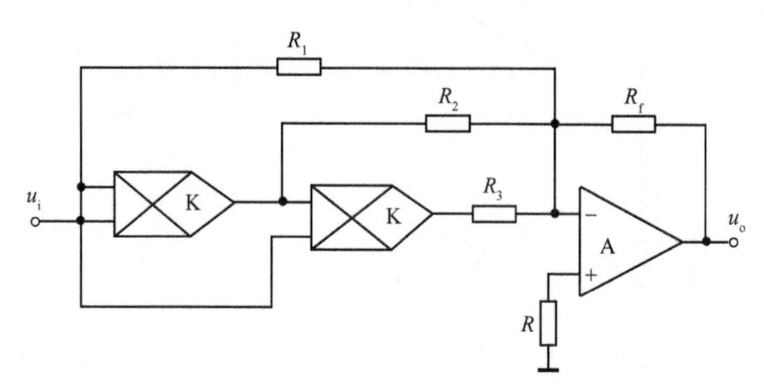


图 1　习题 3.3 图

3.4　MC1596 乘法器外围元件中，各元件分别起什么作用？如何调整可调元件？

3.5　乘法器的输入信号分别为 80Hz 和 100kHz 的正弦信号，对此乘法器的输出电压进行频谱分析。

3.6　分析如图 2 所示理想二极管检波电路，画出其输入/输出特性曲线，并说明它与普通二极管检波电路相比具有什么优点？

3.7　试分析如图 3 所示电路输出电压与输入电压之间的关系，并说明此电路在什么条件下能完成全波整流功能，此电路有什么特点？

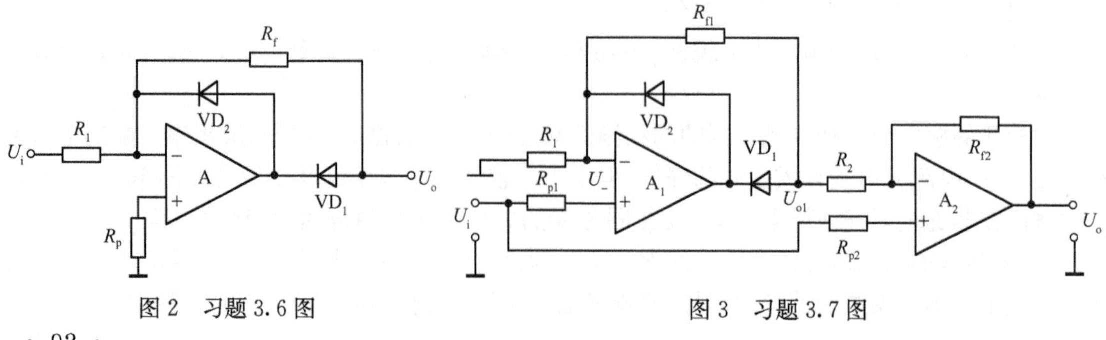


图 2　习题 3.6 图　　　　图 3　习题 3.7 图

3.8 设计一个能实现图 4 所示曲线的二极管函数变换器。

3.9 分析如图 5 所示迟滞电压比较器的工作原理，求出上门限电位、下门限电位及门限宽度的表达式。此迟滞电压比较器有什么特点？设 $U_{oL}+U_D<U_r<U_{oH}$。

3.10 如图 6 所示电路为集成块 BG307 专用电压比较器，画出其传输特性（常温下输出高电平为 3.2V，低电平为 −0.5V）。

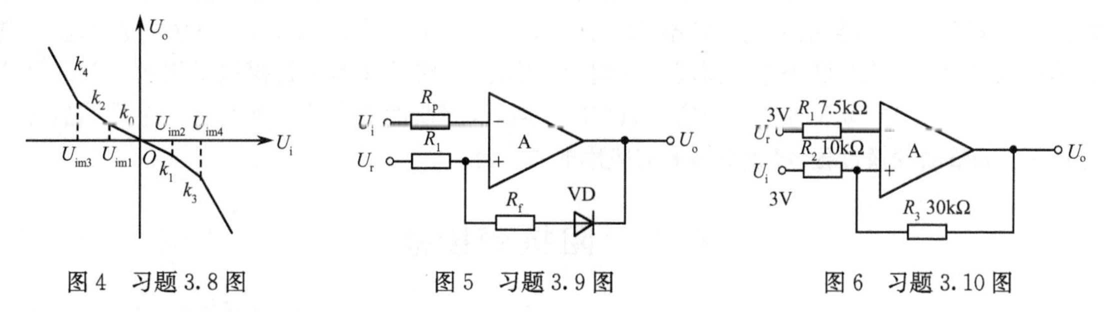


图 4 习题 3.8 图　　图 5 习题 3.9 图　　图 6 习题 3.10 图

3.11 设计一个越限报警电路。

3.12 用专用电压比较器设计一个多路防盗报警器。

# 第 4 章　集成变换器及其应用

变换器或变换电路是指从一种电量或参数变换为另一种电量或参数的电路。本章主要介绍集成变换器及其应用，包括阻抗变换器、U/I、I/U、U/F、F/U、T/I、T/U、A/D、D/A 变换器等。其中，阻抗变换器、U/I、I/U 等变换器属于连续性变换器，连续性变换器是模拟量间的不间断性变换；U/F、F/U、A/D、D/A 等变换器属于周期性变换器，周期性变换器必须经过一个周期后才能完成一个完整的变换过程。集成变换器的应用非常广泛。

## 4.1　阻抗变换器

本节主要介绍负阻抗变换器、阻抗模拟变换器、模拟电感器、电容倍增器等阻抗变换器。阻抗的模拟和变换是集成运放的一个重要应用方面。集成运放构成的等效负阻抗变换器，可用于电容的损耗补偿、电阻时间常数补偿、电流互感器的误差补偿等。由集成运放和电容、电阻元件构成的等效电感，可以克服其他类型的电感实际使用的缺陷。集成运放可把被测电感变换成等效电容，进而用电容电桥测量，间接获知被测电感值。借助于大量的阻抗变换器，可以方便地构成有源电桥，扩大阻抗的测量范围和频率使用范围。阻抗变换器有许多种类，下面仅以几种典型电路为例，重点在于介绍模拟与变换的基本方法。

### 4.1.1　负阻抗变换器

如图 4-1-1 所示为负阻抗变换器。

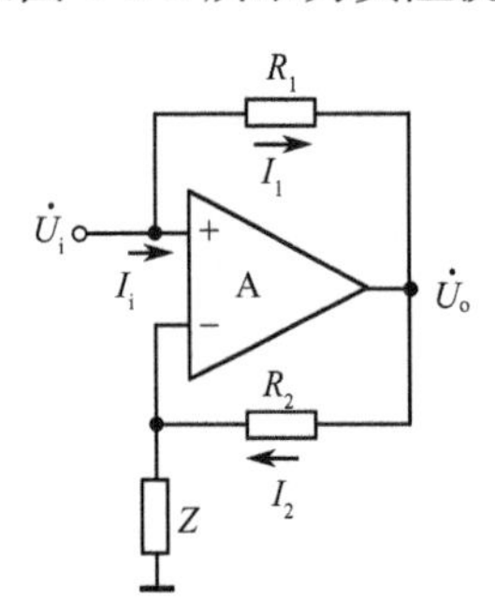


图 4-1-1　负阻抗变换器

在图 4-1-1 中，若去掉电阻 $R_1$，实际是一个同相放大器，其输入阻抗很高，输出电压为

$$\dot{U}_o = \dot{U}_i(1+\frac{R_2}{Z}) \tag{4-1-1}$$

当电阻 $R_1$ 接入后，其等效输入阻抗将发生很大变化。这时由输入电压 $\dot{U}_i$ 引起的输入电流为

$$\dot{I}_i = \dot{I}_1 = \frac{\dot{U}_i - \dot{U}_o}{R_1} \tag{4-1-2}$$

将式(4-1-1)代入式(4-1-2)，可得等效输入阻抗为

$$Z_{ie} = \frac{\dot{U}_i}{\dot{I}_i} = -\frac{ZR_1}{R_2} \tag{4-1-3}$$

由式(4-1-3)可知，从阻抗 $Z$ 变换到等效输入阻抗 $Z_{ie}$，变换器不仅按比值 $R_1/R_2$ 变化，而且其特性也由正变为负，因此称为负阻抗变换器。

图 4-1-1 所示的负阻抗变换器只适用于信号源内阻抗 $|Z_s| < |Z|$ 的情况，否则易自激。若 $|Z_s| > |Z|$，则应将同相端和反相端位置互换。若将 $Z$ 取为电阻 $R$，则等效输入阻抗为负电阻

$$Z_{ie} = -\frac{RR_1}{R_2} \tag{4-1-4}$$

称为负电阻变换器。

若将 $Z$ 取为电容 $C$，则等效输入阻抗为电感

$$Z_{ie}=j\omega\frac{R_1}{R_2\omega^2C}=j\omega L_e \tag{4-1-5}$$

其中，$L_e=\dfrac{R_1}{\omega^2R_2C}$ 为等效模拟电感，所以称为模拟电感变换器。此等效模拟电感是随频率变化的。

### 4.1.2 阻抗模拟变换器

如图 4-1-2 所示为阻抗模拟变换器。

在图 4-1-2 中，运放 $A_1$ 是同相放大器，起隔离作用和放大作用；运放 $A_2$ 是阻抗变换电路。下面分析此阻抗模拟变换器的工作原理。

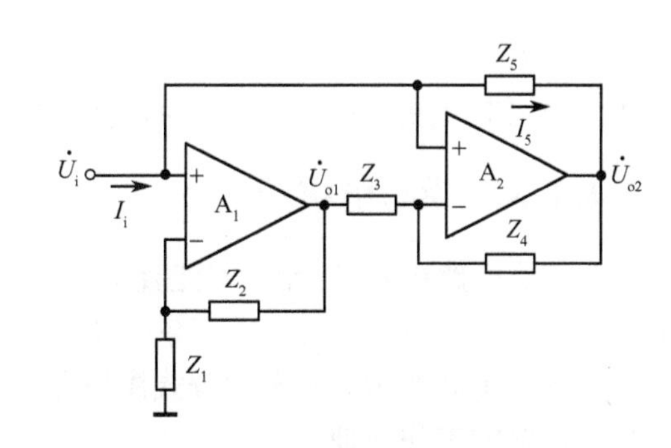


图 4-1-2　阻抗模拟变换器

运放 $A_1$ 的输出电压为

$$\dot{U}_{o1}=\dot{U}_i(1+\frac{Z_2}{Z_1}) \tag{4-1-6}$$

运放 $A_2$ 的输出电压为

$$\dot{U}_{o2}=\dot{U}_i(1+\frac{Z_4}{Z_3})-\dot{U}_{o1}\frac{Z_4}{Z_3} \tag{4-1-7}$$

由式(4-1-6) 和式(4-1-7) 可解得

$$\dot{U}_{o2}=\dot{U}_i(1-\frac{Z_2Z_4}{Z_1Z_3}) \tag{4-1-8}$$

由图 4-1-2 可知，输入电流为

$$\dot{I}_i=\dot{I}_5=\frac{\dot{U}_i-\dot{U}_{o2}}{Z_5} \tag{4-1-9}$$

将式(4-1-8) 代入式(4-1-9)，可解得等效输入阻抗为

$$Z_{ie}=\frac{\dot{U}_i}{\dot{I}_i}=\frac{Z_1Z_3Z_5}{Z_2Z_4} \tag{4-1-10}$$

根据式(4-1-10)，当选择不同性质的元件时，则可构成不同性质的阻抗模拟电路。如可构成模拟对地电感、模拟对地电容、模拟对地负阻抗等。

**1. 模拟对地电感**

若取 $Z_1,Z_2,Z_3,Z_5$ 分别为电阻 $R_1,R_2,R_3,R_5$，而 $Z_4$ 为电阻 $R_4$ 和电容 $C_4$ 并联阻抗，则构成等效模拟电感电路。其等效阻抗为

$$Z_{ie}=\frac{R_1R_3R_5}{R_2R_4}+j\omega\frac{C_4R_1R_3R_5}{R_2} \tag{4-1-11}$$

其等效电感和等效内阻分别为

$$L_e=\frac{C_4R_1R_3R_5}{R_2},R_e=\frac{R_1R_3R_5}{R_2R_4} \tag{4-1-12}$$

由式(4-1-12) 可知，调节 $R_1,R_3,R_5$ 中任一个电阻，即可线性调节等效电感的大小。若增大电阻 $R_4$，可获得低内阻的等效模拟电感。

**2. 模拟对地电容**

若取 $Z_1,Z_2,Z_4,Z_5$ 分别为电阻 $R_1,R_2,R_4,R_5$，而取 $Z_3$ 为电容 $C_3$，则可构成对地电容模拟电路。其等效阻抗为

$$Z_{ie} = (j\omega \frac{C_3R_2R_4}{R_1R_5})^{-1} \tag{4-1-13}$$

其等效电容为

$$C_e = \frac{C_3R_2R_4}{R_1R_5} \tag{4-1-14}$$

调节 $R_2$,$R_4$ 中任一个电阻,即可线性调节电容量的大小。

**3. 模拟对地负阻抗**

若取 $Z_1$ 和 $Z_3$ 分别为电容 $C_1$,$C_3$,而 $Z_2$,$Z_4$ 分别取为电阻 $R_2$,$R_4$,$Z_5$ 为任一阻抗,则等效对地阻抗为

$$Z_{ie} = -\frac{Z_5}{\omega^2 C_1C_3R_2R_4} \tag{4-1-15}$$

由式(4-1-15)可知,这是一个 $Z_5$ 的负阻抗变换器,其阻抗随频率变化。

### 4.1.3　模拟电感器

在集成电路中,电感元件不能直接集成,需要电感时都采用模拟的方法得到。模拟电感元件的方法有多种,因篇幅所限,下面仅介绍用电容和集成运放组成的模拟电感器。

如图 4-1-3 所示为密勒积分式模拟电感器。图中,$A_1$ 构成同相放大器,$A_2$ 构成积分器。下面分析此电路的工作原理。

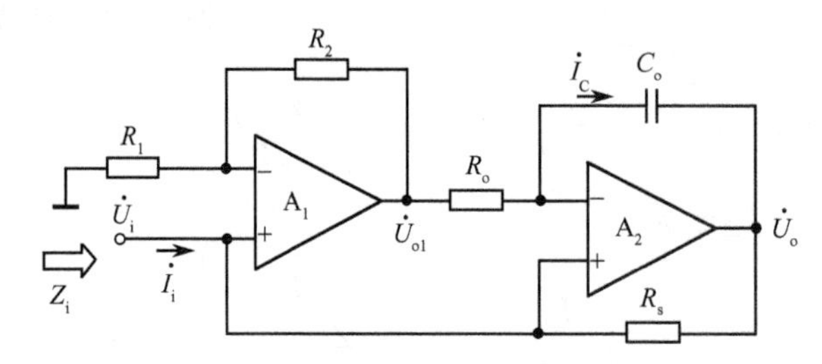


图 4-1-3　密勒积分式模拟电感器

假定集成运放满足理想化条件,由图 4-1-3 可知

$$\dot{I}_i = \frac{\dot{U}_i - \dot{U}_o}{R_s} \tag{4-1-16}$$

$$\dot{U}_o = -\frac{1}{j\omega R_o C_o}\dot{U}_{o1} + \left(1 + \frac{1}{j\omega R_o C_o}\right)\dot{U}_i \tag{4-1-17}$$

$$\dot{U}_{o1} = (1 + \frac{R_2}{R_1})\dot{U}_i = A_F\dot{U}_i \tag{4-1-18}$$

由式(4-1-16)、式(4-1-17)和式(4-1-18)可得

$$\dot{I}_i = \frac{A_F - 1}{j\omega R_o C_o R_s}\dot{U}_i \tag{4-1-19}$$

所以,等效输入阻抗为

$$Z_{ie} = \frac{\dot{U}_i}{\dot{I}_i} = j\omega \frac{R_o C_o R_s}{A_F - 1} \tag{4-1-20}$$

当 $A_f \gg 1$ 时,输入阻抗可近似为

$$Z_{ie} \approx j\omega \frac{C_o R_o R_s}{A_F} \tag{4-1-21}$$

其中,等效电感值为

$$L_{ie} \approx \frac{C_o R_o R_s}{A_F} \tag{4-1-22}$$

### 4.1.4 电容倍增器

在有些低电平、低阻抗的电路中，往往需要容量非常大的电容，例如，对在某些低压应用场合，当需要很大的电容如 1000μF 的无极性电容时，用无源元件实现这种要求是很困难的，这时可采用电容倍增器来实现大电容量的要求。

**1. 由反相放大器组成的电容倍增器**

如图 4-1-4 所示为由反相放大器构成的电容倍增器。

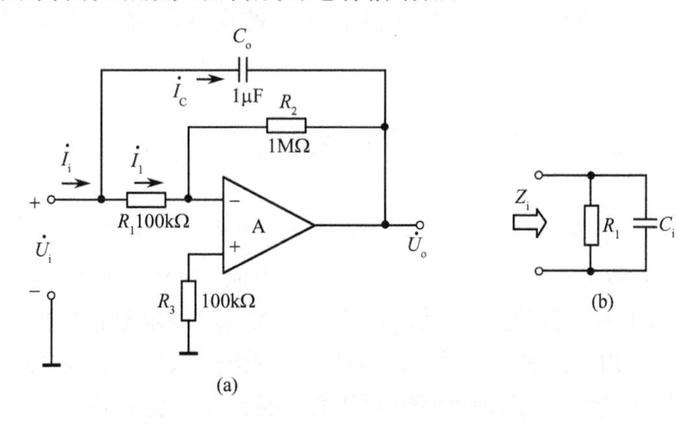


图 4-1-4　反相放大器构成的电容倍增器

由图 4-1-4 可知，输入电流为

$$\dot{I}_i = \frac{j\omega C_o + \dfrac{1}{R_1 + R_2}}{1 - \dfrac{R_2}{R_1 + R_2}} \cdot \dot{U}_i = \frac{1 + j\omega C_o (R_1 + R_2)}{R_1} \cdot \dot{U}_i \tag{4-1-23}$$

等效输入阻抗为

$$Z_{ie} = \frac{\dot{U}_i}{\dot{I}_i} = \frac{R_1}{1 + j\omega C_o (R_1 + R_2)} = \frac{1}{\dfrac{1}{R_1} + j\omega C_o (1 + \dfrac{R_2}{R_1})} = \frac{1}{\dfrac{1}{R_1} + j\omega C_1} \tag{4-1-24}$$

由式(4-1-24) 可知，此电路的输入阻抗是电阻 $R_1$ 和等效电容 $C_{ie}$ 的并联，其中等效电容为

$$C_{ie} = C_o (1 + \frac{R_2}{R_1}) \tag{4-1-25}$$

**2. 可变电容倍增器**

如图 4-1-5 所示为可变电容倍增器。

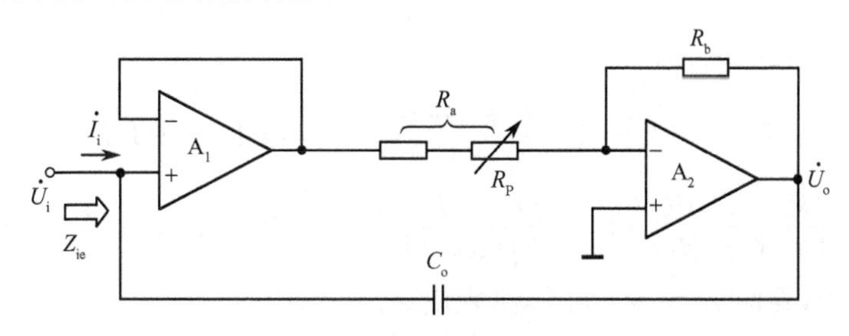


图 4-1-5　可变电容倍增器

在图 4-1-5 中，电位器 $R_P$ 的作用是调节电容的倍增系数，由 $A_1$ 组成的跟随器起缓冲作用，以消除调整时对 $C_{ie}$ 的影响。由图 4-1-5 可得，输入电流为

$$\dot{I}_i = j\omega C_o(\dot{U}_i - \dot{U}_o) = j\omega C_o(1 + \frac{R_b}{R_a})\dot{U}_i \tag{4-1-26}$$

其输入阻抗为

$$Z_{ie} = \frac{\dot{U}_i}{\dot{I}_i} = \frac{1}{j\omega C_o(1 + \frac{R_b}{R_a})} \tag{4-1-27}$$

可见，该电路输入端等效为一电容，其等效电容的容值为

$$C_{ie} = C_o(1 + \frac{R_b}{R_a}) \tag{4-1-28}$$

调节电位器 $R_P$ 即可改变电容 $C_{ie}$ 的值。该电路突出的优点是，通过改变电阻就可以得到任意大的电容值。

# 4.2 U/I 变换器和 I/U 变换器

U/I 变换器即电压 / 电流变换器，是指输出负载中的电流正比于输入电压的运放电路，因传输系数是电导，所以又称为转移电导放大器。I/U 变换器即电流 / 电压变换器，是指输出负载中的电压正比于输入电流的运放电路，因传输系数是电阻，所以又称为转移电阻放大器。U/I变换器和I/U变换器都是应用非常广泛的电路，主要应用于自动控制、数据采集、信号变换、智能仪表、远距离测温和压力变送等方面。本节主要介绍几种典型的 U/I 变换器和 I/U 变换器。

## 4.2.1 接地负载的 U/I 变换器

### 1. 由两个运放构成的 U/I 变换器

如图 4-2-1 所示为由两个运放构成的 U/I变换器。图中，$A_1$ 为同相加法器，$A_2$ 为跟随器。下面分析此 U/I 变换器的工作原理。

由图 4-2-1 可知，$U_{o2} = R_L I_L$，$I_1 = I_2$，即

$$\frac{U_i - U_+}{R_3} = \frac{U_+ - U_{o2}}{R_4} \tag{4-2-1}$$

即 $R_4U_i - R_4U_+ = R_3U_+ - R_3U_{o2}$，则得

$$U_+ = \frac{R_4}{R_3 + R_4}U_i + \frac{R_3}{R_3 + R_4}I_L R_L \tag{4-2-2}$$

由图 4-2-1 可知

$$U_{o1} = \frac{R_1 + R_2}{R_1}U_+ \tag{4-2-3}$$

将式(4-2-2) 代入式(4-2-3)，得

$$U_{o1} = \frac{(R_1 + R_2)(U_i R_4 + I_L R_L R_3)}{R_1(R_3 + R_4)} = I_L R_5 + I_L R_L$$

即

$$\frac{(R_1 + R_2)R_4}{R_1(R_3 + R_4)} \cdot U_i + \frac{(R_1 + R_2)R_3}{R_1(R_3 + R_4)} \cdot I_L R_L = I_L R_5 + I_L R_L \tag{4-2-4}$$

在式(4-2-4) 中，要使 $I_L$ 与 $R_L$ 无关，必须使

$$\frac{(R_1 + R_2)R_3}{R_1(R_3 + R_4)} = 1 \text{ 或 } R_1(R_3 + R_4) = (R_1 + R_2)R_3 \tag{4-2-5}$$

所以，式(4-2-5) 即为此运放电路的匹配条件。为简化分析，再选取 $R_3 = R_1$，$R_4 = R_2$，得

$$\frac{(R_1+R_2)R_4}{R_1(R_3+R_4)} \cdot U_i = I_L R_5 \tag{4-2-6}$$

由式(4-2-6) 可解得

$$I_L = \frac{(R_1+R_2)R_4}{R_1 R_5 (R_3+R_4)} \cdot U_i$$

所以

$$I_L = \frac{R_2}{R_1 R_5} U_i \tag{4-2-7}$$

应注意,因为此电路为正反馈,所以必须分析其稳定性,为保证至少有 10dB 的稳定储备,应选择 $R_5 > 2R_L$。

**2. 由一个运放构成的 U/I 变换器**

如图 4-2-2 所示为由一个运放构成的 U/I 变换器。下面分析此 U/I 变换器的工作原理。

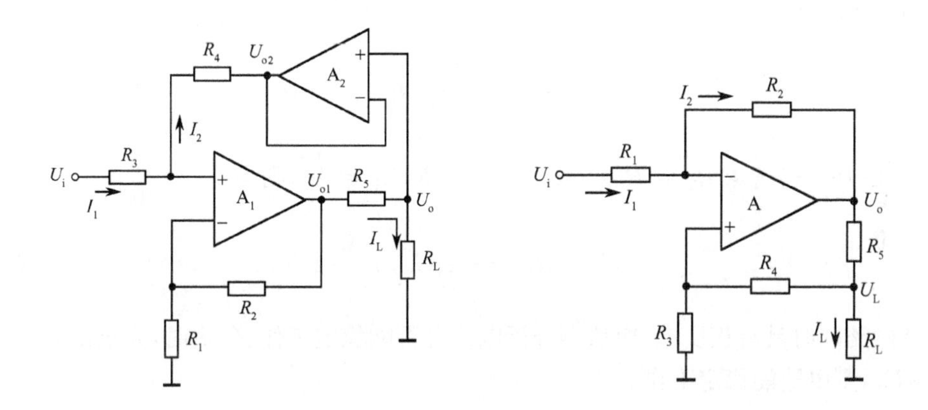


图 4-2-1　由两个运放构成的 U/I 变换器　　　图 4-2-2　由一个运放构成的 U/I 变换器

由图 4-2-2 可知,$I_1 = I_2$,即$\frac{U_i - U_-}{R_1} = \frac{U_- - U_o}{R_2}$,得

$$U_- = \frac{R_2 U_i + R_1 U_o}{R_1 + R_2} \tag{4-2-8}$$

由图 4-2-2 可知

$$U_+ = \frac{R_3}{R_3 + R_4} U_L \tag{4-2-9}$$

$$U_L = R_L I_L = \frac{(R_3+R_4) /\!/ R_L}{R_5 + (R_3+R_4) /\!/ R_L} \cdot U_o \tag{4-2-10}$$

由式(4-2-10) 得

$$U_o = \frac{R_5 + (R_3+R_4) /\!/ R_L}{(R_3+R_4) /\!/ R_L} \cdot R_L I_L \tag{4-2-11}$$

由于 $U_+ = U_-$,即式(4-2-8) 和式(4-2-9) 相等,再将式(4-2-11) 代入式(4-2-8),得

$$\frac{R_2 U_i}{R_1+R_2} + \frac{R_1}{R_1+R_2} \cdot \frac{[R_5 + (R_3+R_4) /\!/ R_L]}{(R_3+R_4) /\!/ R_L} \cdot I_L R_L = \frac{R_3}{R_3+R_4} \cdot I_L R_L \tag{4-2-12}$$

对式(4-2-12) 整理,得

$$\frac{R_2}{R_1+R_2}U_i+\frac{R_1}{R_1+R_2}\cdot\frac{R_5+R_3+R_4}{R_3+R_4}\cdot I_L R_L+\frac{R_1R_5}{R_1+R_2}\cdot I_L=\frac{R_3}{R_3+R_4}\cdot I_L R_L \tag{4-2-13}$$

要使 $I_L$ 与 $R_L$ 无关,必须使

$$\frac{R_1}{R_1+R_2}\cdot\frac{R_5+R_3+R_4}{R_3+R_4}=\frac{R_3}{R_3+R_4} \tag{4-2-14}$$

将式(4-2-14)整理得

$$\frac{R_3}{R_1}=\frac{R_3+R_4+R_5}{R_1+R_2} \tag{4-2-15}$$

解式(4-2-13)得

$$I_L=-\frac{R_2}{R_1R_5}U_i \tag{4-2-16}$$

由式(4-2-16),若选取 $R_2=R_3=R_4=R_5=R,R_1=\frac{R}{2}$,则得

$$I_L=-\frac{2}{R}U_i \tag{4-2-17}$$

因为此电路同时具有正反馈,应该再分析电路是否能稳定工作。分析时,先求出 $F_-$ 和 $F_+$,若满足 $F_->F_+$,则电路能稳定工作。

### 4.2.2 精密 U/I 变换器

下面以 XTR110 为例介绍精密 U/I 变换器。

XTR110 是精密 U/I 变换器。它可将 0 ～ 5V 或 1 ～ 10V 电压信号变换成 4 ～ 20mA,0 ～ 20mA,5 ～ 25mA 和其他电流范围。芯片上的精密电阻网络提供了输入比例和电流偏移。XTR110 常应用于自动控制、数据采集、系统检测、过程控制、测试仪器及设备、非电量信号如温度、压力等的变送、可编程电流源等方面。XTR110 采用标准 16 脚 DIP 封装。

**1. XTR110 的性能特点**

① 通过对引脚的不同连接实现不同的输入 / 输出范围。

② 最大非线性:不大于 0.005%(具有 14bit 精度)。

③ 提供＋10V 基准。

④ 电源电压范围:13.5 ～ 40V,为单电源工作。

其性能参数及其他详细资料请参阅集成电路手册。

**2. XTR110 的内部结构**

如图 4-2-3 所示为 XTR110 的内部结构图。XTR110 主要由输入放大器($A_1$)、U/I 变换器($A_2$)及＋10V 电压基准电路等组成。其中,10 脚、9 脚为 4mA 和 16mA 量程控制端,6 脚、7 脚为调零端,14 脚、13 脚为信号输出和反馈端。

**3. XTR110 的基本接法**

如图 4-2-4 所示为 XTR110 的基本接法。

输入 0 ～ 10V 电压时,输出 4 ～ 20mA 电流,这也是标准的变送电路。当为其他的输入电压或要求输出其他的电流时,只要对某些引脚进行适当连接就可以实现。表 4-2-1 列出了这种关系。

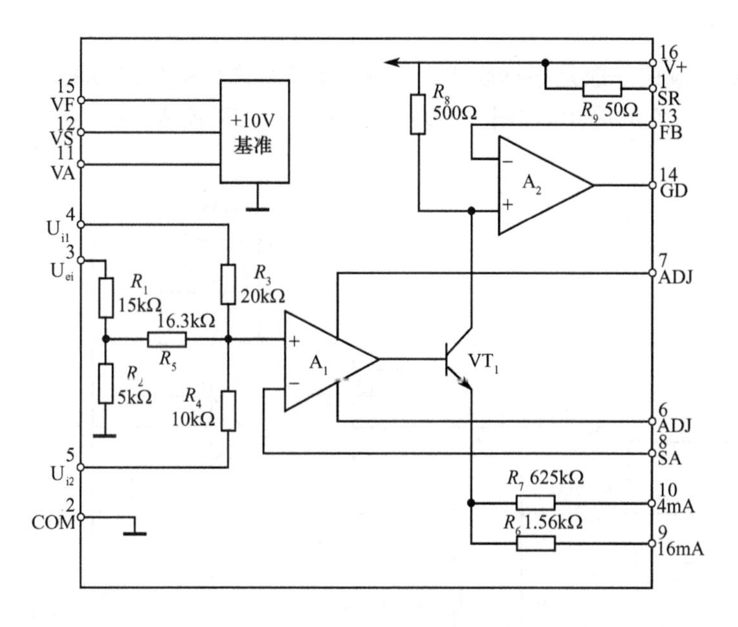


图 4-2-3 XTR110 的内部结构图

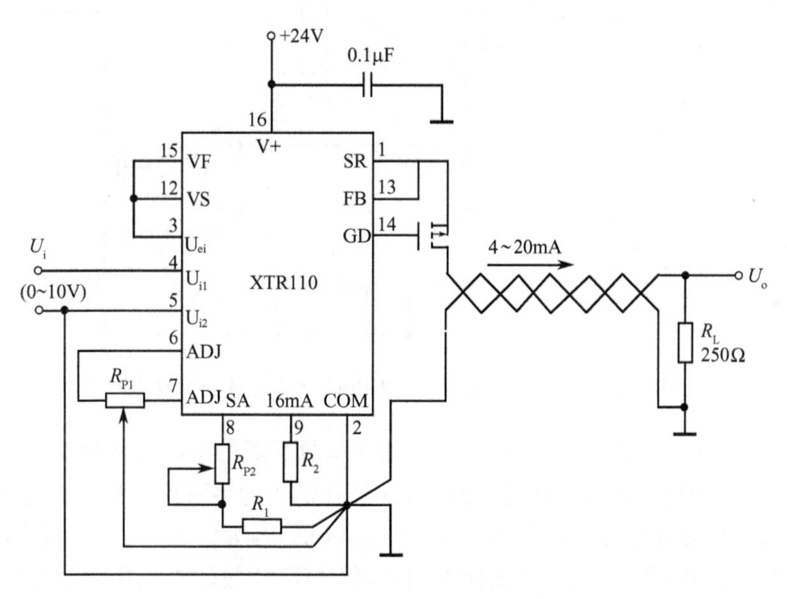


图 4-2-4 XTR110 的基本接法

**表 4-2-1 输入／输出与引脚关系**

| 输入范围(V) | 输出范围(mA) | 3 脚 | 4 脚 | 5 脚 | 9 脚 | 10 脚 |
|---|---|---|---|---|---|---|
| 0 ～ 10 | 0 ～ 20 | 2 | 输入 | 2 | 2 | 2 |
| 2 ～ 10 | 4 ～ 20 | 2 | 输入 | 2 | 2 | 2 |
| 0 ～ 10 | 4 ～ 20 | 15、12 | 输入 | 2 | 2 | 开路 |
| 0 ～ 10 | 5 ～ 25 | 15、12 | 输入 | 2 | 2 | 2 |
| 0 ～ 5 | 0 ～ 20 | 2 | 2 | 输入 | 2 | 2 |
| 1 ～ 5 | 4 ～ 20 | 2 | 2 | 输入 | 2 | 2 |
| 0 ～ 5 | 4 ～ 20 | 15、12 | 2 | 输入 | 2 | 开路 |
| 0 ～ 5 | 5 ～ 25 | 15、12 | 2 | 输入 | 2 | 2 |

### 4. XTR110 的应用

XTR110 的基本应用一般是根据表 4-2-1 的基本关系进行引脚连接的，以实现不同范围的变换。下面介绍一种特殊的应用，如图 4-2-5 所示，是 0 ～ 10V 输入、± 200mA 大电流输出变换电路。

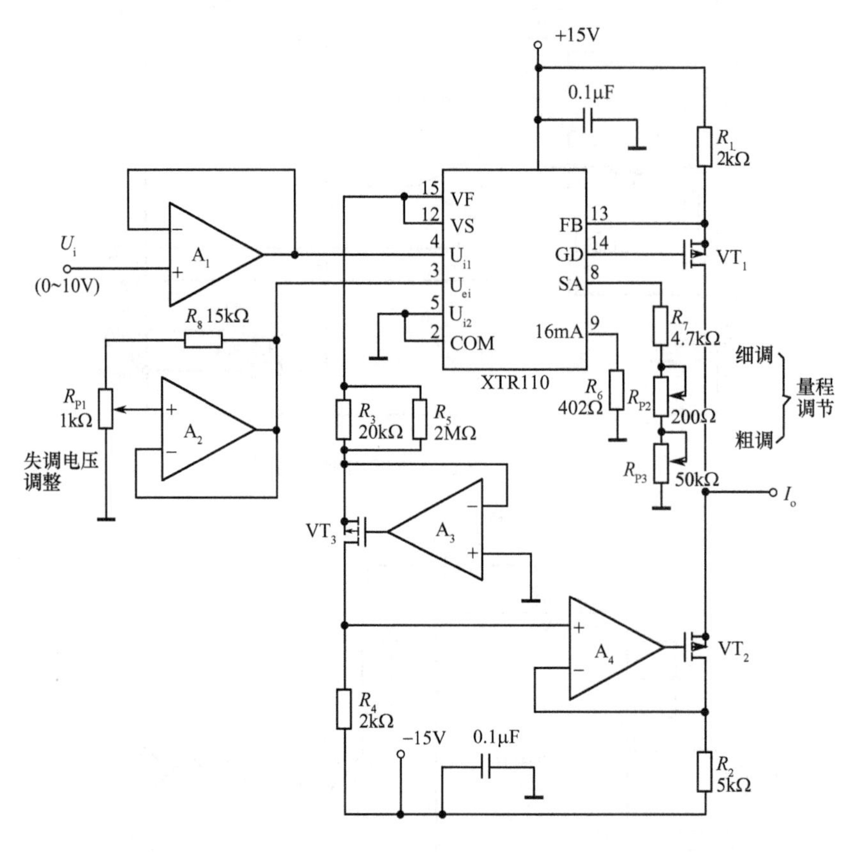


图 4-2-5　0 ～ 10V 输入、± 200mA 大电流输出变换电路

为保证精度，0 ～ 10V 输入信号通过由 $A_1$ 集成运放组成的缓冲器接到 XTR110 的 4 脚，3 脚通过 $A_2$ 集成运放组成的缓冲调零电路接地，以保证在输入为零时使 XTR110 的 8 脚近似等于零电位，使流过 $VT_1$ 的电流减去 $VT_2$ 的电流等于－200mA，因为由 $A_3$ 和 $VT_3$ 组成的1V 电压基准加到由集成运放 $A_4$ 和 $VT_2$ 组成的恒流源电路上，使 $VT_2$ 流过的电流稍大于 200mA，并使 13 脚电位低于＋15V，由 $R_1$ 确定 $VT_1$ 的电流，使 $I_{T2} - I_{T1} = 200\text{mA}$（其中，$I_{T1}$，$I_{T2}$ 是 $VT_1$，$VT_2$ 的输出电流）。通过调节 $R_{P1}$，使电路在 $U_i = 0\text{V}$ 时，$I_o = -200\text{mA}$。当输入信号增大到 10V 时，经 XTR110 内部分压网络恰好使 8 脚电位达到 2.5V 左右，通过调节 $R_{P2}$ 及 $R_{P3}$，使 $VT_1$ 通过 400mA 电流减去 $VT_2$ 流过的 200mA 电流，则可输出＋200mA 电流。＋200mA 的校正可在 $U_i = 10\text{V}$ 时精确调节 $R_{P2}$ 达到。如图 4-2-6 所示为± 200mA 的校正曲线。为保证精度，$R_1$，$R_2$ 应选用 0.5W 低温度系数金属膜电阻，$R_{P1}$，$R_{P2}$ 和 $R_{P3}$ 应选用精密电位器，$A_1$ ～ $A_4$ 可选用 TL084 四运放，$VT_1$ ～ $VT_3$ 可选用功率稍大的 MOS 管。

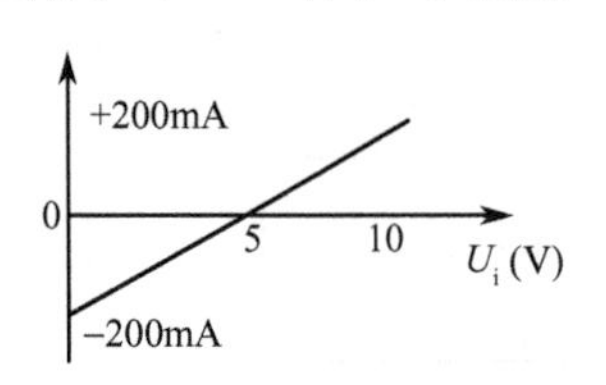


图 4-2-6　± 200mA 的校正曲线

### 4.2.3 精密 I/U 变换器

下面以 RCV420 为例介绍精密 I/U 变换器。RCV420 是精密 I/U 变换器，能将 4 ～ 20mA 的环路电流变成 0 ～ 5V 的输出电压。RCV420 具有性能可靠、成本低的特点，内部具有精密集成运放和电阻网络，还有 10V 的基准电压源。在不需外调整的情况下，可获得 86dB 的共模抑制比和 40V 的共模电压输入。在全量程的范围内输入阻抗仅有 1.5V 的压降，对于环路电流有很好的变换能力。RCV420 常应用于自动控制、数据采集、过程控制、信号变换等方面。RCV420 采用标准 16 脚 DIP 封装。

**1. RCV420 的性能特点**

① 4 ～ 20mA 的电流输入，0 ～ 5V 的电压输出。

② 具有精密 10V 电压基准，温漂小于 $5\times10^{-6}$/℃。

③ 具有 ±40V 共模电压输入范围。

④ 总的变换误差小于 0.1%。

⑤ 具有 86dB 的噪声抗干扰能力。

其他性能参数及详细资料请参阅集成电路手册。

**2. RCV420 的内部结构**

如图 4-2-7 所示为 RCV420 的内部结构图。它主要由精密集成运放、电阻网络、10V 基准电源组成。其中，13 脚 COMV 为器件公共端，5 脚 COMR 为基准参考端，8 脚为 RTRIM 为基准调整端，7 脚 RNR 为噪声抑制端。

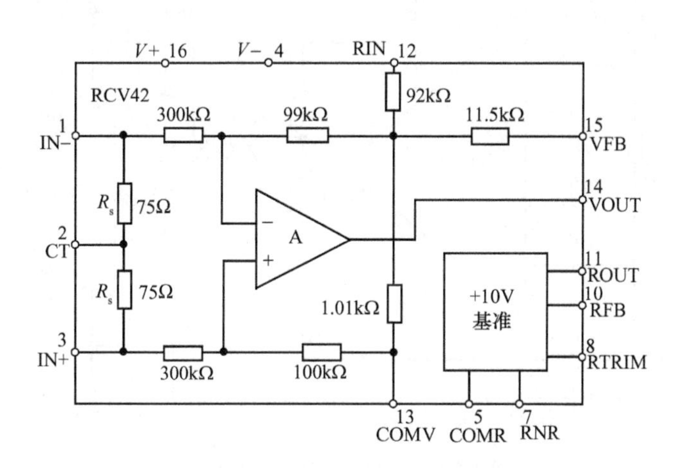


图 4-2-7 RCV420 的内部结构图

**3. RCV420 的基本接法**

如图 4-2-8 所示为 RCV420 的基本接法。一般使用时，10 脚、11 脚、12 脚连接在一起，14 脚、15 脚连接在一起，5 脚、2 脚、13 脚接地，7 脚、8 脚悬空，正电源 16 脚、负电源 4 脚与地之间分别接入 1μF 电容。RCV420 的增益校正通过在 15 脚和 14 脚间加一电位器进行调整得到，但要注意增加量不宜过大，因为增益的增加会降低共模抑制比。例如，增益增加 1%，共模抑制比将减小 6dB。RCV420 失调电压的调整，可通过外接射极输出器来实现。

**4. RCV420 的应用**

RCV420 是精密 I/U 变换器，在应用时一般可与 XTR101/103/104 等器件结合使用，构成完整的远距离测温系统。如图 4-2-9 所示为远距离高精度测温系统，是 RCV420 在远距离测温系统中的一种应用。

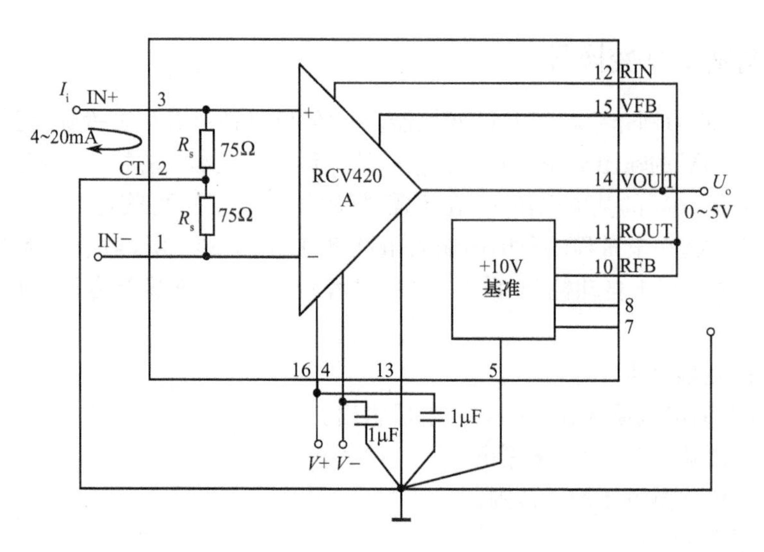


图 4-2-8　RVC420 的基本接法

图 4-2-9 所示的电路由 XTR101 变送器部分和 RCV420 变换器部分组成。其中，XTR101 将温度信号(如热电偶信号) 变送成 4 ～ 20mA 的电流输出。经远距离传输后，再由 RCV420 将 4 ～ 20mA 的电流信号变换成 0 ～ 5V 的电压信号输出。0 ～ 5V 的电压信号可直接与 A/D变换器、单片机芯片、智能仪表等连接，构成远距离测温系统。

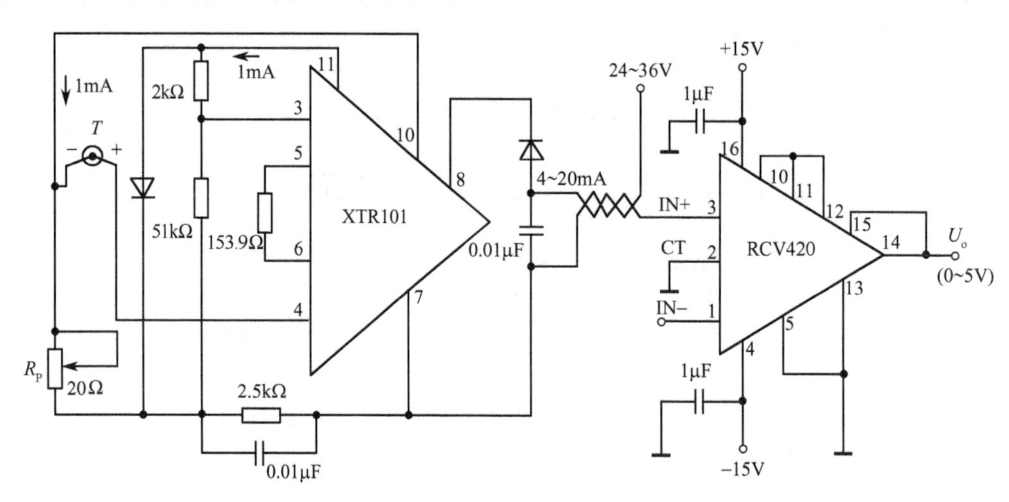


图 4-2-9　远距离高精度测温系统

# 4.3　U/F 变换器和 F/U 变换器

电压 / 频率变换电路简称为 U/F 变换电路或 U/F 变换器(UFC)，频率 / 电压变换电路简称为 F/U 变换电路或 F/U 变换器(FUC)。集成的 U/F 变换器和 F/U 变换器在电子技术、自动控制、数字仪表、通信设备、调频、锁相和模数变换等许多领域得到了广泛的应用。因为 U/F 和 F/U 变换器不需要同步时钟，所以在与微机连接时电路简单。模拟电压变化转变成频率变换以后，其抗干扰能力增强了，因此尤其适用于遥控系统、干扰较大的场合和远距离传输等方面。

变换电路的输入电压根据应用要求，可以是直流或近似直流的电压，也可以选用正弦波、方波、三角波、锯齿波、矩形脉冲等作为控制信号。变换电路的输出波形可以是正弦波、三角波、锯齿波、矩形波等。如果 U/F 变换电路输出波形是对称的，如正弦波、三角波、方波等，这种电路称为压控振荡器(VCO)；如果输出波形是不对称的，则为 U/F 变换器。

U/F 变换器和 F/U 变换器有模块式结构和单片集成式两种。典型的变换方法有 4 种：积分恢复型、电压反馈型、交替积分型和恒流开关型。单片集成的 U/F 和 F/U 变换器常采用恒流开关型，通常都是可逆的，既可作为 U/F 使用，也可作为 F/U 使用，具有体积小、成本低的优点，但是外围元件较多，精度稍差些。模块式变换器一般做成不可逆的专用变换器，通常将 U/F 和 F/U 设计成两种独立的模块。其优点是外围元件少，一般只有调零和调满刻度的元件在集成块的外面。本节以 VFC100 同步型 U/F、F/U 变换器和 LMx31 为例介绍 U/F，F/U 变换器。

### 4.3.1 VFC100 同步型 U/F，F/U 变换器

VFC100 同步型 U/F，F/U 变换器通过外时钟频率获得精密积分周期，实现 U/F 变换。外加同步频率可设置满量程频率输出，10V 满量程输入电压由精密电阻提供。因不需外调整，所以外围元件很少。因其采用集电极开路输出，所以可很方便地与 TTL，CMOS 电路接口。VFC100 同步型 U/F，F/U 变换器广泛应用于自动控制、数据采集、电压隔离、模数转换等方面。

**1. 引脚及其功能**

VFC100 外形采用 16 脚 DIP 封装，其引脚排列如图 4-3-1 所示。

其引脚功能为：1 脚：$V_+$，为正电源端。2 脚、3 脚：NC，为空脚。4 脚：IOUT，为内部积分输出端，一般与 5 脚之间接入积分电容。5 脚：$C_{INT}$，为积分负输入端，接积分电容。6 脚、7 脚：$IN_+$、$U_i$，为积分同相输入与模拟电压输入端。8 脚：$V_-$，为负电源端。9 脚：$C_{os}$，输出单稳电容端。10 脚：CLK，同步时钟输入端。11 脚：$f_0$，U/F 变换频率输出端。12 脚：DGND，为数字地。13 脚：AGND，为模拟地。14 脚、15 脚：－CIN、＋CIN，内部比较器输入端。16 脚：VREF，为内部 5V 参考电压输出端。

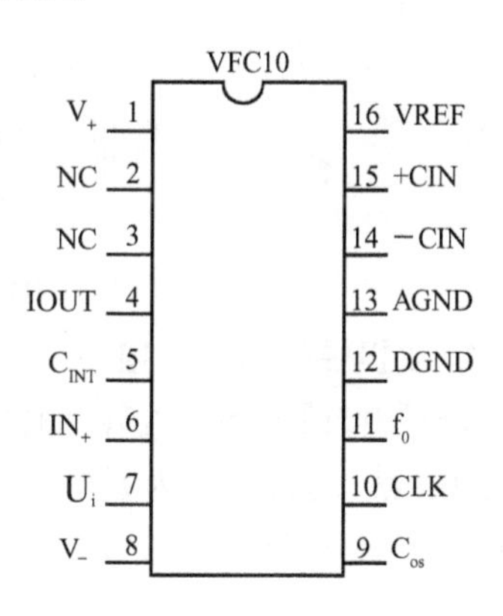


图 4-3-1 VFC100 引脚排列图

**2. 性能特点**

① 满量程频率输出可通过外时钟设置。

② 在精密满 10V 电压输入时，增益误差不超过 0.5%。

③ 内设精密 5V 参考电源。

④ 极好的线性，在 100kHz 时，最大误差不超过 0.02%，在 1MHz 时，不超过 0.1%。

⑤ 具有低的增益漂移：不超过 $50\times10^{-6}$/℃。

其性能参数及其他详细资料请参阅集成电路手册。

**3. 内部结构与基本接法**

如图 4-3-2 所示为 VFC100 的内部结构图及 U/F 变换模式时的基本接法，图 4-3-3 所示为 U/F 变换模式时的变换波形图。

VFC100 的内部由积分器、比较器、定时逻辑、输出单稳和基准电源等部分组成。输入电压通过积分器积分、比较器比较，在同步时钟的触发下，输出频率 $f_0$。在 U/F 变换模式时，求输出频率的公式为

$$f_0=\frac{U_i}{200(\mathrm{V})}\cdot f_{CLK} \tag{4-3-1}$$

其中，$U_i$ 是模拟输入电压；$f_{CLK}$ 是同步输入时钟频率。

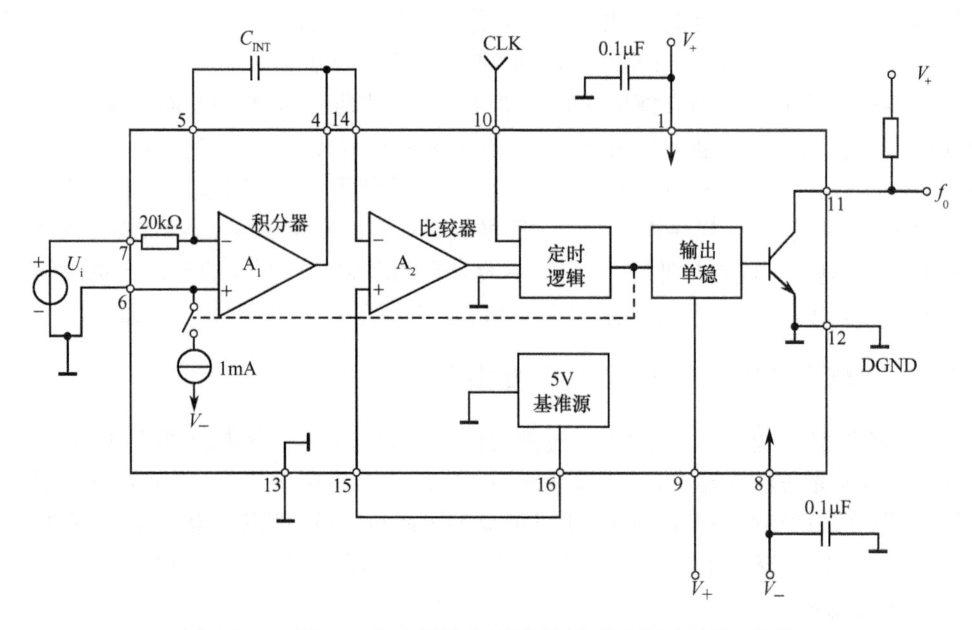


图 4-3-2　VFC100 的内部结构图及 U/F 变换模式的基本接法

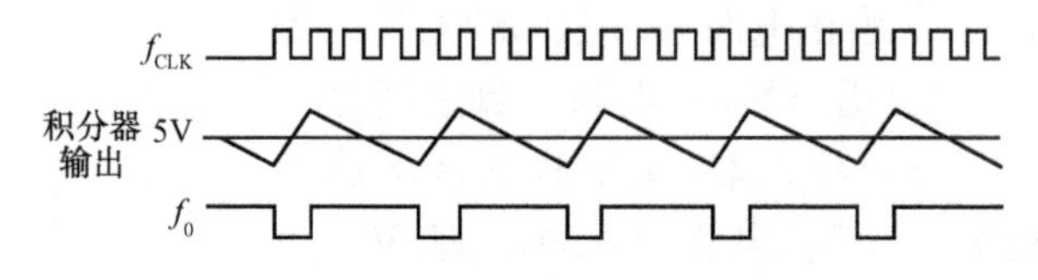


图 4-3-3　U/F 变换模式时的变换波形图

**4. 双极性输入与调整**

VFC100 既有单极性输入接法，又有双极性输入接法。如图 4-3-4 所示为 U/F 变换模式时的双极性接法。时钟频率为 1MHz，$R_1$ 为 20kΩ，积分电容为 0.01μF，输入模拟电压为 −5 ～ +5V，输出频率为 0 ～ 500kHz。

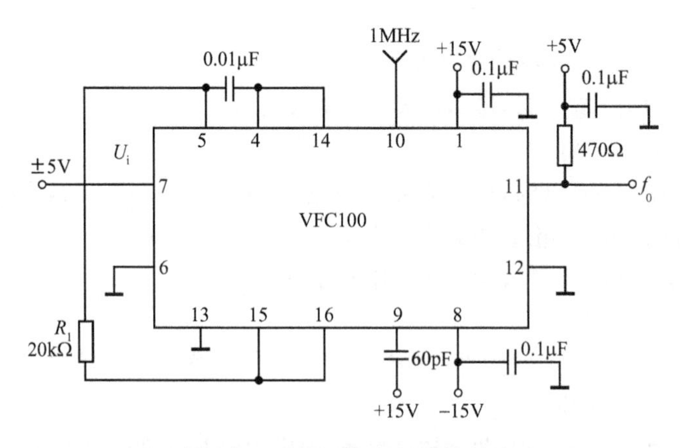


图 4-3-4　双极性 U/F 变换接法

如图 4-3-5 所示为失调与增益调整电路。图中，$R_{P2}$ 的作用是对失调电压进行细调，$R_{P1}$ 的作用是对增益进行细调。

**5. F/U 变换模式**

如图 4-3-6 所示为 VFC100 的 F/U 变换模式，图 4-3-7 所示为其变换波形。

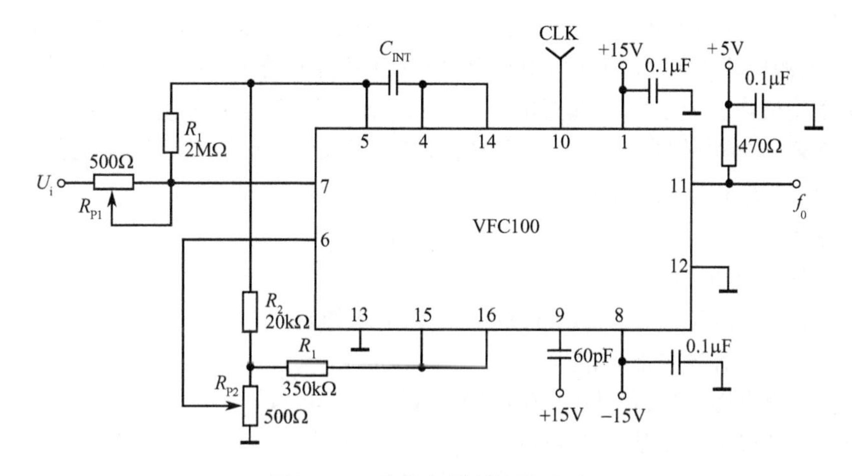


图 4-3-5　失调与增益调整电路

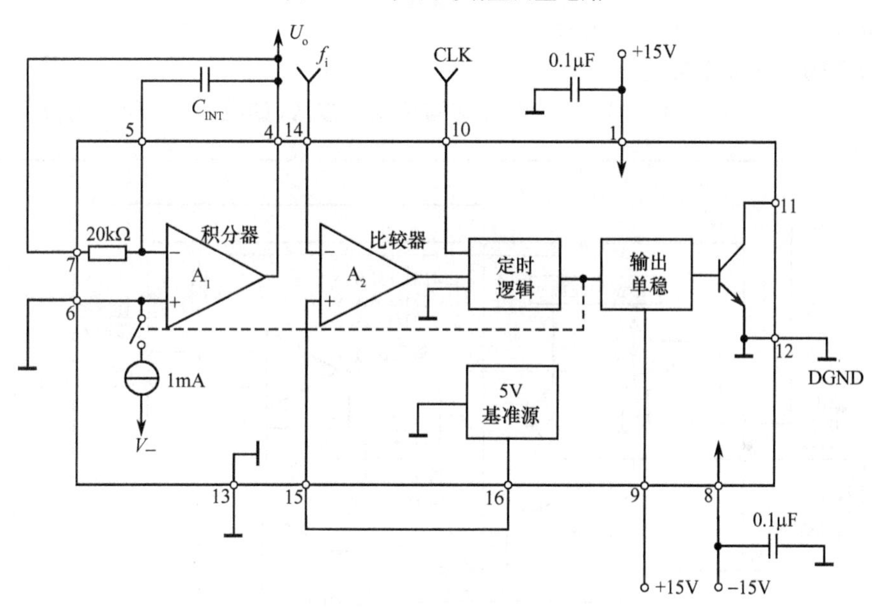


图 4-3-6　VFC100 的 F/U 变换模式

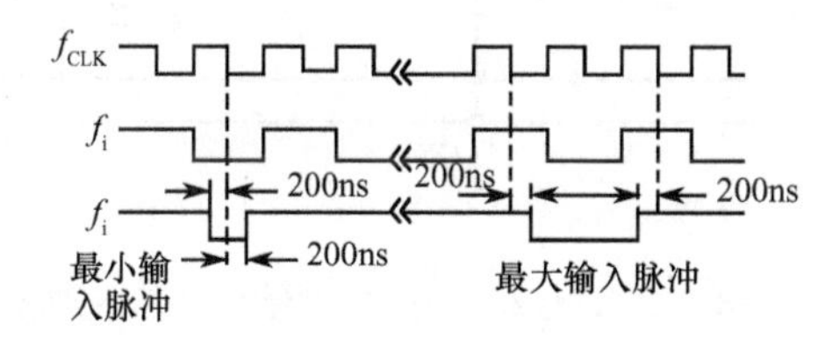


图 4-3-7　VFC100 的 F/U 变换模式的变换波形

在图 4-3-6 中，频率从 14 脚输入，要求输入频率的最小脉宽为 200ns。7 脚与 4 脚相连作为电压输出端。求输出电压的公式为

$$U_o = \frac{f_i}{f_{CLK}} \cdot 20(\text{V}) \tag{4-3-2}$$

式中，$f_i$ 是输入频率，$f_{CLK}$ 是同步输入时钟频率。

## 4.3.2　LMx31 系列 U/F，F/U 变换器

LMx31 系列包括 LM131A/LM131，LM231A/LM231，LM331A/LM331 等。这类集成芯片

的性能价格比较高。LM131/231/331 因内部具有新的温度补偿能隙基准电路，所以在整个工作温度范围内和电源电压低到 4.0V 时，也具有极高的精度，能满足 100kHz 的 U/F 转换所需要的高速响应，精密定时电路具有低的偏置电流，高压输出可达 40V，可防止 $V_+$ 端的短路，输出可驱动 3 个 TTL 负载。这类器件常应用于 A/D 转换、精密 F/U 转换、长时间积分、线性频率调制和解调、数字系统、计算机应用系统等方面。

**1. 性能特点**

① 最大线性度：0.01%。

② 双电源或单电源工作(单电源可以在 5V 以下工作)。

③ 脉冲输出与所有逻辑形式兼容。

④ 最佳温度稳定性：最大值为 $\pm 50 \times 10^{-6}$/℃。

⑤ 小功耗：5V 以下典型值为 15mW。

⑥ 宽的动态范围：10kHz 满量程频率下最小值为 100dB。

⑦ 满量程频率范围：1Hz ～ 100kHz。

**2. 内部结构与基本接法**

如图 4-3-8 所示为 LM131/231/331 内部结构和基本接法，如图 4-3-9 所示为其简化图。

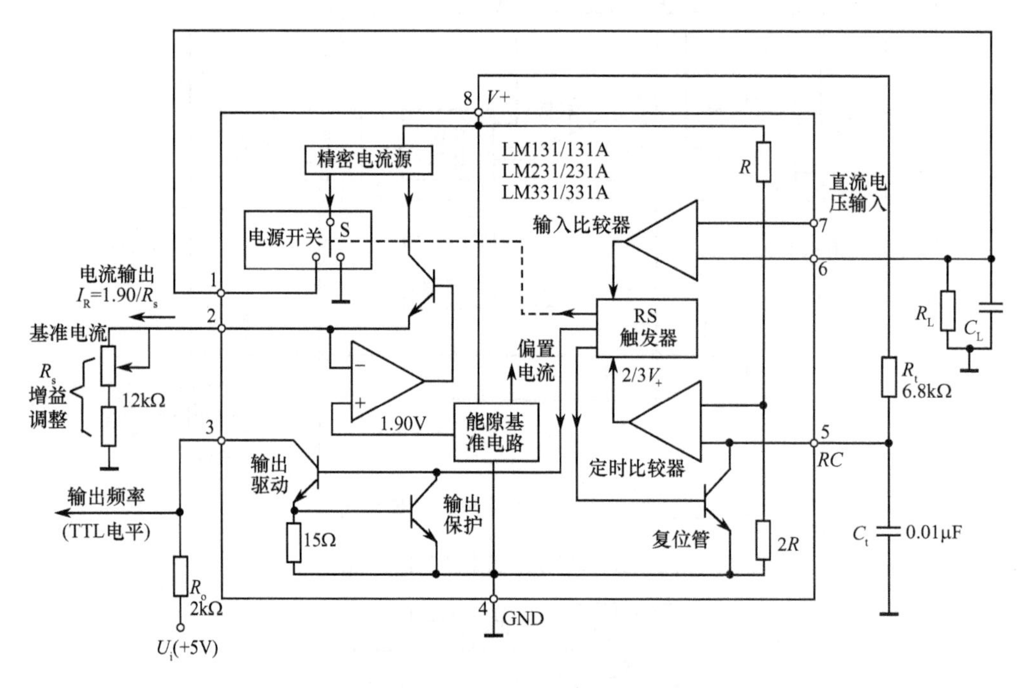


图 4-3-8　LM131/231/331 内部结构和基本接法

在图 4-3-8 和图 4-3-9 中，每当单稳态定时器触发产生一宽度为 $t_0$ 的等宽度脉冲时，开关 S 接通，电容 $C_L$ 充电。$t_0$ 结束后，S 断开，$C_L$ 经 $R_L$ 放电，到放电电压等于 $U_i$ 时，再次触发单稳态触发器，这样反复循环，构成了自激振荡器。图中，$I_R$ 是恒定的，$C_L$ 的充电电流随 $U_i$ 的增加而减小。

若在某一段时间内，计算其充电电荷平均值 $\overline{Q}$，则

$$\overline{Q} = (I_R - \frac{U_x}{R_L})t_0 f_0 \tag{4-3-3}$$

放电电荷平均值 $\overline{Q}'$ 为

$$\overline{Q}' = \frac{U_x}{R_L}(T - t_0) f_0 \tag{4-3-4}$$

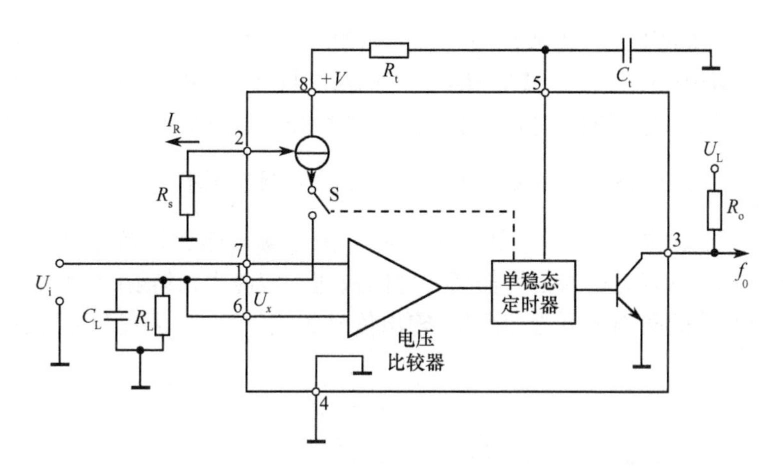


图 4-3-9　LM131/231/331 内部结构和基本接法的简化图

因为充电和放电是平衡的，所以 $\overline{Q'} = \overline{Q}$，则得

$$I_R t_0 f_0 = \frac{U_x}{R_L} \tag{4-3-5}$$

在实际应用时，$U_x$ 大约在 10mV 的范围内波动，其平均值 $U_x \approx U_i$，用 $U_i$ 代替 $U_x$，则得

$$f_0 = \frac{U_i}{R_L I_R t_0} \tag{4-3-6}$$

式中，$t_0 = 1.1R_tC_t$，$R_t$，$C_t$ 为单稳态定时器的外接电阻和电容，典型工作状态为 $R_t = 6.8\text{k}\Omega$，$C_t = 0.01\mu\text{F}$，$t_0 = 7.5\mu\text{s}$。$I_R$ 由内部基准电压源提供给的 1.90V 参考电压和外接电阻 $R_s$ 决定，$I_R = \frac{1.90}{R_s}$，通常调节 $R_s$ 的值，可调节转换增益。

**3. U/F 变换模式**

如图 4-3-10 所示为 LMx31 组成的 U/F 变换模式的基本电路。

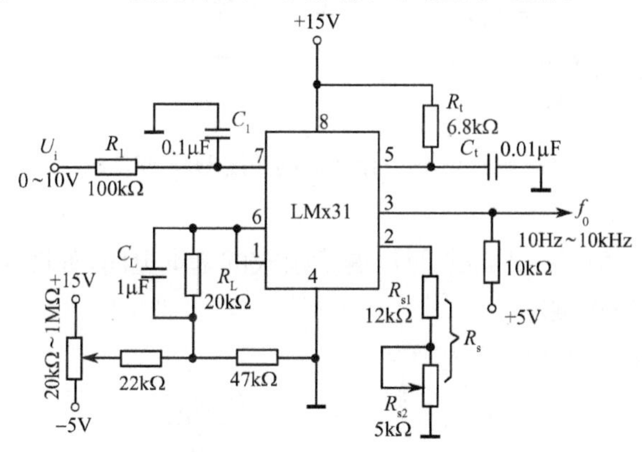


图 4-3-10　LMx31 组成的 U/F 转换基本电路

在图 4-3-10 中，电阻 $R_s$ 由 $R_{s1} = 12\text{k}\Omega$ 和 $R_{s2} = 5\text{k}\Omega$ 电位器组成。$R_s$ 的作用是调节增益偏差和由 $R_L$，$R_t$，$C_t$ 引起的偏差，以及校正输出频率。7 脚上增加的 $R_1$，$C_1$，其作用是提高精度。当元件取图示中的参数值时，如 $R_1 = 100\text{k}\Omega$，$C_1 = 0.1\mu\text{F}$ 等，可将 0 ～ 10V 输入电压信号变成 10Hz ～ 10kHz 的输出频率信号。此电路的缺点是因 1 脚的输出阻抗使输出电流 $i$ 随输入电压 $U_i$ 变化而影响了其精度。

为了改进图 4-3-10 电路的缺点，提高精度，可采用如图 4-3-11 所示的电路。图 4-3-11 所示为 LMx31 组成的高精度 U/F 变换模式的变换电路。图 4-3-11 的电路与图 4-3-10 的电路的区别是增加了积分器(由 A 及其周围元件组成),因为是反相积分器,所以必须输入负极性的电压。积分器可选用集成运放 LM308,CA3140,LF351B,LF356,$\mu$A741 等,此电路中选用 LM308。当 LM308 的输出电压超过 LMx31 的 6 脚的阈值电压(即 $U_x$)时,开始定时周期。输入运放 A 的 2 脚的平均电流 $i$ 正好等于$\frac{U_i}{R_i}$。在此电路中,LMx31 输入比较器的失调电压不影响 U/F 转换器的偏差和精度。此电路可采用双电源供电,也可采用单电源供电,有电源短路保护措施。此电路的优点是:对小信号有极好的精度,具有对输入信号任何变化的快速响应能力,其输出频率能精确反映输入信号,快到两个输出脉冲的间隔也可进行测量,输出信号的线性度好,温度稳定性好,功耗低,通用性好,成本低等。

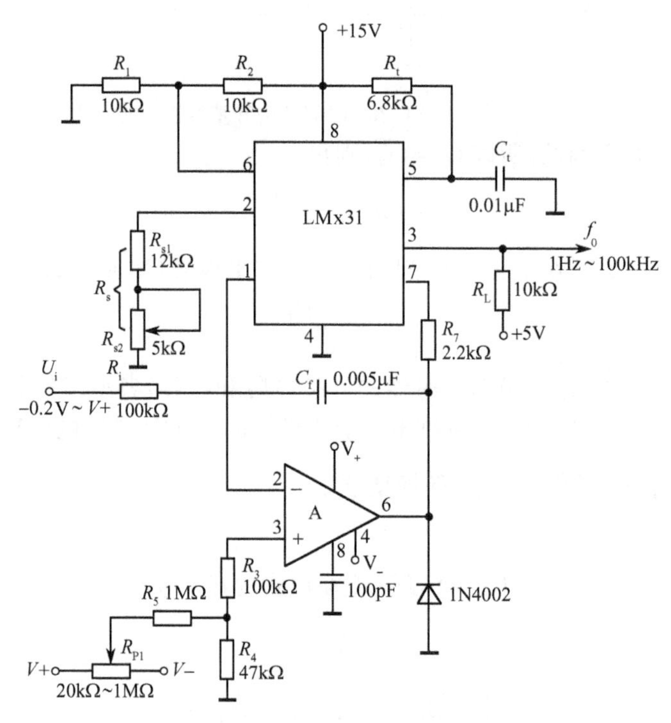

图 4-3-11　LMx31 组成的高精度 U/F 变换电路

### 4. F/U 变换模式

如图 4-3-12 所示为 LMx31 组成的 F/U 变换模式的基本电路,如图 4-3-13 所示为 LMx31 组成的 F/U 变换模式的精密电路。

在图 4-3-12 中,求输出电压的公式为

$$U_o = f_i \times 2.09 \times \frac{R_L R_t C_t}{R_s} \tag{4-3-7}$$

在图 4-3-13 中,求输出电压的公式为

$$U_o = -f_i \times 2.09 \times \frac{R_L R_t C_t}{R_s} \tag{4-3-8}$$

输入脉冲频率 $f_i$ 经 RC 网络接到电压比较器阈值端上,脉冲的下降沿使输入比较器触发定时电路。1 脚流出的平均电流 $I = i(1.1R_tC_t)f_i$,将此电流经 RC 滤波即可得到与 $f_i$ 成正比的直流电压。在图 4-3-12 中,如当取 $R_L = 100\text{k}\Omega$,$C_L = 1\mu\text{F}$ 时,对电流进行滤波的纹波峰值小于 10mV。在图 4-3-13 中,因为集成运放的缓冲作用,实现了双极点的滤波功能,对于高于 1kHz 的输入信号,纹波峰值小于 5mV,其响应时间比图 4-3-12 快得多,其缺点是:对于低于 200Hz 的输入信号,

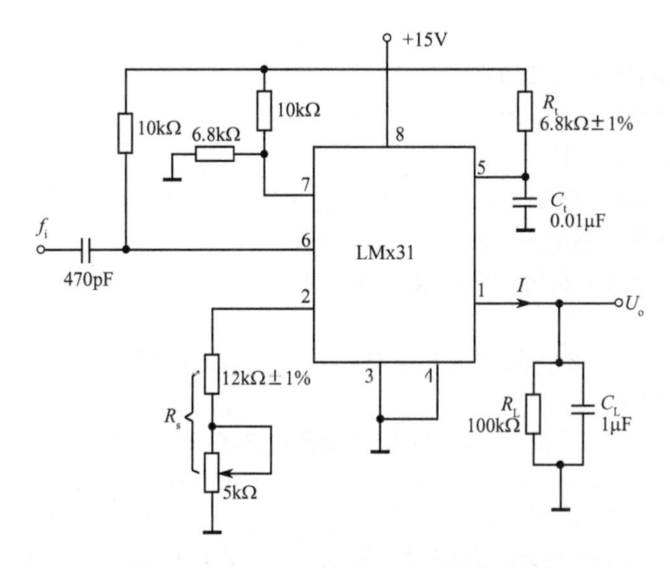


图 4-3-12　LMx31 组成的 F/U 变换模式的基本电路

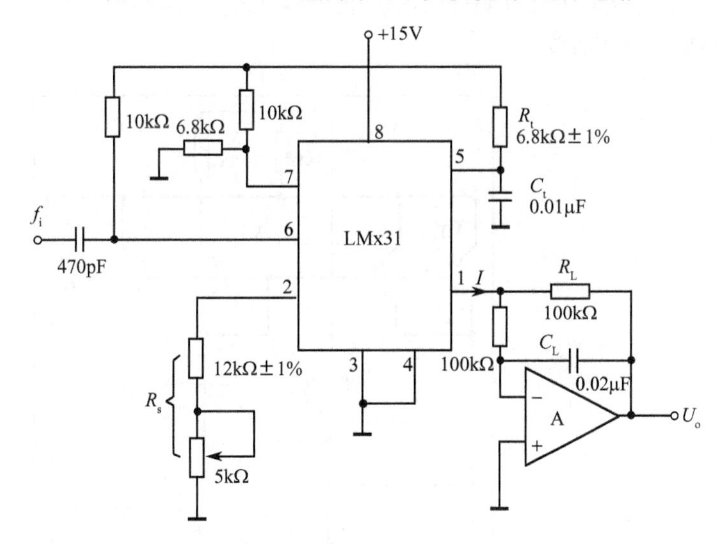


图 4-3-13　LMx31 组成的 F/U 变换模式的精密电路

电路的纹波峰值比图 4-3-12 更差。所以，在使用时，为了满足响应时间和足够小的纹波峰值，需进行调整。

# 4.4　精密 T/I 和 T/U 变换器

本节将简要介绍温度/电流变换器即 T/I 变换器和温度/电压变换器即 T/U 变换器。T/I 变换器和 T/U 变换器广泛应用在温度测量、温度控制和温度遥测、温度遥控系统中。

## 4.4.1　AD590 T/I 变换器

下面以 AD590 为例介绍 T/I 变换器。AD590 是常用的 T/I 变换器，是一个二端器件，成本低。它以电流为输出来指示温度，使用时不需要考虑传输线上电压信号损失和噪声干扰，具有很高的测量精度，广泛应用于远距离测温、远距离控温和多点测温等控制系统中。

### 1. 性能特点

① 宽的测温范围:55℃ ～ 150℃。

② 宽的工作电压范围:4 ～ 30V。

③ 线性电流输出:1μA/K。

④ 极好的线性:在整个测温范围内非线性误差小于 ± 0.3℃(AD590M)。

⑤ 激光微调使定标精度达到: ± 0.5℃(AD590M)。

其他性能指标和有关资料请参阅集成电路手册。

### 2. 内部结构

AD590 外形采用 TO-52 金属圆壳封装结构,其引脚排列如图 4-4-1 所示,图 4-4-2 所示为 AD590 的内部电路结构。

在图 4-4-2 中,$VT_1$,$VT_2$ 和 $VT_3$,$VT_4$ 组成镜像恒流源,$VT_9$ 和 $VT_{11}$ 组成为差分对管,它们共同组成感温核心电路(Proportional to Absolute Temperature),在 $R_6$ 上得到基本的温度信号。$VT_7$,$VT_8$ 的作用是使 $VT_1$,$VT_2$ 和 $VT_3$,$VT_4$ 集电极电压一直相等,以减小热效应的影响。$VT_6$ 的作用是使 $VT_7$,$VT_8$ 的集电极电压达到平衡,以及在工作电压不慎加反的情况下起保护作用。$VT_{10}$ 不与衬底连接,而是接入 $R_3$,以隔开某些衬底电容,以避免这些电容影响频率稳定性。$R_4$ 和 $C_1$ 决定了主反馈回路的频率补偿。

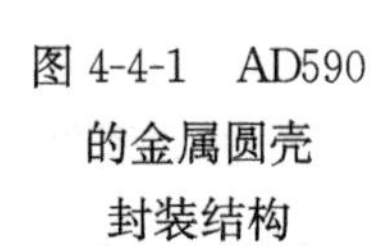


图 4-4-1　AD590 的金属圆壳封装结构

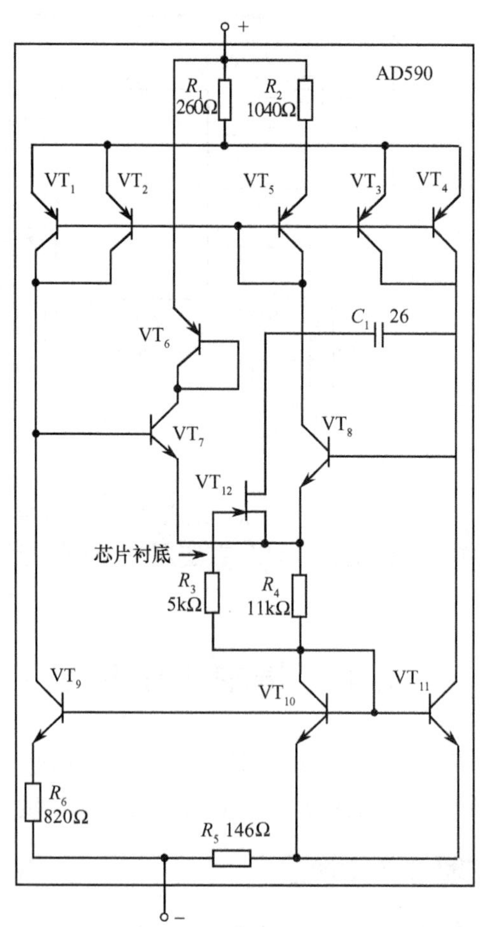


图 4-4-2　AD590 的内部电路结构

### 3. 基本接法

如图 4-4-3 所示为 AD590 的几种基本接法。其中,图(a)为简单接法,图(b)为最低温度检测,图(c) 为平均温度检测。

在图 4-4-3(a) 中，当温度变化时，引起电流 $I$ 的变化，通过 $R_1$ 和 $R_2$ 的分压得到输出电压 $U_o$。其灵敏度是 10mV/K。其中，$R_P$ 的作用是校准输出电压 $U_o$ 的精度。

在图 4-4-3(b) 中，将 3 个 AD590 串接(一般要求大于等于 3 个)，这种接法要求每个 AD590 上的电压不低于 5V。通过 $R_1$ 的分压得到输出电压 $U_o$。其灵敏度是 10mV/K。由于是串联，因此流过 $R_1$ 的电流由处于最低温度的 AD590 决定。

在图 4-4-3(c) 中，将几个 AD590 并接，通过 $R_1$ 的分压得到输出电压 $U_o$，这种接法可得到 AD590 处的温度平均值。

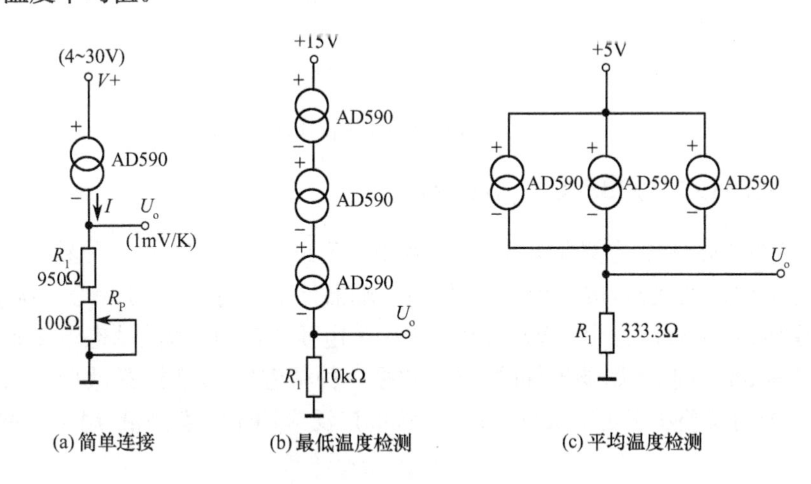


图 4-4-3　AD590 的基本接法

**4. 应用电路**

如图 4-4-4 所示为用 AD590 实现的摄氏温度检测电路。

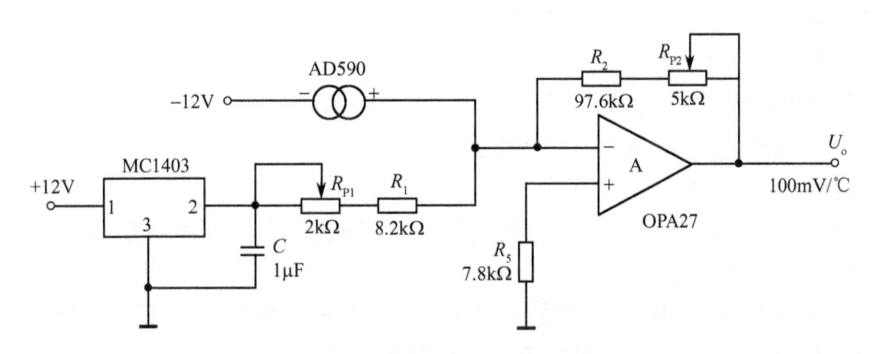


图 4-4-4　摄氏温度检测典型接法

利用 AD590 测温时，可由热力学温度的单位 K，计算出摄氏温度的单位 ℃，其计算公式为

$$\text{K} = ℃ + 273.15 \quad (\text{或} \quad ℃ = \text{K} - 273.15) \tag{4-4-1}$$

在图 4-4-4 中，集成运放 A 的作用是实现 I/U 变换。MC1403 的作用是产生 2.5V 的基准电压。$R_{P1}$、$R_1$ 的作用是产生一个电流与 AD590 在 0℃ 时所产生的 273.15μA 电流相互抵消，以得到灵敏度为 100mV/℃ 的摄氏温度输出。

如图 4-4-5 所示为用 AD590 和差分电路实现的摄氏温度检测电路。图中，集成运放 $A_1$ 起缓冲隔离作用。由集成运放 $A_2$ 组成差分电路。通过调整 $R_P$ 的阻值抵消 AD590 在 0℃ 时所产生的输出电压，即在 0℃ 时，使输出电压为零。在图 4-4-5 中，调 $R_1$ 在 0℃ 时，使输出电压 $U_o = 0$，调 $R_4$ 在 1℃ 时，使输出电压 $U_o = 100\text{mV}$。

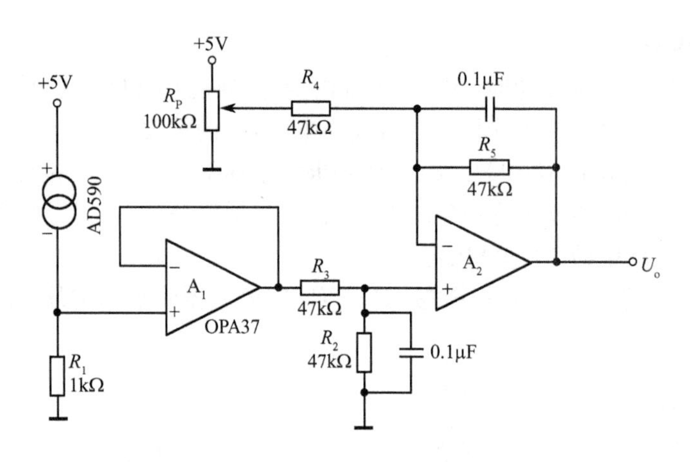


图 4-4-5　利用差分电路实现摄氏温度测量

## 4.4.2　LM135/235/335 T/U 变换器

下面以 LM135/235/335 为例介绍 T/U 变换器。LM135/235/335 是一种易于定标的三端电压输出型集成电路温度变换器，成本较低。当作为二端器件工作时，相当于一个二极管，其击穿电压正比于热力学温度，灵敏度为 10mV/K。当作为一个电压源时，因为其动态电阻低于 1Ω，所以工作电流在 0.4～5mA 时，不影响器件的性能。它是一种精密 T/U 变换器，如果在 25℃ 下定标，在 100℃ 宽的范围内误差小于 1℃。LM135/235/335 广泛应用于温度测量、温度控制和热电偶冷端补偿等方面。

### 1. 性能特点

① 输出电压与热力学温度成正比。

② 输出动态电阻：小于 1Ω。

③ 温度范围：－55 ～＋150℃（LM135）。

④ 输出灵敏度：10mV/K。

⑤ 在整个温度范围内，误差小于 1℃（LM135A/235A）。

其他性能指标和有关资料请参阅集成电路手册。

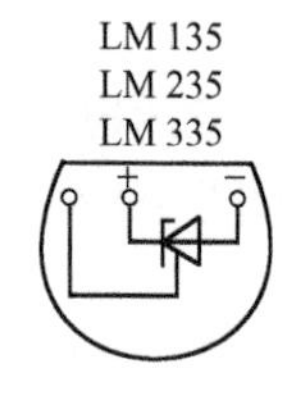


图 4-4-6　LM135/235/335 的金属圆帽封装

### 2. 内部结构

如图 4-4-6 所示，LM135/235/335 外形采用 3 个引出脚的金属圆帽封装。如图 4-4-7 所示为 LM135 系列的内部电路结构。

在图 4-4-7 中，LM135 的基本部分是一个感温核心电路。在电阻 $R_8$ 上得到感温信号的输出电压。除两个感温信号的输出电压外，其第三个引出脚是调整端，供外部定标使用。$VT_{15}$，$VT_{16}$ 是发射极面积之比为 10 的温敏差分对管，$R_5$ 和 $R_6$ 的阻值相等，所以两管的集电极电流相等，以使得两管的电流密度比由面积比决定。

### 3. 基本接法

图 4-4-8 和图 4-4-9 为 LM135/235/335 的基本连接电路。图 4-4-8 所示为基本温度检测电路，图 4-4-9 所示为可定标的温度电路。

在图 4-4-8 电路中，$R$ 是限流电阻，一般为几千欧。输出电压 $U_o$ 的灵敏度为 10mV/K。

在图 4-4-9 电路中，同样 $R$ 是限流电阻，一般为几千欧。输出电压 $U_o$ 的灵敏度为 10mV/K。通过调节电位器 $R_P$，完成定标，以减小工艺偏差产生的影响。

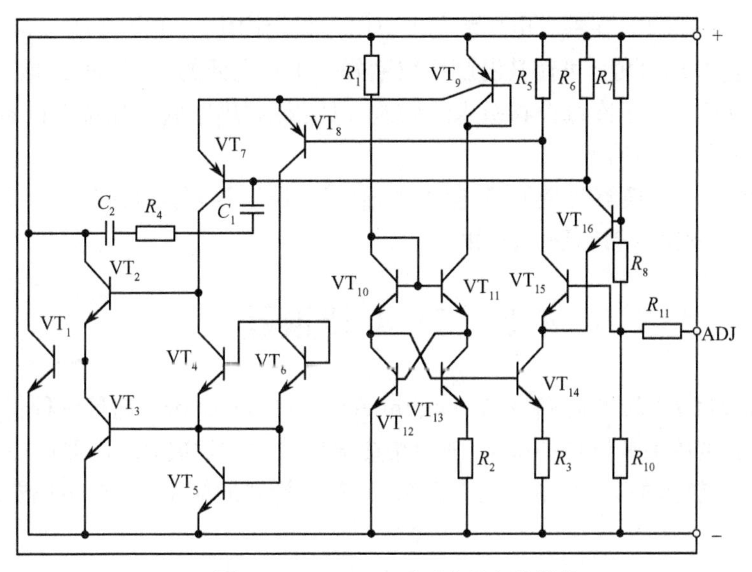


图 4-4-7　LM135 系列内部电路结构

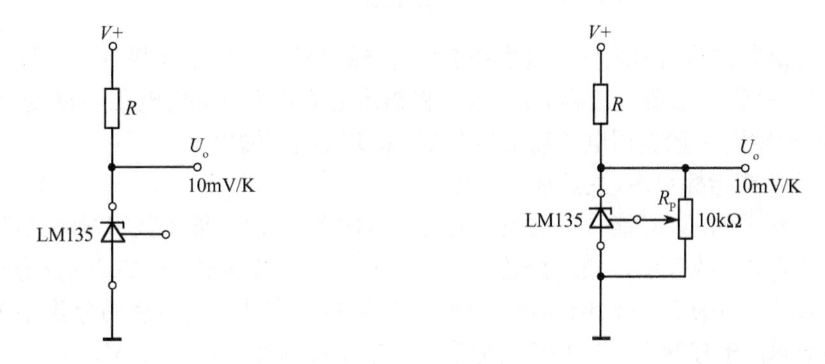


图 4-4-8　LM135/235/335 的基本连接电路　　　图 4-4-9　LM135/235/335 的基本温度检测电路

## 4. 应用

LM135/235/335 广泛应用于温度测量、温度控制和热电偶冷端补偿电路中。下面以热电偶冷端补偿电路为例介绍一种 LM135 的应用电路。如图 4-4-10 所示为双电源工作时的热电偶冷端补偿电路。

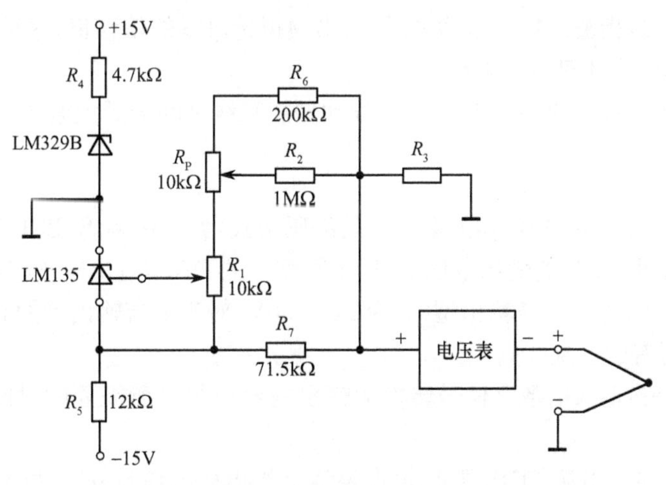


图 4-4-10　LM135/235/335 接地热电偶冷端补偿电路

在图 4-4-10 中，LM329B 在参考电压源与 LM135 共同作用下，在电阻 $R_3$ 上得到正比于摄氏温度的电压，适当选择 $R_3$ 的值，可使其温度系数刚好等于热电偶的 Seebeck 系数。这个电压加在电压表的正端，可以抵消由于冷端漂移引入的误差，以实现对热电偶冷端温度的补偿。对于不同型号的热电偶，$R_3$ 应取不同的值。

T/I 变换器和 T/U 变换器类型很多，应用也很广泛，限于篇幅仅介绍以上几种电路，其目的在于让读者了解这类变换器的原理与应用。

## 4.5 D/A 转换器

数模转换器简称 D/A 转换器或 DAC(Digital Analog Converter)，它是一种将数字量转变为模拟量的器件，是连接数字和模拟的桥梁。随着集成电路技术的发展，DAC 器件在性能、精度、电路结构等方面都有了较大的进展。本节主要介绍 D/A 转换器的应用，D/A 转换器的原理请参阅其他资料。

### 4.5.1 D/A 转换器的特性与技术指标

D/A 转换器的输出形式有电流型和电压型，输出极性可以是单极性，也可以是双极性。对于电流输出型 DAC，一般要外接集成运放，以将输出电流转换成输出电压，同时还可以提高负载能力。在实际应用中，一般选用电流输出型 DAC 来实现电压输出。

DAC 的性能指标很多，主要有以下几个。

① 分辨率：是指 DAC 能分辨的最小输出模拟增量，取决于输入数字量的二进制位数。分辨率通常用数字量的位数表示，一般为 8 位、12 位、16 位等。一个 $n$ 位的 DAC 所能分辨的最小电压增量定义为满量程值的 $2^{-n}$ 倍。例如，满量程为 10V 的 8 位 DAC 芯片的分辨率为 $10\text{V} \times 2^{-8} = 39\text{mV}$。一个同样量程的 16 位 DAC 的分辨率高达 $10\text{V} \times 2^{-16} = 153\mu\text{V}$。

② 转换精度：转换精度和分辨率是两个不同的概念。转换精度是指满量程时 DAC 的实际模拟输出值和理论值的接近程度。对 T 形电阻网络的 DAC，其转换精度和参考电压 $U_{\text{ref}}$、电阻值和电子开关的误差有关。例如，满量程时理论输出值为 10V，实际输出值为 9.99 ～ 10.01V，其转换精度为 ±10mV。通常 DAC 的转换精度为分辨率之半，即为 LSB/2。LSB 是分辨率，是指最低一位数字量变化引起幅度的变化量。

③ 偏移量误差：是指输入数字量为零时，输出模拟量对零的偏移值。这种误差通常可以通过 DAC 的外接 $U_{\text{ref}}$ 和电位计权加以调整。

④ 线性度：是指 DAC 的实际转换特性曲线和理想直线之间的最大偏差。通常，线性度不应超过 $\pm\dfrac{1}{2}$LSB。

⑤ 输入编码形式：是指 DAC 输入数字量的编码形式，如二进制码、BCD 码等。

⑥ 输出电压：是指 DAC 的输出电压信号。不同型号的 DAC，输出电压相差很大，对于电压输出型，一般为 5 ～ 10V，也有高压输出型的，为 24 ～ 30V。对于电流输出型的 DAC，输出电流一般为 20mA 左右，高者有的达到 3A。

⑦ 转换时间：是指输入的数字信号转换为输出的模拟信号所需要的时间。一般为几十纳秒至几毫秒。

除上述指标外，供电电源、工作温度、温度灵敏度等指标也是 DAC 的技术指标，关于 DAC 的资料很多，请再参考其他书目。

目前，市售的 D/A 转换器有两类：一类在一般电子电路中使用，不带使能端和控制端，主要有数字量输入线和模拟量输出线；另一类是专为微机设计的，带有使能端和控制端，可以直接与微机接口。现在与微机接口的 DAC 应用较多，主要有 8 位、10 位、12 位、16 位等。下面以 12 位 DAC 和 16 位 DAC 为例介绍 D/A 转换器。

### 4.5.2 12 位串行 D/A 转换器 DAC7512

DAC7512 是 TI 公司生产的具有内置缓冲放大器的低功耗单片 12 位串行数模转换器。其片内高精度的输出放大器可获得满幅（供电电源电压与地电压间）任意输出。DAC7512 内部具有可达 30MHz 时钟的通用三线串行接口，因而可接入高速 DSP 芯片。其接口与 SPI、QSPI 及 DSP 接口兼容，可与 Intel 系列单片机、Motorola 等系列单片机直接连接而无须任何其他接口电路。

DAC7512 串行数模转换器由供电电源来作为参考电压，因而具有很宽的动态输出范围。DAC7512 具有 3 种掉电工作模式。正常工作状态下，DAC7512 在 5V 电压下的功耗仅为 0.7mW，而在省电状态下的功耗为 1μW。因此，低功耗的 DAC7512 是便携式电池供电设备的理想器件。

**1. 主要特性**

① 微功耗：5V 供电时的工作电流消耗为 135μA；在掉电模式时，如果采用 5V 电源供电，其电流消耗为 135nA，若采用 3V 供电时，其电流消耗仅为 50nA。

② 宽的供电电压范围：＋2.7 ～＋5.5V。

③ 上电复位后输出电压为 0V。

④ 具有 3 种掉电工作模式可供选择，5V 电压下的功耗仅为 0.7mW。

⑤ 具有低功耗施密特输入串行接口。

⑥ 内置满幅输出的缓冲放大器。

⑦ 具有 $\overline{\text{SYNC}}$ 中断保护机制。

**2. 引脚功能**

DAC7512 采用 SOT23-6 封装，引脚排列如图 4-5-1 所示。其引脚定义如下：

1 脚 VOUT：模拟输出电压。

2 脚 GND：地。

3 脚 $V_{DD}$：供电电源，直流＋2.7 ～＋5.5V。

4 脚 DIN：串行数据输入。

5 脚 SCLK：串行时钟输入。

6 脚 $\overline{\text{SYNC}}$：输入控制信号（低电平有效）。

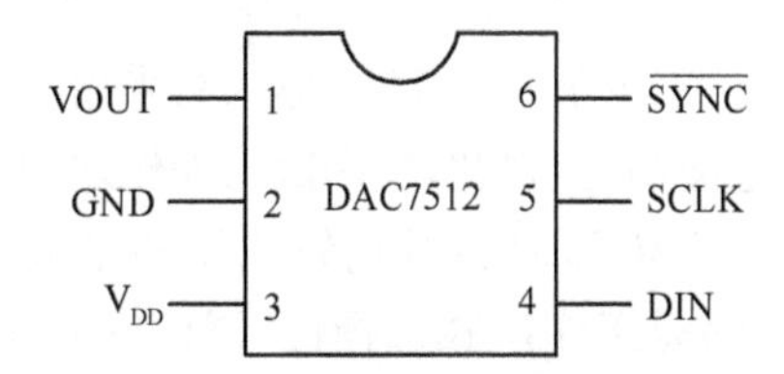

图 4-5-1 DAC7512 的引脚排列图

**3. 内部结构**

DAC7512 的内部组成框图如图 4-5-2 所示。图中，输入控制逻辑用于控制 DAC 寄存器的写操作，掉电控制逻辑与电阻网络一起用来设置器件的工作模式，即选择正常输出还是将输出端与缓冲放大器断开，而接入固定电阻。芯片内的缓冲放大器具有满幅输出特性，可驱动 2kΩ 及 1000pF 的并联负载。

**4. 时序及工作模式**

DAC7512 采用三线制串行接口，串行写操作时序如图 4-5-3 所示。

在写操作开始前，$\overline{\text{SYNC}}$ 要置为低电平，DIN 的数据在串行时钟 SCLK 的下降沿依次移入 16 位寄存器。在串行时钟的第 16 个下降沿到来时，将最后一位移入寄存器，实现对 DAC7512 工作模式的设置及 DAC 寄存器内容的刷新，从而完成一个写周期的操作。此时，$\overline{\text{SYNC}}$ 可保持低电平或置高，但

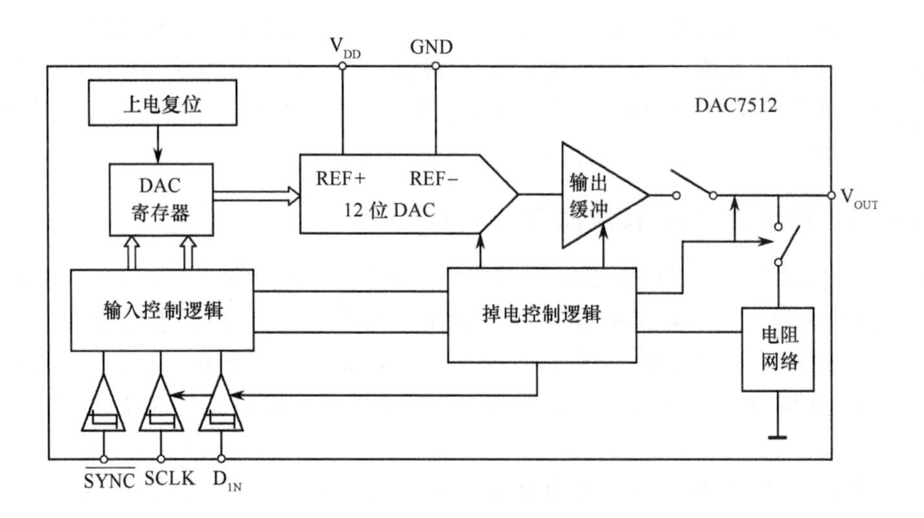


图 4-5-2　DAC7512 内部结构框图

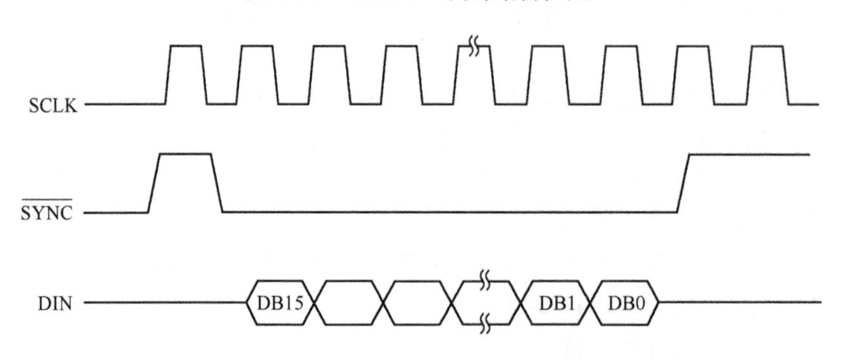


图 4-5-3　DAC7512 的写操作时序

在下一个写周期开始前，$\overline{\text{SYNC}}$ 必须转为高电平并至少保持 33ns，以便$\overline{\text{SYNC}}$ 有时间产生下降沿来启动下一个写周期。若$\overline{\text{SYNC}}$ 在一个写周期内转变为高电平，则本次写操作失败，DAC 寄存器被强行复位。由于 DAC7512 输入级采用的施密特缓冲器在$\overline{\text{SYNC}}$ 为高电平时的电流消耗大于低电平时的电流消耗，因此，在两次写操作之间，应把$\overline{\text{SYNC}}$ 置低以降低功耗。

DAC7512 的片内输入寄存器宽度为 16 位，格式如下。其中，DB15，DB14 是空闲位，DB13，DB12 是工作模式选择位，DB11 ～ DB0 是数据位。DAC7512 器件内部带有上电复位电路，上电后寄存器内容为 0，所以 DAC7512 在正常工作模式时，上电复位后模拟输出电压为 0V。

| DB15 | | | | | | | | | | | | | | | DB0 |
|---|---|---|---|---|---|---|---|---|---|---|---|---|---|---|---|
| | | D1 | D0 | 11 | 10 | 9 | 8 | 7 | 6 | 5 | 4 | 3 | 2 | 1 | 0 |

DAC7512 的 4 种工作模式可由寄存器内的 DB13，DB12 来控制，其控制关系见表 4-5-1。掉电模式下，不仅器件功耗要减小，而且缓冲放大器的输出级通过内部电阻网络接到 1kΩ、100kΩ 或开路。而处于掉电模式时，所有的线性电路都断开，但寄存器内的数据不受影响。

**5. 与 MCS-51 单片机的接口应用**

DAC7512 与 MCS-51 微控制器的接口电路如图 4-5-4 所示。图中，8051 的 P1. 0 接 DAC7512 的$\overline{\text{SYNC}}$，P1. 1 驱动 DAC7512 的 SCLK，而 P1. 2 则驱动 DAC7512 的串行数据线 DIN。在 16 位数据传输期间，P1. 0 要一直保持低电平。

表 4-5-1　DAC7512 的工作模式选择

| DB13 | DB12 | 工作模式 | |
|---|---|---|---|
| 0 | 0 | 正常模式 | |
| 0 | 1 | 掉电模式 | 输出端 1kΩ 到地 |
| 1 | 0 | | 输出端 100kΩ 到地 |
| 1 | 1 | | 高阻 |

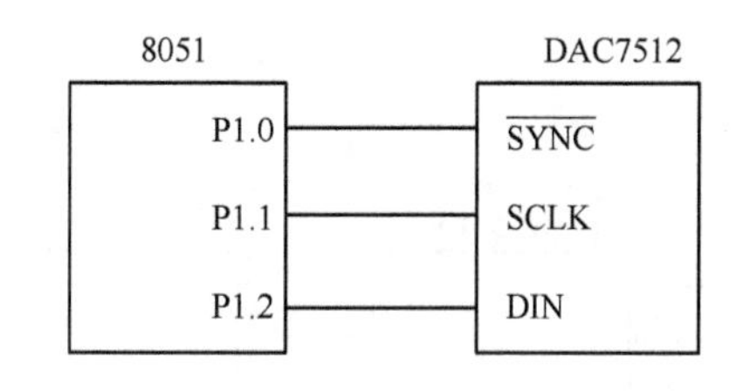


图 4-5-4　DAC7512 与单片机的连接

根据图 4-5-4 接口电路，D/A 转换程序编制如下：

设 12 位数字量存放在单片机片内 RAM 的两个单元 50H 和 51H 中，12 位数的高 4 位存放在 50H 单元，低 8 位存放在 51H 单元的低 4 位。现将 12 位数据送到 DAC7512 中进行 D/A 转换，接口电路的 D/A 转换程序如下：

```
SYNC      BIT     P1.0        ;DAC7512 的SYNC与 8051 的 P1.0 相连
SCLK      BIT     P1.1        ;DAC7512 的 SCLK 与 8051 的 P1.1 相连
DIN       BIT     P1.2        ;DAC7512 的 DIN 与 8051 的 P1.2 相连
DAH       DATA    50H         ;12 位数据高字节
DAL       DATA    51H         ;12 位数据低字节
DAOUT:    MOV     R7,#08H     ;置循环次数
          MOV     A,DAH       ;取高 4 位数
          ANL     A,#0FH      ;正常工作模式
          CLR     SYNC        ;启动写时序
DA1:      RLC     A           ;从最高位开始串行移位
          MOV     DIN,C       ;输出数据
          SETB    SCLK        ;产生 SCLK 上升沿
          CLR     SCLK        ;产生 SCLK 下降沿
          DJNZ    R7,DA1      ;8 位数据传送完毕？
          MOV     R7,#08H
          MOV     A,DAL       ;取低 8 位数据
DA2:      RLC     A
          MOV     DIN,C
          SETB    SCLK
          CLR     SCLK
          DJNZ    R7,DA2      ;低 8 位数据传送完毕？
          NOP
          SETB    SYNC
          SETB    DIN
          RET
```

### 4.5.3　16 位 D/A 转换器 PCM54

16 位 D/A 转换器的基本原理与 12 位 D/A 转换器的基本原理相似，不再多述。下面仅以 16 位 D/A 转换器 PCM54 为例，简要介绍 16 位 D/A 转换器的应用电路。

如图 4-5-5 所示为 16 位 D/A 转换器 PCM54 的一种应用电路。

在图 4-5-5 中，$IC_1$，$IC_2$ 均是 74HC574，74HC574 是 8 位数据锁存器，其作用是使 16 位数据同时输入，以减小时间差引起的噪声。$IC_3$ PCM54HP 是 16 位 D/A 转换器，其详细资料请参阅集成

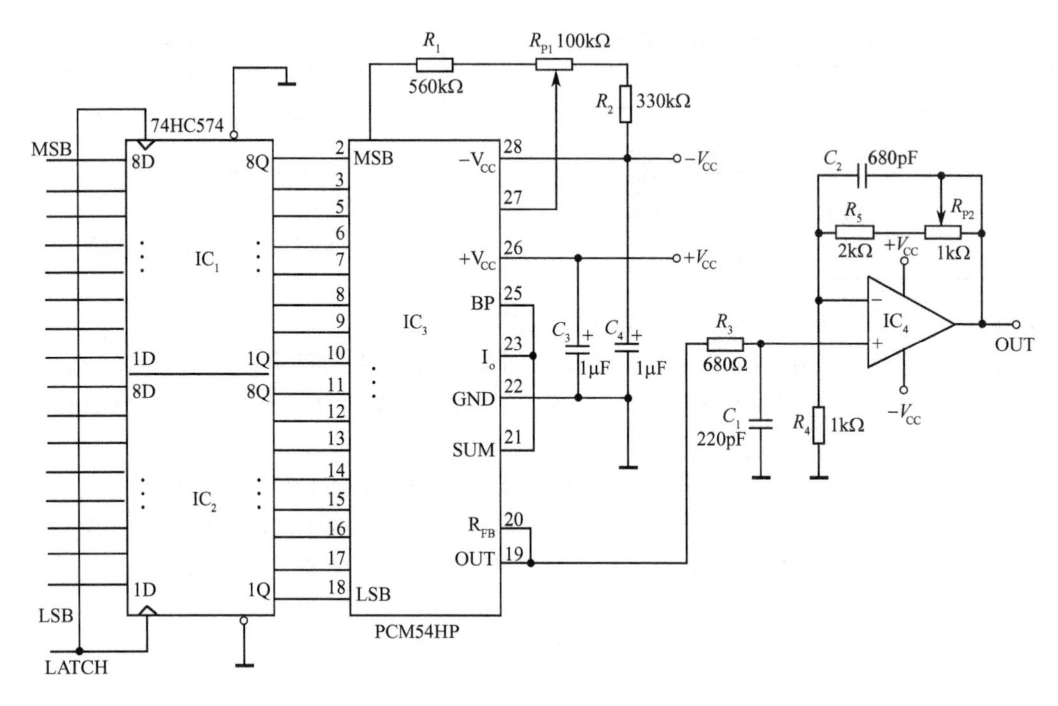


图 4-5-5　16 位 D/A 转换器 PCM54 应用电路

电路手册。PCM54HP 的输出电压通常为±3V，其外围元件 $R_1$，$R_2$，$R_{P1}$ 的作用是调线性和单调增加性。$IC_4$ 是集成运放，其作用是放大 16 位 D/A 转换器输出的电压信号，以满足应用时对输出电压的要求。在应用时，要根据使用目的的不同，选用集成运放的型号。例如，当后面接直流电压发生电路时，应选用高精度、低漂移的集成运放；当后面接波形发生器或数字音频电路时，应选用交流特性好的集成运放。

# 4.6　A/D 转换器

模数转换器简称 A/D 转换器或 ADC(Analog Digital Converter)，它是一种将输入模拟量转变为输出数字量的器件，是连接模拟和数字的桥梁。A/D 转换器的种类很多，但从原理上通常可分为以下 4 种：计数式 A/D 转换器、双积分式 A/D 转换器、逐次逼近式 A/D 转换器和并行 A/D 转换器。

计数式 A/D 转换器结构很简单，转换速度很慢，现在很少采用。双积分式 A/D 转换器抗干扰能力强，转换精度高，但转换速度不够快，一般用于数字式测量仪表中。逐次逼近式 A/D 转换器结构不太复杂，转换速度很高，一般应用于微机接口电路中。并行 A/D 转换器的转换速度最快，但结构复杂，成本高，一般只应用于那些转换速度极高的场合。本节主要介绍 A/D 转换器的应用，A/D 转换器的原理请参阅其他资料。

## 4.6.1　A/D 转换器的主要技术指标

① 分辨率：对应于最小数字量的模拟电压值称为分辨率，它表示对模拟信号进行数字化能够达到多细的程度。通常用数字量的位数表示，如 8 位、12 位、16 位分辨率等。若分辨率为 8 位，表示它可以对全量程的 $\frac{1}{2^8}=\frac{1}{256}$ 的增量作出反应。分辨率越高，转换时对输入量的微小变化的反应越灵敏。

② 量程：即所转换的电压范围。单极性工作的芯片有以 0V 为基准的 0 ～＋10V，0 ～－10V 等；双极性工作的芯片有以 0V 为基准的 ±5V，±10V 等。

③ 精度：有绝对精度和相对精度两种表示法。对应一个给定的数字量的理论模拟量输入与实际模拟量输入之差称为绝对精度或绝对误差。绝对精度通常用最小有效位 LSB 的分数表示，如精度为 $\pm\frac{1}{2}$LSB。通常用百分比表示满量程时的相对误差，如 ±0.05%。

④ 转换时间和转换率：完成一次 A/D 转换所需要的时间称为转换时间，转换时间的倒数称为转换率。不同形式、不同分辨率的器件，其转换时间的长短相差很大，可为几微妙到几百毫秒。在选择器件时，要根据应用的需要和成本，对这项指标加以考虑，有时还要同时考虑数据传输过程中转换器件的一些结构和特点。

⑤ 输出逻辑电平：多数与 TTL 电平配合。在考虑数字输出量与微机数据总线的关系时，还要对其他一些有关问题加以考虑，如是否要用三态逻辑输出、采用何种编码制式、是否需要对数据进行闩锁等。

⑥ 对参考电压的要求：从前面的叙述中可以看到，A/D 转换和 D/A 转换都需要一定精度的参考电压源。所以在使用时，要考虑器件是否需要内部参考电压，或是否需要外部参考电压。

除上述指标外，还有其他的技术指标，关于 ADC 的资料很多，请再参考其他的书目。

### 4.6.2 并行 A/D 转换器 AD574

AD574A 是一种带有三态缓冲器的快速 12 位逐次比较式 A/D 转换芯片，可以直接与 8 位或 16 位微处理器相连，而无须附加逻辑接口电路。片内有高精度的参考电源和时钟电路，不需要外接时钟和参考电压等电路就可以正常工作。AD574A 的转换时间为 25μs。芯片内含有逐次逼近式寄存器 SAR、比较器、控制逻辑、DAC 转换电路及三态缓冲器等。

AD574A 的引脚排列如图 4-6-1 所示。

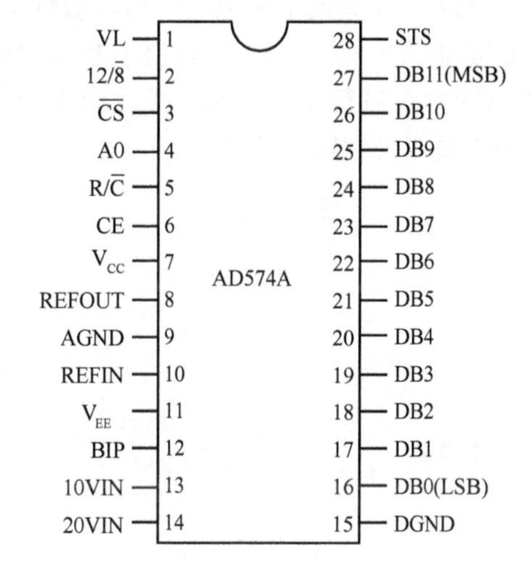


图 4-6-1 AD574A 的引脚排列图

AD574A 的引脚定义如下：

8 脚 REFOUT：内部参考电源输出(＋10V)。

10 脚 REFIN：参考电压输入。

12 脚 BIP：偏置电压输入。接至正负可调的分压网络，以调整 ADC 输出的零点。

13 脚 10VIN：±5V 或 0 ～ 10V 模拟输入。

14 脚 20VIN：±10V 或 0 ～ 20V 模拟输入。

7 脚 $V_{CC}$，11 脚 $V_{EE}$：模拟部分供电的正电源和负电源，为 ±12V 或 ±15V。

1 脚 VL：数字逻辑部分的电源 ＋5V。

15 脚 DGND：数字地。

9 脚 AGND：模拟地。

16 ～ 27 脚 DB0 ～ DB11：数字量输出，高半字节为 DB8 ～ DB11，低半字节为 DB0 ～ DB7。

28 脚 STS：状态信号输出端。STS ＝ 1 时表示转换器正处于转换状态，STS 返回低电平时，表示转换完毕。STS 可作为状态信息被 CPU 查询，也可以用它的下降沿向 CPU 发出中断申请。

2 脚 $12/\overline{8}$:数据输出格式选择端。当 $12/\overline{8}=1(+5V)$ 时,双字节输出,即 12 条数据线同时有效输出;当 $12/\overline{8}=0(0V)$ 时,为单字节输出,即只有高 8 位或低 4 位有效。

3 脚$\overline{CS}$、6 脚 CE:片选信号,当$\overline{CS}=0$,CE = 1 同时满足时,AD574A 才能处于工作状态。

5 脚 $R/\overline{C}$:读数据 / 转换控制信号,当 $R/\overline{C}=1$,ADC 转换结果的数据允许被读取;$R/\overline{C}=0$,则允许启动 A/D 转换。

4 脚 A0:字节选择控制线。在启动 AD574A 转换时,用来控制转换长度。A0 = 0 时,按完整的 12 位 A/D 转换方式工作,A0 = 1 时,则按 8 位 A/D 转换方式工作。在 AD574A 处于数据读出工作状态时,A0 和 $12/\overline{8}$ 作为数据输出格式控制。当 $12/\overline{8}=1$ 时,对应 12 位并行输出;当$12/\overline{8}=0$ 时,则对应 8 位单字节输出,A0 = 0 时输出高 8 位,A0 = 1 时输出低 4 位,另外的半字节补 4 个 0。A0 在数据输出期间不能变换。

上述有关引脚的控制功能的状态关系见表 4-6-1。

**表 4-6-1　AD574A 控制信号状态表**

| CE | $\overline{CS}$ | $R/\overline{C}$ | $12/\overline{8}$ | A0 | 功能说明 |
|---|---|---|---|---|---|
| 1 | 0 | 0 | × | 0 | 12 位转换 |
| 1 | 0 | 0 | × | 1 | 8 位转换 |
| 1 | 0 | 1 | +5V | × | 12 位输出 |
| 1 | 0 | 1 | 地 | 0 | 高 8 位输出 |
| 1 | 0 | 1 | 地 | 1 | 低 4 位输出 |

### 1. AD574A 单极性和双极性输入特性

AD574A 有两个模拟电压输入引脚 10VIN 和 20VIN,具有 10V 和 20V 的量程范围。这两个引脚的输入电压可以是单极性的,也可以是双极性的。由用户通过改变输入电路的连接形式,可使 AD574A 进行单极性和双极性模拟信号的转换。如图 4-6-2 所示,图(a) 是单极性输入情况,图(b) 是双极性输入情况。

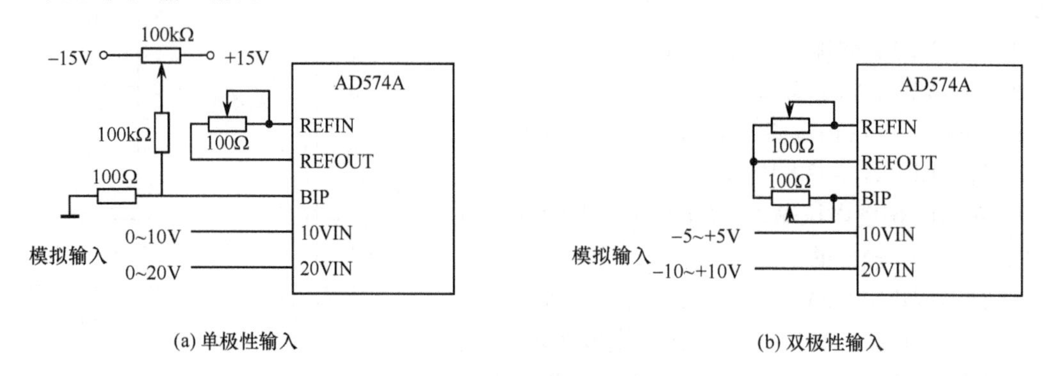


图 4-6-2　AD574A 的模拟输入电路

### 2. AD574A 与单片机的接口

图 4-6-3 所示为 AD574A 与单片机的接口示例。该电路采用双极性输入方式,可对 ±5V 或 ±10V 模拟信号进行转换。AD574A 与 8031 单片机接口时,由于 AD574A 输出 12 位数码,单片机读取转换结果时,需分两次读入,所以 $12/\overline{8}$ 接地;AD574A 的高 8 位数据线接单片机的数据线,低 4 位数据线接单片机的低 4 位数据线;AD574A 的 CE 信号要求无论是单片机对其启动控制,还是对转换结果的读取都应为高电平有效,所以$\overline{WR}$ 和$\overline{RD}$ 通过 74LS00 与非门接 CE 信号;AD574A 的 STS 信号接单片机的一根 I/O 口线,单片机对转换结果的读取采用查询方式。

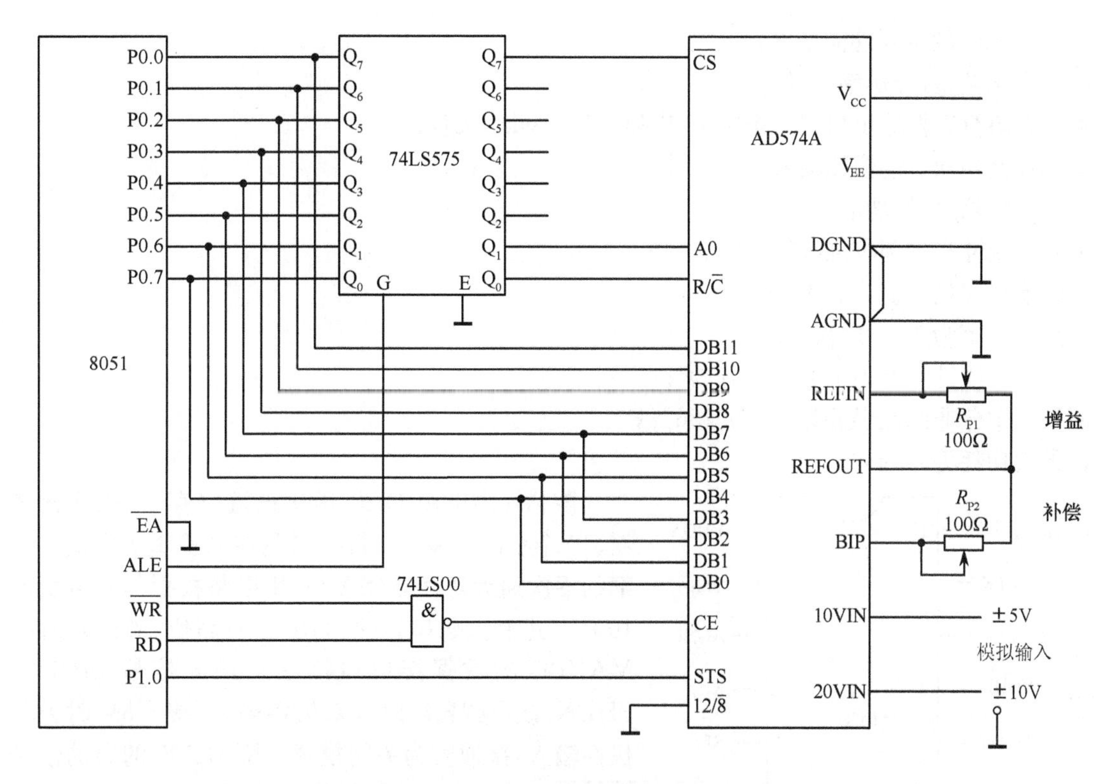


图 4-6-3　AD574A 与单片机的接口电路

**3. 转换程序设计举例**

设要求 AD574A 进行 12 位转换，单片机对转换结果读入，高 8 位和低 4 位分别存入片内 RAM 的 31H 和 30H 单元，其转换子程序如下：

```
AD574A:MOV    R0,#7CH       ;AD574A 端口地址
       MOV    R1,#31H
       MOVX   @R0,A         ;启动 AD574A 进行 12 位转换
       SETB   P1.0          ;置 P1.0 为输入方式
LOOP:  JB     P1.0,LOOP     ;检测 STS 的状态
       INC    R0            ;使 R/C 为 1,按双字节读取转换结果
       MOVX   A,@R0         ;读取高 8 位转换结果
       MOV    @R1,A         ;存高 8 位结果
       DEC    R1
       INC    R0
       INC    R0            ;使 R/C、A0 均为 1
       MOVX   A,@R0         ;读取低 4 位结果
       ANL    A,#0FH        ;屏蔽高 4 位
       MOV    @R1,A         ;存低 4 位结果
       RET
```

## 4.6.3　16 位串行 A/D 转换器 MAX195

MAX195 是 MAXIM 公司推出的 16 位逐次逼近型 A/D 转换器，具有体积小、功耗低、转换速度快、精度高等优点。串行接口的特点使其与微控制器直接相连，大大简化了输入通道的设计。

MAX195 的主要性能如下：

- 逐次比较型，分辨率 16 位；
- 三态串行数据输出口，与 SPI/QSPI 和 Micro wire 兼容；
- 单极性和双极性模拟输入；
- 片内跟踪/保持功能；
- 具有线性和失调校准电路；
- 转换时间最小值为 9.4μs；
- 采样速率为 100000 次/s；
- 积分非线性误差为±0.003%FSR；
- 最大微分非线性误差为±0.00156%；
- 最大功耗为 80mW。

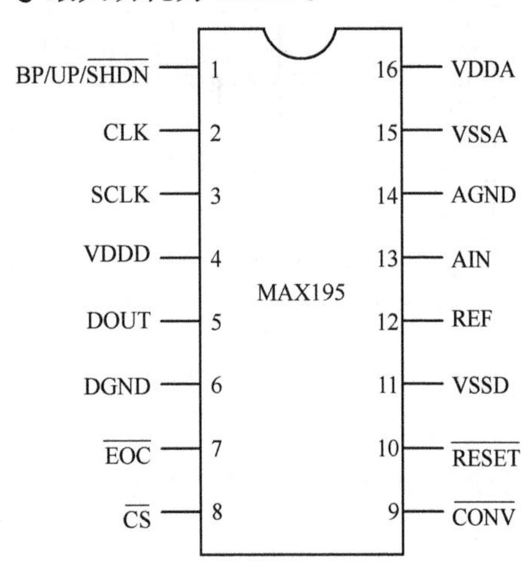


图 4-6-4 MAX195 引脚排列图

该芯片内部由 DAC 逐次逼近寄存器、采样比较器、10 个校准 DAC、串行接口及控制逻辑等组成。内部的逐次逼近寄存器(SAR)，用以将模拟信号转变成 16 位二进制数码串行输出，输出时高位(MSB)在前。MAX195 的数据接口包括三态输入信号 BP/UP/$\overline{SHDN}$，该引脚悬浮时为双极性输入，接+5V 时为单极性输入，接地时为关闭模式。MAX195 的启动信号$\overline{CONV}$变低后开始模数转换。转换结束时，经过一个转换时钟 CLK 后转换结束信号($\overline{EOC}$)变低。MAX195 采用模拟电源和数字电源分开结构，大大降低了数字-噪声耦合的影响。MAX195 在上电时自动校准，校准需要 14000 个时钟周期；当复位信号$\overline{RESET}$由低升高时，MAX195 启动一次校准。

MAX195 为小型 16 脚 DIP 和 SO 封装，如图 4-6-4 所示为 MAX195 的引脚排列图。表 4-6-2 列出了各引脚的功能。

**表 4-6-2 MAX195 引脚功能**

| 引脚 | 符号 | 功 能 |
|---|---|---|
| 1 | BP/UP/$\overline{SHDN}$ | 双极性/单极性/停止输入端。当该脚为 0V 时，为停止状态；接+5V 时，为单极性状态；悬浮时，为双极性状态 |
| 2 | CLK | 转换时钟输入端 |
| 3 | SCLK | 串行时钟输入端 |
| 4 | VDDD | 数字正电源输入端，典型值为+5V |
| 5 | DOUT | 串行数据输出端，先高位(MSB)后低位(LSB)输出形式 |
| 6 | DGND | 数字地 |
| 7 | $\overline{EOC}$ | 转换结束/校准输出端，低电平有效。该引脚的电平状态能判断转换或校准的状态(开始和结束)，可作为 MCU 查询或向 MCU 中断申请信号 |
| 8 | $\overline{CS}$ | 片选输入端，低电平有效。它允许串行接口和三态数据输出 |
| 9 | $\overline{CONV}$ | 转换启动输入端，低电平有效。当该端为低电平时，转换开始 |
| 10 | $\overline{RESET}$ | 复位输入端，低电平有效 |
| 11 | VSSD | 数字负电源输入端，典型值为－5V |

(续表)

| 引脚 | 符号 | 功　能 |
|---|---|---|
| 12 | REF | 参考电压输入端,其范围为 0 ～ 5V |
| 13 | AIN | 模拟信号输入端 |
| 14 | AGND | 模拟地 |
| 15 | VSSA | 模拟负电源输入端,典型值为 －5V |
| 16 | VDDA | 模拟正电源输入端,典型值为 ＋5V |

MAX195 与单片机连接时,有两种转换传输方式:同步转换传输方式和异步转换传输方式。同步转换传输方式是转换期间数据传送以 CLK 时钟频率输出,即转换与传送同时进行;异步转换传输方式是在一次转换结束以后,数据传送以 SCLK 时钟频率输出,即转换与传送异步进行。

为了提高转换精度,降低输入噪声,将参考输入 REF 与 ＋5V 模拟电源输入端 VDDA 相连,并在 REF 引脚上接入 47μF 的旁路电解电容,并与 0.1μF 的独石电容并联。数字电源和模拟电源分别用低电阻(10Ω) 隔开,每路电源约用 10μF 钽电容和 0.1μF 陶瓷电容并联旁路,从而很好地防止数字操作干扰的影响。

因为该芯片使用多路电源,所以必须注意上电次序:先加 VDDA,后加 VDDD;先加 VSSA,后加 VSSD;先加 VDDD,后加 AIN 和 REF。

## 思考题与习题

4.1 求如图 1 所示电路的输入阻抗,假定图中的集成运放满足理想条件。

4.2 求如图 2 所示电路的输入阻抗,假定图中的集成运放满足理想条件。

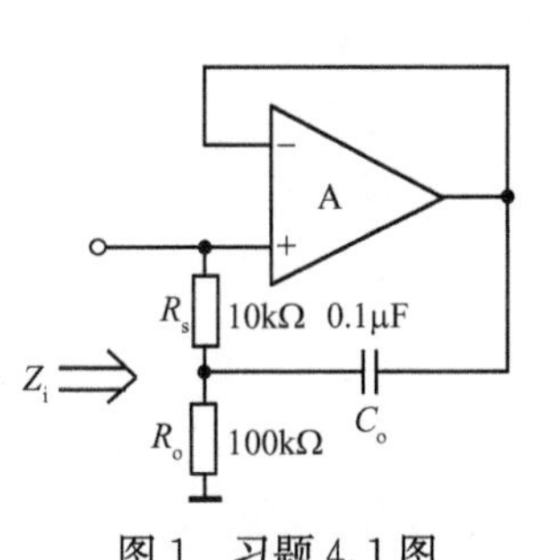


图 1　习题 4.1 图

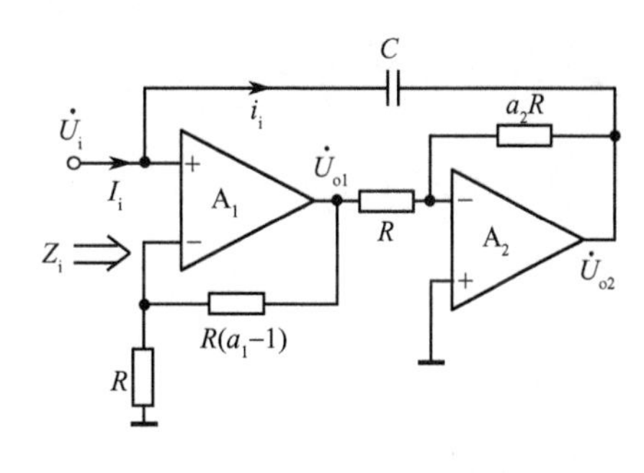


图 2　习题 4.2 图

4.3 求如图 3 所示电路的输入阻抗,并说明其性质,假定图中的集成运放满足理想条件。

4.4 分析如图 4 所示 I/U 变换器电路的工作原理,并求变换系数。

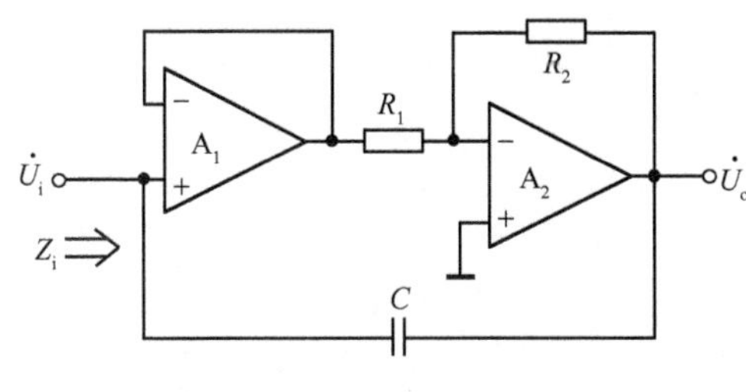


图 3　习题 4.3 图

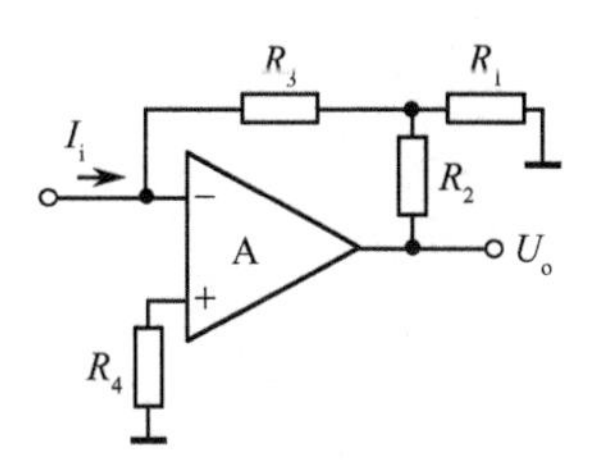


图 4　习题 4.4 图

4.5 简述精密 U/I 变换器 XTR110 的特性,举例说明其应用情况。

4.6 简述精密 I/U 变换器 RCV420 的特性,举例说明其应用情况。

4.7 设计一个变换电路，将从热电偶得到的温度信号，先变换成 4～20mA 的电流信号，再将此电流信号变换成 0～5V 的电压信号输出。

4.8 简述 VFC100 型 U/F、F/U 变换器的特性，举例说明其应用情况。

4.9 简述 LMx31 系列 U/F、F/U 变换器的特性，举例说明其应用情况。

4.10 设计一个变换电路，要求将 1～10V 的输入电压信号变换成 10Hz～10kHz 的输出频率信号。

4.11 以 LM135/235/335 集成电路芯片为主，设计一个热电偶冷端补偿电路，并简述其工作原理。

4.12 A/D 转换器的主要技术指标有哪些？D/A 转换器的主要技术指标有哪些？设某 14 位 DAC 满量程模拟输出电压为 10V，试问它的分辨率和转换精度各为多少？

4.13 某一控制系统要使用 D/A 转换器，要求该 D/A 转换器的精度小于 0.25%，那么应选择多少位的D/A 转换器？

4.14 11 位 A/D 转换器的分辨率的百分数是多少？如果满刻度电压为 10V，当输入电压为 5mV 时，写出其输出的二进制代码。

# 第 5 章　集成信号发生器

在电子工程、通信工程、自动控制、遥测遥控、测量仪器仪表和计算机等技术领域，经常需要用到各种各样的信号波形发生器。随着电子技术和集成电路技术的迅速发展，用集成电路可很方便地构成各种信号波形发生器。用集成电路实现的信号波形发生器与其他信号波形发生器相比，其波形质量、幅值和频率稳定性等性能指标都有了很大的提高。

本章主要介绍模拟集成函数发生器、直接数字频率合成技术和基于 FPGA 的 DDS 任意波形发生器。

## 5.1　模拟集成函数发生器

本节主要介绍模拟集成函数发生器及其应用。

### 5.1.1　由集成运放构成的方波和三角波发生器

如图 5-1-1 所示为由集成运放构成的方波和三角波发生器电路，如图 5-1-2 所示为由集成运放构成的方波和三角波发生器的输出波形图。

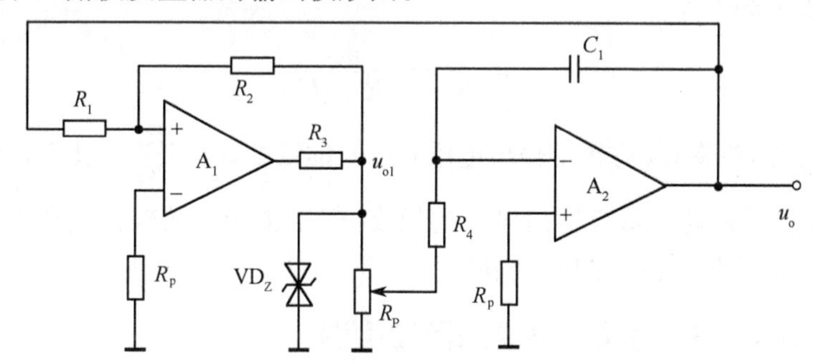


图 5-1-1　方波和三角波发生器电路

在图 5-1-1 所示的电路中，第一级 $A_1$ 组成迟滞电压比较器，输出电压 $u_{o1}$ 为对称的方波信号。第二级 $A_2$ 组成积分器，输出电压 $u_o$ 为三角波信号。

下面简述此方波、三角波发生器电路的工作原理。

设稳压管的稳压值为 $U_Z$，则电压比较器输出的高电平为 $+U_Z$，低电平为 $-U_Z$，由图 5-1-1 可得，$A_1$ 同相端的电压为

$$u_+ = \frac{R_1}{R_1+R_2}\cdot u_{o1} + \frac{R_2}{R_1+R_2}\cdot u_o$$

$$= \frac{R_1}{R_1+R_2}\cdot(\pm U_Z) + \frac{R_2}{R_1+R_2}\cdot u_o \qquad (5\text{-}1\text{-}1)$$

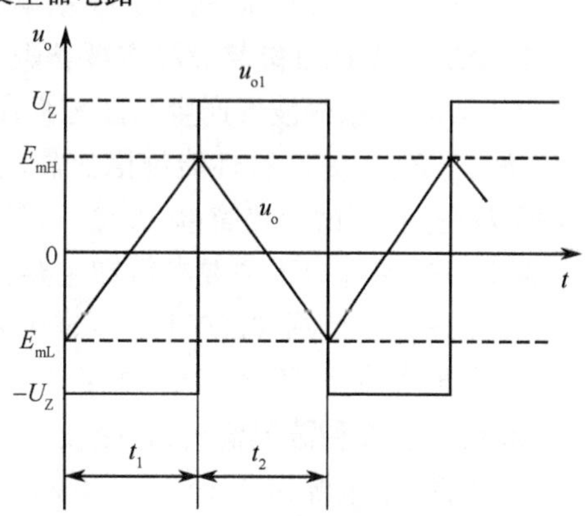


图 5-1-2　方波和三角波发生器的输出波形

由于此电压比较器的 $u_- = 0$，令 $u_+ = 0$，则可求得电压比较器翻转时的上、下门限电位分别为

$$E_{mH} = \frac{R_1}{R_2}U_Z \tag{5-1-2}$$

$$E_{mL} = -\frac{R_1}{R_2}U_Z \tag{5-1-3}$$

门限宽度为

$$\Delta E_m = E_{mH} - E_{mL} = 2 \cdot \frac{R_1}{R_2} \cdot U_Z \tag{5-1-4}$$

比较器输出$\pm U_Z$经电位器$R_P$分压后，加到积分器的反相输入端。设分压系数为$n$，则积分器的输入电压为$\pm nU_Z$，反相积分器的输出电压为

$$u_o(t) = -\frac{1}{R_4C_1}\int_0^t(-nU_Z)\mathrm{d}t + E_{mL} \tag{5-1-5}$$

当$t=0$时，有

$$u_o(0) = E_{mL} = -\frac{R_1}{R_2}U_Z \tag{5-1-6}$$

当$t=t_1$时，有

$$u_o(t_1) = E_{mH} = \frac{R_1}{R_2}U_Z = \frac{nU_Z}{R_4C_1} \cdot t_1 - \frac{R_1}{R_2} \cdot U_Z \tag{5-1-7}$$

所以，方波和三角波的周期为

$$T = 2t_1 = 2 \cdot \frac{2R_1R_4C_1}{nR_2} \tag{5-1-8}$$

方波和三角波的频率为

$$f = \frac{1}{T} = \frac{nR_2}{4R_1R_4C_1} \tag{5-1-9}$$

由以上分析可知，改变$U_Z$可改变输出电压$u_{o1}$，$u_o$的幅度；改变$\frac{R_1}{R_2}$的比值，可改变方波、三角波的周期或频率，同时影响三角波输出电压的幅度，但不影响方波输出电压的幅度；改变$n$和$R_4C_1$可改变频率，而不影响输出电压的幅度。

### 5.1.2 由ICL8038构成的集成函数发生器

下面介绍由ICL8038构成的模拟集成函数发生器。

**1. ICL8038的性能特点和主要参数**

ICL8038是精密波形产生与压控振荡器，是一块单片多种信号发生器IC，它能同时产生正弦波、方波、三角波，是一种性能价格比高的多功能波形发生器。因为ICL8038信号发生器是单片IC，所以制作和调试均较简单、方便，也较为实用、可靠，人们常称其为实用信号发生器。

ICL8038具有以下主要参数和主要特点：

① 工作频率范围：0.001Hz～500kHz；

② 波形失真度：不大于0.5%；

③ 同时有3种波形输出：正弦波、方波和三角波；

④ 电源：单电源为+10～+30V，双电源为±5～±15V；

⑤ 足够低的频率温漂：最大值为$50\times10^{-6}$/℃；

⑥ 改变外接电阻、电容值，可改变输出信号的频率范围；

⑦ 外接电压可以调制或控制输出信号的频率和占空比；

⑧ 使用简单，外接元件少。

## 2. ICL8038 的内部结构和引脚排列

ICL8038 采用 14 脚双列直插式封装。如图 5-1-3 所示为 ICL8038 的内部结构图，图 5-1-4 所示为其引脚排列图。

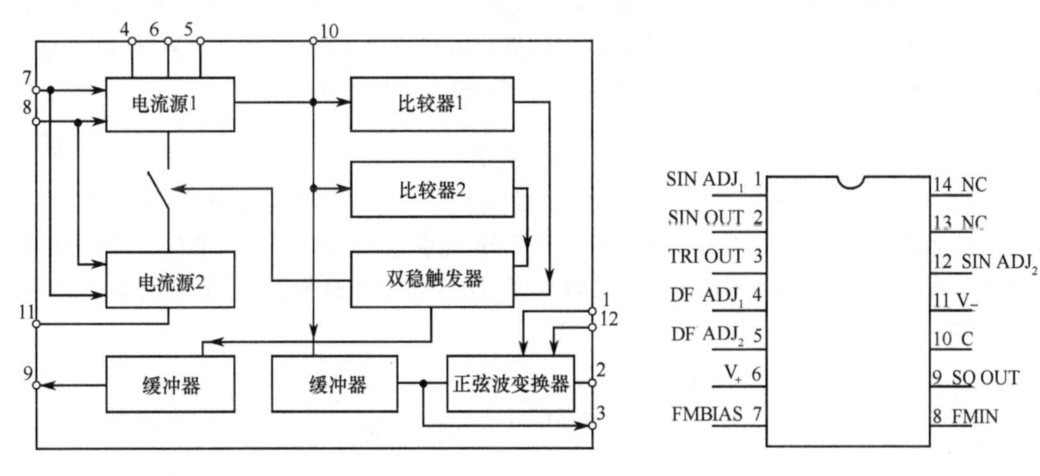


图 5-1-3　ICL8038 的内部结构图　　　　图 5-1-4　ICL8038 的引脚排列图

ICL8038 是由两个电流源、两个比较器、两个缓冲器、触发器和正弦波变换器等部分组成的。在 10 脚外接电容 $C$ 交替地从一个电流源充电后向另一个电流源放电，则在电容两端产生三角波。三角波加到两个比较器的输入端，同比较器的两个固定电平进行比较，从而产生触发信号，并通过触发器控制两个电源的相互转接。电容 $C$ 两端的三角波通过缓冲器加到正弦波变换器，则可以获得三角波输出和正弦波输出。通过比较器和触发器，并经过缓冲器，又可获得方波信号输出。因为三角波和方波信号是经过缓冲器获得的，因而输出阻抗较低（约 200Ω），而正弦波输出未经缓冲，输出阻抗较大（约 1kΩ），所以在实际使用时，还需要在 ICL8038 的正弦波输出端再加一级独立的同相放大器，进行缓冲、放大、调整振幅等。

ICL8038 的引脚及其功能如下。

1 脚、12 脚：SIN $ADJ_1$、SIN $ADJ_2$，正弦波波形调整端。通常 SIN $ADJ_1$ 开路或接直流电压，SIN $ADJ_2$ 接电阻 $R_{EXT}$ 到 $V_-$，用以改善正弦输出波形和减小失真。如图 5-1-5 所示为正弦波失真度调节电路，调节 100kΩ 电位器 $R_P$，可以将正弦波的失真度减小到 1%。当要求获得接近 0.5% 失真度的正弦波时，在 6 脚和 11 脚之间接两个 100kΩ 电位器 $R_{P1}$，$R_{P2}$，如图 5-1-6 所示。

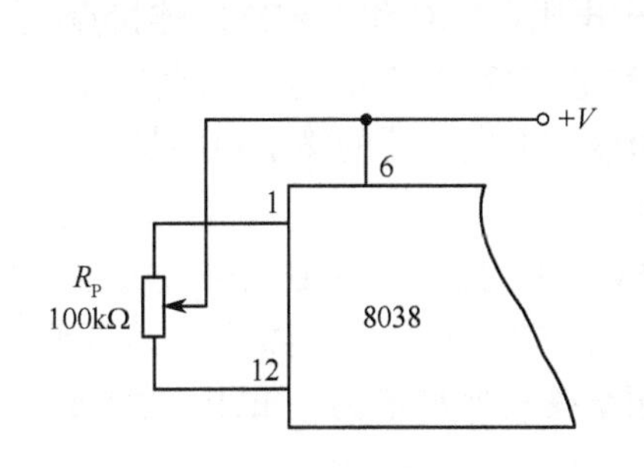


图 5-1-5　正弦波失真度调节电路一

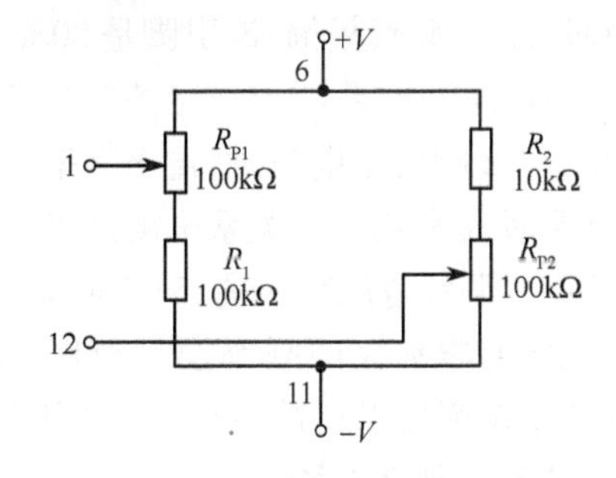


图 5-1-6　正弦波失真度调节电路二

2 脚：SIN OUT，正弦波输出。正弦波的振幅为

$$U_{sin} = 0.22V_S \tag{5-1-10}$$

式中，$V_S$ 为电源电压，$\pm 5V \leqslant V_S \leqslant \pm 15V$。

3 脚：TRI OUT，三角波输出，三角波的幅度为 $0.33V_S$。

4 脚、5 脚：DF $ADJ_1$、DF $ADJ_2$，输出信号重复频率和占空比（或波形不对称度）调节端。通常 DF $ADJ_1$ 端接电阻 $R_A$ 到 $V_+$，DF $ADJ_2$ 端接电阻 $R_B$ 到 $V_+$，改变阻值可调节频率与占空比。如图 5-1-7 所示为占空比 / 频率调节电路，调节电位器 $R_P$，可以使输出波形对称，获得占空比为 50% 的方波，图中 $R_1 = 82\text{k}\Omega$ 是 ICL8038 内部偏置电路所需要的。而且电位器 $R_P$ 和外接电容 $C$ 一起决定了输出波形的频率，调节 $R_P$，使波形对称，输出信号的频率为

$$f = \frac{1}{2\pi R_P C} \tag{5-1-11}$$

如图 5-1-8 所示也是占空比 / 频率调节电路，这种电路可以独立地调节输出波形的上升和下降部分。当调节 $R_{P1}$ 时，可控制三角波的上升部分、正弦波的 270° 至 90° 部分、方波的高电平部分；而调节 $R_{P2}$ 时，则可调节输出波形的另外一半。调节时相互有影响，需反复调节几次。输出波形的频率为

$$f = \frac{1}{1.66R_{P1}C\left[1 + \frac{R_{P2}}{2R_{P1} - R_{P2}}\right]} \tag{5-1-12}$$

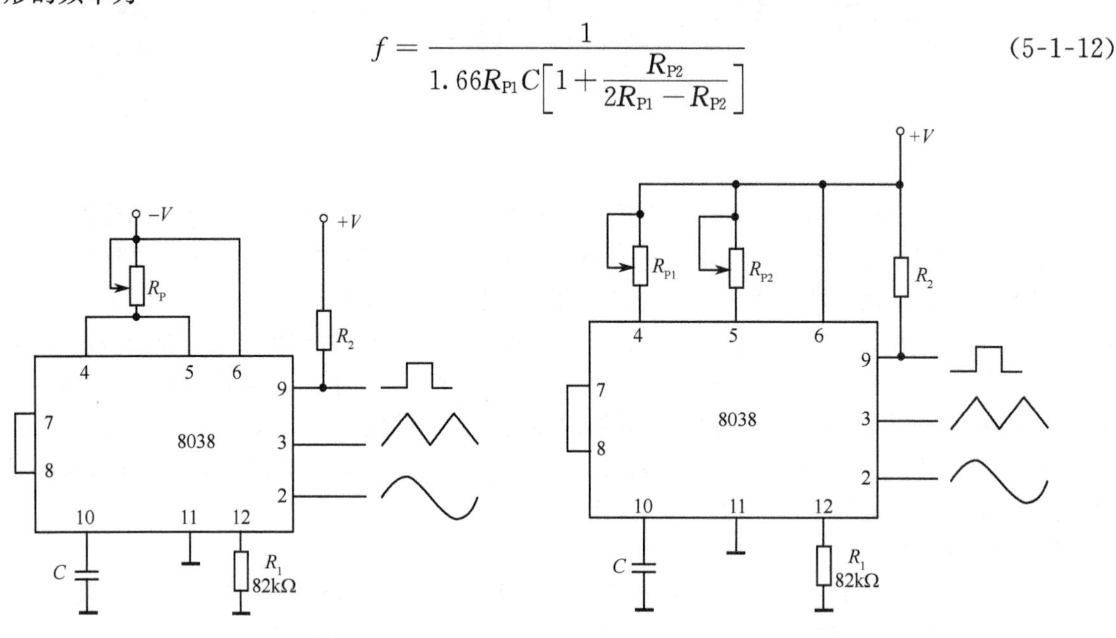


图 5-1-7　占空比/频率调节电路一　　　　图 5-1-8　占空比/频率调节电路二

6 脚：$V_+$，正电源端。

7 脚：FMBIAS，调频频偏。该引脚是 8038 内部两个电阻（10kΩ 和 40kΩ）的连接点，这两个电阻组成电源电压的分压器。对于给定的外接定时电阻和电容值，当 7 脚与 8 脚直接相连时，输出频率高；相反，当 8 脚接正电源时，输出频率较低。因为该波形发生器的输出频率是 8 脚上直流电压的函数，通常就是利用这一关系来测试 ICL8038 的。

8 脚：FMIN，调频电压输入端。对于调频扫描或调频频偏较大时，调制信号应加在 8 脚和 6 脚之间，此时可产生非常大的频率摆动范围。频率摆动范围定义为最高频率与最低频率之比，ICL8038 的这个范围可以超过 1000 : 1。ICL8038 的频率摆动典型值为 10kHz，要得到较小的频偏，调频信号应直接加在 8 脚。

9 脚：SQ OUT，方波输出。这是一个集电极开路的输出端，因此工作时应从该引脚接一个负载电阻到相应的正电源端，但正电源不得超过 30V。要得到与 TTL 兼容的方波输出，必须把负载电阻（典型值为 10kΩ）接到 +5V 电源。调节图 5-1-8 中的电位器 $R_{P1}$，$R_{P2}$，则输出波形的占空比可从 2% 变化到 98%。

10 脚：定时电容端。外接电容到 $V_-$ 端，用以调节输出信号的频率与占空比。10 脚和 11 脚接的定时电容 $C$，同 4 脚、5 脚接的电阻 $R_1$，共同决定了输出波形的频率。当 10 脚与 11 脚短接时，则振荡立即停止。

11 脚：$V_-$，负电源端或接地。使用正、负电源时，11 脚接负电源，输出波形都相对于 0V 对称；使用单一正电源时，11 脚接地，输出波形是单极性，平均电压是 $+\frac{V_S}{2}$（$V_S$ 为电源电压）。

13 脚、14 脚：NC，空脚。

**3. ICL8038 的应用电路**

（1）由 ICL8038 构成的多功能信号发生器

如图 5-1-9 所示为由 ICL8038 构成的多功能信号发生器，此发生器可以同时产生方波、三角波和正弦波。为了使方波、三角波和正弦波 3 个引脚的输出信号互不干扰，在 3 个引脚分别再接一级跟随器。电位器 $R_{P1}$、$R_{P2}$ 的作用是调节输出波形的线性度。开关 S 的作用是选择频率范围（图中分两挡：20 ～ 700Hz 和 500Hz ～ 20kHz）。

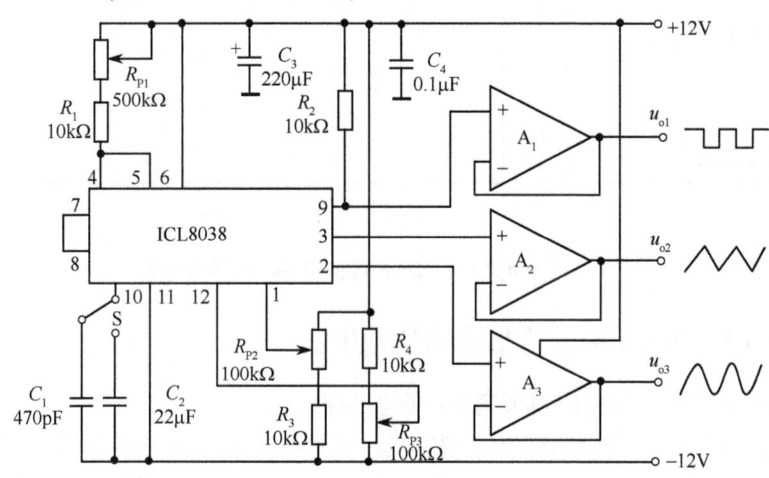


图 5-1-9　由 8038 构成的多功能信号发生器

（2）由 ICL8038 构成的压控振荡器

如图 5-1-10 所示为由 ICL8038 构成的线性压控器电路，是输出频率与输入电压成正比的线性压控振荡器电路，线性压控振荡器 VCO 也称为 U/F 变换器。图中，$A_1$ 的作用是改善 $C_1$ 充放电用的恒流电路的特性，以使输出频率相对于输入电压为线性关系。$A_2$ 是跟随器，起缓冲作用。电位器 $R_{P1}$ 的作用是调零。电位器 $R_{P2}$ 的作用是调节高频对称性。电位器 $R_{P3}$ 的作用是调节低频对称性。电位器 $R_{P4}$ 的作用是调节正弦波失真。若输入电压信号，则可获得输出调频波。若用频率计数器对输出进行计数，则可得到一种将电压信号变为数字信号的 A/D 转换器。

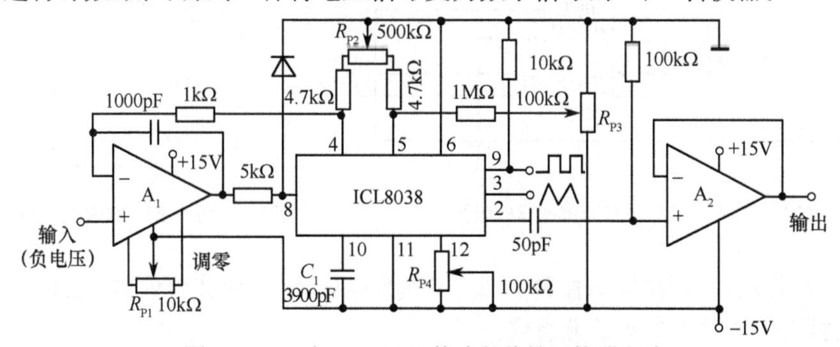


图 5-1-10　由 ICL 8038 构成的线性压控器电路

(3) 由 ICL8038 构成的可编程函数发生器

如图 5-1-11 所示为由 ICL8038 构成的可编程函数发生器。图中，DAC-20 是 D/A 转换器，其作用是将数字信号 $S_1$ 和 $S_2$ 转换为模拟信号进行控制和编程。其中，$S_1$ 是 16 位转换器，$S_2$ 是 10 位二-十进制转换器。REF-02 是基准电源，为 DAC-20 提供参考电压。其余部分元器件的作用，请参考图 5-1-10。

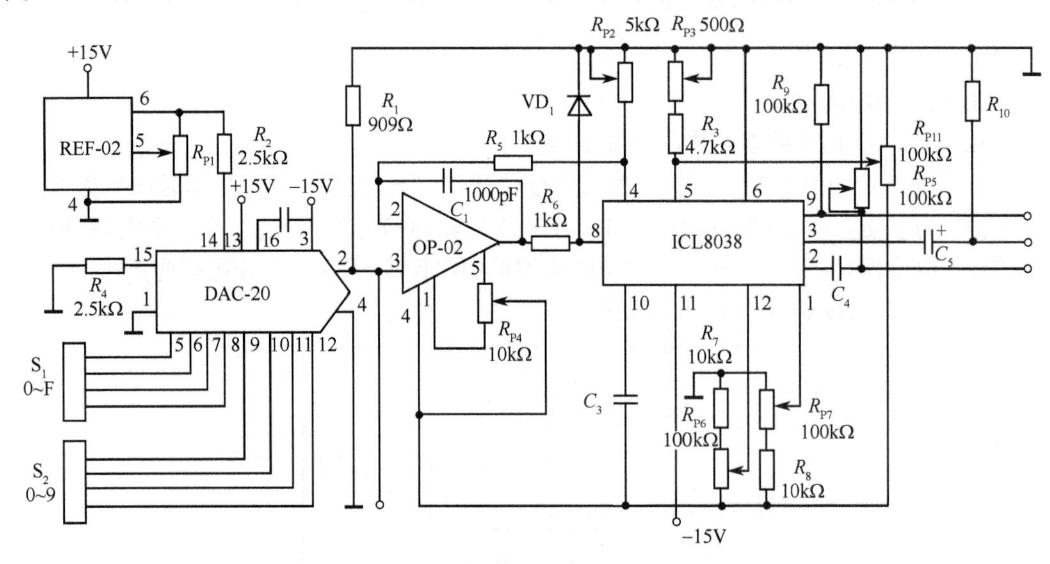


图 5-1-11　由 LCL8038 构成的可编程函数发生器

## 5.1.3　由 MAX038 构成的集成函数发生器

下面介绍由 MAX038 构成的模拟集成函数发生器。

MAX038 是一种单片高精度高频函数发生器，其输出信号的频率范围是 0.1Hz ～ 20MHz，最高可达 40MHz。用 MAX038 构成的电路可产生高频的正弦波、矩形波、三角波信号，其输出波形具有较好的高频特性。

### 1. MAX038 的内部结构和引脚功能

如图 5-1-12 所示为 MAX038 的内部结构图，图 5-1-13 所示为其引脚排列图。

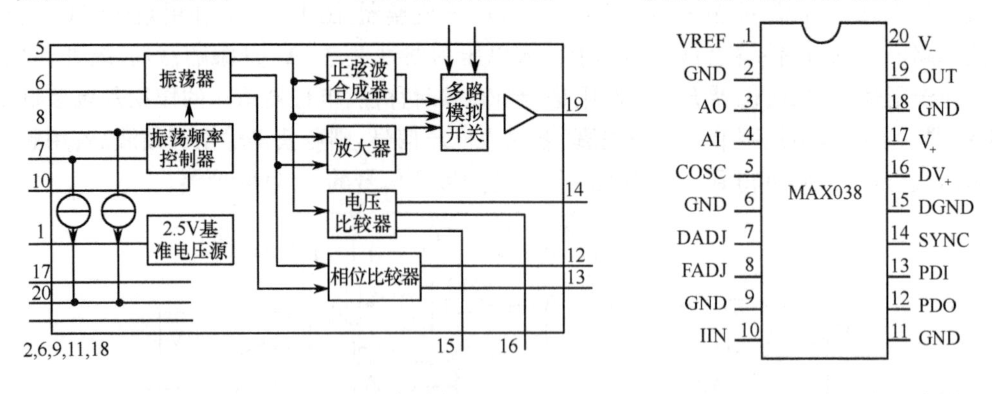


图 5-1-12　MAX038 的内部结构图　　　图 5-1-13　MAX038 的引脚排列图

MAX038 由振荡器、振荡频率控制器、2.5V 基准电压源、正弦波合成器、电压比较器、相位比较器、多路模拟开关和放大器等部分组成。

MAX038 的引脚及其功能如下：

表 5-1-1　输出波形设置方法

| AO | AI | 波形 |
| --- | --- | --- |
| × | 1 | 正弦波 |
| 0 | 0 | 矩形波 |
| 1 | 0 | 三角波 |

1 脚：VREF，参考电源。

2 脚、6 脚、9 脚、11 脚、18 脚：GND，模拟地。

3 脚：AO，波形设定端，见表 5-1-1。

4 脚：AI，波形设定端，见表 5-1-1。

5 脚：COSC，外接振荡电容端。

7 脚：DADJ，占空比调节端。

8 脚：FADJ，频率调节端。

10 脚：IIN，振荡频率控制器的电流输入端。

12 脚：PDO，相位比较器的输出端。

13 脚：PDI，相位比较器的输入端。

14 脚：SYNC，同步输出端。

15 脚：DGND，数字地端。

16 脚：$DV_+$，数字电路的 +5V 电源端。

17 脚：$V_+$，正电源端。

19 脚：OUT，波形输出端。

20 脚：$V_-$，负电源端。

**2. MAX038 的应用电路**

如图 5-1-14 所示为 MAX038 的应用电路。

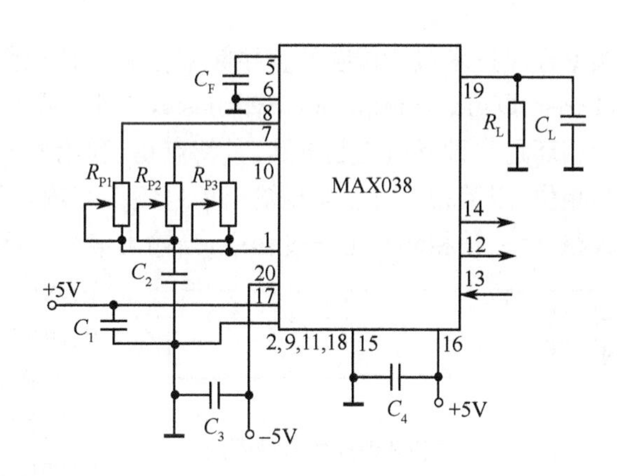


图 5-1-14　MAX038 的应用电路

在图 5-1-14 中，19 脚是波形输出端，根据表 5-1-1 输出波形的设置方法，可得到高频的正弦波、矩形波、三角波等输出波形。利用恒定电流向 $C_F$ 充电和放电，形成振荡，产生三角波和矩形波。电位器 $R_{P1}$ 的作用是调节振荡频率，可对频率进行精细调节，若不作频率调节时，8 脚与地之间需要接 12kΩ 的电阻。电位器 $R_{P2}$ 的作用是调节占空比，若 7 脚端的电压从 2.3V 变化到 −2.3V 时，占空比将从 10% 变化到 90%，若占空比严格等于 50% 时，可消除波形失真。电位器 $R_{P3}$ 的作用是控制振荡频率控制器的输入电流。

如图 5-1-15 所示为由 MAX038 构成的 5Hz ～ 5MHz 函数发生器。此电路的特点是外围元件少，功能多，可调元件少，工作稳定可靠。此电路可以根据需要从方波、正弦波和三角波中任选，根据需要从 6 个频率中任选。MAX038 专用函数发生器通过电流输入端 IIN 的大小设定振荡频率，用电阻把基准电压变换成电流，用流经 FADJ 端的电流微调频率。$C_1$ ～ $C_6$ 是定时电容，$R_{P1}$ 电位器用于设定频率。因 5MHz 属于高频信号，为了减少连线分布电容对工作电容的影响，增加了一个 50pF 的 $C_{TC}$ 半可变电容与 75pF 工作电容并联，以对高频进行校准。

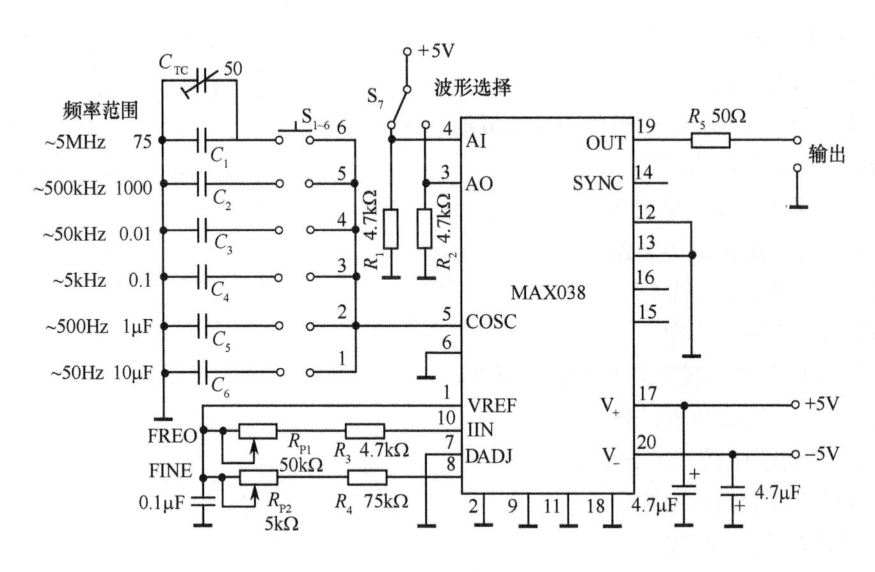


图 5-1-15　5Hz ~ 5MHz 函数发生器

# 5.2　直接数字频率合成技术

频率合成技术包括传统的直接频率合成(DS)、锁相环间接频率合成(PLL) 和直接数字频率合成(Direct Digital Frequency Synthesis,DDFS 或 DDS)。

锁相环是一种反馈控制电路,其特点是:利用外部输入的参考信号控制环路内部振荡信号的频率和相位。因锁相环可以实现输出信号频率对输入信号频率的自动跟踪,所以锁相环通常用于闭环跟踪电路。锁相环在工作过程中,当输出信号的频率与输入信号的频率相等时,输出电压与输入电压保持固定的相位差值,即输出电压与输入电压的相位被锁住,这就是锁相环名称的由来。

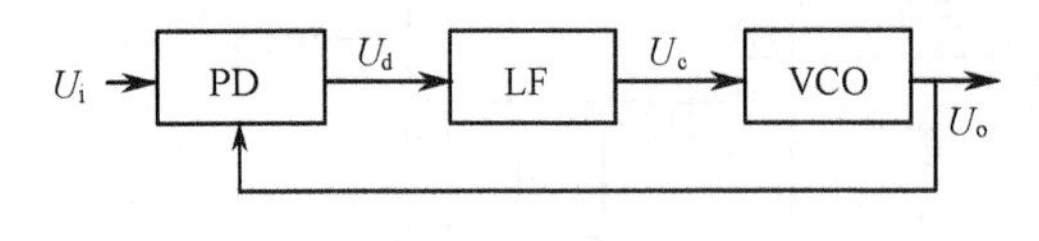


图 5-2-1　锁相环组成的原理框图

锁相环通常由鉴相器(PD)、环路滤波器(LF)和压控振荡器(VCO)3 个部分组成,锁相环组成的原理框图如图 5-2-1 所示。

锁相环中的鉴相器又称为相位比较器,其作用是检测输入信号和输出信号的相位差,并将检测出的相位差信号转换成 $u_d(t)$ 电压信号输出,该信号经低通滤波器滤波后形成压控振荡器的控制电压 $u_c(t)$,对振荡器输出信号的频率实施控制。

直接数字频率合成是一种新的频率合成技术和信号产生的方法,具有超高速的频率转换时间、极高的频率分辨率和较低的相位噪声,在频率改变与调频时,DDS 能够保持相位的连续,因此很容易实现频率、相位和幅度调制。此外,DDS 技术大部分是基于数字电路技术的,具有可编程控制的突出优点。因此,这种信号产生技术得到了越来越广泛的应用,很多厂家已经生产出了 DDS 专用芯片,这种器件成为当今电子系统及设备中频率源的首选器件。

## 5.2.1　DDS 的基本原理

DDS 的原理框图如图 5-2-2 所示。图中,相位累加器可在每一个时钟周期来临时将频率控制字(Tuning Word) 所决定的相位增量 $M$ 累加一次,如果计数大于 $2^N$,则自动溢出,而只保留后面的 $N$ 位数字于累加器中。正弦查询表 ROM 用于实现从相位累加器输出的相位值到正弦幅度值的转换,然后送到 DAC 中将正弦幅度值的数字量转变为模拟量,最后通过滤波器输出一个很纯净的正弦波信号。

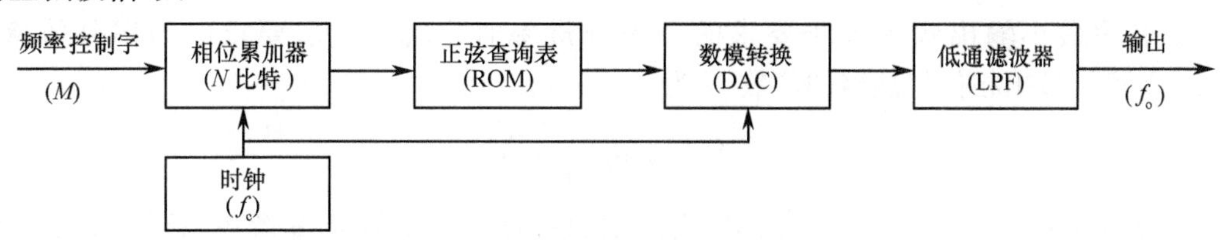


图 5-2-2 DDS 原理框图

## 5.2.2 DDS 的基本参数计算公式

由于相位累加器是 $N$ 比特的模 2 加法器，正弦查询表 ROM 中存储一个周期的正弦波幅度量化数据，所以频率控制字 $M$ 取最小值 1 时，每 $2^N$ 个时钟周期输出一个周期的正弦波。所以此时有

$$f_o = \frac{f_c}{2^N} \tag{5-2-1}$$

式中，$f_o$ 为输出信号的频率；$f_c$ 为时钟频率；$N$ 为累加器的位数。

更一般的情况，频率控制字是 $M$ 时，每 $\frac{2^N}{M}$ 个时钟周期输出一个周期的正弦波。所以此时有

$$f_o = \frac{M \times f_c}{2^N} \tag{5-2-2}$$

式(5-2-2) 为 DDS 系统最基本的公式之一。由此可以得出：

输出信号的最小频率(分辨率)

$$f_{omin} = \frac{f_c}{2^N} \tag{5-2-3}$$

输出信号的最大频率

$$f_{omax} = \frac{M_{max} \times f_c}{2^N} \tag{5-2-4}$$

DAC 每信号周期输出的最少点数

$$k = \frac{2^N}{M_{max}} \tag{5-2-5}$$

当 $N$ 比较大时，对于很大范围内的 $M$ 值，DDS 系统都可以在一个周期内输出足够的点，保证输出波形失真很小。

## 5.2.3 DDS 各部分的具体参数

作为频率信号源，DDS 系统的输出频率范围、频率分辨率、频率稳定度、波形的谐波失真等是人们主要关心的指标。由于电路复杂性、价格及现有技术条件的限制，不可能无限地提高这些指标，那么这些指标的相互关系是怎样的呢？下面做一些简要的分析。

相位累加器的位数 $N$、数模转换比特数 $n$、时钟频率 $f_c$ 及其稳定度、低通滤波器(LPF) 的特性等是决定 DDS 系统指标的重要参数。

事实上，可以认为 DDS 系统是模拟信号转化成数字信号的逆过程，即是将单频正弦模拟信号采样、量化的逆过程。单频正弦模拟信号的频率对应于 DDS 系统的输出信号频率，采样频率对应于 DDS 系统的时钟频率 $f_c$，量化比特数对应于 DDS 系统的数模转换比特数 $n$。如果要求 DDS 的输出频率范围为 $f_{omin} \sim f_{omax}$，则 $f_c$ 应大于 $f_{omax}$ 的 2 倍，这是由 Nyquist 定理决定的。为了使输出波形更好，同时减少对低通滤波器的参数要求，一般 $f_c$ 至少取 $f_{omax}$ 的 4 倍以上。DDS 系统中的数模转换器 DAC 的转换时间应小于 $1/f_c$，数模转换比特数 $n$ 越大，则波形失真及量化误差越小。

但受价格等因素的限制，只能取一个适当的值。$f_{omax}$ 是 DDS 系统的频率分辨率或输出最小频率。当要求的最小输出频率大于要求的频率分辨率时，$f_{omax}$ 应取要求的频率分辨率。由式(5-2-3) 可计算出相位累加器的位数 $N$ 为

$$N \geqslant \log_2\left(\frac{f_c}{f_{omin}}\right) \tag{5-2-6}$$

一般情况下，$N$ 选大一些对于数字电路是比较容易的，所以 DDS 系统可以很容易地实现高频率分辨率、大频率变化比(最大输出频率与最小输出频率的比) 的信号。另外，如果 $N$ 比较大，一个周期内时间轴被分为 $2^N$ 个点，DDS系统的正弦查询表ROM中是否必须存储 $2^N$ 个点的数据呢?答案是否定的。这是因为DDS系统的数模转换比特数 $n$ 是有限的，一般不太大，特别对于高速DAC，高比特数 DAC 也没有太大必要。这样，正弦查询表 ROM 中如果存储非常多的点，则很多相临的点存储的是同样的幅度值。

### 5.2.4 DDS芯片AD9852

近年来随着集成电路技术和器件水平的提高，国外一些公司先后推出各种各样的 DDS 专用芯片，如 Qualcomm 公司的 Q2230，Q2334，Analog Devices 公司的 AD9850，AD9851，AD9852，AD9910，AD9912 等。

AD9852 具有频率转化速度快、频谱纯度高、工作温度范围宽、集成度高等特点。其工作电压为3.3V，片内有 4 ～ 20 倍可编程时钟乘法电路，系统最高时钟可达 300MHz，输出频率可达 120MHz，频率转化速度小于 1μs。内部有 12 位 D/A 转化器、48 位可编程频率寄存器和 14 位可编程相位寄存器，具有 12 位振幅调谐功能，能产生频率、相位、幅度可编程控制的高稳定模拟信号。

AD9852 的引脚如图 5-2-3 所示，引脚定义见表 5-2-1。

**表 5-2-1　AD9852 的引脚定义**

| 引　　脚 | 名　　称 | 描　　述 |
|---|---|---|
| 1 ～ 8 | D7 ～ D0 | 8 位双向并行编程数据输入，只能用于并行编程模式 |
| 9,10,23,24,25,73,74,79,80 | DVDD | 3.3V 数字电源 |
| 11,12,26,27,28,72,75 ～ 78 | DGND | 数字地 |
| 13,35,57,58,63 | NC | 不连接 |
| 14 ～ 16 | A5 ～ A3 | 对寄存器编程的并行地址输入端(6 位地址输入端 A5:A0 的一部分)，只能用于并行编程模式 |
| 17 | A2/IO RESET | 对寄存器编程的并行地址输入端(6 位地址输入端 A5:A0 的一部分)/IO RESET。A2 仅被用于并行编程模式。当选择串行模式时，IO RESET 有效，当由于错误的编程协议引起无应答反应时，可以复位串行通信总线。在这种方式下，复位串行总线不会影响其他的设置和默认值。高电平有效 |
| 18 | A1/SDO | 对寄存器编程的并行地址输入端(6 位地址输入端 A5:A0 的一部分)/单向串行数据输出端。A1 仅应用在并行程序模式下。在串行模式下，SDO 用于 3 线串行通信模式 |
| 19 | A0/SDIO | 对寄存器编程的并行地址输入端(6 位地址输入端 A5:A0 的一部分)/双向串行数据输入/输出端。A0 仅应用在并行编程模式下，SDIO 用于 2 线串行通信模式 |
| 20 | I/O UD CLK | 双向 I/O 更新时钟。在控制寄存器中设定方向。如果选择输入，时钟上升沿把 I/O 缓冲器内的数据传输到程序寄存器中。如果选择输出(默认)，持续 8 个系统时钟周期的输出脉冲(由低到高) 表明已经发生内部频率更新 |

(续表)

| 引　　脚 | 名　　称 | 描　　述 |
|---|---|---|
| 21 | $\overline{WR}$/SCLK | 写并行数据到 I/O 口缓冲器，与 SCLK 复用此端口。串行时钟信号与串行总线相关联，时钟上升沿记录数据。当选择并行模式时$\overline{WR}$起作用。该引脚的模式依赖于引脚 70(S/P SELECT) 的状态 |
| 22 | $\overline{RD}$/ $\overline{CS}$ | 从程序寄存器中读取数据，与$\overline{CS}$复用此端口。片选信号与串行总线关联，低电平有效。当选择并行模式时，$\overline{RD}$起作用 |
| 29 | FSK/BPSK/HOLD | 多功能引脚。功能由程序控制寄存器选择的操作模式决定。如果选择 FSK 模式，逻辑低选择 F1，逻辑高选择 F2。如果选择 BPSK 模式，逻辑低选择相位 1，逻辑高选择相位 2。在 HOLD 模式下，逻辑高激活保持功能，使频率累加器保持在当前位置，逻辑低时恢复或开始累加 |
| 30 | OSK | 输出波形控制。必须首先在程序控制寄存器中设定此引脚。逻辑高使输出的余弦波形以设定的频率，从 0 刻度到满刻度变化。逻辑低使输出的余弦波形以设定的频率，从满刻度到 0 刻度变化 |
| 31,32,37,38,44,50,54,60,65 | AVDD | 3.3V 模拟电源 |
| 33,34,39,40,41,45,46,47,53,59,62,66,67 | AGND | 模拟地 |
| 36 | VOUT | 内部高速比较器的正向输出端。被设计驱动 10dBm 和 50Ω 标准 CMOS 负载 |
| 42 | VINP | 正电压输入。内部高速比较器的正向输入端 |
| 43 | VINN | 负电压输入。内部高速比较器的反向输入端 |
| 48 | IOUT1 | 余弦 DAC 的单极电流输出 |
| 49 | $\overline{IOUT1}$ | 互补余弦 DAC 的单极电流输出 |
| 51 | $\overline{IOUT2}$ | 互补余弦 DAC 的单极电流输出 |
| 52 | IOUT2 | 余弦 DAC 的单极电流输出 |
| 55 | DACBP | 为两个 DAC 公用旁路电容连接引脚。在这个引脚和 AVDD 间接 0.01μF 电容，可以改善谐波畸变和 SFDR。允许不连接，但 SFDR 的指标会轻微降低 |
| 56 | DAC $R_{SET}$ | 为两个 DAC 公用连接引脚。用于设定满刻度输出电流值。$R_{SET}=39.9/I_{out}$，范围从 8kΩ(5mA) 到 2kΩ(20mA) |
| 61 | PLL FILTER | 滤波器 |
| 64 | DIFF CLK ENABLE | $\overline{REFCLK}$ 差分使能端。高电平使能差分时钟输入 |
| 68 | $\overline{REFCLK}$ | 差分时钟信号中的一个(180° 相移)。当单端时钟模式时，此引脚应该设为高电平或低电平 |
| 69 | REFCLK | 单端参考输入时钟或差分时钟信号中的一个。在差分参考时钟模式，两个输入可以是 CMOS 逻辑电平或以 1.6V 直流为中心，高于 400mV 峰-峰值的方波或正弦波 |
| 70 | S/P SELECT | 串行模式和并行模式选择端 |
| 71 | MASTER RESET | 初始化串行 / 并行程序总线，并设置控制寄存器到由默认值定义的空闲状态。逻辑高有效。上电启动时，必须对该引脚进行正确的操作 |

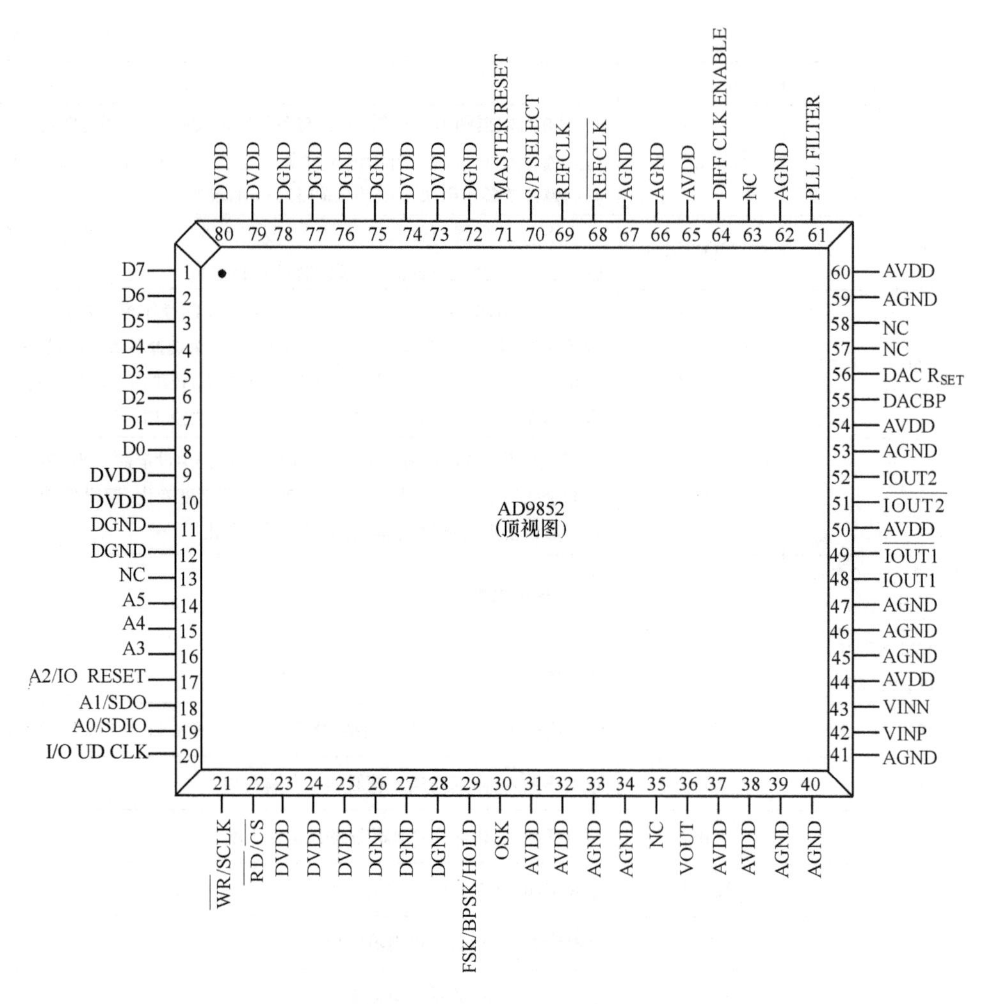


图 5-2-3　AD9852 器件封装图

## 5.2.5　由 AD9852 构成的信号发生器

该系统中，由 TMS320F2812 作为控制器，其功能是计算所要产生信号的波形参数，并发送控制字到 AD9852 内部的控制寄存器，以实现可编程的任意信号发生。数据的传输有串行、并行两种方式，串行传输速率最大为 10MHz，并行传输速率最大为 100MHz。为了节约硬件资源，在满足系统要求的前提下，采取串口连接方式，利用 TMS320F2812 片内的串行外设接口(SPI) 控制 AD9852，接口电路的原理框图如图 5-2-4 所示。

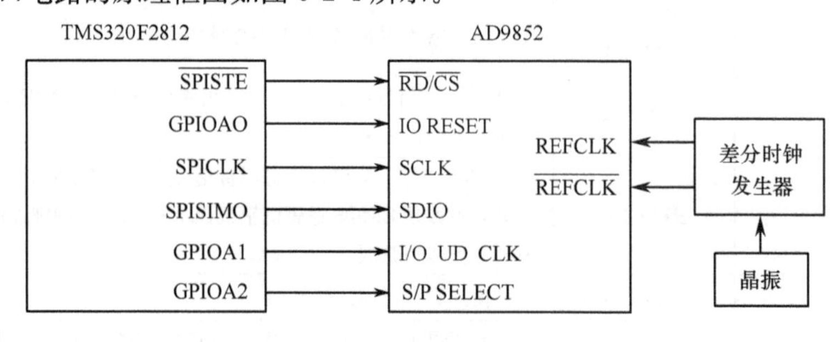


图 5-2-4　AD9852 与 TMS320F2812 的硬件接口电路

AD9852 的串行接口与 TMS320F2812 的 SPI 接口兼容，通过 6 个端口即可实现串行数据的传输控制。通过引脚 S/P SELECT 选择串行模式，$\overline{RD}$/$\overline{CS}$ 是复用信号，在串行工作状态下，$\overline{CS}$ 作为 AD9852 串行总线的片选信号，IO RESET 是串口总线复位信号，SCLK 是串口时钟信号，系统采用的是两线串口通信模式，使用 SDIO 端口进行双向输入 / 输出操作，I/O UD CLK 是更新时钟信号。串行通信工作的时序如图 5-2-5 所示。

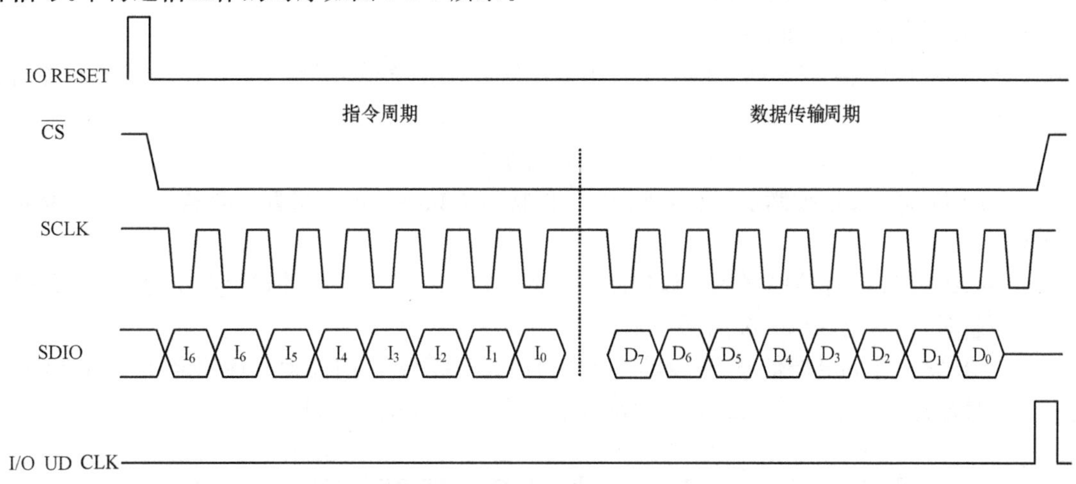


图 5-2-5　AD9852 串行通信工作的时序图

AD9852 的串行通信周期分为两个阶段，SCLK 的前 8 个上升沿对应于指令周期，在指令周期中，用户向 AD9852 的串口控制器发送命令字来控制，随后进行的是串行数据传输。数据传输周期从 SCLK 的第 9 个上升沿开始，输入数据在时钟上升沿写入，输出的数据则在时钟下降沿读出。由串口传送的数据首先被写入 I/O 缓存寄存器中，当系统接收到有效的更新信号时，才将这些数据写入内部控制寄存器组，完成相应的功能。当通信周期完成后，AD9852 的串口控制器认为接下来的 8 个系统时钟的上升沿对应的是下一个通信周期的指令字。

当 IO RESET 引脚出现一个高电平输入时，将会立即终止当前的通信周期，当 IO RESET 引脚状态回到低电平时，AD9852 串口控制器认为接下来的 8 个系统时钟的上升沿对应的是下一个通信周期的指令字，这一点对保持通信的同步十分有益。

AD9852 的参考时钟有差分输入和单端输入两种形式，由于差分时钟在脉冲边沿具有更短的上升和下降时间及最小的抖动率，可以有效降低参考时钟的相位误差，因此本系统采用了参考信号差分输入的方式。对于差分输入方式，输入端信号可以是方波或正弦波，可使用 MAXIM 公司的 MAX9371，将普通时钟信号转化成系统所需的差分时钟信号。

在对 AD9852 进行编程时，串行输入的数据被缓存在内部的 I/O 缓冲寄存器中，不会影响到 AD9852 的工作状态；在更新时钟信号的上升沿到来后，触发 I/O 缓冲寄存器，把数据传送给内部控制寄存器，这时才能完成相应功能，实现对输出信号的控制。更新时钟信号的产生有两种方式，一种由 AD9852 芯片内部自动产生，用户可以对更新时钟的频率进行编程，来产生固定周期的内部更新时钟；另一种由用户提供外部更新时钟，此时 AD9852 I/O UD CLK 引脚为输入引脚，由外部控制器提供信号。该系统采取外部时钟更新的方式，使用 DSP 的一个 I/O 端口与 AD9852 的 I/O UD CLK 相连接，可以通过软件的方式实现对更新时钟信号上升沿的精确控制。

AD9852 的工作时钟高达 300MHz，为了降低时钟信号的干扰，系统应采用低频时钟信号源，然后通过 AD9852 片内的参考时钟倍频器，对外部参考时钟实现 4 ～ 20 倍频。参考时钟倍频器的锁相环电路有两个工作状态：锁定状态和获得锁定状态。在锁定状态，系统时钟信号和参考时钟信号可以保持同步。但当给 AD9852 发送控制指令时，在其参考时钟倍频器工作后的短暂时间内，锁相环不能立刻锁定，仍然工作在获得锁定状态。而此时传送到 AD9852 相位累加器的系统时钟周期的个数是不可控的，因此系统初始化以后，一定要先确保锁相环进入锁定状态，然后才能更新 AD9852 内部的各种控制字。AD9852 片内锁相环锁定的典型时间约为 400μs，建议至少留出 1ms 时间使锁相环进入锁定状态。

AD9852 的控制流程如下：

① 给系统上电，由 DSP 向 AD9852 发出复位信号，此信号需要至少保持 10 个参考时钟周期的高电平；

② 将 S/P SELECT 置 0，选择串行数据输入方式；

③ 给 AD9852 发送控制字，使 AD9852 工作状态由默认的内部更新时钟模式变为外部时钟更新模式；

④ 将 AD9852 时钟倍频器的工作控制字写入 AD9852 的 I/O 缓冲寄存器中，然后由 DSP 发出外部更新时钟，更新 AD9852 内部控制寄存器；

⑤ DSP 发出外部更新信号，至少等待 1ms 时间使 AD9852 内部锁相环锁定，然后由 DSP 发送有关信号波形参数给 AD9852，对其内部控制寄存器的内容进行同步更新。

## 5.3 基于 FPGA 的 DDS 任意波形发生器

目前利用专门 DDS 芯片开发的信号源比较多，它们输出频率高、波形好、功能也较多，但它们的 ROM 里一般都只存有一种波形（正弦波），加上一些外围电路也能产生少数几种波形，但速度受到很大的限制，因此使用不是很灵活。为了增加灵活性，可以采用 FPGA 实现 DDS 技术，把 DDS 中的 ROM 改用 SRAM。SRAM 作为一个波形抽样数据的公共存储器，只要改变存储波形信息的数据，就可以灵活地实现任意波形发生器。

该系统主要由 DDS 系统、数模转换及输出信号调理等部分组成，由单片机控制，外加键盘及显示等人机接口部分。DDS 系统是设计的关键，主要由相位累加模块、地址总线控制模块、数据总线控制模块及波形数据存储器 SRAM 等组成。其中，相位累加模块、地址总线控制模块和数据总线控制模块都是在 FPGA 上实现的。相位累加器是整个 DDS 系统运转的关键，其设计的好坏直接影响到整个系统的功能，它实质上是一个带反馈的 $N$ 位加法器，把输出数据作为另一路输入数据与送来的频率控制字进行连续相加，产生有规律的 $N$ 位地址码。设计中可采用流水线技术实现加法器。

在频率更新时钟上升沿时，频率控制字 $K$ 锁存于 $N$ 位的频率控制字寄存器内。在参考时钟的每一个时钟脉冲到来时，控制字 $K$ 与相位累加器内容进行模 2 加，得到 $N$ 位波形相位值。再将 $N$ 位的相位码截去低 $B$ 位，用高 $M$ 位（$M = N - B$）作为地址对 SRAM 寻址，输出 $S$ 位的波形幅度值，形成数字化的波形。数字化波形通过 DAC 后，输出模拟的阶梯化波形，阶梯波经过低通滤波器平滑后，生成连续波形。

该系统同时还扩展有 SRAM 波形存储器和 ROM 波形存储器，分别用来存放所需波形抽样数据和预置标准输出波形抽样数据。系统的原理框图如图 5-3-1 所示。波形的抽样数据存放在 ROM 里，当要产生某种波形时，输入相应的控制信息，系统将抽样数据从 ROM 里加载到 SRAM 里，以供 FPGA 工作时寻址查表使用。当所需波形不是标准波形时，可以通过在线编程产生所需波形的抽样数据，直接将抽样数据存入 SRAM，以便频率合成时使用，这样就可以产生任意波形的信号。

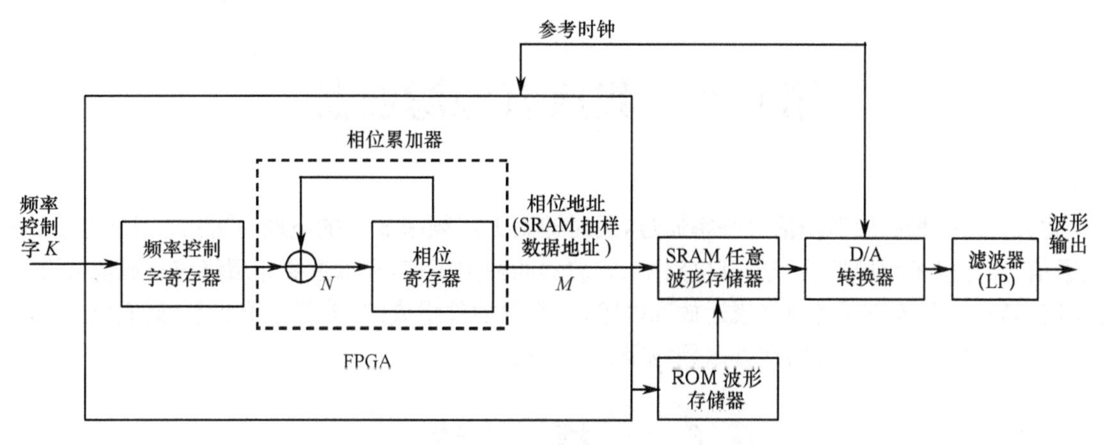

图 5-3-1　基于 FPGA 的 DDS 原理框图

用FPGA设计DDS电路比采用专用DDS芯片更为灵活。因为只要改变SRAM中的数据，就可以产生任意波形，因而具有相当大的灵活性。FPGA 芯片还支持在线升级，将 DDS 设计嵌入到FPGA 芯片所构成的系统中，并采用流水线技术，其系统成本并不会增加多少，而购买专用芯片的价格则是前者的很多倍。因此，采用 FPGA 来设计 DDS 系统具有很高的性能价格比。

## 思考题与习题

5.1　分析图 5-1-8 所示电路的工作原理，并说明电位器 $R_{P1}$，$R_{P2}$ 的作用。在实际应用电路中，应如何调节电位器 $R_{P1}$，$R_{P2}$？

5.2　以 ICL8038 芯片为主，设计一个多功能信号发生器，要求能产生正弦波、方波、三角波信号，并简述其工作原理。

5.3　设计一个产生锯齿波、脉冲波的信号发生器，要求：(1) 画出电路原理图；(2) 写出求锯齿波、脉冲波频率的表达式；(3) 写出求脉冲波占空比的表达式，并说明如何调整占空比？

5.4　设计一个实用多功能信号源，要求如下：

(1) 能产生正弦波、矩形波、三角波信号；

(2) 信号频率范围：20Hz ～ 20kHz；

(3) 频率实现步进调节，调整步距为 1Hz；

(4) 输出信号的峰 - 峰值以 0.1V 为步距，从 0.1V 到 3.0V 的范围内实现步进调节。

(5) 对矩形波信号，占空比以 2% 为步距，在 2% ～ 98% 的范围内实现步进调节。

5.5　试说明 PLL 的基本原理。

5.6　试说明 DDS 的基本原理。

5.7　试说明用 FPGA 实现的任意波形发生器与使用 DDS 芯片来实现有何不同之处。

# 第6章 集成有源滤波器

滤波器是一种能使有用信号频率通过，同时抑制无用频率成分的电路，广泛应用于电子、电气、通信、计算机等领域的信号处理电路中。滤波器的种类很多，本章主要介绍集成有源滤波器及其应用。集成有源滤波器是由集成运放和电阻、电容等器件组成的。随着电子技术、集成电路技术的迅速发展，集成有源滤波器在许多领域得到了广泛应用。

## 6.1 概　　述

### 6.1.1 滤波器的分类

按元件分类，滤波器可分为：有源滤波器、无源滤波器、陶瓷滤波器、晶体滤波器、机械滤波器、锁相环滤波器、开关电容滤波器等。

按信号处理的方式分类，滤波器可分为：模拟滤波器、数字滤波器。

按通频带分类，滤波器可分为：低通滤波器、高通滤波器、带通滤波器、带阻滤波器等。

除此之外，还有一些特殊滤波器，如满足一定频率响应特性、相移特性的特殊滤波器，例如，线性相移滤波器、时延滤波器、音响中的计权网络滤波器、电视机中的中放声表面波滤波器等。

本章主要介绍有源滤波器，有源滤波器一般有以下几种分类方式。

按通频带分类，有源滤波器可分为：低通滤波器（LPF）、高通滤波器（HPF）、带通滤波器（BPF）、带阻滤波器（BEF）等。如图6-1-1所示为各种滤波器的幅频特性，其中，实线是理想幅频特性，虚线是实际幅频特性。

按通带滤波特性分类，有源滤波器可分为：最大平坦型（巴特沃思型）滤波器、等波纹型（切比雪夫型）滤波器、线性相移型（贝塞尔型）滤波器等。

按运放电路的构成分类，有源滤波器可分为：无限增益单反馈环型滤波器、无限增益多反馈环型滤波器、压控电源型滤波器、负阻变换器型滤波器、回转器型滤波器等。

### 6.1.2 集成有源滤波器的特点

集成有源滤波器与其他滤波器相比，具有以下优点：

① 在制作截止频率或中心频率较低的滤波器时，可以做到体积小、质量轻、成本低；

② 无须阻抗匹配；

③ 可方便地制作截止频率或中心频率连续可调的滤波器；

④ 由于采用集成电路，所以受环境条件（如机械振动、温度、湿度、化学因素等）的影响小；

⑤ 受电磁干扰的影响小；

⑥ 在实现滤波的同时，可以得到一定的增益，如低通滤波器的增益可达到40dB；

⑦ 如果使用电位器、可变电容器等，可使滤波器的精度达到0.5%；

⑧ 由于采用集成电路，可避免各滤波节之间的负载效应而使滤波器的设计和计算大大简化，且易于进行电路调试。

但是，集成有源滤波器也有缺点，如集成电路在工作时，需要配备电源电路；由于受集成运放

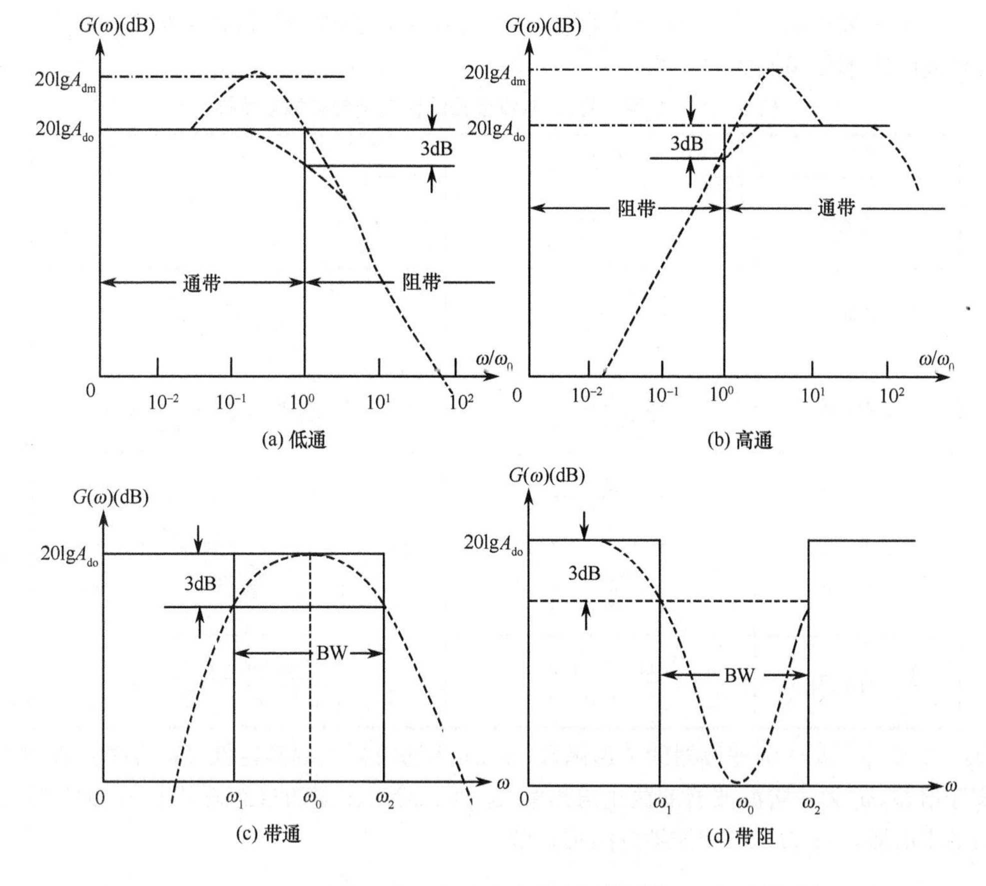


图 6-1-1　各种滤波器的幅频特性

的限制，在高频段时，滤波特性不好，所以一般频率在 100kHz 以下时使用集成有源滤波器，频率再高时，使用其他滤波器。

### 6.1.3　典型滤波器的传递函数

$n$ 阶滤波器传递函数的一般表达式为

$$G_n(s)=\frac{b_m s^m+b_{m-1}s^{m-1}+\cdots+b_1 s+b_0}{a_n s^n+a_{n-1}s^{n-1}+\cdots+a_1 s+a_0}\quad (m\leqslant n) \tag{6-1-1}$$

若将传递函数分解为因子式，则上式变为

$$G_n(s)=\frac{b_m(s-s_{b0})(s-s_{b1})\cdots(s-s_{bm})}{a_n(s-s_{a0})(s-s_{a1})\cdots(s-s_{an})} \tag{6-1-2}$$

式中，$s_{a0},s_{a1},\cdots,s_{an}$ 为传递函数的极点；$s_{b0},s_{b1},\cdots,s_{bm}$ 为传递函数的零点。

在设计滤波器的电路时，直接实现 3 阶以上传递函数的电路是很难的。当需要设计大于或等于 3 阶的滤波器时，一般采取将高阶传递函数分解为几个低阶传递函数乘积的形式。如

$$G_n(s)=G_1(s)\cdot G_2(s)\cdot\cdots\cdot G_k(s) \tag{6-1-3}$$

式中，$k\leqslant n$。例如，设计一个 5 阶滤波器，可用 2 个两阶滤波器和 1 个一阶滤波器级联得到。

将 $k$ 个低阶传递函数的滤波器的基本节级联起来，可构成 $n$ 阶滤波器。因为用集成运放构成的低阶滤波器，其输出阻抗很低，所以不必考虑各基本节级联时的负载效应，保证了各基本节传递函数设计的独立性。

一阶滤波器和二阶滤波器是设计集成有源滤波器的基础，表 6-1-1 列出了常用的一阶、二阶

滤波器的传递函数和幅频特性。在设计滤波器时，可直接查表得到其传递函数，这样就避免了在设计滤波器时求解传递函数的麻烦。

**表 6-1-1　常用一阶、二阶滤波器的传递函数和幅频特性**

| 类型 | $G(s)$ | $G(\omega)$ |
|---|---|---|
| 一阶低通 | $\frac{G_0\omega_c}{s+\omega_c}$ | $\frac{G_0\omega_c}{\sqrt{\omega^2+\omega_c^2}}$ |
| 一阶高通 | $\frac{G_0 s}{s+\omega_c}$ | $\frac{G_0\omega}{\sqrt{\omega^2+\omega_c^2}}$ |
| 二阶低通 | $\frac{G_0\omega_n^2}{s^2+\xi\omega_n s+\omega_n^2}$ | $\frac{G_0\omega_n^2}{\sqrt{(\omega_n^2-\omega^2)^2+(\xi\omega\omega_n)^2}}$ |
| 二阶高通 | $\frac{G_0 s^2}{s^2+\xi\omega_n s+\omega_n^2}$ | $\frac{G_0\omega^2}{\sqrt{(\omega_n^2-\omega^2)^2+(\xi\omega\omega_n)^2}}$ |
| 二阶带通 | $\frac{\xi G_0\omega_0 s}{s^2+\xi\omega_0 s+\omega_0^2}$ | $\frac{\xi G_0\omega_0\omega}{\sqrt{(\omega_0^2-\omega^2)^2+(\xi\omega\omega_0)^2}}$ |
| 二阶带阻 | $\frac{G_0(s^2+\omega_0^2)}{s^2+\xi\omega_0 s+\omega_0^2}$ | $\frac{G_0(\omega_0^2-\omega^2)}{\sqrt{(\omega_0^2-\omega^2)^2+(\xi\omega\omega_0)^2}}$ |

表 6-1-1 中，$G(s)$ 为滤波器的传递函数，$G(\omega)$ 为滤波器的幅频特性，$G_0$ 为滤波器的通带增益或零频增益，$\omega_c$ 为一阶滤波器的截止角频率，$\omega_n$ 为二阶滤波器的自然角频率，$\omega_0$ 为带通或带阻滤波器的中心频率，$\xi$ 为二阶滤波器的阻尼系数。

### 6.1.4　传递函数的幅度近似

**1. 频率归一化**

在设计滤波器的传递函数和研究滤波器的幅频特性近似问题时，为了简化计算，使计算规格化和通用化，通常采用频率归一化的处理方法。所谓频率归一化，是将传递函数复频率 $s=\alpha+j\omega$ 除以基准角频率 $\omega_\lambda$，得到归一化复频率

$$s_\lambda=\frac{s}{\omega_\lambda}=\frac{\alpha}{\omega_\lambda}+j\frac{\omega}{\omega_\lambda}=\sigma+j\Omega \tag{6-1-4}$$

对于低通、高通滤波器，一般采用截止角频率 $\omega_c$ 作为基准角频率；对于带通、带阻滤波器，一般采用中心角频率 $\omega_0$ 作为基准角频率。在用波特图描述滤波器的幅频特性时，通常横坐标用归一化频率 $\Omega$ 代替 $\omega$。

**2. 传递函数的幅度近似**

在设计、研究滤波器时，通常是按通频带分类的，分为低通滤波器、高通滤波器、带通滤波器、带阻滤波器。在这 4 种滤波器中，常将低通滤波器作为设计滤波器的基础，高通、带通、带阻滤波器传递函数可由低通滤波器传递函数转换过来，因此，低通原型传递函数的设计是其他传递函数设计的基础。

如图 6-1-2 所示为理想低通滤波器的幅频特性。但是这种理想的幅频特性不可能采用有限个元件组成的网络来实现，只能采用一个有理函数来近似实现。因此，需要对滤波器的幅频特性提出一个允许的变化范围，如通带增益波动范围、阻带必须达到的衰减、过渡带带宽和衰减特性等，如图 6-1-3 所示为幅度近似的低通幅频特性。寻找一个合适的有理函数来满足对滤波器幅频特性提出的要求，寻找这个合适的有理函数即是滤波器的幅度近似。

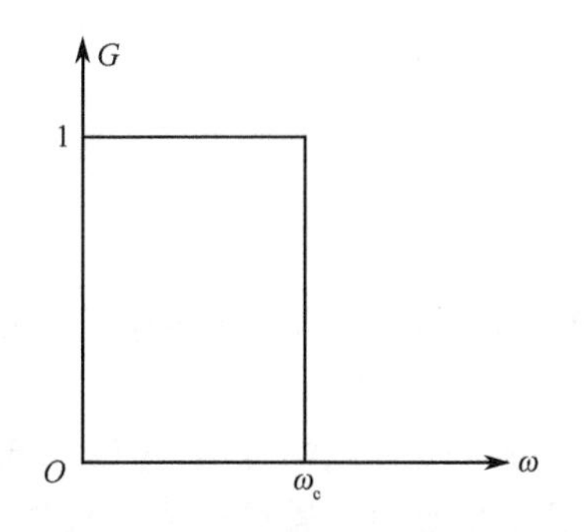


图 6-1-2　理想低通滤波器的幅频特性

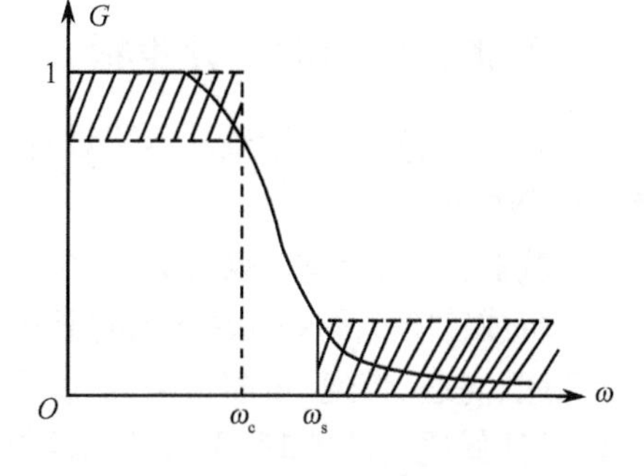


图 6-1-3　幅度近似的低通幅频特性

幅度近似的方式有两类。

① 最平幅度近似，也称为泰勒近似，这种幅度近似用了泰勒级数，其幅频特性在近似范围内呈单调变化。

② 等波纹近似，也称切比雪夫近似，这种幅度近似用了切比雪夫多项式，其幅频特性呈等幅波动。

在通带和阻带内可分别采用这两种幅度近似方式，组合起来有 4 种幅度近似的方法，并有 4 种滤波器，分别是：巴特沃思滤波器、切比雪夫滤波器、反切比雪夫滤波器和椭圆函数滤波器。如图 6-1-4 所示为这 4 种幅度近似低通滤波器的幅频特性曲线。

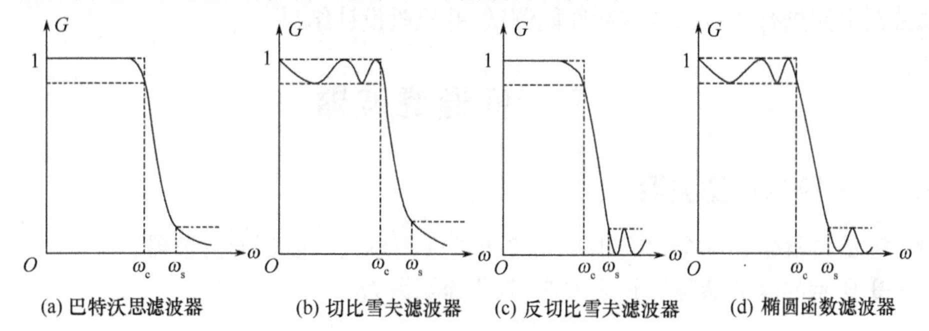


图 6-1-4　4 种幅度近似低通滤波器的幅频特性曲线

一个 $n$ 阶低通滤波器，其频率归一化的传递函数通式为

$$G_n(s)=\frac{1}{1+b_1s+b_2s^2+\cdots+b_{n-1}s^{n-1}+b_ns^n} \tag{6-1-5}$$

其正弦传递函数为

$$G_n(\mathrm{j}\Omega)=\frac{1}{A+\mathrm{j}B}=\frac{1}{(1-b_2\Omega^2+b_4\Omega^4-\cdots)+\mathrm{j}(b_1\Omega-b_3\Omega^2+\cdots)} \tag{6-1-6}$$

式中，$A=1-b_2\Omega^2+b_4\Omega^4-\cdots$；$B=b_1\Omega-b_3\Omega^3+\cdots$。

其增益幅频特性模的平方为

$$G_n^2(\Omega)=|G_n(\mathrm{j}\Omega)|^2=\frac{1}{A^2+B^2} \tag{6-1-7}$$

将上式的分母展开为 $\Omega$ 的多项式，则可写成

$$G_n^2(\Omega)=\frac{1}{1+B_1\Omega^2+B_2\Omega^4+\cdots+B_n\Omega^{2n}}=\frac{1}{1+K^2(\Omega)} \tag{6-1-8}$$

式中，$K^2(\Omega)=B_1\Omega^2+B_2\Omega^4+\cdots+B_n\Omega^{2n}$ 为幅度近似方法的特征函数。采用不同的近似方法，$K(\Omega)$ 为不同的多项式。

### 6.1.5 有源滤波器的设计步骤

在设计有源滤波器时，一般遵从以下设计步骤。

1. **传递函数的设计**

根据对滤波器特性的要求，设计某种类型的 $n$ 阶传递函数，再将 $n$ 阶传递函数分解为几个低阶(如一阶、二阶或三阶) 传递函数乘积的形式。

在设计低通、高通、带通、带阻滤波器时，通常采用频率归一化的方法，先设计低通原型传递函数。若要求设计低通滤波器时，再将低通原型传递函数变换为低通目标传递函数；若要求设计高通滤波器时，再将低通原型传递函数变换为高通目标传递函数；若要求设计带通滤波器时，再将低通原型传递函数变换为带通目标传递函数；若要求设计带阻滤波器时，再将低通原型传递函数变换为带阻目标传递函数。

2. **电路设计**

按各个低阶传递函数的设计要求，设计和计算有源滤波器电路的基本节。先选择好电路形式，再根据所设计的传递函数，设计和计算相应的元件参数值。根据设计要求，对各电路元件提出具体的要求。

3. **电路装配和调试**

先设计和装配好各个低阶滤波器电路，再将各个低阶电路级联起来，组成整个滤波器电路。对整个滤波器电路进行相应的调整和性能测试，并检验设计结果。

## 6.2 低通滤波器

### 6.2.1 一阶低通滤波器

一阶低通滤波器包含一个 RC 电路。如图 6-2-1 所示为一阶低通滤波器。

图 6-2-1 所示的滤波器是反相放大器。其传递函数为

$$G(s)=\frac{U_o(s)}{U_i(s)}=-\frac{Z_f(s)I_f}{Z_1(s)I_1}=-\frac{1}{R_1}\cdot\frac{R_f}{1+sC_fR_f}=\frac{G_0}{1+\left(\frac{s}{\omega_c}\right)} \tag{6-2-1}$$

式中，$G_0=-\frac{R_f}{R_1}$ 为零频增益，$\omega_c=\frac{1}{R_fC_f}$ 为截止角频率。

其频率特性为

$$G(j\omega)=\frac{G_0}{1+j\frac{\omega}{\omega_c}} \tag{6-2-2}$$

其中，幅频特性为

$$G(\omega)=\frac{|G_0|}{\sqrt{1+\left(\frac{\omega}{\omega_c}\right)^2}} \tag{6-2-3}$$

相频特性为

$$\varphi(\omega)=-\pi-\arctan\left(\frac{\omega}{\omega_c}\right) \tag{6-2-4}$$

由式(6-2-3) 的幅频特性，可得到图 6-2-1 所示的幅频特性曲线，如图 6-2-2 所示。由图可知，一阶低通滤波器的缺点是：阻带特性衰减太慢，为 −20dB/10oct，所以这种电路只适用于对滤波特性要求不高的场合。

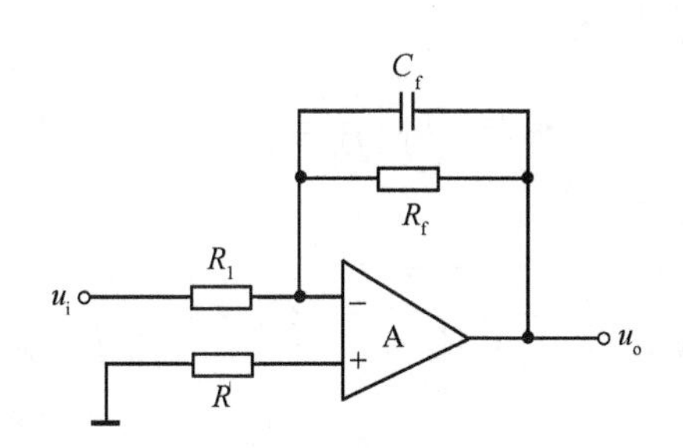


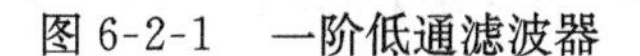

图 6-2-1　一阶低通滤波器

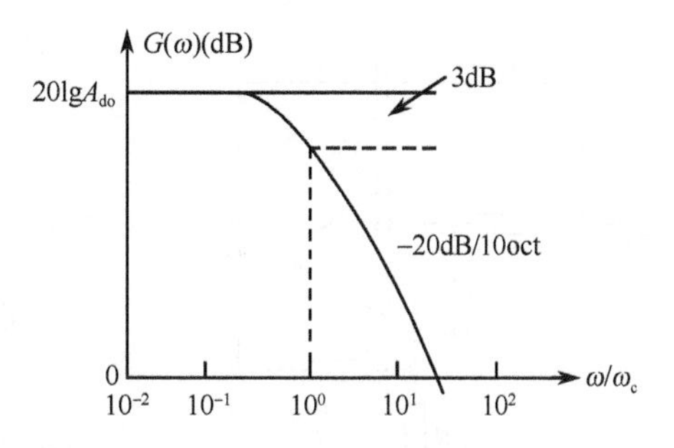


图 6-2-2　一阶低通滤波器的幅频特性

为了克服一阶低通滤波器的上述缺点,可采用二阶低通滤波器。

### 6.2.2　二阶低通滤波器

为了改进一阶低通滤波器的频率特性,可采用二阶低通滤波器。一个二阶低通滤波器包含两个 RC 支路,如图 6-2-3 所示为二阶低通滤波器的一般电路。此一般电路对于二阶高通滤波器也同样适用。

图 6-2-3 所示的滤波器是同相放大器。在图 6-2-3 中,零频增益为

$$G_0 = 1 + \frac{R_f}{R} \tag{6-2-5}$$

在节点 $A$ 可得

$$\begin{aligned} u_i Y_1 &= u_A(Y_1 + Y_2 + Y_3) - u_o Y_3 - u_B Y_2 \\ &= u_A(Y_1 + Y_2 + Y_3) - u_o Y_3 - \frac{u_o Y_2}{G_0} \end{aligned} \tag{6-2-6}$$

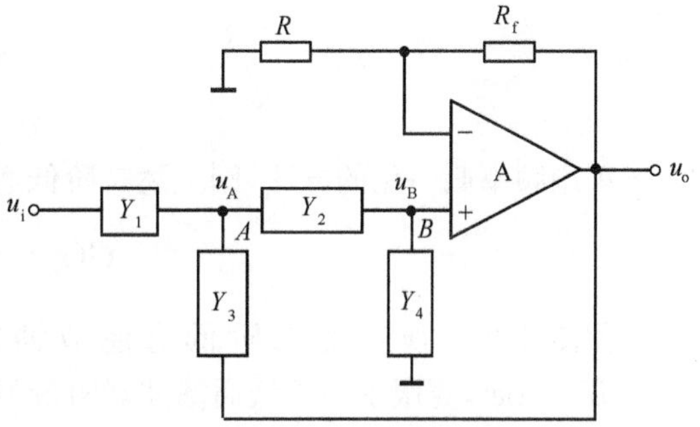

图 6-2-3　二阶滤波器

在节点 $B$ 可得

$$u_A Y_2 = u_B(Y_2 + Y_4) = \frac{u_o(Y_2 + Y_4)}{G_0} \tag{6-2-7}$$

$$u_A = \frac{u_o(Y_2 + Y_4)}{G_0 Y_2} \tag{6-2-8}$$

将式(6-2-8)代入式(6-2-6),转变到复频域,可得一般二阶低通滤波器的传递函数为

$$G(s) = \frac{U_o(s)}{U_i(s)} = \frac{G_0 Y_1 Y_2}{Y_1 Y_2 + Y_4(Y_1 + Y_2 + Y_3) + Y_2 Y_3(1 - G_0)} \tag{6-2-9}$$

在构成二阶低通滤波器时,只需选择 $Y_1$,$Y_2$,$Y_3$,$Y_4$ 导纳的值即可。例如,当选择 $Y_1 = \frac{1}{R_1}$,$Y_2 = \frac{1}{R_2}$,$Y_3 = sC_1$,$Y_4 = sC_2$ 时,则构成图 6-2-4 所示的二阶低通滤波器。

对于图 6-2-4 所示的二阶低通滤波器,其传递函数为

$$G(s) = \frac{U_o(s)}{U_i(s)} = \frac{G_0 \omega_n^2}{s^2 + \xi \omega_n s + \omega_n^2} \tag{6-2-10}$$

式中,零频增益为

$$G_0 = 1 + \frac{R_f}{R} \tag{6-2-11}$$

自然角频率为

$$\omega_n = \sqrt{\frac{1}{R_1R_2C_1C_2}} \tag{6-2-12}$$

阻尼系数为

$$\xi = \sqrt{\frac{R_2C_2}{R_1C_1}} + \sqrt{\frac{R_1C_2}{R_2C_1}} - (G_0 - 1)\sqrt{\frac{R_1C_1}{R_2C_2}} \tag{6-2-13}$$

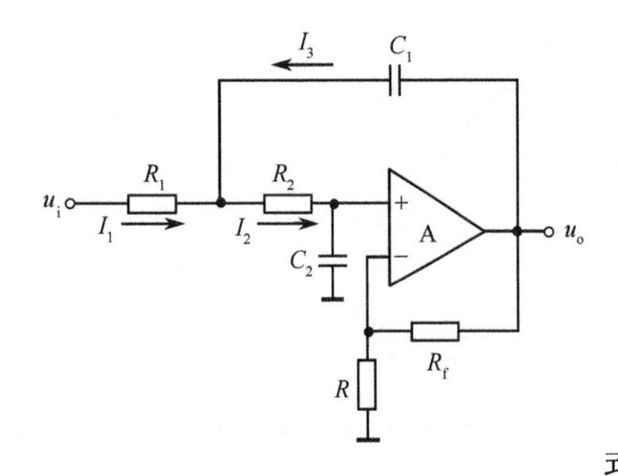


图 6-2-4　二阶低通滤波器

为了简化计算，通常选 $C_1 = C_2 = C$，则式(6-2-12)、式(6-2-13) 可简化为

$$\omega_n = \frac{1}{C}\sqrt{\frac{1}{R_1R_2}} \tag{6-2-14}$$

$$\xi = \sqrt{\frac{R_2}{R_1}} + \sqrt{\frac{R_1}{R_2}} - (G_0 - 1)\sqrt{\frac{R_1}{R_2}} \tag{6-2-15}$$

为了进一步简化计算，选取 $C_1 = C_2 = C$，$R_1 = R_2 = R$，则式(6-2-14)、式(6-2-15) 可进一步简化为

$$\omega_n = \frac{1}{RC} \tag{6-2-16}$$

$$\xi = 3 - G_0 \tag{6-2-17}$$

采用频率归一化的方法，则上述二阶低通滤波器的传递函数为

$$G(s_\lambda) = \frac{G_m}{s_\lambda^2 + \xi s_\lambda + 1} \tag{6-2-18}$$

如图 6-2-5 所示为二阶低通滤波器的幅频特性曲线，其阻带衰减特性的斜率为 $-40$dB/10oct，克服了一阶低通滤波器阻带衰减太慢的缺点。

二阶低通滤波器的各个参数，影响其滤波特性，如阻尼系数 $\xi$ 的大小，决定了幅频特性有无峰值，或谐振峰的高低。如图 6-2-6 所示为 $\xi$ 对二阶低通滤波器幅频特性的影响。

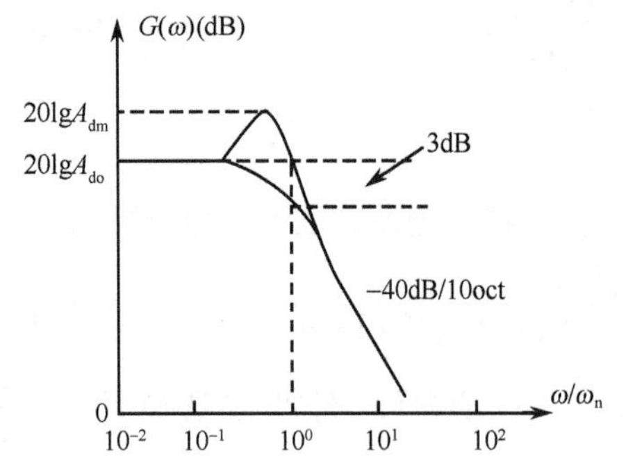


图 6-2-5　二阶低通滤波器的幅频特性

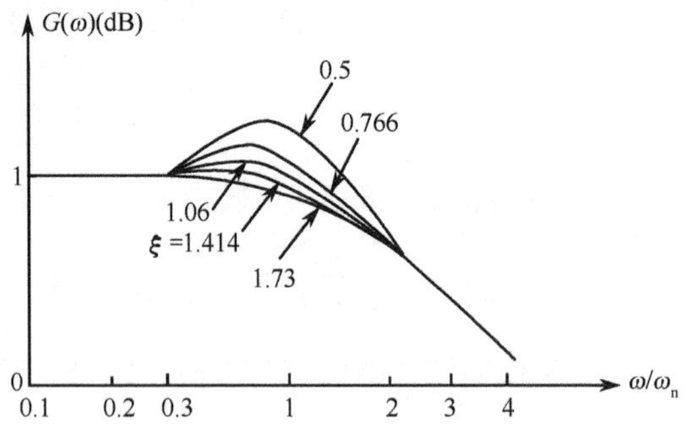

图 6-2-6　$\xi$ 取不同值时二阶低通频率响应曲线($A_m = 1$)

## 6.2.3　高阶低通滤波器

为了进一步改善低通滤波器的频率特性，如要求低通滤波器的阻带特性下降速率大于 $|-40$dB/10oct$|$ 时，必须采用高阶低通滤波器。高阶低通滤波器通常由一阶、二阶低通滤波器组成。例如，5 阶巴特沃思低通滤波器，由 2 个二阶和 1 个一阶巴特沃思低通滤波器组成，其传递函数为

$$G(s_\lambda) = \frac{G_{01}}{s_\lambda^2 + \xi_1 s_\lambda + 1} \cdot \frac{G_{02}}{s_\lambda^2 + \xi_2 s_\lambda + 1} \cdot \frac{G_{03}}{s_\lambda + 1} \tag{6-2-19}$$

表 6-2-1 所示为最高为 8 阶标准化巴特沃思滤波器的分母多项式，此表适用于各种巴特沃思滤波器。

**表 6-2-1　8 阶标准化巴特沃思滤波器分母多项式**

| 阶数 | 分母多项式 |
|---|---|
| 1 | $s+1$ |
| 2 | $s^2+1.414s+1$ |
| 3 | $(s+1)(s^2+s+1)$ |
| 4 | $(s^2+0.765s+1)(s^2+1.848s+1)$ |
| 5 | $(s+1)(s^2+0.618s+1)(s^2+1.618s+1)$ |
| 6 | $(s^2+0.518s+1)(s^2+1.414s+1)(s^2+1.932s+1)$ |
| 7 | $(s+1)(s^2+0.445s+1)(s^2+1.247s+1)(s^2+1.802s+1)$ |
| 8 | $(s^2+0.390s+1)(s^2+1.111s+1)(s^2+1.663s+1)(s^2+1.962s+1)$ |

下面举例介绍高阶低通滤波器的设计方法。

**【例】**　设计一个 4 阶巴特沃思低通滤波器，要求截止频率为 $f_c = 1\text{kHz}$。

**解**　先设计 4 阶巴特沃思低通滤波器的传递函数，用 2 个二阶巴特沃思低通滤波器构成一个 4 阶巴特沃思低通滤波器，其传递函数为

$$G_4(s_\lambda) = \frac{G_{01}}{s_\lambda^2 + \xi_1 s_\lambda + 1} \cdot \frac{G_{02}}{s_\lambda^2 + \xi_2 s_\lambda + 1} \tag{6-2-20}$$

为了简化计算，假设在所选择的二阶巴特沃思低通滤波器中，其参数满足如下条件

$$C_1 = C_2 = C, R_1 = R_2 = R \tag{6-2-21}$$

由 $f_c = \frac{1}{2\pi RC}$，选取 $C = 0.1\mu\text{F}$，可算得 $R = 1.6\text{k}\Omega$。

由表 6-2-1 查得 4 阶巴特沃思低通滤波器的两个阻尼系数分别为 $\xi_1 = 0.765$，$\xi_2 = 1.848$，由此可算得两个零频增益分别为

$$G_{01} = 3 - \xi_1 = 3 - 0.765 = 2.235, G_{02} = 3 - \xi_2 = 3 - 1.848 = 1.152$$

则式(6-2-20) 的传递函数可写为

$$G_4(s_\lambda) = \frac{2.235}{s_\lambda^2 + 0.765 s_\lambda + 1} \cdot \frac{1.152}{s_\lambda^2 + 1.848 s_\lambda + 1} \tag{6-2-22}$$

可选用两个二阶巴特沃思低通滤波器级联组成。其中，第一级增益为

$$G_{01} = 1 + \frac{R_{f1}}{R_{i1}} = 2.235 = 1 + 1.235 \tag{6-2-23}$$

若选取 $R_{f1} = 12.35\text{k}\Omega$，则 $R_{i1} = 10\text{k}\Omega$。

同理，第二级增益为

$$G_{02} = 1 + \frac{R_{f2}}{R_{i2}} = 1.152 = 1 + 0.152 \tag{6-2-24}$$

若选取 $R_{f2} = 15.2\text{k}\Omega$，则 $R_{i2} = 100\text{k}\Omega$。

这样所设计的 4 阶巴特沃思低通滤波器的实际电路如图 6-2-7 所示。

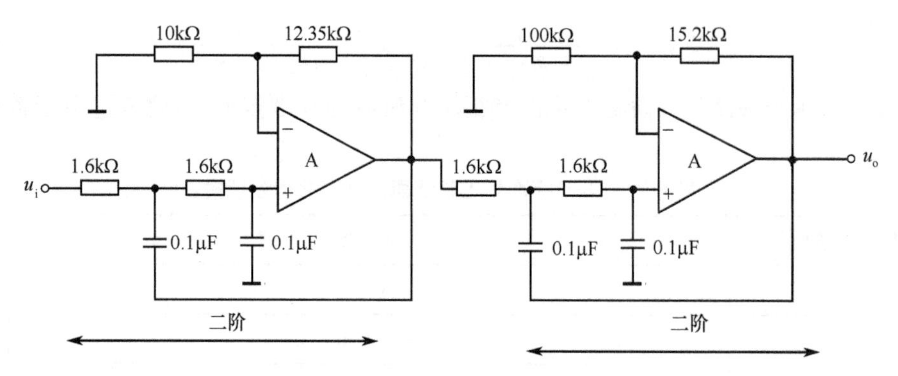


图 6-2-7　四阶巴特沃思低通滤波器

### 6.2.4　低通滤波器的应用电路

低通滤波器应用非常广泛，下面列举几个典型低通滤波器的应用电路。

**1. 10MHz 低通滤波器**

如图 6-2-8 所示为 10MHz 低通滤波器。此低通滤波器利用带宽高达 100MHz 的高速电流反馈集成运放 OPA603 组成二阶巴特沃思低通滤波器。在图 6-2-8 中，$R_1 = R_2 = 159\Omega$，$C_1 = C_2 = 100\text{pF}$，其截止频率为 $f_c = \dfrac{1}{2\pi R_1 C_1} = 10\text{MHz}$，其零频增益为 $G_0 = 1 + \dfrac{R_f}{R} = 1.6$。

**2. 三阶低通滤波器**

如图 6-2-9 所示为三阶低通滤波器。图中，$IC_1$ 是高保真集成运放 OPA604，$IC_2$ 是与 OPA604 特性相同的双运放 OPA2604。$IC_1$ 和 $IC_2$ 组成三阶巴特沃思低通滤波器。按图中所给出的参数值，其截止频率 $f_c = 40\text{kHz}$。

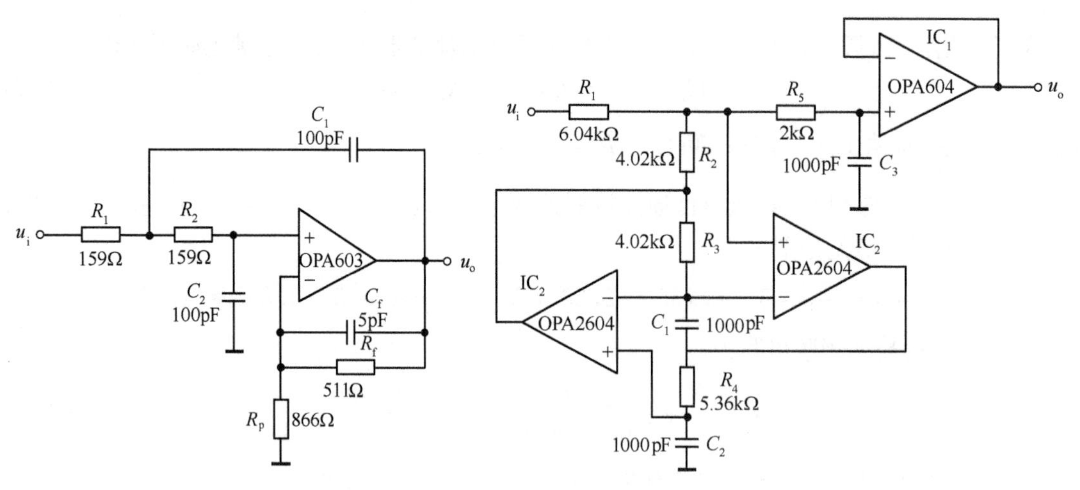


图 6-2-8　10*MHz* 低通滤波器　　　　图 6-2-9　三阶低通滤波器

## 6.3　高通滤波器

### 6.3.1　一阶高通滤波器

一阶高通滤波器包含一个 RC 电路，将一阶低通滤波器的 $R$ 与 $C$ 对换位置，即可构成一阶高通滤波器。如图 6-3-1 所示为一阶高通滤波器。

图 6-3-1 所示的滤波器是反相放大器。其传递函数为

$$G(s)=\frac{U_o(s)}{U_i(s)}=-\frac{Z_f(s)I_f}{Z_1(s)I_1}=-\frac{R_f}{R_1+\frac{1}{sC_1}}$$

$$=\frac{G_0}{1+\frac{\omega_c}{s}} \tag{6-3-1}$$

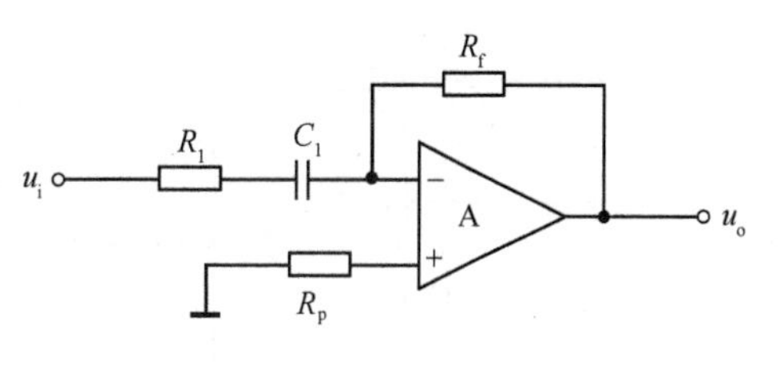


图 6-3-1　一阶高通滤波器

式中，$G_0=-\frac{R_f}{R_1}$ 为通带增益；$\omega_c=\frac{1}{R_1C_1}$ 为截止角频率。

其频率特性为

$$G(j\omega)=\frac{G_0}{1-j\frac{\omega_c}{\omega}} \tag{6-3-2}$$

其中，幅频特性为

$$G(\omega)=\frac{|G_0|}{\sqrt{1+\left(\frac{\omega_c}{\omega}\right)^2}} \tag{6-3-3}$$

相频特性为

$$\varphi(\omega)=-\pi+\arctan\left(\frac{\omega_c}{\omega}\right) \tag{6-3-4}$$

由式(6-3-3) 的幅频特性，可得到图 6-3-1 的幅频特性曲线，如图 6-3-2 所示。

由图 6-3-2 可知，一阶高通滤波器的缺点是：阻带特性衰减太慢，为 20dB/10oct，所以这种电路只适用于对滤波特性要求不高的场合。

为了克服一阶高通滤波器的上述缺点，可采用二阶高通滤波器。

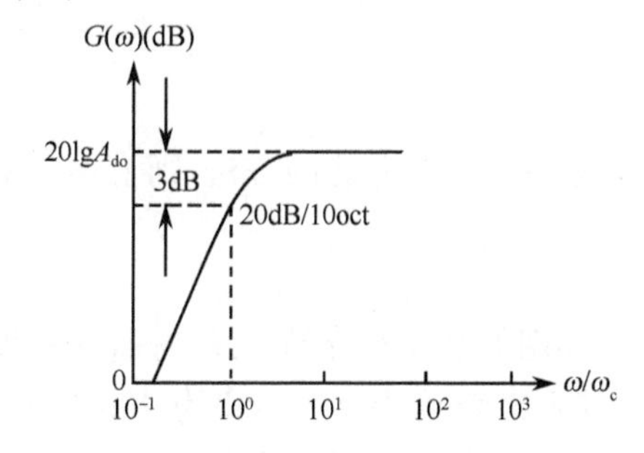


图 6-3-2　一阶高通滤波器的幅频特性

## 6.3.2　二阶高通滤波器

为了改进一阶高通滤波器的频率特性，可采用二阶高通滤波器。一个二阶高通滤波器包含两个 RC 支路，即将二阶低通滤波器的 $R$ 与 $C$ 对换位置，即可构成二阶高通滤波器。如图 6-2-3 所示为二阶低通滤波器的一般电路，也同样适用于二阶高通滤波器。由对图 6-2-3 的分析，可知通带增益为

$$G_0=1+\frac{R_f}{R} \tag{6-3-5}$$

二阶高通滤波器的传递函数为

$$G(s)=\frac{U_o(s)}{U_i(s)}=\frac{G_0Y_1Y_2}{Y_1Y_2+Y_4(Y_1+Y_2+Y_3)+Y_2Y_3(1-G_0)} \tag{6-3-6}$$

在构成二阶高通滤波器时，只需选择 $Y_1,Y_2,Y_3,Y_4$ 导纳的值即可。例如，当选择 $Y_1=sC_1$，$Y_2=sC_2$，$Y_3=\frac{1}{R_1}$，$Y_4=\frac{1}{R_2}$ 时，则构成图 6-3-3 所示的二阶高通滤波器。

对于图 6-3-3 所示的二阶高通滤波器，其传递函数为

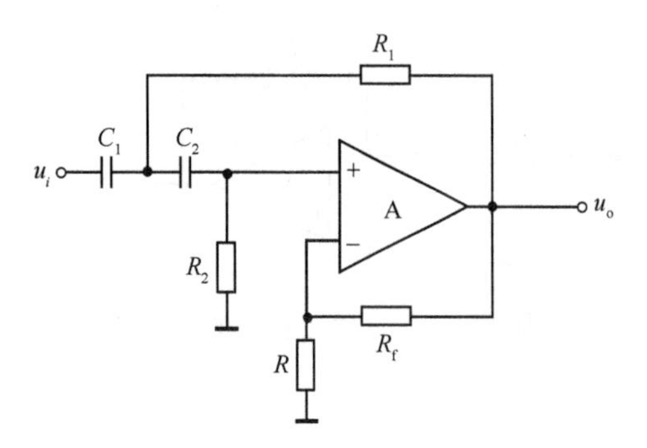


图 6-3-3　二阶高通滤波器

$$G(s)=\frac{U_o(s)}{U_i(s)}=\frac{G_0 s^2}{s^2+\xi\omega_n s+\omega_n^2} \tag{6-3-7}$$

式中，通带增益为

$$G_0=1+\frac{R_f}{R} \tag{6-3-8}$$

自然角频率为

$$\omega_n=\sqrt{\frac{1}{R_1R_2C_1C_2}} \tag{6-3-9}$$

阻尼系数为

$$\xi=\sqrt{\frac{R_2C_2}{R_1C_1}}+\sqrt{\frac{R_1C_2}{R_2C_1}}-(G_0-1)\sqrt{\frac{R_1C_1}{R_2C_2}} \tag{6-3-10}$$

为了简化计算，通常选 $C_1=C_2=C$，则式(6-3-9)、式(6-3-10) 可简化为

$$\omega_n=\frac{1}{C}\sqrt{\frac{1}{R_1R_2}} \tag{6-3-11}$$

$$\xi=\sqrt{\frac{R_2}{R_1}}+\sqrt{\frac{R_1}{R_2}}-(G_0-1)\sqrt{\frac{R_1}{R_2}} \tag{6-3-12}$$

为了再进一步简化计算，选取 $C_1=C_2=C,R_1=R_2=R$，则式(6-3-11)、式(6-3-12) 可进一步简化为

$$\omega_n=\frac{1}{RC} \tag{6-3-13}$$

$$\xi=3-G_0 \tag{6-3-14}$$

采用频率归一化的方法，则上述二阶高通滤波器的传递函数为

$$G(s_\lambda)=\frac{G_m s_\lambda^2}{s_\lambda^2+\xi s_\lambda+1} \tag{6-3-15}$$

如图 6-3-4 所示为二阶高通滤波器的幅频特性曲线，其阻带衰减特性的斜率为 40dB/10oct，克服了一阶高通滤波器阻带衰减太慢的缺点。

与二阶低通滤波器类似，二阶高通滤波器的各个参数也影响其滤波特性，如阻尼系数 $\xi$ 的大小决定了幅频特性有无峰值，或谐振峰的高低。

若要求高通滤波器的阻带特性下降速率大于 40dB/10oct，必须采用高阶高通滤波器。同高阶低通滤波器一样，也是最常采用巴特沃思型和切比雪夫型近似，同样也是先查表，得到分母多项式，分别用一阶高通滤波器或二阶高通滤波器电路级联，来实现高阶高通滤波器电路，在此不再赘述。

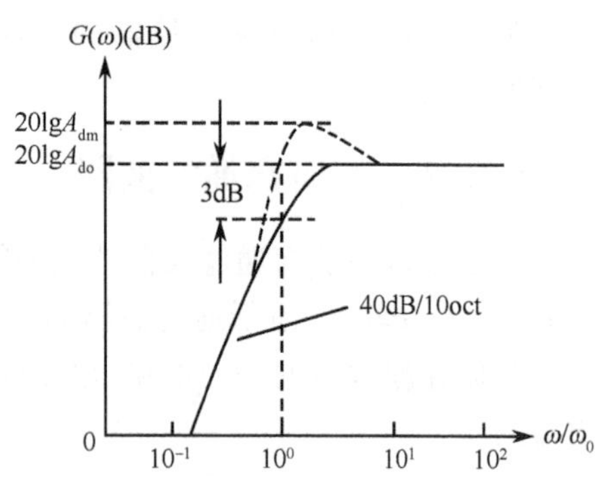


图 6-3-4　二阶高通滤波器幅频特性

## 6.3.3　高通滤波器的应用电路

高通滤波器应用非常广泛，下面列举几个典型高通滤波器的应用电路。

### 1. 100Hz 高通滤波器

如图 6-3-5 所示为 100Hz 高通滤波器。此有源高通滤波器的截止频率 $f_c=100\text{Hz}$，$R_1$ 与 $R_2$ 之比和 $C_1$ 与 $C_2$ 之比，可以是各种值。如选择 $R_1=R_2$ 和 $C_1=C_2$，以及选择 $R_1=2R_2$ 和 $C_1=2C_2$ 都可以。

### 2. 1MHz 高通滤波器

如图 6-3-6 所示为 1MHz 高通滤波器。此电路是利用带宽为 100MHz、压摆率高达 1000V/$\mu$s 高速电流反馈集成运放 OPA603 组成的。这是二阶巴特沃思高通滤波器，其中，$R_1 = R_2 = R = 1590\Omega$，$C_1 = C_2 = C = 100\text{pF}$，转折频率为 $f_c = \dfrac{1}{2\pi RC} = 1\text{MHz}$，电路的增益为 1.6。

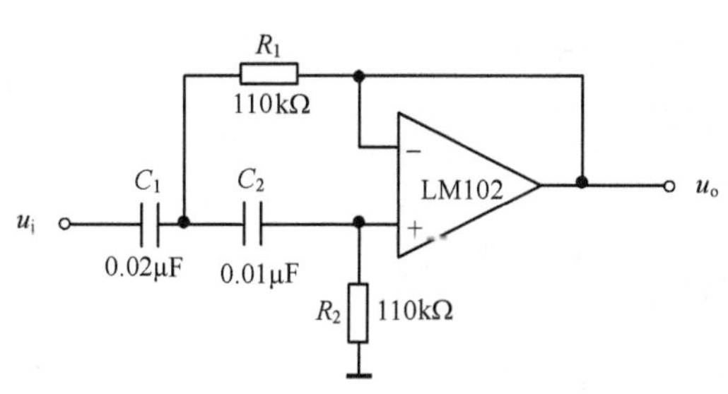


图 6-3-5　100Hz 高通滤波器

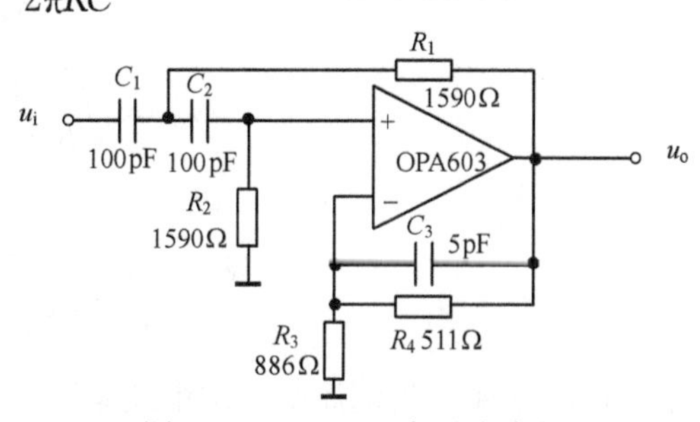


图 6-3-6　1MHz 高通滤波器

## 6.4　带通滤波器

带通滤波器是一种让某一频段内的信号通过，同时又抑制此外频段信号的电路。带通滤波器分两类，一类是窄带带通滤波器（简称窄带滤波器），另一类是宽带带通滤波器（简称宽带滤波器）。窄带滤波器一般用带通滤波器电路实现，宽带滤波器通常用低通滤波器和高通滤波器级联实现。带通滤波器的中心频率 $f_0$ 和带宽 BW 之间的关系为

$$Q = \frac{f_0}{\text{BW}} = \frac{f_0}{f_H - f_L} \tag{6-4-1}$$

$$f_0 = \sqrt{f_H f_L} \tag{6-4-2}$$

式中，$Q$ 为品质因数，$f_H$ 为带通滤波器的上限频率，$f_L$ 为带通滤波器的下限频率，其中 $f_H > f_L$。带宽 BW 越窄，品质因数 $Q$ 越高。

### 6.4.1　无限增益多反馈环型带通滤波器

带通滤波器的电路形式有很多，下面以无限增益多反馈环型滤波器为例，简要介绍带通滤波器。

图 6-4-1 为无限增益多反馈环型滤波器的二环典型电路，恰当选择 $Y_i$ 的参数，可以构成低通、高通、带通和带阻等滤波器。当 $Y_i$ 参数由如下表示式选择时，则可构成带通滤波器。

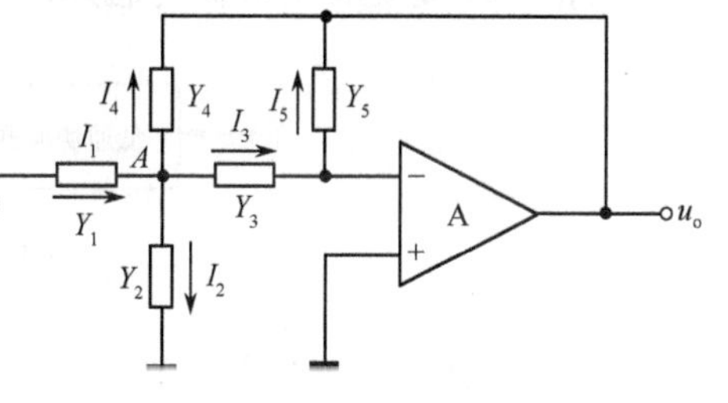


图 6-4-1　多反馈环滤波器电路

$Y_i$ 参数的表示式

$$Y_1 = \frac{1}{R_1}, Y_2 - \frac{1}{R_2}, Y_3 - sC_3, Y_4 = sC_4, Y_5 = \frac{1}{R_5} \tag{6-4-3}$$

则传递函数表示式为

$$G(s) = \frac{U_o(s)}{U_i(s)} = \frac{-Y_1Y_3}{Y_5(Y_1 + Y_2 + Y_3 + Y_4) + Y_3Y_4}$$

则可得到多反馈环型带通滤波器的传递函数为

$$G(s) = \frac{-\dfrac{s}{R_1C_4}}{s^2 + \dfrac{1}{R_5}\left(\dfrac{1}{C_3} + \dfrac{1}{C_4}\right)\cdot s + \dfrac{1}{C_3C_4R_5}\left(\dfrac{1}{R_1} + \dfrac{1}{R_2}\right)} \tag{6-4-4}$$

由式(6-4-3)和式(6-4-4)可组成如图6-4-2所示的多反馈环型有源带通滤波器电路。

此多反馈环型有源带通滤波器的特性参数如下

$$G_0=\frac{1}{\frac{R_1}{R_5}\left(1+\frac{C_4}{C_3}\right)} \tag{6-4-5}$$

$$\omega_0=\sqrt{\frac{1}{R_5C_3C_4}\left(\frac{1}{R_1}+\frac{1}{R_2}\right)} \tag{6-4-6}$$

$$\xi=\frac{1}{Q}=\frac{1}{\sqrt{R_5\left(\frac{1}{R_1}+\frac{1}{R_2}\right)}}\left(\sqrt{\frac{C_3}{C_4}}+\sqrt{\frac{C_4}{C_3}}\right) \tag{6-4-7}$$

下面以图6-4-2为例简要介绍带通滤波器的设计步骤：

① 设计条件：$G_0$，$\xi$，$\omega_0$；

② 选择参数：$C_3=C_4=C$(选一适当参数)；

③ 设计计算：

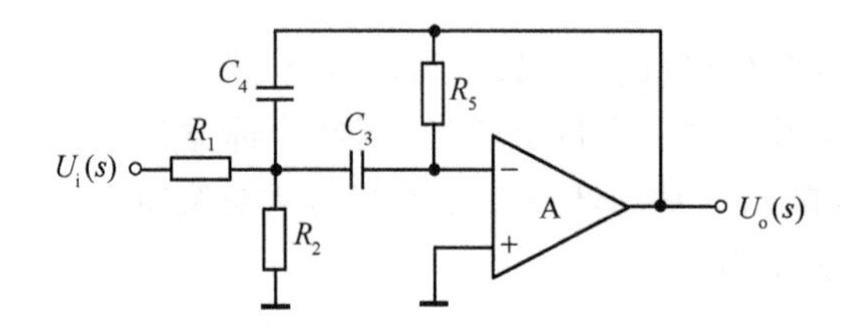


图6-4-2　多反馈环型有源RC带通滤波器

$$Q=\frac{1}{\xi}$$

$$R_1=\frac{1}{G_0\omega_0C\xi}$$

$$R_2=\frac{1}{\left(2\frac{1}{\xi^2}-G_0\right)\omega_0C\xi}$$

$$R_5=\frac{2}{\omega_0C\xi}$$

## 6.4.2　宽带滤波器

宽带滤波器由高通滤波器和低通滤波器级联组成，如图6-4-3所示为宽带滤波器的组成方框图及幅频特性示意图。图中，$f_L$ 是低通滤波器的截止频率，$f_H$ 是高通滤波器的截止频率。$BW=f_H-f_L$ 是宽带滤波器的通频带。

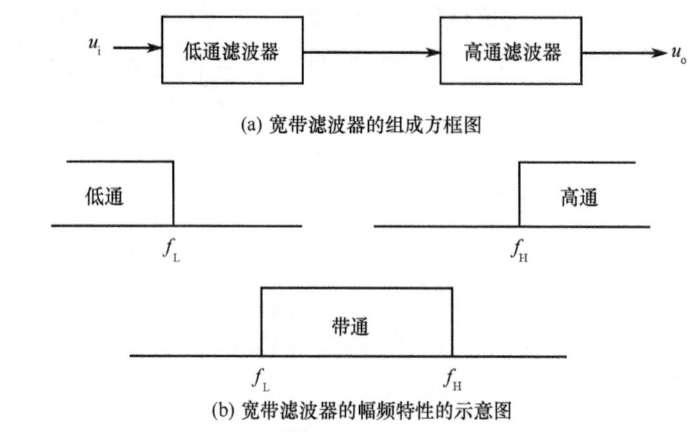


图6-4-3　宽带滤波器组成及幅频特性

如图 6-4-4 所示为一个宽带滤波器电路。

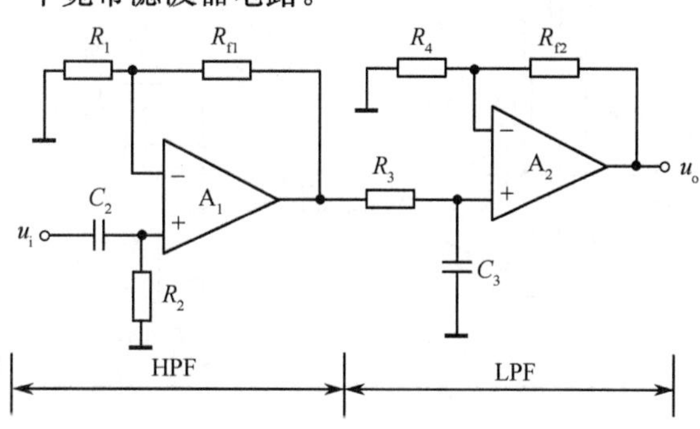


图 6-4-4　宽带滤波器

图 6-4-3 所示的宽带滤波器的通带增益为

$$G_0=\left|\frac{U_o}{U_i}\right|=\frac{G_{01}\cdot\frac{f}{f_L}}{\sqrt{1+\left(\frac{f}{f_L}\right)^2}}\cdot\frac{G_{02}}{\sqrt{1+\left(\frac{f}{f_H}\right)^2}}\tag{6-4-8}$$

式中，$G_{01}=1+\frac{R_{f1}}{R_1}$，$f_L=\frac{1}{2\pi R_2C_2}$，$G_{02}=1+\frac{R_{f2}}{R_4}$，$f_H=\frac{1}{2\pi R_3C_3}$。

**【例】**　设计一个宽带滤波器，要求下限截止频率 $f_L=400\text{Hz}$，上限截止频率 $f_H=2\text{kHz}$，通带增益为 4，求品质因数 $Q$。

**解**　根据通带增益为 4，如取 $G_{01}=G_{02}=2$，则 $R_1=R_4=R_{f1}=R_{f2}$，如选以上电阻均为 10kΩ。

由 $f_L=\frac{1}{2\pi R_2C_2}$，如取 $C_2=0.01\mu\text{F}$，则得 $R_2=\frac{1}{2\pi f_LC_2}=39.8\text{k}\Omega$。

由 $f_H=\frac{1}{2\pi R_3C_3}$，如取 $C_3=0.01\mu\text{F}$，则得 $R_3=\frac{1}{2\pi f_HC_3}=7.9\text{k}\Omega$。

$$f_0=\sqrt{f_L\,f_H}=\sqrt{2000\times400}=894.4\text{Hz}$$

所以

$$Q=\frac{f_0}{f_H-f_L}=\frac{894.4}{2000-400}=0.56$$

### 6.4.3　带通滤波器的应用电路

带通滤波器应用非常广泛，下面列举几个典型带通滤波器的应用电路。

#### 1. 高 Q 值的带通滤波器

如图 6-4-5 所示为高 $Q$ 值的带通滤波器。图中，$A_1$，$A_2$ 是高输入阻抗型集成运放 SF356。第一级是普通单级滤波器，其 $Q$ 值较低，$R_3$ 的值较小，信号衰减较大，放大倍数小。第二级是反相器，放大倍数为 10 倍。为了提高整个电路的 $Q$ 值，用反馈电阻 $R_2$ 引入一定量的正反馈，所以此电路有较好的选频特性。

#### 2. 频率可调的带通滤波器

如图 6-4-6 所示为频率可调的带通滤波器。其带宽为 0.1Hz ～ 6.3kHz，调节电位器 $R_{P1}$ 和 $R_{P2}$ 可调节滤波器的带宽，$R_{P1}$ 和 $R_{P2}$ 为同轴电位器。该滤波器由两级组成，第一级为高通滤波器，第二级为低通滤波器。

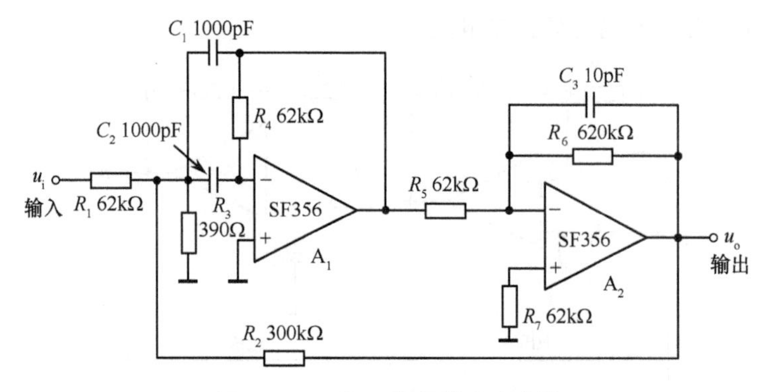


图 6-4-5　高 Q 值的带通滤波器

低通截止频率 $f_L$ 的计算公式为

$$f_L = \frac{1}{2\pi R_1 C_1} \tag{6-4-9}$$

高通截止频率 $f_H$ 的计算公式为

$$f_H = \frac{1}{2\sqrt{2}\pi R_4 C_3} \tag{6-4-10}$$

当 $R_{P1} = R_{P2} = 10\Omega$ 时，此滤波器的带宽为：0.1Hz ～ 6.3kHz；当 $R_{P1} = R_{P2} = 3k\Omega$ 时，此滤波器的带宽为：0.1Hz ～ 70Hz。

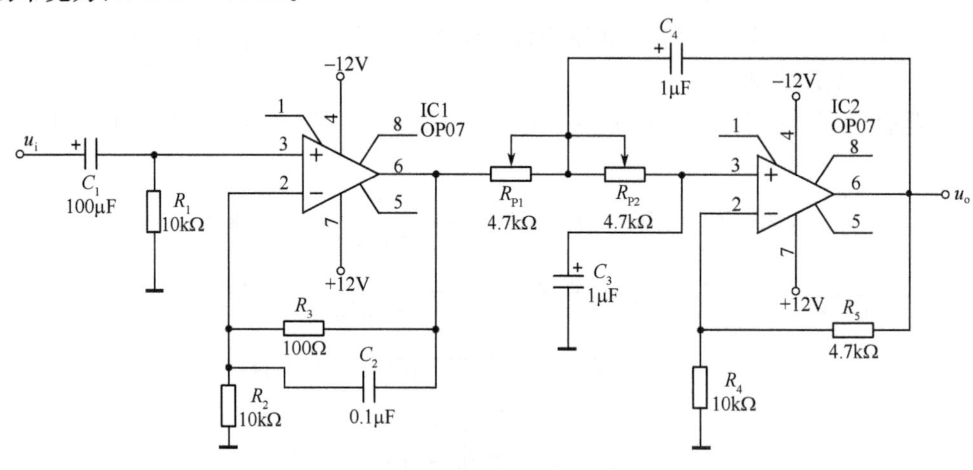


图 6-4-6　频率可调的带通滤波器

# 6.5　带阻滤波器

与带通滤波器相反，带阻滤波器用来抑制某一频段内的信号，而让以外频段的信号通过。带阻滤波器分两类，一类是窄带抑制带阻滤波器（简称窄带阻滤波器），另一类是宽带抑制带阻滤波器（简称宽带阻滤波器）。窄带阻滤波器一般用带通滤波器和减法器电路组合起来实现。窄带阻滤波器通常用作单一频率的陷波，又称陷波器。宽带阻滤波器通常用低通滤波器和高通滤波器求和实现。

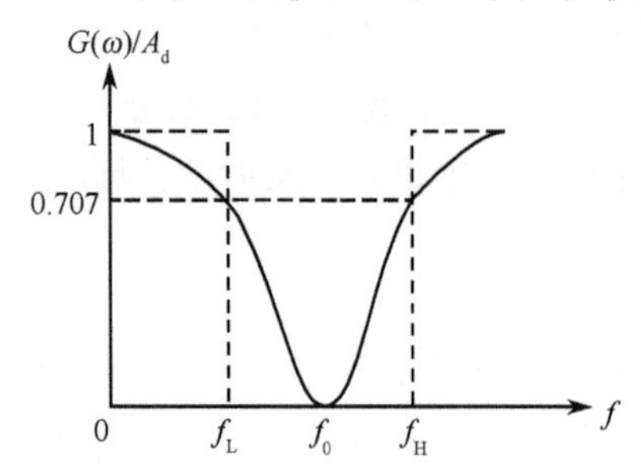


图 6-5-1　带阻滤波器的幅频特性

如图 6-5-1 所示为带阻滤波器的幅频特性，其理想特性为矩形。理想带阻滤波器在阻带内的增益为零。带阻滤波器

的中心频率 $f_0$ 和抑制带宽 BW 之间的关系为

$$Q=\frac{f_0}{\mathrm{BW}}=\frac{f_0}{f_H-f_L} \tag{6-5-1}$$

$$f_0=\sqrt{f_H f_L} \tag{6-5-2}$$

式中，$Q$ 为品质因数，$f_H$ 为带阻滤波器的上限频率，$f_L$ 为带阻滤波器的下限频率，其中 $f_H>f_L$。带宽 BW 越窄，品质因数 $Q$ 越高。

### 6.5.1　窄带阻滤波器（或陷波器）

陷波器实现的方法有很多，下面介绍两种常用的陷波器。如图 6-5-2 所示为其中一种陷波器。

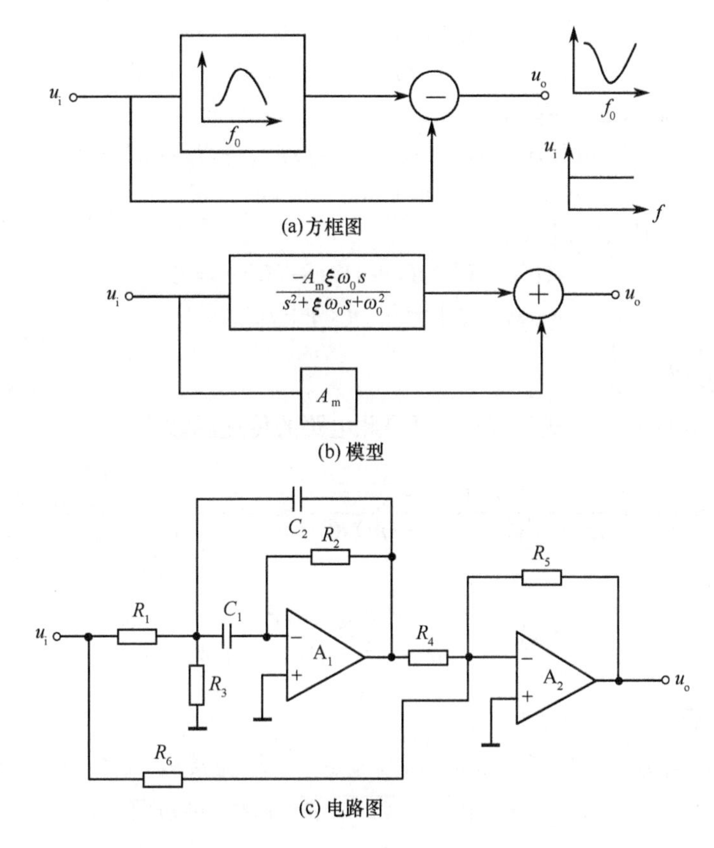


图 6-5-2　陷波器

由图 6-5-2 可得，此陷波器的输出电压为

$$U_o(s)=G_0U_i(s)+\frac{-G_0\xi\omega_0 s}{s^2+\xi\omega_0 s+\omega_0^2}\cdot U_i(s) \tag{6 5 3}$$

传递函数为

$$G(s)=\frac{U_o(s)}{U_i(s)}=G_0\left(1-\frac{\xi\omega_0 s}{s^2+\xi\omega_0 s+\omega_0^2}\right)=\frac{G_0(s^2+\omega_0^2)}{s^2+\xi\omega_0 s+\omega_0^2} \tag{6-5-4}$$

当 $\omega=\omega_0$ 时，增益为零；当 $\omega\gg\omega_0$ 和 $\omega\ll\omega_0$ 时，增益为 $|G_0|$。

另一种陷波器如图 6-5-3 所示。

在图 6-5-3 中，对节点 $A$ 列 KCL 方程，得

$$(U_i-U_A)sC+(U_o-U_A)sC+(mU_o-U_A)2n=0$$

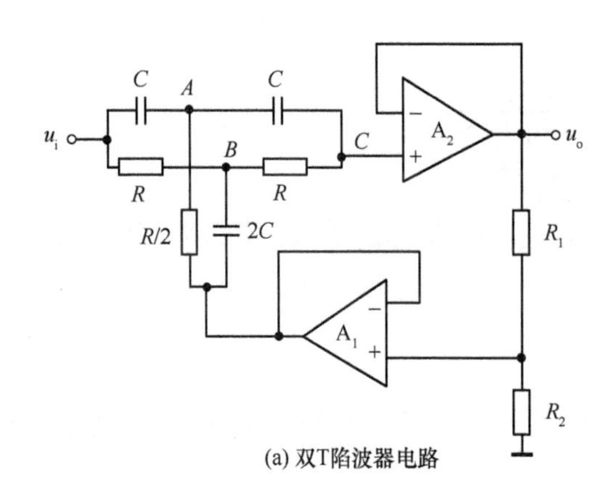

(a) 双T陷波器电路

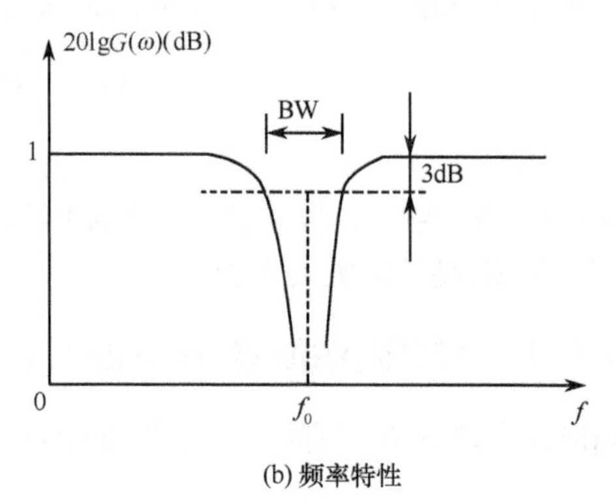

(b) 频率特性

图 6-5-3 双 T 陷波器

或
$$sCU_i + (sC + 2mn)U_o = 2(sC + n)U_A \tag{6-5-5}$$

同样，对节点 $B$ 列 KCL 方程，得

$$(U_i - U_B)n + (U_o - U_B)n + (mU_o - U_B)2sC = 0$$

或
$$nU_i + (n + 2msC)U_o = 2(n + sC)U_B \tag{6-5-6}$$

同样，对节点 $C$ 列 KCL 方程，得

$$(U_A - U_o)sC + (U_B - U_o)n = 0$$

或
$$sCU_A + nU_B = (n + sC)U_o \tag{6-5-7}$$

式中，$m = \dfrac{R_2}{R_1 + R_2}$，$n = \dfrac{1}{R}$。

由式(6-5-5)、式(6-5-6)、式(6-5-7)可得此电路的传递函数为

$$G(s) = \frac{U_o}{U_i} = \frac{n^2 + s^2C^2}{n^2 + s^2C^2 + 4(1-m)sCn} = \frac{s^2 + \left(\dfrac{n}{C}\right)^2}{s^2 + \left(\dfrac{n}{C}\right)^2 + 4(1-m)s\dfrac{n}{C}} \tag{6-5-8}$$

令 $s = j\omega$，可得

$$G(j\omega) = \frac{\omega^2 - \omega_0^2}{\omega^2 - \omega_0^2 - j4(1-m)\omega_0\omega} \tag{6-5-9}$$

式中，$\omega_0 = \dfrac{n}{C} = \dfrac{1}{RC}$。

当 $\omega = \omega_0$ 时，$G(j\omega_0) = 0$；当 $\omega \gg \omega_0$ 和 $\omega \ll \omega_0$ 时，增益接近 1。令 $G(\omega) = 0.707$，可求得

$$f_H = f_0\left[\sqrt{1 + 4(1-m)^2} + 2(1-m)\right] \tag{6-5-10}$$

$$f_L = f_0\left[\sqrt{1 + 4(1-m)^2} - 2(1-m)\right] \tag{6-5-11}$$

$$BW = f_H - f_L = 4(1-m)f_0 \tag{6-5-12}$$

$$Q = \frac{f_0}{f_H - f_L} = \frac{1}{4(1-m)} \tag{6-5-13}$$

由式(6-5-13)可知，当 $m \approx 1$ 时，$Q$ 值极高，BW 接近于零，所以改变 $m$ 可调节阻带带宽。

### 6.5.2 宽带阻滤波器

宽带阻滤波器可用一个低通滤波器和一个高通滤波器求和组成，且低通滤波器的截止频率 $f_L$ 小于高通滤波器的截止频率 $f_H$，其分析方法与宽带通滤波器类似，不再赘述。

### 6.5.3 带阻滤波器的应用电路

带阻滤波器应用非常广泛，下面列举几个典型带阻滤波器的应用电路。

1. **高 $Q$ 值的陷波滤波器**

如图 6-5-4 所示为高 $Q$ 值的陷波滤波器。

在图 6-5-4 中，$A_1$，$A_2$ 是集成运放 LM102，接成电压跟随器的形式。因为双 T 网络只有在离中心频率较远时才能达到较好的衰减特性，因此滤波器的 $Q$ 值不高。加入电压跟随器是为了提高 $Q$ 值，此电路中，$Q$ 值可提高到 50 以上。调节电位器 $R_P$，可连续地改变 $Q$ 值，其变化范围从 0.3～50。其中心频率的计算公式为

$$f_0 = \frac{1}{2\pi RC_1}$$

为了防止中心频率漂移，要使用镀银云母电容或碳酸盐电容和金属膜电阻。如果要得到 60dB 的衰减量，必须要求电阻误差小于 0.1%，电容误差小于 0.1%。为了使 LM102 稳定地工作，应加 0.01μF 电容对电源滤波。

2. **60Hz(或 50Hz) 输入陷波滤波器**

如图 6-5-5 所示为带宽为 60Hz 的陷波滤波器。在此电路中，$A_1$ 是仪用放大器 INA110，电位器 $R_P$ 用于设置电路的 $Q$ 值。图 6-5-5 中的参数值是电源的频率为 60Hz 时的陷波滤波器。当电源的频率为 50Hz 时，此电路的电阻值需要改变，将 $R_1$，$R_2$ 改为 6.37MΩ，将 $R_3$ 改为 3.16MΩ。此电路用于消除交流噪声。

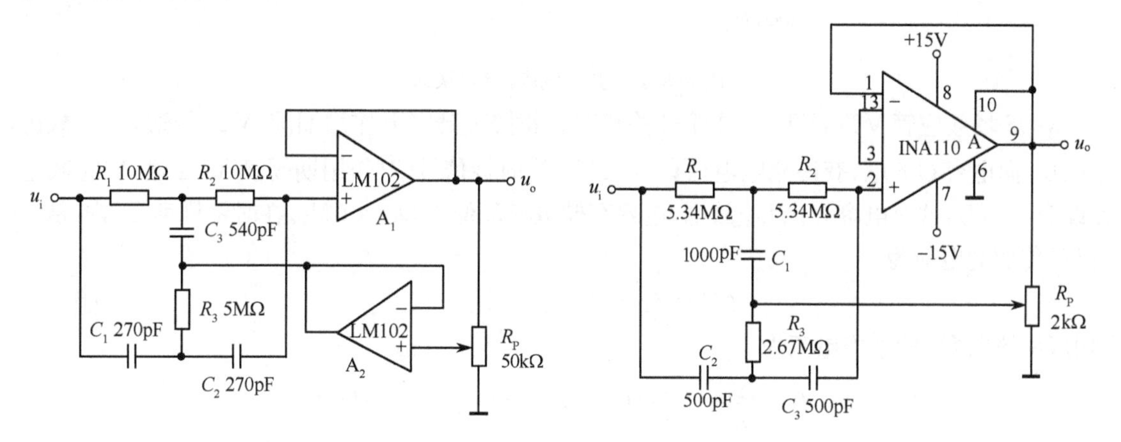


图 6-5-4　高 $Q$ 值的陷波滤波器

图 6-5-5　60Hz 输入陷波滤波器

## 6.6　开关电容滤波器和状态变量滤波器

开关电容网络(Switched Capacitor Network，SCN) 是用开关电容来取代电阻的一种新型电路。随着大规模集成电路的发展，要求电路集成在同一单片上并采用同一种 MOS 工艺，而用 MOS 工艺制作电阻存在着占用芯片面积大、温度系数及电压系数大的缺点，且因采用电阻，使电路功耗增大，阻碍超大规模的小型化。为了克服以上缺点，产生了用开关电容取代电阻的电路 SCN。

开关电容滤波器实质上是一种脉冲采样数据滤波器，是一种工作在离散域中的模拟滤波器，是对连续信号作离散处理。由于开关电容滤波器的品质因数高，通带平坦，传输函数是由时钟频率和电容比决定的，因此，开关电容滤波器无论精度、稳定性、体积及调整方便程度等，都优于有源 RC 滤波器和无源滤波器。大多数开关电容滤波器是以有源 RC 滤波器或无源 RLC 滤波器为原型，将其中的电阻用开关和电容代替而构成的。

本节主要介绍开关电容滤波器和状态变量滤波器。

## 6.6.1 SCN 的基本工作原理

### 1. SCN 的基本工作原理

如图 6-6-1 所示为开关电容网络。下面以并联型 SCN 为例分析 SCN 的工作原理。

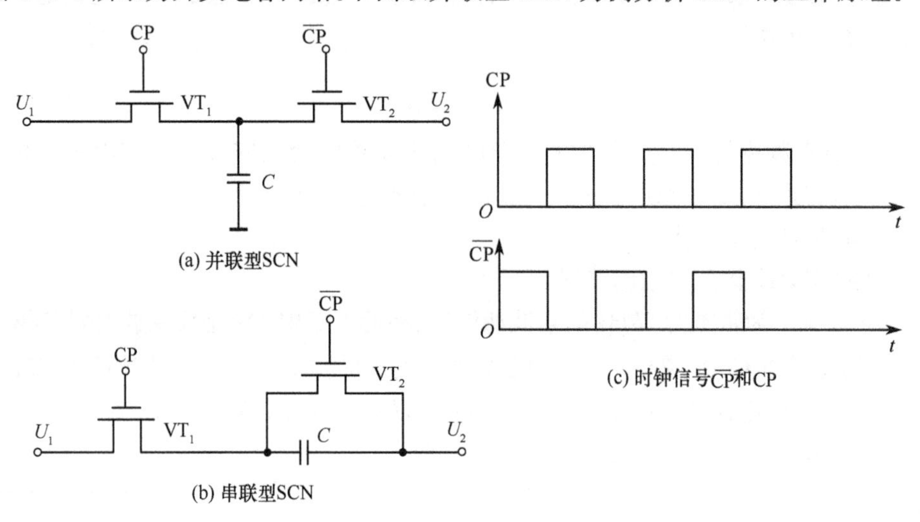


(a) 并联型SCN

(b) 串联型SCN

(c) 时钟信号$\overline{CP}$和CP

图 6-6-1　开关电容网络(SCN)

MOS 场效应管 $VT_1$,$VT_2$ 工作于开关状态。当时钟信号 CP 作用期间,$VT_1$ 导通,$VT_2$ 截止,电压 $U_1$ 向电容 $C$ 充电,获得充电电荷 $Q_1=CU_1$。当时钟信号 $\overline{CP}$ 作用期间,$VT_2$ 导通,$VT_1$ 截止,假设 $U_1>U_2$,这时电容 $C$ 向 $U_2$ 放电,电容存储电荷降低为 $Q_2=CU_2$。在时钟周期 $T_c$ 内,从 $U_1$ 向 $U_2$ 传输的电荷为

$$\Delta Q=Q_1-Q_2=C(U_1-U_2) \tag{6-6-1}$$

则由 $U_1$ 流向 $U_2$ 的平均电流为

$$I=\frac{\Delta Q}{T_c}=\frac{C}{T_c}(U_1-U_2)=Cf_c(U_1-U_2) \tag{6-6-2}$$

由式(6-6-2)可知,相当于在 $U_1$ 与 $U_2$ 之间接了一个等效电阻,其等效电阻 $R$ 为

$$R=\frac{U_1-U_2}{I}=\frac{1}{Cf_c} \tag{6-6-3}$$

图 6-6-1(b) 所示的串联开关电容网络同样可以得到以上等效关系。

开关电容网络有时也称为SC电阻,由式(6-6-3)可得出:当所需 $R$ 越大时,$C$ 值越小,则所占集成电路的面积将大大减小,所以用开关电容网络来代替大电阻,在集成电路中具有重大意义。当所需 $R$ 越大时,时钟频率 $f_c$ 应越低。

### 2. SC 电阻积分器与 RC 积分器的比较

如图 6-6-2 所示为 RC 积分器。

在图 6-6-2 中,假设电容 $C$ 上的初始电压为零,则输出电压与输入电压的关系为

$$u_o(t)=-\frac{1}{RC}\int_0^t U_i\mathrm{d}t=-\frac{U_i}{RC}t \tag{6-6-4}$$

由式(6-6-4) 可画出图 6-6-2(b) 所示的输出电压波形图,并得到输出电压的变化率为

$$\frac{\mathrm{d}u_o(t)}{\mathrm{d}t}=-\frac{U_i}{RC} \tag{6-6-5}$$

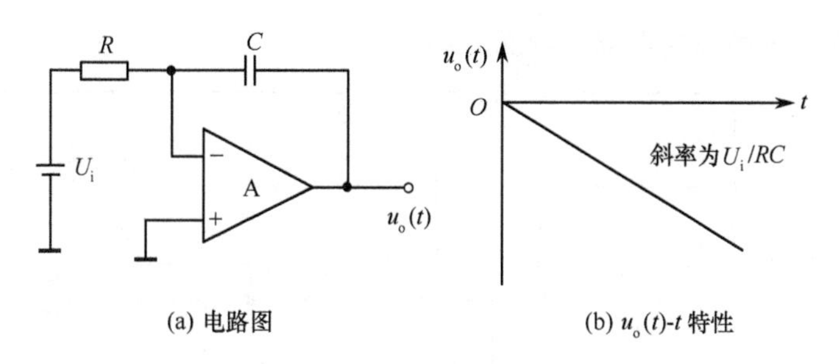


图 6-6-2　RC 积分器

如图 6-6-3 所示为 SC 电阻积分器。

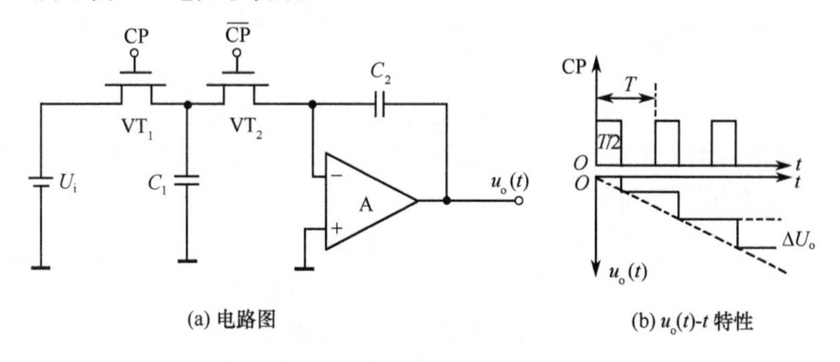


图 6-6-3　SC 电阻积分器

在图 6-6-3 中，$\Delta U_o$ 与输入电压的关系为

$$\Delta U_o = -\frac{1}{C_2} \cdot \Delta Q(C_1) = -\frac{1}{C_2}(C_1 U_i) = -\frac{C_1}{C_2} U_i \tag{6-6-6}$$

输出电压的平均变化率为

$$\frac{\Delta U_o}{T_c} = -\frac{C_1}{C_2} f_c U_i = -\frac{U_i}{RC_2} \tag{6-6-7}$$

比较式(6-6-5) 和式(6-6-7)，可知它们是等效的。所以电阻 $R$ 可用 SC 电阻代替且性能不变。

**3. SC 电阻的优点**

① SC 电阻占用的芯片面积小。例如，以 10MΩ 的电阻为例，在集成电路中直接制作电阻需占用 $1\text{mm}^2$ 的芯片面积，而用 SC 电阻(选取 $C = 1\text{pF}, f_c = 100\text{kHz}$) 仅占用 $0.01\text{mm}^2$，且 SC 电阻阻值越大，SC 电阻中所需的电容 $C$ 越小。

② 并联型开关电容的功耗较小。

③ MOS 电容的温度系数和电压系数小，稳定性好。

④ 若用 SC 电阻代替电阻 $R$，则时间常数 $RC$ 仅与电容比值有关，而与它们各自的绝对误差无关。这一点与集成电路的特性相适应，因为集成化电容的绝对误差较大，但电容值之比的精度较高。

## 6.6.2　开关电容滤波器

下面以开关电容双二阶滤波器为例介绍开关电容滤波器。

开关电容双二阶滤波器是以有源双二阶电路为原型构成的，所谓双二阶是指传输函数的分子、分母都是二阶函数。有源 RC 双二阶电路的传输函数为

$$G(s) = -\frac{a_0 s^2 + a_1 s + a_2}{s^2 + \xi\omega_0 s + \omega_0^2} \tag{6-6-8}$$

如图 6-6-4 所示为状态变量双二阶滤波器。

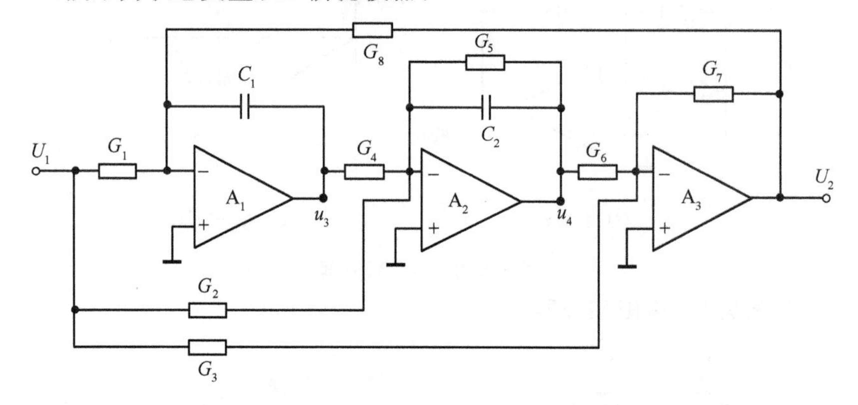


图 6-6-4　状态变量双二阶滤波器电路

此双二阶滤波器由两个带反馈的反相积分器和一个反相加法器组成。在理想集成运放的条件下，反相端的节点电压方程为

$$G_1U_1 + G_8U_2 + sC_1U_3 = 0 \tag{6-6-9}$$

$$G_2U_1 + G_4U_3 + (G_5 + sC_2)U_4 = 0 \tag{6-6-10}$$

$$G_3U_1 + G_6U_4 + G_7U_2 = 0 \tag{6-6-11}$$

将式(6-6-9)、式(6-6-10)、式(6-6-11) 组成方程组，解方程得

$$G(s) = \frac{U_2}{U_1} = \frac{s^2\dfrac{G_3}{G_7} + s\dfrac{G_3G_5 - G_2G_6}{C_2G_7} + \dfrac{G_4G_6}{C_2G_7}}{s^2 + s\dfrac{G_5}{C_2} + \dfrac{G_4G_6G_8}{G_7C_1C_2}} \tag{6-6-12}$$

比较式(6-6-8) 和式(6-6-12) 可知

$$\omega_0^2 = \frac{G_4G_6G_8}{G_7C_1C_2}, \xi\omega_0 = \frac{G_5}{C_2}$$

$$a_0 = \frac{G_3}{G_7}, a_1 = \frac{G_3G_5 - G_2G_6}{C_2}, a_2 = \frac{G_1G_4G_6}{C_1C_2}$$

此滤波器的优点是用式(6-6-12) 可以实现任一种二阶函数。

**1. 二阶低通滤波器**

当 $a_0 = a_1 = 0$(即 $G_3 = G_2 = 0$) 时，有

$$G(s) = \frac{G_0\omega_0^2}{s^2 + \xi\omega_0 s + \omega_0^2} \tag{6-6-13}$$

式中，通带增益 $G_0 = \frac{G_1G_7}{G_8}$。

**2. 二阶带通滤波器**

当 $a_2 = a_0 = 0$(即 $G_1 = G_3 = 0$) 时，有

$$G(s) = \frac{G_0\xi\omega_0 s}{s^2 + \xi\omega_0 s + \omega_0^2} \tag{6-6-14}$$

式中，通带增益 $G_0 = -\frac{G_2G_6}{G_5}$。

**3. 二阶高通滤波器**

当 $a_2 = a_1 = 0$(即 $G_1 = 0, G_3G_5 = G_2G_6$) 时，有

$$G(s) = \frac{G_0 s^2}{s^2 + \xi\omega_0 s + \omega_0^2} \tag{6-6-15}$$

式中，$G_0=\frac{G_3}{G_7}$ 是 $\omega$ 趋向无穷大时的幅度响应值。

用同样的方法可以写出陷波器、全通函数的表示式，将图中的电阻元件用开关电容代替便可构成双二阶开关电容滤波器。

### 6.6.3 开关电容滤波器的应用及限制

用 SCN 实现的种类有开关电容滤波器、振荡器、放大器、比较器、可编程电容阵列、A/D 和 D/A 转换器、平衡调制器、峰值检波器、整流器等。

开关电容滤波器与 RC 有源滤波器相比，其优点是无须精确控制电容和电阻的绝对值。开关电容滤波器的性能取决于电容比值和时钟频率 $f_c$。单片开关电容滤波器有两个实际限制，即高频容限和噪声特性。高频容限受最高时钟频率的限制，一般选择时钟频率不超过几百千赫。最高工作频率限制在$\frac{f_c}{2}$，一般 $f_c$ 选择在比滤波器的上限频率高一个数量级。单片开关电容滤波器的工作频率通常限制在音频范围，即从直流到 20kHz。开关电容滤波器的噪声特性比相应的 RC 有源滤波器要差一些，主要是 MOS 集成运放和模拟开关的噪声。因此，为了得到良好的信噪比，开关电容滤波器的动态范围限制在 80 ～ 90dB，这对于高质量的信号处理和弱信号检测是不够的。在开关电容滤波器中，对 MOS 电容的要求是必须保证电容比的正确性，并限制电容比的最大值小于 20，否则将使电容所占芯片总面积增加。对 MOS 开关的要求是一般采用场效应管，MOS 开关的主要性能参数使开关电容滤波器受到一些限制，如导通电阻，其值限制时钟频率的选择。另外，还必须考虑栅、漏和栅、源之间的分布电容及漏极、源极与衬底间存在的分布电容，它们使电路中不能选用过小的电容值。要求 MOS 集成运放带负载能力强、增益高、建立时间短、功耗小，但由于 MOS 集成运放的上升速率较双极型运放低，限制了 SCN 向高频发展。MOS 开关的导通电阻和 MOS 运放的上升速率限制了时钟频率不能太高。

开关电容是一个离散时间电路，只有当 $f_c$ 远比信号频率高时，其响应才和连续时间滤波器十分接近。一般开关电容滤波器在音频频带范围使用，常用于脉码调制与解调电路、语音编码与解调、回音消除和语音合成及识别等。

### 6.6.4 状态变量滤波器

#### 1. 状态变量滤波器

状态变量滤波器是用状态变量法建立起来的滤波器，也称多功能滤波器，它可以同时实现高通、低通、带通等滤波功能。

下面用一个具体电路为例介绍状态变量滤波器，如图 6-6-5 所示。此状态变量滤波器由两个积分器和一个求和电路组成，可同时完成低通、高通、带通的滤波功能。

集成运放 $A_2$ 构成反相积分器，其输出为

$$U_{BP}=-\frac{1}{RCs}\cdot U_{HP} \tag{6-6-16}$$

当 $R=1\text{M}\Omega, C=1\mu\text{F}$ 时，$RC=1$，则式(6-6-16) 变为

$$U_{BP}=-\frac{1}{s}\cdot U_{HP} \tag{6-6-17}$$

集成运放 $A_3$ 也是反相积分器，其输出为

$$U_{LP}=-\frac{1}{s}\cdot U_{BP}=\frac{1}{s^2}\cdot U_{HP} \tag{6-6-18}$$

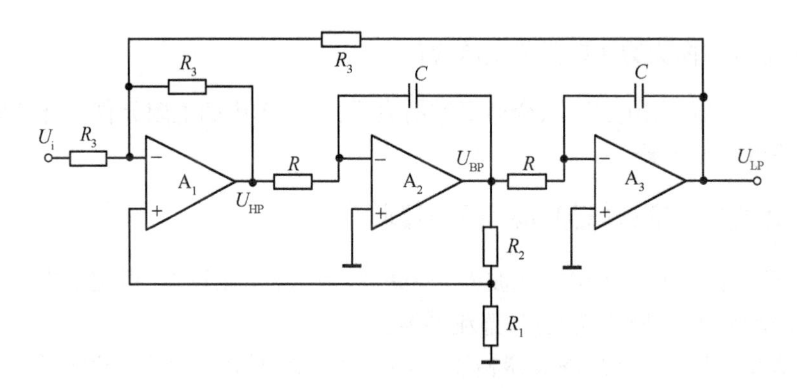


图 6-6-5　状态变量滤波器

集成运放 $A_1$ 是求和电路,其输出为

$$U_{HP}=-U_i-U_{LP}+\left(1+\frac{R_3}{R_3 /\!/ R_3}\right)\frac{R_1}{R_1+R_2}U_{BP}=-U_i-U_{LP}+\xi U_{BP} \qquad (6\text{-}6\text{-}19)$$

式中,衰减系数 $\xi=3\cdot\dfrac{R_1}{R_1+R_2}$。

将式(6-6-17) 和式(6-6-18) 代入式(6-6-19) 得

$$U_{HP}=-U_i-\frac{U_{HP}}{s^2}-\frac{\xi}{s}\cdot U_{HP} \qquad (6\text{-}6\text{-}20)$$

所以

$$G_{HP}(s)=\frac{U_{HP}}{U_i}=\frac{-s^2}{s^2+\xi s+1} \qquad (6\text{-}6\text{-}21)$$

式(6-6-21) 与高通滤波器传递函数的标准形式$\dfrac{G_0 s^2}{s^2+\xi\omega_0 s+\omega_0^2}$比较,此状态变量滤波器实现的高通参数为 $G_{01}=-1,\omega_{01}=1$。

同理,可得到低通滤波器的传递函数为

$$G_{LP}(s)=\frac{U_{LP}}{U_i}=\frac{-1}{s^2+\xi s+1} \qquad (6\text{-}6\text{-}22)$$

式(6-6-22) 与低通滤波器传递函数的标准形式比较,此状态变量滤波器实现的低通参数为$G_{02}=-1,\omega_{02}=1$。

同理,可得到带通滤波器的传递函数为

$$G_{BP}(s)=\frac{U_{BP}}{U_i}=\frac{s}{s^2+\xi s+1} \qquad (6\text{-}6\text{-}23)$$

式(6-6-23) 与带通滤波器传递函数的标准形式比较,此状态变量滤波器实现的带通参数为$\omega_{03}=\dfrac{1}{RC}=1(R=1\text{M}\Omega$ 和 $C=1\mu\text{F}),G_{03}=\dfrac{1}{\xi}=\dfrac{R_1+R_2}{3R_1}$。

由以上分析可知,高通响应通过积分电路后可得到带通响应,带通响应通过积分电路后可得到低通响应。状态变量滤波器可用于某些特定函数(如状态变量方程) 的模拟。

**2. 状态变量滤波器的应用电路**

图 6-6-6 所示为可同时可获得 4 种特性的滤波器。

此电路是可同时获得低通(LP)、高通(HP)、带通(BP)、带阻(BE)4 种特性的滤波器电路。电路采用 4 个集成运放构成,其中 $R_F$ 和 $C_F$ 用于确定中心频率 $f_0$,$f_0=\dfrac{1}{2\pi R_F C_F}$。电路的 $Q$ 值由$\dfrac{R_5}{R_2}$ 确定,增益由$\dfrac{R_2}{R_1}$ 确定。如取 $R_5=10\text{k}\Omega$,则 $Q=1$,这时对于 BPF,HPF,LPF,输出为 0dB。输入为正弦波时,BEF 输出为 0,其他滤波器输出相同电压。LPF,HPF 之间有 90° 相位差。LPF 和

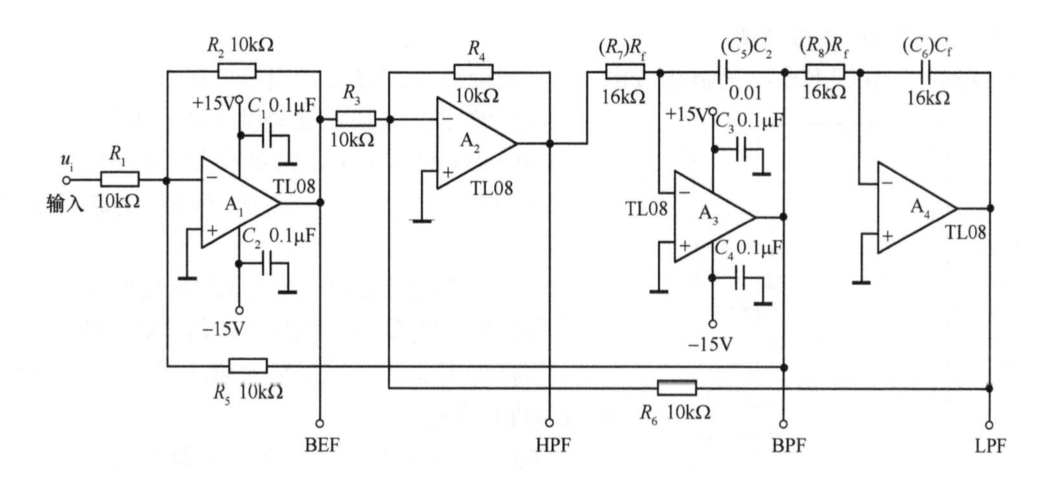


图 6-6-6　可同时获得 4 种特性的滤波器

HPF 作为分离低频和高频用时，$f_0$ 的损耗为 $-3\text{dB}$，因此 $Q=0.7$，这时 $R_5=7\text{k}\Omega$。用 $R_F$ 和 $C_F$ 调整频率，一般限制在几十千赫。要求 $A_3$，$A_4$ 采用高频特性较好的集成运放。

# 6.7　可编程滤波器

在电子技术应用领域，经常需要设计硬件有源滤波器，而滤波器的好坏将直接影响到整个电子系统的性能。普通硬件有源滤波器一般由集成运放和 $R$，$C$ 元件组成，虽然比较容易实现，但对元器件的参数精度要求比较高，设计和调试都比较麻烦，而且当工作频率较高时，元器件周围的杂散电容将会严重影响滤波器的特性，使其偏离预定工作状态，最终效果不是很好。可编程滤波器芯片可以通过编程对各种低频、中频信号实现低通、高通、带通、带阻和全通滤波处理，而且滤波的特性参数如截止频率、中心频率、品质因数等也可以通过编程进行设置。

可编程滤波器具有如下优点：

① 电路简单，根据设计要求，每个滤波单元只需外接几个元件，即可实现滤波；

② 可编程滤波器芯片是单片集成结构，高频工作时基本不受杂散电容的影响，对电阻误差也不敏感；

③ 所设计滤波器的截止频率、中心频率、品质因数及放大倍数等都可有外接电阻确定，参数调整非常方便；

④ 由于放大倍数可调，所以常常设计成与后续电路如模数转换器等直接接口的形式，省去了后续放大电路；

⑤ 可编程滤波器芯片一般为连续时间型，与其他滤波器相比，具有噪声低、动态特性好等优点；

⑥ 生产可编程滤波器芯片的公司一般都提供专用设计软件，不需复杂计算。

可编程滤波器应用非常广泛，下面以 MAX260 系列芯片为例，介绍可编程滤波器及其应用。

## 6.7.1　可编程滤波器 MAX260 系列芯片简介

MAX260/261/262 芯片是美国 MAXIM 公司开发的一种通用有源滤波器，可用微处理器控制，方便地构成各种低通、高通、带通、带阻及全通滤波器，不需外接元件。本芯片可靠性高，对使用环境要求低，是目前广泛用于测控和通信等领域的一类单片集成器件。

1. **MAX262 的引脚排列图**

MAX262 采用 CMOS 工艺制造，如图 6-7-1 所示为 MAX262 的引脚排列图。

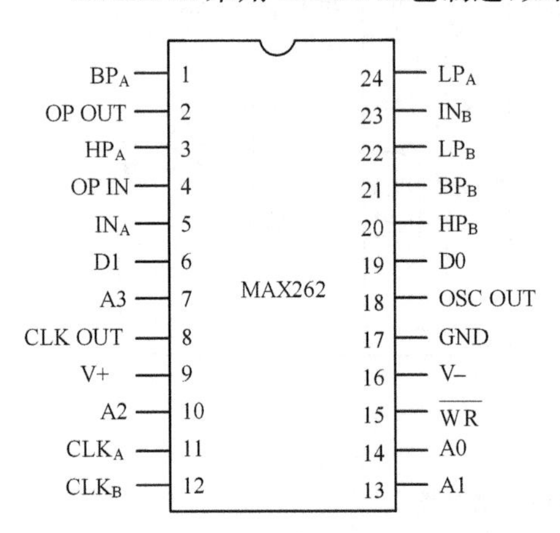


图 6-7-1　MAX262 的引脚排列图

1 脚 $BP_A$、21 脚 $BP_B$：带通滤波器输出端。

2 脚 OP OUT：MAX262 的放大器输出端。

3 脚 $HP_A$、20 脚 $HP_B$：高通、带阻、全通滤波器输出端。

4 脚 OP IN：MAX262 的放大器反相输入端。

5 脚 $IN_A$、23 脚 $IN_B$：滤波器的信号输入端。

6 脚 D1、19 脚 D0：数据输入端，可用来对 $f_0$ 和 $Q$ 的相应位进行设置。

7 脚 A3、10 脚 A2、13 脚 A1、14 脚 A0：地址输入端，可用来完成对滤波器工作模式、$f_0$ 和 $Q$ 的相应设置。

8 脚 CLK OUT：晶体振荡器和 RC 振荡器的时钟输出端。

9 脚 V+：正电源输入端。

11 脚 $CLK_A$：外接晶体振荡器和滤波器 A 部分的时钟输入端，在滤波器内部，时钟频率被 2 分频。

12 脚 $CLK_B$：滤波器 B 部分的时钟输入端，同样在滤波器内部，时钟频率被 2 分频。

15 脚 $\overline{WR}$：写入有效输入端。接 V+时，输入数据不起作用；接 V−时，数据可通过逻辑接口进入一个可编程的内存之中，以完成滤波器的工作模式、$f_0$ 及 $Q$ 的设置。此外，还可以接收 TTL 电平信号，并用上升沿锁存输入数据。

16 脚 V−：负电源输入端。

17 脚 GND：模拟地。

18 脚 OSC OUT：与晶体振荡器或 RC 振荡器相连，用于自同步。

22 脚 $LP_B$、24 脚 $LP_A$：低通滤波器输出端。

2. **MAX260 系列芯片的内部结构**

MAX260 系列芯片主要由放大器、积分器、电容切换网络（SCN）和工作模式选择器组成。每个芯片内部都含有两个独立的可编程二阶开关电容滤波器，它们可以独立使用，也可以级联成一个 4 阶的滤波器。滤波器 A 和滤波器 B 可以采用内部时钟，也可以采用外部时钟。每个滤波器的独立时钟输入端可以连接晶振、RC 网络或外部时钟产生器，芯片对外部时钟的占空比没有要求。可编程的参数有品质因数、中心频率、工作模式等，输入时钟频率与 6 位编程代码共同决定滤波器的截止频率和中心频率。时钟频率和中心频率之比可实现 64 级程控调节，品质因数可实现 128 级程控调节。中心频率、品质因数、工作模式都可独立编程，互不影响。片内电容的开关速率是影响这些参数精度的主要因素。

如图 6-7-2 所示为 MAX262 的内部结构。

MAX262 由 2 个二阶滤波器（A 和 B 两部分）、2 个可编程 ROM 及逻辑接口组成。每个滤波器部分又包含 2 个级联的积分器和 1 个加法器。该芯片的主要特性有：① 配有滤波器设计软件，可改善滤波特性，带有微处理器接口；② 可控制 64 个不同的中心频率 $f_0$、128 个不同的品质因数 $Q$ 及 4 种工作模式；③ 对中心频率 $f_0$ 和品质因数 $Q$ 可独立编程；④ 时钟频率与中心频率比值（$f_{clk}/f_0$）可达到 1%（A 级）；⑤ 中心频率 $f_0$ 的范围为 75kHz。

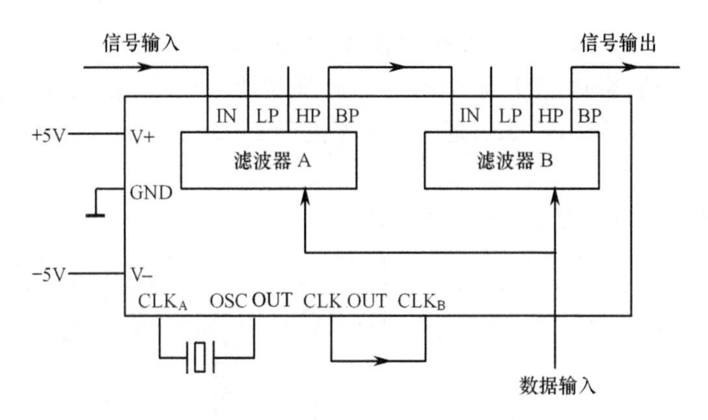


图 6-7-2　MAX262 的内部结构

## 6.7.2　采用 MAX260 系列芯片设计滤波器的流程

MAXIM公司为MAX260系列芯片提供了相应的设计软件，所有参数都可以由软件来计算，大大简化了设计过程。

采用 MAX260 系列芯片设计滤波器时，设计流程如下：

（1）选择滤波器类型

根据实际系统需要，选择最佳滤波器类型，如巴特沃思型、切比雪夫型、椭圆函数型等，并计算其极点坐标，写出滤波器的传输函数，求出每个滤波器的中心频率和品质因数。

（2）产生编程系数

首先确定滤波器的时钟频率和工作模式，滤波器工作模式的选择见表 6-7-1。

**表 6-7-1　工作模式和滤波器功能的关系**

| 工作模式 | M1 | M0 | 滤波功能 |
|---|---|---|---|
| 1 | 0 | 0 | 低通，带通，带阻 |
| 2 | 0 | 1 | 低通，带通，带阻 |
| 3 | 1 | 0 | 低通，高通，带通 |
| 3A | 1 | 0 | 低通，高通，带通，带阻 |
| 4 | 1 | 1 | 低通，带通，全通 |

然后计算时钟频率和中心频率之比，再根据 MAX260 系列芯片的数据手册确定工作模式、品质因数、时钟频率和中心频率之比的二进制编程代码。

（3）加载滤波器

用单片机或 PC 对滤波器进行编程，需编程的参数包括时钟频率、工作模式、品质因数、时钟频率和中心频率之比等，编程数据由单片机或 PC 产生。单片机将编程控制参数加载到滤波器后，滤波器就可以按照设计要求工作了。

## 6.7.3　基于 MAX262 的程控滤波器设计实例

### 1. 设计要求

设计一个程控滤波器，前级放大器部分要求增益可调，后级滤波器部分要求通带、截止频率等参数可设置。其中：① 滤波器可设置为低通和高通滤波器，其－3dB 截止频率 $f_c$ 在 1～20kHz 范围内可调，调节的频率步进为 1kHz。低通滤波器的 $2f_c$ 处放大器与滤波器的总增益不大于

30dB。高通滤波器的 0.5$f_c$ 处放大器与滤波器的总增益不大于 30dB。② 滤波器也可设置为 4 阶椭圆函数型低通滤波器，带内起伏为 1dB，－3dB 通带为 50kHz，要求放大器与低通滤波器在 200kHz 处的总增益小于 5dB，－3dB 通带误差不大于 5%。

**2. 设计方案**

如图 6-7-3 所示为程控滤波器原理方框图。

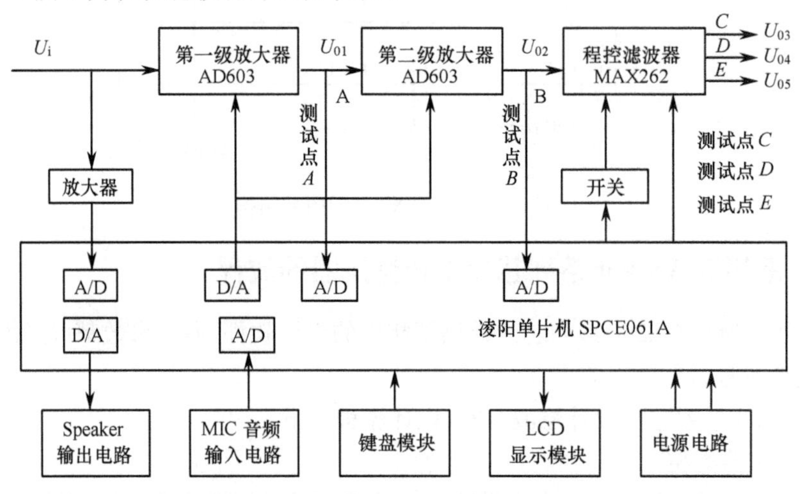


图 6-7-3　程控滤波器原理方框图

增益可控放大器采用两级 AD603 组成。低通、高通滤波器和 4 阶椭圆函数型低通滤波器采用 MAX262 完成。通过设置 MAX262 的工作方式，可实现不同的滤波要求。当设置为工作方式 1 时，可满足低通滤波功能要求；当设置为工作方式 3 时，可满足高通滤波和 4 阶椭圆函数型低通滤波的设计要求。整个系统的控制和操作采用凌阳单片机 SPCE061A 来完成，SPCE061A 是一款 16 位单片机，时钟频率在 32768Hz ～ 49MHz 范围内可选择。内部具有 8 路 A/D 通道，其中一路为 MIC 音频通道，2 路 D/A 通道，具有语音录制和语音播放功能。测试结果可以用 LCD 显示，也可实时语音播报。

**3. 硬件设计**

限于篇幅，在此只给出程控滤波器部分电路图，如图 6-7-4 所示。MAX262 采用外加时钟的方法，采用凌阳单片机 SPCE061A 完成对 MAX262 的控制和操作。

低通滤波功能部分采用内部滤波器 A，高通滤波功能部分采用内部滤波器 B，图 6-7-3 的测试点 $C$ 即是巴特沃思二阶低通滤波器的输出端，图 6-7-3 的测试点 $D$ 即是巴特沃思二阶高通滤波器的输出端，可以很好地实现设计指标。

巴特沃思二阶低通滤波器的传输函数为

$$G_{LA}(s)=\frac{G_{0A}\omega_{cA}^2}{s^2+\left(\frac{\omega_{cA}}{Q_A}\right)s+\omega_{cA}^2} \tag{6-7-1}$$

巴特沃思二阶高通滤波器的传输函数为

$$G_{LB}(s)=\frac{G_{0B}s^2}{s^2+\left(\frac{\omega_{cB}}{Q_B}\right)s+\omega_{cB}^2} \tag{6-7-2}$$

式中，$G(s)$ 为滤波器的传输函数，$G(\omega)$ 为滤波器的幅频特性，$G_0$ 为滤波器的通带增益，$f_c$ 为滤波器的截止频率，$Q$ 为品质因数。

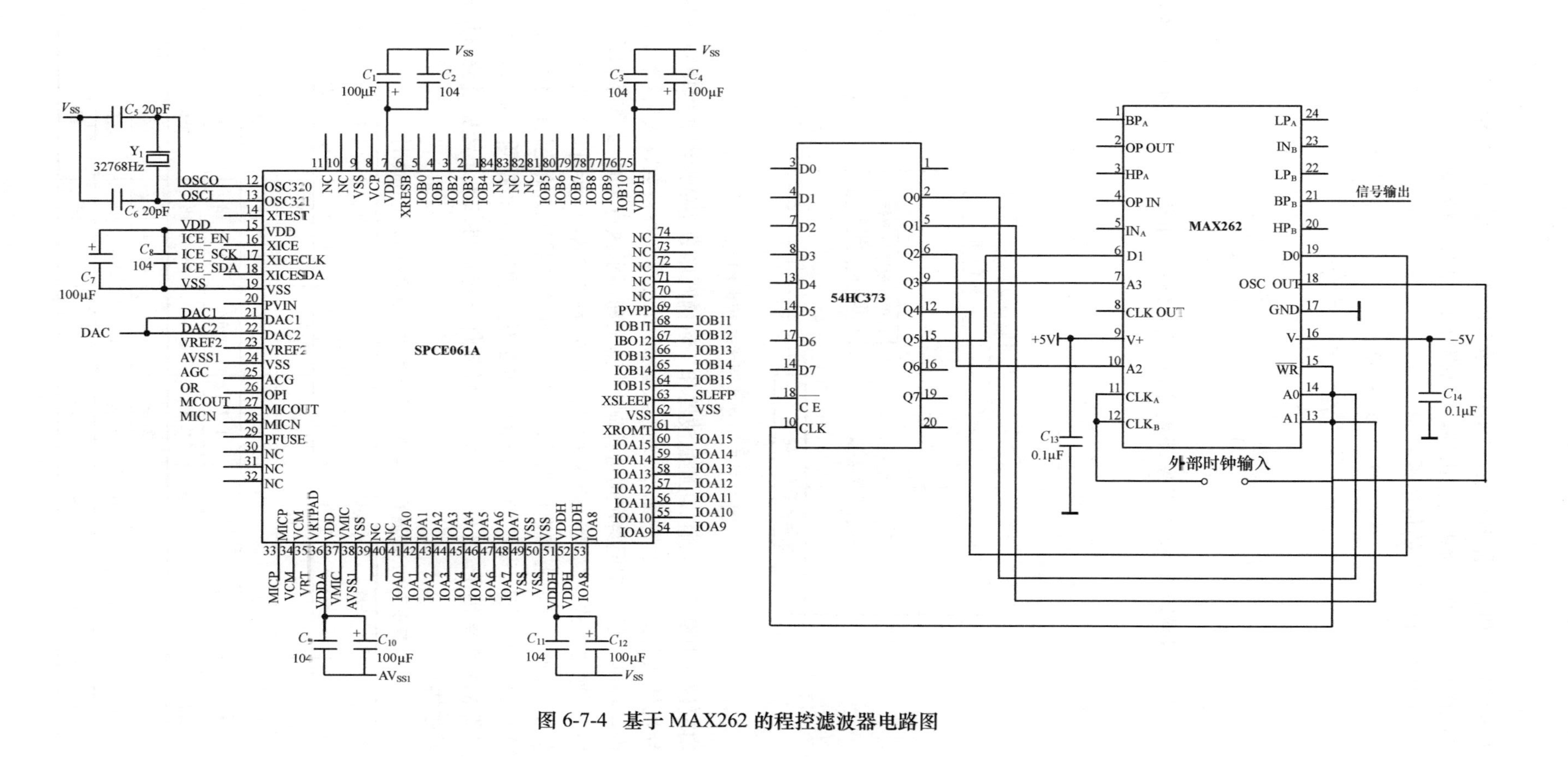


图 6-7-4　基于 MAX262 的程控滤波器电路图

采用内部滤波器 A 和滤波器 B 级联，可实现 4 阶椭圆函数型低通滤波器。图 6-7-3 的测试点 $E$ 就是 4 阶椭圆函数型低通滤波器的输出端，可以很好地实现设计指标。

4 阶椭圆函数型低通滤波器的传递函数为

$$G_{TL4}(s) = G_{TLA}(s) \cdot G_{TLB}(s) \tag{6-7-3}$$

$$G_{TLA}(s) = \frac{G_{0A}C}{A}\left(\frac{s^2 + A\omega_{cA}^2}{s^2 + B\omega_{cA}s + C\omega_{cA}^2}\right) \tag{6-7-4}$$

$$G_{TLB}(s) = \frac{G_{0B}C}{A}\left(\frac{s^2 + A\omega_{cB}^2}{s^2 + B\omega_{cB}s + C\omega_{cB}^2}\right) \tag{6-7-5}$$

**4. 软件设计**

程控部分软件采用凌阳 IDE2.0 开发环境，用 C 语言编制。如图 6-7-5 所示为程控滤波器主流程框图。

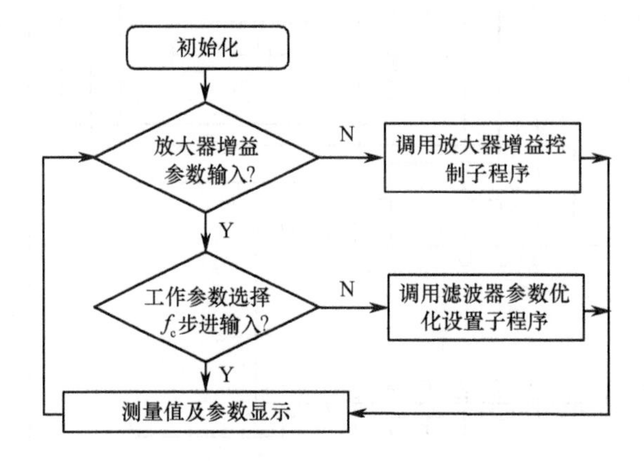


图 6-7-5　滤波器主流程框图

主程序实现设计中要求的低通、高通滤波器和 4 阶椭圆函数型低通滤波器功能。初始化部分主要完成单片机外围电路参数设置及 LCD 主屏显示。放大器增益参数输入后，系统软件通过调用前置运放增益控制子程序实现给定增益控制，并测试和显示执行结果。工作参数设置可支持对滤波器工作模式、滤波方式、滤波器各参数因子的设置。截止频率 $f_c$ 步进设置程序可以完成截止频率的输入显示，并调用滤波器参数优化设置子程序，使滤波器达到给定目标频率的目标要求。

参照 MAX262 数据手册，设计 PC 端多目标参数优化程序，并根据题目要求，计算出各种状态条件下滤波器的各参数因子。表 6-7-2 所示为经软件筛选后再加人工经验过滤得出的低通滤波器各控制参数因子。

**表 6-7-2　低通滤波器参数因子优化数据表格(工作方式 1)**

| 步进目标 $f_c$(kHz) | 时钟频率 $f_{clk}$(kHz) | 计算 $f_c$(kHz) | 中心频率 $f_0$ | $f_p$ | $f_p/f_c$ | $H_{LP}/H_{OP}$ (dB) | $f$ 参数因子查表 $N$ 值 | $Q$ 参数因子查表 $N$ 值 |
|---|---|---|---|---|---|---|---|---|
| 1 | 75 | 1 | 0.77 | 0.56 | 0.57 | −1.48 | 36 | 41 |
| 2 | 150 | 1.99 | 1.54 | 1.13 | 0.57 | −1.48 | 36 | 41 |
| 3 | 150 | 3.01 | 2.33 | 1.71 | 0.57 | −1.48 | 15 | 41 |
| 4 | 300 | 3.99 | 3.08 | 2.26 | 0.57 | −1.48 | 36 | 41 |
| 5 | 300 | 5.04 | 3.9 | 2.86 | 0.57 | −1.48 | 23 | 41 |
| 6 | 300 | 6.03 | 4.66 | 3.42 | 0.57 | −1.48 | 15 | 41 |
| 7 | 600 | 6.96 | 5.38 | 3.95 | 0.57 | −1.48 | 45 | 41 |

(续表)

| 步进目标 $f_c$(kHz) | 时钟频率 $f_{clk}$(kHz) | 计算 $f_c$(kHz) | 中心频率 $f_0$ | $f_p$ | $f_p/f_c$ | $H_{LP}/H_{OP}$ (dB) | $f$参数因子查表$N$值 | $Q$参数因子查表$N$值 |
|---|---|---|---|---|---|---|---|---|
| 8 | 600 | 7.97 | 6.16 | 4.52 | 0.57 | −1.48 | 36 | 41 |
| 9 | 600 | 8.98 | 6.94 | 5.09 | 0.57 | −1.48 | 29 | 41 |
| 10 | 600 | 10.08 | 7.8 | 5.72 | 0.57 | −1.48 | 23 | 41 |
| 11 | 600 | 10.98 | 8.49 | 6.23 | 0.57 | −1.48 | 19 | 41 |
| 12 | 600 | 12.05 | 9.32 | 6.83 | 0.57 | −1.48 | 15 | 41 |
| 13 | 600 | 13 | 10.05 | 7.37 | 0.57 | −1.48 | 12 | 41 |
| 14 | 600 | 14.12 | 10.91 | 8.01 | 0.57 | −1.48 | 9 | 41 |
| 15 | 600 | 14.97 | 11.57 | 8.49 | 0.57 | −1.48 | 7 | 41 |
| 16 | 600 | 15.94 | 12.32 | 9.04 | 0.57 | −1.48 | 5 | 41 |
| 17 | 1200 | 17.04 | 13.17 | 9.66 | 0.57 | −1.48 | 32 | 41 |
| 18 | 1200 | 17.97 | 13.89 | 10.19 | 0.57 | −1.48 | 29 | 41 |
| 19 | 1200 | 19.01 | 14.69 | 10.78 | 0.57 | −1.48 | 26 | 41 |
| 20 | 1200 | 20.17 | 15.59 | 11.44 | 0.57 | −1.48 | 23 | 41 |

表6-7-2中，步进目标 $f_c$ 值是键盘给定的目标步进频率值，时钟 $f_{clk}$ 为目标控制时钟频率，计算 $f_c$ 值是通过滤波器特性计算出的实际截止频率，中心频率为计算出的实际中心频带位置。通过计算机软件优化筛选时，主要依据 $f_p/f_c$ 之比尽量大，并综合考虑 $f$ 和 $Q$ 因子的理想取值范围。

可编程滤波器芯片还有许多，如MAX274/275等，限于篇幅，不再赘述。

# 思考题与习题

6.1 什么是传递函数的幅度近似？有哪几种幅度近似的方法？画出低通滤波器幅度近似的幅频特性曲线。

6.2 一阶低通滤波器和一阶高通滤波器有什么缺点？画出其电路原理图和幅频特性曲线图。

6.3 二阶低通滤波器和二阶高通滤波器有什么特点？画出其电路原理图和幅频特性曲线图，并说明阻尼系数 $\xi$ 的取值对其幅频特性曲线有什么影响？

6.4 如图1所示，当分别取如下两组参数时，试分别求出该电路的 $G_0$，$\omega_n$，$\xi$ 等参数。

(1) $R_1=R_2=24\text{k}\Omega, C_1=940\text{pF}, C_2=470\text{pF}, R=\infty$。

(2) $R_1=7.3\text{k}\Omega, R_2=39.4\text{k}\Omega, C_1=C_2=0.047\mu\text{F}, R=4\text{k}\Omega, R_f=20\text{k}\Omega$。

6.5 求如图2所示电路的传递函数。

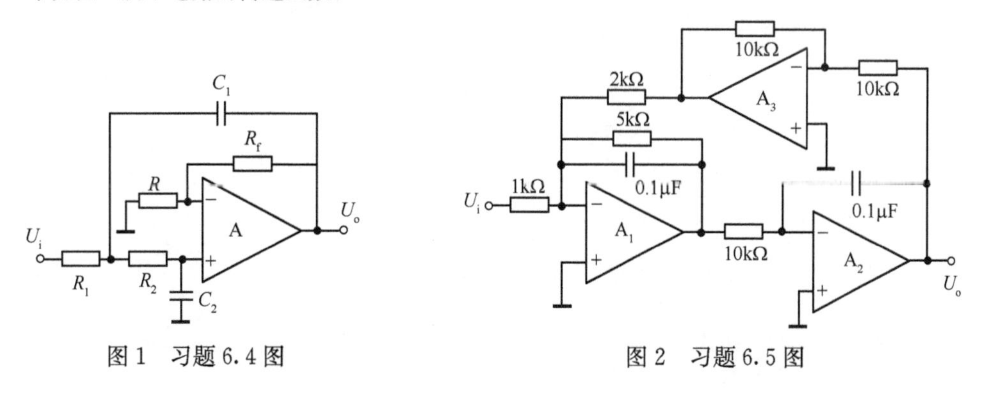


图1 习题6.4图　　图2 习题6.5图

6.6 设计一个一阶高通滤波器，其截止频率为2kHz。要求画出电路图，写出传递函数的表达式。

6.7 设计一个二阶低通滤波器，其截止频率为10kHz。要求画出电路图，选择集成电路芯片的型号和各种元器件的参数值。

6.8 设计一个带通滤波器,要求 $f_0=2\text{kHz}, Q=20, G_0=10$,选择 $C=1\mu\text{F}$。

6.9 设计一个 50Hz 的输入陷波滤波器,此电路用于滤除电路中的交流噪声。

6.10 简要说明开关电容滤波器的特点,以及其与常规模拟电路的区别。

6.11 求出如图 3 所示电路的传递函数,并画出用开关电容实现的电路图。

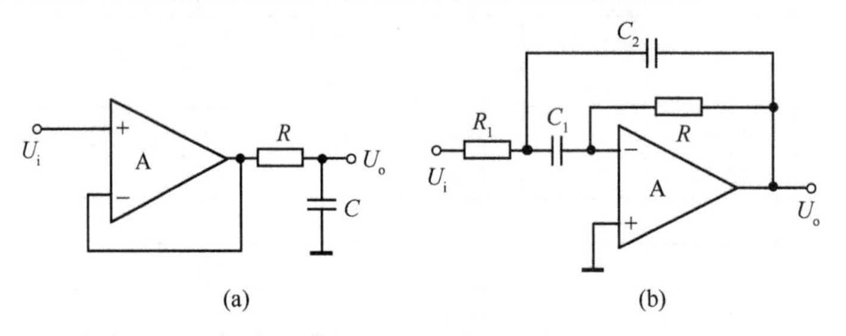


图 3　习题 6.11 图

6.12 如图 4 所示电路,试求出 $U_{o1}, U_{o2}, U_{o3}$ 与 $U_i$ 的关系式,并说明它们各属于哪种类型的滤波器。

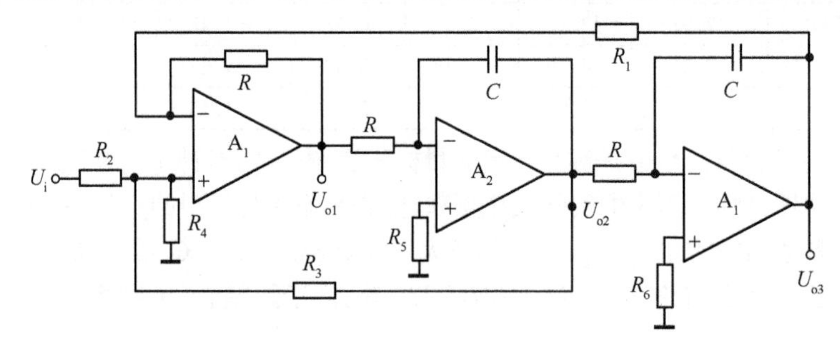


图 4　习题 6.12 图

# 第7章　集成稳压电源

电源是各种电子设备必不可少的组成部分，其性能的优劣直接关系到电子设备的技术指标及能否安全可靠地工作。目前常用的直流稳压电源分为线性电源和开关电源两大类。随着集成电路的飞速发展，稳压电路也迅速实现集成化，市场上已有大量生产的各种型号的单片集成稳压电路。它和分立的晶体管电路比较，具有很多突出的优点，主要体现在体积小、重量轻、耗电少、可靠性高、运行速度快，且调试方便、使用灵活，易于进行大批量自动化生产。因此，广泛地用于各种电子设备。

本章首先阐述线性集成稳压器的基本原理和典型应用，然后介绍新型开关电源的原理与实用技术。

## 7.1　线性集成稳压器

### 7.1.1　线性集成稳压器的基本结构

现代电子设备特别是便携式通信设备的电源大都采用集成稳压器。它是将稳压电路中的各种元器件（电阻、电容、二极管、三极管等）集成化，同时做在一个硅片上，或者将不同芯片组装成一个整体而成为稳压集成电路或电源模块。线性集成稳压器的基本构成如图7-1-1所示，主要由基准电压、比较放大器、取样电路、调整电路和保护电路等几部分组成。

当输出电压发生变化时，取样电路取出部分输出电压进行比较，通过比较放大器将误差信号放大后，送到调整管基极，推动调整管调整其管压降，达到稳定输出电压的目的。由于集成电路中采用失调小的差分放大器及多集电极管、场效应管等，使得集成稳压器在结构上又有本身的特色。

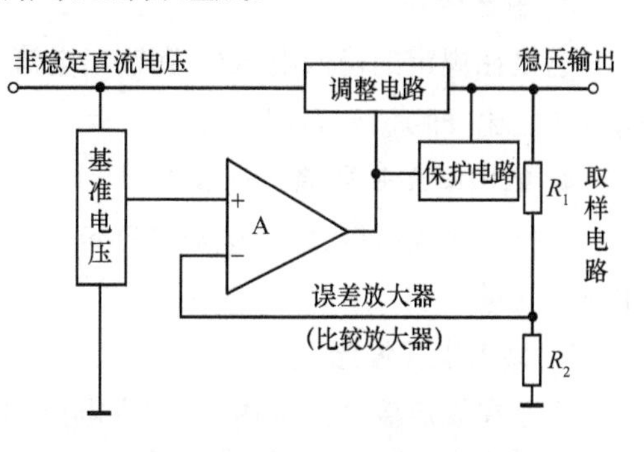

图7-1-1　线性集成稳压器的基本构成

在串联型稳压电源中，流过调整管的电流基本上等于输出的负载电流，当负载电流较大时，要求调整管有足够大的基极电流。为了减少推动调整管的控制电流，可采用复合调整管。

基准电压的稳定性将直接影响稳压电源输出电压的稳定性和精度，因为基准电压的漂移会被放大而成为输出电压的温度漂移，所以一个良好的基准电压电路不仅要求它所提供的电压不随输入电压和输出电流而变化，同时还要求它的温度特性好。因此，在集成电路设计中，除了将基准电压部分的元件置于远离功率管的地方，还将各元件尽量靠近，使它们接近等温区。在电路选择上，具有零温度系数的基准电压是确保集成稳压器的高精度等特性的必要条件。

比较放大器的作用是把取样电压与基准电压加以比较，并将误差信号放大，送到调整管的基极，推动调整管工作。为了提高稳压电路性能，比较放大器应具有较高的增益和温度稳定性。为了减少输出电压温度漂移，在单片集成稳压器中常采用差分放大器，同时采用恒流源做动态负载来提高放大器的增益。采用恒流源动态负载的优点是，除了能在不必使用辅助电源的情况下获得比采用欧姆电阻高得多的电压增益，还能充分发挥集成电路的长处；同时，用输入电压做放大器电源时，恒流源在输入与输出之间还能起隔离作用。

单片式集成稳压器包括许多恒流源电路，如驱动基准电压源的恒流源、比较放大器的恒流源及比较放大器负载的恒流源。这些恒流源电路不能够自行导通，在启动时还要向这些恒流源注入基级电流使其导通，以保证电路能够正常工作。常用的电路一种是用 FET 启动，另一种是二极管式或晶体管式隔离启动。

启动电路的作用是在刚接通直流输入电压时，使调整管、放大电路和基准电源等建立起各自的工作电流，而当稳压电路正常工作时启动电路被断开，以免影响稳压电路的性能。

由于集成稳压器的输出功率较大，而使用情况又多变，对调整管一般都要求有较好的过流、过压、过热等保护，这样可以大大提高集成稳压器的可靠性。

### 7.1.2 集成稳压器的参数

**1. 电压调整率 $S_V$**

它是表示当输出电流(负载) 和环境温度保持不变时，由于输入电压的变化所引起的输出电压的相对变化量。电压调整率有时也用在某一输入电压变化范围内的输出电压变化量表示。该参数表征了稳压器在输入电压变化时稳定输出电压的能力。

**2. 电流调整率 $S_I$**

它是指当输入电压和环境温度保持不变时，由于输出电流的变化所引起的输出电压的相对变化量。电流调整率有时也用负载电流变化时输出电压变化量表示。该参数也表示稳压器的负载调整能力。

**3. 输出阻抗 $Z_o$**

它是在规定的输入电压$U_i$和输出电流 $I_o$ 的条件下，在输出端上所测得的交流电压$U$与交流电流 $I$ 之比，即 $Z_o = U/I$。

**4. 输出电压长期稳定性 $S_T$**

它是当输入电压、输出电流及环境温度保持不变时，在规定的时间内稳压器输出电压的最大相对变化量。

**5. 输出电压温漂 $S_P$**

它是在规定温度范围内，当输入电压和输出电流保持不变时，由温度的变化所引起的每单位温度的变化率。该参数表示稳压器输出电压的温度稳定性。

**6. 纹波抑制比 $S_{RR}$**

它是当输入和输出条件保持不变时，输入的纹波电压峰 - 峰值与输出的纹波电压峰- 峰值之比。该参数表示稳压器对输入端所引入的纹波电压的抑制能力。

**7. 最大输入电压 $U_{imax}$**

最大输入电压是指稳压器安全工作时允许外加的最大电压。它主要决定于稳压器中有关晶体管的击穿电压。

**8. 最小输入 / 输出电压差($U_i - U_o$)**

最小输入 / 输出电压差是指使稳压器能正常工作的输入电压与输出电压之间的最小电压差值。对于串联调整稳压器，它就是调整元件上的最小电压差，这和调整管的饱和压降等有关，通常为 1.5 ～ 5V。为确保输出电压的稳定性，有时该数值比 5V 还高。

9. 输出电压 $U_o$

输出电压是指稳压器的参数符合规定指标时的输出电压。对于固定输出稳压器，它是常数；对于可调式输出稳压器，表示用户可通过选择取样电阻而获得的输出电压范围。其最小值受到参考电压 $U_{ref}$ 的限制，最大电压则由最大输入电压和最小输入电压差决定。

10. 最大输出电流 $I_o$

它是稳压器尚能保持输出电压不变的最大输出电流，一般也认为它是稳压器的安全电流。

11. 稳压器最大功耗 $P_M$

稳压器的功耗由稳压器内部电路的静态功耗和调整元件上的功耗两部分组成，对于大功率稳压器，功耗主要决定于调整管的功耗。稳压器最大功耗与调整管结构、稳压器封装及散热等情况有关。

### 7.1.3 集成稳压器的分类及使用注意事项

集成稳压器按出线端子多少和使用情况大致可分为三端固定式、三端可调式、多端可调式及单片开关式等几种。

多端可调式是早期集成稳压器产品，其输出功率小，引出端多，使用不太方便，但精度高，价格便宜。

三端固定式集成稳压器是将取样电阻、补偿电容、保护电路、大功率调整管等都集成在同一芯片上，使整个集成电路块只有输入、输出和公共 3 个引出端，使用非常方便，因此获得广泛应用。它的缺点是输出电压固定，所以必须生产各种输出电压、电流规格的系列产品，代表产品是 78XX 和 79XX。

三端可调式集成稳压器只需外接两只电阻即可获得各种输出电压，代表产品有 LM317/LM337 等。

开关式集成稳压电源是最近几年发展的一种稳压电源，其效率特别高。它的工作原理与上面 3 种类型稳压器不同，是由直流变交流（高频）再变直流的变换器。通常有脉冲宽度调制和脉冲频率调制两种，输出电压是可调的。以 AN5900，TL494，HA17524 等为代表，目前广泛应用在微机、电视机和测量仪器等设备中。

集成稳压器使用时应注意以下 5 点。

① 集成稳压器电路品种很多，从调整方式上有线性的和开关式的；从输出方式上有固定和可调式的。因三端稳压器优点比较明显，使用操作都比较方便，选用时应优先考虑。

② 在接入电路之前，一定要分清引脚及其作用，避免接错时损坏集成块。输出电压大于 6V 的三端集成稳压器的输入、输出端需接保护二极管，可防止输入电压突然降低时，输出电容迅速放电引起三端集成稳压器的损坏。

③ 为确保输出电压的稳定性，应保证最小输入 / 输出电压差。如三端集成稳压器的最小压差约 2V，一般使用时压差应保持在 3V 以上。同时又要注意最大输入 / 输出电压差范围不超出规定范围。

④ 为了扩大输出电流，三端集成稳压器允许并联使用。

⑤ 使用时，要焊接牢固可靠。对要求加散热装置的，必须加装符合要求尺寸的散热装置。

### 7.1.4 三端集成稳压器

1. 78XX/79XX 系列的特点

三端固定式输出集成稳压器是一种串联调整式稳压器。它将全部电路集成在单块硅片上，整个集成稳压电路只有输入、输出和公共3个引出端，使用非常方便。典型产品有78XX正电压输出系列和79XX负电压输出系列。其封装形式和引脚功能如图7-1-2所示，其中，图(a)为78XX系列的正电压输出，图(b)为79XX系列的负电压输出。

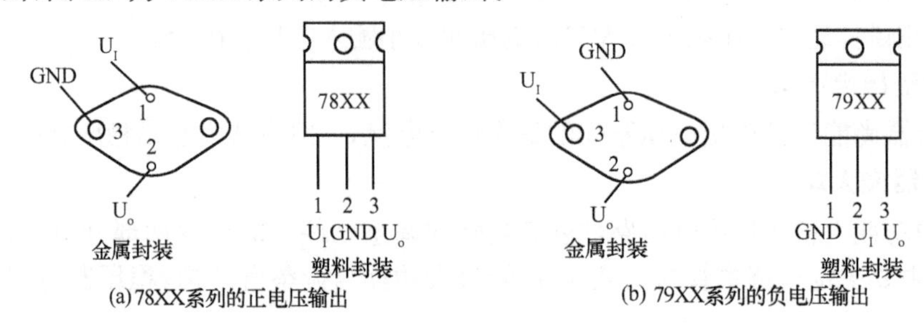


图7-1-2　三端固定式输出集成稳压器的封装形式和引脚功能

78XX/79XX系列中的型号XX表示集成稳压器的输出电压的数值，以V为单位。每类稳压器电路输出电压有5V，6V，7V，8V，9V，10V，12V，15V，18V，24V等，能满足大多数电子设备所需要的电源电压。中间的字母通常表示电流等级，输出电流一般分为3个等级：100mA(78LXX/79LXX)，500mA(78MXX/79MXX)，1.5A(78XX/79XX)。后缀英文字母表示输出电压容差与封装形式等。

内部电路由恒流源、基准电压源、取样电阻、比较放大、调整管、保护电路、温度补偿电路等组成。输出电压值取决于内部取样电阻的数值，最大输出电压为40V。

三端固定式输出电压集成稳压器，因内部有过热、过流保护电路，因此它的性能优良，可靠性高。又因这种稳压器具有体积小、使用方便、价格低廉等优点，所以得到广泛应用。

**2. 典型应用电路**

(1) 一般应用电路

下面以78XX系列正电压输出稳压器为例，介绍其典型应用电路。79XX系列负电压输出稳压器也有类似的电路，故省略。如图7-1-3所示为78XX的基本应用电路，为了改善纹波特性，在输入端加接电容$C_i$，一般取值为0.33μF；在输出端加接电容$C_o$，一般取值为0.1μF，其目的是改善负载的瞬态响应，防止自激振荡和减少高频噪声。

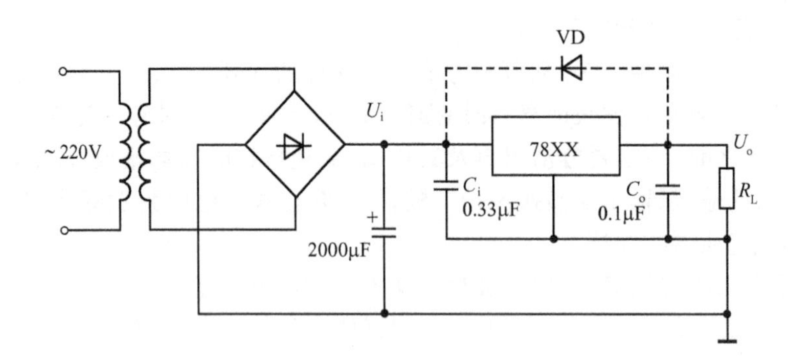


图7-1-3　78XX的基本应用电路

输入电压的选择为

$$U_{imax} > U_i > U_o + 2V \qquad (7\text{-}1\text{-}1)$$

式中，$U_{imax}$为产品允许的最大输入电压；$U_o$为输出电压；2V为最小输入/输出电压差。电路中的外接二极管VD起输入短路保护作用。若输入端短路时使$C_o$通过二极管放电，以便保护集成稳压器的内部调整管。

(2) 提高输出电压的电路

图 7-1-4 所示为提高输出电压的电路，电路中采用稳压管 $VD_Z$ 来提高输出电压，此时输出电压为

$$U_o = U_{oo} + U_Z \tag{7-1-2}$$

式中，$U_{oo}$ 为 78XX 系列产品输出电压，$U_Z$ 为稳压二极管 $VD_Z$ 的稳定电压。

二极管 VD 起输出保护作用，正常工作时它处于截止状态；一旦输出电压小于 $U_Z$ 或对地短路时，VD 将导通，使输出电流旁路，保护电源输出级不受损坏。

图 7-1-5 所示为采用电阻升压法来提高输出电压的电路。因为 $R_1$ 两端的电压为稳压器固定输出电压 $U_{oo}$，$R_1$ 上的电流为

$$I_1 = \frac{U_{oo}}{R_1} \tag{7-1-3}$$

而 $R_2$ 上的电流为

$$I_2 = I_1 + I_D \tag{7-1-4}$$

式中，$I_D$ 是电路的静态工作电流。因此，输出电压为

$$U_o = U_{oo} + I_2R_2 = U_{oo} + (I_1 + I_D)R_2$$

所以

$$U_o = \left(1 + \frac{R_2}{R_1}\right)U_{oo} + I_DR_2$$

通常 $I_D = 5\text{mA}$。在 $R_2$ 的取值较低时，可以忽略 $I_DR_2$ 的影响，所以

$$U_o \approx \left(1 + \frac{R_2}{R_1}\right)U_{oo} \tag{7-1-5}$$

若调整 $R_2$ 为可变电阻，可构成可调式稳压器。但只能获得高于额定电压的稳定电压。此种电路比较简单，其缺点是降低了稳压精度，尤其在 $R_2$ 较大时更为显著。

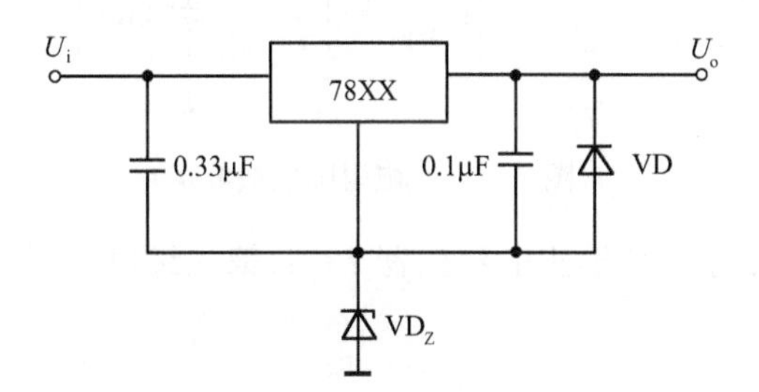


图 7-1-4　采用稳压管提高输出电压电路

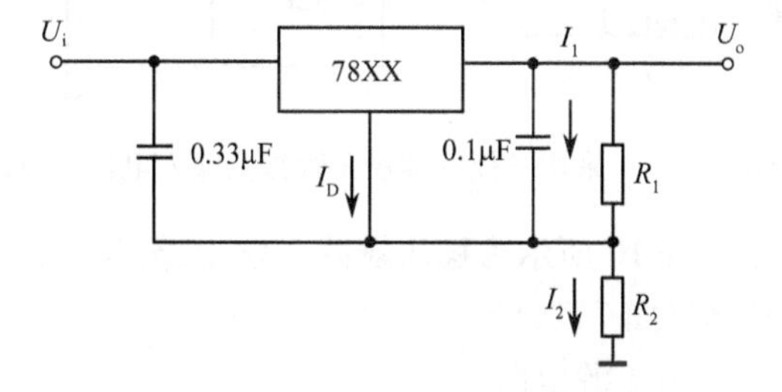


图 7-1-5　采用电阻升压法提高输出电压电路

(3) 扩大输出电流的电路

图 7-1-6 所示为扩大输出电流的电路，电路中，$VT_1$ 是外接扩流功率管，它能提供的输出电流为 $I_{o1}$，而稳压器本身输出电流为 $I_{oo}$，则总的输出电流 $I_o$ 为

$$I_o = I_{o1} + I_{oo} \tag{7-1-6}$$

$VT_2$ 和 $R_s$ 组成限流保护电路。当输出电流过大时，$R_s$ 上的压降增大，使 $VT_2$ 导通，电流由此被旁路。这时 $VT_1$ 的输出电流减小，起到保护功率管 $VT_1$ 的作用。$C_1$ 是减小纹波电压用的电容。电阻 $R$ 为 $VT_2$ 提供必要的管压降 $U_{CE}$。

(4) 提高输入电压的电路

对一般的稳压器来说，输入电压 $U_i$ 不能超过稳压器允许输入的最高电压 $U_{imax}$，$U_{imax}$ 是由内

部电路器件的击穿电压所决定的。实际应用中，有时输入电压 $U_i > U_{imax}$，则可采用图 7-1-7 所示电路。

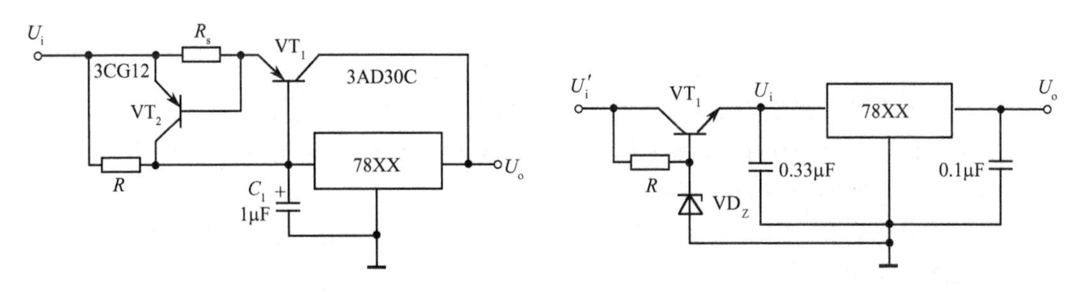


图 7-1-6　扩大输出电流的电路　　　　图 7-1-7　提高输入电压的电路

电路中，$R$，$VT_1$ 和 $VD_Z$ 组成了一个预稳压系统。由于输入电压直接加在外接晶体管的集电极，因此只需选用具有足够高的击穿电压的晶体管 $VT_1$，就能使外电路的输入电压提高。稳压器输入端电压将被稳定在

$$U_i = U_Z - U_{BE} \tag{7-1-7}$$

外电路的输入电压

$$U_i' = U_i + U_{CE} \tag{7-1-8}$$

式中，$U_{CE}$ 是外接 $VT_1$ 的集电极到发射极的管压降。

图 7-1-8 所示电路采用稳压管 $VD_Z$ 加三极管 VT 的 $U_{BE}$ 的方法来提高稳压器的输入电压，它可将输入电压提高 $U_Z + U_{BE}$（其中 $U_Z$ 为 $VD_Z$ 的稳定电压），降压功率由 VT 承受。

图 7-1-9 所示为采用电阻降压的电路，但这种方法要求稳压器能承受足够的瞬时过电压。电路正常工作后，电阻承受降压功率。这种电路不允许轻载或空载工作，仅适用于额定负载条件的应用。

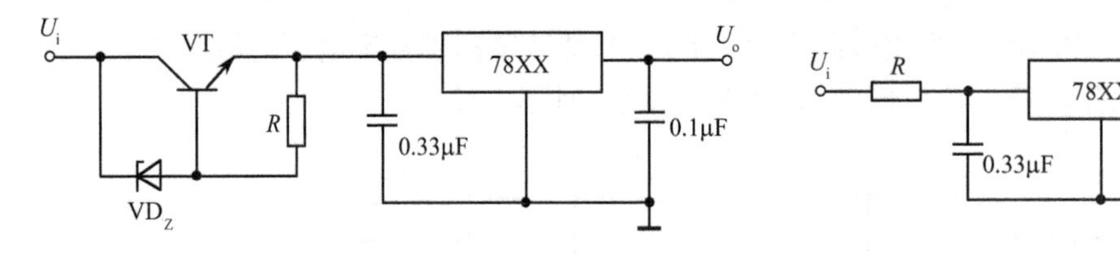


图 7-1-8　采用三极管和稳压管提高输入电压的电路　　　　图 7-1-9　电阻降压法电路

图 7-1-10 所示为稳压器降压法电路。第一级采用 24V 输出的稳压器 7824，第二级再采用其他稳压器（如 7818）。

（5）恒流源电路

图 7-1-11 所示为采用 7805 构成的恒流源电路。在输出端和公共端并接电阻 $R$，形成一个固定的恒流，让这个电流流过负载 $R_L$，再回到电源。稳压器本身工作在悬浮状态。当负载变化时，稳压器用改变自身压差来维持通过负载的恒定电流。输出电流 $I_o = 5V/R + I_D$，式中，$I_D = 1.5mA$（采用 7805 时，$I_D = 1.5mA$）。因此，改变 $R$ 可调整输出电流的大小。

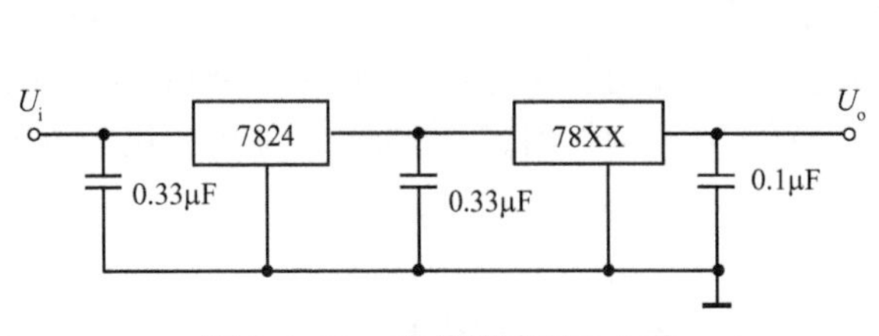


图 7-1-10　稳压器降压法电路

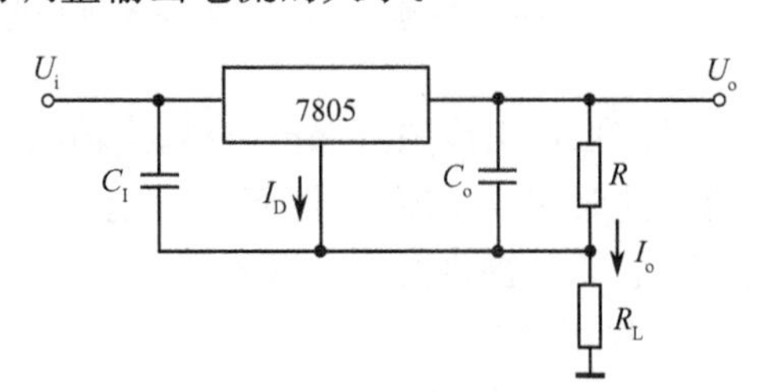


图 7-1-11　恒流源电路

### 7.1.5　三端可调输出稳压器

**1. 三端可调输出稳压器的特点**

三端可调稳压器的输出电压可调，稳压精度高，输出纹波小，其一般输出电压为 1.25 ～ 37V 或 −1.25 ～− 37V 连续可调。比较典型的产品有 LM317 和 LM337 等。其中，LM317 为可调正电压输出稳压器，LM337 为可调负电压输出稳压器，其外形与引脚配置如图 7-1-12 所示。这种集成稳压器有 3 个引出端，即电压输入端 $U_i$、电压输出端 $U_o$ 和调节端 ADJ，没有公共接地端，接地端往往通过接电阻再到地。

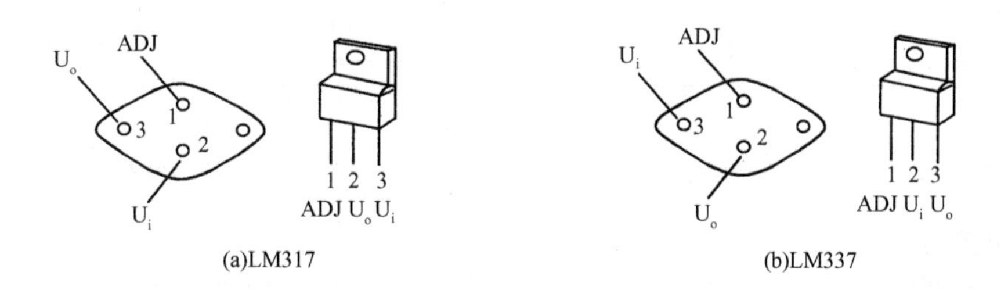


图 7-1-12　三端可调稳压器的外形与引脚配置

三端输出可调稳压器的输出电压为1.2 ～37V。每一类中按其输出电流又分为 0.1A，0.5A，1A，1.5A，10A 等。例如，LM317L 输出电压 1.2 ～ 37V，输出电流 0.1A；LM317H 输出电压 1.2 ～37V，输出电流为 0.5A；LM317 输出电压 1.2 ～ 37V，输出电流为 1.5A；LM196 输出电压 1.25 ～15V，输出电流 10A。

LM337 为负电压输出。例如，LM337L 输出电压 − 1.2 ～− 37V，输出电流为 0.1A；LM337M 输出电压 − 1.2 ～− 37V，输出电流为 0.5A；LM337 输出电压 − 1.2 ～− 37V，输出电流为 1.5A 等。

**2. 典型应用电路**

(1) 一般应用电路

图 7-1-13 所示为三端可调正输出集成稳压器的一般应用电路（可调负输出稳压器也有类似电路）。电路中，$R_1$ 和 $R_P$ 组成可调输出的电阻网络，为了能使电路中的偏置电流和调整管的漏电流被吸收，所以设定 $R_1$ 为 120 ～ 240Ω。通过 $R_1$ 泄放的电流为 5 ～ 10mA。输入电容 $C_i$ 用于抑制纹波电压。输出电容 $C_o$ 用于消振，缓冲冲击性负载，保证电路工作稳定。

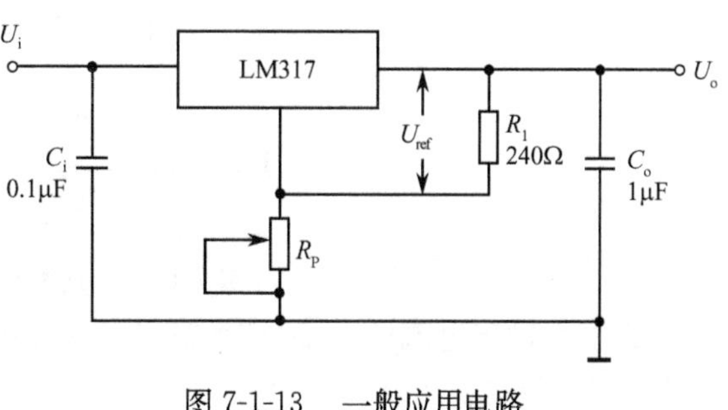


图 7-1-13　一般应用电路

输出电压为

$$U_o = 1.25(1 + R_P/R_1) + I_D R_P \qquad (7\text{-}1\text{-}9)$$

式中，通常 $I_D$ 为 50μA。

(2) 固定低压输出电路

图 7-1-14 所示为不加可调输出电阻网络，得到 1.25V 固定低压输出的电路，温度漂移很低，只由内部基准电压源的温漂决定。

(3) 加外接保护电路

加外接保护电路如图 7-1-15 所示，由于外接输出电容 $C_o$ 的存在，容易发生电容放电而损害稳压器。若接有外接保护二极管 $VD_1$，电容 $C_o$ 放电时，$VD_1$ 导通钳位，使稳压器得到保护。$VD_2$ 是为了防止调节端旁路电容 $C_1$ 放电时而损坏稳压器的保护二极管。旁路电容 $C_1$ 也是为抑制纹波电压而设置的。当 $C_1$ 为 10μF 时，能提高纹波抑制比 15dB。

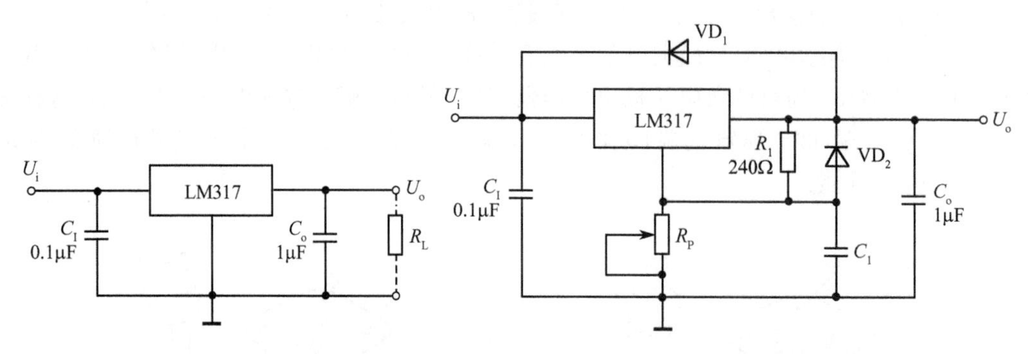


图 7-1-14　固定低压输出电路　　　　图 7-1-15　加外接保护电路

### 3. 应用实例

① 从零起调的实用稳压电源。图 7-1-16 所示为采用 LM317 构成从零起调的实用稳压电源电路。该电路关键部分是 $VD_1$，$VD_2$，$C_1$ 获得负压，$R_3$，$VD_Z$ 与 $C_2$ 稳压滤波后由场效应管 VT 进行恒流来提高 $VD_3$，$VD_4$ 正向导通的二次稳压性能，从而改善了 0 ～ 1.25V 低压段之间的稳压性能。此端提供的 −1.3V 的负基准电压，接于电位器 $R_{P2}$。

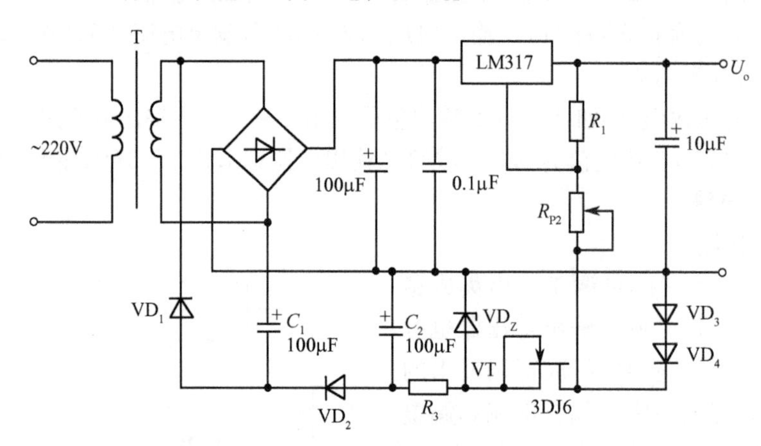


图 7-1-16　从零起调的实用稳压电源

② 扩大输出电流的电路。扩大输出电流可用两种方法实现，一是外接大功率管，二是并联两个甚至多个集成稳压器。图 7-1-17 所示为采用外接 PNP 功率管的方法扩大输出电流的实用电路，方法简单，但降低了稳压器的精度。

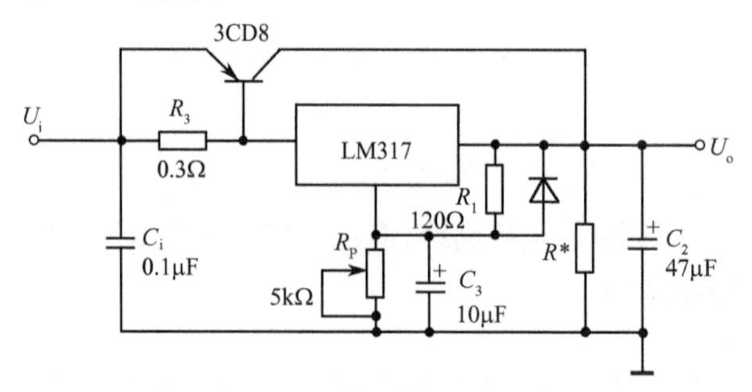


图 7-1-17　采用外接 PNP 功率管扩大电流的实用电路

③ 恒流源电路。图 7-1-18(a) 所示为采用 LM317 构成的输出电流为 1A 的恒流源电路。设 $R_1$ 取 1.25Ω,因为稳定的基准电压 1.25V 在 $R_1$ 上产生 1A 电流,这个电流全部流过负载,又因为调节端本身的电流很小,仅 50μA,所以可认为流过负载的是恒定电流。由于这种集成稳压器有很好的电压调整率,负载上电压的变化,由 LM317 输入/输出的差值作为补偿,所以只要输入电压足够高,即使负载变化较大,也能提供理想的恒定电流。图 7-1-18(b) 为输出电流在10mA ~1.5A 之间任意可调的恒流源电路。

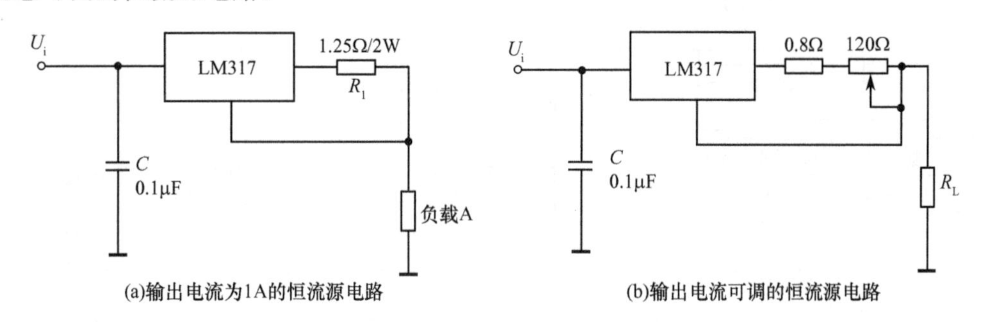


图 7-1-18　恒流源电路

# 7.2　新型低压差集成稳压器

低压差集成稳压器是近年来问世的高效率线性稳压集成电路,可作为高效 DC/DC 变换器使用。前面介绍的串联调整式三端集成稳压器普遍采用电压控制型,为了保证稳压效果,输入/输出电压差一般取 4 ~ 6V,这是造成电源效率低的主要原因。低压差稳压器采用电流控制型,并且选用低压降的 PNP 型晶体管作为内部调整管,从而把输入/输出电压差降低到 0.5~ 0.6V。现在很多低压差稳压器的输入/输出电压差已降低为 65 ~150mV,显著地提高了稳压电源的效率,在笔记本电脑、小型数字仪表和测量装置及通信设备中得到了广泛的应用。

## 7.2.1　新型低压差 78 系列 /MIC5156 的应用

### 1. KA78 系列低压差稳压器

KA78L05 低压差集成稳压器的基本功能与 78L05 相同,但性能上有很大提高。它的最大压差为 0.6V(典型值为 0.1V);过压保护可达 60V;静态电流小,并有过热保护及输出电流限制电路。KA78L05 在输入电压 6 ~ 26V、输出电流 100mA 时,其输出电压为 5±0.25V。内部结构框图及引脚配置如图 7-2-1 所示。基本应用与 78L05 相同。

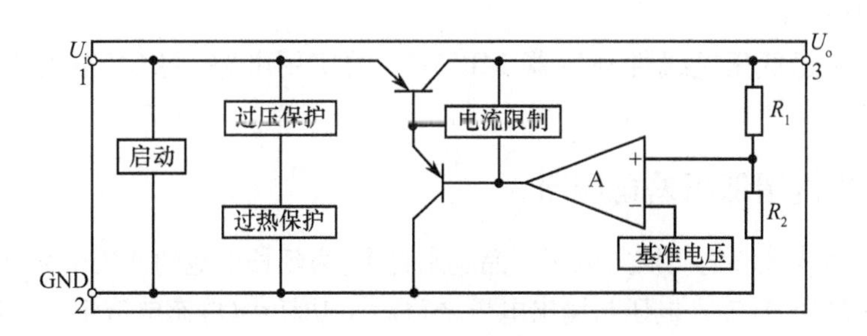


图 7-2-1　KA78L05 内部结构框图

KA78R05/12 是输出 5V/12V(1A) 的集成稳压器,是 7805/12 的替代产品。它增加了一个电源开关控制端 $U_c$,使功能更加完善。KA78R05/12 的特点是:最大压差为 0.5V;内部有过流及过热保护电路；输出电压精度分别为 5V ± 0.12V 和 12V ± 0.3V。内部结构框图及引脚配置如图 7-2-2 所示，典型应用电路如图 7-2-3 所示，在控制端$U_c$加 2V 以上的高电平时，电源导通，加低于 0.8V 的低电平时，电源关闭。

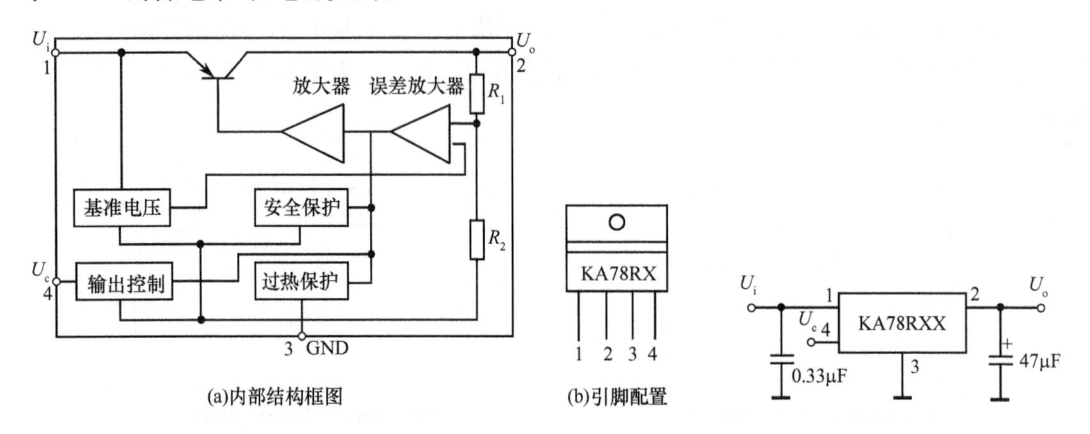


图 7-2-2　KA78R05/12 的内部结构框图与引脚配置　　　图 7-2-3　KA78R05/12 典型应用电路

**2. MIC5156 的应用**

现在个人计算机新增加了 3.3V 输出电压挡，将 5V 电压变换到 3～4V 之间电压的计算机电源电路有多种方法。最简单的方法是在母板上使用单片 LDO 提供$V_{CC}$，有固定电压输出和可调电压输出两种电路，如图 7-2-4 所示为 MIC29710，MIC29712 组成的简单电源电路。

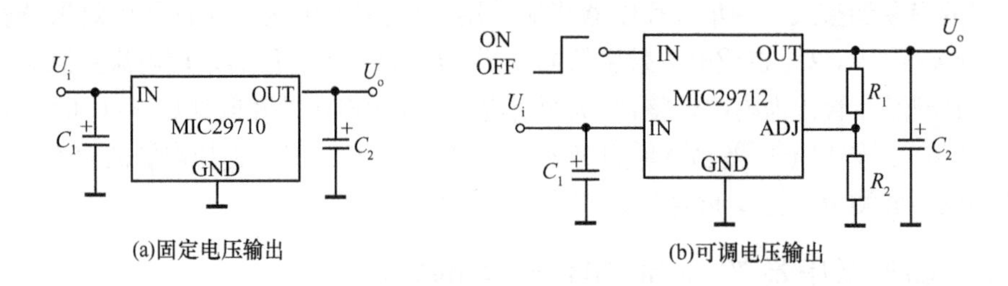


图 7-2-4　简单电源电路

使用低压差线性稳压器 MIC5156，以及 N 沟道功率 MOS 场效应管 $VT_1$，从而形成一个压差非常低的稳压器，提供固定的 3.3V，5.0V 或可调的电压，如图 7-2-5 所示。MIC5156 利用 PC 的 12V 电源驱动场效应管，当输出电压达到 3.3V 时，FLAG 脚输出高电平。若此脚接入另一场效应管，此时可将 5V 电源接入第 2 负载，该电路可用于某些双电源处理器。$R_s$ 为限流电阻，其作用是使输出电流不大于 12A。

图 7-2-6 所示为超低压差线性稳压器 MIC5158 的实用电路，将 5V 转化为 3.3V，用法与 MIC5156 基本相同。

## 7.2.2　单片机用低压差稳压器

近年来以单片机为核心的便携式电子产品越来越多。为延长电池的使用寿命（或充电时间的间隔），要求稳压电源的压差（输入电压与输出电压之差）小、功耗小（静态电流小），并且要求在电池电压降落到一定程度时，稳压器输出电压可降到门限电压，这样就能输出一个电池低电压信号（或称欠压信号），令单片机复位。TPS73 系列就是为这一要求开发的有复位功能的低压差稳压器。

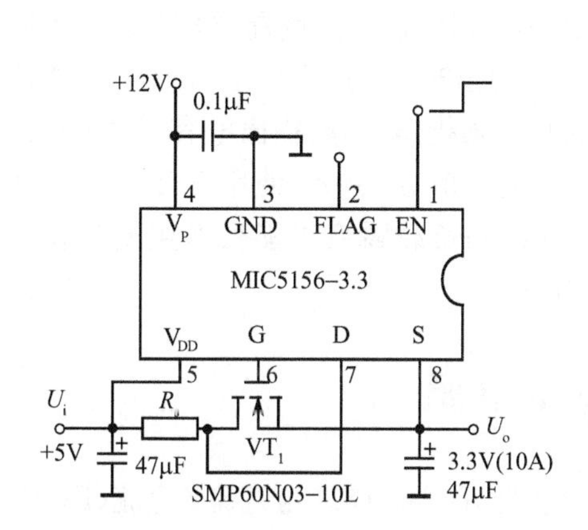

图 7-2-5　采用 MIC5156 构成的电源电路

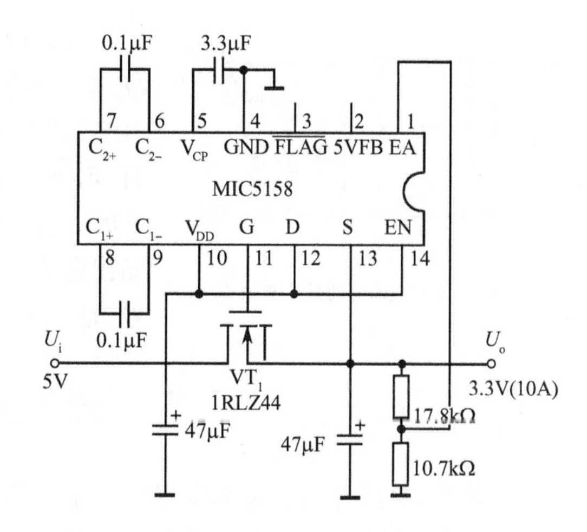


图 7-2-6　采用 MIC5158 构成的电源电路

### 1. TPS73 系列的基本特点

TPS73 系列有 3.3V，4.85V 和 5V 固定电压输出及输出为 1.2 ～ 9.75V 可设定输出电压等 4 个品种，最大输出电流可达 500mA。

该系列主要特点有：

① 输出电压精度高(20%)；

② 输出噪声低(2μA)；

③ 压差低，在输出为 100mA 时，最大压差为 35mV(TPS7350)；

④ 静态电流小，典型值为 340μA(与负载电流大小有关)；

⑤ 有关闭电源控制端，在关闭电源状态时，耗电仅为 0.5μA；

⑥ 内部有监视输出电压电路，降到门限电压时，$\overline{\text{RESET}}$ 端输出低电平复位信号(当输入电压上升时，使输出电压上升到门限电压时，有 200ms 的延迟后，输出正常电压)；

⑦ 内部有过流限制及过热保护。

### 2. 封装与引脚功能

TPS7350 有 S0-8 封装及 DIP-8 封装，其引脚排列如图 7-2-7 所示，各引脚功能见表 7-2-1。

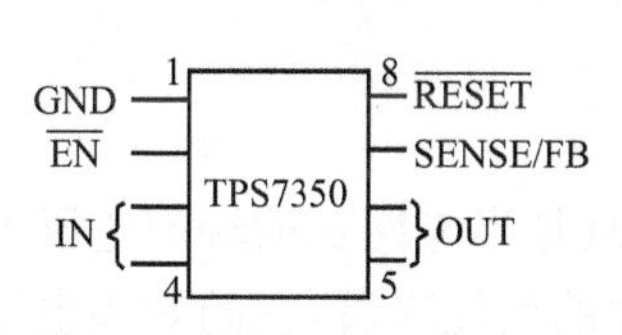


* SENSE 用于固定输出，FB 用于可调输出

图 7-2-7　TPS7350 的引脚排列

表 7-2-1　TPS7350 各引脚的功能

| 引脚 | 符号 | 功　能 |
|---|---|---|
| 1 | GND | 电源负端，地 |
| 2 | $\overline{\text{EN}}$ | 电源关闭控制端，高电平时被关断 |
| 3,4 | IN | 电源输入端 |
| 5,6 | OUT | 电源输出端 |
| 7 | SENSE/FB | 输出电压检测端，一般此端接 OUT |
| 8 | $\overline{\text{RESET}}$ | 电池低电压(欠压)输出端，低电平有效 |

### 3. TPS7350 系列的典型应用电路

TPS7350 的典型应用电路如图 7-2-8 所示。这是一种不使用关闭电源控制的电路，故其② 脚接地(低电平)。下面主要介绍输入电容 $C_i$ 及输出电容 $C_o$ 的选择。

输入电容 $C_i$ 选择：当输入端离电池较近时，输入电容 $C_i$ 可以省略；当距离大于几英寸(1 英寸 =2.54cm) 时，可接 0.047 ～ 0.1μF 陶瓷旁路电容，它可以改进负载的瞬态响应；若负载电流较大时，则应采用大容量的电解电容器。

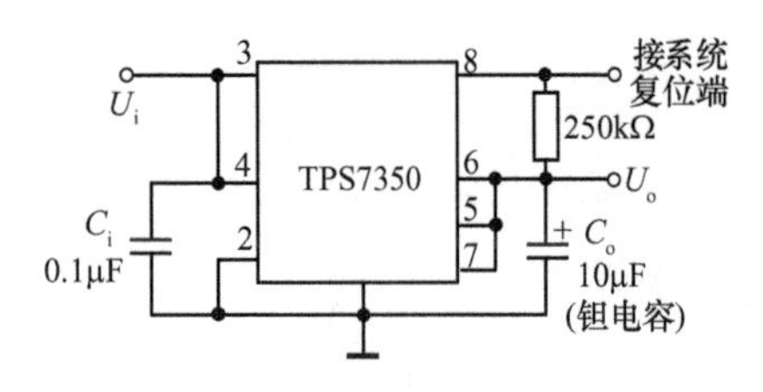


图 7-2-8　TPS7350 的典型应用电路

输出电容 $C_o$ 要求大于 10μF，并且要求等效串联电阻(ESR) 小于 1.2Ω，若 ESR 较大时，则需要再并联一个陶瓷电容(若小于 200mA 输出时，用小于 0.2μF 的；500mA 输出时，可采用 1μF 的)。必须指出的是，输出电容 $C_o$ 的 ESR 过大时，会产生错误的复位信号。例如，使用 ESR 大于 7Ω 的输出电容时，快于 5μs 的负载瞬变可能会产生错误复位信号。建议采用优质钽电容。

# 7.3　开关型稳压电源

近 30 年来，集成开关电源的发展方向主要分为交流/直流(AC/DC)与直流/直流(DC/DC)两大类。AC/DC 开关电源的输入电压要通用，要广泛适应世界各国电网的电压规格。例如，交流输入 80～264V。而 DC/DC 开关电源要以电池作为后备输入电源。AC/DC 开关电源的输出电压范围扩大，用于工作站和个人计算机时要求增加 3.3V 输出电压这一挡；而 DC/DC 开关电源要求低达 1.8V 的输出电压，这样对整流二极管要求非常严格。在 3.3V 的开关电源中，肖特基势垒二极管的损耗占到整机损耗的 50%，成为提高效率的主要因素。为此，最近开始采用同步整流电路，利用 MOSFET 的开关特性和导通时的电阻特性，以求降低整流电路的损耗。

开关电源的发展趋势可概括为：高频化、高效率、无污染、智能化、模块化。

目前，开关频率已从 20kHz 左右提高到几百千赫至几兆赫。与此同时，供开关电源使用的元器件也获得长足发展。MOS 功率开关管(MOS-FET)、肖特基二极管(SBD)、超快恢复二极管(SRD)、瞬态电压抑制器(TVS)、压敏电阻器(VSR)、熔断电阻器(FR)、自恢复熔断器(RF)、线性光耦合器、可调式精密并联稳压器(TL431)、电磁干扰滤波器(EMI Filter)、高磁导率磁性材料等一大批新器件、新材料正被广泛使用。所有这些，都为开关电源的推广与普及提供了必要条件。

## 7.3.1　开关电源的基本原理和类型

目前常用的直流稳压电源分线性电源和开关电源两大类。线性稳压电源也称串联调整式稳压电源，它的电路比较简单，稳压性能较好，已有成熟的电路技术，并得到了广泛的应用。但是它的调整管 VT 串联在输入电压 $U_i$ 与输出电压 $U_o$ 之间，稳压是通过调节晶体管的压降来实现的。因为调整管工作在放大区，而且全部负载电流 $I_o$ 都通过调整管，所以它的管压降就大，功耗也较大，其功耗为

$$P = U_{CE} \cdot I_o \tag{7-3-1}$$

由于晶体管功耗较大，造成机内温升高，可靠性变差。特别是当电网负荷轻而电压上升时，多余的电压将全部降在调整管上，容易导致晶体管损坏。从能源的消耗来看，它的效率也很低，一般只有 50%左右。

开关稳压电源的调整管及所有的晶体管大都工作在高频开关状态，截止期间，晶体管无电流，因此不消耗功率，而导通时，晶体管的功耗为饱和压降乘以电流，因此电路的功耗很小，效率很高，可达 80%～90%，比普通线性稳压电源提高了近一倍。故开关电源 SPS(Switching Power Supply) 被誉为高效节能型电源。开关电源也称无工频变压器的电源，它是利用体积很小的高频变压器来实现电压变换及电网隔离的，不仅去掉了笨重的工频变压器，还可利用体积较小的滤波元件和散热器，这就为研究与开发高效率、高密度、高可靠性、体积小、质量轻的开关型稳压电源奠定了基础。

### 1. 开关电源的基本原理

开关电源的基本电路及工作波形如图 7-3-1 所示，其中 VT 为开关调整管，VD 为续流二极管。电感 $L$ 为储能元件，$C$ 为滤波电容，$R_L$ 为负载电阻。

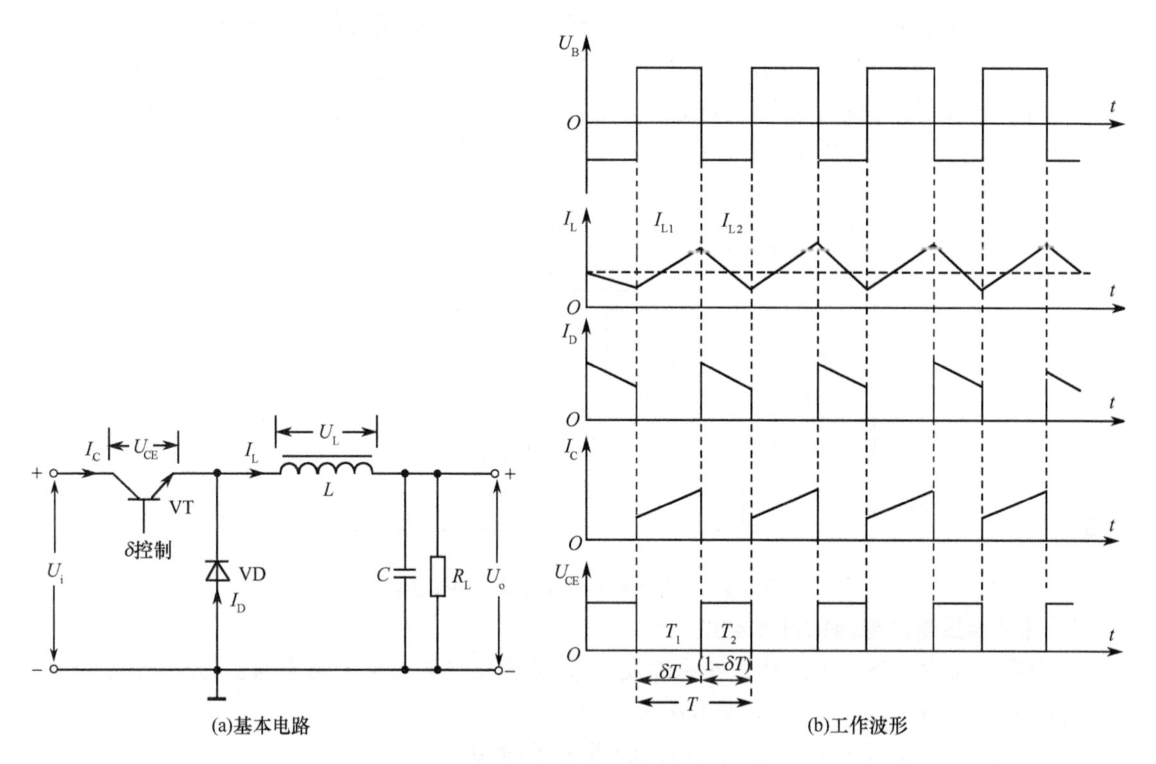

(a)基本电路 (b)工作波形

图 7-3-1 开关电源基本电路及工作波形

当开关管基极输入开关脉冲信号时，开关管则周期性地处在饱和导通与截止两个状态。把开关管的两个状态假定为理想的开关，开关周期为 $T$，导通期为 $T_1 = \delta T$，其中 $\delta$ 为占空比($\delta < 1$)。在 $T_1$ 期间，开关管饱和导通，二极管 VD 因反偏而截止，电感 $L$ 两端电压为 $U_i - U_o$。由于电路参数选择 $L$ 很大，故流过 VT 及 $L$ 的电流 $I_{L1}$ 近似线性增大，$I_{L1} = I_C = (U_i - U_o)T_1/L$，该电流一方面通过电容 $C$ 平滑滤波后，输出 $U_o$ 供负载，同时在电感 $L$ 上存储了磁场能量。理想状态下，开关管 VT 饱和导通时 $U_{CE} = 0$，二极管 VD 截止，$I_D = 0$。$T_2$ 期间，开关管 VT 截止。由于电感中的电流不能突变，通过电感 $L$ 的电流不断减小，于是在其两端产生左负右正的感应电压。此感应电压使二极管 VD 正偏而导通，电感 $L$ 中存储的磁场能量通过 VD 和 $R_L$ 释放，释放电流 $I_{L2}$ 近似为随时间线性减小的锯齿波电流。释放电流 $I_{L2}$ 继续维持在开关管截止期间为负载提供电流。在 $T_2$ 期间，$I_D = I_{L2}$；晶体管 $I_C = 0$，$U_{CE} = U_i$，$L$ 两端电压为 $U_o$。

在一个周期内，开关管导通期间电感 $L$ 存储的能量等于开关管截止期间释放的能量，即开关管饱和期间通过电感电流的增量 $\Delta I_{L1}$ 与开关管截止期间电感电流的减少量 $\Delta I_{L2}$ 相等时，电路达到动态平衡，获得一个稳定输出 $U_o$。根据稳定条件 $\Delta I_{L1} = \Delta I_{L2}$ 可得

$$(U_i - U_o)T_1/L = U_o T_2/L \tag{7-3-2}$$

即

$$U_o = U_i T_1/(T_1 + T_2) = (T_1/T)U_i, \quad \delta = T_1/T \tag{7-3-3}$$

由式(7-3-3)可见，可以通过控制开关管激励脉冲的占空比 $\delta$ 来调整开关电源的输出电压 $U_o$。

从前面的分析可知，电路中的二极管 VD 在开关管截止期间起到延续负载电流的作用，故称之为续流二极管。而储能电感 $L$ 及电容 $C$ 在电路中起平滑开关脉冲、稳定输出电流作用，即通常的滤波作用，故又把二极管 VD 和 $L$、$C$ 组成的电路称为 DLC 滤波电路。

开关稳压电源的基本组成框图如图 7-3-2 所示。由于输入电压或负载电流的变化而引起输出电压变化时，可通过取样电路取出其变化量与基准量比较，其误差电压通过比较放大器放大，控制（即调制）开关脉冲宽度，达到稳定输出电压的目的。脉冲调宽电路的功能就是对开关脉冲宽度进行调制，用误差电压作为调制信号，使开关脉冲宽度受误差电压的控制。

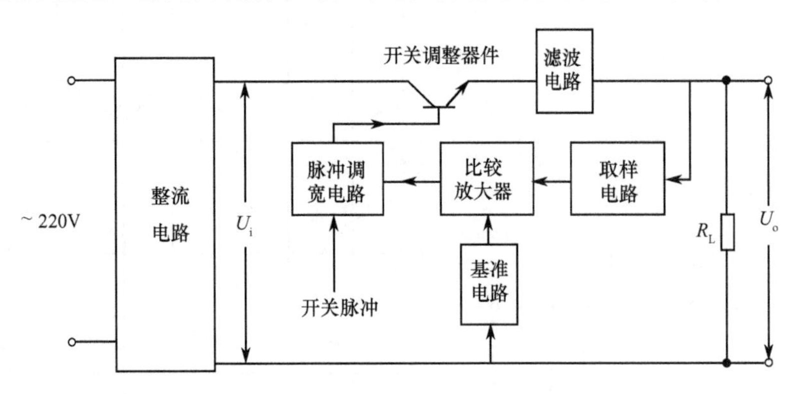


图 7-3-2　开关稳压电源的基本组成框图

**2. 开关稳压电源电路的基本类型**

随着电子技术和集成电路技术的飞速发展，开关稳压电源的类型越来越多，分类方法也各不相同，下面介绍比较常见的几种分类方法及其类型。

（1）串联型、并联型和变压器耦合（并联）型开关电源

按开关管与负载的连接方式分类，开关电源可分为串联型、并联型和变压器耦合（并联）型 3 种类型。

① 串联型。图 7-3-1 所示的开关电源基本形式即是串联型开关电源，其特点是开关调整管 VT 与负载 $R_L$ 串联。因此，开关管和续流二极管的耐压要求较低。且滤波电容在开关管导通和截止时均有电流，故滤波性能好，输出电压 $U_o$ 的纹波系数小；要求储能电感铁心截面积也较小。其缺点为：输出直流电压与电网电压之间没有隔离变压器，即所谓“热底盘”，不够安全；若开关管内部短路，则全部输入电压直接加到负载上，会引起负载过压或过流，损坏元件。因此输出端一般需加稳压管加以保护。

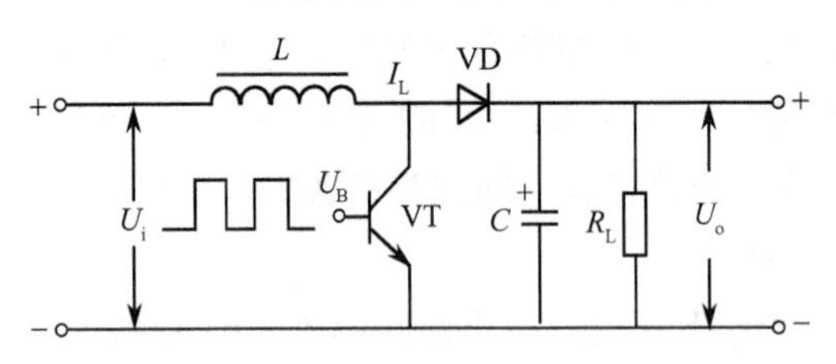


图 7-3-3　并联型开关电源基本电路

② 并联型。并联型开关稳压电源基本电路如图 7-3-3 所示，其工作波形与串联电路基本相同，因开关管 VT 与负载 $R_L$ 并联而称为并联型。此外，二极管 VD 通常称为脉冲整流管，$C$ 为滤波电容。

当开关管基极输入开关控制脉冲时，开关管周期性地导通与截止。当开关管饱和导通时，输入电压 $U_i$ 加在储能电感 $L$ 两端。此时电感中的电流线性上升，二极管 VD 反偏而截止，电感 $L$ 储存能量，此时负载 $R_L$ 所需的电流由前一段时间电容上所充的电压供给。当开关管截止时，VD 导通，通过电感上的电流线性下降，感应电压为左负右正，输入电压 $U_i$ 和电感 $L$ 上的感应电压同极性串联，电源输入 $U_i$ 和电感 $L$ 所释放的能量同时给负载 $R_L$ 提供电流，并向电容 $C$ 充电。同样，达到动态平衡时，电感 $L$ 在开关管饱和时增加的电流量（能量）与开关管截止时减小的电流量（能量）

相等，即电感上能量保持一个恒量，故有

$$(U_i/L)T_1 = (U_o - U_i)T_2/L \tag{7-3-4}$$

所以
$$U_o = U_i/(1-\delta) \tag{7-3-5}$$

可见，并联型开关稳压电源同样可通过控制 $\delta$ 来稳定或调整输出电压，同时还可以看出，由于 $\delta<1$，这种并联型开关电源属于升压型电源，开关管所承受的最大反向电压 $U_{CE\max}=U_o(>U_i)$。而图 7-3-1 所示的串联型开关电源属降压型电源，开关管所承受的最大反向电压 $U_{CE\max}=U_i$。

③ 脉冲变压器耦合（并联）型。变压器耦合（并联）型开关电源（自激式）基本电路如图 7-3-4 所示。开关器件可以是双极型晶体管，也可以是场效应管，T 为开关（脉冲）变压器，VD 为脉冲整流二极管，$C$ 为滤波电容，$R_L$ 为负载。这里脉冲变压器的初级绕组起储能电感作用，脉冲变压器通过电感耦合传输能量，可使输入端与稳压输出端之间互相隔离，实现机壳（底板）不带电，同时还可方便地得到多种直流电压，给制作和维修带来方便，因此，大多数彩色电视机都采用变压器耦合型开关电源。

如果将脉冲变压器视为初、次级匝数比为 $n:1$ 的理想变压器，把次级参数等效至初级，可画成图 7-3-3 所示并联型的电路形式，只是用 $nU_o$ 代替图 7-3-3 中的 $U_o$。对图 7-3-4 电路，可得

$$U_o = U_i\delta/n(1-\delta) = U_iN_2T_1/N_1T_2 \tag{7-3-6}$$

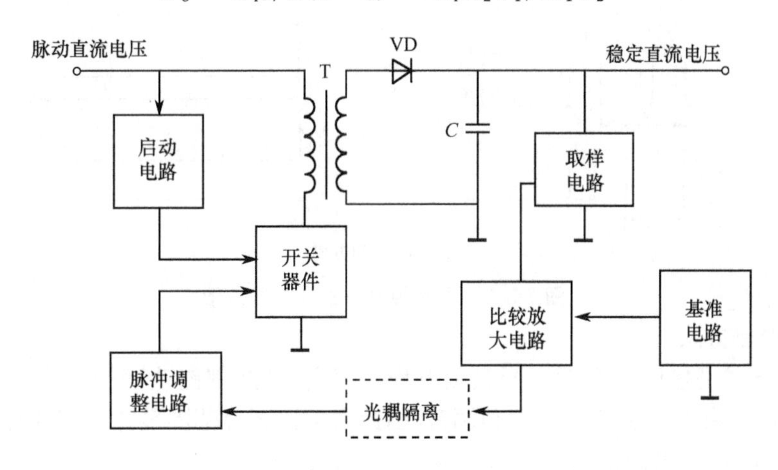


图 7-3-4 变压器耦合型开关电源基本电路

由于 $n>1$，变压器型开关电源一般均为降压输出。开关电源中开关管所承受的最大脉冲电压为 $U_{CE\max}=U_i+nU_o$。

变压器耦合（并联）型开关电源的优点是：① 通过附加一个次级绕组间接取样的办法或采用光耦合器实现电源隔离，使主电源电路与交流电网隔离，即所谓“冷底盘”电路；② 若开关管内部短路，不会引起负载的过压或过流；③ 容许辅助电源负载与主电源负载无关，即不接主电源负载，辅助电源仍可从主电源中得到。其缺点是：① 对开关管和续流二极管的耐压要求高；② 输出电压纹波系数较高；③ 要求储能电感量较大。

(2) 自激式和他激式开关电源

按开关器件的激励方式，可分为自激式和他激式开关电源。自激式开关电源不需专设振荡电路，用开关调整管兼做振荡管，只需设置正反馈电路使电路起振工作，因而电路比较简单。

他激式开关电源需专设振荡器和启动电路，电路结构比较复杂。

(3) 脉冲宽度调制式和脉冲频率调制式开关稳压电源

开关稳压电源的输出与开关管的导通时间有关，即决定于开关脉冲的占空比 $\delta$，稳压控制也

就是通过调制开关脉冲的占空比来实现的，控制方式有脉冲宽度调制（PWM）和脉冲频率调制（PFM）两种。脉冲宽度控制（调宽）式开关电源稳压电路在通过改变开关脉冲宽度（控制开关管导通时间）来稳定输出电压的过程中，开关管的工作频率不改变。脉冲频率控制（调频）式开关电源在稳压控制过程中，改变开关脉冲的占空比的同时，开关管的工作频率也随着发生变化，故称之为调频－调宽式稳压电源。

PWM方式和PFM方式的调制波形分别如图7-3-5(a)、(b)所示，$t_p$ 表示脉冲宽度（即功率开关管的导通时间 $t_{ON}$），$T$ 代表周期，从中很容易看出二者的区别。但它们也有共同之处：① 均采用时间比率控制（TRC）的稳压原理，无论改变 $t_p$ 还是 $T$，最终调节的都是脉冲占空比。尽管采用的方式不同，但控制目标一致，可谓殊途同归。② 当负载由轻变重，或者输入电压从高变低时，分别通过增加脉宽、升高频率的方法，使输出电压保持稳定。

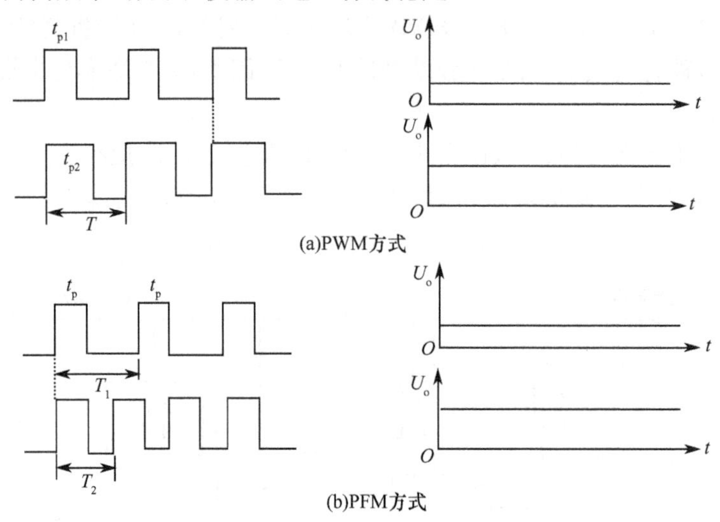


图 7-3-5　两种控制方式的调制波形

(4) 混合调制方式

混合调制方式是指脉冲宽度与开关频率均不固定，彼此都能改变的方式，它属于PWM和PFM的混合方式。由于 $t_p$ 和 $T$ 均可单独调节，因此占空比调节范围最宽，适合制作供实验室使用并可宽范围调节的开关电源。

(5) 开关管的典型工作方式

按开关管的连接和工作方式分类，开关稳压电源可分为单端式、推挽式、半桥式和全桥式4种。单端式仅用一个开关晶体管，推挽式或半桥式采用两个开关晶体管，全桥式则采用4个开关晶体管。目前彩色电视机、显示器、打印机、传真机等开关稳压电源常采用单端式，而微机开关电源均采用半桥式。

## 7.3.2　脉宽调制式开关电源原理

脉宽调制式开关电源的基本原理如图7-3-6所示。交流220V输入电压经过整流滤波后变成直流电压 $U_1$，再由功率开关管VT(或MOSFET)斩波、高频变压器T降压，得到高频矩形波电压，最后通过输出整流滤波器VD和 $C_2$ 可获得所需要的直流输出电压 $U_o$。脉宽调制器(PWM)是这类开关电源的核心，它能产生频率固定而脉冲宽度可调的驱动信号，控制功率开关管的通断状态，调节输出电压的高低，从而达到稳压目的。锯齿波发生器提供时钟信号。利用误差放大器和PWM比较器构成闭环调节系统。假如由于某种原因致使 $U_o$ 下降，脉宽调制器就改变驱动信号的脉冲宽度，即改变占空比 $\delta$，使斩波后的电压平均值升高，导致 $U_o$ 上升；反之亦然。

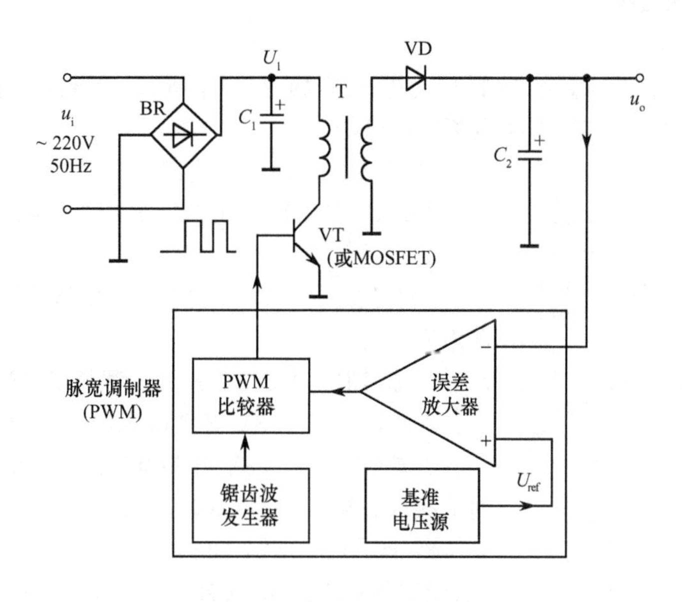


图 7-3-6　脉宽调制式开关电源的基本原理图

## 7.3.3　笔记本电脑中的开关稳压电源

笔记本电脑是由低压(通常为 3.3V,少数为 3.45V 或 3.6V)、微功耗、小型化超大规模集成电路和表面安装元件(SMC) 构成的,被誉为"绿色"(节能型) 计算机。下面介绍 MAXIM 公司生产的 MAX786 型双路输出电源控制器,可作为 3.3V 标准型笔记本电脑的开关式稳压电源。其同类产品还有 MAX786R,MAX786S,前者可输出 3.45V 电压,适配高速奔腾(Pentium) 笔记本电脑;后者能输出 3.6V 电压,适配动力(Power PC) 笔记本电脑。

### 1. MAX786 的性能特点

① MAX786 内部包含 782,783 两个芯片,它采用微间距的单片双 CMOS 集成电路和表面安装式 SSOP 封装,具有集成度高、体积小、噪声低等优点。

② 利用两个电流型降压式 PWM 控制器,产生两路驱动信号,分别驱动 N 沟道 MOS 功率场效应管后,能输出 +3.3V(3A),+5V(3A) 两路稳定电源,供笔记本电脑使用。每路输出电流还可超过 6A,视功率场效应管的型号而定。

③ 输入电压 $U_i$ 的范围是 +5.5 ~ 30V,开关频率既可设定成 300kHz,又可设定为 200kHz。但在低压供电时,要求 $U_i$ = +6.5 ~ 12V,开关频率必须选 200kHz,而且 +5V 稳压电源的最大输出电流降为 2A,+3.3V 稳压电源仍可输出 3A 电流。通常可选 6 节 1.5V 高能电池或镍镉电池串联成 9V 低压电源。

④ 内部有两个低压降、微功耗的线性调节器、两个精密电压比较器 / 电平转换器、同步检波器、3.3V 基准电压源。利用同步检波器可大大提高电源效率,在大负载时工作于 PWM 方式,小负载时工作在轻载方式;当输出电流为 2A 时,效率高达 95%,输出 5mA ~ 3A 时效率仍高于 80%。静态工作电流为 420μA,备用模式下仅为 70μA。工作温度范围是 0 ~+70℃。

⑤ 由于采用先进的电流型脉宽调制器,使输出端滤波电容的容量大为减小,每安培的输出电流所对应的电容量可从 1000μF 减小到 30μF。

⑥ 具有软启动、过压保护、过流保护等多种功能,工作安全可靠。

2. **MAX786 的工作原理**

(1) 引脚排列

MAX786 采用小型化 28 脚 SSOP 封装，引脚排列如图 7-3-7 所示。引脚符号中带数字 3、数字 5 的，分别对应于 +3.3V、+5V 开关电源的引出端。

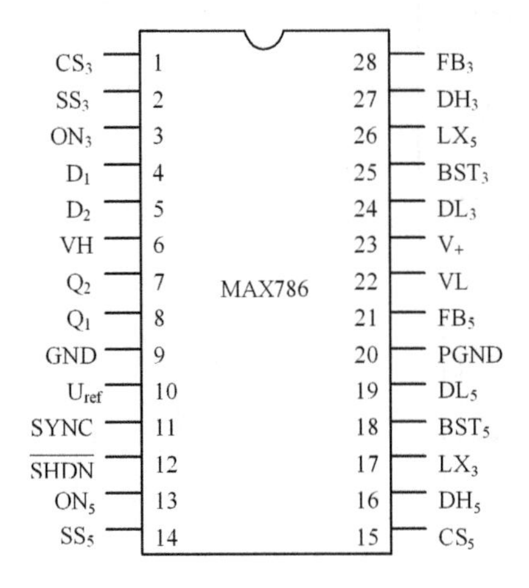


图 7-3-7　MAX786 的引脚排列

23 脚 $V_+$：接由电池构成的 5.5 ～ 30V 直流输入电压。

9 脚 GND、20 脚 PGND：分别为模拟地、功率地，二者可以共地。

1 脚 $CS_3$：+3.3V 开关电源的电流检测端，外接电流检测电阻 $R_S$。

28 脚 $FB_3$：+3.3V 开关电源的反馈端。

2 脚 $SS_3$：+3.3V 开关电源的软启动电容端。

3 脚 $ON_3$：+3.3V 开关电源的通 / 断控制端，自启动时应接 VL 端。$ON_3 = 0$ 时，关断 +3.3V 开关电源。

27 脚 $DH_3$、24 脚 $DL_3$：分别为 +3.3V 开关电源的高端、低端驱动输出端，接外部 N 沟道 MOS 场效应管栅极。

25 脚 $BST_3$、17 脚 $LX_3$：分别为 +3.3V 开关电源的升压电容、电感引出端。

$CS_5$，$FB_5$，$SS_5$，$ON_5$，$DH_5$，$DL_5$，$BST_5$，$LX_5$ 的功能同上，只是所对应的是 +5V 开关电源。

$D_1$，$D_2$，$Q_1$，$Q_2$：分别为两套精密电压比较器 / 电平转换器的同相输入端、输出端，比较器的阈值电压均为 1.65V。不用时 $D_1$，$D_2$ 应接 GND。

6 脚 VH：两个精密电压比较器 / 电平转换器的正电源端。

22 脚 VL：+5V 逻辑电平输出端，工作在 PWM 方式下，最大可输出 5mA 电流，但在关断 PWM 或处于备用模式下，此端输出电流能力增加到 25mA。VL 适合向计算机中的 RAM 供电并具有掉电保护功能。

10 脚 $U_{ref}$：3.3V 基准电压输出端，输出电流可达 5mA。

11 脚 SYNC：开关频率设定端。此端接 GND 或 VL 时，$f = 200$kHz；接 $U_{ref}$ 端时，$f = 300$kHz。也可采用 240 ～ 350kHz 的外部时钟，实现多台笔记本电脑同步工作。

12 脚 $\overline{SHDN}$：关断 PWM 控制端（低电平有效），关断时 +3.3V 电源、+5V 电源和 +3.3V 基准电压源均不工作，仅 VL 电源能向外输出（5V，25mA）。

(2) 工作原理

MAX786 的内部框图和外部接线分别如图 7-3-8 和图 7-3-9 所示。主要包括 300kHz/200kHz 振荡器，+5V 线性调节器，+3.3V 带隙基准电压源，+3.3V PWM 控制器，+5V PWM 控制器，精密电压比较器 1、2/ 电平转换器 1、2，门电路，保护电路（比较器 3、4 等）。利用 SYNC 端可以设定开关频率值，选择 300kHz 频率能进一步减小储能电感和滤波电容值，但使用 9V 电池组低压供电时，必须选 200kHz 频率。由线性调节器产生的 +5V 电压，一路从 VL 端输出；另一路向基准电压源供电，进而获得 +3.3V 基准电压，从 $U_{ref}$ 端输出。图 7-3-9 中，若沿虚线将 SYNC 与 $U_{ref}$ 短接，则开关频率选定为 300kHz。

+3.3V 开关电源由内部 PWM 控制器，外部 N 沟道 MOS 功率场效应管（$N_1$ 和 $N_3$）和检波二极管（$VD_2$）输出滤波器（$L_1$，$C_{12}$，$C_7$）组成。其中，肖特基二极管 $VD_1$ 与 $L_1$，$C_{12}$、$C_7$ 构成降压式输出电路。$C_5$ 是升压电容，用于提升高端（$DH_3$）驱动信号的幅度，使之大于电池电压，从而提高了 $N_1$ 的输出能力。低端（$DL_3$）信号直接驱动 $N_3$。$VD_2$ 是同步检波器外接检波二极管。$R_1$ 为电流

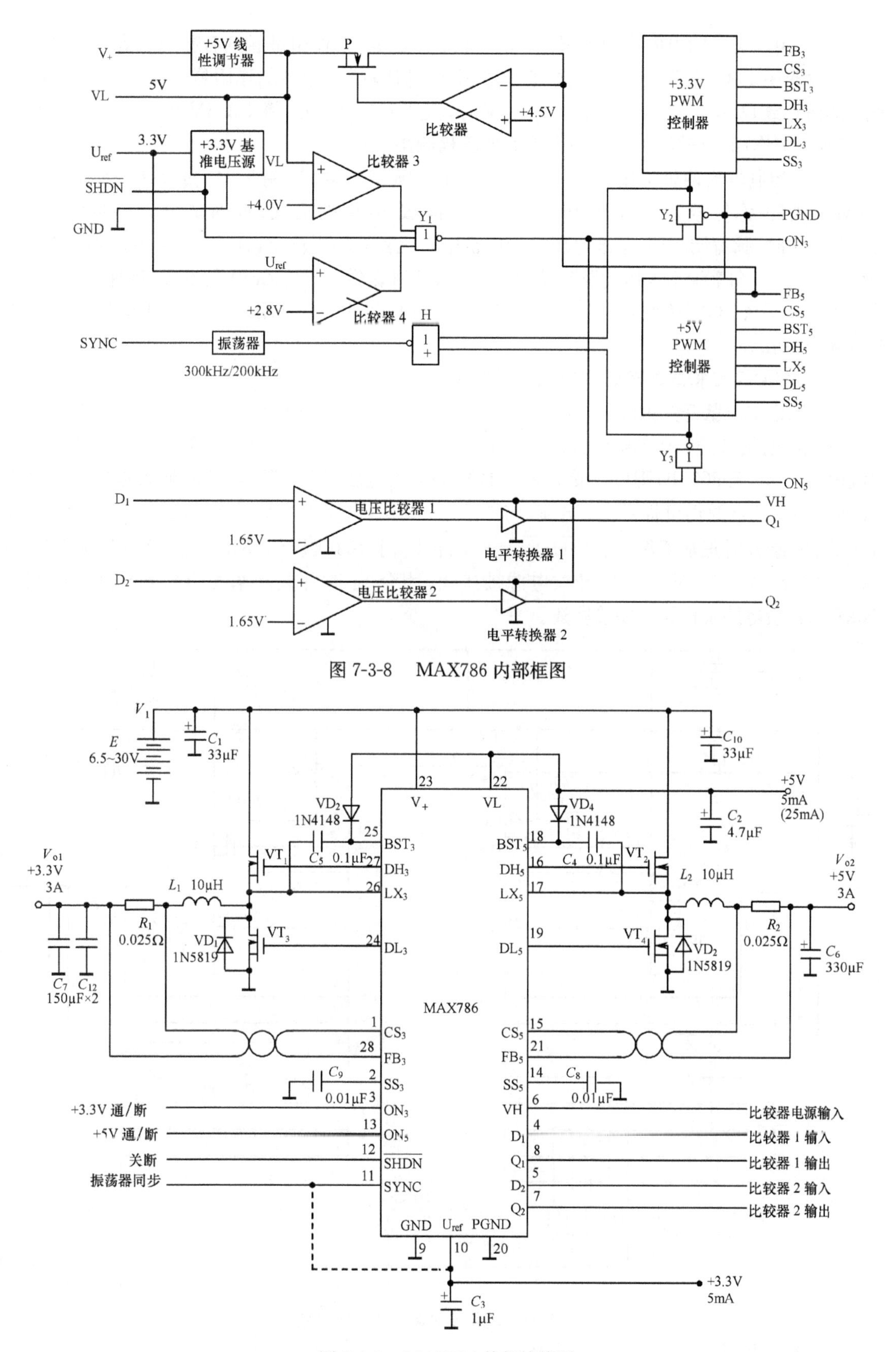


图 7-3-8　MAX786 内部框图

图 7-3-9　MAX786 外部接线图

检测电阻，用以设定输出电流的极限值。$C_9$ 是软启动电容，其作用是通电后利用电容的充电过程逐步建立起＋3.3V电源，可降低初始浪涌电压。内部比较器3和4的作用是：当输入（或输出）电压跌落而导致 $U_L<+4.0\text{V}$ 或 $U_{ref}<+2.8\text{V}$ 时，就产生故障信号，将＋3.3V和＋5V开关电源关断，起到保护作用。比较器1和2可作为低电压检测用。

PWM控制器有两种工作方式：一种是连续的PWM方式，适用于大负载；另一种是断续的PWM方式（也称轻载方式），适用于负载小于满载25%的情况，此时能显著降低功耗。当 $\overline{\text{SHDN}}=0$ 时，脉宽调制器、基准电压源和精密电压比较器均无输出，$Q_1=Q_2=0\text{V}$，但是VL电源照常工作，可向笔记本电脑的随机读写存储器RAM提供＋5V、25mA的电源，确保RAM中的数据不至于丢失。当 $\overline{\text{SHDN}}=1$，且 $ON_3=ON_5=0$ 时，芯片处于备用状态，PWM停止工作，静态电流降至70μA。

**3. 由MAX786构成的笔记本电脑开关电源**

（1）笔记本电脑开关电源的电路

笔记本电脑开关电源的电路如图7-3-10所示。该电路采用9V供电。若将＋5V开关电源中的滤波电容 $C_6$ 增至660μF，则可接受5.5～12V的输入电压，但＋5V电源的最大输出电流降为2A，而＋3.3V电源仍可提供3A电流。与图7-3-9相比，电路中增加了下拉电阻 $R_4\sim R_8$、开关 $S_1\sim S_4$。$S_1$ 断开时正常工作，此时 $\overline{\text{SHDN}}=0$；闭合 $S_1$ 时，$\overline{\text{SHDN}}=1$，MAX786处于关断状态。当 $S_2(S_3)$ 闭合时，＋3.3V(＋5V)开关电源被接通。闭合 $S_4$ 时开关频率为200kHz，断开时则为300kHz。其余电路工作原理如前所述。

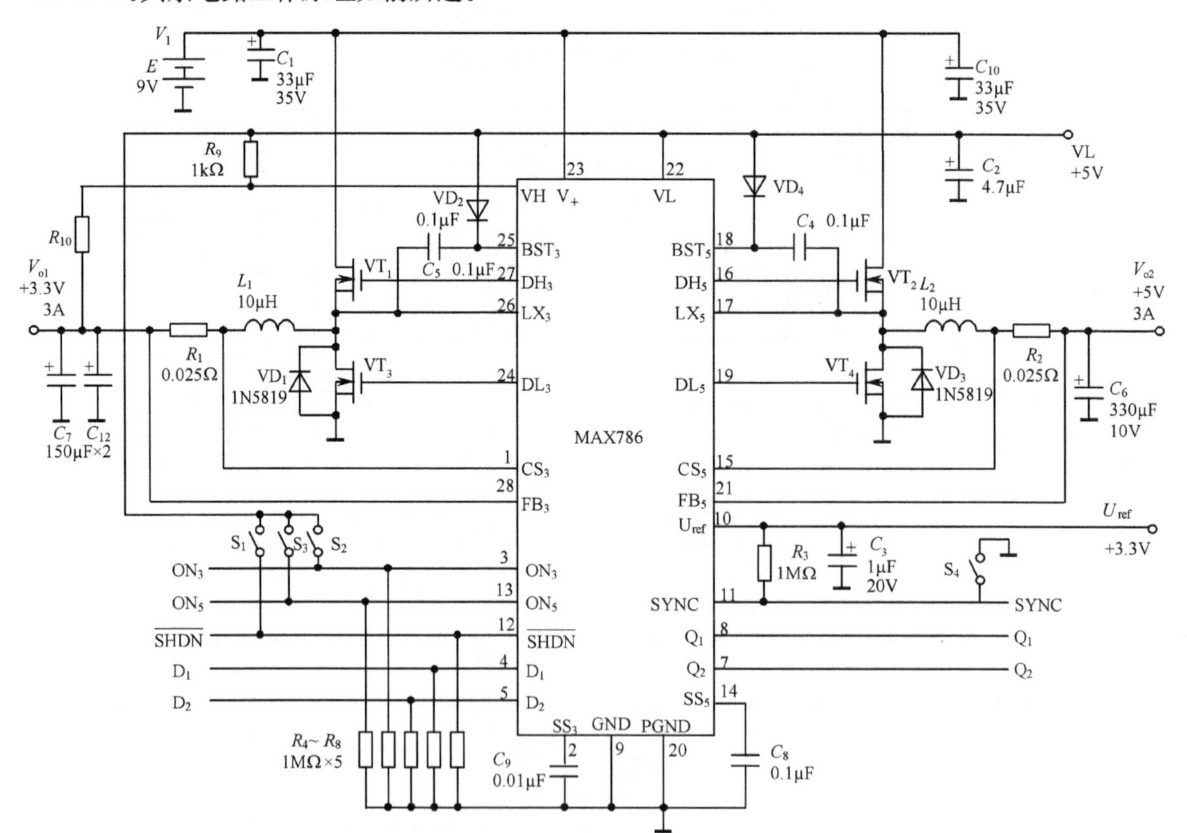

图7-3-10　笔记本电脑开关电源电路

（2）系统框图

MAX786与笔记本电脑的连接框图如图7-3-11所示。MAX786经过电源选择电路可提供

+3.3V(或+5V)稳压电源，供微处理器、存储器及外围设备使用。此外，MAX786还可向微处理器提供电源正常信号、低电压报警信号，并向RAM单独供给一路稳压电源。

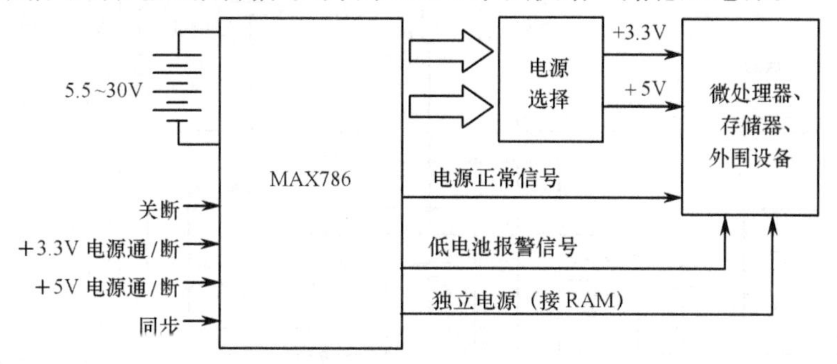


图7-3-11　MAX786与笔记本电脑的连接框图

### 7.3.4　大屏幕彩色电视机开关电源

大屏幕彩电由于屏幕增大，功能扩展，不但使其功耗增大，负载的变化范围也增大，因此对开关稳压电源提出了更高的要求。比较典型的大屏幕彩电电源中大多采用了开关电源厚膜集成电路，下面对厚膜电路做一简介。

**1. 开关电源中的厚膜电路**

厚膜电路是在阻容元件和半导体技术基础上发展起来的一种混合集成电路。它是利用厚膜技术在陶瓷基片上制作膜式元件和连接导线，将某一单元电路的各元件集成在一块陶瓷基板上，使之成为一个整体部件，其外形有封闭和开放两种封装形式。

电源厚膜电路是电视机及录像机电源部分的核心元件。按其电路结构及功能不同，又可分为稳压电源厚膜电路、电源误差取样厚膜电路及高压限制厚膜电路3大类。

在彩色电视机中，稳压电源厚膜电路是将开关稳压电路的各单元功能电路，如开关振荡、电源启动及稳压控制等部分的所有元件全部集成在一块基板上，以形成全集成化的开关稳压电源电路。在使用时，其外围除了加接开关变压器及少量的大功率、大容量的阻容元件外，不需加其他器件，电路结构相当简单，为流水线生产整机、保证性能的一致性和可靠性提供了方便。

**2. 自激式开关电源新技术**

稳压电源厚膜电路在彩电中常用的型号种类非常之多，下面就对STR-S5941新型开关电源厚膜电路进行介绍。

由STR-S5941构成的开关电源如图7-3-12所示。片内$VT_1$为大功率开关管，$VT_2$为脉宽调制器，$VT_5$为误差放大器，$VT_4$为保护控制管，$R_1$，$R_2$，$R_3$，$VD_3$为取样标准元件。STR-S5941增加$VT_3$控制管，作用是改善对开关管$VT_1$的正反馈激励条件。$R_{611}$，$C_{613}$为正反馈支路元件。当开关变压器T的反馈绕组3端电势为正时，该电势经$R_{611}$，$C_{613}$反馈到$VT_1$基极，使$VT_1$饱和导通；当开关变压器T的3端电势为负时，使$VT_1$截止。$VD_1$的作用是给$C_{613}$提供放电回路，并把$VT_1$的b与e极之间的反向电压限制在0.7V左右，以防止$VT_1$的b与e极间反向击穿。

当T的3端电势为负时，$VD_{605}$导通，$C_{610}$被充电。其充电回路为变压器的4端→$VD_2$→$C_{610}$→$VD_{605}$→变压器T的3端，所以，$C_{610}$充电有左正右负的电压。当变压器T的3端出现正电势，该正电势经STR-S5941的5脚作用到$VT_3$基极，使$VT_3$导通，此时$C_{610}$放电，放电回路是$C_{610}$的正极→$VT_3$的c与e极→$VT_1$的b与e极→$R_{608}$→$C_{610}$。可见，通过$C_{610}$放电增加了对开关管$VT_1$的饱和激励，特别是可缩短开关管由截止状态向饱和状态转换的过渡时间，故减小了开关管的瞬时功耗。

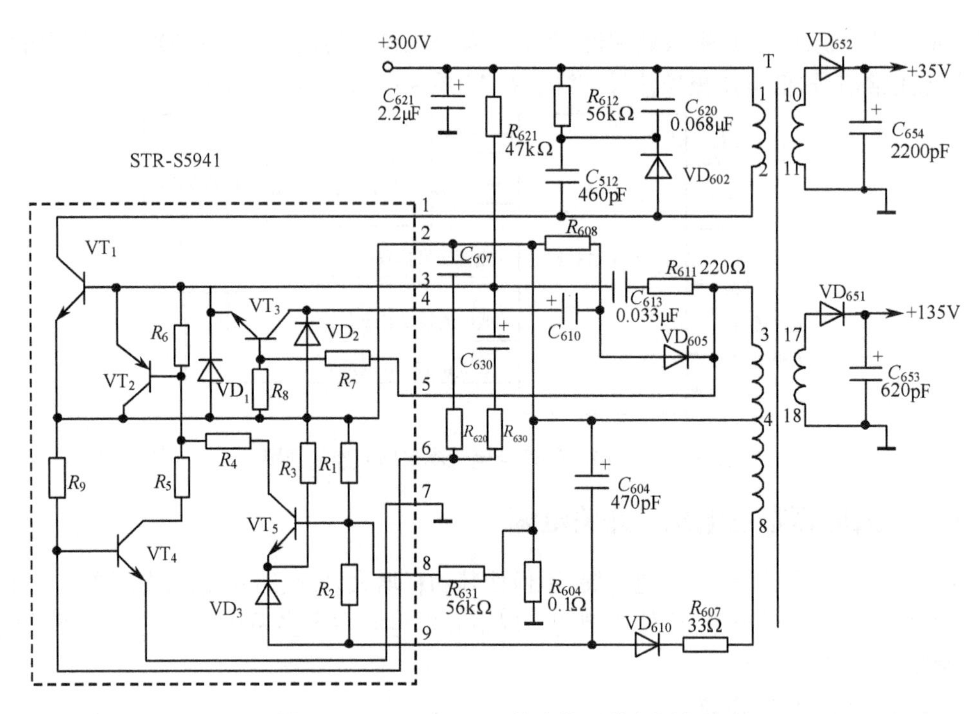


图 7-3-12　STR-S5941 构成的开关电源电路

$VD_{610}$ 与 $C_{604}$ 为稳压时的电压取样电路，$C_{604}$ 两端有近 42V 的取样电压，$C_{604}$ 两端电压经 STR-S5941 的 2，9 脚加到内部稳压电路上，此电压经 $R_1$ 与 $R_2$ 取样及 $R_3$ 与 $VD_3$ 基准，再经 $VT_5$ 误差比较放大，对 $VT_2$ 的电流大小进行控制，$VT_2$ 电流增大时，则开关管 $VT_1$ 基极注入电流减小，$VT_1$ 饱和期将缩短，输出直流电压自动下降。这是一种间接稳压方法，因为 $C_{604}$ 两端电压的高、低代表＋135V 电压输出的高、低。当＋135V 输出电压偏高或偏低时，$C_{604}$ 两端电压也会偏高或偏低，于是通过取样误差比较放大及控制后，输出电压将自动趋向稳定。

$VD_{602}$，$C_{512}$，$C_{620}$，$R_{612}$ 组成钳位保护电路，吸收和限制高频变压器 T 初级两端的尖峰电压并降低电磁干扰，以保护芯片不致损坏。

$VT_4$ 为过流保护晶体管，当开关管发射极电流出现过流故障时，则检测电阻 $R_{604}$ 上的压降也会增大，此时，$R_{604}$ 上的压降经 STR-S5941 的 2 脚及 $R_9$ 电阻作用到 $VT_4$ 基极，使 $VT_4$ 导通，致使 $VT_2$ 饱和导通，则 $VT_1$ 的 b 与 e 极被 $VT_2$ 的 c 与 e 极短路，开关管截止而起到保护作用。

STR-S5941 的 6 脚外接软启动元件 $R_{620}$，$C_{607}$，$R_{630}$，$C_{630}$。当电源开关刚刚接通时，利用 $C_{607}$，$C_{630}$ 的充电电流使 $VT_4$ 瞬间导通，从而使开关晶体管 $VT_1$ 在开机瞬间时电流不至于太大，起到缓冲作用。

## 7.4　新型单片开关电源

单片开关电源，自 20 世纪 90 年代中期问世以来，在国际上获得广泛应用。目前已成为开发国际通用的高效率中、小功率开关电源的优选 IC，也为新型开关电源的推广和普及创造了条件。单片开关电源具有单片集成化、最简外围电路、最佳性能指标、无工频变压器、能完全实现电气隔离等显著特点。

DC-DC 变换器就是为了适应电子设备内多种直流电源的需要把直流电源进行升压、降压变化的开关电源。手机、笔记本电脑、PDA、摄录一体机等都会用到 DC-DC 变换器，且要求形状匹配，精度提高。而 AC-DC 转换器主要用于电源供应、适配器、照明用镇流器、音响放大器等。

### 7.4.1 单片开关电源的基本原理

目前生产的单片开关电源主要有 TOP Switch、TOP Switch-Ⅱ、TinySwitch、TNY256、MC33370 和 TOP Switch-FX 六大系列；此外，还有 L4960 系列、L4970/L4970A 系列单片开关式稳压器。共八大系列，80 余种型号。根据引出端的数量，可划分成三端、四端、五端、多端 4 种类型。下面以美国 PI 公司生产的 TOP Switch 系列的产品为例，介绍单片开关电源的基本原理和典型应用。

TOP Switch 系列单片开关电源的典型应用电路如图 7-4-1 所示。高频变压器在电路中具备能量存储、隔离输出和电压变换 3 大功能。由图可见，高频变压器初级绕组 $N_P$ 的极性（同名端用黑点表示），恰好与次级绕组 $N_S$、反馈绕组 $N_F$ 的极性相反。这表明在 TOP Switch 导通时，电能就以磁场能量形式存储在初级绕组中，此时 $VD_2$ 截止。当 TOP Switch 截止时，$VD_2$ 导通，能量传输给次级，此即反激式开关电源的特点。图中，BR 为整流桥，$C_{IN}$ 为输入端滤波电容。交流电压 $u$ 经过整流滤波后得到直流高压 $U_i$，经过初级绕组加至 TOP Switch 的漏极上。鉴于在 TOP Switch 关断时刻，由高频变压器漏感产生的尖峰电压会叠加在直流高压 $U_i$ 和感应电压 $U_{OR}$ 上，可使功率开关管的漏极电压超过 700V 而损坏芯片，为此在初级绕组两端必须增加漏极钳位保护电路。钳位电路由瞬态电压抑制器或稳压管（$VD_{Z1}$）、阻尼二极管（$VD_1$）组成，$VD_1$ 宜采用超快恢复二极管（SRD）。$VD_{Z2}$ 为次级整流管，$C_{out}$ 是输出端滤波电容。

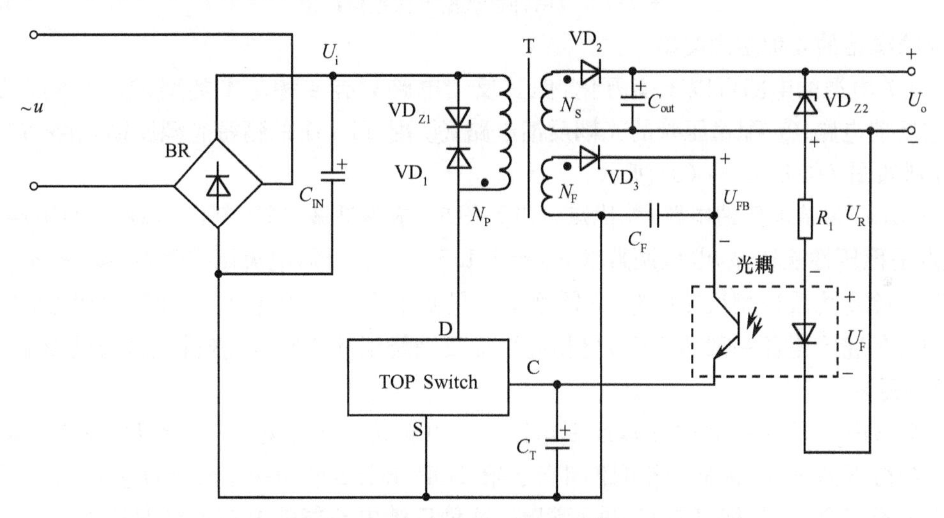


图 7-4-1　单片开关电源典型应用电路

该电源采用配稳压管的光耦反馈电路。反馈绕组电压经过 $VD_3$，$C_F$ 整流滤波后获得反馈电压 $U_{FB}$，经光耦合器中的光敏三极管给 TOP Switch 的控制端提供偏压。$C_T$ 是控制端 C 的旁路电容。设稳压管 $VD_{Z2}$ 的稳定电压为 $U_{Z2}$，限流电阻 $R_1$ 两端的压降为 $U_R$，光耦合器中 LED 发光二极管的正向电压降为 $U_F$，输出电压 $U_o$ 由下式设定

$$U_o = U_{Z2} + U_F + U_R \tag{7-4-1}$$

该电源的稳压原理简述如下：当由于某种原因（如交流电压升高或负载变轻）致使 $U_o$ 升高时，因 $U_{Z2}$ 不变，故 $U_F$ 就随之升高，使 LED 的工作电流 $I_F$ 增大，再通过光耦合器使 TOP Switch 的控制端电流 $I_C$ 增大。但因 TOP Switch 的输出占空比 $\delta$ 与 $I_C$ 成反比，故 $\delta$ 减小，这就迫使 $U_o$ 降低，达到稳压目的。反之，$U_o\downarrow \rightarrow U_F\downarrow \rightarrow I_F\downarrow \rightarrow I_C\downarrow \rightarrow \delta\uparrow \rightarrow U_o\uparrow$，同样起到稳压的作用。由此可见，反馈电路正是通过调节 TOP Switch 的占空比，使输出电压趋于稳定的。

1. 单片开关电源的两种工作模式

单片开关电源有两种工作模式，一种是连续模式 CUM(Continuous Mode)，另一种是不连

续模式 DUM(Discontinuous Mode)。这两种模式的开关电流波形分别如图 7-4-2(a)、(b) 所示。由图可见,在连续模式下,初级开关电流是从一定幅度开始的,然后上升到峰值,再迅速回零。其开关电流波形呈梯形。这表明在连续模式下,存储在高频变压器的能量在每个开关周期内并未完全释放掉,所以下一开关周期具有一个初始能量。采用连续模式可减小初级峰值电流 $I_P$ 和电流有效值 $I_{RMS}$,并降低芯片的功耗。但连续模式要求增大初级电感量 $L_P$,这会导致高频变压器体积增大。综上所述,连续模式适用于输出功率较小的 TOPSwitch 和尺寸较大的高频变压器。三端单片开关电源大多设计在连续模式。

不连续模式的开关电流则是从零开始上升到峰值,再降至零的。这意味着存储在高频变压器中的能量必须在每个开关周期内完全释放掉,其开关电流波形呈三角形。不连续模式下的 $I_P$,$I_{RMS}$ 值较大,但所需的 $L_P$ 较小。因此,它适合采用输出功率较大的 TOP Switch,并配尺寸较小的高频变压器。

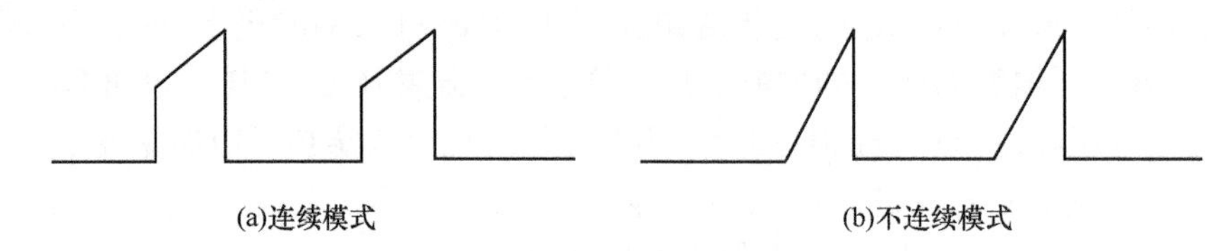


图 7-4-2　两种模式的开关电流波形

**2. 反馈电路的 4 种基本类型**

单片开关电源的电路可以千变万化,但其反馈电路只有 4 种基本类型:① 基本反馈电路;② 改进型反馈电路;③ 配稳压管的光耦反馈电路;④ 配 TL431 的精密光耦反馈电路。它们的简化电路分别如图 7-4-3(a) ～ (d) 所示。

图7-4-3(a)为基本反馈电路,其优点是电路简单、成本低廉,适于制作小型化、经济性开关电源;其缺点是稳压性能较差,电压调整率 $S_V = \pm 1.5\% \sim \pm 2\%$,电流调整率 $S_I \approx \pm 5\%$。

图 7-4-3(b) 为改进型反馈电路,只需增加一只稳压管 $VD_Z$ 和电阻 $R_1$,即可使电流调整率达到 2%。$VD_Z$ 的稳定电压一般为 22V,需相应增加反馈绕组的匝数,以获得较高的反馈电压 $U_{FB}$,满足电路的需要。

图 7-4-3(c) 是配稳压管的光耦反馈电路。由 $VD_Z$ 提供参考电压 $U_Z$,当 $U_o$ 发生波动时,在 LED上可获得误差电压。因此,该电路相当于给 TOP Switch增加一个外部误差放大器,再与内部误差放大器配合使用,即可对 $U_o$ 进行调整。这种反馈电路能使电流调整率达到 ±1% 以下。

图 7-4-3(d) 是配 TL431 的精密光耦反馈电路,其电路较复杂,但稳压性能最佳。这里用 TL431 型可调式精密并联稳压器来代替稳压管,构成外部误差放大器,进而对 $U_o$ 进行精细调整,可使电压调整率和电流调整率均达到 ±0.2%,能与线性稳压电源相媲美。这种反馈电路适于构成精密开关电源。

在设计单片开关电源时,应根据实际情况来选择合适的反馈电路,才能达到规定的技术指标和经济指标。

## 7.4.2　单片开关电源的典型应用

美国 PI 公司在世界上率先研制成功的三端隔离、反激式脉宽调制单片开关电源集成电路,被誉为“顶级开关电源”。其中,第二代产品 TOP Switch-Ⅱ 已广泛应用于仪器仪表、笔记本电脑、移动电话(手机)、电视机、VCD 和 DVD、摄录一体机、电池充电器、功率放大器等设备中,并能构成各种小型化、高密度和在价格上能与线性稳压电源相竞争的 AC/DC 电源变换模块。

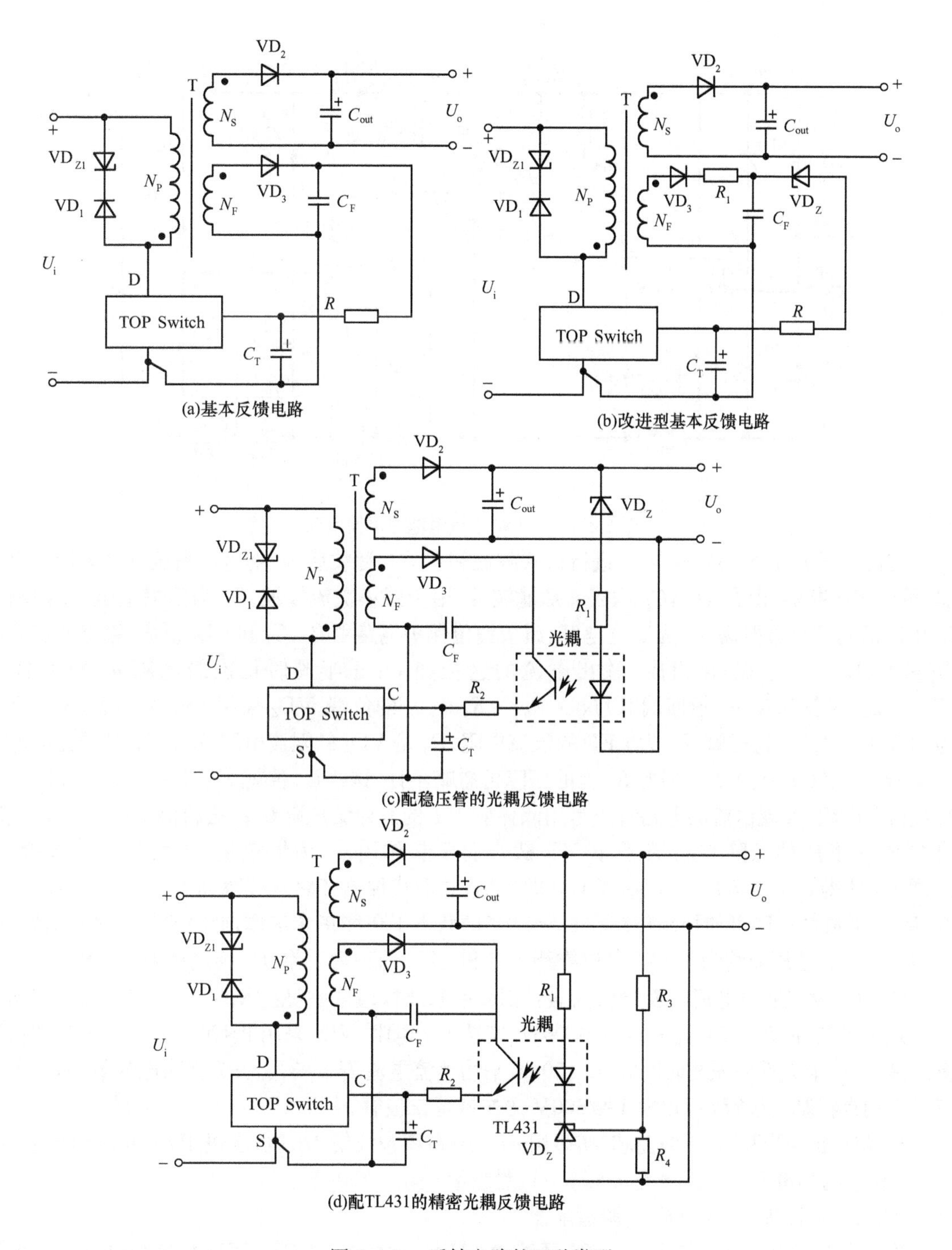


图 7-4-3　反馈电路的四种类型

下面介绍几种典型应用电路。

(1) 3.6W 手机电池充电器

专供手机用的3.6W充电器电路如图7-4-4所示，该电源具有恒流/恒压输出的特性，空载时的功耗低于100mW，能给手机中的镍氢(NiMH)电池或镍镉(NiCd)电池、锂离子(Li-Ion)电池进行恒流充电。其主要技术指标为：交流输入电压 $u$ 为 85～265V，输出电压 $U_o = 5.2$V，最大输出电流 $I_{om} = 0.69$A，输出功率 $P_o = 3.6$W。

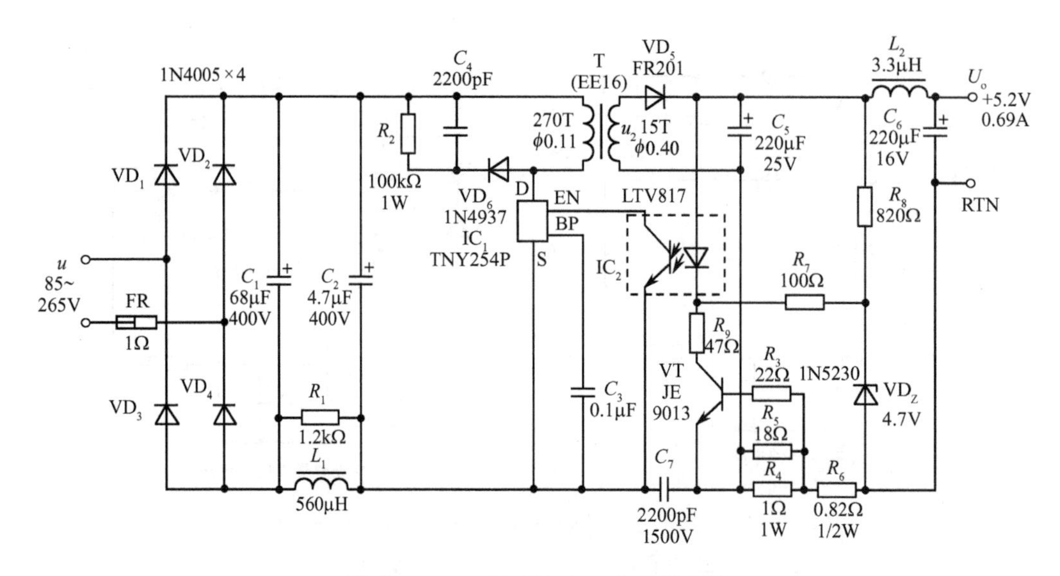


图 7-4-4　3.6W 手机电池充电器电路

交流电压 $u$ 经过 $VD_1$ ～ $VD_4$ 进行桥式整流和 $C_1$，$C_2$ 滤波后，产生直流高压。FR 为熔断电阻器，可代替熔断器。由 $C_1$，$L_1$，$C_2$ 构成 π 形滤波器，用于减小交流纹波。$R_1$ 为阻尼电阻，能抑制由 $L_1$ 引起的高频自激振荡。$C_7$ 为安全电容。漏极钳位保护电路由 $R_2$，$C_4$ 和 $VD_6$ 组成。输出整流滤波电路由 $VD_5$，$C_5$，$L_2$ 和 $C_6$ 组成。输出电流的途径如下：正半周时从次级电压 $u_2$ 的正端 → $VD_5$ → $L_2$ → 负载 $R_L$ → 返回端 RTN → $R_6$ → $R_4$ → $u_2$ 的负端。$VD_Z$ 采用 1N5230B 型(国产型号为 2CW103)4.7V 稳压管。$R_7$ 为 LED 的限流电阻，$R_8$ 是 $VD_Z$ 的限流电阻。由于 LED 的正向电流 $I_F < 1mA$，使 $U_{R7} < 0.1V$，因此 $R_7$ 上的压降可忽略不计，这样 $U_o$ 值就等于 $U_Z$ 与 $U_F$ 之和。$R_4$ 是过流检测电阻。实现恒流的电路特点是用晶体管 VT 的发射结压降 $U_{BE}$，去检测输出电流 $I_o$ 返回时在 $R_4$ 上形成的压降 $U_{R4}$。常态下 VT 截止而不起作用，$I_o$ 为恒定值。当发生过流故障时，$I_o$ 增大，使得 $U_{R4} = I_o R_4 > U_{BE}$，VT 立即导通，并取代控制环路直接驱动光耦合器，维持 $I_o$ 不变。$R_6$ 上形成的压降可使控制环路在 $U_o \approx 0V$ 的状态下仍能正常工作，此时输出端虽被短路，但 $R_4$ 与 $R_6$ 上的总压降约为 1.6V，足以维持 VT 和 LED 的正常工作。$R_3$ 为基极限流电阻。

$R_4$ 用来设定输出电流的极限值 $I_{olimit}$，取 $R_4 = 1\Omega$ 时，$I_{olimit} = U_{BE}/R_4 = 0.7A$。$R_4$ 的额定功率应满足下述条件：$P = 2I_{olimit}^2 \cdot R_4 = 0.98W$，实选 1W 电阻。$VD_5$ 采用 FR201 型 3A/200V 的快恢复二极管，要求其反向恢复时间 $t_{rr} < 150ns$，平均整流电流 $I_D = 3I_{olimit}$；为提高电源效率，有条件者可选用肖特基二极管，$VD_6$ 为 1A/600V 的快恢复二极管。

高频变压器采用 EE16 型瓷芯，初级用 φ0.11mm 漆包线绕 270 匝，次级用 φ0.40mm 漆包线绕 15 匝。初级电感量 $L_P = (5.2 \pm 0.52)mH$，漏感量 $L_{P0} = 250\mu H$。

(2) 220V 插头式 AC/DC 电源适配器

许多小型家电在交流供电时，都需要配 220V 插头式 AC/DC 电源适配器(Adapter)，也称 AC/DC 电源变换器，以便把 220V 交流电变成所需要的直流电压。目前市售的电源适配器内部都要有电源变压器及整流滤波器，输出功率从零点几瓦到几瓦不等，有的还能输出几种电压值可供选择。但其体积较大且未采用稳压电路，电源质量和效率都不高。若选用 Tiny Switch 系列，既可去掉笨重的电源变压器，又具有效率高、体积小、稳压性能好、成本低等优点，完全能取代传统的插头式电源适配器。

利用 TNY254P 设计的 +9V，170mA(1.5W) 的 AC/DC 电源适配器如图 7-4-5 所示。该电路采用两片 IC：TNY254P 型四端单片开关电源($IC_1$) 和 LTV817 型光耦合器($IC_2$)。85 ～ 265V 交

流电经过 $VD_1 \sim VD_4$，$C_1$，$C_2$ 整流滤波后，产生直流高压。FR 为熔断电阻器，也可用熔断器代替。电磁干扰滤波器由 $C_1$，$R_1$，$R_2$，$C_2$ 组成，这里用 200Ω 电阻来代替滤波电感，以降低电路成本。$R_4$ 与 $C_3$ 可吸收漏极上的尖峰电压并降低电磁干扰。$C_4$ 为旁路电容。$C_5$ 是安全电容。次级绕组电压经过 $VD_5$，$C_6$，$L_2$ 和 $C_7$ 整流滤波，输出 +9V 电压。光耦合器 LTV817 和稳压管 1N5237C 用于检测输出电压并且反馈给 TNY254P。输出电压由光耦合器中 LED 的正向压降和 $VD_Z$ 的稳定电压来设定。高频变压器采用 EE13 型磁芯，初级用 $\phi$0.16mm 漆包线绕 125 匝，次级用 $\phi$0.33mm 漆包线绕 13 匝。要求初级电感量 $L_P = 2.5\text{mH} \pm 0.25\text{mH}$，漏感量 $L_{P0} \leqslant 102\mu\text{H}$。

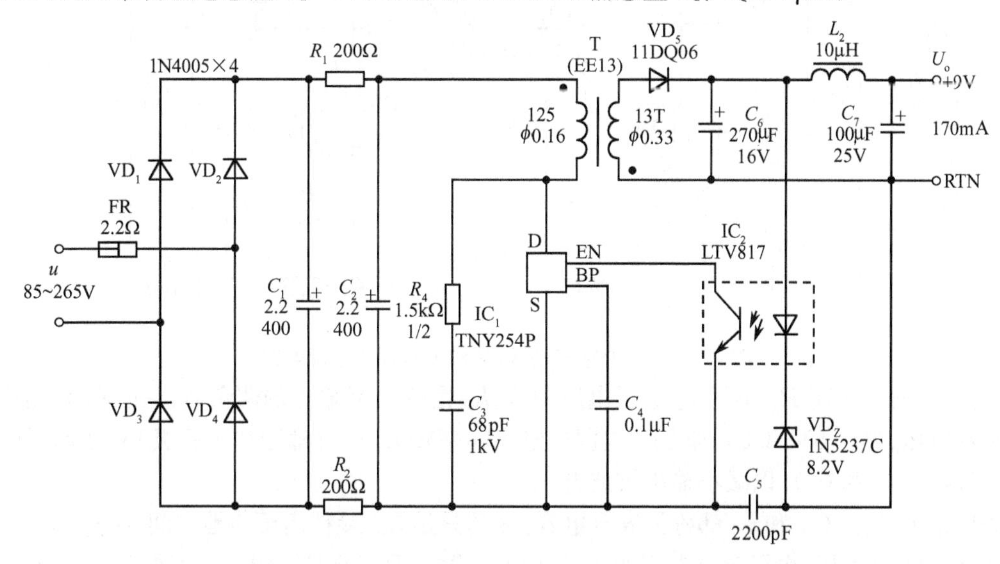


图 7-4-5　1.5W 的 AC/DC 电源适配器电路

最后需要说明几点：① 设计高频变压器时应使 TNY254P 工作在不连续模式；② $C_3$ 的容量不要超过 68pF；③ 为了进一步提高输出电压的稳定度，可在 $IC_2$ 的 LED 两端并联一只几百欧至 1000Ω 的电阻，给 $VD_Z$ 提供 $1 \sim 5$mA 的偏置电流；④ 为提高电源效率，可将 5mH 电感与 4.7kΩ 电阻并联后代替 $R_1$ 和 $R_2$。

(3) 多路输出的 35W 机顶盒开关电源

机顶盒是交互式电视(ITV) 的关键技术产品，利用它可提供数字广播电视、视频与音乐点播、卡拉 OK、三维游戏、高速上网、在线购物、语音提示等功能强大的宽带多媒体服务。具有 5 路输出的 35W 机顶盒开关电源电路如图 7-4-6 所示。这 5 路电压分别为：$U_{o1}$(+30V，100mA)，$U_{o2}$(+18V，550mA)，$U_{o3}$(+5V，2.5A)，$U_{o4}$(+3.3V，3A)，$U_{o5}$(−5V，100mA)。其中，+5V 和 +3.3V 作为主输出，其余各路均为辅输出。

当交流电输入电压 $u$ 为(220 ± 33)V 时，总输出功率达到 35.8W；若采用宽范围电压输入($u$ =85 ~ 265V)，总输出功率就降成 25W。该电源可用作机顶盒、摄录一体机和 DVD 中的开关电源。该电源采用 3 片 IC：TOP233Y($IC_1$)、光耦合器 LTV817A($IC_2$)、可调式精密并联稳压器 TL431C($IC_3$)。为减小高频变压器的体积并增强磁场耦合程度，次级绕组采用了堆叠式绕法。由 $R_4$ 和 $C_{14}$ 构成的吸收回路可降低射频噪声对电视机等视频设备的干扰。必要时还可将开关频率选择端(F) 改接控制端(C)，选择半频方式，以进一步降低电视机对视频噪声的敏感程度。

$R_6$，$R_7$ 和 $R_8$ 为比例反馈电阻，使 5V 和 3.3V 电源按照一定的比例进行反馈，这两路输出的电流调整率均可达 ±5%。$R_9$ 和 $C_{16}$ 构成 TL431C 的频率补偿网络。$C_{17}$ 为软启动电容，取 $C_{17}$ = 22μF 时，可增加 4ms 的软启动时间，再加上 TOP233Y 本身已有 10ms 的软启动时间，总共为 14ms。其余各路输出未加反馈，输出电压均由高频变压器的匝数比来确定。因 −5V 电源的输出

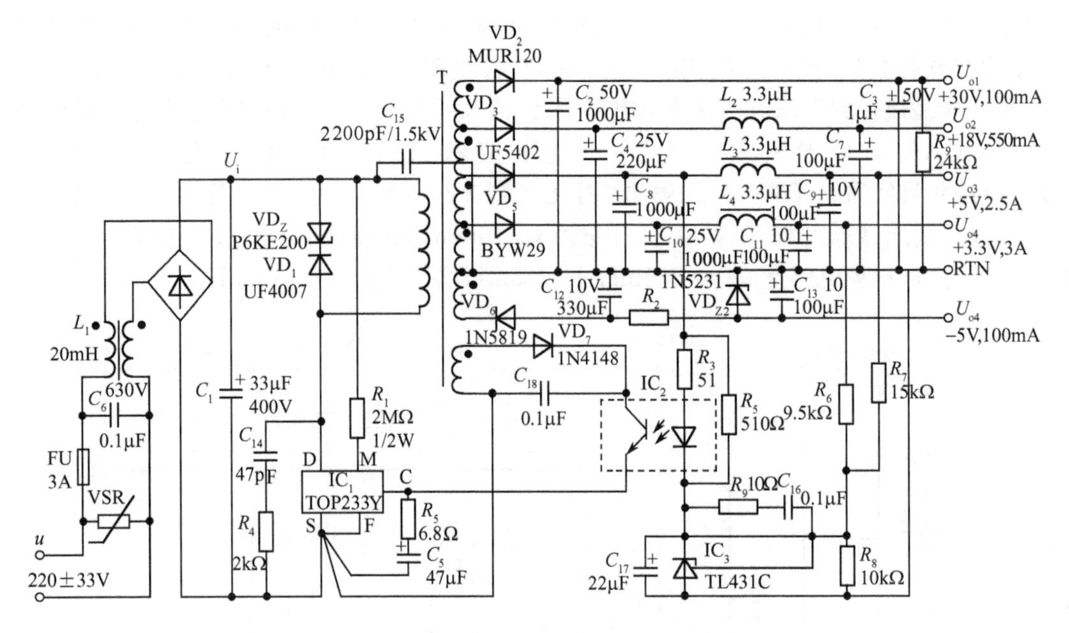


图 7-4-6　多路输出的 35W 机顶盒开关电源电路

功率很低，现通过电阻 $R_2$ 和 $VD_{Z2}$ 进行电压调节。$R_9$ 是 +30V 输出的假负载，它能降低该路的空载及轻载电压。鉴于 5V，3. 3V 和 18V 电源的输出功率较大，三者都增加了后级 LC 滤波器（$L_3$ 和 $C_9$、$L_4$ 和 $C_{11}$、$L_2$ 和 $C_7$），以减小输出纹波电压。

需要指出的是，$C_{15}$ 和 $C_6$ 都称为安全电容。区别只是 $C_{15}$ 接在高压与地之间（将 $C_{15}$ 的一端接 $U_i$ 的正极），能滤除初、次级耦合电容产生的共模干扰，在 IEC950 国标标准中被称为“Y 电容”。$C_6$ 则接在交流电源进线端，专门滤除电网线之间的串模干扰，被称为“X 电容”。

为承受可能从电网窜入的雷击电压，在交流输入端还并联着一只标称电压 $U_{1mA}=275V$ 的压敏电阻 VSR。$U_{1mA}$ 表示当压敏电阻器上通过 1mA 直流电流时元件两端的电压值。

（4）由微控制器控制的开关电源

利用微控制器 MCU（包括微处理器和单片机），可对由 TOP Switch-FX 构成的喷墨打印机、激光打印机等计算机外部设备中的开关电源进行控制，电路如图 7-4-7 所示。

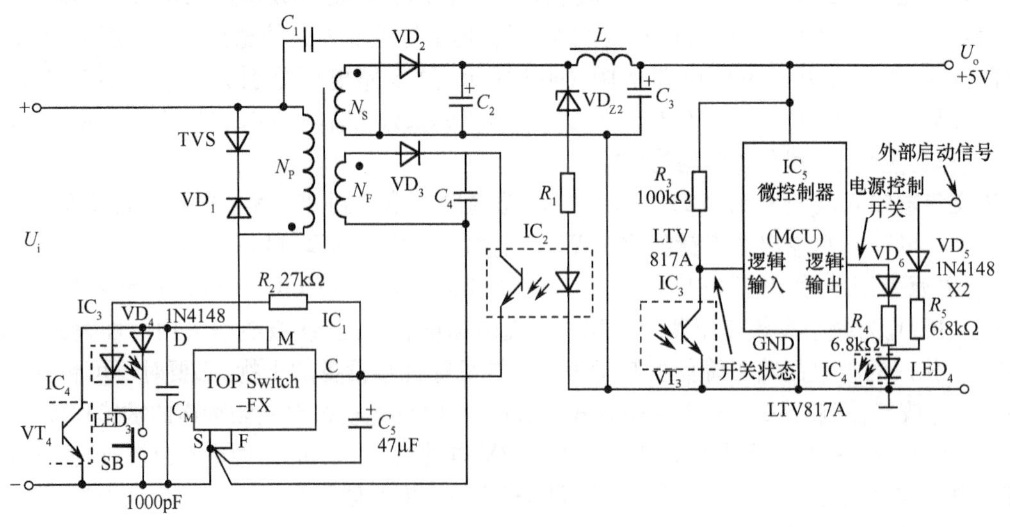


图 7-4-7　由 MCU 控制的开关电源电路

开关电源部分主要由TOP Switch-FX($IC_1$)、光耦合器($IC_2$)组成。控制电路则包括微控制器(MCU)、两片LTV817A型线性光耦合器($IC_3$、$IC_4$)、按钮开关SB。仅当按下SB时产生的信号才有效,抬起时信号不起作用。SB上不需要加防抖动电路,这是因为开关电源的软启动时间(约10ms)和MCU的复位及初始化时间能起到延迟作用,可以避开按下SB时产生的抖动干扰时间;并且仅当SB被按下至少达到上述时间时,才能通过MCU接通开关电源。这就要求必须将SB按到底,而不是轻轻点击一下,以确保电源启动。MCU完成复位及初始化后,检测到$IC_3$发来的开机信号,再通过$IC_4$去锁定开关电源。必要时还可利用MCU的软件实现进一步延时,或者在SB的两端并联一只0.01μF的防抖动电容。光耦合器$IC_3$、$IC_4$中的LED发射管和光敏三极管,分别用$LED_3$和$VT_3$、$LED_4$和$VT_4$表示。现将$LED_3$接在控制端与SB之间,$VT_3$接在MCU的逻辑输入端。常态下$LED_3$上无电流通过,$IC_3$不工作,MCU的逻辑输出端经过隔离二极管$VD_6$和电阻$R_4$接$LED_4$的正极。$VT_4$则接在M、S端之间。因M端本身具有限流功能,故$VT_4$不需要另加限流电阻。$C_M$为多功能端的消噪电容。

当用户首次按下SB时,$VD_4$导通,M端经$VD_4$与S极接通,TOP Switch-FX即工作在三端模式,此时$LED_3$上有电流通过,$VT_3$就给MCU发出启动信号。若最初开关电源处于关断状态(M端悬空),则首次按下SB时就接通电源,+5V输出电压$U_o$为MCU提供工作电源电压。MCU接收到启动信号后就令$VT_4$导通,使开关电源保持在接通状态,能够正常输出。

当用户再次按下SB时就发出关断信号,MCU接收到此信号后就执行关断程序,将喷墨打印机的打印头停在安全位置上。一旦执行完关断程序,MCU就令$VT_4$截止,使M端悬空,开关电源进入关断模式,此时TOP Switch-FX处于低功耗状态,当$U_i$为230V(AC)时,芯片功耗仅为160mW。假如用作DVD中的开关电源时,关断程序还能把数据和设定状态一并存入$E^2$PROM中,即使掉电后也不至于丢失。

该电源还可通过外部启动信号进行遥控。外部启动信号可以是数字信号,也可以通过本地局域网或串行接口来驱动$IC_4$,将开关电源接通。$VD_5$是隔离二极管,$R_5$为限流电阻。

为节省电能,计算机外部设备大多具有自动关机(Auto OFF Power)功能,只要停用一定时间,即自动转入低功耗的待机状态,也称休眠模式(Sleep Mode)。利用上述遥控功能,可以通过计算机去唤醒打印机、扫描仪、外部调制解调器等外设,使之从待机模式迅速转入工作状态。

## 思考题与习题

7.1 简述线性集成稳压器的基本组成和使用注意事项。

7.2 新型低压差集成稳压器电路有哪些特点?

7.3 试说明开关稳压电路的特点。在下列各种情况下,试问应分别采用何种稳压电路(线性稳压电路还是开关稳压电路)?

① 希望稳压电路的效率比较高;

② 希望输出电压的纹波和噪声尽量小;

③ 希望稳压电路的重量轻、体积小;

④ 希望稳压电路的结构尽量简单,使用元件个数少,调试方便。

7.4 试说明开关稳压电路通常有哪几个组成部分,简述各部分电路的作用。

7.5 AC-DC与DC-DC变换器有什么区别?各有哪些应用?

7.6 开关稳压电源按不同的方式分类各有哪些基本类型?分别画出串联型、并联型和变压器耦合(并联)型开关稳压电源的方框图。

7.7 试用波形图说明脉宽调制方式和频率调制方式两类开关稳压电源的调节原理。

7.8 笔记本电脑的电源有几种输出电压?容量为多大?

7.9 什么是电源厚膜电路?

7.10 大屏幕彩电中的开关电源采用了哪些新技术?

7.11 单片式开关电源为什么被誉为“绿色”节能型电源?它有哪些广泛应用?

# 第 8 章　语音和图像集成电路

随着信息技术的发展和社会的不断进步，人类对信息的需求越来越丰富，人们希望无论何时何地都能够方便、快捷、灵活地通过语音和图像等方式获取信息并进行通信。语音和图像已成为信息最重要的载体，成为多媒体的重要组成部分。语音和图像已经渗透到人们工作和生活的许多方面，如电视、电话、广播、录音、放音、VCD、DVD、卡拉 OK、电子游戏、可视电话、多媒体邮件、视频检索、医疗、工业生产、航空航天、深海探索等。语音和图像电子学之所以能活跃在许多领域，越来越受到人们的关注，在很大程度上得益于语音和图像电路的高度集成化和高性能化。

本章主要介绍语音和图像集成电路，包括收音机集成电路、语音集成电路、功放集成电路、家庭影院集成电路、电视机及图像处理集成电路等。

## 8.1　收音机集成电路

### 8.1.1　收音机的基础知识

收音机有许多种分类方式，按组成元件，一般分为分立元件收音机和集成电路收音机。在此主要介绍集成电路收音机。按调制方式，一般分为调幅（AM）广播收音机、调频（FM）广播收音机、调频立体声广播收音机、调幅 / 调频（AM/FM）广播收音机。收音机的主要性能指标有：灵敏度、选择性、频率范围、谐波失真、不失真功率、中频抑制、镜像抑制、自动增益控制、整机频率特性和平均声压等。

无线电广播所传递的信息是语言和音乐。语言和音乐的频率很低，话筒把声音转换成低频电信号后，不能直接用电磁波的形式辐射到空间中，必须用高频信号载着低频信号发射和传播。所以发射台必须对音频信号进行调制，收音机必须对所接收的信号进行相应的解调。调制的方式有很多，最常用的调制方式是调幅和调频。调幅是由一个低频信号对高频载波的幅度进行调制，这种方式形成的无线电波，其频率是固定的，而载波幅度随着低频信号随时改变。调频是由一个低频信号对一个高频载波的频率进行调制，这种方式形成的无线电波，其载波幅度保持不变，而载波的频率随低频信号而随时改变。

世界上大多数国家都采用超外差式收音机，我国也采用超外差式收音机，我国标准规定调幅收音机的中频为 465kHz，调频收音机的中频为 10.7MHz。

#### 1. 调幅收音机电路的方框图

如图 8-1-1 所示为超外差调幅收音机电路的方框图。

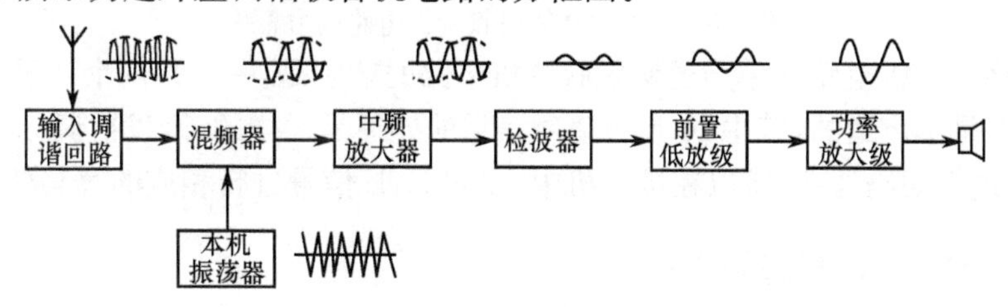


图 8-1-1　超外差调幅收音机电路方框图

调幅收音机的组成部分及其作用如下：

① 天线:用来接收无线电广播信号；

② 输入调谐回路:用于选台、匹配,并放大所接收的高频信号；

③ 本机振荡器:简称本振,用于产生等幅的高频振荡信号；

④ 混频器:本振信号和从天线接收的高频信号(或无线电广播信号）在混频器中混合,取出其差频即调幅中频信号 465kHz；

⑤ 中频放大器:简称中放,用于对中频信号进行放大；

⑥ 检波器:用于将音频信号从调幅信号中取出；

⑦ 前置低放级:用于对音频信号进行放大,以驱动功率放大级；

⑧ 功率放大级:用于对音频信号进行功率放大,以驱动扬声器发音；

⑨ 扬声器:用于将音频电信号转变成声信号辐射到空间。

**2. 单声道调频收音机电路的方框图**

如图 8-1-2 所示为单声道调频收音机电路的方框图。

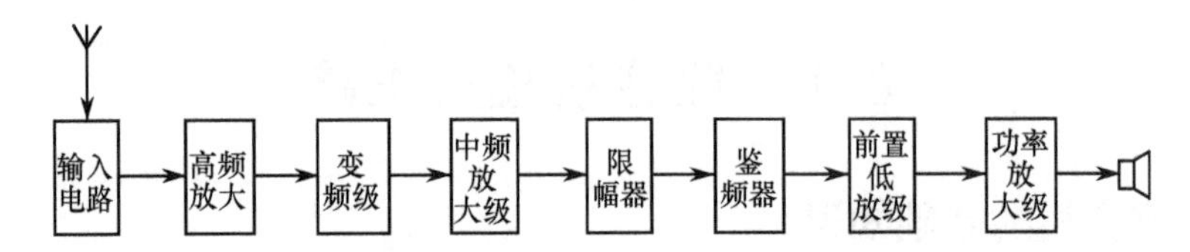


图 8-1-2　单声道调频收音机电路方框图

调频收音机和调幅收音机的组成方框图许多部分是相同的,不同的是调制方式不一样,调频的中频是 10.7MHz,因采用的是调频,所以中放后面要加限幅器和鉴频器。限幅器的作用是去除干扰信号或调频波中的尖脉冲。鉴频器的作用是将音频信号从调频信号中取出。图 8-1-2 中变频级与图 8-1-1 中混频器的区别是用一部分电路同时完成混频和本振两个功能。

**3. 调频立体声收音机电路的方框图**

如图 8-1-3 所示为调频立体声收音机电路的方框图。

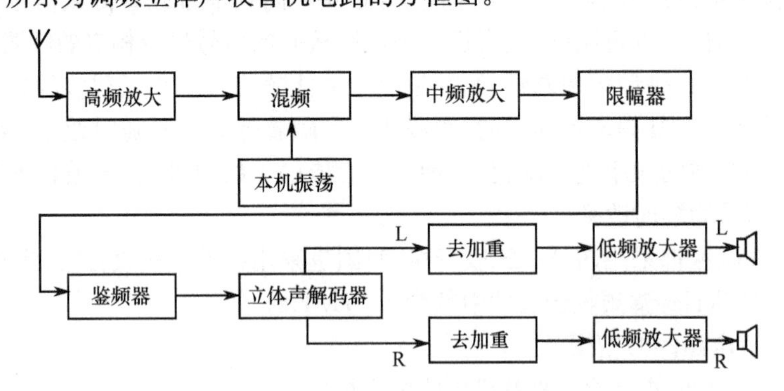


图 8-1-3　调频立体声收音机电路的方框图

调频立体声收音机电路和单声道调频收音机电路的区别是:一个是两个声道的(左声道 L 和右声道 R),一个是单声道的,其中 R,L 声道对信号的处理是一样的。因发射调频立体声节目时,要对 R,L 信号进行编码处理,所以在接收机中,要对 R,L 信号进行相应的解码处理。

### 8.1.2　AM 收音机集成电路

AM 收音机集成芯片很多,下面以 FS2204 为例简要介绍 AM 收音机集成电路。

FS2204 是单片收音机集成芯片，此芯片除可完成 AM 功能外，也可以完成 FM 功能。此芯片具有外接元件少，内部功能全，灵敏度高，电源电压范围宽，功耗低，输出功率大等特点。FS2204 采用 16 脚双列直插式塑料封装，可与 ULN2204，HA12402，TDA1083，TA7613 等互换。

如图 8-1-4 所示为 FS2204 的功能框图。

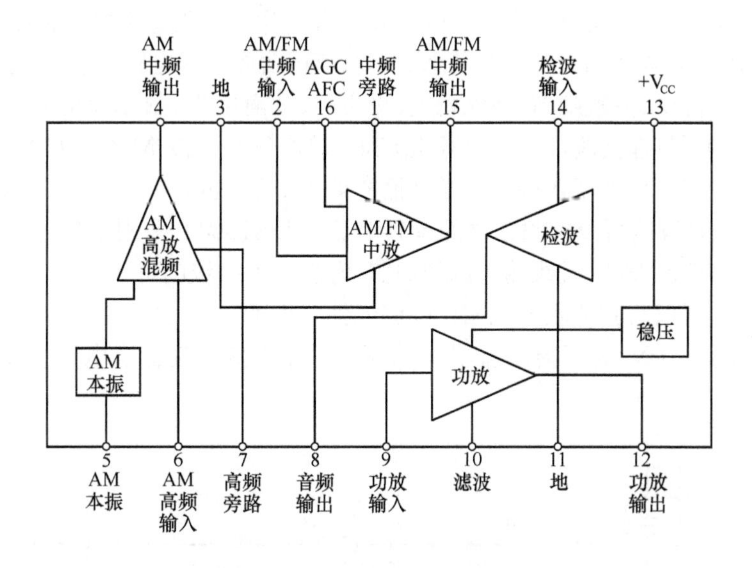


图 8-1-4　FS2204 功能框图

FS2204 内部包括：AM 独立振荡器、AM 双平衡混频器、AM/FM 公用的中频放大器、检波器、AGC 电路、AFC 电路和功率放大等部分。

如图 8-1-5 所示为 AM 收音机电路图。此 AM 收音机电路是 FS2204 的典型应用电路。FS2204 能构成除超高频（VHF）以外的所有收音机电路，具有外接元件少、调整方便等优点。图中 16 脚外接电阻 $R_1$ 在 4.7kΩ ～ ∞ 调节，使 16 脚的电压为 1.45 ～ 1.65V，16 脚电容 220μF 作为高频退耦，改变电容 $C_1$ 可改变 AGC 时间常数，其他元件如图中所示。此电路的工作电压范围为 3 ～ 12V，扬声器阻抗为 8Ω，最大音频输出功率可达 1W，功放电路具有短路保护，且输入阻抗高。

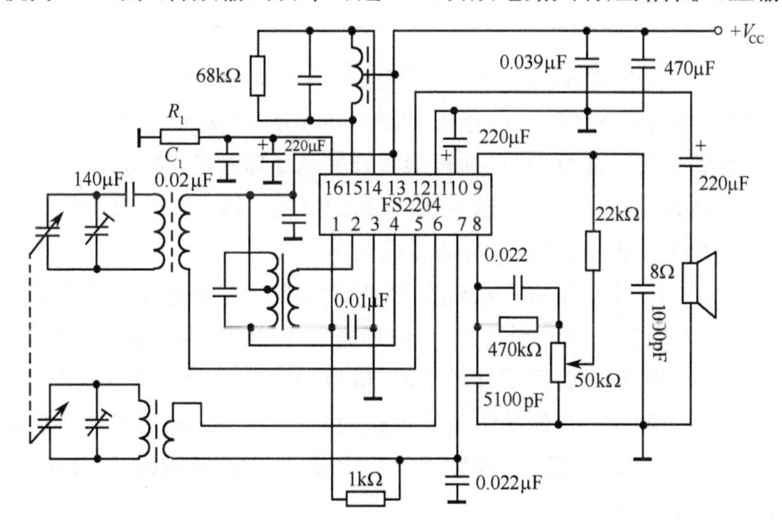


图 8-1-5　AM 收音机电路

## 8.1.3 FM收音机集成电路

FM收音机集成芯片很多，下面以TDA7088和TDA2822构成的收音机为例简要介绍FM收音机集成电路。

TDA7088和TDA2822是荷兰飞利浦(Philips)公司生产的收音机集成芯片，其中TDA7088是电调谐FM接收集成电路，TDA2822是小功率双声道功放集成电路。此芯片用耳机作为天线，具有体积小、外围元件少、灵敏度高、性能稳定、噪声小、分离度高、制作和调试简单等特点。此收音机具有两个调频波段：A波段(76～88MHz)和B波段(88～108MHz)，其中A波段专用于接收学校发射机发射的节目，如现在许多大学都播放英语节目，还有英语四、六级听力考试等适合用此种收音机接收。B波段可以接收正常的调频节目。TDA7088T采用了先进的低中频技术，取消了中频变压器、陶瓷滤波器、天线输入调频回路，省去了本振级的可变电容，并且内部设置了自动搜台和静噪功能，所以与其他收音机相比外围元件减少了很多。

如图8-1-6所示为FM电调谐收音机电路图，下面简述此收音机电路的工作原理和信号流程。

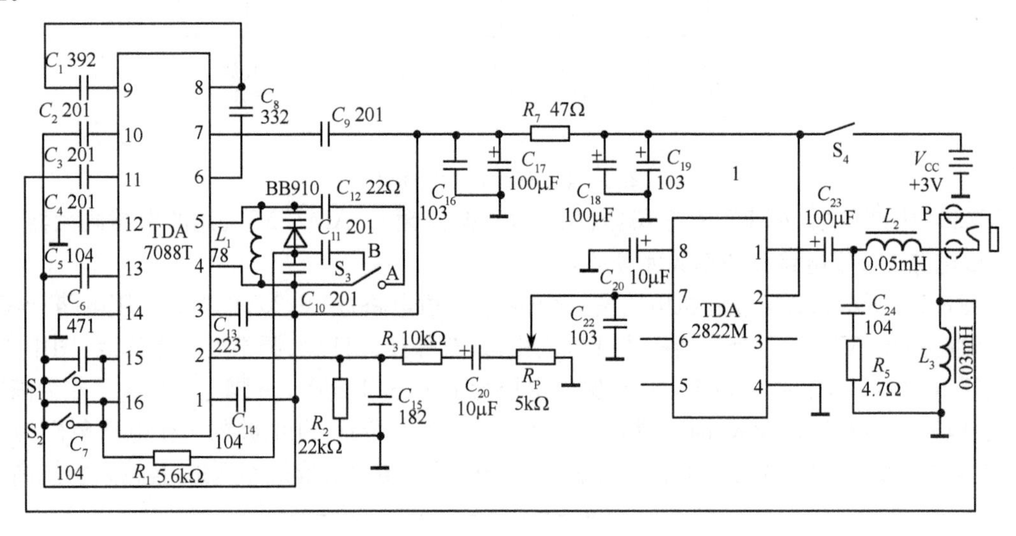


图8-1-6 双波段FM电调谐收音机电路图

通电后，由耳机感应到FM信号，信号从TDA7088T的11脚输入到集成块，经高放、混频、中放、鉴频、低放后，得到立体声复合信号，通过静噪开关从2脚输出，经由$R_2$，$R_3$，$C_{15}$，$C_{20}$组成的补偿网络后，再由电位器$R_P$取一分压后，送入TDA2822M的7脚，经TDA2822M功率放大后，从1脚输出，由$C_{23}$将音频信号耦合到耳机，驱动耳机发声。

搜台时，按搜索键$S_1$，TDA7088T内部的RS触发器的S端被置为"1"，受触发器控制的恒流源对电容$C_7$充电，$C_7$两端的电压不断升高。此电压经$R_1$，加到本振回路的变容二极管BB910上，使本振频率改变而进行调谐。当收到广播信号时，信号检测电路会输出高电平，置RS触发器的R端为"1"，触发器翻转，受触发器控制的恒流源停止对$C_7$充电，与此同时，受音频输出控制的恒流源开始对$C_7$充电，进行自动频率控制，锁住所收听的节目。当按复位键$S_2$时，$C_7$两端的调谐电压被放掉，本振频率回到最低频率。

## 8.1.4 FM/AM收音机集成电路

FM/AM收音机集成芯片很多，下面以A888为例简要介绍FM/AM收音机集成电路。如

图 8-1-7 所示为用 A888 组成的 FM/AM 收音机电路。

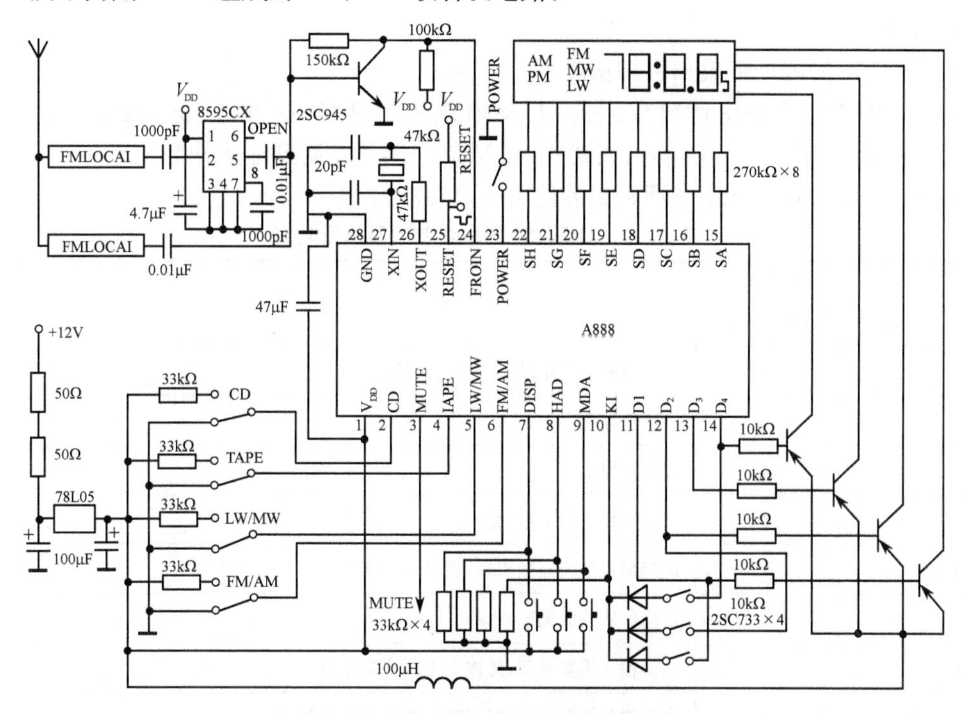

图 8-1-7　用 A888 组成的 FM/AM 收音机电路

A888 集成电路芯片属于 A8XX 系列电路，A8XX 和 A7XX 系列电路可用于收音机、汽车收音机、组合音响和功放等电子产品中，能以数字形式在 LED 或 LCD 上显示正在接收的电台的频率，也可以显示时钟信息等。此种芯片集成度很高，所以收音机的外围元件很少，电路非常简单。此收音机电路的工作原理也很简单，收音机部分的工作原理与以上介绍的 AM、FM 的类似，增加的数字显示部分的原理是：将本振频率送入分频器，经处理运算和判别后，由 LED 或 LCD 将调谐器对应的频段与频率显示出来。频率显示范围与间隔分别是：FM，60 ～ 140MHz，50kHz；AM，500 ～ 2000kHz，1kHz。

如果读者想了解 A8XX 和 A7XX 系列电路的详细资料，请参阅有关的集成电路手册。

# 8.2　语音集成电路

随着集成电路技术和语音技术的发展，语音技术作为电声技术的一个重要分支，近年来在多媒体技术应用、计算机的语音指令输入、声音的自动控制、语音学习装置、消费类电子产品、家用电器、工业仪器设备、交通工具和声讯系统等许多领域得到了充分的发展，成果令人瞩目。语音集成电路的种类较多，本节主要介绍语音录放和语音识别等几种典型的语音集成电路。

## 8.2.1　语音录放集成电路

语音录放芯片很多，下面以 CS53108，BA9902，APR9600 和 BA1530 为例介绍语音录放集成电路。

### 1. 语音录放芯片 CS53108

CS53108 具有录音、放音、抹音、自动放音选择和模式选择等功能。此芯片的期间是：可单段录放及分段录放，录音时间是 10 ～ 12s，可直接驱动扬声器，工作电压低(3V)，待机期间耗电少，外围元件少，性能稳定，价格低，并有两种封装形式。常用于消费类电子产品和交通工具等的录音、放音装置中。

(1) CS53108 的内部组成和引脚功能

CS53108 的内部主要由话筒放大器、自动增益控制电路、缓冲器、振荡器、低通滤波器、256KB 的 SRAM、8 位 D/A 变换器、调制的 ADM 算法器及控制器等部分组成。

如表 8-2-1 所示为 CS53108 两种封装的引脚及功能。

**表 8-2-1　CS53108 两种封装的引脚及功能**

| 符　号 | 引　脚 | | 功　　能 |
|---|---|---|---|
| | 软封装 | SOP 封装 | |
| $AV_{DD}$ | 1 | 28 | 模拟电路电源正端(2.7 ～ 5.5V) |
| SPKP | 2 | 1 | 接扬声器正端 |
| SPKN | 3 | 2 | 接扬声器负端 |
| $AV_{SS}$ | 4 | 3 | 模拟电路电源负端、地 |
| MICOUT | 5 | 4 | 话筒前置放大器输出端，通过 0.1μF 电容与 9 脚连接 |
| MICIN | 6 | 5 | 话筒前置放大器输入端 |
| MICREF | 8 | 7 | 话筒输入偏置电压，外接 0.1μF 旁路电容 |
| AGC | 8 | 7 | 自动增益控制，接地时可获得最大环路增益 |
| ADI | 9 | 8 | 固定增益放大器输入端 |
| RECb | 10 | 9 | 录音控制端，内有上拉电阻，低电平触发 |
| PLAYb | 11 | 10 | 放音控制端，内有上拉电阻，下降沿触发 |
| ERASEb | 12 | 11 | 抹音控制端，内有上拉电阻，在多段录放模式时，下降沿触发，可抹除以后的录音，在单段录放模式时，此端不用 |
| AUTO | 13 | 12 | 此端接 $V_{DD}$ 时为自动放音模式，即录音后自已放音一次，此端接地时，无自动放音功能 |
| TESTb | 14 | 13 | 测试端，单段或多段录放模式选择。单段录放模式时，此端接地；多段录放模式时，此端接 $V_{DD}$ |
| BUSY | 15 | 14 | 在录音或放音时，此端为高电平，外接一电阻及 LED，可做录音及放音指示，录音或放音结束，呈低电平，LED 灭 |
| $V_{DD}$ | 16 | 15 | 数字电路电源正端，与 $AV_{DD}$ 连接 |
| OSCI | 17 | 22 | 振荡器偏置输入，可外接上拉电阻或下拉电阻对录音时间进行细调，不进行调节时，此端悬空 |
| $V_{SS}$ | 18 | 21 | 数字电路地 |
| AUD | 19 | 16 | 放音的音频输出端，可外接三极管放大 |
| NC | — | 17,18<br>19,20<br>23,24<br>25,26<br>和 27 | 空脚，不连接 |

（2）CS53108 的主要指标

- 工作电压：2.6 ～ 5.5V，典型值 3V，极限值 7V。
- 工作电流：1.5mA。
- 音频输出电流：1.5mA。
- 备用时间电流：5μA。
- 控制端高电平最小值：2.8V，低电平最大值：0.2V。
- 内部上拉电阻：50kΩ。
- 工作温度范围：－10℃ ～ 70℃。

（3）CS53108 的应用电路

如图 8-2-1 所示为 CS53108 的应用电路。

语音信号送入话筒，话筒将语音信号转变成电信号，经 $C_3$ 耦合到芯片的 6 脚，即芯片内部的话筒前置放大器的输入端，放大后，由 5 脚输出，再经 $C_4$ 耦合到 9 脚，即固定增益放大器的输入端。

$AN_1$，$AN_2$，$AN_3$ 分别是录音、放音、抹音按键。在录音时，$AN_1$ 必须按下。在放音及抹音时，因为是下降沿触发，只要按一下即可。$S_1$ 是自动放音选择开关，当 $S_1$ 置于上端时，是自动放音，录音完成后自动放音一次；当 $S_1$ 置于下端时，无放音功能。$S_2$ 是模式选择开关，当 $S_2$ 置于上端时，是多段模式选择；当 $S_2$ 置于下端时，是单段录放模式。在录音和放音时，LED 点亮。放音扬声器接在 2、3 脚，扬声器的阻抗为 8Ω 或 16Ω。也可将扬声器接在 19 脚，这时电源 $V_{CC}$ 外接，如图 8-2-1 所示。如果要得到更大的音频功率输出，可外接音频功率放大电路（如常用集成运放 LM386 功放 IC 驱动外接扬声器），然后再驱动扬声器发声。

**2. 语音录放模块 BA9902**

BA9902 是一种 Flash 电闪模拟直接存储语音录放的模块，具有录音和放音等功能。此模块的特点是音质好，价格低，体积小，可直接用扬声器作为录音和放音元件，可以不用话筒，可采用线录，不怕掉电，可重复录 10 万次，功耗小，并且可以不设电源开关等。此模块常用于便携式语音录放器、语言学习装置、工业和消费类电子产品中。

（1）BA9902 的主要性能指标

- 工作电压：5V，最高 7V。
- 录放时间：20s。
- 话筒最大输入电压：20mV。
- 话筒输入阻抗：10kΩ。
- 扬声器输出功率：12mW。
- 扬声器阻抗：8Ω 或 16Ω。

（2）BA9902 的引脚及功能

1 脚：LINE 线录输入。

2 脚：I/O 扬声器－。

3 脚：I/O 扬声器＋。

4 脚：$V_{CC}$ 电源，5 ～ 6V。

5 脚：GND 地。

6 脚：REC 录音开关。

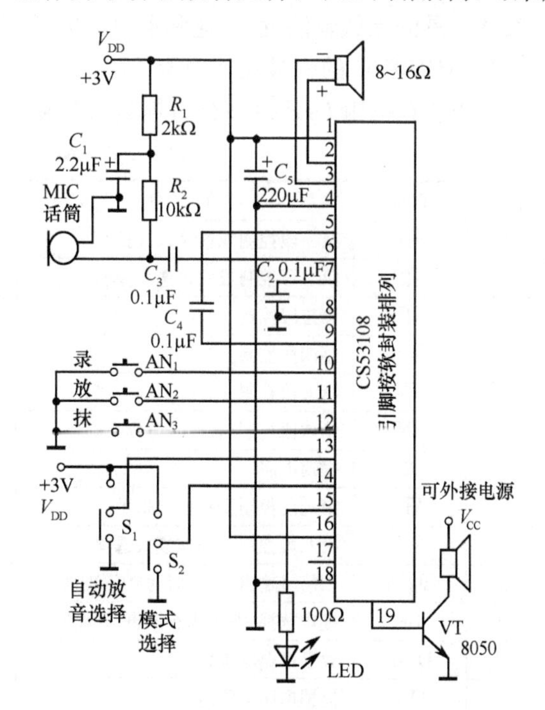


图 8-2-1　CS53108 的典型应用电路

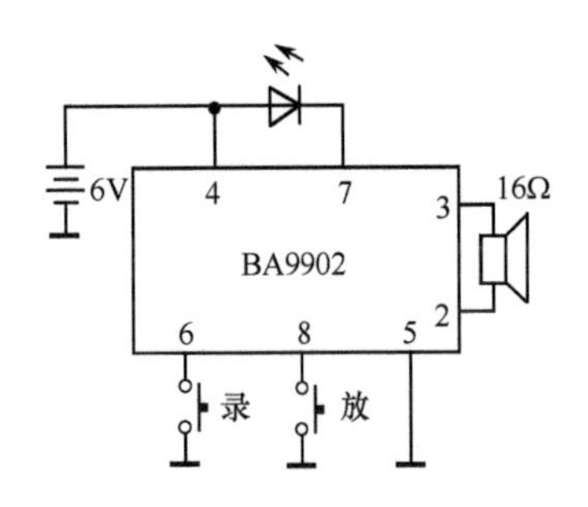


图 8-2-2 采用扬声器作为话筒录音的电路

7 脚：录音指示 LED。

8 脚：PLAY 放音开关。

(3) BA9902 的应用电路

如图 8-2-2、图 8-2-3、图 8-2-4 所示为 BA9902 的 3 种应用电路，其中，图 8-2-2 是采用扬声器作为话筒来录音的电路，图 8-2-3 是采用话筒录音的电路，图 8-2-4 是采用线录的应用电路。

录音时，将 6 脚的按键按下，进行录音，这时 LED 点亮。放音时，按下 8 脚的按键。

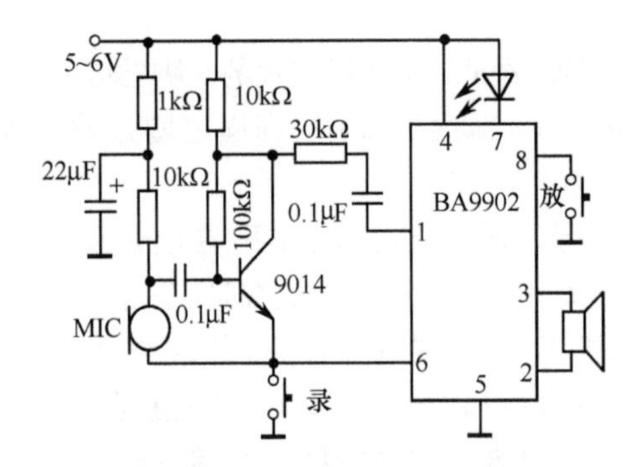


图 8-2-3 采用话筒录音的电路

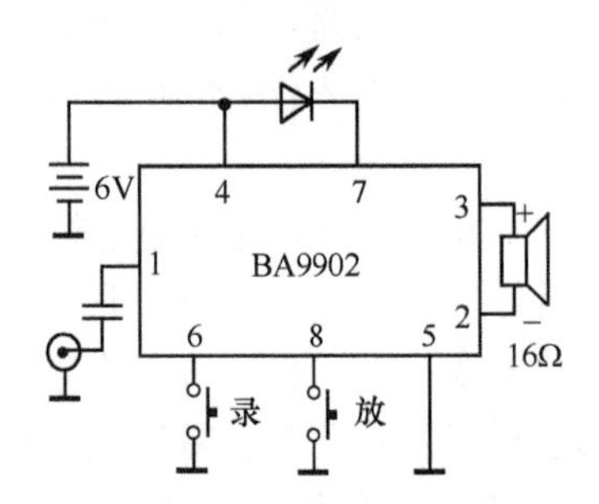


图 8-2-4 采用线录的应用电路

### 3. 新型语音录放芯片 APR9600

*APR*9600 是采用模拟语音技术的一种新型语音录放集成电路。此语音芯片的特点是：音质好，噪声低，不怕断电，可反复录放，价格低，具有手动控制方式，多段控制时电路简单，采样速度及录放音速度可调，每个单键均有开始、停止、循环多种功能等。此模块常用于便携式语音录放器、交通工具的录放音装置、工业和消费类电子产品中。

(1) *APR*9600 的引脚及其功能

*APR*9600 采用 *DIP*28 双列直插塑料封装，表 8-2-2 所示为其引脚及其功能。

**表 8-2-2 ARP9600 引脚及其功能**

| 引脚号 | 引脚符号 | 功 能 | 引脚号 | 引脚符号 | 功 能 |
|---|---|---|---|---|---|
| 1 | $\overline{M1}$ | 第一段控制或连续录放控制 | 15 | SP－ | 外接扬声器负端 |
| 2 | $\overline{M2}$ | 第二段控制或快进选段控制 | 16 | $AV_{CC}$ | 模拟电路正电源 |
| 3 | $\overline{M3}$ | 第三段控制 | 17 | MICIN | 话筒输入端 |
| 4 | $\overline{M4}$ | 第四段控制 | 18 | MICREF | 话筒输入基准端 |
| 5 | $\overline{M5}$ | 第五段控制 | 19 | AGC | 自动增益控制端 |
| 6 | $\overline{M6}$ | 第六段控制 | 20 | ANA-IN | 线路输入端 |
| 7 | OSCR | 振荡电阻 | 21 | ANA-OUT | 线路输出端(话筒放大器输出端) |
| 8 | $\overline{M7}$ | 第七段控制及片溢出指示 | 22 | $\overline{STROBE}$ | 工作期间闪烁指示灯输出端 |
| 9 | $\overline{M8}$ | 第八段控制及操作模式选项 | 23 | $\overline{CE}$ | 复位 / 停止键或启动 / 停止键 |
| 10 | $\overline{BUSY}$ | 忙信号输出(工作时为 0，平时为 1) | 24 | $MSEL_1$ | 模式设置端 |
| 11 | BE | 键声选择(按 1 为有键声，0 则无) | 25 | $MSEL_2$ | 模式设置端 |
| 12 | $DV_{SS}$ | 数字电路电源地 | 26 | EXTCLK | 外接振荡频率段(用内部时钟时接地) |
| 13 | $AV_{SS}$ | 模拟电路电源地 | 27 | $\overline{RE}$ | 录放选择端(1 为录音，0 为放音) |
| 14 | SP＋ | 外接扬声器正端 | 28 | $DV_{CC}$ | 数字电路电源 |

(2)APR9600 的全功能使用电路

如图 8-2-5 所示为 APR9600 的全功能使用电路。

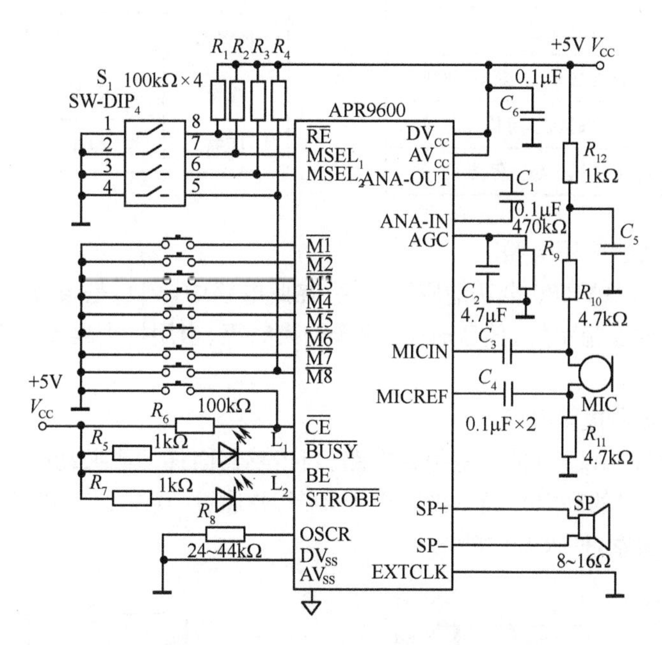


图 8-2-5　APR9600 的全功能使用电路图

APR9600 可以直接用普通驻极体话筒录音，直接驱动扬声器放音，扬声器的阻抗是 8Ω 或 16Ω，可以通过 OSCR 端的电阻设置调节录放音的时间长度和音质效果，可以设置功能开关来选择录/放音状态及分段控制方式，可以通过按键来实现开始、循环、停止等功能。分段控制是语音电路中常遇到的问题，用其他的语音芯片较难实现，而用 APR9600 设计却非常简单。

**4. 双向模拟 I/O 语音录放模块 BA1530**

BA1530 是一种可录放 20s 的高质量单片语音录放模块。其主要特点是：采用双向模拟I/O语音转换技术，可以用话筒录音、用线录，也可以用扬声器作为话筒录音，外围元件很少，音质好，失真小，有掉电保护，可反复录制 10 万次，功耗低，制作简单，使用方便。广泛应用于语言学习机、留言器、语言告警提示、留言电话、防盗报警器和消费类电子产品等方面。

(1) BA1530 的引脚及其功能

BA1530 采用 10 脚 DIP 封装，表 8-2-3 所示为其引脚及其功能。其中，MODE 脚的接法不同，其功能也不同，两者的关系见表 8-2-4。AIN 与 AOUT 的接法有 3 种，与录入的方法有关，其关系见表 8-2-5。

**表 8-2-3　BA1530 引脚及其功能**

| 引脚 | 符号 | 功　能 | 引脚 | 符号 | 功　能 |
|---|---|---|---|---|---|
| 1 | AIN | 线路输入 | 6 | GND | 地 |
| 2 | $\overline{LED}$ | 接 LED 阴极 | 7 | $V_{CC}$ | 电源正极 |
| 3 | $\overline{PLAY}$ | 接放音开关 | 8 | I/O− | 接扬声器负端 |
| 4 | $\overline{REC}$ | 接录音开关 | 9 | I/O+ | 接扬声器正端 |
| 5 | MODE | 功能及振荡器控制 | 10 | AOUT | 前置放大输出 |

表 8-2-4 MODE 脚的功能与接法的关系

| MODE 脚 | 功　　能 |
| --- | --- |
| 悬空 | 20s 录放 |
| 接电阻接地 | 可改变振荡器频率，改变录音时间 |
| 接地 | 通过按钮开关接地，可快速向前 |
| 接 $V_{CC}$ | 通过开关 $V_{CC}$ 起暂停功能 |

表 8-2-5 AIN 与 AOUT 的接法与录入方法的关系

| 录放方式 | AIN 与 AOUT 的接法 |
| --- | --- |
| 扬声器 | AIN 与 AOUT 短接 |
| 线录 | AIN 接 24kΩ 电阻，AOUT 悬空 |
| 话筒 | AOUT 悬空，AIN 接外电路 |

(2) BA1530 全功能应用电路

如图 8-2-6 所示为 BA1530 全功能应用电路。在此电路中，$VD_1$ 是录音指示灯，录音时亮，录音结束时灭。$VD_2$ 是放音指示灯，放音时亮，放音结束时灭。当用扬声器做话筒录音时，可将 1 脚和 10 脚短接。

(3) BA1530 的防盗报警电路

如图 8-2-7 所示为 BA1530 的防盗报警电路。当传感器因移动或振动而工作时，3 脚接地触发放音装置报警。9 脚输出的高电平经二极管送到 3 脚，并通过 10μF 的电容充电，使 3 脚保持高电平，不会使传感器再触发，使报警中断。

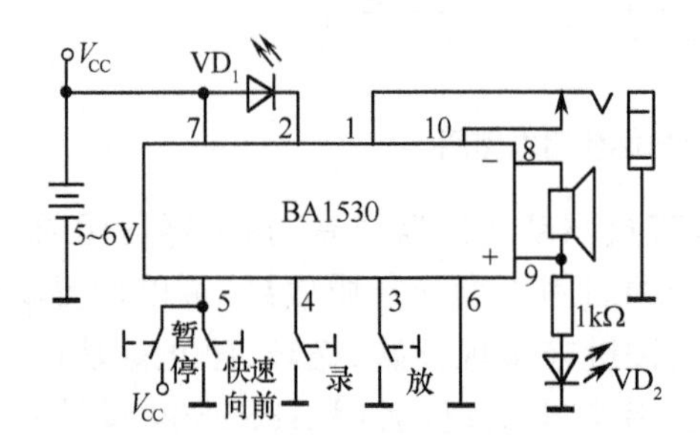


图 8-2-6 BA1530 全功能应用电路

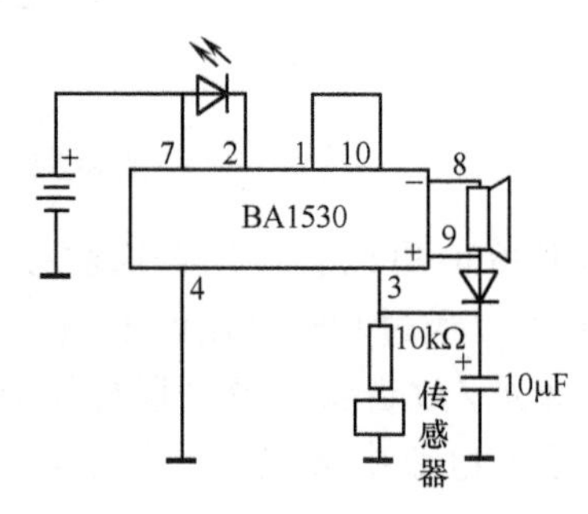


图 8-2-7 BA1530 防盗报警电路

(4) BA1530 由微处理器控制的电路

如图 8-2-8 所示为 BA1530 由微处理器控制的录放电路。此电路可用于控制装置或设备出现故障时的语音报警和提示。其中，PX.0 = 1 时，语音芯片得电工作；PX.1 = 1 时，为暂停；PX.2 = 0 时，为录音；PX.3 = 0 时，为放音；PX.4 由 0 变为 1 时，结束录音。LM386 是功放集成电路，其作用是增大输出功率。

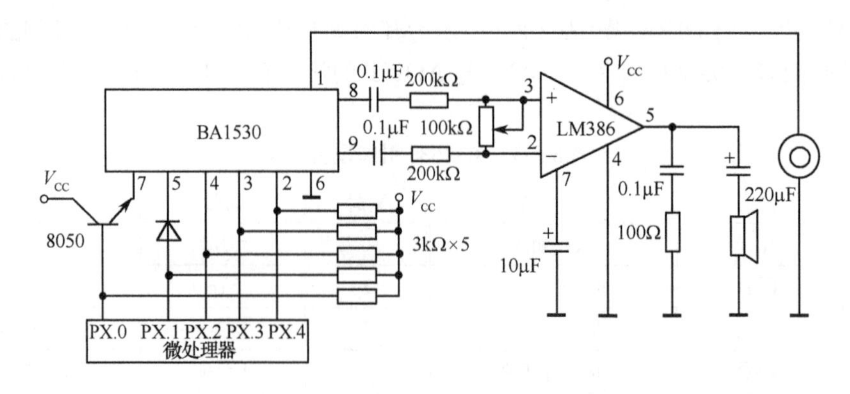


图 8-2-8 BA1530 由微处理器控制的录放电路

## 8.2.2　语音识别集成电路

语音识别芯片很多,下面以 TSG410 为例介绍语音识别集成电路。

TSG410 语音识别芯片能识别 40 个字段,并产生 40 个不同的控制信号(以二进制的形式出现),可以满足大部分语音控制的需要。此芯片广泛应用于声音的自动控制、多媒体技术应用和电脑的语音指令输入等方面。

**1. TSG410 语音识别芯片的特点**

TSG410 语音识别芯片内部由 CPU、A/D 转换、ROM、语音放大电路、压缩电路、滤波电路、振荡器和接口界面等部分组成。TSG410 语音识别芯片的特点是:采用单片结构,外围元件少,识别容量大,保密性强,响应时间短,操作方式多样和分段方式灵活等。

**2. TSG410 的引脚及其功能**

TSG410 语音识别芯片有两种封装形式,一种是双列直插式封装(DIP),另一种是贴片式封装(QFP)。虽然封装形式不同,但引脚排列顺序相同。表 8-2-6 所示为 TSG410 的引脚及其功能。

**表 8-2-6　TSG410 的引脚及其功能**

| 引脚号 | 符号 | 名　称 | 输入 / 输出 | 说　明 |
|---|---|---|---|---|
| 1 | GND | 电源地端 | | 芯片接地端(电源负端) |
| 2 | $X_2$ | 振荡输入 | I | 系统振荡电路的输入、输出脚。使用时只需外接 3.58MHz 的晶振就能工作 |
| 3 | $X_1$ | 振荡输出 | O | |
| 4 ~ 6 | $S_1$ ~ $S_3$ | 键盘信号扫描输入端 | I/O | 人工控制时,键盘扫描信息输入端;CPU 控制时,读 / 写信号控制端 |
| 7 | RDY | 芯片状态指示 | O | 芯片处于工作状态,RDY = 1,否则为 0 |
| 8 ~ 11 | $K_1$ ~ $K_4$ | 键盘信号扫描输入端 | I/O | 人工控制时,键盘扫描信号输入端;CPU 控制时,数据总线 |
| 12 | TEST | 测试端 | I | 正常工作接地,测试时接高电平 |
| 13 | WLEN | 字段长度选择 | I | 识别字段的长度选择端<br>WLEN = 1,设置为 1.92s<br>WLEN = 0,设置为 0.9s |
| 14 | CPUM | 控制模式选择 | I | CPUM = 0,人工控制;CPUM = 1,CPU 控制 |
| 15 | WAIT | 等待方式选择 | I | 当 WAIT = 1 时,芯片处于等待状态,正常工作时,WAIT 端应接地 |
| 16 | DEN | 数据锁存使能端 | O | 当芯片识别有效时,将通过 $P_0$ ~ $P_7$ 的数据总线向外输出控制信号,并由 DEN 发出锁存信号 |
| 17 ~ 24 | $SA_0$ ~ $SA_7$ | 地址总线 | O | TSG410 与外接 SRAM 间的地址总线,可外接 8KB SRAM |
| 25 | $V_{DD}$ | 电源端 | | +5V |
| 26 | GND | 电源地端 | | |
| 27 ~ 31 | $SA_8$ ~ $SA_{12}$ | 地址总线 | O | 同 $SA_0$ ~ $SA_7$ |
| 32,33 | NC | | | 空端 |
| 34 | ME | | O | 外接存储器使能端 |
| 35 | MR/MW | | O | 外接存储器读 / 写控制端 |

(续表)

| 引脚号 | 符号 | 名　称 | 输入/输出 | 说　明 |
|---|---|---|---|---|
| 36～43 | $D_0$～$D_7$ | 数据总线 | I/O | TSG410与外接SRAM之间的数据总线,芯片识别后,识别信号的输出端 |
| 44 | $V_{REF}$ | 参考电平 | I | 内部A/D转换电路的参考电平输入端 |
| 45 | LINE | 测试端 | O | 仅供测试用 |
| 46 | $MIC_{IN}$ | 话筒输入 | I | 外接话筒输入口,输入电平为3.5V(RMS) |
| 47 | $V_{DD}$ | 电源端 | | |
| 48 | AGND | 模拟地 | | 内部模拟电路接地端 |

### 3. TSG410的应用电路

TSG410一般有两种操作方式,即人工控制方式和CPU控制方式。CPU控制方式需要接单片机及其扩展电路,限于篇幅在此不予介绍,请参阅其他书目。下面以人工控制方式为例介绍TSG410的应用电路及其工作原理,如图8-2-9所示为TSG410人工控制的电路原理图。

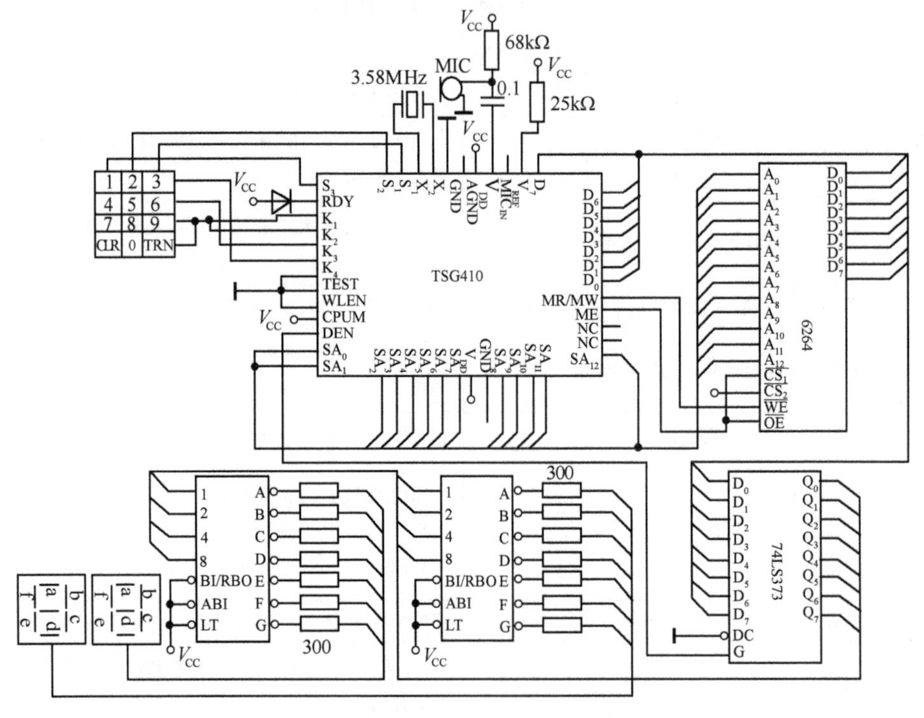


图8-2-9　TSG410人工控制的电路原理图

语音识别电路的工作过程通常分为两步:① 建立样本;② 识别样本。所谓建立样本是指将特定的语音输入的过程。如可以对着话筒输入"请进"等语音,语音芯片接收"请进"这个语音后,先对其进行放大、整形,再对其进行带通滤波,滤除不必要的高频和低频成分,经压缩后,再送入A/D转换器,将其变成数字信号。这样做可以保证在有足够鉴别精度的前提下,减少CPU对数据的处理量,以节约RAM的空间和提高芯片对语音识别的速度。经过以上过程,在CPU的控制下,将所输入的语音信号以数字信号的形式存入了语音样本区,即完成了第一步建立样本。输入语音时需注意,人在讲话时,不能离话筒太近,也不能离话筒太远,说话时音量不能太大,也不能太小,以免引起失真,而不利于建立样本。当样本建立后,如果有语音再输入话筒,芯片就开始识别样本。如再说"请进",芯片便将这个语音进行处理(放大、整形、滤波、压缩、A/D转换),转换成数字信号后,将它与所建立的样本逐个进行比较,当找到这个语音信号与某个样本信号相同时,芯片便输出该区的区号，即可以从芯片的数据总线上得到一个数据，对这个数据进行相应的处理后，便可以驱动相应的执行机构动作，如这时门就自动开了，请客人进入房间内。当将所输入的语音信号与所建立的样本逐个进行比较，比较后找不到与这个语音信号相同的样本信号时，芯片就发出识别失败的信号。这就是第二步识别样本。

在图 8-2-9 中，键盘的作用是建立字段号，共有 12 个键，其中，0 ～ 9 是数字键，TRN 是语音样本建立键，CLR 是语音样本消除键。LED 数码显示的作用是显示每次建立样本时语音所存入的区号和每次识别后输出识别的结果。6264 是 8KB 的 SRAM，用于存储数据和参数。74LS373 是数据锁存器。

# 8.3　功放集成电路

电子设备都有终端器件，如收音机、录音机的扬声器，电视机的显像管，计算机的显示器，仪器设备的显示器等。这些终端器件通常都是为了实现电子设备直接给人们提供声音、图像和其他视听感觉而设置的。而推动这些终端的放大器一般要求有一定的输出电压幅度和电流输出能力，以及有尽可能低的输出电阻，即要求有足够的负载能力，这类放大器就是功率放大器，简称功放。功率放大器有许多种类，随着集成电路的迅速发展，功放电路也有了许多单片集成电路，这就是本节要介绍的功放集成电路或集成功放。

## 8.3.1　小功率音频功放集成电路

### 1. 通用型音频功放电路

如图 8-3-1 所示为通用型音频功放电路。

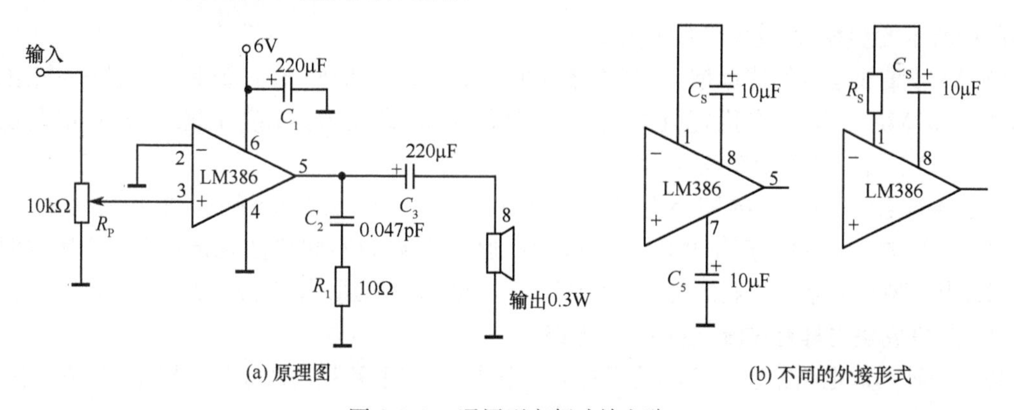


图 8-3-1　通用型音频功放电路

此电路采用集成运放 LM386，LM386 是通用型功放，价格低，应用非常广泛。LM386 通常采用 6 ～ 9V 电源，LM386-1/-3 通常采用 4 ～ 12V 电源，LM386-4 通常采用 5 ～ 18V 电源。在一定的电源和负载情况下，一般 LM386 的最大输出功率为 1W，但因该器件散热不够理想，所以在实际应用时，其输出功率通常取 0. 5W 以下。电路的放大倍数可由内部电阻和 1 脚、8 脚的外接元件确定。当 1 脚和 8 脚之间不接元件时，其放大倍数是 20 倍，如图 8-3-1(a) 所示。当 1 脚和 8 脚之间接 $C_1 = 10\mu F$ 电容时，其放大倍数是 200 倍，如图 8-3-1(b) 所示。当 1 脚和 8 脚之间接 $C_S = 10\mu F$ 电容和电阻 $R_S$ 时，如图 8-3-1(b) 所示，其放大倍数为 20 ～ 200 倍，其放大倍数的计算公式为

$$A_u = \frac{2R}{1.35k\Omega \mathbin{//} R_S + 150\Omega} \tag{8-3-1}$$

式中，$R$ 是 LM386 集成块内部电阻，一般其值为 15kΩ。

在图 8-3-1 中,$R_1$ 和 $C_2$ 组成补偿网络,以提高电路的稳定性,防止产生高频自激。当 LM386 放大倍数较高时,电源的纹波影响将会增大,$C_5$ 是滤波电容。

SPY0030 集成运放也是常用的音频功放,该芯片与 LM386 芯片功能相似,但比 LM386 音质好,它可以工作在 2.4 ~ 6.0V 范围内,最大输出功率可达 700mW(LM386 必须工作在 4V 以上,而且输出功率通常小于 0.5W)。目前很多音频功放电路中采用 SPY0030 芯片。

**2. 高性能小功率音频功放电路**

如图 8-3-2 所示为高性能小功率音频功放电路。

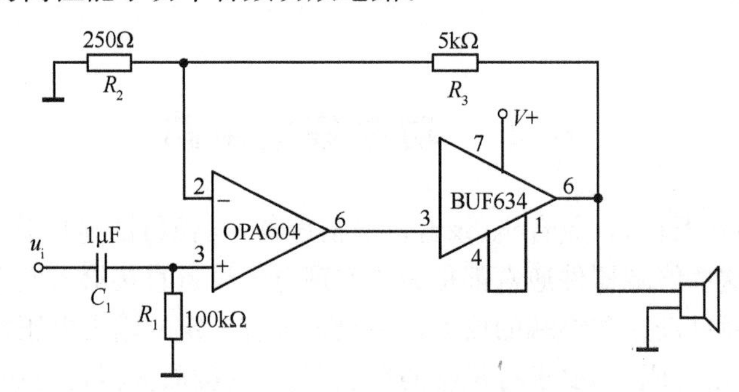


图 8-3-2　高性能小功率音频功放电路

此电路由两级组成,第一级采用场效应管的高保真集成运放 OPA604,第二级是高速缓冲器 BUF634。负反馈电阻 $R_3$ 的作用是使电路工作稳定。此电路的放大倍数由电阻 $R_2$ 和 $R_3$ 来确定,放大倍数为

$$A_u = \frac{R_2 + R_3}{R_2} \tag{8-3-2}$$

当取图中所示的参数时,放大倍数约为 21 倍。

OPA604 集成运放的特点是:① 失真率极低:1kHz 时为 0.0003%;② 频率特性好:其增益带宽积约为 20MHz;③ 工作稳定性好;④ 噪声低;⑤ 带载能力强;⑥ 电源电压适用范围宽:±4.5 ~ 24V。可以应用于专业音响设备。

高速缓冲器 BUF634 的特点是:① 输出电流大,可达 ±250mA;② 电压摆率高,约为 2000V/μs;③ 具有两种带宽,30MHz/180MHz,通过 1 脚的不同接法选定:当 1 脚悬空时,为 30MHz;当 1 脚与负电源端短接时,为 180MHz;④ 电源电压适用范围宽,±2.5 ~ 18V;⑤ 静态功耗小;⑥ 集成块内具有过流、过热保护电路。

以上两种功放电路常应用于小功率音频设备中。小功率音频功放集成电路很多,请再参阅其他书目。

## 8.3.2　双声道功放集成电路

**1. TDA1521A 双声道集成功放**

TDA1521A 是高保真立体声集成功放。其特点是:集成度高,外围元件很少,音质好,失真小,内部有两个 15W 的功放电路,两个声道的参数一致性很好,外围元件很少,具有完善的防开机、关机冲击和过热、过载短路保护功能,可不接输出耦合电容,可单电源供电,也可以双电源供电等。TDA1521A 常用于调谐器、录音机、组合音响等电声设备中。

TDA1521A 采用 9 脚单列直插塑封结构,图 8-3-3 所示为 TDA1521A 双声道音频功放电路。TDA1521A 还有其他的应用电路。关于 TDA1521A 的详细资料请参见集成电路手册。

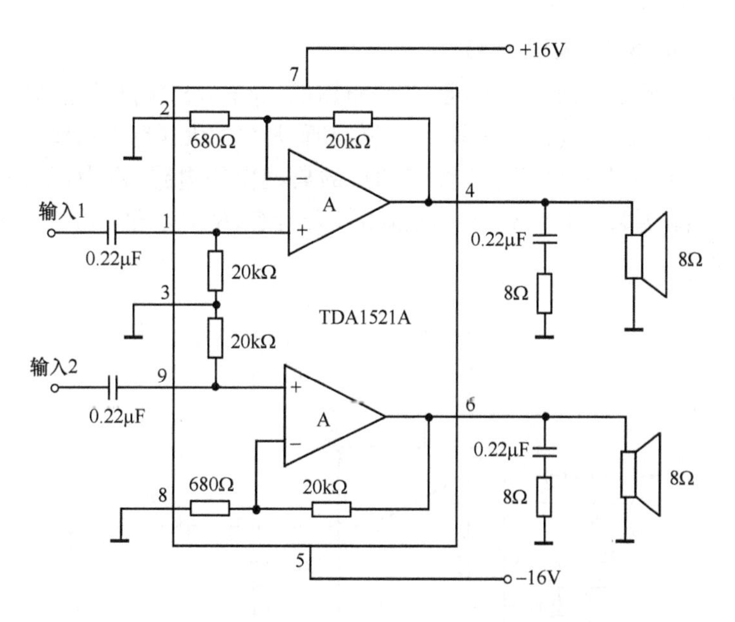


图 8-3-3　TDA1521A 双声道音频功放电路

### 2. LM4766 双声道大功率集成功放

LM4766 是双声道大功率集成功放，其特点是：集成度高，外围元件少，音质好，内部集成了两路输出功率为 40W 的高品质功放电路，性能相当优越，内部具有过压、过载、过温等多种完善的保护电路和平滑变静音电路，也具有防开机、关机冲击功能等。LM4766 常应用于调谐器、录音机、组合音响和功放等电声设备中。

LM4766 采用 15 脚塑封结构，如图 8-3-4 所示为其应用电路。

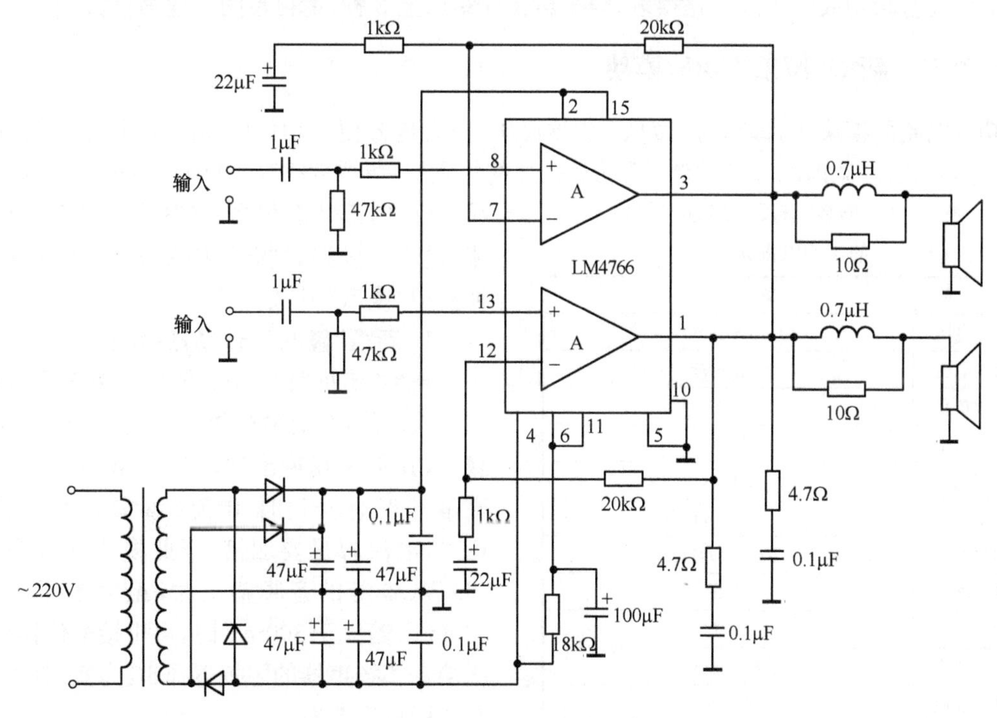


图 8-3-4　LM4766 的应用电路

LM4766 还有其他的应用电路，如其他的应用电路输出功率可达 100W。关于 LM4766 的详细资料请参见集成电路手册。

3. **TDA2822 双声道小功率集成功放**

TDA2822是小功率集成功放，其特点是：工作电压低，低于1.8V时仍能正常工作，集成度高，外围元件少，音质好。TDA2822广泛应用于收音机、随身听、耳机放大器等小功率功放电路中。

如图8-3-5所示为TDA2822用于立体声功放的典型应用电路。图中，$R_1$，$R_2$是输入偏置电阻，$C_1$，$C_2$是负反馈端的接地电容，$C_6$，$C_7$是输出耦合电容，$R_3$，$C_4$和$R_4$，$C_5$是高次谐波抑制电路，用于防止电路振荡。

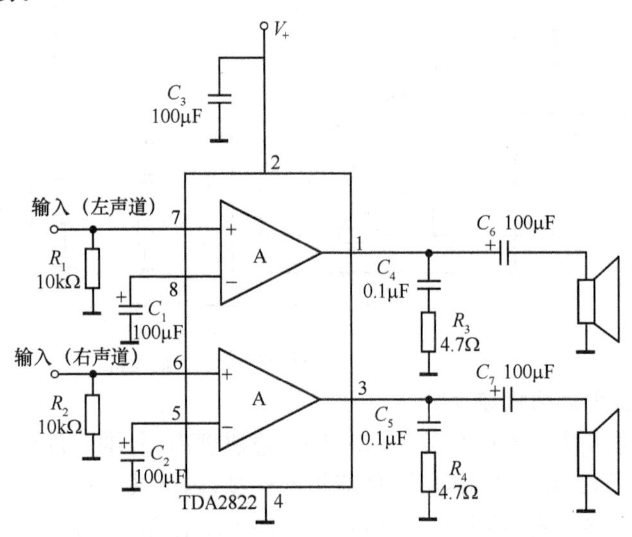


图8-3-5　TDA2822用于立体声功放的应用电路

双声道音频功放的集成电路很多，限于篇幅介绍以上3种，请再参阅其他书目。

## 8.3.3　新型“傻瓜”功放模块

功放电路的模块化，即新型“傻瓜”功放模块，极大地方便了功放电路的设计、安装和调试，一般不用调试，一调即响。新型“傻瓜”功放模块的特点是：集成度很高，外围元件极少，失真小，品质好，内部功能很多，如其内部具有过压、过流、过热、过温和过载等许多功能。下面介绍几种新型“傻瓜”功放模块。

**表8-3-1　新型“傻瓜”185功放模块的主要性能指标**

| 名　称 | 参 数 值 |
|---|---|
| 工作电压 | ±15～±35V |
| 保护电压 | ±38V |
| 额定负载 | 8Ω |
| 最大功率 | 75W |
| 静态电流 | 20mA |
| 失调电压 | ≤15mV |
| 频率响应 | 10～30kHz |
| 电压增益 | 30dB |
| 输入阻抗 | 47kΩ |
| 过压限流 | 约0.5A |
| 过热限流 | 约1.5A |
| 过载限流 | 约3.5A |
| 散热器 | ≥200mm×150mm×4mm或专业槽型 |

1. **新型“傻瓜”185功放模块**

新型“傻瓜”185功放模块是单声道音频功率放大模块，带有散热铝板。在±33V与8Ω负载下，其不失真输出功率是45W，最大输出功率是75W。单声道时，电流容量要大于3A，双声道时，电流容量要加倍。当此模块的音源来自CD，VCD等的音频输出时，最大电压要小于300mV，若大于300mV时，可串接电位器分压。所接音箱扬声器的阻抗选择8Ω为宜。其主要性能指标见表8-3-1。

如图8-3-6所示为“傻瓜”185功放模块的接线图。使用时需注意，要有良好的散热，若散热不良会造成模块温升太高，严重时，可能导致性能下降，甚至损坏。接线时要注意，不要使输出线碰接，以免烧坏电路。

2. **高增益“傻瓜”1006 功放模块**

高增益“傻瓜”1006 功放模块是一种 OTL 音频功放电路，额定输出功率是 6W。这种模块的体积很小，所以也称为“小傻瓜” 功放模块。其特点是：① 音质好，能满足一般小房间放音的要求；② 采用直流单电源供电；③ 频率响应很宽，能达到 40Hz ～ 90kHz，其高频频率远远超出了人耳的听音范围 20Hz ～ 20kHz，虽然高于 20kHz 的信号人耳反应不出，但可以改善音乐高频段的清晰透明度；④ 增益很高，可达 45dB，放大能力为普通功放的 5 ～ 6 倍；⑤ 体积小，安装方便；⑥ 内部具有过热、过压及输出短路保护功能。

1006 功放模块采用 5 脚单列直插塑封结构，并设有固定散热片的螺栓孔位。如图 8-3-7 所示为 1006 功放模块的接线图。外围电路很简单，只需有输入、输出耦合电容。当音源信号大于 30mV 时，需串接分压电位器。在使用时需注意，要有良好的散热。

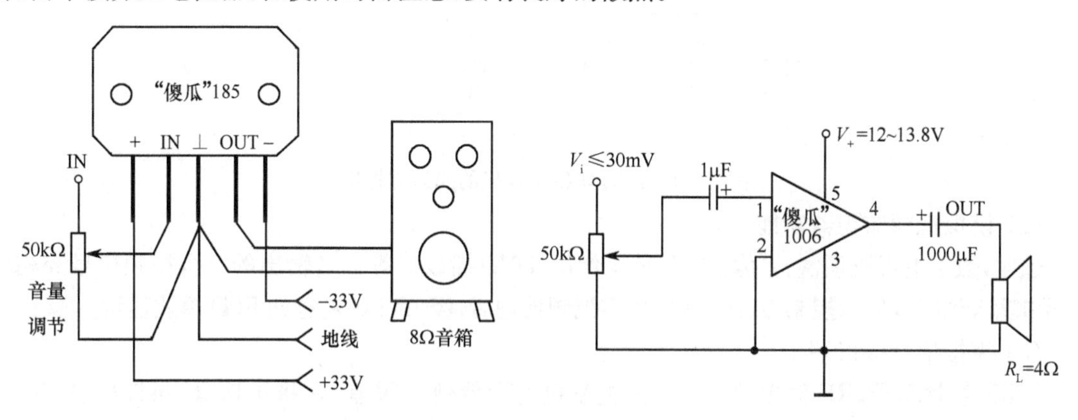


图 8-3-6 “傻瓜 185”功放模块的接线图　　　　图 8-3-7 1006 功放模块的接线图

# 8.4 数字电视图像处理集成电路

## 8.4.1 平板电视(FPD) 接收机的组成

平板电视(FPD) 技术的迅猛发展，使得具有百年历史的 CRT 显像管电视逐渐淡出市场。目前，液晶电视 TFT-LCD 和等离子电视 AC-PDP 已成为电视机和显示器器件的主流产品。虽然 LCD 模块和 PDP 模块的显示原理不同，但显示模块的信号接口基本相同。用户只要根据 LCD 模块和 PDP 模块的接口信号说明，正确地施加电源，输入适当的行、场同步脉冲及显示数据、时钟和模式控制信号即可显示图像。另外，还要注意 LCD 模块和 PDP 模块具有不同的屏电源，LCD 屏电源一般为 24V，还有背光源电路；PDP 屏电源的扫描电压高达 185 ～ 195V。通常，FPD 电视接收机的原理框图如图 8-4-1 所示。图中虚线框内的部分称为图像数字处理及显示控制板。本节主要介绍 FPD 电视接收机的输入、输出信号接口的连接和应用。

由图 8-4-1 可见，FPD 电视接收机具有如下多种功能。

(1) 模拟电视接收功能

射频 TV 信号经天线或有线电视电缆输入调谐器，经中放、检波和视放后，获得彩色全电视信号，输入视频解码器，经解码和一系列数字视频信号处理后，以低压差分(LVDS) 方式传输到 FPD 模块显示。

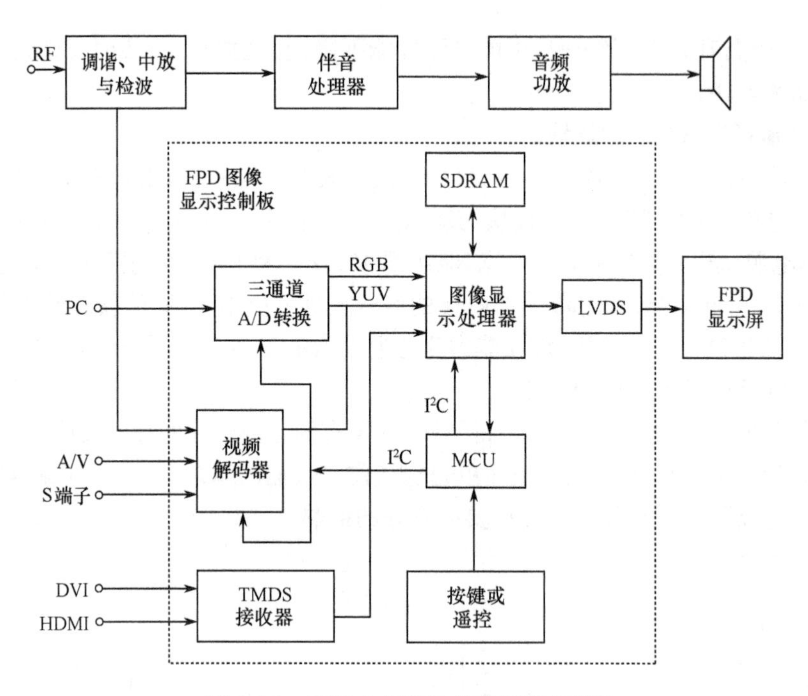


图 8-4-1　FPD 电视接收机的原理方框图

(2) 模拟视频监视器功能

通常,数字电视机顶盒、摄像机、VTR 录像机、DVD 播放机等设备输出的复合视频信号经相应的端口输入到图像显示控制板,经解码、数字视频处理后,经 LVDS 发送到 FPD 模块显示。

(3) 模拟信号接口端子

①RF 射频端子。RF 射频端子连接的电视机的图像效果很差。在将机顶盒、录像机、VCD 机与电视机连接时,尽量不要用 RF 接口,要用 A/V 接口或其他更高档的接口。

②A/V 端子。它是由 6 个独立的 RCA 插头(又叫莲花插头)组成的。其中的 V 接口连接复合视频信号 CABS(Composite Video Burst Sync),为黄色插口;L 接口连接左声道声音信号,为白色插口;R 接口连接右声道声音信号,为红色插口。

③S端子(S-Video)。即 Y/C 亮色分离信号接口。S端子使用专用的五芯连接线及结构独特的 4 针插头 MINI DIN。由于S端子传输的视频信号保真度比 V 端子的更高,因此用S端子连接到的视频设备,其水平清晰度最高可达 400 ～ 480 线。

④ 分量色差端子(Y、Pb、Pr)。分量色差端子使用 3 条电缆(3 个独立的 RCA 插头),分别连接亮度信号 Y(绿色)、分量色差信号 Pr(表示红差信号 R-Y,红色插口) 和 Pb(表示蓝差信号 B-Y,蓝色插口)。通过分量色差端子还原的图像水平清晰度比 S 端子更高,是用户首选的接口端子。商场给顾客展示效果大多也是这样连接的。高档平板显示电视机均有该端子,可直接相连使用。

(4) PC 显示器功能

由 PC 显卡输出的模拟 R、G、B 信号经三通道 A/D 转换为数字 R、G、B,再经显示格式转换,然后送 FPD 显示。

① 三基色 RGB 端子。三基色 RGB 端子比分量色差端子效果更好。在视频播放机中将图像信号转化为独立的 RGB 三种基色,直接通过 RGB 端子输入电视机或显示器中作为显像管的激励信号。由于省去了许多转换和处理电路而直接连接,因此可以得到比分量色差端子更高的保真度。

②VGA 端子、SVGA 端子。VGA 是计算机系统中显示器的一种常用显示类型,其分辨率为 640 × 480 像素;SVGA 端子的分辨率可以达到 1024 × 768 像素。二者都使用标准的 15 针专用插

口，只是传输的信号规格不一样。

(5) 数字电视显示器功能

许多高端 FPD 电视接收机中设计有数字视频接口 DVI(Digital Visual Interface) 和高清晰度多媒体接口 HDMI(High Definition Multimedia Interface)，通过该端口输入高速数字视频数据，经 FPD 显示格式转换控制器后，送 FPD 模块显示。

(6) 数字视频信号接口

①Y、$C_B$、$C_R$ 数字分量信号接口。需要使用 3 条电缆连接。

② 串行数字接口 SDI(Serial Digital Interface)：将 Y 和时分复用的 $C_B$、$C_R$ 处理成 20bit 的复用组合传送方式。用一条单芯同轴电缆传输。

③ 数字视频接口 DVI(Digital Video Interface)：分为纯数字接口 DVI-D 和模拟数字组合接口 DVI-I(除数字信号外，还有模拟视频和同步信号)。它使用标准的 D 型 24 针连接器。主要用于与具有数字显示输出功能的计算机显卡连接，显示计算机的 RGB 信号。比标准 VGA 端子的信号要好。

④ 高分辨率多媒体接口 HDMI(High Definition Multimedia Interface)：俗称高清接口，除具有 DVI 接口功能外，还有传送多声道压缩或非压缩的数字音频信号的功能，并可在设备间传送基本的控制信号。HDMI 接口兼容 DVI 接口，与 DVI 相似，都是输入的 TMDS 信号。除支持 DVI 接口支持的高清晰度电视格式外，还支持更多的高清晰度数字图像格式，并具有节目内容加密传输能力。HDMI 采用比 DVI 更小的连接器，使用标准的 19 引脚 Type A 接口。如图 8-4-2 所示为 HDMI 连接器外形与尺寸。目前，HDMI 接口广泛应用于与高清机顶盒的直接配套连接。

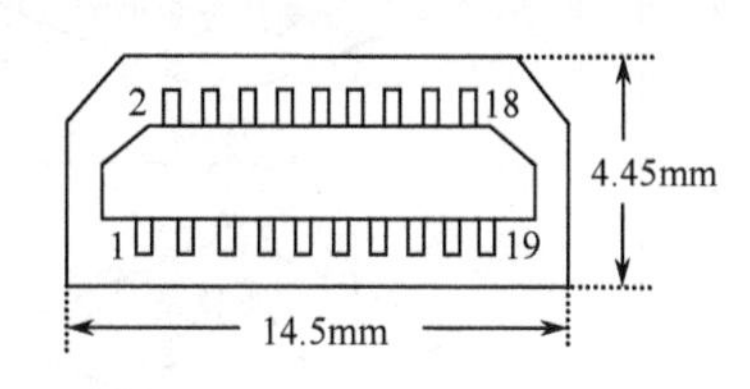


图 8-4-2　HDMI 连接器外形与尺寸

由前面介绍可知，FPD 图像显示控制板主要包括图像处理及显示格式转换控制器、视频解码器和三通道 A/D转换 3 块主要的芯片。这些芯片都具有 $I^2C$ 控制接口，可通过系统控制软件在其内部寄存器中写入(或修改) 其工作状态。通常，系统中需要设置微控制器来管理或控制系统的协调工作。MCU 通过 $I^2C$ 总线对各芯片内部寄存器进行读 / 写操作，实现系统初始化、对芯片相关寄存器赋值、控制芯片工作方式、实时检测输入信号及其变化、控制 OSD 菜单操作等功能。

通常，显示控制软件包括以下 3 个功能模块。

① 系统初始化。完成开机时对图像显示控制板上各芯片的初始化、全局变量和参数的初始化以及选择输入信号源。当系统复位后无外部输入信号源时，系统将运行在自由模式，FPD 显示为蓝屏。

② 输入模式检测及显示参数调整。根据当前输入信号源的不同，系统分别进入 TV、AV、$YC_BC_R$ 或 PC 信号检测状态。

③ 用户按键输入的处理和菜单显示。程序通过不断查询方式来获取用户按键输入，OSD 用三级选择菜单显示。

显示控制程序是一个循环体，通过不断地检测用户按键输入和输入信号的变化并进行相应的处理来完成图像显示和人机交互的功能。显示控制程序流程图示于图 8-4-3。

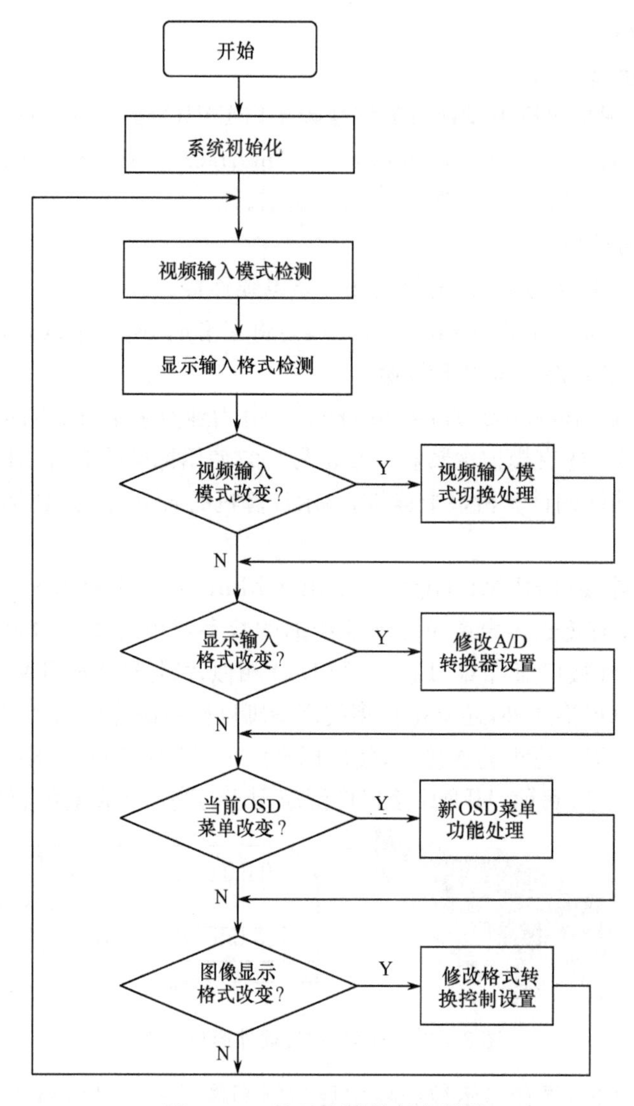


图 8-4-3　显示控制程序流程图

## 8.4.2　数字信号接收处理集成电路 SiI9021-HDMI

HDMI 和 DVI 信号都需要经过数字信号接收处理器的接收处理后，再送往 FPD 显示处理器的数字通道进行图像及显示格式处理。SiI9021 给接收 HDMI 数字音频和视频信号的设备提供了非常完美的解决方案，可以轻而易举地在消费电子设备如数字电视、等离子体电视、LCD 电视等产品中加入高清晰度多媒体接口（HDMI）功能。下面介绍 SiI9021 的特点和主要功能。

**1. SiI9021 芯片特点**

① 适用于双输入格式接收：HDCP1.1 和 DVI1.0 规格的标准信号。

② 集成 PanelLink 技术支持：

- DTV（480i/576i/480p/576p/720p/1080i/1080p）；
- PC（VGA，SVGA，XGA，SXGA，UXGA）。

③ 数字视频接口支持视频处理器：

- 24bit 的 RGB/$YC_BC_R$4：4：4 信号输入；
- 16/20/24bit 的 $YC_BC_R$4：2：2 信号输入；

● 8/10/12bit 的 $YC_BC_R$4：2：2(ITU BT.656) 信号输入；

● 12bit 的 DMO(Digital Multimedia Output，数字多媒体信号输出)RGB/$YC_BC_R$4：4：4 信号输出；

● 具有 RGB 到 $YC_BC_R$ 和 $YC_BC_R$ 到 RGB(601 和 709) 的色彩空间转化功能；

● 具有自动检测视频信号模式的功能。

④ 模拟 RGB 和 $YP_BP_R$ 输出：

● 具有 10bit 的数模转化功能；

● 具有对同步信号的分离或复合功能。

⑤ 数字音频接口支持高端音频系统：

● 低损耗 2 通道的可编程 $I^2S$（串行口）输出；

● 采样频率可达 192kHz；

● 具有可编程控制的静音和自动音频错误检测。

⑥ 集成 HDCP(High-bandwidth Digital Content Protection，高带宽数据内容保护) 解密引擎，可保护音频和视频内容。

⑦ HDCP 解密存储器提供高级解密电路，简化了设计和生产。

⑧ 软件和 SiI9030(HDMI 发送芯片) 及 SiI9031(HDMI 接收芯片) 兼容。

⑨ 采用 144 脚的 TQFP 封装。

**2. SiI9021 内部框图**

数字信号接收处理器 SiI9021 内部框图如图 8-4-4 所示。其中，HDMI 信号分为 1 对时钟信号和 3 对数据信号，即输入的 R0XC+/R0XC－时钟对信号，R0X0+/R0X0－、R0X1+/R0X1－和 R0X2+/R0X2－数据对信号送往 SiI9021 进行处理。

DSCL0/DSDA0 为端口 0 的 DDC $I^2C$ 时钟线和数据线。DSCL1/DSDA1 为端口 1 的 DDC $I^2C$ 时钟线和数据线。DDC 是显示器与电脑主机进行通信的一个总线标准，其全称是 Display Data Channel。基本功能是提供显示器的原始资料信息，如显示模式、基本参数、版本信息等。

**3. SiI9021 功能说明**

(1) TMDS(Transition Minimized Differential Signaling，最小化传输差分信号) 信号接收器

2 个接收端口(数字信号数据接收(1) 和(2)) 接收到的音频或视频的 10～8bit 的 TMDS 信号，分别进行解码。接收器可以由感应到时钟或视频的停止信号，使接收器进入待机状态。

TMDS 信号接收器可支持时钟频率达 165MHz 的信号输入，包括 DTV 的 720p/1080i/1080p 和 PC 的 XGA、SXGA、UXGA 等模式。

(2) 连接端口的检测和选择

在连接设备控制下，同一时间只能激活一个接收端口。即连接的 TMDS 信号都可以到达 2 个接收端口，但是只有一个端口的时钟信号被确认。同时，允许该端口的内部电路进行工作。这一协定是在软件设置寄存器的控制下进行的。

在 HDMI 接收端口的 TMDS 及其控制信号、+5V 的工作电压信号都可以被检测到，控制处理器通过轮询访问寄存器来检测哪一端口连接有信号。也可以通过连接 E-DDC(Enhanced Display Data Channel，增强型视频数据通道) 总线来控制端口的信号连接情况，接通一个端口的同时禁止另一个端口，被连接的信号端口和 HDMI 器件的导通情况也是通过轮询访问连接到器件的 E-DDC 总线来实现的。

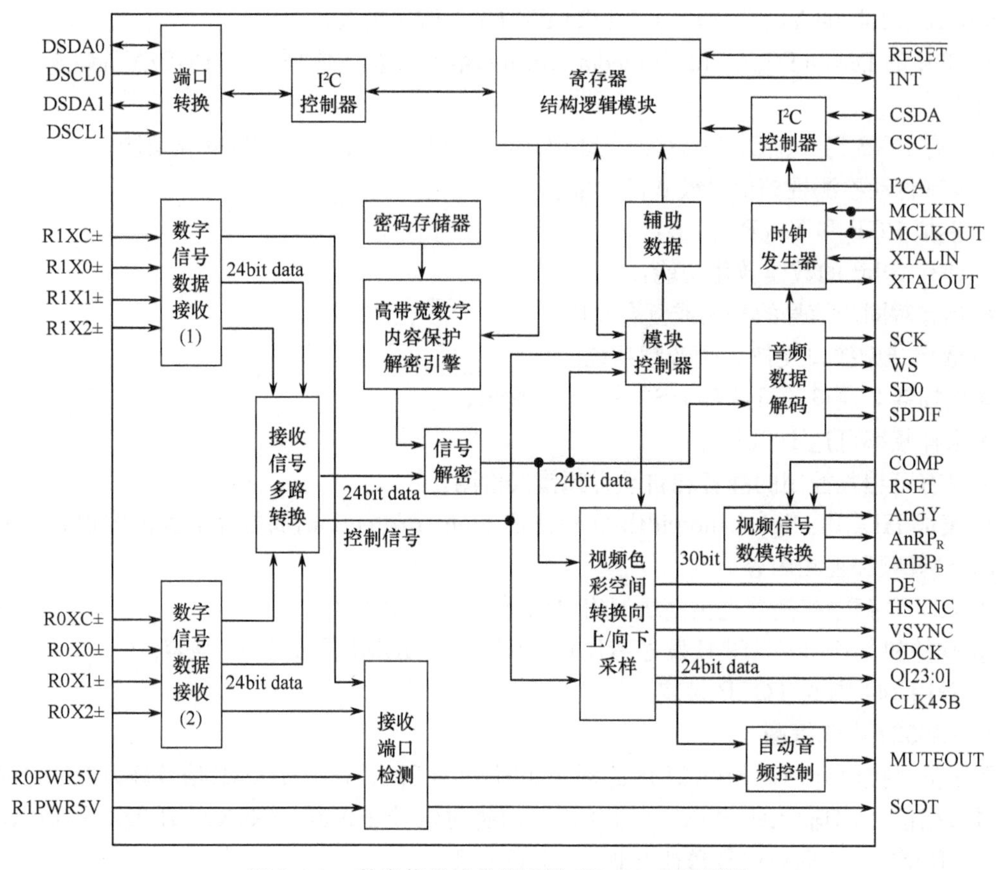


图 8-4-4　数字信号接收处理器 SiI9021 内部框图

(3) HDCP 解密引擎和信号解密

HDCP 解密引擎控制所有的逻辑信号将接收到的音频和视频信号数据进行解密，解密的密码已经存放在芯片的 EEPROM 中(该密码由生产厂家设置)。解密计算的结果在每个时钟周期送到异或运算 XOR，用于对音频 / 视频进行解密。

(4) 模式控制逻辑

模式控制逻辑可确认解密的数据是视频信号、音频信号还是辅助信息，从而提供相对应的逻辑时钟。

(5) 视频数据信号转换和视频输出

SiI9021 可以输出各种不同的视频格式信号，接收器可以在输出之前处理视频数据，各个处理模块由软件在专用的寄存器里进行设定。

**4. SiI9021 部分引脚功能**

(1) 数字视频输出脚

| 引脚名称 | I/O 类型 | 引脚号 | 功　能 |
|---|---|---|---|
| Q0 ～ Q23 | Out | 144 ～ 140、137 ～ 136、133 ～ 129<br>126 ～ 123、119 ～ 116、113 ～ 110 | 8mA 的 LVTTL 信号输出 |
| DE | Out | 1 | 数据输出允许控制(8mA 的 LVTTL) |
| HSYNC | Out | 2 | 行同步输出控制信号(8mA 的 LVTTL) |
| VSYNC | Out | 3 | 场同步输出控制信号(8mA 的 LVTTL) |
| ODCK | Out | 121 | 输出数据时钟(12mA 的 LVTTL) |

(2) 数据音频输出

| 引脚名称 | 引脚号 | 数值 | 类型 | I/O | 功　能 |
|---|---|---|---|---|---|
| XTALIN | 97 | — | LVTTL | In | 晶振时钟输入 |
| XTALOUT | 96 | — | LVTTL | Out | 晶振时钟输出 |
| MCLKOUT | 88 | 8mA | | Out | 音频主时钟输出 |
| MCLKIN | 87 | — | | In | 音频主时钟输入基准 |
| SCK | 86 | 4mA | LVTTL | Out | I$^2$S 串行时钟输出 |
| WS | 85 | 4mA | LVTTL | Out | I$^2$S 输出字选择 |
| SD0 | 84 | 4mA | LVTTL | Out | I$^2$S 串行数据 |
| SPDIF | 78 | 4mA | LVTTL | Out | S/PDIF 音频输出 |
| MUTEOUT | 77 | 4mA | LVTTL | Out | 音频静音信号输出 |

(3) 视频模拟信号输出

| 引脚名称 | 引脚号 | 类型 | 功　能 |
|---|---|---|---|
| AnRP$_R$ | 14 | Analog | 模拟视频 R/P$_R$ 信号输出 |
| AnGY | 17 | Analog | 模拟视频 G/Y 信号输出 |
| AnBP$_B$ | 20 | Analog | 模拟视频 B/P$_B$ 信号输出 |
| COMP | 11 | Analog | 放大补偿 |
| RSET | 10 | Analog | 全图缩放变换电阻 |

(4) 差分信号(HDMI) 数据引脚

<table>
<tr><th>引脚名称</th><th>引脚号</th><th>类型</th><th colspan="2">功　能</th></tr>
<tr><td>R0XC+</td><td>40</td><td>Analog</td><td rowspan="2">TMDS 输入信号时钟对</td><td rowspan="8">HDMI Port0</td></tr>
<tr><td>R0XC−</td><td>39</td><td>Analog</td></tr>
<tr><td>R0X0+</td><td>44</td><td>Analog</td><td rowspan="2">TMDS 输入信号数据对</td></tr>
<tr><td>R0X0−</td><td>43</td><td>Analog</td></tr>
<tr><td>R0X1+</td><td>48</td><td>Analog</td><td rowspan="2">TMDS 输入信号数据对</td></tr>
<tr><td>R0X1−</td><td>47</td><td>Analog</td></tr>
<tr><td>R0X2+</td><td>52</td><td>Analog</td><td rowspan="2">TMDS 输入信号数据对</td></tr>
<tr><td>R0X2−</td><td>51</td><td>Analog</td></tr>
<tr><td>R1XC+</td><td>59</td><td>Analog</td><td rowspan="2">TMDS 输入信号时钟对</td><td rowspan="8">HDMI port1</td></tr>
<tr><td>R1XC−</td><td>58</td><td>Analog</td></tr>
<tr><td>R1X0+</td><td>63</td><td>Analog</td><td rowspan="2">TMDS 输入信号数据对</td></tr>
<tr><td>R1X0−</td><td>62</td><td>Analog</td></tr>
<tr><td>R1X1+</td><td>67</td><td>Analog</td><td rowspan="2">TMDS 输入信号数据对</td></tr>
<tr><td>R1X1−</td><td>66</td><td>Analog</td></tr>
<tr><td>R1X2+</td><td>71</td><td>Analog</td><td rowspan="2">TMDS 输入信号数据对</td></tr>
<tr><td>R1X2−</td><td>70</td><td>Analog</td></tr>
</table>

# 8.5 家庭影院集成电路

## 8.5.1 家庭影院的基础知识

家庭影院是指在家庭环境中，通过合理配置音频、视频设备，使影院的音响效果完美逼真地再现的音像系统。家庭影院从处理方法来看，应用最广泛的是杜比定向逻辑环绕立体声系统。杜比定向环绕立体声系统是一种模拟化的多声道立体声系统，是一种具有三维效果的环绕立体声系统。它的基本原理是：在录音时，通过杜比定向逻辑矩阵进行编码，将四声道信号合成为双声道的数字信号；在放音时，通过杜比定向逻辑解码矩阵，又将双声道复合信号还原为四声道信号，从而产生三维空间的立体声效果。所使用的四声道分别是：左前、中置、右前和环绕声道。

如图 8-5-1 所示为家庭影院的组成方框图，家庭影院的 AV 系统由以下部分组成。

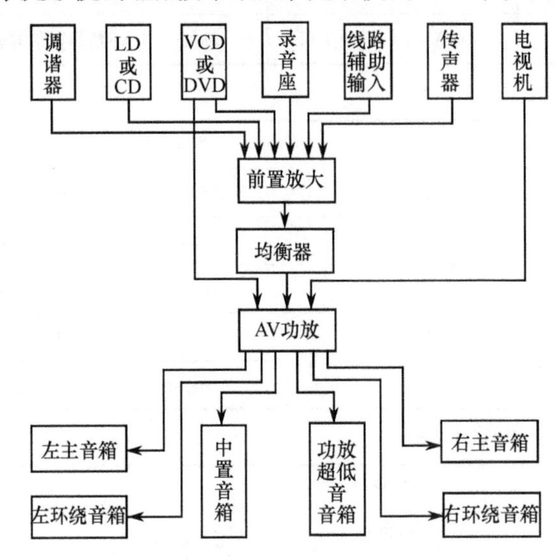


图 8-5-1 家庭影院的组成方框图

① 调谐器：AV 系统的音频节目来源之一，用来接收立体声广播节目，相当于收音机的功能。

② 录音座：AV 系统的音频节目来源之一，相当于录音机的功能。

③ 唱机或激光视盘机：即 LD，CD，VCD，DVD 等，是 AV 系统的音频、视频节目来源。其中，LD，CD 是音频节目来源，而 VCD，DVD 等既是音频节目来源，也是视频节目来源。

④ 均衡器：将整个放音频域分成几个频段(一般分为 10 频段)，采用分段调节的方式来达到频率均衡的目的，可以根据自己的听音爱好来分别调节节目中各种信号频率成分的大小比例，以达到最佳享受的目的。

⑤AV 功放：一种高保真功率放大器，包括视频选择放大、分配器音频前置放大和杜比定向逻辑环绕声处理器等，具有 5 ～ 6 个声道功率输出。

⑥ 彩色电视机：家庭影院必须配备大屏幕彩色电视机。

⑦ 扬声器音箱系统：家庭影院必须是多声道放音系统，所以扬声器音箱系统有：左主音箱、右主音箱、左环绕音箱、右环绕音箱、中置音箱和超低音音箱等。

⑧ 其他设备：家庭影院还可以配置音质控制设备，如数字混响器、卡拉 OK 等，以修饰和美化音质，提高放音质量。

在家庭影院的组成部分中，调谐器、功放和电视机等部分的集成电路与前面几节所介绍的电路及原理类似，不再重述。本节主要介绍其他部分的电路，家庭影院的组成部分和集成芯片很多，下面以音调均衡集成电路、虚拟杜比环绕声解码集成电路和高保真 BBE 音质增强集成电路等为例介绍家庭影院集成电路。

## 8.5.2 高品质音调均衡集成电路

下面介绍由 LM4610N 构成的高品质音调均衡集成电路。LM4610N 是用直流电压控制音调、音量和声道平衡的立体声集成电路，具有 3D 音场处理功能和等响度补偿功能。LM4610N 广泛应用于家庭影院和组合音响等的均衡电路中。

### 1. LM4610N 的特点和性能

LM4610N 的主要特点是：集成度很高，外围元件少，功能完善，音质流畅，高频清晰，解析力佳，控制平滑，具有很好的立体感、环绕感和三维空间感等。LM4610N 具有：3D 声场处理功能和响度；信噪比高，可达 80dB；失真度小，为 0.03%；频带宽，可达 250kHz；音量调节范围大，为 ±15dB；电压范围较宽，为 9 ～ 16V；输入阻抗高，为 30kΩ；输出阻抗低，为 20Ω 等优点。

### 2. LM4610N 的引脚及其功能

LM4610N 采用 24 脚双列直插式封装，其引脚及功能如下：2 脚和 23 脚，信号输入端；3 脚和 22 脚，3D 声场处理控制端（两脚通过电容相连，起 3D 声场处理作用）；4 脚和 21 脚，接高音提升电容（0.01μF）；6 脚，高音控制输入端；8 脚和 17 脚，接低音提升电容（0.39 ～ 0.47μF），改变高、低音的电容可改变高、低音的音调反应；10 脚和 15 脚，信号输入端；11 脚，平衡控制输入端；12 脚和 24 脚，电源地；13 脚，正电源端；14 脚，音量控制输入端；16 脚，低音控制输入端。

### 3. LM4610N 的应用电路

如图 8-5-2 所示为 LM4610N 的应用电路。此电路具有响度调节、低音调节、高音调节、音量调节、左右声道平衡调节等。

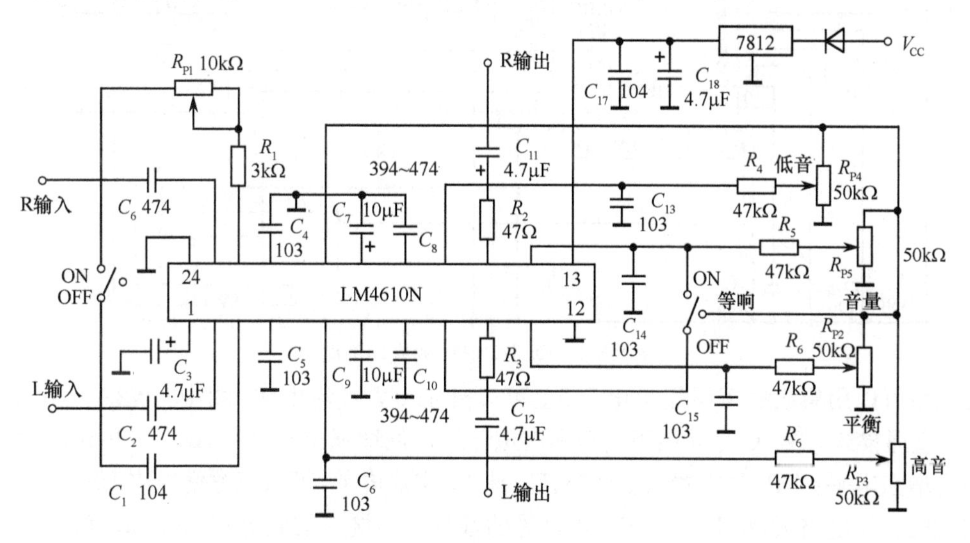


图 8-5-2 LM4610N 的应用电路

因为此电路用于家庭影院或高档组合音响中，所以各方面的要求比较严格，如电源电路不用变压器和整流，而采用集成稳压器，直流 +13 ～ +24V 电源；电路板采用镀银工艺；无极性电容采用 CBB 金属化无感电容；耦合电容用钽电容；其他元件均采用低噪声的。

## 8.5.3 虚拟杜比环绕声解码集成电路

虚拟杜比环绕声技术是在标准杜比和3D技术基础上发展起来的一种新技术，它使用了标准杜比解码技术，又结合人类头部声音传递函数的信号处理技术，根据人类的心理声学和生理声学等原理，再现声音定位感和声场的运动感。它除了具有很好的立体感、环绕感，其突出特点是具有声场扩展性，有好似小居室变成大厅堂的音响效果。目前世界上有十多种虚拟杜比方案，这类集成电路也较多，下面以QS7779PM为例介绍虚拟杜比环绕声解码集成电路。

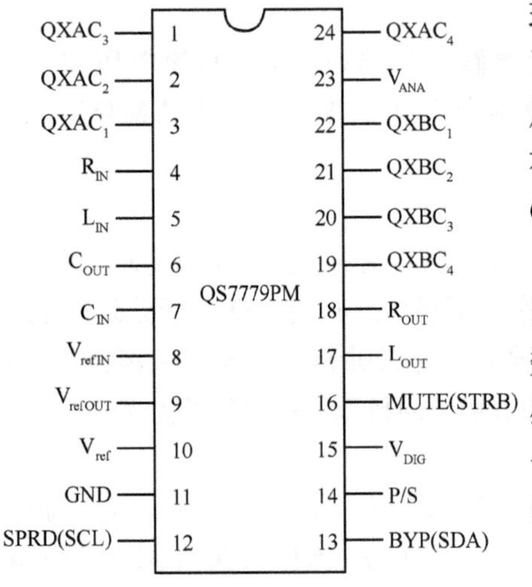


图 8-5-3 QS7779PM的引脚排列

QS7779PM虚拟杜比环绕声解码集成芯片对杜比定向逻辑码和杜比数字编码两种音源都可虚拟成虚拟杜比数字环绕声。其音响效果的特点是声音的空间感和环绕感都很好，声音定位精确，临场感强烈，虚拟声场可扩大一倍左右，音响的综合指标很高，优越于同类其他集成电路。

QS7779PM采用24脚双列直插式塑封结构，其引脚排列如图8-5-3所示，如图8-5-4所示为QS7779PM的应用电路。

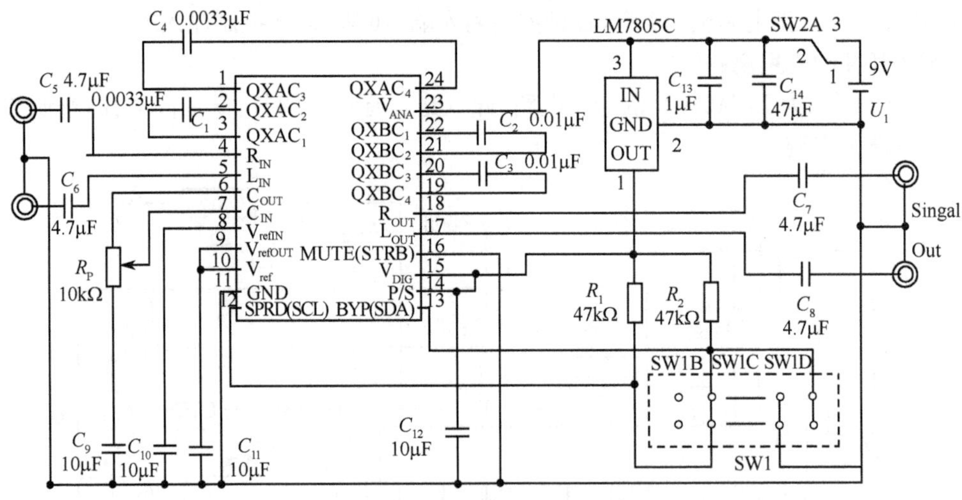


图 8-5-4 QS7779PM的应用电路

此电路可以用集成稳压器作为电源，也可以外加9V直流电源。图中SW2A是电源开关；SW1B是直通模式；SW1C是立体声增强和虚拟环绕声低增强电平；SW1D是立体声增强和开掘环绕声高增强电平；$RP_1$是中置水平调整；$U_1$是9V集成电池。可以很方便地将QS7779PM的应用电路做成成品电路板，将LD，VCD，DVD等的音频输出接口与此电路相连，即可正常工作。将此电路板接在立体声功放机、有源音箱或组合套机的后面即可使用。

## 8.5.4 高保真BBE音质增强集成电路

BBE音质增强电路的主要功能是：① 调整低频、中频和高频的相位关系；② 补充较高频率和较低频率电路。其作用是美化修饰音质，使重放的音乐清晰自然，使低频浑厚，中频丰富，高频纤细，收听效果优越于亲临现场音乐大厅。

现在常用的高保真BBE音质增强集成芯片有BA3884，SR1071，XR1075和M2150A等。下面以综合性能较好的BA3884为例介绍音质增强集成电路。

### 1. BA3884 的性能指标

BA3884 的直流工作电压为 5.4 ～ 12.3V，最大功耗为 1050mW(BA3884S)，450mW(BA3884F)，工作温度为 －40℃ ～＋85℃。其主要性能指标见表 8-5-1。

表 8-5-1　BA3884 的性能指标

| 参　数 | 符　号 | 最 小 值 | 典型值 | 最大值 | 条　件 |
|---|---|---|---|---|---|
| 正供电电源 /mA | $I_{CC}$ | — | 12.9 | 19.3 | $V_{IN}$ = 0V(RMS) |
| 增益 1/dB | $G_{V1}$ | －2.0 | 0 | 2.0 | $V_{CTL1}$ = 9V |
| 增益 2/dB | $G_{V2}$ | －2.1 | －0.1 | 1.9 | |
| 增益 3/dB | $G_{V3}$ | －1.9 | 0.1 | 2.1 | $f_{IN}$ = 100Hz |
| 增益 4/dB | $G_{V4}$ | 6.8 | 8.8 | 10.8 | $f_{IN}$ = 100Hz，$V_{CTL2}$ = 0V |
| 增益 5/dB | $G_{V5}$ | －2.3 | －0.3 | 1.7 | $f_{IN}$ = 10kHz |
| 增益 6/dB | $G_{V6}$ | 7.6 | 9.6 | 11.6 | $f_{IN}$ = 10kHz，$V_{CTL1}$ = 0V |
| 通道平衡 /dB | CB | －2.0 | 0 | 2.0 | $f_{IN}$ = 10kHz，$V_{CTL1}$ = 0V |
| 最大输出电压(RMS/V) | $V_{om}$ | 2.0 | 2.3 | — | THD = 1% |
| 输出噪声电压 1(RMS)/μV | $V_{No1}$ | — | 1.4 | 10 | $R_g$ = 0Ω，DIN AUDIO，$V_{CTL1}$ = 9V |
| 输出噪声电压 2(RMS)/μV | $V_{No2}$ | — | 14.0 | 70 | $R_g$ = 0Ω，DIN AUDIO |
| 总谐波失真 1/(%) | THD1 | — | 0.001 | 0.01 | 400Hz ～ 30kHz BPF $V_{CTL1}$ = 9V |
| 总谐波失真 2/(%) | THD2 | — | 0.031 | 0.31 | 400Hz ～ 30kHz BPF |
| 分离度 /dB | CS | — | －69 | －60 | $V_{IN}$ = 1V(RMS) |
| 电源供给纹波抑制 /dB | RR | 60 | 71 | — | $R_g$ = 0Ω，$V_{CTL2}$ = 9V<br>$f_R$ = 100Hz，$V_R$ = 100mV(RMS) |

### 2. BA3884 的应用电路

BA3884采用24脚双列直插塑封结构，如图 8-5-5 所示为由 BA3884 构成的高保真音效处理器电路。

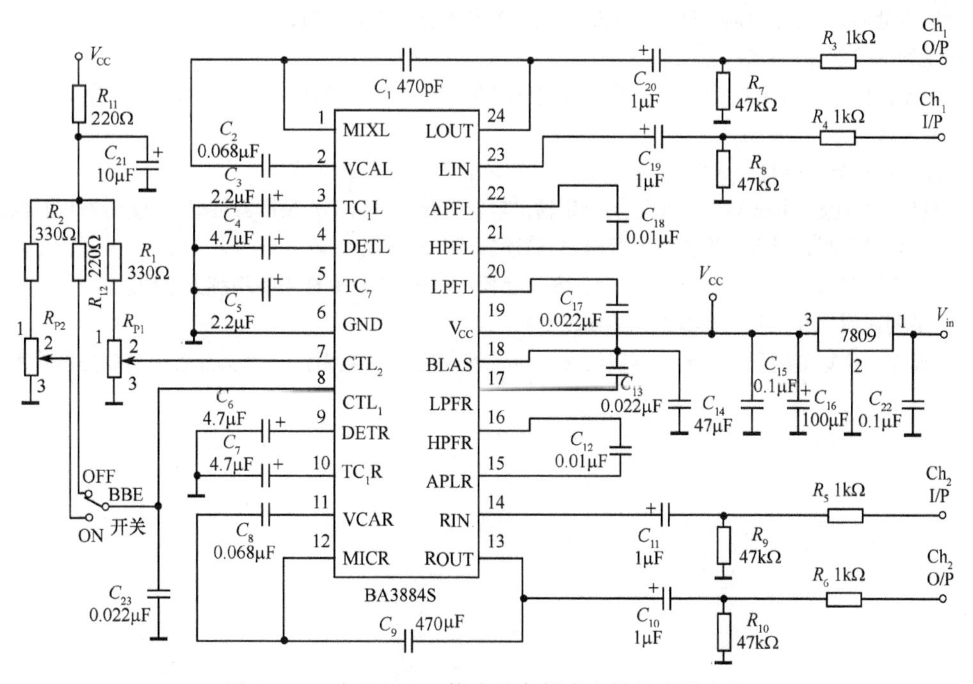


图 8-5-5　由 BA3884 构成的高保真音效处理器电路

此电路将输入信号分为低频(20～150Hz)、中频(150Hz～2.4kHz)和高频(2.4～20kHz)3个频段。采用将中频段和高频段相位分别移位－180°和－360°的方法，重新组合以上频段。相位差调整了每个频段的时间延迟特性，使低频段延迟2.5ms，中频段延迟0.5ms，使声音上升沿失真最小，这样在很大程度上改善了原设备音频重放效果的清晰度、保真度和临场感。此电路通过内部高速检波器和高性能的VCA电路(用于高音组成部分的幅度控制)，提高高音区域(由谐波组成)的能听度和平衡度。通过一个内部信号来补偿输入高音组成部分的幅度，而恢复谐波成分，提高重放声音的清晰度。为了得到最佳频率平衡，还采用了低音轮廓提升电路，实现了最为理想的线性提升频率，为50～150Hz，最大提升幅度可达8.7dB。

按照图中所示的参数值，即可得到性能很好的高保真BBE音质增强系统，此电路可以应用到不同档次的音频重放设备中。

## 思考题与习题

8.1　画出AM收音机的方框图，并简述各部分的作用；画出调频立体声FM收音机的方框图，并简述各部分的作用。

8.2　用收音机集成芯片设计一个FM/AM收音机，要求如下：

① 接收FM信号范围88～108MHz，接收AM信号范围540～1600kHz；

② 调制信号频率范围100Hz～15kHz，最大频偏75kHz；

③ 最大不失真输出功率大于等于100mW(负载阻抗为8Ω)；

④ 接收灵敏度小于等于1mV；

⑤ 镜像抑制性能优于20dB；

⑥ 能够正常收听FM/AM广播。

8.3　简述语音录放芯片APR9600的特性，举例说明其应用情况。

8.4　分析图8-2-6和图8-2-7所示电路的工作原理，并说明其外围元件各起什么作用?

8.5　设计一个公共汽车自动报站系统，要求如下：

① 汽车启动后，自动介绍前方站的有关情况和汽车启动后的注意事项；

② 按压到站控制键，通知乘客到站。

8.6　在设计低噪声功率放大器时，首先要确定低噪声放大器器件，当低噪声器件选定后，为了减小噪声，还应注意哪些问题?

8.7　新型功率放大器有什么特点?在使用功放模块时，需注意什么问题?

8.8　设计一个功放，由±56V电源供电，额定输出功率不低于2×75W，扬声器负载为8Ω，带有延时保护电路。

8.9　画出PAL制式彩色电视机的方框图，并简述各部分的功能。

8.10　家庭影院系统主要包括哪些部分?各部分起什么作用?画出家庭影院系统方框图。

8.11　举例说明家庭影院扬声器系统的安放形式。

8.12　设有一个矩形面积为$20m^2$，容积约为$600m^3$的卡拉OK歌舞厅，试为其配置一套家庭影院系统。

# 第 9 章　可编程逻辑器件

可编程逻辑器件(Programmable Logic Device,PLD)是大规模集成电路的产物。本章主要介绍可编程逻辑阵列 PLA、可编程阵列逻辑 PAL、通用阵列逻辑 GAL、复杂可编程逻辑器件 CPLD 及现场可编程门阵列 FPGA 等器件的原理及使用方法。

## 9.1　可编程逻辑器件基础

### 9.1.1　可编程逻辑器件的基本结构

可编程逻辑器件 PLD 的基本结构如图 9-1-1 所示。由图可见,PLD 器件由输入控制电路、与阵列、或阵列及输出控制电路组成。在输入控制电路中,输入信号经过输入缓冲单元产生每个输入变量的原变量和反变量,并作为与阵列的输入项。与阵列由若干个与门组成,输入缓冲单元提供的各输入项被有选择地连接到各个与门输入端,每个与门的输出则是部分输入变量的乘积项。各与门输出又作为或阵列的输入,这样或阵列的输出就是输入变量的与或形式。输出控制电路将或阵列输出的与或式通过三态门、寄存器等电路,一方面产生输出信号,另一方面作为反馈信号送回输入端,以便实现更复杂的逻辑功能。因此,利用 PLD 器件可以方便地实现各种逻辑函数。

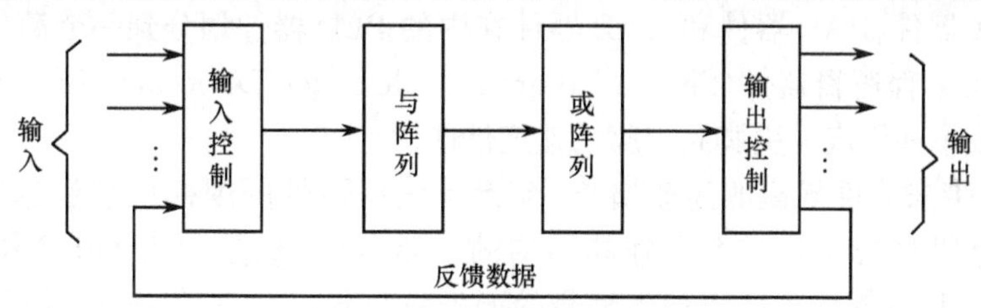


图 9-1-1　PLD 的基本结构

### 9.1.2　可编程逻辑器件的分类及特点

根据PLD器件的与阵列和或阵列的编程情况及输出形式,可编程逻辑器件通常可分为4类。

第一类是与阵列固定、或阵列可编程的 PLD 器件,这类 PLD 器件以可编程只读存储器 PROM 为代表。可编程只读存储器 PROM 是组合逻辑阵列,它包含一个固定的与阵列和一个可编程的或阵列。PROM 中的与阵列是全译码形式,它产生 $n$ 个输入变量的所有最小项。PROM 的每个输出端通过或阵列将这些最小项有选择地进行或运算,即可实现任何组合逻辑函数。由于与阵列能够产生输入变量的全部最小项,所以用 PROM 实现组合逻辑函数不需要进行逻辑化简。但随着输入变量数的增加,与阵列的规模会迅速增大,其价格也随之大大提高。而且与阵列越大,译码开关时间就越长,相应的工作速度也越慢。因此,实际上只有规模较小的 PROM 可以有效地实现组合逻辑函数,而大规模的 PROM 价格高,工作速度低,一般只作为存储器使用。

第二类是与阵列和或阵列均可编程的 PLD 器件,以可编程逻辑阵列(Programmable Logic Array,PLA)为代表。PLA 和 PROM 一样也是组合型逻辑阵列,与 PROM 不同的是,它的两个逻辑阵列均可编程。PLA 的与阵列不是全译码形式,它可以通过编程控制只产生函数最简与或式中所需要的与项。因此,PLA 器件的与阵列规模减小,集成度相对提高。

但是，由于 PLA 只产生函数最简与或式中所需要的与项，因此 PLA 在编程前必须先进行函数化简。另外，PLA 器件需要对两个阵列进行编程，编程难度较大。而且 PLA 器件的开发工具应用不广泛，编程一般由生产厂家完成。

第三类是以可编程阵列逻辑(Programmable Array Logic，PAL) 为代表的与阵列可编程、或阵列固定的 PLD 器件。这类器件的每个输出端是若干个乘积项之或，其中乘积项的数目固定。通常 PAL 的乘积项数允许达到 8 个，而一般逻辑函数的最简与或式中仅需要完成 3 ～ 4 个乘积项或运算。因此，PAL 的这种阵列结构很容易满足大多数逻辑函数的设计要求。

PAL 有几种固定的输出结构，如专用输出结构、可编程 I/O 结构、带反馈的寄存器输出结构及异或型输出结构等。一定的输出结构只能实现一定类型的逻辑函数，其通用性较差，这就给 PAL 器件的管理及应用带来不便。

第四类是具有可编程输出逻辑宏单元的通用 PLD 器件，以通用型可编程阵列逻辑(Generic Array Logic，GAL) 器件为主要代表。GAL 器件的阵列结构与 PAL 相同，都是采用与阵列可编程而或阵列固定的形式。两者的主要区别是输出结构不同。PAL 的输出结构是固定的，一种结构对应一种类型芯片。如果系统中需要几种不同的输出形式，就必须选择多种芯片来实现。GAL 器件的每个输出端都集成有一个输出逻辑宏单元 OLMC(Out Logic Macro Cell)。输出逻辑宏单元是可编程的，通过编程可以决定该电路是完成组合逻辑还是时序逻辑，是否需要产生反馈信号，并能实现输出使能控制及输出极性选择等。因此，GAL 器件通过对输出逻辑宏单元 OLMC 的编程可以实现 PAL 的各种输出结构，使芯片具有很强的通用性和灵活性。

把包括 PLA 器件、PAL 器件和 GAL 器件在内的 PLD 器件划分到一个简单的器件类型分组，称之为简单可编程逻辑器件(Simple Programmable Logic Devices，SPLD)。SPLD 器件最主要的特征是：低成本和极高的引脚到引脚的速度性能。

技术的进步带来器件规模的高速增长，今天可编程器件的规模已经远远超过传统 SPLD 的范畴。传统的 SPLD 规模的扩大受到其结构的严重制约，这是因为 SPLD 器件的结构表明 SPLD 器件的可编程逻辑阵列随着输入信号的增加将急剧扩大。提供基于 SPLD 结构大容量器件的唯一可行办法是在一个芯片上集成多个可编程的互连 SPLD，这种类型的 PLD 称为复杂可编程逻辑器件(Complex Programmable Logic Devices，CPLD)。经过发展 CPLD 器件的逻辑规模，大体上达到 50 个 SPLD 器件的规模，但也仅限于此，CPLD 器件的规模很难进一步扩大，具有更高规模的 PLD 器件的实现需要新的技术和思路。现场可编程门阵列(Field Programmable Gate Array，FPGA) 包含海量的门阵列和互连资源，是 PLD 器件中唯一能支持超大规模设计的可编程器件，包含的逻辑单元数不断增加，这使得 FPGA 获得了广泛的应用和快速的发展。

### 9.1.3 PLD 的电路结构及其表示方法

#### 1. 可编程逻辑器件中逻辑的实现方法

一个二进制函数的输出，可以用其输入函数的最小项之和来实现。因此，任一函数的输出就可以用图 9-1-2 所示的积或两级逻辑电路来实现。这种方法同样适用于多输出的情况，而每个输出是由其自己的积项和来形成，如图 9-1-3 所示为多输出积或两级逻辑电路。

在图 9-1-3 中，每个积项分别由一个与门来实现，但同一个积项又可为多个输出项共享。因此，对一个具有多输入和多输出的逻辑电路，可用一个与阵列和一个或阵列来实现，如图 9-1-4 所示。输入变量 $I_1,\cdots,I_n$ 作为与阵列的输入，而与阵列的输出则为 $m$ 个积项 $F_1,\cdots,F_m$。每一条输

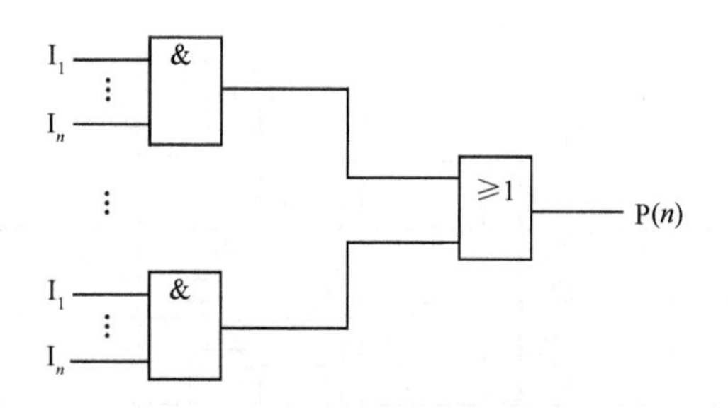


图 9-1-2　积或两级逻辑电路

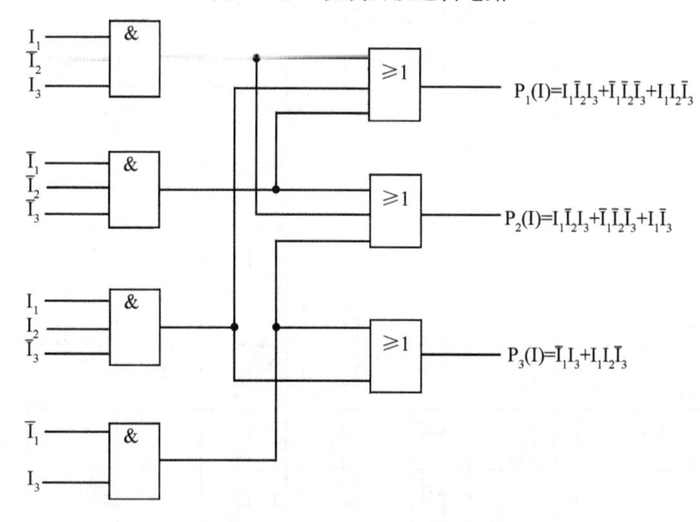


图 9-1-3　多输出积或两级逻辑电路

出线代表一个积项,故将这些输出线称为积项线。积项线又作为或阵列的输入,或阵列的输出即为各输出函数 $P_1,\cdots,P_i$。

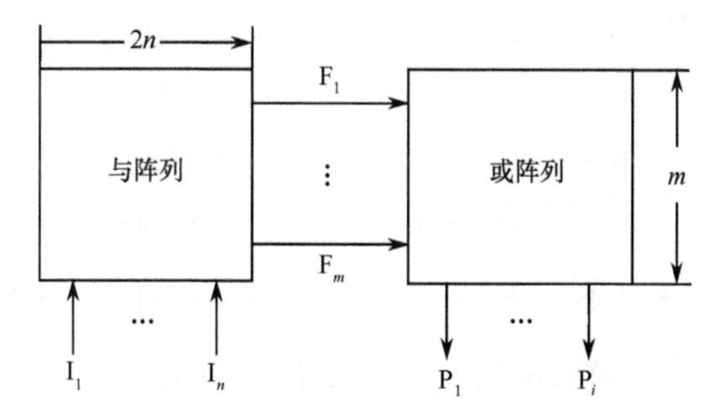


图 9-1-4　多输入多输出逻辑电路

图 9-1-5(a) 给出了图 9-1-3 所示的具有 3 输入和 3 输出的组合逻辑电路应用正逻辑规则时,用 NMOS 电路实现的具体电路结构。

当采用正逻辑规则时,由图 9-1-5(a) 看出,与阵列和或阵列都是用"或非门"来实现的,即

$$F_1=\overline{\overline{I}_1+I_2+\overline{I}_3}=I_1\overline{I}_2I_3$$

$$F_2=\overline{I_1+I_2+I_3}=\overline{I}_1\overline{I}_2\overline{I}_3$$

$$F_3=\overline{\overline{I}_1+\overline{I}_2+I_3}=I_1I_2\overline{I}_3$$

$$F_4=\overline{I_1+\overline{I}_3}=\overline{I}_1I_3$$

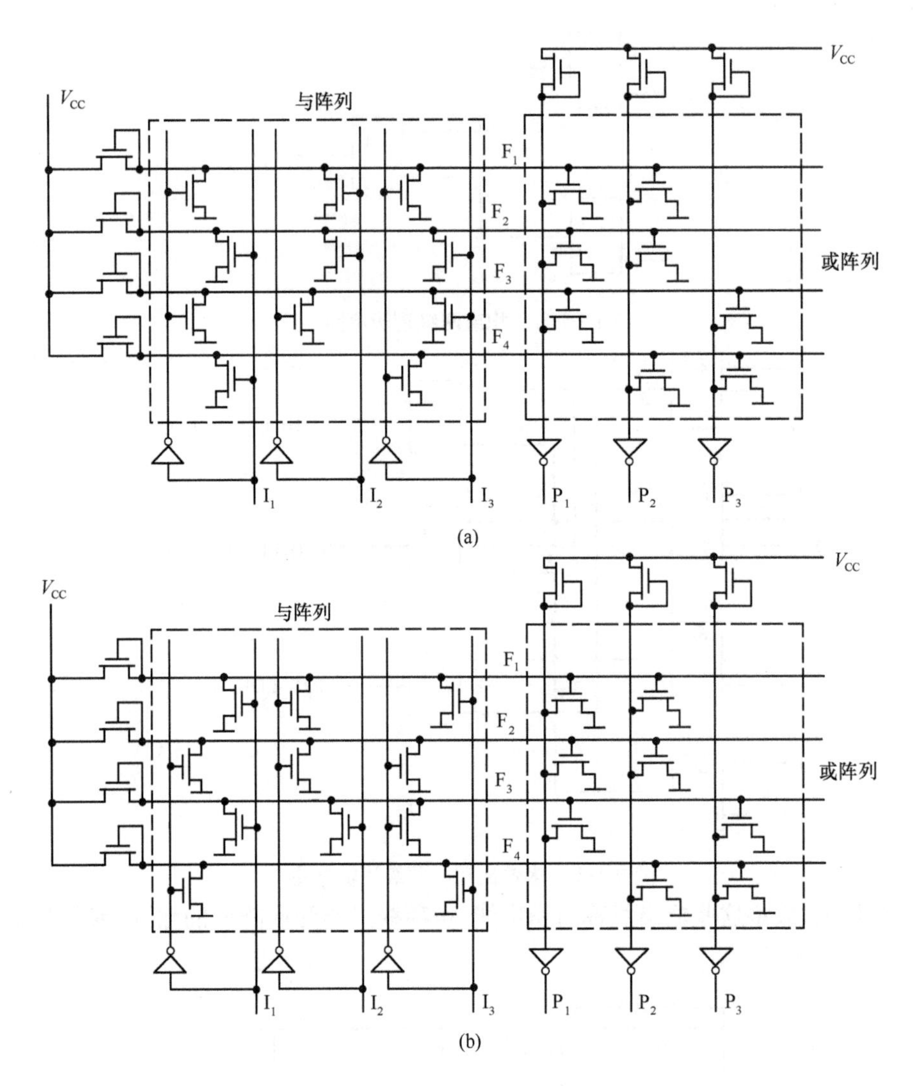


图 9-1-5 用 NMOS 电路实现逻辑电路

$$P_1 = \overline{\overline{F_1 + F_2 + F_3}} = F_1 + F_2 + F_3 = I_1\bar{I}_2 I_3 + \bar{I}_1\bar{I}_2\bar{I}_3 + I_1 I_2\bar{I}_3$$

$$P_2 = \overline{\overline{F_1 + F_2 + F_4}} = F_1 + F_2 + F_4 = I_1\bar{I}_2 I_3 + \bar{I}_1\bar{I}_2\bar{I}_3 + \bar{I}_1 I_3$$

$$P_3 = \overline{\overline{F_3 + F_4}} = F_3 + F_4 = I_1 I_2\bar{I}_3 + \bar{I}_1 I_3$$

应当指出的是，当采用正逻辑规则时，若积项为 $F_1 = I_1\bar{I}_2 I_3$ 时，则在阵列中并不是将输入变量 $I_1$ 和 $I_3$ 的原变量，$I_2$ 的反变量在积线交叉点处用 NMOS 晶体管连接起来，而是各取其输入变量的反变量，即 $\bar{I}_1$，$I_2$ 和 $\bar{I}_3$ 的输入与积项线交叉点由 NMOS 晶体管连通。

当采用负逻辑规则时，因上述的阵列结构变为“与非”逻辑关系，则与阵列应为

$$F_1 = \overline{I_1\bar{\bar{I}}_2 I_3},\ F_2 = \overline{\bar{\bar{I}}_1\bar{\bar{I}}_2\bar{\bar{I}}_3},\ F_3 = \overline{I_1 I_2\bar{\bar{I}}_3},\ F_4 = \overline{\bar{\bar{I}}_1 I_3}$$

$$\bar{F}_1 = I_1\bar{I}_2 I_3,\ \bar{F}_2 = \bar{I}_1\bar{I}_2\bar{I}_3,\ \bar{F}_3 = I_1 I_2\bar{I}_3,\ \bar{F}_4 = \bar{I}_1 I_3$$

而或阵列(无反向器) 为

$$P_1 = \overline{F_1 F_2 F_3} = \overline{F_1} + \overline{F_2} + \overline{F_3}$$

$$P_2 = \overline{F_1 F_2 F_4} = \overline{F_1} + \overline{F_2} + \overline{F_4}$$

$$P_3 = \overline{F_3 F_4} = \overline{F_3} + \overline{F_4}$$

即各积项和与阵列中的输入变量完全对应，而不必取其反变量，此时的阵列结构如图 9-1-5(b) 所示。

可以看出，一个两级与或电路，可采用一个等效的两级与非逻辑电路实现。由于MOS技术中采用或非门具有设计容易和性能好的优点，故上述的与阵列和或阵列都是用或非门实现的。上例中的与阵列为 6×4 阵列结构，而或阵列为 4×3 结构，但由于采用正、负逻辑规则的不同，内部结构也不相同。

要使阵列中的输出与输入变量发生联系，只要在相关的输出和输入相交处接一个 MOS 场效应管，该管的栅极接到输入线上，而漏极接到输出线，源极接地，如图 9-1-6(a) 所示；若采用双极型晶体管时，则晶体管的基极接到输入线上，发射极通过熔丝接到输出线上，集电极接电源 $V_{CC}$，如图 9-1-6(b) 所示。

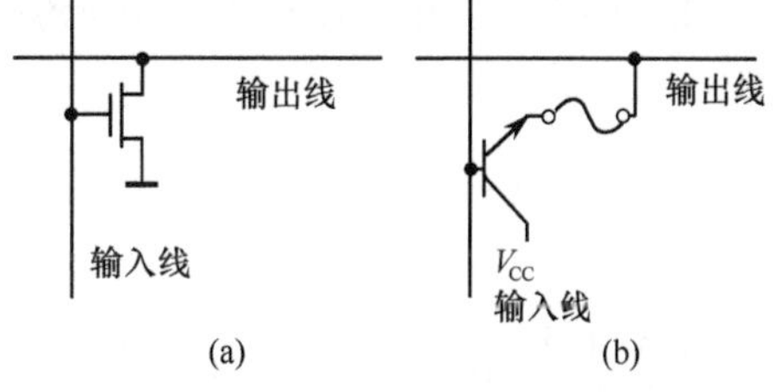

图 9-1-6　输出与输入交集之间的关系

2. **可编程逻辑器件 PLD 表示方法**

由于可编程逻辑器件的阵列结构特点，用以前所习惯的逻辑函数表示方法难以描述其内部电路，因此在 PLD 中提出了一些新的逻辑约定。这些逻辑约定使 PLD 芯片内部的配置和逻辑图一一对应，并能把逻辑图与真值表密切结合，构成一种紧凑而易于识读的形式。下面给出 PLD 的有关逻辑约定。

(1) 输入缓冲单元

PLD 的输入缓冲单元由若干个缓冲器组成，每个缓冲器产生该输入变量的原变量和反变量，其逻辑表示方法如图 9-1-7 所示，图中 $B = A, C = \overline{A}$。

(2) 与门和或门

PLD 中的两种基本逻辑阵列：与阵列和或阵列。它们分别由若干个与门和或门组成，每个与门和或门都是多输入、单输出形式。为便于对 PLD 的逻辑关系易于了解、编程和使用，通常采用如下的约定，以三输入与门为例，图 9-1-8 所示为具有 3 个输入项的与门的表示方法。

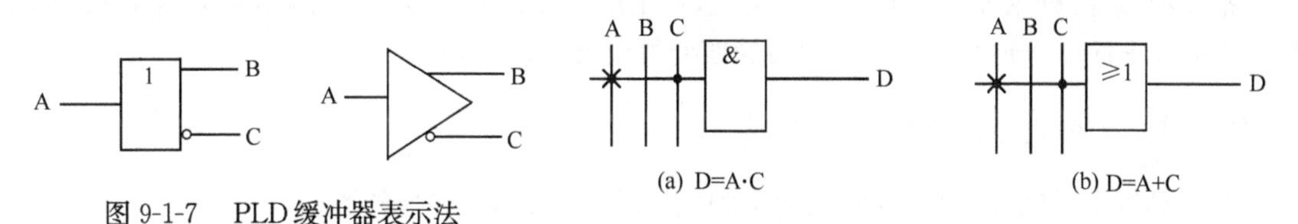

图 9-1-7　PLD 缓冲器表示法

图 9-1-8　与门和或门的 PLD 表示法

在图 9-1-8(a) 中，3 条竖线 A,B,C 均为输入项，输入到与门去的一条横线称为积项线，输入线与积项线的交叉点是编程点。在编程点处连有编程器件，如熔丝、SIMOS 或 FLOTEX 等编程 MOS 器件，若在交叉点处的编程器件接通输入线和积项线（如熔丝未“烧断”，或编程 MOS 器件形成沟道），称为接通连接，则在编程点处以“×”表示，如图 9-1-8 中输入线 A 与积项线的交叉点处有“×”号，即表示输入 A 与积项线连通。若在交叉点处的编程器件不连通输入线与积项线（如熔丝“烧断”，或编程 MOS 器件未形成沟道），称为断开连接，则交叉点处无“×”号，如输入 B 与积项线不连。另外，在 PLD 中有些输入线和积项线的交叉点处不是用编程器件来连接而是内部固定接通的，称为硬线连接，此时在交叉点处以实圆点“•”来表示，如图 9-1-8 中输入 C 与积项线为硬线连接。可以看出，图 9-1-8 与电路的积项线输出：$D = A \cdot C$。同样，对 PLD 中有可编程的或阵列时，其表示方法如图 9-1-8(b) 所示。

(3) 简化的 PLD 表示

为了方便设计，在 PLD 的逻辑描述中常用一种简化的逻辑表示方法，如图 9-1-9 所示。

图 9-1-9(a) 为一种输入项全部被接入的与门表示方法，其乘积项为 $D = A \cdot \overline{A} \cdot B \cdot \overline{B}$。

图 9-1-9(b) 是其简化表示方法。因为在 PLD设计中，常常会遇到输入项全部被接入的情况，使用这种简化符号，可以简洁、清晰地将这类情况表示出来。值得注意的是，这种表示方法意味着该乘积项输出总为逻辑“0”。

图 9-1-10 给出了利用 PLD 表示法描述逻辑电路 $F = A \oplus B$ 的示意图。

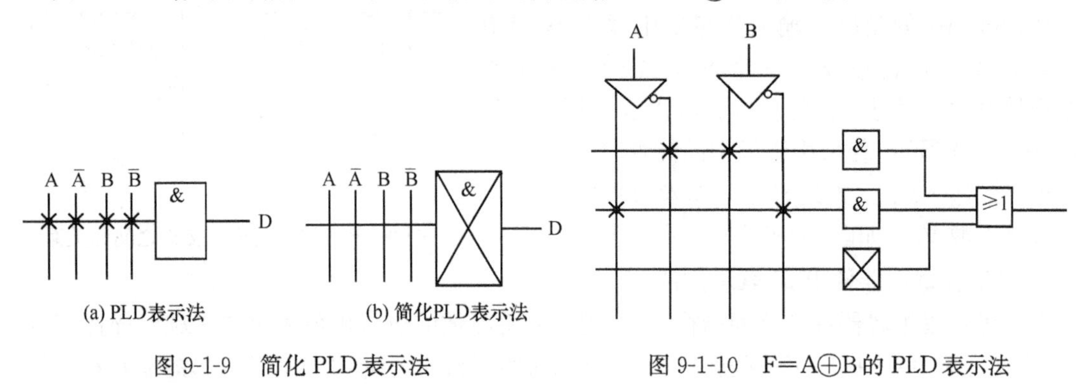


图 9-1-9 简化 PLD 表示法

图 9-1-10 F=A⊕B 的 PLD 表示法

# 9.2 可编程阵列逻辑 PAL 和 GAL 的原理与应用

## 9.2.1 PAL 器件的基本结构

PAL 器件的构成原理以逻辑函数的最简与或式为主要依据，其基本结构如图 9-2-1 所示。在 PAL 器件的两个逻辑阵列中，与阵列可编程，用来产生函数最简与或式中所必需的乘积项。因为它不是全译码结构，所以允许器件有多个输入端。PAL 器件的或阵列不可编程，它完成对指定乘积项的或运算，产生函数的输出。例如，图 9-2-1 所示的与阵列有 4 个输入端，通过编程允许产生 10 个乘积项。或阵列由 4 个四输入或门组成，每个或门允许输入 4 个乘积项，或阵列的每个输出端可以输出任意 4 个或少于 4 个乘积项的四变量组合逻辑函数。

## 9.2.2 PAL 的输出和反馈结构

PAL 具有多种输出结构，并常按输出和反馈结构对 PAL 进行分类。

### 1. 专用输出的基本门阵列结构

专用输出结构如图 9-2-2 所示，组合逻辑宜采用这种结构。图中的输出部分采用或非门，因而也称这种结构为输出低电平有效。若输出采用或门，则称为高电平有效器件；若将输出部分的或非门改为互补输出的或门，则称为互补输出器件。

### 2. 可编程 I/O 结构

可编程 I/O 结构如图 9-2-3 所示。其中最上面一个与门所对应的乘积项用于选通三态缓冲器。如果编程时使此乘积项为“0”，即将该与门的所有输入项全部接通，则三态缓冲器保持高阻状态，这时对应的 I/O 引脚就可作为输入脚用，右边的互补输出反馈缓冲器作为输入缓冲器。相反，若编程时使该乘积项为“1”，则三态缓冲器常通，对应的 I/O 脚用作输出，同时该输出信号经过互补输出反馈缓冲器可反馈到输入端。一般情况下，三态输出缓冲器受乘积项控制，可以输出“0”，“1” 或高阻状态。

### 3. 寄存(时序) 输出结构

寄存输出结构如图 9-2-4 所示，在系统时钟(CLOCK) 的上升沿，把或门输出存入 D 触发器，

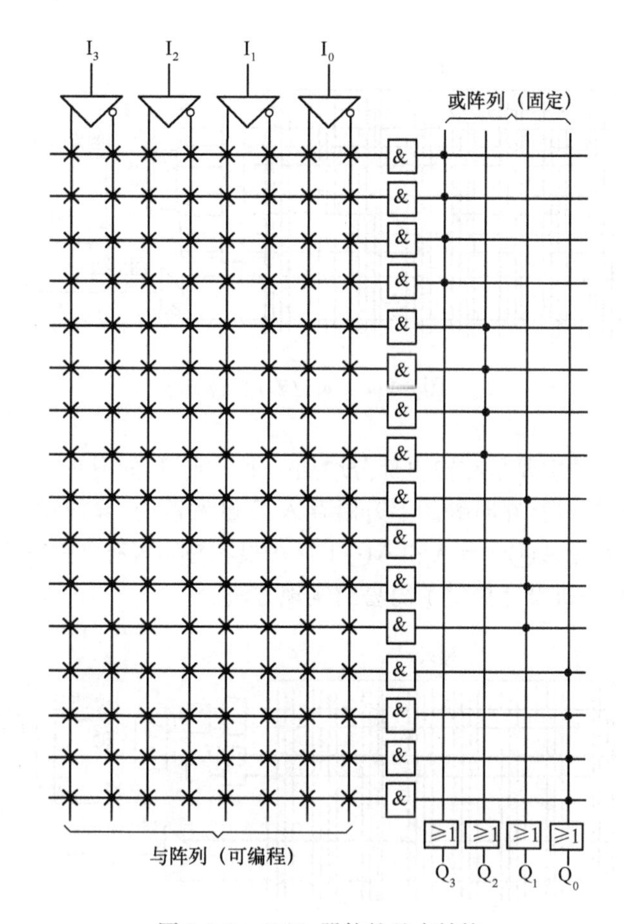


图 9-2-1　PAL 器件的基本结构

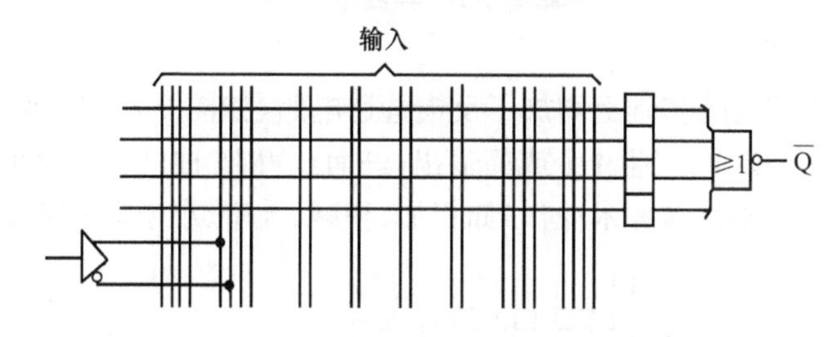


图 9-2-2　专用输出结构

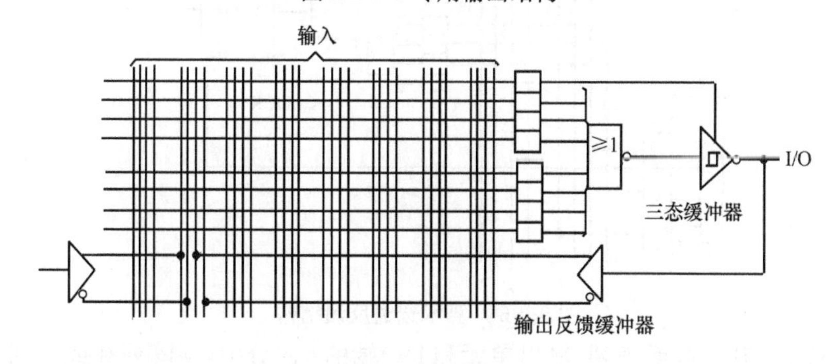


图 9-2-3　I/O 结构

然后通过选通三态缓冲器把它送到输出端 $\overline{Q}$(低电平有效)。同时,D 触发器的 $\overline{Q}$端经过输出反馈缓冲器反馈到与阵列,这样 PAL 器件就能够实现复杂的逻辑功能。

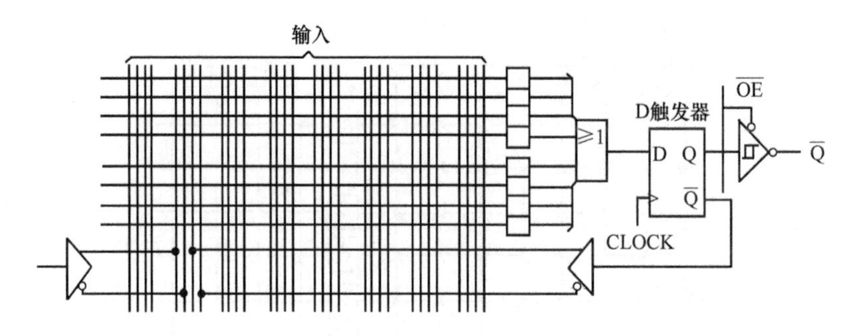


图 9-2-4　寄存输出结构

### 4. 异或结构

异或结构的PAL器件主要是在输出部分增加一个异或门，如图9-2-5所示，把乘积和分为两个和项，这两个和项相异或后，在时钟的上升沿存入D触发器内。异或型PAL具有寄存型PAL器件的一切特征，而且利用$A\oplus 0=A$和$A\oplus 1=\overline{A}$很容易实现有条件的保持操作和取反操作。这种操作为计数器和状态机设计提供了简易的实现方法。

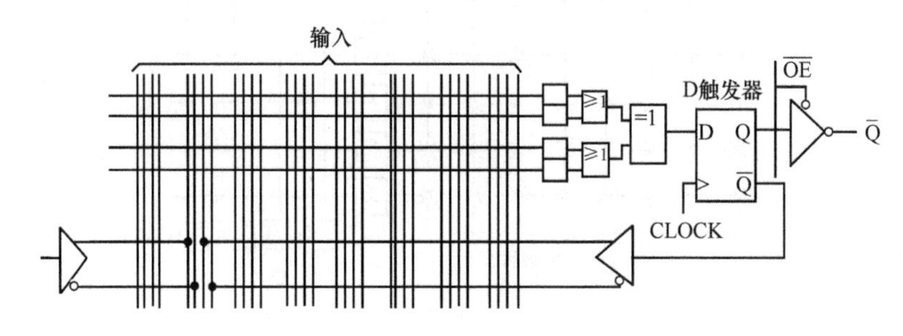


图 9-2-5　异或结构

### 5. 算术选通反馈结构

这种结构是在异或结构的基础上增加了反馈选通电路，如图9-2-6所示，它可以对反馈项$\overline{Q}$和输入项I进行二元逻辑操作，产生4个或门输出，进而获得16种可能的逻辑组合，如图9-2-7所示。这种结构的PAL对实现快速算术操作(如相加、相减、大于、小于等)很有用。

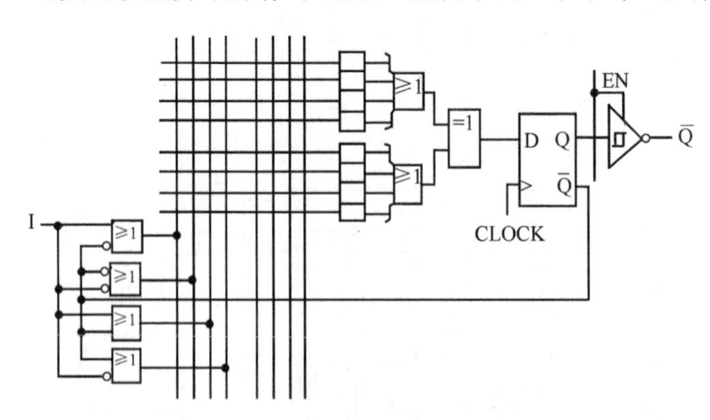


图 9-2-6　算术选通反馈结构

在组成PAL的与阵列、或阵列、输出单元和I/O端的4部分中，与阵列和或阵列是核心部分；输出单元的主要功能是决定输出极性、是否有寄存器作为存储单元、组织各种输出并决定反馈途径；I/O端结构决定是否一端可作为输入端、输出端或可控的I/O端。

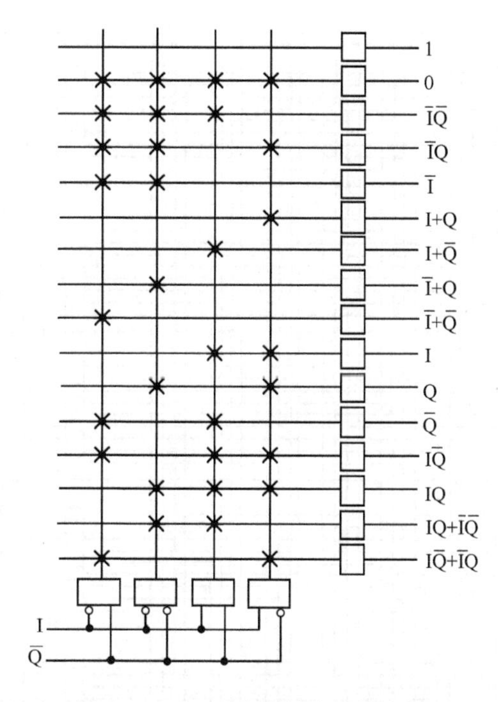


图 9-2-7　PAL 产生算术逻辑功能

### 9.2.3　GAL 器件的基本结构

GAL 是一种电擦除可重复编程的可编程逻辑器件，具有灵活的可编程输出结构，使得为数不多的几种 GAL 器件几乎能够代替所有 PAL 器件和数百种中小规模标准器件。而且，GAL 器件采用先进的 EECMOS 工艺，可以在几秒内完成对芯片的擦除和写入，并允许反复改写，为研制开发新的逻辑系统提供方便，因此，GAL 器件得到了广泛的应用。

GAL 可分为普通型 GAL 和新一代 GAL 两类，普通型 GAL 器件与 PAL 器件有相同的阵列结构，均采用与阵列可编程、或阵列固定的结构。普通型 GAL 器件有 GAL16V8，GAL16V8A，GAL16V8B 及 GAL20V8，GAL20V8A，GAL20V8B；新一代 GAL 的与阵列和或阵列都可编程，如 LATTICE 公司的 GAL39V18 等。下面以 GAL16V8 为例介绍 GAL 器件的基本组成原理。

图 9-2-8 所示为 GAL16V8 的逻辑图，它由输入缓冲器（左边 8 个缓冲器）、输出三态缓冲器（右边 8 个缓冲器）、与阵列、输出反馈 / 输入缓冲器（中间 8 个缓冲器）、输出逻辑宏单元 OLMC（其中包含或门阵列），以及时钟和输出选通信号缓冲器组成。GAL 器件的可编程与阵列和 PAL 器件相同，由 8×8 个与门构成；每个与门的输入端既可以接收 8 个固定的输入信号（2 ～ 9 引脚），也可以接收将输出端（12 ～ 19 引脚）配置成输入模式的 8 个信号。因此，GAL16V8 最多有 16 个输入信号，8 个输出信号。GAL 器件与 PAL 器件的主要区别在于它的每个输出端都集成有一个输出逻辑宏单元。下面重点分析 GAL 器件的输出逻辑宏单元。

图 9-2-9 所示为 GAL 器件输出逻辑宏单元 OLMC 的结构图。由图可知，OLMC 是由一个 8 输入或门、一个异或门、一个 D 触发器和 4 个数据选择器组成。8 输入或门接收来自可编程与阵列的 7 ～ 8 个与门的输出信号，完成乘积项的或运算。异或门用来控制输出极性。当 XOR($n$) = 0 时，异或门输出极性不变；当 XOR($n$) = 1 时，异或门输出极性与原来相反。D 触发器作为状态存储器，使 GAL 器件能够适应于时序逻辑电路。4 个多路数据选择器是 OLMC 的关键器件，它们分别是乘积项多路选择器（PTMUX）、输出三态控制多路选择器（TSMUX）、输出控制多路选择器（OMUX）及反馈控制多路选择器（FMUX）。

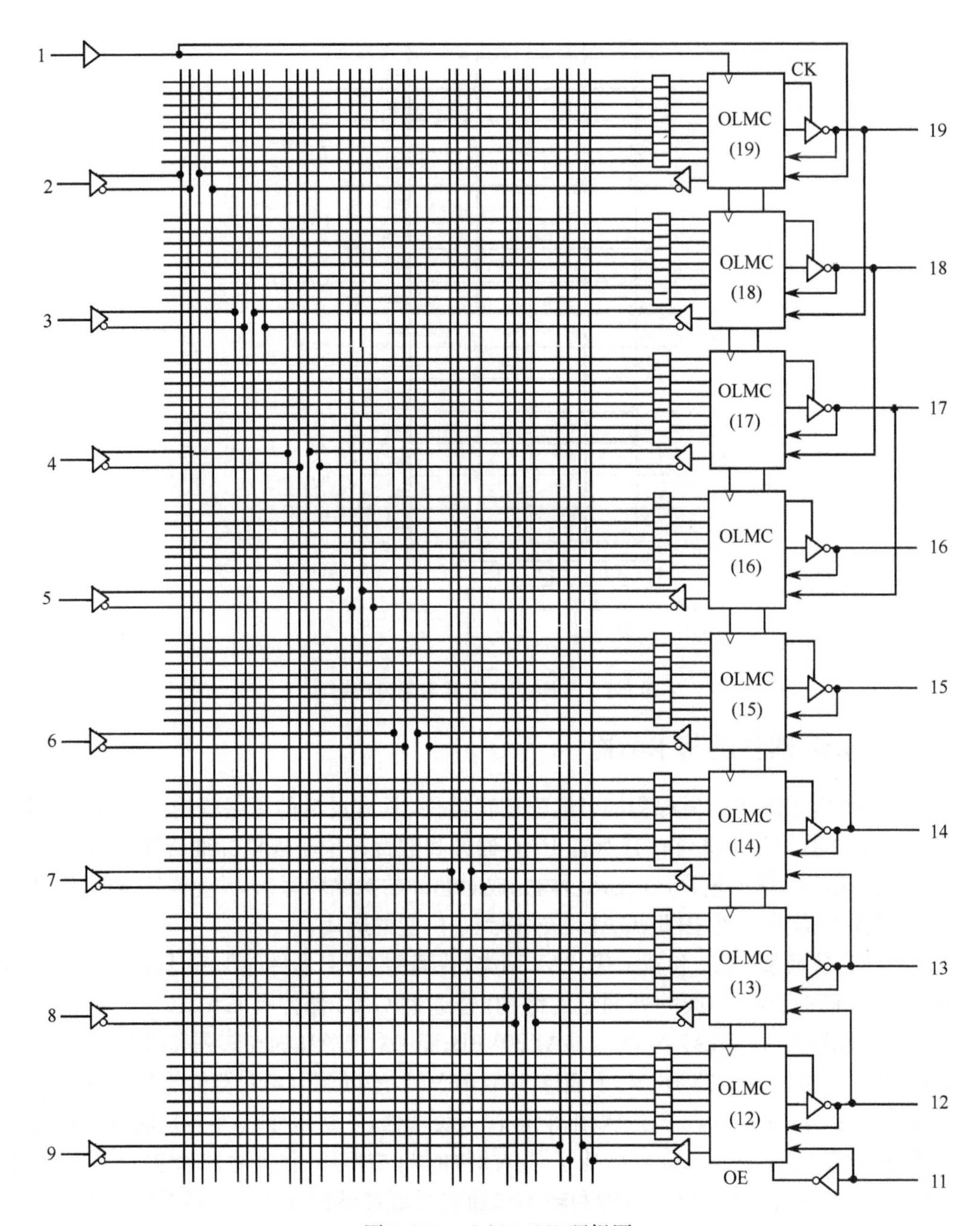


图 9-2-8　GAL16V8 逻辑图

### 1. 乘积项多路选择器 PTMUX

乘积项多路选择器 PTMUX 用于控制来自与阵列的第一个乘积项，完成二选一功能。若信号 $\overline{AC_0 \cdot AC_1(n)}=1$，则第一乘积项作为 8 输入或门的一个输入项；若为 0，则该多路选择器选择地信号送或门输入端，这时或门只能接收 7 个来自与阵列的乘积项。如果输出三态门不用第一个乘积项控制，多路选择器将选择乘积项送或门输入端，这样或门可以接收 8 个与阵列输出的乘积项。

### 2. 输出控制多路选择器 OMUX

输出控制多路选择器 OMUX 也是一个二选一多路选择器，它在信号 $\overline{AC_0+AC_1(n)}$ 的控制下，分别选择异或门输出端（称为组合型输出）及 D 触发器输出端（称为寄存型输出）送输出三态门，以便适用于组合电路和时序电路。若 $\overline{AC_0+AC_1(n)}$ 为 0，则异或门的输出送到输出缓冲器，输出是组合的；若为 1，则 D 触发器的输出 Q 值送到输出缓冲器，输出是寄存的。

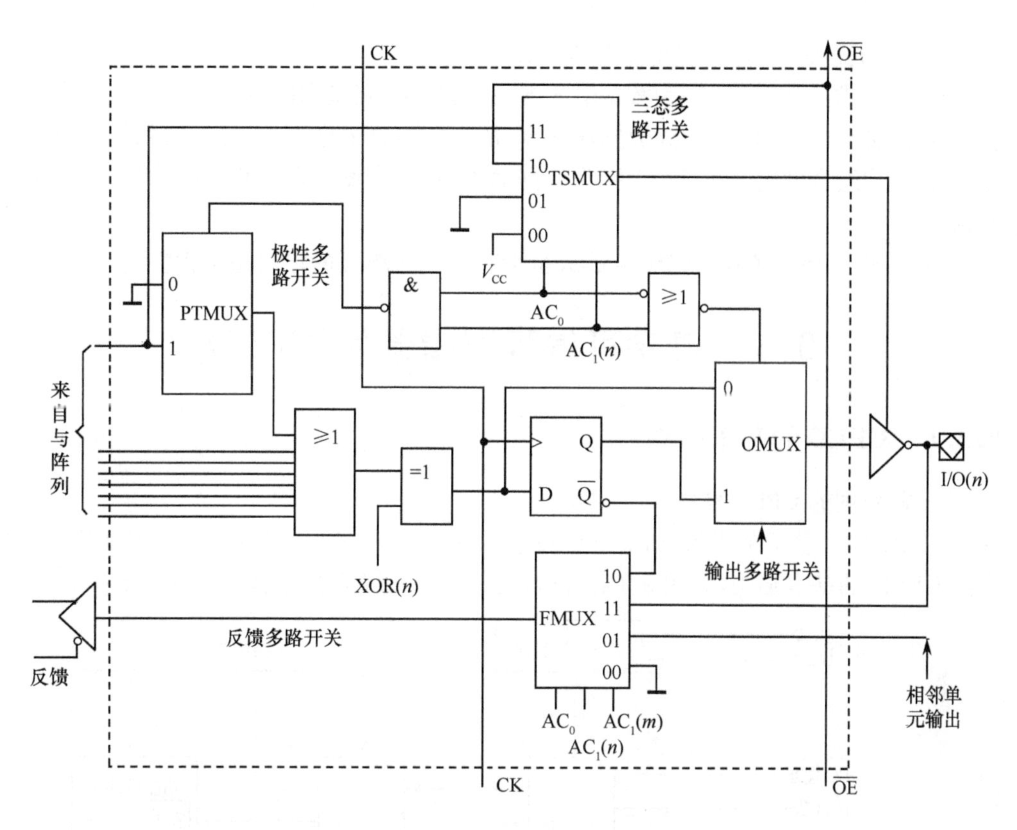


图 9-2-9　GAL 的输出逻辑宏单元

### 3. 输出三态控制多路选择器 TSMUX

输出三态控制多路选择器 TSMUX 是一个四选一多路选择器，其受信号 $AC_0$，$AC_1(n)$ 控制，若 $AC_0AC_1(n)$ 为 00，则取电源 $V_{CC}$ 为三态控制信号，输出缓冲器被选通；若为 01，则地电平为三态控制信号，输出缓冲器呈高阻态；若为 10，则 OE 三态控制信号；若为 11，则取第一乘积项为三态控制信号，使输出三态门受第一乘积项控制。

### 4. 反馈控制多路选择器 FMUX

反馈控制多路选择器 FMUX 也是一个四选一多路选择器，用于选择不同信号反馈给与阵列作为输入信号，它受 $AC_0 \cdot AC_1(n) \cdot AC_1(m)$ 控制，使反馈信号可为地电平，也可为本级 D 触发器的 $\overline{Q}$ 端或是本级输出三态门的输出，当 $AC_0 \cdot AC_1(n) \cdot AC_1(m)$ 为 01 时，反馈信号来自邻级三态门的输出，由于邻级($m$) 电路的 $AC_0 \cdot AC_1(m) = 01$，其三态门处于断开状态，故此时是把邻级的输出端作为输入端用，本级($n$) 为其提供通向与阵列的通路。

图 9-2-9 中异或门用于控制输出信号的极性。当 $XOR(n)=1$ 时，异或门起反向器作用，再经过输出门的反向后，使输出为高电平有效。当 $XOR(n)=0$ 时，异或门输出与或门输出同相，经输出门的反向后，使输出为低电平有效。$AC_0$，$AC_1(n)$，$XOR(n)$，$AC_1(m)$ 及 SYN 都是 OLMC 的控制信号，它们是结构控制字中的可编程位，由编译器按照用户输入的方程式经编译而成，其中 $XOR(n)$ 和 $AC_1(n)$ 是每路输出各有一位，$n$ 为对应的 OLMC 的输出引脚号，而 $m$ 则代表相邻的一位，即 $m$ 为 $n+1$ 或 $n-1$，视 $n$ 的位置而定。$AC_0$ 只有一个，为各路所共有。SYN 也只有一个，它决定 GAL 是皆为组合型输出，还是寄存型输出，并决定时钟输入 CK 和外部提供的三态门控制线 $\overline{OE}$ 的用法。若 $SYN=1$，则所有输出都没有工作在寄存器输出方式，1 脚(CK) 和 11 脚($\overline{OE}$) 都可作为一般的输入来用。若 $SYN=0$，则至少有一个工作在寄存器输出方式，1 脚(CK) 和 11 脚($\overline{OE}$) 就不能当作一般的输入来用，而必须分别作为时钟输入端和输出三态门的使能端。

综上所述，可见 GAL 有以下几种工作方式。

① 纯输入方式：1 脚和 11 脚为数据输入端，三态门不通（呈高阻抗）。

② 纯组合输出：1 脚和 11 脚为数据输入端，所有输出是组合型的，三态门总是选通的。

③ 带反馈的组合输出：1 脚和 11 脚为数据输入端，所有输出是组合型的，但三态门由第一乘积项选通。

④ 时序方式：1 脚 = CK，11 脚 = $\overline{OE}$，至少有一个宏单元的输出是寄存型的。

# 9.3 复杂可编程逻辑器件（CPLD）

## 9.3.1 CPLD 的基本结构

### 1. 基于乘积项的 CPLD 结构

CPLD 的结构是基于乘积项（Product-Term）的，现在以 Xilinx 公司的 XC9500XL 系列芯片为例介绍 CPLD 的基本结构，如图 9-3-1 所示，其他型号 CPLD 的结构与此非常类似。

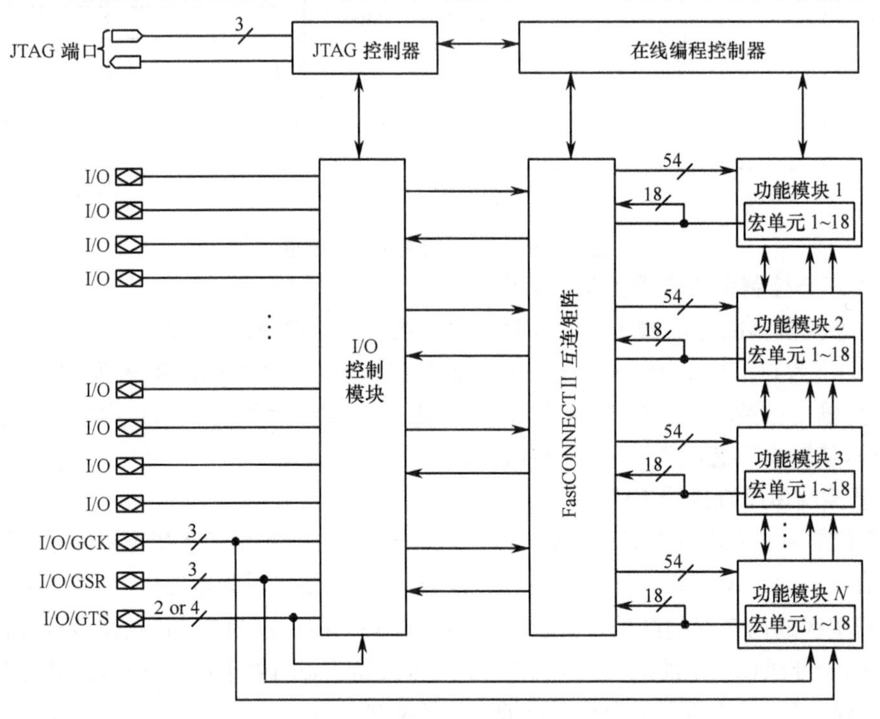


图 9-3-1 基于乘积项的 CPLD 内部结构

CPLD 可分为 3 部分：功能模块（Function Block）、快速互连矩阵（FastCONNECT Ⅱ Switch Matrix）和 I/O 控制模块。每个功能模块包括可编程与阵列、乘积项分配器和 18 个宏单元，功能模块的结构如图 9-3-2 所示。快速互连矩阵负责信号传递，连接所有的功能模块。I/O 控制模块负责输入 / 输出的电气特性控制，比如可以设定集电极开路输出、三态输出等。图 9-3-1 中的 I/O/GCK，I/O/GSR，I/O/GTS 是全局时钟、全局复位和全局输出使能信号，这几个信号由专用连线与 CPLD 中每个功能模块相连，信号到每个功能模块的延时相同并且延时最短。

宏单元是 CPLD 的基本结构，由它来实现基本的逻辑功能。图 9-3-3 所示为宏单元的基本结构。图 9-3-3 中左侧是乘积项阵列，实际就是一个与或阵列，每一个交叉点都是可编程的，如果导通就实现“与” 逻辑，与后面的乘积项分配器一起完成组合逻辑。图 9-3-3 右侧是一个可编程的触

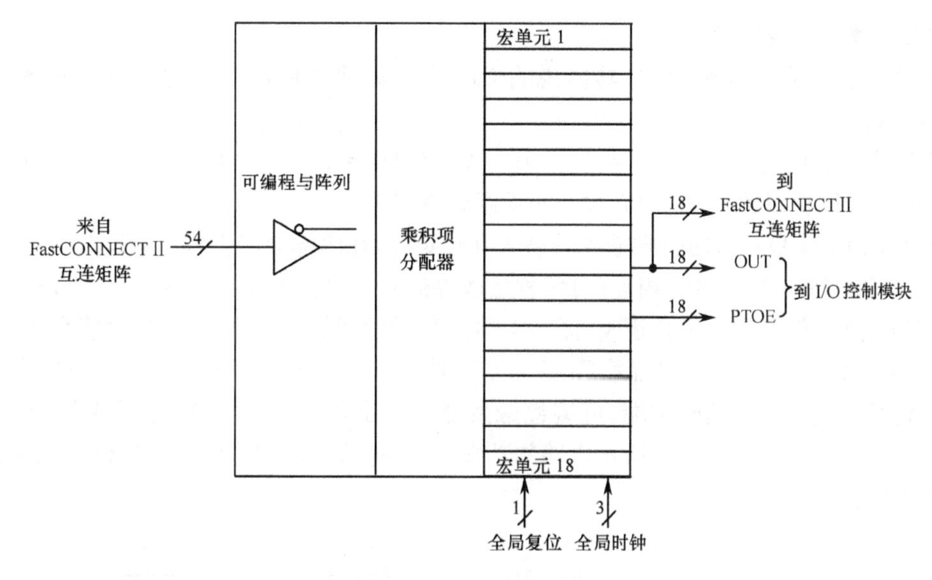


图 9-3-2　功能模块的结构

发器，可配置为D触发器或T触发器，它的时钟、清零输入都可以编程选择，可以使用专用的全局清零和全局时钟，也可以使用内部逻辑（乘积项阵列）产生的时钟和清零。如果不需要触发器，也可以将此触发器旁路，信号直接输出给互连矩阵或输出到I/O脚。

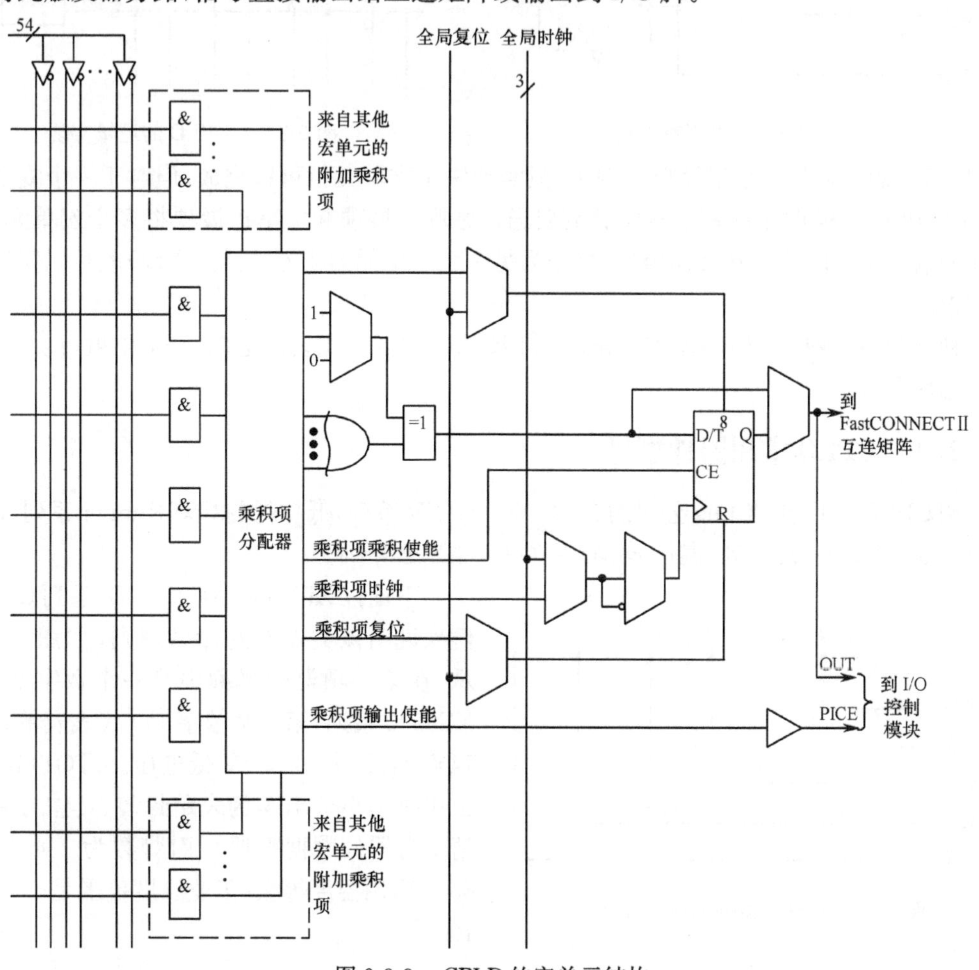


图 9-3-3　CPLD的宏单元结构

**2. CPLD 逻辑实现原理**

下面以一个简单的电路为例，具体说明 CPLD 是如何利用以上结构实现逻辑的，电路如图 9-3-4 所示。

假设组合逻辑的输出为 f，则 f = (A+B) * C * (!D) = A * C * !D + B * C * !D（以!D表示 D 的“非”），CPLD 将以图 9-3-5 的方式来实现组合逻辑 f。

A，B，C，D 由 PLD 芯片的引脚输入后进入互连矩阵，在内部会产生 A，$\overline{A}$，B，$\overline{B}$，C，$\overline{C}$，D，$\overline{D}$ 8个输出。图 9-3-5 中每一个 × 表示相连（可编程熔丝导通），所以得到：f = f1 + f2 = (A * C * !D) + (B * C * !D)，这样就实现了组合逻辑。图 9-3-4 中，D 触发器的实现比较简单，直接利用宏单元中的可编程 D 触发器来实现。时钟信号 CLK 由 I/O 脚输入后进入芯片内部的全局时钟专用通道，直接连接到可编程触发器的时钟端。可编程触发器的输出与 I/O 脚相连，把结果输出到芯片引脚。这样 CPLD 就完成了图 9-3-4 所示电路的功能。以上这些步骤都是由编译软件自动完成的，不需要人为干预。

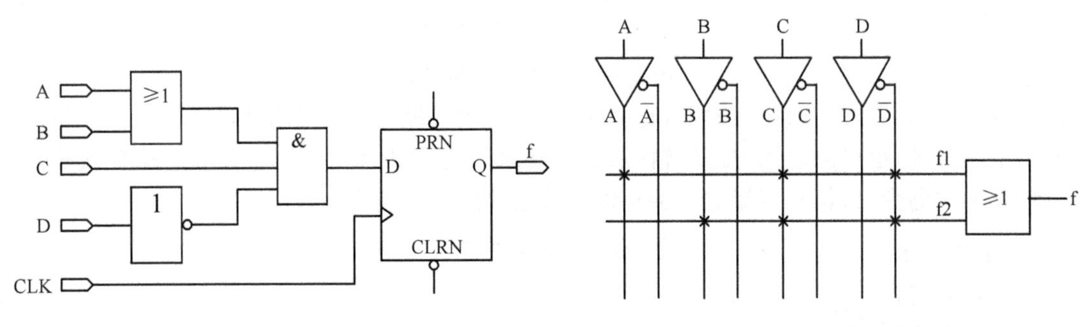


图 9-3-4　简单逻辑电路　　　图 9-3-5　CPLD 的逻辑实现

图 9-3-4 的电路是一个很简单的例子，只需要一个宏单元就可以完成。但对于一个复杂的电路，一个宏单元是不可能实现的，这时就需要通过并联扩展项和共享扩展项将多个宏单元相连，宏单元的输出也可以连接到互连矩阵，再作为另一个宏单元的输入。这样 CPLD 就可以实现更复杂的逻辑。

这种基于乘积项的 CPLD 基本都是由 $E^2$PROM 和 Flash 工艺制造的，一上电就可以工作，无须其他芯片配合。

## 9.3.2　CPLD 常用器件型号

常用 CPLD 芯片有：Xilinx 公司的 XC9500/XL/XV 系列，低功耗的 CoolRunner 系列；Altera 的低成本 MAX3000/A 系列，高性能 MAX7000S/AE/B 系列。

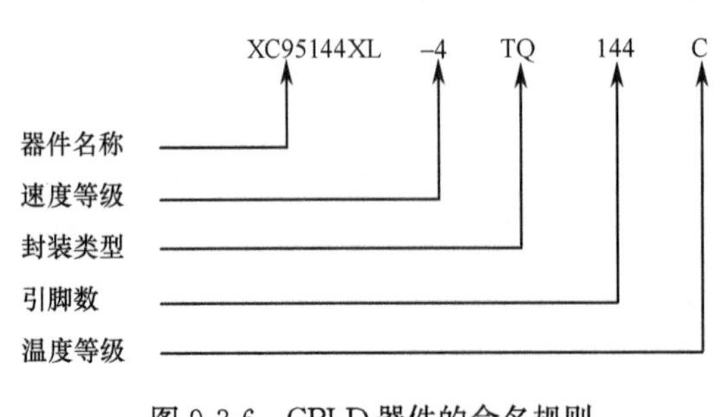


图 9-3-6　CPLD 器件的命名规则

下面以 Xilinx 的 XC9500XL 系列 CPLD 为例来说明该类器件的命名规则，如图 9-3-6 所示。在第一项器件名称中第一个数字 95 代表 XC9500 系列，第二个数字 144 代表宏单元数为 144 个，XL 代表 3.3V 低电压。-4TQ144C 表示工作时延小于 4ns，为表贴封装（具体封装形式请参考器件数据手册），引脚数为 144 个，0 ～ 85℃ 商用温度等级（工业温度范围是 −40℃ ～ 100℃）。

# 9.4 现场可编程逻辑器件(FPGA)

## 9.4.1 FPGA的基本结构

### 1. 查找表的结构与原理

采用查找表(Look-Up-Table)结构的PLD芯片称为FPGA,查找表简称为LUT,LUT本质上就是一个RAM。目前FPGA中多使用4输入的LUT,所以每一个LUT可以看成一个有4位地址线的16×1的RAM。当用户通过原理图或HDL语言描述一个逻辑电路后,FPGA开发软件会自动计算逻辑电路的所有可能的结果,并把结果事先写入RAM,这样,每输入一个信号进行逻辑运算就等于输入一个地址进行查表,找出地址对应的内容,然后输出即可。表9-4-1所示为一个4输入与门的例子。

表9-4-1 LUT实现4输入与门的例子

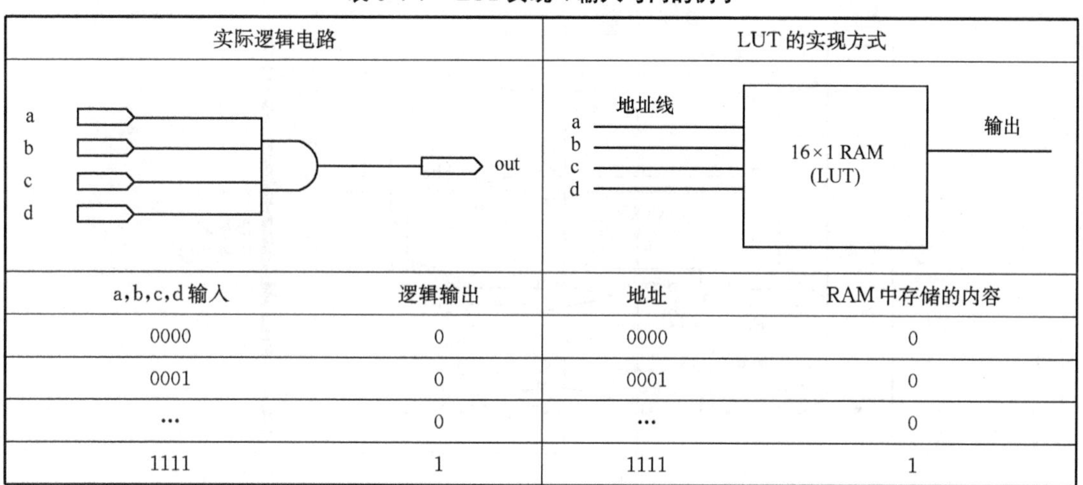



| 实际逻辑电路 | | LUT的实现方式 | |
|---|---|---|---|
| a,b,c,d输入 | 逻辑输出 | 地址 | RAM中存储的内容 |
| 0000 | 0 | 0000 | 0 |
| 0001 | 0 | 0001 | 0 |
| … | 0 | … | 0 |
| 1111 | 1 | 1111 | 1 |

### 2. 基于查找表的FPGA结构

下面以Xilinx的Spartan-3芯片为例介绍FPGA的内部结构,如图9-4-1所示。

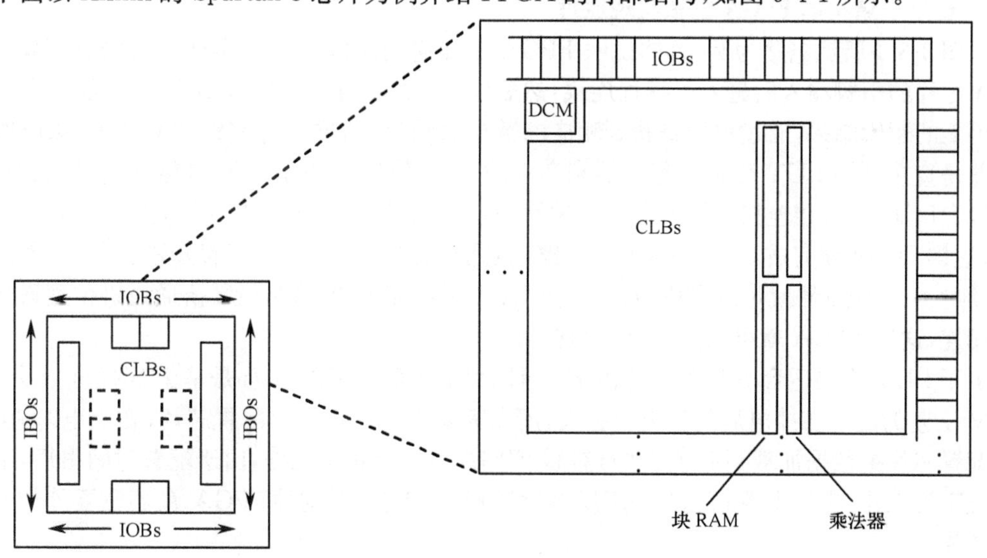



图9-4-1 Spartan-3 FPGA芯片内部结构

Spartan-3 主要包括可配置逻辑模块(CLB)、I/O 模块、块 RAM、乘法器模块和数字时钟管理模块(DCM)。在 Spartan-3 中,CLB 是主要的逻辑资源,每个 CLB 包含 4 个 Slice,并分为 2 组,如图 9-4-2 所示。左侧一组支持逻辑和存储功能,称为 SLICEM;右侧一组只支持逻辑功能,称为 SLICEL。SLICEL 减少了 CLB 的大小并降低了器件的成本。SLICEM 和 SLICEL 具有如下相同组件来提供逻辑、运算和 ROM 功能:

- 2 个 4 输入查找表,F 和 G;
- 2 个存储单元;
- 2 个多功能乘法器,F5MUX 和 F6MUX(或 F7MUX,F8MUX);
- 运算逻辑。

因此,Slice 可以看成 Spartan-3 实现逻辑的最基本结构。Slice 结构如图 9-4-3 所示。

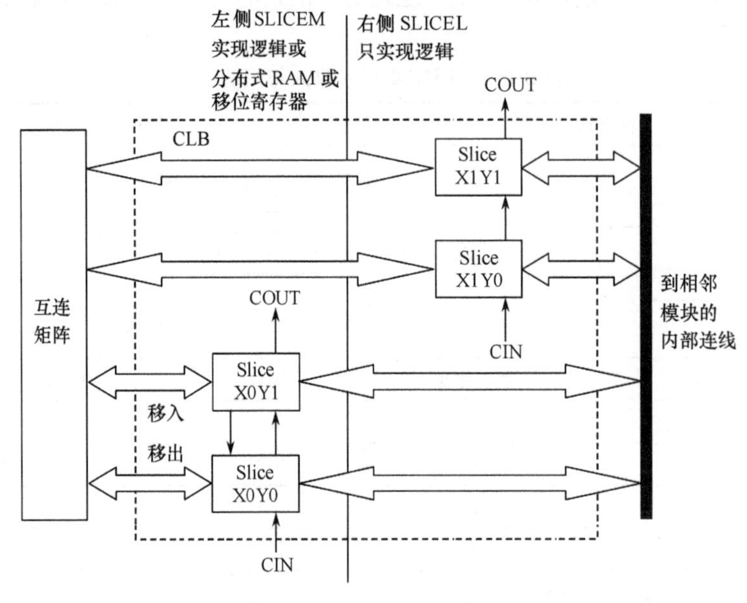


图 9-4-2　CLB 内部结构

### 3. 查找表结构的 FPGA 逻辑实现原理

以图 9-3-4 所示电路为例,具体说明 FPGA 是如何利用以上结构实现逻辑的。A,B,C,D 由 FPGA 芯片的引脚输入后进入可编程连线,然后作为地址线连到 LUT,LUT 中已经事先写入了所有可能的逻辑结果,通过地址查找到相应的数据后输出,这样组合逻辑就实现了。该电路中 D 触发器是直接利用 LUT 后面 D 触发器来实现的。时钟信号 CLK 由 I/O 脚输入后进入芯片内部的时钟专用通道,直接连接到触发器的时钟端。触发器的输出与 I/O 脚相连,把结果输出到芯片引脚。这样 FPGA 就完成了图 9-3-4 所示电路的功能。这个电路是一个很简单的例子,只需要一个 LUT 加上一个触发器就可以完成。对于一个 LUT 无法完成的电路,就需要通过进位逻辑将多个单元相连,这样 FPGA 就可以实现复杂的逻辑。

由于 LUT 主要适合 SRAM 工艺生产,所以目前大部分 FPGA 都是基于 SRAM 工艺的,而 SRAM 工艺的芯片在掉电后信息就会丢失,所以需要外加一片专用配置芯片,在上电时,由这个专用配置芯片把数据加载到 FPGA 中,然后 FPGA 就可以正常工作,由于配置时间很短,不会影响系统正常工作。也有少数 FPGA 采用反熔丝或 Flash 工艺,对这种 FPGA,就不需要外加专用的配置芯片。

### 4. CPLD 与 FPGA 的选择

根据 CPLD 的结构和原理可知,CPLD 分解组合逻辑的功能很强,一个宏单元就可以分解十

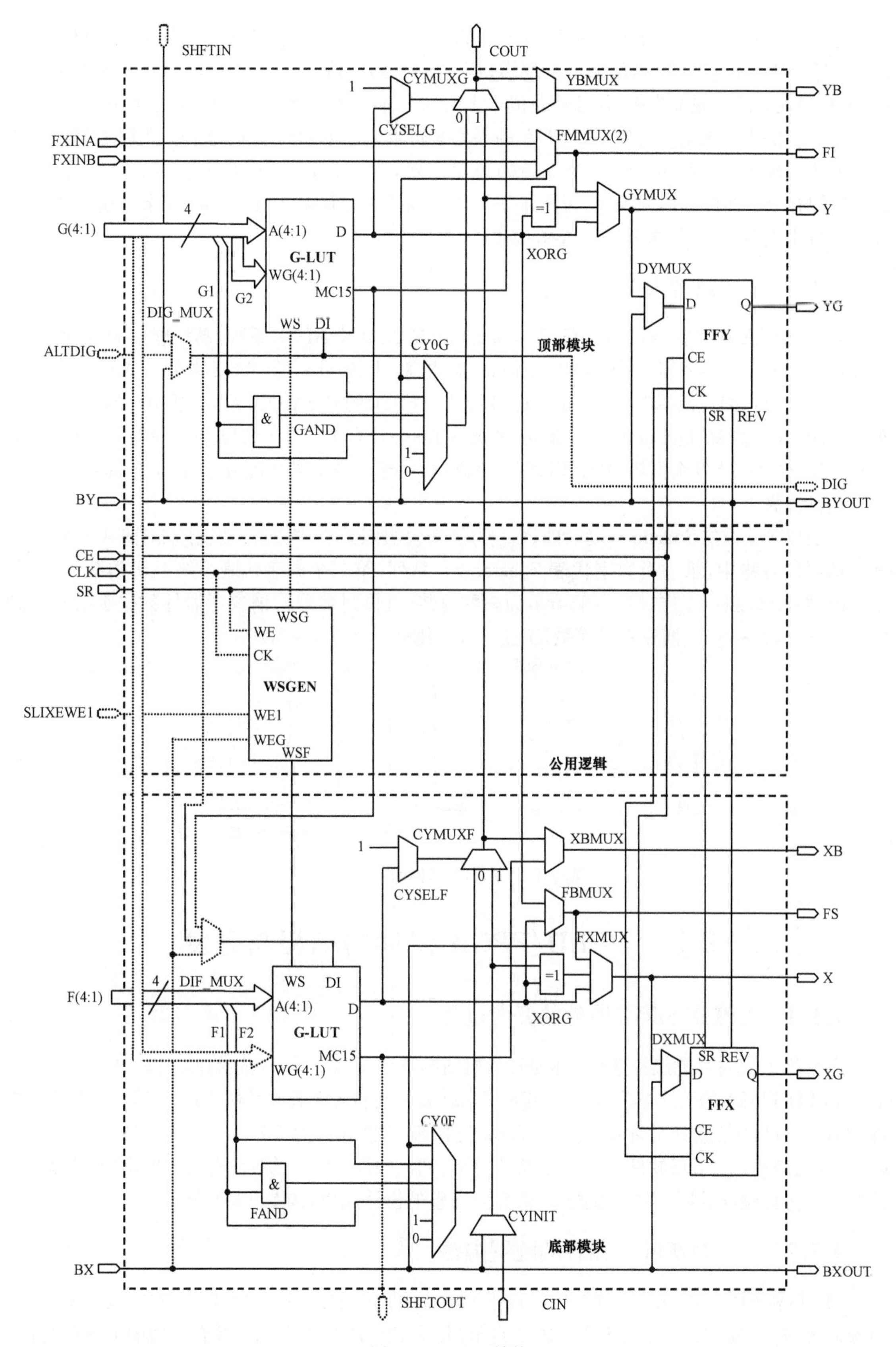


图 9-4-3　Slice 结构

几个甚至 20 ～ 30 多个组合逻辑输入。而 FPGA 的一个 LUT 只能处理 4 输入的组合逻辑，因此，CPLD 适合用于设计译码等复杂组合逻辑。但 FPGA 的制造工艺确定了 FPGA 芯片中包含的 LUT 和触发器的数量非常多，往往都是成千上万，CPLD 一般只能做到 512 个逻辑单元，而且如果用芯片价格除以逻辑单元数量，FPGA 的平均逻辑单元成本大大低于 CPLD。所以如果设计中使用到大量触发器，例如设计一个复杂的时序逻辑，那么使用 FPGA 就是一个很好的选择。CPLD 拥有上电即可工作的特性，而大部分 FPGA 需要一个加载过程，所以，如果系统要可编程逻辑器件上电就工作，那么就应该选择 CPLD。

### 9.4.2 FPGA 常用器件型号

常用 FPGA 芯片有：Xilinx 的低成本 Spartan3E/A/AN/ADSP 系列，高性能 Virtex-Ⅱ Pro/Virtex-4/Virtex-5 系列等；Altera 的 Cyclone Ⅲ/Ⅱ 系列，Stratix Ⅲ/Ⅱ GX 系列及 Arria GX 系列等；Actel 公司带模拟前端器件的 Fusion 系列，基于 Flash 的 ProASIC3 系列，低功耗的 IGLOO 系列等；Lattice 公司高性能 LatticeSC 系列，低成本 LatticeEC/ECP2/ECP-DSP 系列，基于 Flash 的 LatticeXP2/MachXO 系列等。基于 Flash 的 FPGA，由于不需要外接配置芯片，上电即可启动，所以安全性最高。

下面以 Xilinx 的 Spartan3E 系列 FPGA 为例来说明该类器件的命名规则，如图 9-4-4 所示。在第一项器件名称中，第一个数字代表 Spartan-3E 系列，第二个数字代表系统逻辑门数为 250K 个。-4FTG256C 表示工作时延小于 4ns，为表贴封装（具体封装形式请参考器件数据手册），引脚数为 256 个，0 ～ 85℃ 商用温度等级（工业温度范围是 －40℃ ～ 100℃）。

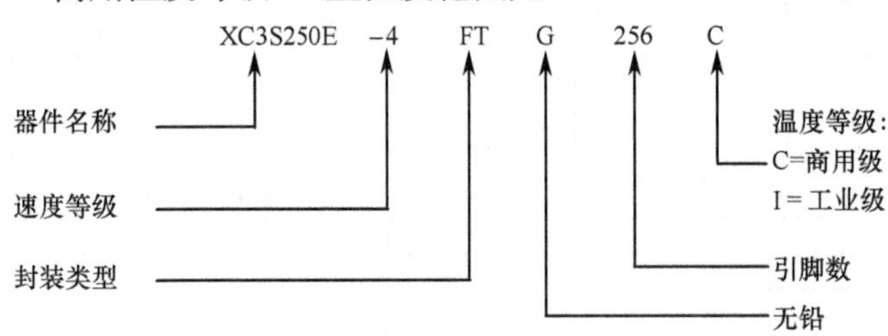


图 9-4-4 FPGA 器件的命名规则

## 9.5 CPLD/FPGA 器件的编程与开发

### 9.5.1 CPLD/FPGA 器件的开发过程

实现 PLD 器件功能最关键的技术是计算机辅助设计（CAD）。CAD 技术和设计软件及开发环境对于 CPLD/FPGA 的设计至关重要，尤其是 FPGA 器件更依赖于开发软件。CPLD/FPGA 器件厂商都推出了自己的集成开发环境（IDE），Xilinx 公司最新的 IDE 为 ISE 9.1，Altera 公司的 IDE 为 Quartus Ⅱ。应用这些 IDE 软件，可以实施以下任务：初始的设计输入、综合、实现（包括翻译、映射、布局布线）、仿真验证及器件的下载配置，来完成完整的设计流程，如图 9-5-1 所示。

### 9.5.2 CPLD/FPGA 器件的配置方法

CPLD 和 FPGA 都支持边界扫描（JTAG）模式，JTAG 端口用于边界扫描测试、器件配置、应用诊断等，符合 IEEE 1532/IEEE 1149.1 规范。每个 CPLD/FPGA 器件都有专用的 JTAG 端口，JTAG 端口有 4 个引脚，具体描述见表 9-5-1。

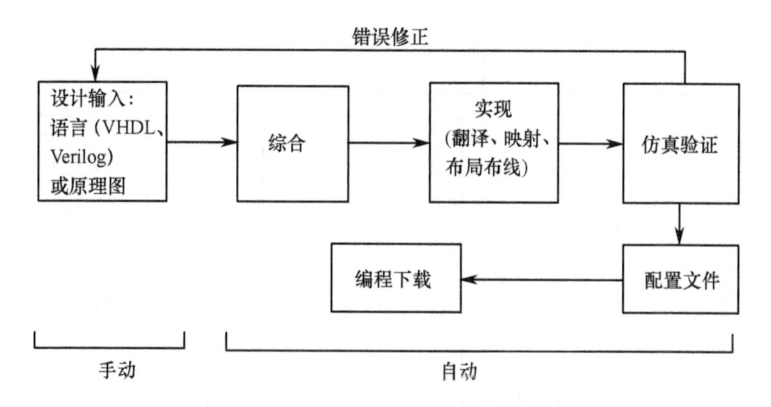


图 9-5-1　CPLD/FPGA 器件的开发流程

通过 JTAG 下载线将 CPLD/FPGA 器件与计算机连接起来，就可以将配置文件下载到器件中，如图 9-5-2 所示。图 9-5-3 给出一个系统中同时存在 CPLD、FPGA 和配置芯片时 JTAG 连线的结构图，可以分别将对应的配置文件下载到这些器件里。

**表 9-5-1　JTAG 引脚说明**

| 引脚名称 | 方向 | 描述 |
| --- | --- | --- |
| TCK | 输入 | 测试时钟 |
| TDI | 输入 | 测试输入数据 |
| TMS | 输入 | 测试模式选择 |
| TDO | 输出 | 测试输出数据 |

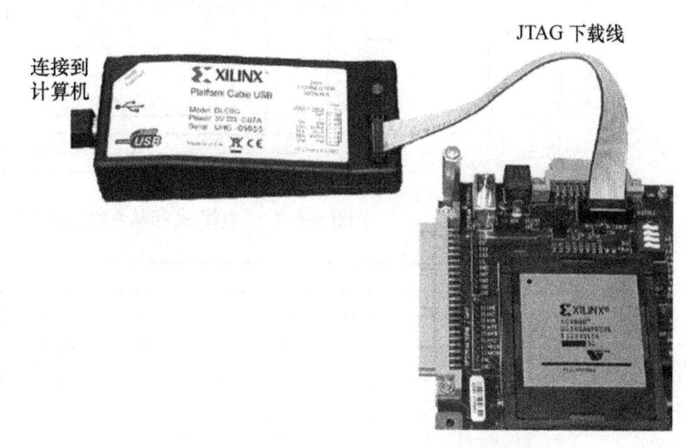


图 9-5-2　JTAG 下载线连接实物图

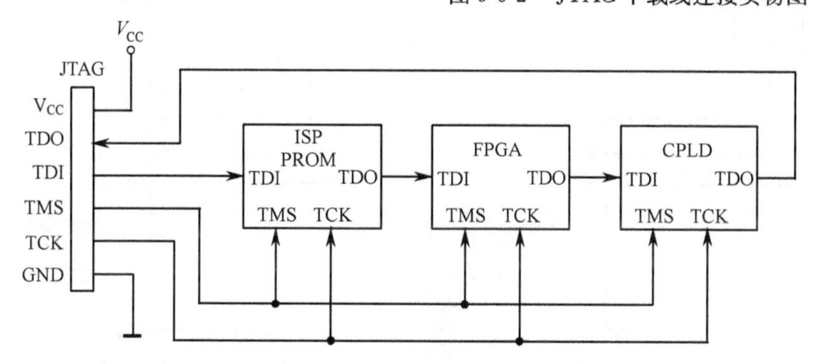


图 9-5-3　JTAG 连接结构图

由于 CPLD 器件是基于 $E^2$PROM 或 Flash 技术的，所以直接将配置文件下载到 CPLD 器件中，就可以脱离计算机独立运行了，断电也不会丢失信息。而基于 SRAM 的 FPGA 器件断电后会丢失信息，所以需要配置芯片存储配置信息，上电时将配置信息加载到 FPGA 器件中，就可使 FPGA 器件独立运行。配置芯片中存储的配置信息也是通过 JTAG 下载线下载的，如图9-5-3 所示。FPGA 器件还支持以下几种配置模式，如图 9-5-4、图 9-5-5 和图 9-5-6 所示。

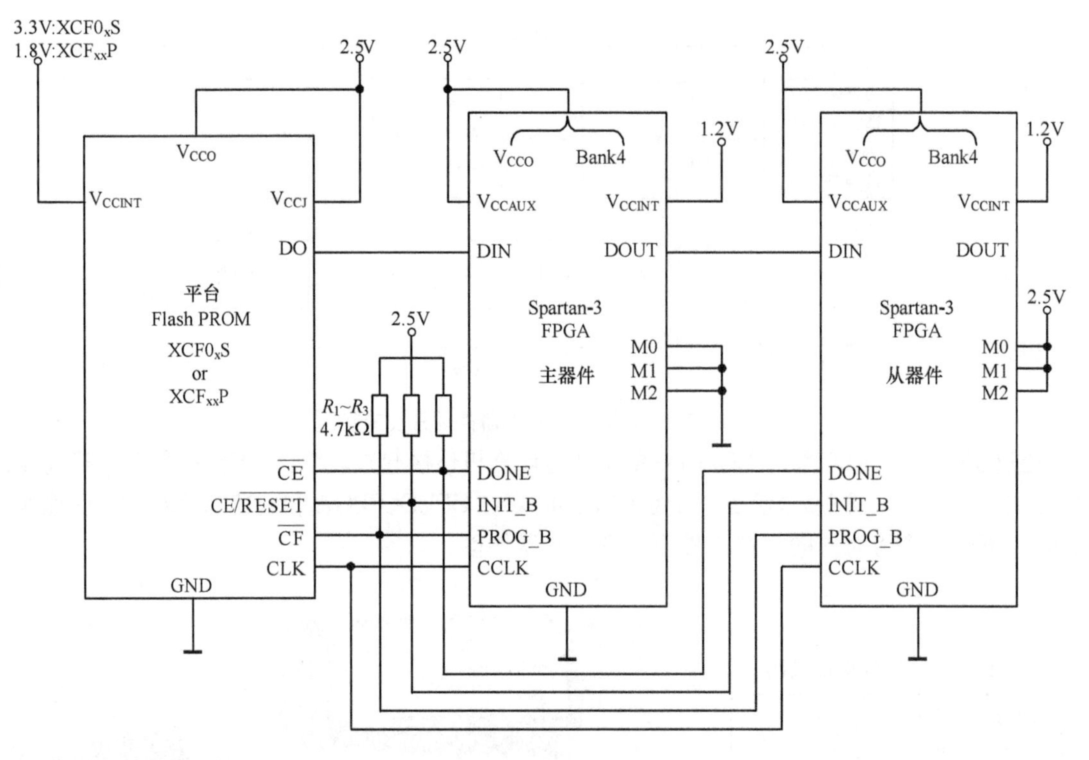


图 9-5-4　主模式和从模式串行配置连接图

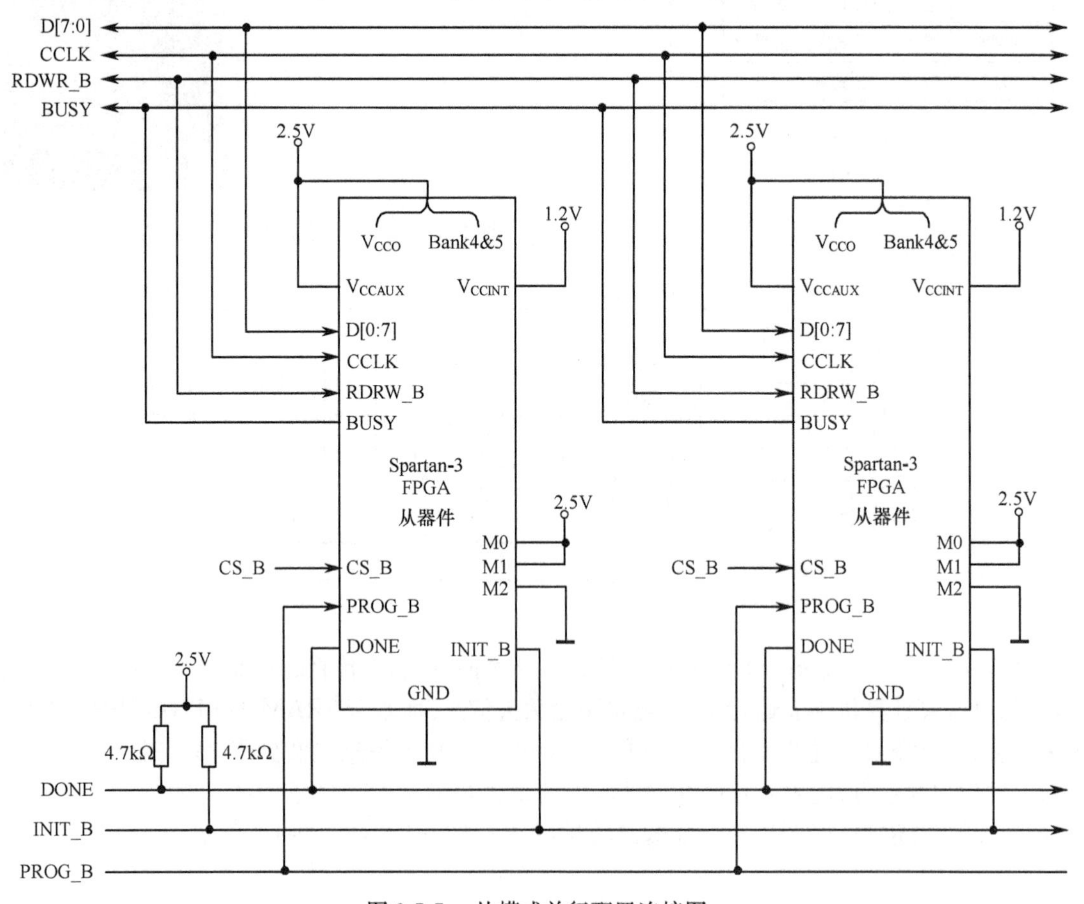


图 9-5-5　从模式并行配置连接图

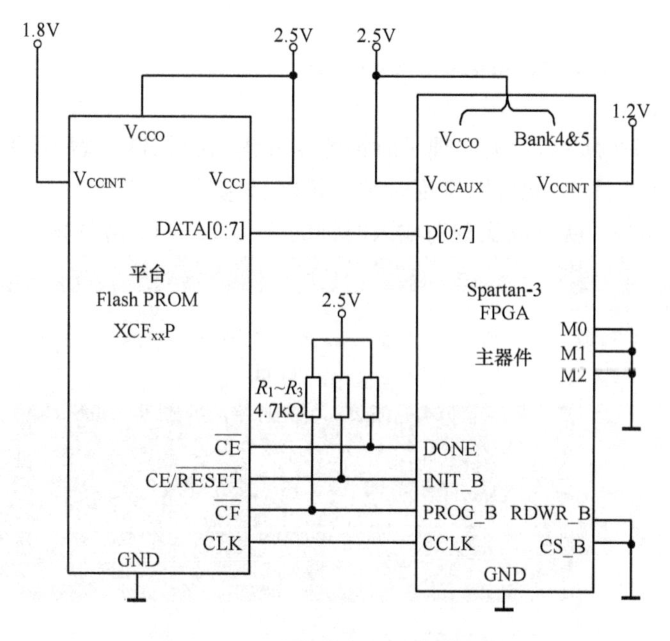


图 9-5-6　主模式并行配置连接图

### 9.5.3　CPLD/FPGA 应用举例

例如，设计一个时钟分频器，输入时钟信号 Clk，输出 6 分频时钟信号 ClkOut，设计包括复位信号。下面是应用 Verilog 硬件描述语言设计的时钟分频器程序，模块名为 Div（有关硬件描述语言的内容请参考相关资料）。

```
module Div(Clk, Reset, ClkOut, Ena);
  input   Clk, Reset;
  output  ClkOut,Ena;
  reg     ClkOut;
  reg[0:3] Counter;

  always @(posedge Clk)
  begin
     if (~ Reset)
     begin
        ClkOut <= 0;
        Counter <= 0;
     end
     else
     begin
        if (Counter == 2)
           begin
              ClkOut <= ~ ClkOut;
              Counter <= 0;
           end
        else
           Counter <= Counter + 1;
        end
```

```
    end
    assign Ena = (Counter == 2) ? 1: 0;
endmodule
```

仿真波形如图 9-5-7 所示，可见实现了时钟的 6 分频。利用 IDE 软件将编译生成的配置文件下载到 CPLD/FPGA 器件中，就可以实现时钟分频器。只要将程序中与 Counter 计数相关的数据 2 修改为任意的正整数 $m$，就可以实现对输入时钟的 $2\times(m+1)$ 倍分频了，非常方便。

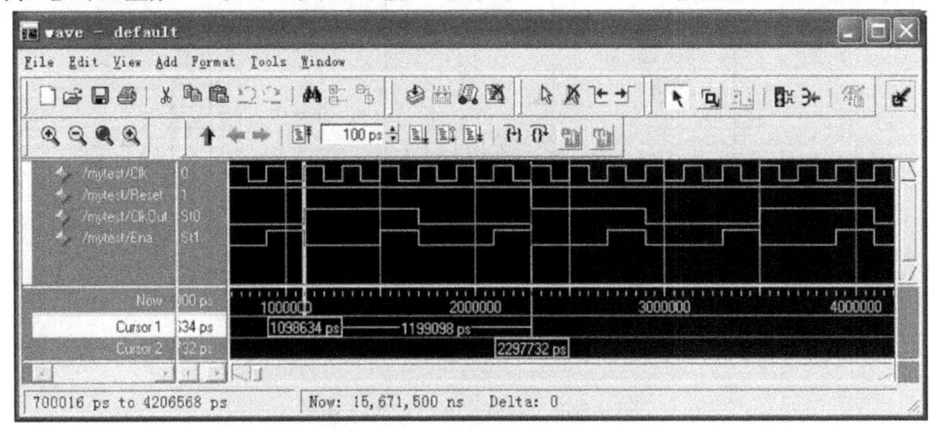


图 9-5-7　时钟分频器仿真波形

## 思考题与习题

9.1　用 GAL16V8 实现下列逻辑功能：

$F_1 = A_1 \cdot B_1$　　　　$F_1 = A_2 + B_2$

$F_3 = \overline{A_3B_3 + C_3D}$　　　　$F_4 = A_4 \oplus B_4 + C_4 \oplus D_4$

9.2　GAL 实现 1 到 8 的数据分配器，它有一个数据 DATA 的输入端 I，3 个选择控制端 $S_2S_1S_0$，一个使能端 EN，8 个输出端 $Y_7$，…，$Y_0$。当 EN = 0(无效) 时，所有输出均为高阻态，当EN = 1(有效) 时，输出由 $S_2S_1S_0$ 决定：$S_2S_1S_0 = 000$ 时，数据由 $Y_0$ 输出，$S_2S_1S_0 = 111$ 时，数据由 $Y_7$ 输出，…，试写出设计源文件并列出引脚分配。

9.3　试用 GAL 设计一个 3 位二进制加 1 计数器，当控制端 EN = 0 时，输出 $Q_2Q_1Q_0 = 000$，当 EN = 1 时，进行加 1 计数。试写出其设计源文件。

9.4　试用 GAL20V8 设计一个十进制可逆计数器，它具有同步清零和预置功能，而控制信号 DIR 决定计数方向。$I_3 \sim I_0$ 为置数输入端，当 CLR、DIR 为 00 时，计数器清零；当 CLR、DIR 为 01 时，$I_3 \sim I_0$ 被预置为计数器的初始状态，并在有效时钟到来时开始计数；CLR、DIR 为 10 时，计数器进行减 1 计数；CLR、DIR 为 11 时，计数器进行加 1 计数。试写出设计源文件并列出引脚分配。

9.5　试说明 CPLD 的基本结构。

9.6　试举例说明 CPLD 是如何实现简单逻辑的。

9.7　试说明 FPGA 的基本结构。

9.8　试举例说明 FPGA 是如何利用 4 输入查找表来实现简单逻辑的。

9.9　试说明 CPLD/FPGA 的开发过程包括哪些步骤。

9.10　试详细说明 FPGA 有几种配置方式。

9.11　设计一个 32 分频器，对输入的 100MHz 信号进行分频，要求写出 Verilog 代码，并给出仿真波形。

# 第10章　实　　验

## 10.1　“集成电路原理及应用”实验箱使用说明

“集成电路原理及应用”实验箱是为了配合高等院校师生学习“集成电路原理及应用”课程而设计的，它包括了课程的基本教学实验内容。通过这些实验，对加深课程内容理解将会有很大的帮助。学生也可在该实验箱的基础上自行开发，掌握更多的实际应用电路，为将来读研究生和走向工作岗位打下良好的基础。教师还可用该实验箱培训学生参加全国大学生电子设计竞赛。

**1. 实验箱组成**

“集成电路原理及应用”实验箱由实验箱底板、8个实验模块、单片机控制模块、键盘模块和显示模块组成。8个实验模块分别是实验1至实验8的8个实验。

在实验箱面板图中，电源模块、单片机控制模块、显示模块、键盘模块、A/D和D/A模块这5个模块的位置是固定的。其余模块如积分器和微分器、仪用放大器和差动放大器、电压比较器、U/F变换器和F/U变换器、函数信号发生器、集成有源滤波器和集成音频功率放大器等8个实验模块，可根据实验需要，安装在JP11、JP12、JP13、JP14、JP15插口上。

**2. 实验箱使用说明**

实验箱的左侧有220V电源线接口及电源开关，使用时，插上电源接线，闭合电源开关。220V交流电加到电源模块上，电源模块工作，可提供±5V、±12V、±15V、0～30V的直流电压。8个实验模块要正常工作，均需直流电压。做实验时，先将实验模块安装到实验箱底板上。每个实验模块上都配有直流电源开关，将开关打在ON位置，相应的电源指示灯点亮，可按照实验要求，开始做实验。实验结束后，将实验模块上的直流电源开关打在OFF位置，将实验箱左侧的220V电源开关断开。

**3. 实验要求**

(1) 实验前必须预习，认真阅读本次实验指导书的全部内容，明确实验目的，掌握实验原理，理解实验内容及步骤，理解需测试的数据和波形的意义。

(2) 准备好实验所需仪器设备、工具和材料等，复习仪器设备的使用方法和注意事项，并在实验中严格遵守，不要损坏仪器设备。

(3) 熟悉实验箱及本次的实验模块，熟悉测试点及元器件的位置。

(4) 实验中应按照要求仔细操作，仔细观察实验现象，并做好记录。

(5) 测量数据和调整仪器要认真仔细，注意设备安全和人身安全。

(6) 实验过程中，如遇有异常气味和异常现象，应立即切断电源，并报告指导教师，只有在找出故障原因后，方可继续实验。

(7) 实验结束后，必须关断电源，整理好实验箱、仪器设备、工具和材料等。

## 10.2 实验指导

### 实验1——积分器和微分器(μA741)

**【实验目的】**

(1) 学会用集成运放设计积分器和微分器,熟悉电路原理和元件参数的计算。

(2) 熟悉积分器和微分器的特点、性能,并会应用。

**【实验仪器】**

万用表,示波器,信号发生器,“集成电路原理及应用”实验箱。

**【实验原理】**

**1. μA741芯片简介**

μA741是第二代集成运放的典型代表(General Purpose Operational Amplifier),是采用硅外延平面工艺制作的单片式高增益运放。其特点是:采用频率内补偿,具有短路保护功能,具有失调电压调整能力,具有很高的输入差模电压和共模电压范围,无阻塞现象,功耗较低,电源电压适应范围较宽。它有很宽的输入共模电压范围,不会在使用中出现“阻塞”,在诸如积分电路、求和电路及一般的反馈放大电路中使用,均不需外加补偿电容。

μA741采用DIP8和SO8封装。如图10-2-1所示为μA741的引脚及功能图。

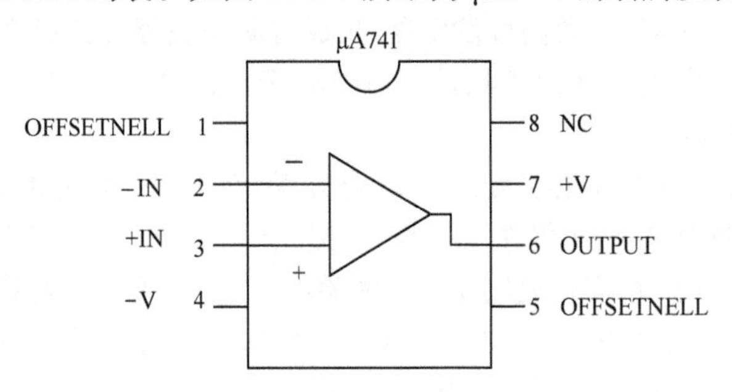


图10-2-1 μA741的引脚及功能图

**2. 积分器**

积分器,其输出电压和输入电压的积分成线性关系,广泛应用于扫描电路、A/D转换和模拟运算等方面。

如图10-2-2所示为积分器和微分器电路原理图。

在图10-2-2中,当开关$S_1$断开时,IC1及其周围元件构成反相积分器。输出电压与输入电压的关系为

$$u_{o1}(t)=-\frac{1}{R_1C_1}\int u_{i1}(t)\mathrm{d}t \tag{10-2-1}$$

**3. 微分器**

微分器,其输出电压和输入电压的微分成线性关系,广泛应用于波形变换和模拟运算等方面。

在图10-2-2中,当开关$S_1$断开、$S_2$闭合时,IC2及其周围元件构成反相微分器。输出电压与输入电压的关系为

$$u_{o2}(t)=-R_5C_2\frac{\mathrm{d}u_{i2}(t)}{\mathrm{d}t} \tag{10-2-2}$$

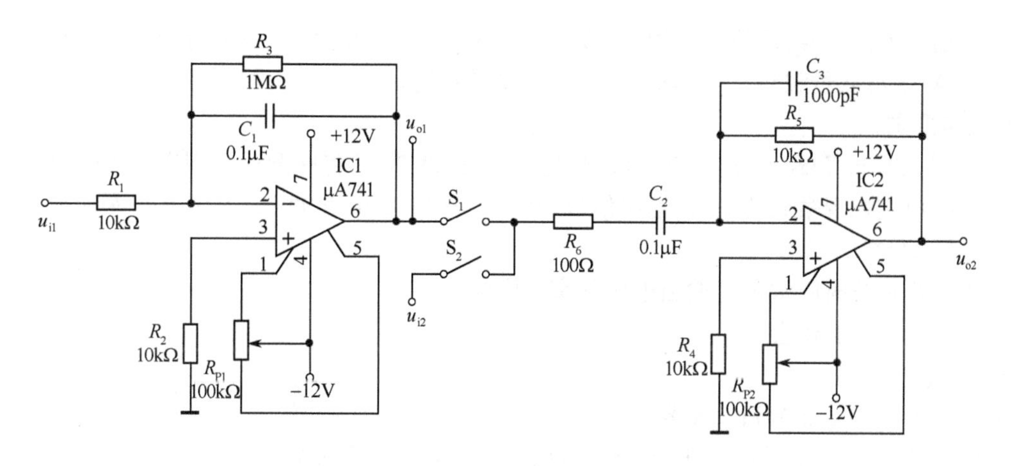


图 10-2-2　积分器和微分器电路原理图

4. **积分器和微分器**

在图 10-2-2 中，当开关 $S_2$ 断开、$S_1$ 闭合时，IC1、IC2 及其周围元件构成积分器和微分器。

**【实验内容及步骤】**

将"积分器和微分器"模块安装在实验箱底板上，合上电源开关。

1. **电路设计与仿真**

参照图 10-2-2 设计积分器和微分器，用 Proteus 软件（或 Multisim 软件）对积分器和微分器电路进行仿真，并记录仿真结果。

2. **积分器**

(1) 将开关 $S_1$ 断开。

(2) 调零：将输入端 $u_{i1}$ 接地，用数字万用表测输出电压 $u_{o1}$，调节调零电位器 $R_{P1}$，直至 $u_{o1}=0$（或 $u_{o1}\approx 0$）。

(3) 输入方波信号：①用信号发生器，在输入端 $u_{i1}$ 加入方波信号，频率为 100Hz，电压幅度为±2V。用数字示波器观察 $u_{i1}$、$u_{o1}$ 的波形，并记录其数值。②输入信号的电压幅度不变，改变频率，观察并记录 $u_{i1}$、$u_{o1}$ 的波形。③输入信号的频率不变，改变电压幅度，观察并记录 $u_{i1}$、$u_{o1}$ 的波形。

(4) 输入正弦波：①用信号发生器，在输入端 $u_{i1}$ 加入正弦波信号，频率为 100Hz，电压有效值为 1V。用数字示波器观察 $u_{i1}$、$u_{o1}$ 的波形及相位差，并记录其数值。②改变正弦波信号的频率，观察并记录 $u_{i1}$、$u_{o1}$ 的波形及相位差。

3. **微分器**

(1) 将开关 $S_1$ 断开，$S_2$ 闭合。

(2) 调零：将输入端 $u_{i2}$ 接地，用数字万用表测输出电压 $u_{o2}$，调节调零电位器 $R_{P2}$，直至 $u_{o2}=0$（或 $u_{o2}\approx 0$）。

(3) 输入方波信号：用信号发生器，在输入端 $u_{i2}$ 加入方波信号，频率为 200Hz，电压幅度为±2V。用数字示波器观察 $u_{i2}$、$u_{o2}$ 的波形，并记录其数值。

(4) 输入正弦波：①用信号发生器，在输入端 $u_{i2}$ 加入正弦波信号，频率为 160Hz，电压有效值为 1V。观察并记录 $u_{i2}$、$u_{o2}$ 的波形及相位差。②改变正弦波信号的频率，观察并记录 $u_{i2}$、$u_{o2}$ 的波形及相位差。

4. **积分器和微分器**

(1) 将开关 $S_2$ 断开、$S_1$ 闭合。

(2) 输入方波信号：用信号发生器，在输入端 $u_{i1}$ 加入方波信号，频率为 100Hz，电压幅度为 ±2V。用数字示波器观察 $u_{o1}$、$u_{o2}$ 的波形，并记录其数值。

**【实验报告要求】**

(1) 用 Altium Designer 09 软件画出实验电路原理图，并将此图粘贴到实验报告中。

(2) 画出实验观察到的输入、输出信号的波形，与 Proteus 软件(或 Multisim 软件)仿真结果比较，并予以分析。

(3) 分析积分时间常数对输出电压斜率的影响。

(4) 写出收获和体会。

**【预习要求】**

(1) 预习本书 2.2 节和 2.3 节。

(2) 查阅 μA741 的数据手册或 pdf 文件，列表记录其主要参数。

(3) 根据实验内容和要求，设计实验数据记录表格，供实验测试时使用。

(4) 熟悉 Altium Designer 09 软件。

(5) 熟悉 Proteus 软件(或 Multisim 软件)。

**【思考题】**

(1) 造成积分误差的因素有哪些？如何减小积分误差？

(2) 在图 10-2-2 中，若将 $R_3$ 开路，积分器能否正常积分？为什么？$R_3$ 的阻值对积分精度有何影响？

(3) 在图 10-2-2 中，若将 $C_3$ 开路，微分器能否正常微分？为什么？

## 实验 2——仪用放大器和差动放大器(OPA2111、INA106)

**【实验目的】**

(1) 熟悉仪用放大器及其工作原理。

(2) 熟悉差动放大器及其工作原理。

(3) 掌握 OPA2111、INA106 的使用方法和应用电路。

(4) 学会自动校零的方法，并会应用。

(5) 熟悉小信号放大器的性能和特点，并会应用。

**【实验仪器】**

万用表，示波器，信号发生器，直流稳压电源，"集成电路原理及应用"实验箱。

**【实验原理】**

**1. OPA2111、INA106 芯片简介**

(1) OPA2111 是双低噪声精密运算放大器(BURR-BROWN，Dual Low-Noise Precision Difet Operational Amplifer)，偏流极低($\leqslant \pm 4$pA)，建立时间极短(1μs 建立至 0.01%精度)，噪声很小(8nV/$\sqrt{\text{Hz}}$、10kHz)，经自动校零可使失调电压低于 5μV，零漂≤0.028μV/℃，折算到输入端其零电位调节速率为≤2μV/s。常用于仪用放大器和小信号放大器。

OPA2111 采用 DIP8(或 006E)塑封和 TO-99(或 001B)金属封装。如图 10-2-3 所示为 OPA2111 引脚及功能图。

(2) INA106 是单片增益差动放大器(BURR-BROWN，Precision Gain=10 Differential Amplifier)，由一个精密运放和 4 个金属膜电阻组成，因 4 个电阻均经激光修正，所以具有很高的精度，其电压放大倍数的精度和共模抑制比均很高。INA106 可提供精密差分放大器的功能，无须精密电阻网络，可用于增益为 10、−10、11 的差动放大及仪表放大。

INA106 采用 DIP8 和 SO8 封装。如图 10-2-4 所示为 INA106 引脚及功能图。

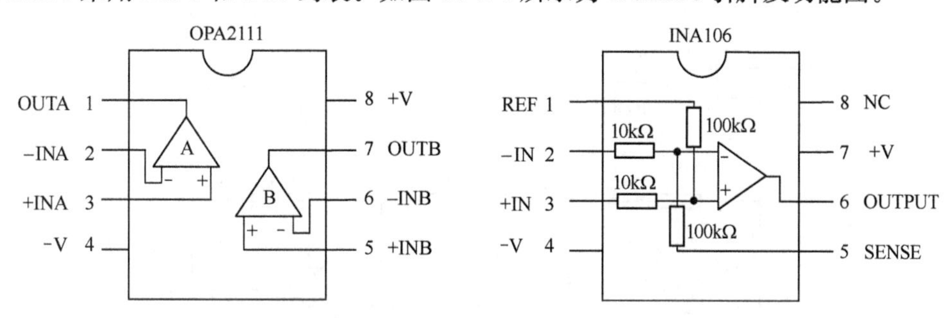


图 10-2-3　OPA2111 引脚及功能图　　　图 10-2-4　INA106 引脚及功能图

### 2. 自动校零仪用放大器

如图 10-2-5 所示为自动校零仪用放大器。图中 IC1A 是主放大器，IC1B 是辅助放大器。IC1B 配合 IC1A 完成自动校零功能。当开关 $S_1$ 打在 2，开关 $S_2$ 打在 4 时，完成自动校零；当开关 $S_1$ 打在 1，开关 $S_2$ 打在 3 时，完成小信号放大。图中参数对应的电压放大倍数为：$A_u=-R_2/R_1=-100$。

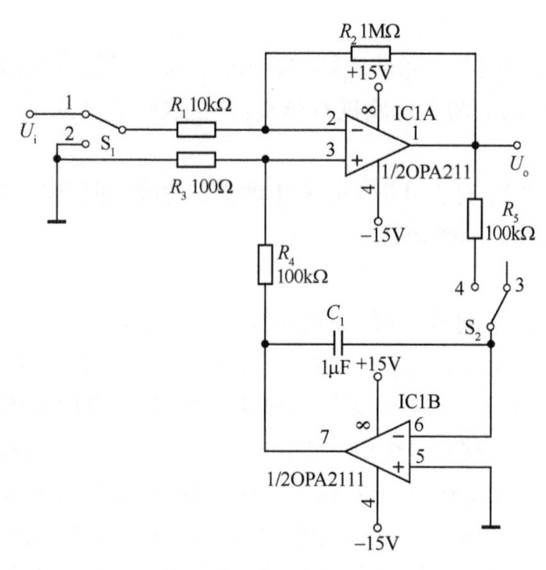


图 10-2-5　自动校零仪用放大器

### 3. 高精度差动放大器

如图 10-2-6 所示为高精度差动放大器。

在图 10-2-6 中，第一级是由 OPA2111 构成的高精度仪用放大器，第二级是由 INA106 构成的高精度差动放大器。

当开关 $S_3$、$S_4$ 断开时，信号由 $U_{i2}$、$U_{i3}$ 输入，输出电压为

$$U_o'=10(U_{i2}-U_{i3}) \tag{10-2-3}$$

当开关 $S_3$、$S_4$ 闭合时，信号由 $E_1$、$E_2$ 输入，输出电压为

$$U_o'=10\left(1+\frac{2R_7}{R_6}\right)(E_2-E_1)\approx 1000(E_2-E_1) \tag{10-2-4}$$

**【实验内容及步骤】**

将“仪用放大器和差动放大器”模块安装在实验箱底板上，合上电源开关。

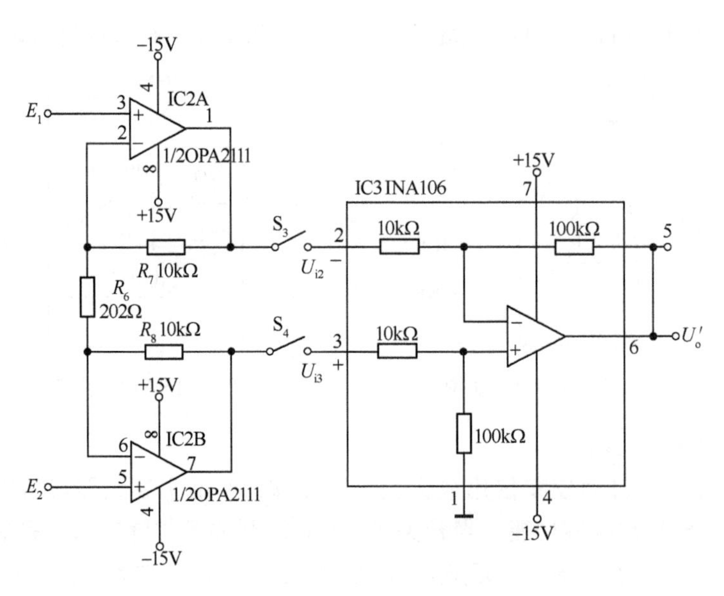


图 10-2-6　高精度差动放大器

1. **电路设计与仿真**

参照图 10-2-5 设计自动校零仪用放大器，参照图 10-2-6 设计高精度差动放大器，用 Proteus 软件（或 Multisim 软件）对以上两个电路进行仿真，并记录仿真结果。

2. **自动校零**

当开关 $S_1$ 打在 2、开关 $S_2$ 打在 4 时，完成自动校零功能，即零输入时，实现零输出。用数字万用表测量输出电压 $U_o$，并记录数值。

3. **仪用放大器**

当开关 $S_1$ 打在 1、开关 $S_2$ 打在 3 时，完成小信号放大功能。

（1）用信号发生器在输入端 $U_i$ 输入正弦信号，频率为 300Hz，电压（峰-峰值）为 50mV。用数字示波器观察输出端 $U_o$ 的波形，并记录输出电压的数值，计算放大倍数。

（2）用信号发生器在输入端 $U_i$ 输入正弦信号，频率固定为 300Hz，将电压值逐渐加大。用数字示波器观察输出端 $U_o$ 的波形，并记录输出电压的数值，计算放大倍数。

（3）用信号发生器在输入端 $U_i$ 输入正弦信号，电压（峰-峰值）固定为 50mV，频率逐渐加大。用数字示波器观察输出端 $U_o$ 的波形，并记录输出电压的数值，计算放大倍数。

（4）在输入端 $U_i$ 输入直流信号，电压为 5～150mV。用数字万用表测试输出端 $U_o$ 的电压，并记录输出电压的数值，计算放大倍数。

4. **差动放大器**

（1）将开关 $S_3$、$S_4$ 断开，信号由 $U_{i2}$、$U_{i3}$ 输入。

在 $U_{i2}$、$U_{i3}$ 输入端分别加入直流电压，用数字万用表测量并记录输出端电压 $U_o'$ 的数值。（注：①$U_{i2}$、$U_{i3}$ 电压之差要小于 1.5V；②$U_{i2}$、$U_{i3}$ 最大电压值应小于 10V。）

（2）将开关 $S_3$、$S_4$ 闭合，信号由 $E_1$、$E_2$ 输入。

用信号发生器在 $E_1$、$E_2$ 输入端分别加入方波信号，两路信号频率相同（注：范围为 100～300Hz），两路信号电压范围为 100～300mV。用数字示波器观察并记录输出端电压 $U_o'$ 的波形，并作出相应的解释。

**【实验报告要求】**

（1）用 Altium Designer 09 软件画出实验电路原理图，并将此图粘贴到实验报告中。

（2）记录实验观察到的输入、输出信号的波形或数据，与 Proteus 软件（或 Multisim 软件）仿真结果比较，并予以分析。

（3）通过实验分析该仪用放大器的带宽和精度。

（4）写出收获和体会。

**【预习要求】**

（1）预习本书 2.4 节。

（2）预习本书 2.5 节。

（3）查阅 OPA2111、INA106 的数据手册或 pdf 文件，列表记录其主要参数。

（4）根据实验内容和要求，设计实验数据记录表格，供实验测试时使用。

**【思考题】**

（1）使用仪用放大器时，为什么要校零？如何校零？

（2）设计小信号放大器，在 PCB 布线时有哪些注意事项？

（3）如何应用仪用放大器和差动放大器？试举出几个应用实例。

## 实验 3——电压比较器（LM311）

**【实验目的】**

（1）熟悉单限电压比较器和双限电压比较器的工作原理、电路特性和应用方面。

（2）掌握 LM311 的使用方法和应用电路。

（3）掌握电压比较器设计、测试和调整的方法。

**【实验仪器】**

万用表，示波器，信号发生器，直流稳压电源，“集成电路原理及应用”实验箱。

**【实验原理】**

电压比较器的基本功能是实现两个模拟电压之间的电平比较，它是以输出逻辑电平的高低给出判断结果的一种电路。通常这两个电压中的一个是待比较的模拟信号，另一个是门限电压或参考电压。它的输出是比较结果的数字信号，即高、低电平。所以电压比较器是一种模拟信号和数字信号之间的接口电路。电压比较器的这种功能可以用开环状态下工作的集成运放来实现，也可以用专门设计的集成电压比较器来实现。

前者可与放大电路统一，大大减小电路系统中使用的产品型号规格，使用灵活，易于生产各种不同的逻辑电平，有利于大信号比较，在低速高精度的电压比较时占有一定的优势。而专用集成电压比较器，输出状态转换速度高，对一些高速比较器转换时间很短，仅为 3～5ns，但它的输出逻辑电平大小是固定的。在电路结构上，专用电压比较器除了线性的模拟电路部分之外，还包含有实现要求输出逻辑电平的数字电路部分，它的输出可以直接驱动 TTL、ECL、HTL、NMOS、PMOS 等数字集成电路。

本实验介绍专用集成电压比较器 LM311 的使用方法和应用电路。

### 1. LM311 芯片简介

LM311 是专用电压比较器芯片（High-Performance Voltage Comparator），电源电压范围大（±5V～±15V）、偏置电流小（100nA）、失调电流小（6.0nA）、差分输入电压范围大（±30V）。其输出与 TTL、DTL 及 MOS 电路相容，并可驱动指示灯和继电器。可单电源供电，也可双电源供电，有集电极输出和发射极输出两种形式，还具有外部平衡调节端和选通控制端。

LM311 采用 DIP8 和 SO8 封装。如图 10-2-7 所示为 LM311 的引脚及功能图。

### 2. 单限电压比较器

如图 10-2-8 所示为单限电压比较器。

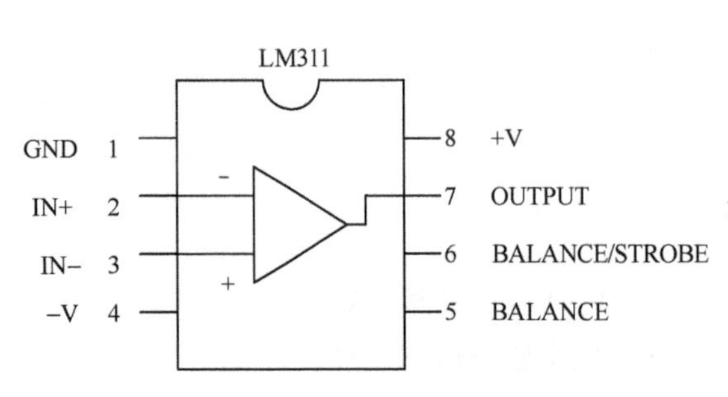


图 10-2-7　LM311 的引脚及功能图

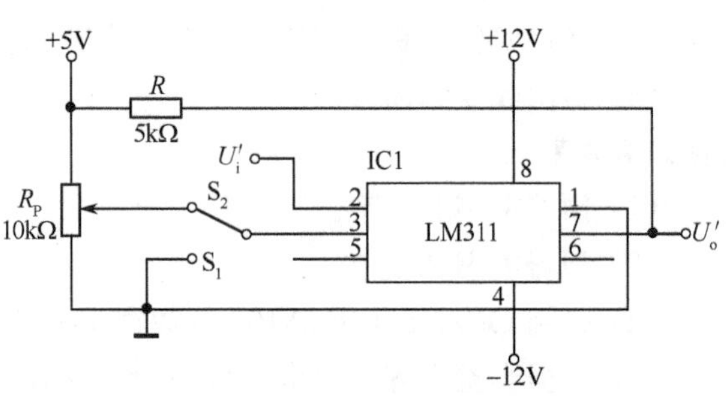


图 10-2-8　单限电压比较器

(1) 过零电压比较器

当开关 $S_1$ 闭合、$S_2$ 断开时，是过零电压比较器。当输入电压 $U_i' \geqslant 0$ 时，输出高电平，$U_o'=5V$；输入电压 $U_i'<0$ 时，输出低电平，$U_o'=0$。

(2) 任意电平比较器

当开关 $S_2$ 闭合、$S_1$ 断开时，是任意电平比较器。调节电位器 $R_P$，可得到任意参考电位 $E_r$（注：本电路设计 $0<E_r \leqslant 5V$）。当输入电压 $U_i' \geqslant E_r$ 时，输出高电平；输入电压 $U_i'<E_r$ 时，输出低电平，$U_o'=0$。

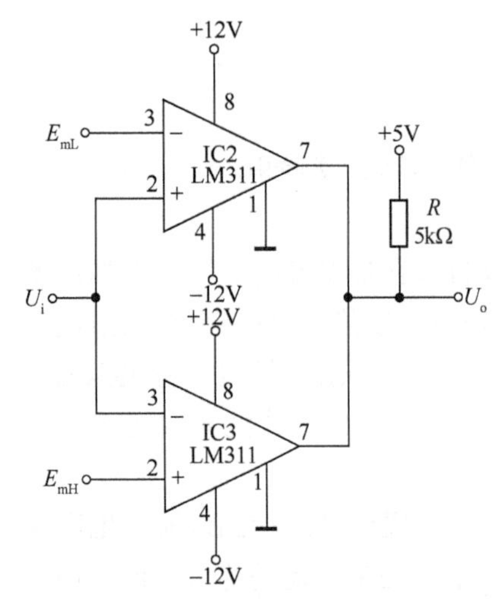


图 10-2-9　窗口电压比较器

### 3. 窗口电压比较器

窗口电压比较器可以用来判断输入信号 $u_i$ 是否位于两个指定电位之间，把其中较小的一个电位称为下门限电位 $E_{mL}$，较大的一个电位称为上门限电位 $E_{mH}$，二者之差称为门限宽度 $\Delta E_m$。当输入信号 $U_i$ 落入门限宽度 $\Delta E_m$ 之内或"窗口"之内时，为一种逻辑电平（如为高电平），而输入电压在"窗口"之外时，为另一种逻辑电平（如为低电平），具有这种传输特性的比较器称为窗口电压比较器。

如图 10-2-9 所示为窗口电压比较器。

在图 10-2-9 中，IC2、IC3 是专用电压比较器 LM311。LM311 的内部采用发射极接地、集电极开路的三极管集电极输出方式。在使用时，必须外接上拉电阻。这种电压比较器允许输出端并接在一起。

当输入电压 $U_i<E_{mL}(<E_{mH})$时，比较器 IC2 的输出管截止，而比较器 IC3 的输出管导通，此窗口比较器的输出为低电平。

当输入电压 $U_i>E_{mH}$时，比较器 IC2 的输出管导通，而比较器 IC3 的输出管截止，此窗口比较器的输出电平为低电平。

只有当输入电压处于窗口电压之内，即 $E_{mL}<U_i<E_{mH}$ 时，比较器 IC2 和 IC3 输出管均截止，窗口比较器输出电平由上拉负载电阻拉向高电平。

电源电压值可根据数字电路要求来确定。此窗口电压比较器的传输特性如图 10-2-10 所示。

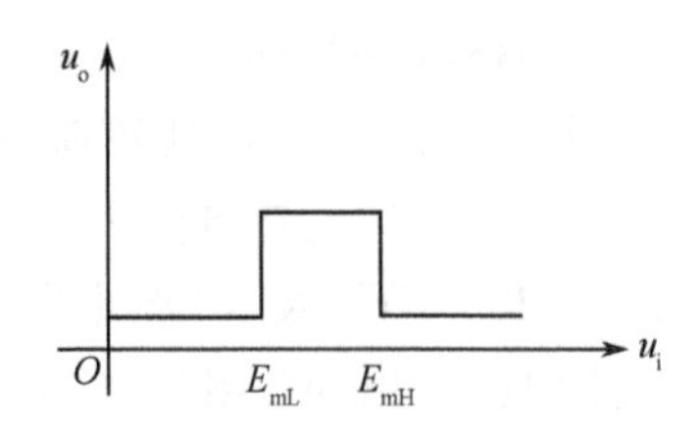


图 10-2-10　窗口电压比较器的传输特性

【实验内容及步骤】

将“电压比较器”模块安装在实验箱底板上，合上电源开关。

1. **单限电压比较器**

(1) 过零电压比较器

①当开关 $S_1$ 闭合时，用信号发生器在 $u_i'$输入端加频率为 1kHz、电压有效值为 2V 的正弦波信号，用双踪示波器观察 $u_i'$、$u_o'$ 的波形，画出传输特性曲线。

②当开关 $S_1$ 闭合时，用信号发生器在 $u_i'$输入端加正弦波信号，先固定输入信号的频率，逐渐改变输入信号的电压值，用双踪示波器观察 $u_i'$、$u_o'$的波形；再固定输入信号的电压值，逐渐改变输入信号的频率，用双踪示波器观察 $u_i'$、$u_o'$的波形。

(2) 任意电平比较器

①当开关 $S_2$ 闭合时，调节电位器 $R_P$，参考电位 $E_r$ 得到一个数值，用信号发生器在 $u_i'$输入端加入频率为 1kHz、电压有效值为 2V 的正弦波信号，用双踪示波器观察 $u_i'$、$u_o'$的波形，画出传输特性曲线。

②当开关 $S_2$ 闭合时，调节电位器 $R_P$，参考电位 $E_r$ 得到一个数值，用信号发生器在输入端$u_i'$加入正弦波信号，先固定输入信号的频率，逐渐改变输入信号的电压值，用双踪示波器观察 $u_i'$、$u_o'$的波形；再固定输入信号的电压值，逐渐改变输入信号的频率，用双踪示波器观察 $u_i'$、$u_o'$的波形。

2. **窗口电压比较器**

(1) 用多路输出直流稳压电源给 $E_{mL}$、$E_{mH}$ 提供参考电压，如取 $E_{mL}=2V$，$E_{mH}=4V$，用信号发生器在输入端 $u_i$ 加入频率为 1kHz、电压有效值为 10V 的正弦波信号，用双踪示波器观察输入 $u_i$、输出 $u_o$ 波形，画出传输特性曲线。

(2) 改变 $E_{mH}$、$E_{mL}$ 上下门限电压的数值，用双踪示波器观察输入 $u_i$、输出 $u_o$ 的波形。

【实验报告要求】

(1) 用 Altium Designer 09 软件画出实验电路原理图，并将此图粘贴到实验报告中。

(2) 画出实验观察到输入、输出信号的波形图，与 Proteus 软件(或 Multisim 软件)仿真结果比较，并予以分析。

(3) 将实验数据与计算值比较，若有误差，分析其原因。

(4) 写出收获和体会。

【预习要求】

(1) 预习本书 3.6 节。

(2) 查阅 LM311 的数据手册或 pdf 文件，列表记录其主要参数。

(3) 根据实验内容和要求，设计实验数据记录表格，供实验测试时使用。

【思考题】

(1) 电压比较器是否需要调零？

(2) 什么叫传输特性？它与波形图有什么区别？

(3) 用 LM311 设计一个迟滞电压比较器。

## 实验 4——U/F 变换器和 F/U 变换器(LM331)

【实验目的】

(1) 熟悉 U/F 变换器和 F/U 变换器的工作原理、电路特性和应用方面。

(2) 掌握 LM331 的使用方法和应用电路。

(3) 熟悉将电压信号转换成为频率信号的设计和调试方法。

(4) 熟悉将频率信号转换成为电压信号的设计和调试方法。

**【实验仪器】**

万用表,示波器,信号发生器,直流稳压电源,“集成电路原理及应用”实验箱。

**【实验原理】**

**1. LM331 芯片简介**

LM331 是美国 NS(National Semiconductor)公司生产的性价比较高的集成芯片(U-F Converter),可用作 F/U 变换器、U/F 变换器、A/D 变换器、线性频率调制解调、长时间积分器等。其内部由输入比较器、定时比较器、RS 触发器、输出驱动管、复零晶体管、能隙基准电路、精密电流源电路、电流开关和输出保护管等部分组成。输出保护管采用集电极开路形式,因而可以通过选择逻辑电流和外接电阻,灵活改变输出脉冲的逻辑电平,以适配 TTL、DTL 和 CMOS 等不同的逻辑电路。采用了新的温度补偿能隙基准电路,在整个工作温度范围内和低到 4.0V 电源电压下都有极高的精度。

其主要技术指标:动态范围宽,可达 100dB;线性度好;最大非线性失真小于 0.01%;频率范围 1Hz～100kHz;输入电压范围－0.2V～$+V_{CC}$;功耗 500mW;采用双电源供电或单电源供电,可工作在 4.0～40V 之间,输出高达 40V,且可防止 $V_{CC}$ 短路;变化精度高,数字分辨率可达 12 位;外接电路简单,只需接入几个外部元件就可构成 F/U 变换器或 U/F 变换器,且容易保证转换精度。

LM331 采用 DIP8(或 N08E)封装。如图 10-2-11 所示为 LM331 引脚及功能图。

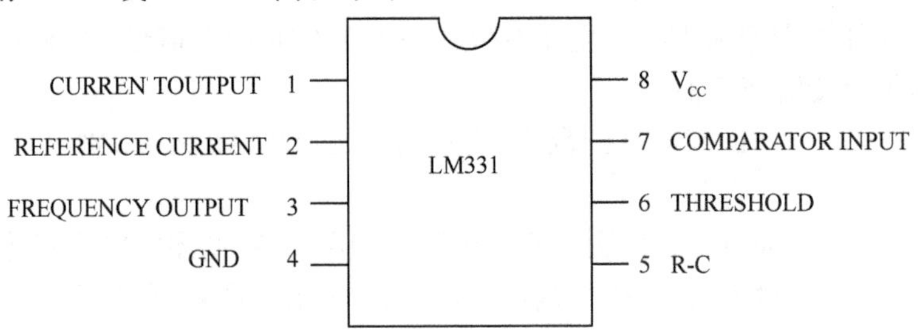


图 10-2-11　LM331 引脚及功能图

**2. U/F 变换器**

如图 10-2-12 所示为 U/F 变换器。

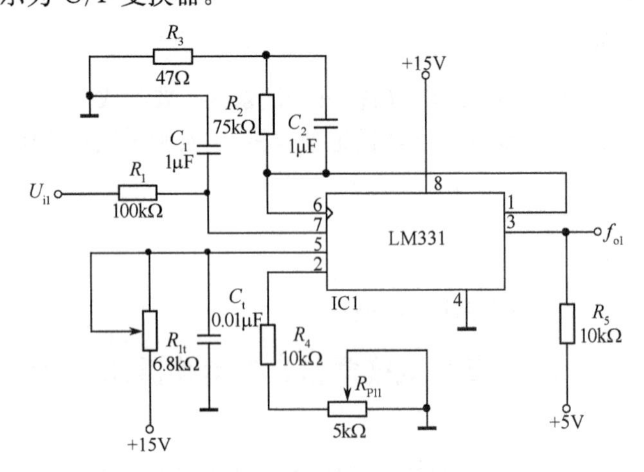


图 10-2-12　U/F 变换器

图 10-2-12 是由 LM331 组成的 U/F 变换器。$R_{1t}$、$C_t$ 和内部定时比较器、复零晶体管、RS 触发器等构成单稳态定时电路。当输入端 $U_{i1}$ 输入正电压时，输入比较器输出高电平，使 RS 触发器置位，Q 输出高电平，输出驱动管导通，输出端 $f_{o1}$ 为逻辑低电平，同时，电流源 $I_R$ 对电容 $C_2$ 充电。此时由于复零晶体管截止，电源 $V_{CC}$ 也通过电阻 $R_{1t}$ 对电容 $C_t$ 充电。当电容 $C_t$ 两端充电电压大于 $\frac{2}{3}V_{CC}$ 时，定时比较器输出一高电平，使 RS 触发器复位，Q 输出低电平，输出驱动管截止，输出端 $f_{o1}$ 为逻辑高电平，同时，复零晶体管导通，电容 $C_t$ 通过复零晶体管迅速放电，电容 $C_2$ 对电阻 $R_2$ 放电。当电容 $C_2$ 放电电压等于输入电压 $U_{i1}$ 时，输入比较器再次输出高电平，使 RS 触发器置位，如此反复循环，构成自激振荡。

输出频率和输入电压之间的关系为

$$f_{o1}=\frac{U_{i1}}{2.09}\cdot\frac{R_s}{R_2}\cdot\frac{1}{C_t\cdot R_{1t}} \tag{10-2-5}$$

可见，输出脉冲频率 $f_{o1}$ 与输入电压 $U_{i1}$ 成正比，从而实现了 U/F 变换。

式(10-2-5)中，$R_s=R_4+R_{P11}$，调节 $R_s$ 可调节电路的转换增益，但只能对 $f_{o1}$ 微调。电阻 $R_s$、$R_2$、$R_{1t}$、$C_t$ 直接影响转换结果 $f_{o1}$，因此对元件的精度要有一定的要求，可根据转换精度适当选择。$C_1$ 对转换结果没有直接的影响，应选择漏电流小的电容器。$R_{1t}$、$C_1$ 组成低通滤波器，可减少输入电压中的干扰脉冲，有利于提高转换精度。

**3. F/U 变换器**

如图 10-2-13 所示为 F/U 变换器。

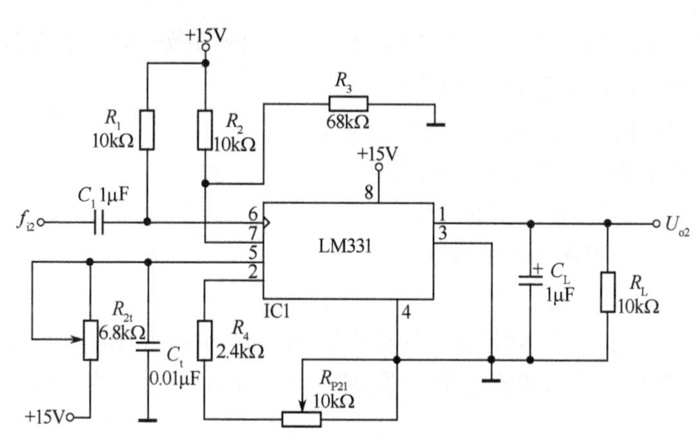


图 10-2-13　F/U 变换器

在图 10-2-13 中，输入脉冲 $f_{i2}$ 经 $R_1$、$C_1$ 组成的微分电路加到内部输入比较器的反相输入端。输入比较器的同相输入端经电阻 $R_2$、$R_3$ 分压而加有约 $\frac{2}{3}V_{CC}$ 的值。反相输入端经电阻 $R_1$ 加有 $V_{CC}$ 的直流电压。当输入脉冲的下降沿到来时，经微分电路 $R_1$、$C_1$ 产生一负尖脉冲叠加到反相输入端的 $V_{CC}$ 上。当负向尖脉冲大于 $\frac{1}{3}V_{CC}$ 时，输入比较器输出高电平使触发器置位，此时电流源 $I_R$ 对电容 $C_L$ 充电，同时因复零晶体管截止而使电源 $V_{CC}$ 通过电阻 $R_{2t}$ 对电容 $C_t$ 充电。当电容 $C_L$ 两端电压达到 $\frac{2}{3}V_{CC}$ 时，定时比较器输出高电平使触发器复位，此时电容 $C_L$ 通过电阻 $R_L$ 放电，同时，复零晶体管导通，定时电容 $C_t$ 迅速放电，完成一次充放电过程。此后，每当输入脉冲的下降沿到来时，电路重复上述的工作过程。从以上分析可知，电容 $C_L$ 的充电时间由定时

电路 $R_{2t}$、$C_t$ 决定，充电电流的大小由电流源 $I_R$ 决定，输入脉冲的频率越高，电容 $C_L$ 上积累的电荷就越多，输出电压（电容 $C_L$ 两端的电压）就越高，实现了 F/U 的变换。

输出电压与输入频率的关系为

$$U_{o2}=2.09\frac{R_L}{R_s}R_2C_tf_{i2} \tag{10-2-6}$$

其中，$R_s=R_4+R_{P21}$。电容 $C_1$ 的选择不宜太小，要保证输入脉冲经微分后有足够的幅度来触发输入比较器，但 $C_1$ 的值小，有利于提高转换电路的抗干扰能力。$R_L$ 和 $C_L$ 组成低通滤波器。电容 $C_L$ 的参数值要合理选择，$C_L$ 数值大时，输出电压 $u_{o2}$ 的纹波会减小；$C_L$ 数值小时，输出响应会加快。在实际运用时要综合考虑。

**【实验内容及步骤】**

将"U/F 变换器和 F/U 变换器"模块安装在实验箱底板上，合上电源开关。

**1. U/F 变换器**

用直流稳压电源在输入端 $U_{i1}$ 输入直流电压，使 $U_{i1}$ 从 0V 开始，逐渐加大电压值，用数字示波器观察输出端 $f_{o2}$ 的波形，读出频率值。

（1）记录输入电压值和输出频率值的对应关系。

（2）记录输入电压和输出频率的变化范围。

（3）调节电位器 $R_{P11}$，观察频率的变化。

（4）调节电位器 $R_{1t}$，观察频率的变化。

**2. F/U 变换器**

用信号发生器在输入端 $f_{i2}$ 加入方波信号，使 $f_{i2}$ 从 1Hz 开始（输入电压范围为 3～20V），逐渐加大信号频率，用数字示波器观察输出端 $u_{o2}$ 的波形。

（1）记录输入频率值和输出电压值的对应关系。

（2）记录输入频率和输出电压的变化范围。

（3）调节电位器 $R_{P21}$，观察电压的变化。

（4）调节电位器 $R_{2t}$，观察电压的变化。

**【实验报告要求】**

（1）用 Altium Designer 09 软件画出实验电路原理图，并将此图粘贴到实验报告中。

（2）列出电压/频率变换的实验记录数据表格，与 Proteus 软件（或 Multisim 软件）仿真结果比较，并予以分析。

（3）绘出电压/频率关系曲线，并讨论其结果。

（4）列出频率/电压变换的实验记录数据表格，与 Proteus 软件（或 Multisim 软件）仿真结果比较，并予以分析。

（5）绘出频率/电压关系曲线，并讨论其结果。

（6）写出收获和体会。

**【预习要求】**

（1）预习本书 4.3 节。

（2）查阅 LM331 的数据手册或 pdf 文件，列表记录其主要参数。

（3）根据实验内容和要求，设计实验数据记录表格，供实验测试时使用。

**【思考题】**

（1）12 位以上的 A/D 变换器价格较高，能否用 U/F 变换器来代替 A/D 变换器？并说明使用条件？

(2) 在图 10-2-13 中,$C_1$ 能否取值太大?为什么?

(3) 在图 10-2-13 中,$C_L$ 取值大小对输出电压有何影响?为什么?

(4) 试举出几个 U/F 和 F/U 的应用实例?

## 实验 5——函数信号发生器(ICL8038)

**【实验目的】**

(1) 掌握 ICL8038 的特点、功能和应用电路。

(2) 熟悉由 ICL8038 构成的函数信号发生器工作原理。

(3) 掌握调试函数信号发生器的方法。

**【实验仪器】**

万用表,示波器,信号发生器,"集成电路原理及应用"实验箱。

**【实验原理】**

### 1. ICL8038 芯片简介

ICL8038 是精密波形产生与压控振荡器,它能同时产生正弦波、方波、三角波,是一种性价比高的多功能波形发生器 IC。因为 ICL8038 信号发生器是单片 IC,所以制作和调试均很简单、方便,也较实用、可靠,人们常称其为实用信号发生器。

ICL8038 具有以下主要参数和主要特点:

(1) 工作频率范围:0.001Hz~500kHz。

(2) 波形失真度:不大于 0.5%。

(3) 同时有 3 种波形输出:正弦波、方波、三角波。

(4) 电源:单电源为+10~+30V,双电源为±5~±15V。

(5) 足够低的频率温漂:最大值为 $50\times10^{-6}$/℃。

(6) 改变外接电阻、电容值,可改变输出信号的频率范围。

(7) 外接电压可以调制或控制输出信号的频率和占空比。

(8) 使用简单,外接元件少。

ICL8038 采用 DIP14 封装。如图 10-2-14 所示为 ICL8038 的引脚及功能图。

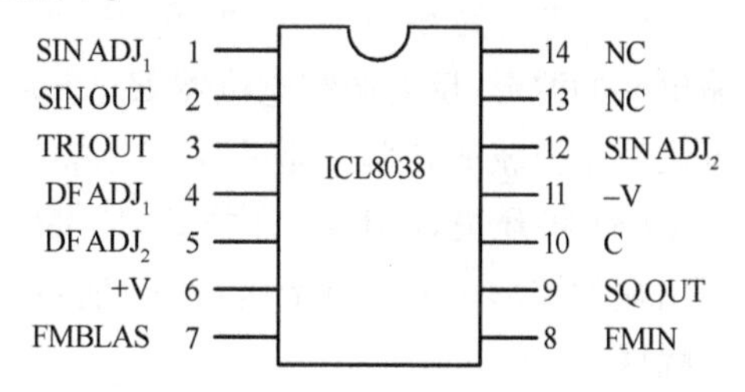


图 10-2-14 ICL8038 的引脚及功能图

### 2. 由 ICL8038 构成的函数信号发生器电路原理图

如图 10-2-15 所示为由 ICL8038 构成的函数信号发生器电路原理图。

在图 10-2-15 中,8 脚为调频电压控制输入端。该芯片的方波输出端为集电极开路形式,一般需在正电源与 9 脚之间外接一个电阻,图中 $R_3=4.7\text{k}\Omega$。电位器 $R_{P2}$ 的作用是调节占空比或调节波形对称性。调节 $R_{P1}$、$R_{P2}$、$R_{P3}$ 可使正弦波的失真度达到较理想的程度,其中,电位器 $R_{P1}$ 的作用是调频偏,电位器 $R_{P3}$ 的作用是调节低频信号对称性。当 $R_{P2}$ 滑动端在中间位置时,若调节 $R_{P1}$,即改变正电源$+V_{CC}$与 8 脚之间的控制电压(即调频电压),则振荡频率随之变化,此电路即是一个频率可调的函数发生器。如果控制电压按一定规律变化,则可构成扫频式函数发生器。

调节 $R_{P2}$ 可调节占空比或波形对称性,即可得到脉冲波和锯齿波。当 $R_{P2}$ 的滑动端位于中间位置时,可得到标准的方波和三角波。调节电源电压可调节输出信号的幅度。

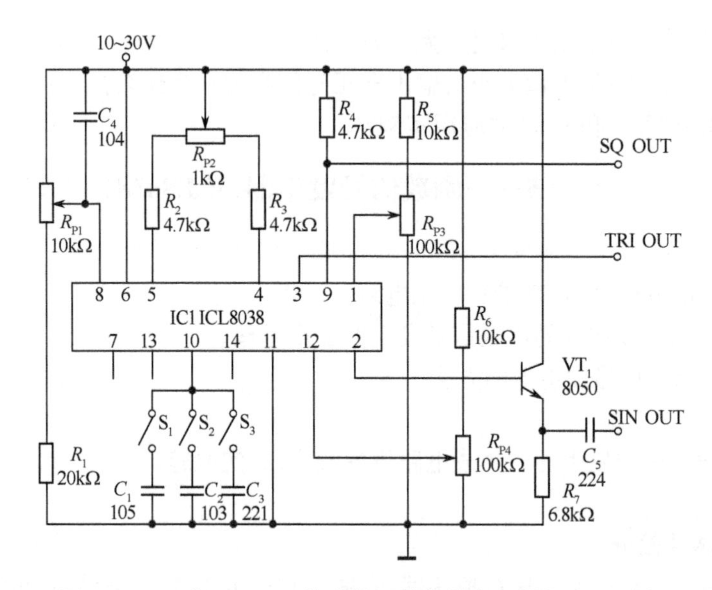


图 10-2-15　由 ICL8038 构成的函数信号发生器电路原理图

**【实验内容及步骤】**

将“函数信号发生器”模块安装在实验箱底板上，合上电源开关。

(1) 将开关 $S_2$ 闭合，开关 $S_1$、$S_3$ 断开，调整电路，使其处于振荡，产生方波，通过调整电位器 $R_{P2}$，使方波的占空比达到 50%，用示波器观测方波输出端的波形。通过调节电位器 $R_{P1}$，可调节方波的频率。通过调节电源电压(即调节在“集成稳压电源”模块上电位器“$R_{P1}$”)，可调节方波的幅度。

(2) 将开关 $S_2$ 闭合，开关 $S_1$、$S_3$ 断开，保持方波的占空比为 50%不变，用示波器观测正弦波输出端的波形，反复调整电位器 $R_{P4}$、$R_{P3}$、$R_{P1}$，使正弦波不产生明显失真。通过调节电位器 $R_{P1}$，可调节正弦波的频率。通过调节电源电压，可调节正弦波的幅度。

(3) 将开关 $S_2$ 闭合，开关 $S_1$、$S_3$ 断开，保持方波的占空比为 50%不变，用示波器观测三角波输出端的波形。通过调节电位器 $R_{P1}$，可调节三角波的频率。通过调节电源电压，可调节三角波的幅度。

(4) 参考以上 3 个步骤，再分别将开关 $S_1$ 闭合(同时开关 $S_2$、$S_3$ 断开)、$S_2$ 闭合(同时开关 $S_1$、$S_3$ 断开)、$S_3$ 闭合(同时开关 $S_1$、$S_2$ 断开)，调整电位器 $R_{P2}$，使方波的占空比在 10%～90%范围内变化，用示波器分别观测方波、正弦波、三角波信号输出端的波形。

(5) 参考以上 4 个步骤，分别调节电位器 $R_{P1}$、$R_{P2}$、$R_{P3}$、$R_{P4}$。①用示波器分别观测方波、正弦波、三角波的波形变化情况。②用示波器分别记录几组(其中包括电位器置于低端和高端时)方波、正弦波、三角波信号输出端的波形及频率值。

**【实验报告要求】**

(1) 用 Altium Designer 09 软件画出实验电路原理图，并将此图粘贴到实验报告中。

(2) 画出实验步骤(1)、(2)、(3)观察到的方波、正弦波、三角波的波形图，与 Proteus 软件(或 Multisim 软件)仿真结果比较，并予以分析。

(3) 整理实验步骤(4)，列出记录表格。

(4) 整理实验步骤(5)，列出记录表格。

(5) 分析讨论以上实验数据。

(6) 写出收获和体会。

【预习要求】

(1) 预习本书 5.1 节。

(2) 查阅 ICL8038 的数据手册或 pdf 文件，熟悉其引脚及功能，列表记录其主要参数。

(3) 根据实验内容和要求，设计实验数据记录表格，供实验测试时使用。

【思考题】

(1) 改变电位器 $R_{P2}$ 的值，观测三种输出波形，有何结论？

(2) 改变 10 脚外接电容 $C$ 的值(即分别取 $C_1$、$C_2$、$C_3$ 的数值时)，观测 3 种输出波形，有何结论？

(3) 除了用专用模拟芯片设计函数信号发生器外，再列举其他设计函数发生器的方法，并比较各种设计方案的优缺点。

## 实验 6——集成有源滤波器(MAX275)

【实验目的】

(1) 熟悉集成有源滤波器及其工作原理。

(2) 掌握 MAX275 的使用方法和应用电路。

(3) 熟悉 MAX275 滤波器软件及其设计方法。

(4) 掌握各类滤波电路的设计和调试方法。

【实验仪器】

万用表，示波器，信号发生器，扫频仪，“集成电路原理及应用”实验箱。

【实验原理】

**1. MAX275 芯片简介**

MAX275 是 MAXIM 公司生产的通用型集成有源滤波器(4th-Order-Two 2nd-Order Sections Contionous-Time Active Filters)。其内部含两个独立的二阶有源滤波电路，可完成各种二阶低通和二阶带通滤波功能，也可级联实现四阶有源滤波。两个滤波节均可完成 Butterworth、Bessel、Chebyshev 型滤波功能。其中心频率/截止频率范围为 100～300kHz，在工作温度范围内的精度为±0.9%，输出电压摆幅为±4.5V($R_L$=5kΩ)，电源电压范围为−2.37～+5.50V，总谐波失真的典型值为−86dB。MAX275 不需外接电容，只需外接电阻，每个二阶节的中心频率 $F_0$、$Q$ 值、放大倍数均由 4 个外接电阻确定。MAX275 无须时钟电路，与其他滤波电路相比，具有外接元件少、容易实现、参数调整方便、噪声低、动态特性好等优点，能广泛应用于精密测试设备、通信设备、医疗仪器和数据采集系统等方面。

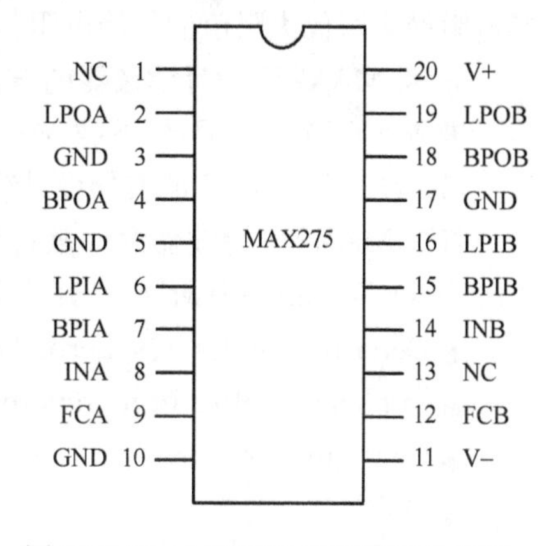

图 10-2-16　MAX275 的引脚及功能图

MAX275 采用 DIP20 和 SO20 封装。如图 10-2-16 所示为 MAX275 的引脚及功能图。

**2. 由 MAX275 组成的有源滤波器电路原理图**

如图 10-2-17 所示为由 MAX275 组成的有源滤波器电路原理图。

图 10-2-17 是 MAX275 的典型应用电路。当开关 $S_1$、$S_2$ 断开时，A 滤波器和 B 滤波器两个滤波节均完成二阶低通、二阶带通滤波功能(本电路设置为：Lowpass Butterworth)。当开关 $S_1$ 闭合、$S_2$ 断开时，A 滤波器和 B 滤波器两个滤波节级联，完成四阶低通滤波功能。当 $S_2$ 闭合、$S_1$ 断开时，A 滤波器和 B 滤波器两个滤波节级联，完成四阶带通滤波功能。外接电阻 $R_1$～$R_4$ 的阻

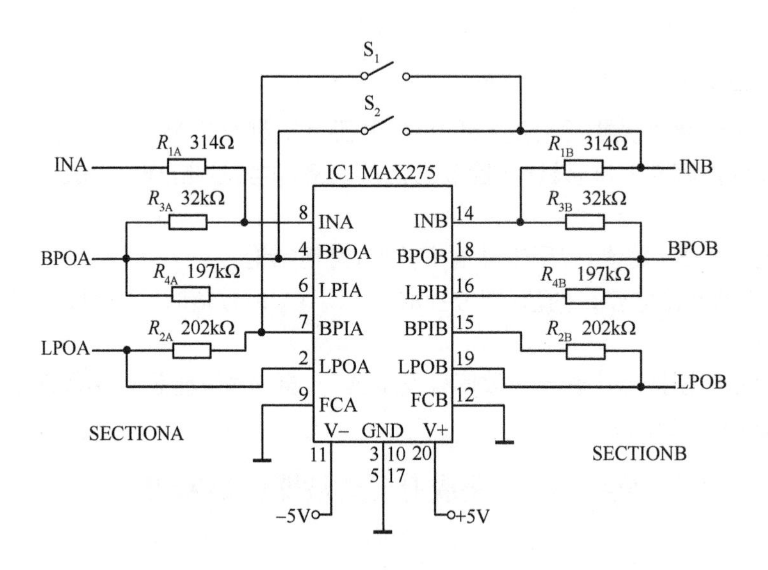


图 10-2-17　由 MAX275 组成的有源滤波器电路原理图

值计算公式为：

$$R_2=2\times109/F_0, R_4=R_2-5\text{k}\Omega, R_3=Q(2\times109)/F_0\times(R_X/R_Y)$$

$$R_1=2\times109/F_0\cdot\text{HOLP}\times(R_X/R_Y)(\text{低通滤波})\text{或}R_1=R_3/\text{HOBP}(\text{带通滤波})$$

式中 $F_0$ 为中心频率/截止频率，$Q$ 为品质因数，HOLP 为低通滤波器增益，HOBP 为带通滤波器增益。需注意的是，$R_X/R_Y$ 取决于频率控制端 FC 的接法：若 FC 接地，$R_X/R_Y=1/5$；若 FC 接正电源，$R_X/R_Y=4$；若 FC 接负电源，$R_X/R_Y=1/25$。$R_1\sim R_4$ 中若有阻值过大或过小的现象，可适当采取后两种接法达到调整电阻值的目的。需注意，外接电阻最大不应超过 4MΩ，因为电阻精度及寄生电容的影响，$F_0$ 和 $Q$ 值会出现较大偏差。当外接电阻大于 4MΩ 时，解决方案是用 T 形电阻网络取代大阻值的外接电阻。但在对噪声比较敏感的情况下，不推荐使用。

**3. 用 MAX275 设计滤波器的方法和步骤**

进 MAXIM 公司网站，下载 MAX275 滤波器设计软件。

(1) 打开 MAX275 滤波器设计软件

打开 MAX275 滤波器设计软件包，双击〈FILTER. EXE〉，进入〈MAXIM Integrated Products Filter Design Software〉。其主菜单：

- Determine Poles/Qs/Zeros base on filter requirements
- Implement filter in hardware(MAX275)
- Configure printer
- Quit

(2) 选择滤波器类型和设置相关参数值

从主菜单界面进入〈Determine Poles/Qs/Zeros base on filter requirements〉，根据提示及要求，设置滤波器类型和相关参数值。滤波器类型可从提示中选取，如 Lowpass、Bandpass 和 Butterworth、Bessel、Chebyshev、Elliptic。设置滤波器参数，如 $A_{max}$、$A_{min}$、$F_c$、$F_s$、Order 等。设置好后，按〈Esc〉键退出，返回主菜单界面。

(3) 软件仿真和确定硬件电路参数

① 从主菜单界面进入〈Implement filter in hardware(MAX275)〉。

② 根据步骤(2)中选择的滤波器类型和设置的相关参数值，在提示菜单中输入相关的参数值，如 $F_0$、$Q$、LPo、BPo、Gain 等。

③ 在提示菜单中，按〈[V]iew graph of response〉，通过反复调试、仿真，确定最优幅频特性曲线。

④ 在提示菜单中，按〈[R]esistor selection〉，通过反复调试、仿真，确定最优硬件电路参数值，记下 $R_1$、$R_2$、$R_3$、$R_4$ 的数值。

⑤ 根据需要，在提示菜单中，按相应的提示内容，进行调试仿真。

⑥ 最后，按〈Esc〉键退出。

(4) 根据软件仿真记录的参数值，设计硬件电路原理图。

(5) 设计 PCB 图，制作滤波器电路板。

(6) 焊接、安装、调试滤波器。

**【实验内容及步骤】**

将“集成有源滤波器”模块安装在实验箱底板上，合上电源开关。

**1. A 滤波器完成二阶低通、二阶带通滤波功能**

将开关 $S_1$、$S_2$ 均断开。

(1) 用扫频仪观察二阶低通滤波器的幅频特性曲线

将 A 滤波器的输入端 INA 与扫频仪的输出端连接，将 A 滤波器的输出端 LPA 与扫频仪的输入端连接，观察二阶低通滤波器的幅频特性曲线。

(2) 用扫频仪观察二阶带通滤波器的幅频特性曲线

将 A 滤波器的输入端 INA 与扫频仪的输出端连接，将 A 滤波器的输出端 BPA 与扫频仪的输入端连接，观察二阶带通滤波器的幅频特性曲线。

(3) 用数字示波器观察二阶低通滤波器的输入、输出波形

用信号发生器在 A 滤波器的输入端 INA 加入正弦波信号，电压幅度为 50mV，频率逐渐加大。用数字示波器观察 A 滤波器输出端 LPA 的波形，列表记录输入信号的频率与输出电压的数值，记录滤波器的通频带。

(4) 用数字示波器观察二阶带通滤波器的输入、输出波形

用信号发生器在 A 滤波器的输入端 INA 加入正弦波信号，电压幅度为 50mV，频率逐渐加大。用数字示波器观察 A 滤波器输出端 BPA 的波形，列表记录输入信号的频率与输出电压的数值，记录滤波器的通频带。

**2. B 滤波器完成二阶低通、二阶带通滤波功能**

将开关 $S_1$、$S_2$ 均断开。

(1) 用扫频仪观察二阶低通滤波器的幅频特性曲线

将 B 滤波器的输入端 INB 与扫频仪的输出端连接，将 B 滤波器的输出端 LPB 与扫频仪的输入端连接，观察二阶低通滤波器的幅频特性曲线。

(2) 用扫频仪观察二阶带通滤波器的幅频特性曲线

将 B 滤波器的输入端 INB 与扫频仪的输出端连接，将 B 滤波器的输出端 BPB 与扫频仪的输入端连接，观察二阶带通滤波器的幅频特性曲线。

(3) 用数字示波器观察二阶低通滤波器的输入、输出波形

用信号发生器在 B 滤波器的输入端 INB 加入正弦波信号，电压幅度为 50mV，频率逐渐加大。用数字示波器观察 B 滤波器输出端 LPB 的波形，列表记录输入信号的频率与输出电压的数值，记录滤波器的通频带。

(4) 用数字示波器观察二阶带通滤波器的输入、输出波形

用信号发生器在 B 滤波器的输入端 INB 加入正弦波信号，电压幅度为 50mV，频率逐渐加

大。用数字示波器观察B滤波器输出端BPB的波形，列表记录输入信号的频率与输出电压的数值，记录滤波器的通频带。

**3. A、B两个滤波节级联完成四阶低通滤波功能**

将开关$S_1$闭合，$S_2$断开。

（1）用扫频仪观察四阶低通滤波器的幅频特性曲线

将A滤波器的输入端INA与扫频仪的输出端连接，将B滤波器的输出端LPB与扫频仪的输入端连接，观察四阶低通滤波器的幅频特性曲线。

（2）用数字示波器观察四阶低通滤波器的输入、输出波形

用信号发生器在A滤波器的输入端INA加入正弦波信号，电压幅度为50mV，频率逐渐加大。用数字示波器观察B滤波器输出端LPB的波形，列表记录输入信号的频率与输出电压的数值，记录滤波器的通频带。

**4. A、B两个滤波节级联完成四阶带通滤波功能**

将开关$S_2$闭合，$S_1$断开。

（1）用扫频仪观察四阶带通滤波器的幅频特性曲线

将A滤波器的输入端INA与扫频仪的输出端连接，将B滤波器的输出端BPB与扫频仪的输入端连接，观察四阶带通滤波器的幅频特性曲线。

（2）用数字示波器观察四阶带通滤波器的输入、输出波形

用信号发生器在A滤波器的输入端INA加入正弦波信号，电压幅度为50mV，频率逐渐加大。用数字示波器观察B滤波器输出端BPB的波形，列表记录输入信号的频率与输出电压的数值，记录滤波器的通频带。

**【实验报告要求】**

（1）用Altium Designer 09软件画出实验电路原理图，并将此图粘贴到实验报告中。

（2）画出实验步骤(1)、(2)观察到的二阶低通、二阶带通滤波器的幅频特性曲线。比较A、B滤波器的幅频特性曲线，并加以解释。

（3）画出实验步骤(3)、(4)观察到的四阶低通、四阶带通滤波器的幅频特性曲线，并与仿真结果比较，并予以分析。

（4）整理实验步骤(1)、(2)、(3)、(4)，列出记录表格，记录滤波器的通频带。

（5）分析讨论以上实验数据。

（6）写出收获和体会。

**【预习要求】**

（1）预习本书第6章。

（2）查阅MAX275的数据手册或pdf文件，熟悉其引脚及功能，列表记录其主要参数。

（3）根据实验内容和要求，设计实验数据记录表格，供实验测试时使用。

**【思考题】**

（1）用MAX275滤波器软件，设计一个截止频率为100kHz、电压增益不大于20dB的二阶低通、二阶带通Chebyshev型滤波器。画出幅频特性曲线，写出$R_1$、$R_2$、$R_3$、$R_4$的参数值。

（2）用MAX275滤波器软件，设计一个截止频率为60kHz、电压增益不大于30dB的四阶低通Butterworth型滤波器。画出幅频特性曲线，写出$R_1$、$R_2$、$R_3$、$R_4$的参数值。

（3）以单片机、MAX275和数字电位器为主要器件，设计一个程控滤波器，设计要求：完成四阶Chebyshev型低通滤波功能；输入信号电压振幅为20mV，电压增益为30dB，增益10dB步进可调，电压增益误差不大于5%；带内起伏≤1dB，$-3$dB通带为50kHz。

## 实验7——集成稳压电源(LM78XX、LM79XX、LM317)

**【实验目的】**

(1) 了解三端集成稳压器的工作原理。

(2) 熟悉常用三端集成稳压器件,掌握其典型的应用方法。

(3) 掌握三端集成稳压电源特性的测试方法。

**【实验仪器】**

万用表,示波器,“集成电路原理及应用”实验箱。

**【实验原理】**

现代电子设备特别是便携式通信设备的电源大都采用集成稳压器。它是将稳压电路中的各种元器件(电阻、电容、二极管、三极管等)集成化,同时做在一个硅片上,或者将不同芯片组装成一个整体而成为稳压集成电路或电源模块。线性集成稳压器主要由基准电压、比较放大器、取样电路、调整电路、启动电路和保护电路等几部分组成。

**1. 78XX/79XX系列的特点**

三端固定输出集成稳压器是一种串联调整式稳压器。它将全部电路集成在单块硅片上,整个集成稳压电路只有输入、输出和公共3个引出端,使用非常方便。

78XX/79XX系列中的型号“XX”表示集成稳压器的输出电压的数值,以V为单位。每类稳压器电路输出电压有5V,6V,7V,8V,9V,10V,12V,15V,18V,24V等,能满足大多数电子设备所需要的电源电压。中间的字母通常表示电流等级,输出电流一般分为3个等级:100mA(78LXX/79LXX),500mA(78MXX/79MXX),1.5A(78XX/79XX)。后缀英文字母表示输出电压容差与封装形式等。

内部电路由恒流源、基准电压源、取样电阻、比较放大、调整管、保护电路、温度补偿电路等组成。输出电压值取决于内部取样电阻的数值。最大输出电压为40V。

三端固定输出电压集成稳压器,因内部有过热、过流保护电路,因此它的性能优良,可靠性高。又因这种稳压器具有体积小、使用方便、价格低廉等优点,所以得到广泛应用。

**2. 三端可调输出稳压器的特点**

三端可调稳压器的输出电压可调,稳压精度高,输出纹波小,其一般输出电压为1.25～37V或-1.25～-37V连续可调。比较典型的产品有LM317和LM337等。其中,LM317为可调正电压输出稳压器,LM337为可调负电压输出稳压器。这种集成稳压器有3个引出端,即电压输入端$U_i$、电压输出端$U_o$和调节端ADJ,没有公共接地端,接地端往往通过接电阻再到地。本实验采用的是可调正电压输出稳压器LM317。

三端输出可调稳压器的输出电压为1.2～37V。每一类中按其输出电流又分为0.1A,0.5A,1A,1.5A,10A等。例如,LM317L输出电压1.2～37V,输出电流0.1A;LM317H输出电压1.2～37V,输出电流为0.5A;LM317输出电压1.2～37V,输出电流为1.5A;LM196输出电压1.25～15V,输出电流10A。LM337为负电压输出。例如,LM337L输出电压-1.2～-37V,输出电流为0.1A;LM337M输出电压-1.2～-37V,输出电流为0.5A;LM337输出电压-1.2～-37V,输出电流为1.5A等。

**3. 稳压电源电路原理图**

如图10-2-18所示为稳压电源电路原理图。

如图10-2-18所示,图中$B_1$、$B_2$、$B_3$、$B_4$为整流模块,输出脉动电压经滤波电容滤波后,输入到集成稳压器,稳压器的输出为所需输出电压。本实验为了改善纹波特性,在输入端和输出端加接瓷片电容,取值为0.1μF或104。其目的是改善负载的瞬态响应,防止自激振荡和减少高频噪声。

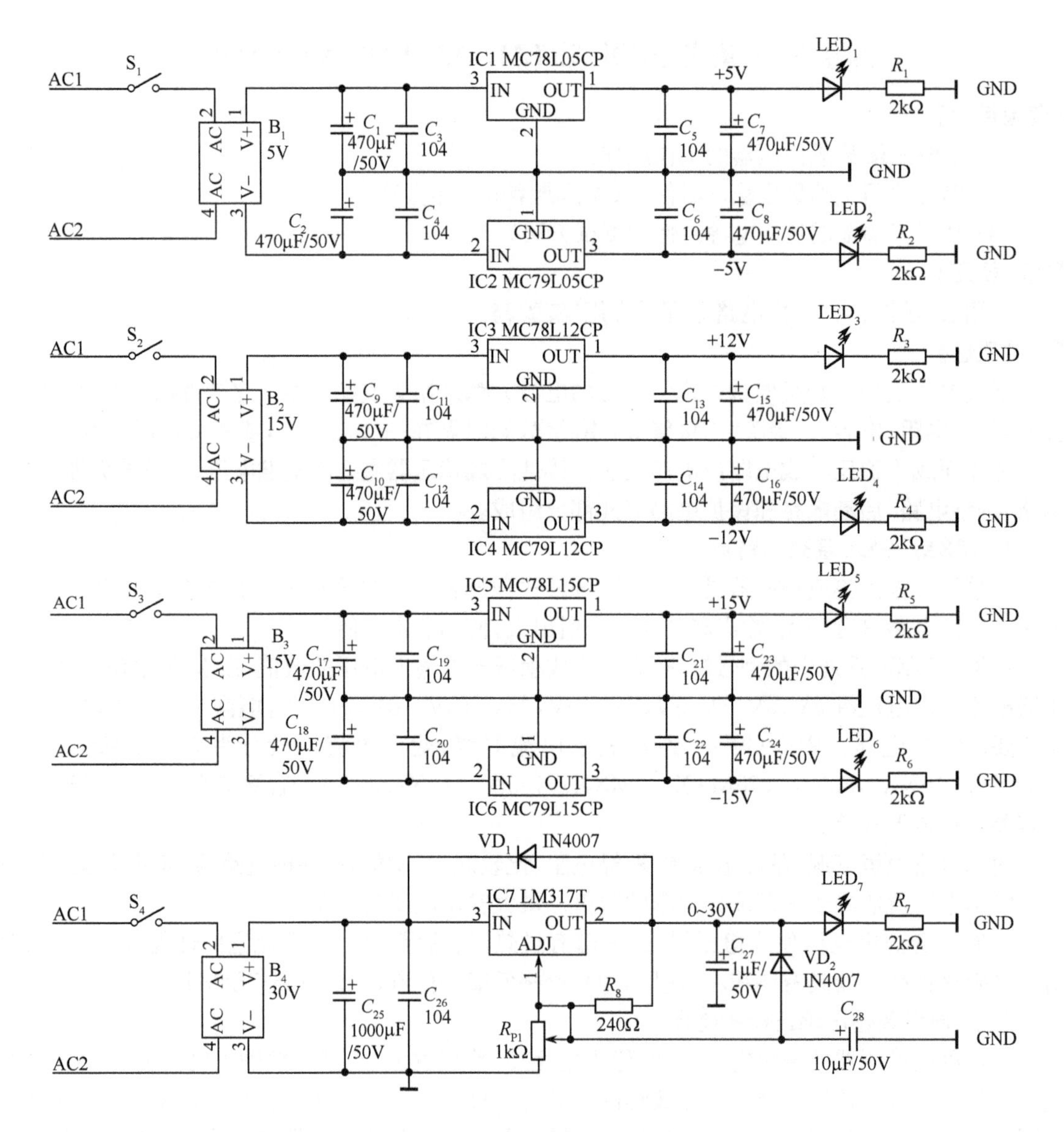


图 10-2-18　稳压电源电路原理图

**【实验内容及步骤】**

(1) 用 Proteus 软件(或 Multisim 软件)对稳压电源电路进行仿真,并记录仿真结果。

(2) 接通总电源,闭合开关。

(3) 测量实验板的各路输入电压、输出电压并记录。

(4) 纹波电压抑制比 $S_n$ 的测量。

纹波电压抑制比为

$$S_n = 20\lg\frac{U_i}{U_o}\quad (\text{dB}) \tag{10-2-7}$$

$S_n$ 反映了稳压器对输入端引入的交流纹波电压的抑制能力。具体测量方法为:

① 将万用表打在交流毫伏挡,分别测量稳压器输入端,即桥堆输出端的纹波电压 $U_i$,再测量输出端的交流输出纹波电压 $U_o$。求得纹波电压抑制比。

② 用示波器观察输出端的纹波电压,并画出波形图。

(5) 可调三端稳压器 LM317 的测试

① 闭合开关 $S_4$,测出稳压输出电压 $U_o$ 的数值并记录。

② 调整 $R_{P1}$，测出输出电压调节范围，并记录。

**【实验报告要求】**

(1) 用 Altium Designer 09 软件画出实验电路原理图，并将此图粘贴到实验报告中。

(2) 分析讨论以上实验数据，与 Proteus 软件(或 Multisim 软件)仿真结果比较，并予以分析。

(3) 写出收获和体会。

**【预习要求】**

(1) 预习本书第 7 章。

(2) 按给定实验电路图和实际元件参数，估算稳压电路输出电压的可调范围。

(3) 根据实验内容和要求，设计实验数据记录表格，供实验测试时使用。

(4) 查阅图 10-2-18 中三端稳压器的数据手册或 pdf 文件，熟悉其引脚及功能。

**【思考题】**

(1) 对三端集成稳压器，在使用过程中应注意什么问题？如果输入端和输出端接反了，将会出现什么问题？在电路中如何增加输入短路保护电路？说明工作原理。

(2) 对三端集成稳压器，一般要求输入、输出间的电压差至少为多少才能正常工作？通过实验验证你的结论。

## 实验 8——集成音频功率放大器(TDA2822)

**【实验目的】**

(1) 掌握 TDA2822M 的特点、功能和应用电路。

(2) 熟悉集成功放电路的基本性能及工作原理。

(3) 掌握集成功放电路主要性能的测试方法。

**【实验仪器】**

万用表，示波器，信号发生器，“集成电路原理及应用”实验箱。

**【实验原理】**

**1. TDA2822M 芯片简介**

TDA2822M 是意大利 SGS 公司制造的双运放音频功率放大器，其驱动电压为 1.8～15V，噪声电压为 2μV，带宽为 120kHz，输出电流为 1A，输出电压为 2.7V，电压增益 41dB，可接输入阻抗为 4/8/16/32Ω 的扬声器，静态电流和交叉失真都很小。电路可工作于立体声双声道，也可接成 BTL 电路。立体声工作时输出功率为 1W×2 ($V_{CC}=9V$，$R_L=8\Omega$，THD＝10%)或 110mW×2 ($V_{CC}=3V$，$R_L=4\Omega$，THD＝10%)。其特点是外围元件少，音质好，价格低。

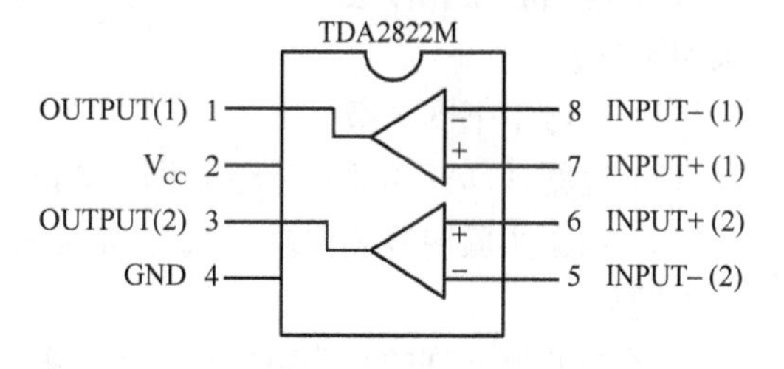


图 10-2-19 TDA2822M 的引脚及功能图

TDA2822M 采用 DIP8 封装。如图 10-2-19 所示为 TDA2822M 的引脚及功能图。

**2. 集成音频功率放大器电路原理图**

如图 10-2-20 所示为音频功率放大器电路原理图。

**【实验内容及步骤】**

将“音频功率放大器”模块安装在实验箱底板上，合上电源开关。

(1) 当 $u_i=0$ 时(将输入端 $U_{Li}$ 和 $U_{Ri}$ 与地连接)，测量并记录音频功率放大器输出端的静态电位。检查电路工作状态是否正常。

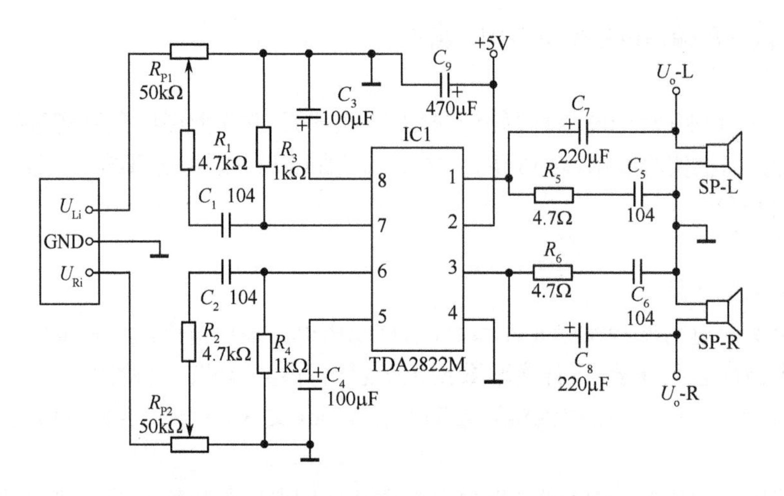


图 10-2-20　集成音频功率放大器电路原理图

(2) 用信号发生器在输入端 $U_{Li}$ 或 $U_{Ri}$ 输入正弦信号，电压幅度为 200mV，频率为 500Hz（注：音频信号的范围是 20Hz～20kHz），用数字万用表测输出端的电压，计算音频功率放大器的电压放大倍数，计算输出功率。

(3) 重复步骤(2)，将输入信号的电压幅度改为 600mV，频率改为 2kHz。

(4) 测量并计算最大输出不失真功率。

(5) 改变输入信号的频率，记录该音频功率放大器的上限、下限截止频率。

(6) 如果有失真度仪，可以测量输出波形的失真度。

(7) 将立体声插头接上音源（如收音机、MP3、笔记本电脑、微机等），试听放音效果。

【实验报告要求】

(1) 用 Altium Designer 09 软件画出实验电路原理图，并将此图粘贴到实验报告中。

(2) 整理实验步骤(2)、(3)、(4)，列出记录表格。

(3) 整理实验步骤(5)、(6)，列出记录表格。

(4) 根据实验结果，分析音频功率放大器的性能。

(5) 在测试过程中出现什么问题？是怎样解决的？

(6) 写出收获和体会。

【预习要求】

(1) 预习本书 8.3 节。

(2) 查阅 TDA2822M 的数据手册或 pdf 文件，熟悉其引脚及功能，列表记录其主要参数。

(3) 根据实验内容和要求，设计实验数据记录表格，供实验测试时使用。

【思考题】

(1) 在芯片允许的功率范围内，加大输出功率的措施有哪些？

(2) TDA2822M 的驱动电压为 1.8～15V，电源电压范围很宽，分别将电源电压调到最低 1.8V 和最高 15V 时，按照步骤(2)、(3)、(4)、(5)测试，列出记录表格，分析实验结果。

(3) 将扬声器输入阻抗分别换成 4Ω、8Ω、16Ω，试听放音效果。

# 参 考 文 献

[1] 段尚枢.运算放大器应用基础.2版.哈尔滨:哈尔滨工业大学出版社,1998.
[2] 严棡辉,杨光壁.集成运算放大器分析与应用.成都:电子科技大学出版社,1992.
[3] 谈文心等.模拟集成电路——原理及应用.西安:西安交通大学出版社,1995.
[4] 杨帮文.新型集成器件实用电路.北京:电子工业出版社,2002.
[5] 何希才等.新型集成电路及其应用实例.北京:科学出版社,2002.
[6] 杨振江,蔡德芳.新型集成电路使用指南与典型电路.西安:西安电子科技大学出版社,1998.
[7] 孔有林.集成运算放大器及其应用.北京:人民邮电出版社,1988.
[8] 王锡胜.新型彩电单片集成电路 M52340SP.无线电,2002.05.
[9] 宋家友.集成电子线路设计手册.福州:福建科学技术出版社,2002.
[10] 王英剑等.新型开关电源实用技术. 北京:电子工业出版社,2001.
[11] 薛永毅等.新型电源电路应用实例. 北京:电子工业出版社,2002.
[12] 沙占友.新型单片开关电源的设计与应用. 北京:电子工业出版社,2001.
[13] 朱庆欢.电视机原理与实验.广州:广东教育出版社,2001.
[14] 刘必虎等.数字逻辑电路. 北京:科学出版社,2000.
[15] 高书莉等.可编程逻辑设计技术及应用. 北京:人民邮电出版社,2001.
[16] 宋俊德等.可编程逻辑器件(PLD)原理与应用. 北京:电子工业出版社,1993.
[17] 杨晖等.大规模可编程逻辑器件与数字系统设计. 北京:北京航空航天大学出版社,1998.
[18] 朱达斌,张宝玉,张文骏.模拟集成电路的特性及应用. 北京:航空工业出版社,1994.
[19] 谈文心,刘本鸿.运放及模拟集成电路. 北京:国防工业出版社,1986.
[20] 顾宝良.模拟集成电路原理与实用电路. 北京:人民邮电出版社,1989.
[21] 王秀杰,张畴先等.模拟集成电路应用.西安:西北工业大学出版社,1994.
[22] 程永莹,周德新.电子学.上海:上海交通大学出版社,1987.
[23] 陈秀中.模拟集成电路的应用.北京:高等教育出版社,1988.
[24] 黄晨武.最新集成电路应用大全. 北京:北京希望电子出版社,1991.
[25] [美]Scott Keagy 著.李真文译.语音与数据集成网络.北京:电子工业出版社,2002.
[26] 陈金松.模拟集成电路. 合肥:中国科学技术大学出版社,1997.
[27] 刘全忠.电子技术. 北京:高等教育出版社,1999.
[28] [日]正田英介主编.薛培鼎译.图像电子学. 北京:科学出版社,2002.
[29] 方德寿等.实用电子技术手册. 北京:国防工业出版社,1999.
[30] 胡传国等.电器图用图形符号实用手册. 北京:电子工业出版社,1994.
[31] 许立梓.实用电气工程师手册(上、下).广州:广东科技出版社,2002.
[32] 胡汉才.单片机原理及系统设计.北京:清华大学出版社,2001.
[33] 蔡美琴等.MCS-51系列单片机系统及其应用.北京:高等教育出版社,1988.
[34] 张友汉.电子线路设计应用手册.福州:福建科学技术出版社,2002.
[35] 王喜成.音响技术.西安:西安电子科技大学出版社,1999.
[36] 程勇,童乃文.音响技术与设备.杭州:浙江大学出版社,1997.
[37] 沙占友.新型特种集成电源及应用. 北京:人民邮电出版社,1998.
[38] 张延琪.常用电子电路280例解析.北京:中国电力出版社,2004.
[39] 康晓明.数字电子技术.北京:国防工业出版社,2005.

[40] 唐介.电工学.北京:高等教育出版社,2005.
[41] 秦曾煌.电工学(下).北京:高等教育出版社,2004.
[42] 刘润华.电工电子学.东营:石油大学出版社,2003.
[43] 廖先芸.电子技术实践与训练.北京:高等教育出版社,2005.
[44] 科林,孙人杰.TTL、高速CMOS手册.北京:电子工业出版社,2004.
[45] 董传岱,于云华.数字电子技术.东营:石油大学出版社,2001.
[46] 余孟尝.数字电子技术基础简明教程.北京:高等教育出版社,2006.
[47] 华成英.数字电子技术基础.北京:高等教育出版社,2004.
[48] 朱定华.电子电路测试与实验.北京:清华大学出版社,2004.
[49] 黄继昌,郭继忠.数字集成电路应用300例.北京:人民邮电出版社,2002.
[50] 蔡惟铮.集成电子技术.北京:高等教育出版社,2004.
[51] 杨帮文.新型集成器件实用电路.北京:电子工业出版社,2006.
[52] 孙余凯,项绮明.数字集成电路基础与应用.北京:电子工业出版社,2006.
[53] 陈永甫.电子电路智能化设计实例与应用.北京:电子工业出版社,2002.
[54] 张庆双.实用电子电路200例.北京:机械工业出版社,2003.
[55] 刘修文.实用电子电路设计制作300例.北京:中国水利水电出版社,2005.
[56] 黄志坚,胡以怀.基于MAX274/275的滤波器设计.上海:上海海事大学学报,2004.12,第25卷,第4期.Vol.25,No.4.
[57] 刘建,秦会斌.可编程开关滤波器及其应用.杭州:杭州电子工业学院学报,2003.12,第23卷,第6期.Vol.23,No.6.
[58] TCL集团多媒体电子事业部.彩色电视机集成电路实用手册.北京:人民邮电出版社,2005.
[59] 俞斯乐.电视原理(第6版).北京:国防工业出版社,2006.
[60] 李雄杰.平板电视技术.北京:电子工业出版社,2007.
[61] 王富奎.机顶盒硬件接口信号的研究及应用.山东理工大学学报(自然科学版),2006-5.
[62] 赵坚勇.数字电视技术.西安:西安电子科技大学出版社,2005.
[63] ISD(R),Single-Chip Voice Record/Playback Devices. IDS2560/75/90/120 Products,1999.
[64] MOTOROLA IC DATA BOOK,1995.
[65] National Semiconductor DATA BOOK,1992~1994.
[66] PRODUCTS DATA BOOK,Mitsubishi Electric Corp.,1992~1994.
[67] LINEAR PRODUCTS DATA BOOK,Precision Monolithics,Inc.,1995.
[68] APPLICATIONS HANDBOOK,Information Store Devices Inc.,1994.
[69] PRODUCTS DATA BOOK,Mitsubishi Inc.,1993.

# 反侵权盗版声明



举报电话：（010）88254396；（010）88258888

传　　真：（010）88254397

E-mail：　dbqq@phei.com.cn

通信地址：北京市万寿路 173 信箱

电子工业出版社总编办公室

邮　　编：100036